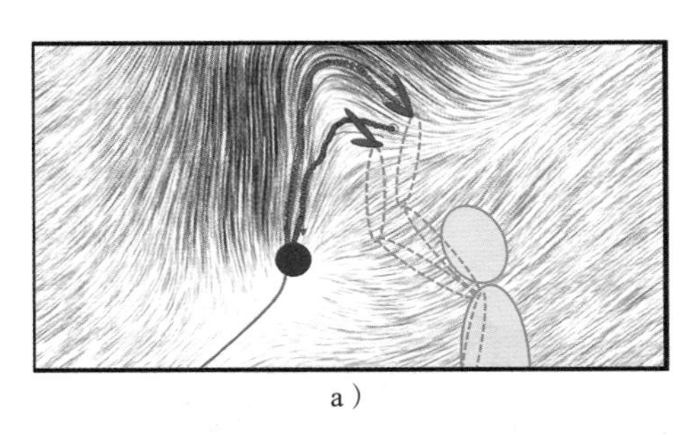

a）

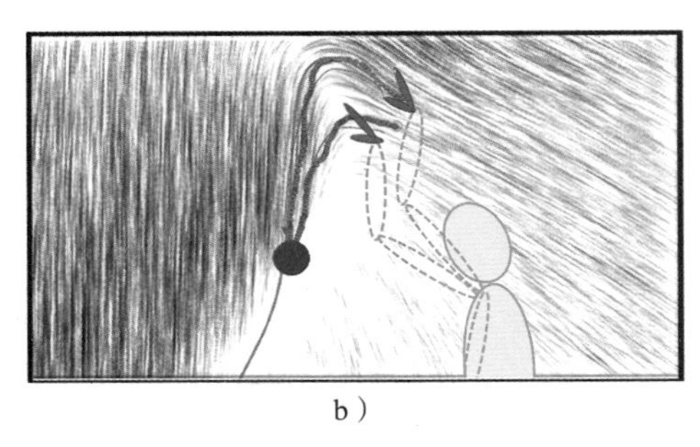

b）

图 1.8　学习支持向量回归（图 a）或神经网络（图 b）等机器学习技术的估计控制律 $\dot{x}=f(x)$，可以确保与数据紧密拟合，但不能保证它在吸引子处收敛。训练数据以红色线表示。学习过的轨迹以灰线表示。粉色轨迹说明了从一个训练点开始时的预测模型。在这两种情况下，轨迹一旦到达吸引子位置就会漂移

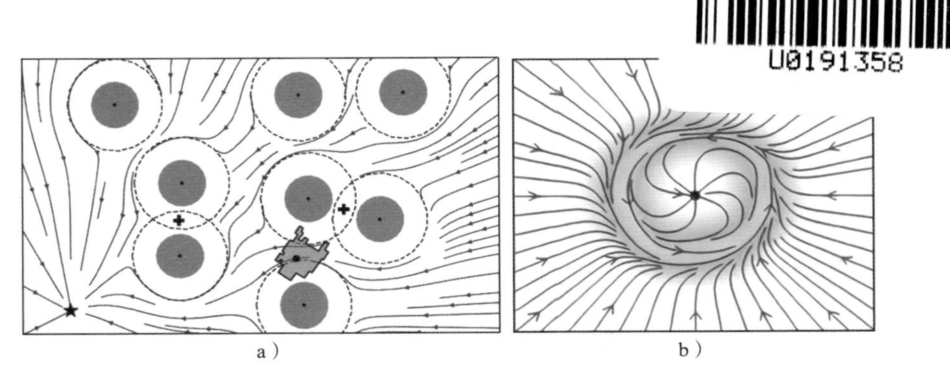

a）　　b）

图 1.11　标称线性动态系统的调制可以避开障碍物，同时保持吸引子处的稳定性[57]（图 a），或通过从橙色区域中提供的数据点学习局部旋转来生成极限环[85]（图 b）

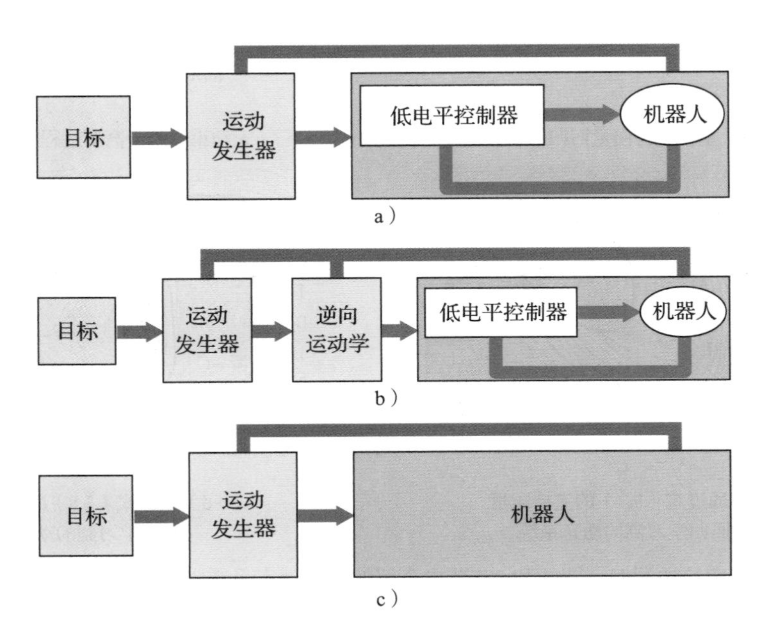

图 1.18　闭环关节运动发生器架构，包括关节控制（图 a）、笛卡儿路径控制（图 b）和直接扭矩控制（图 c）。机器人的预期运动是根据机器人当前的状态产生的。红色线显示的信道延迟可能造成不稳定或性能恶化。因此，在研究动态系统运动发生器的稳定性时，必须考虑整个控制回路的稳定性

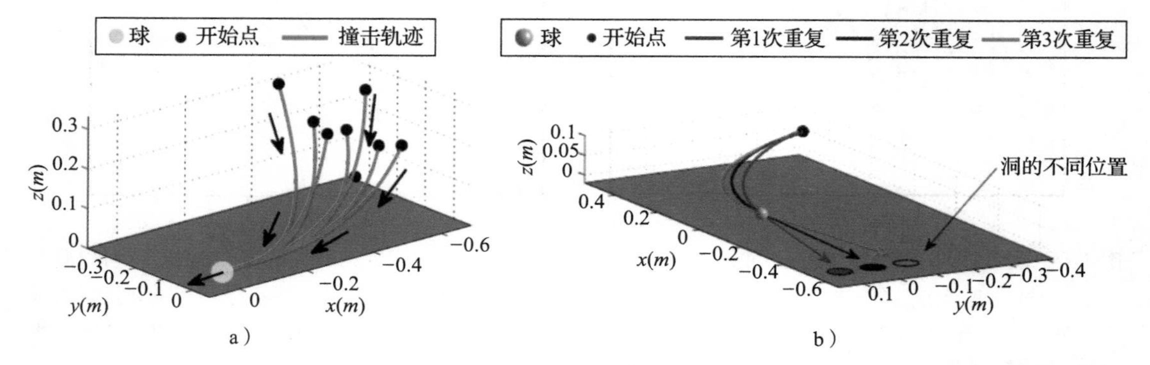

a）　　　　b）

图 2.8　a）通过动态系统表示击球的轨迹。b）从球到洞的相对位置的动力学表示，可以很好地概括朝向球的方向，无须进一步演示

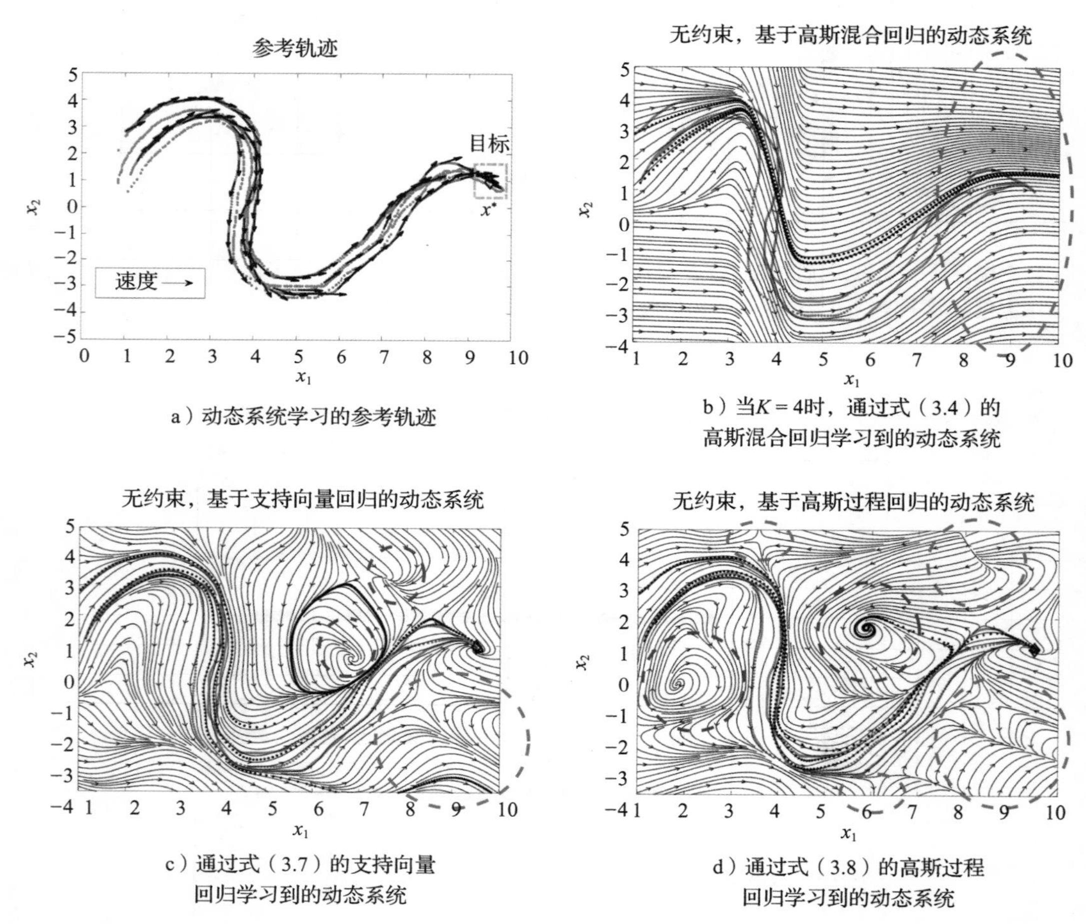

a）动态系统学习的参考轨迹

b）当$K=4$时，通过式（3.4）的高斯混合回归学习到的动态系统

c）通过式（3.7）的支持向量回归学习到的动态系统

d）通过式（3.8）的高斯过程回归学习到的动态系统

图 3.1　使用标准回归算法图 b ～图 d 和 3.3 节中介绍的稳定动态系统学习方案（图 d）进行动态系统学习的二维参考轨迹（图 a）。红色轨迹是演示，黑色轨迹是在演示的初始状态下学习到的动态系统的再现。注意，对于所有标准回归技术，动态系统都有伪吸引子和发散区域

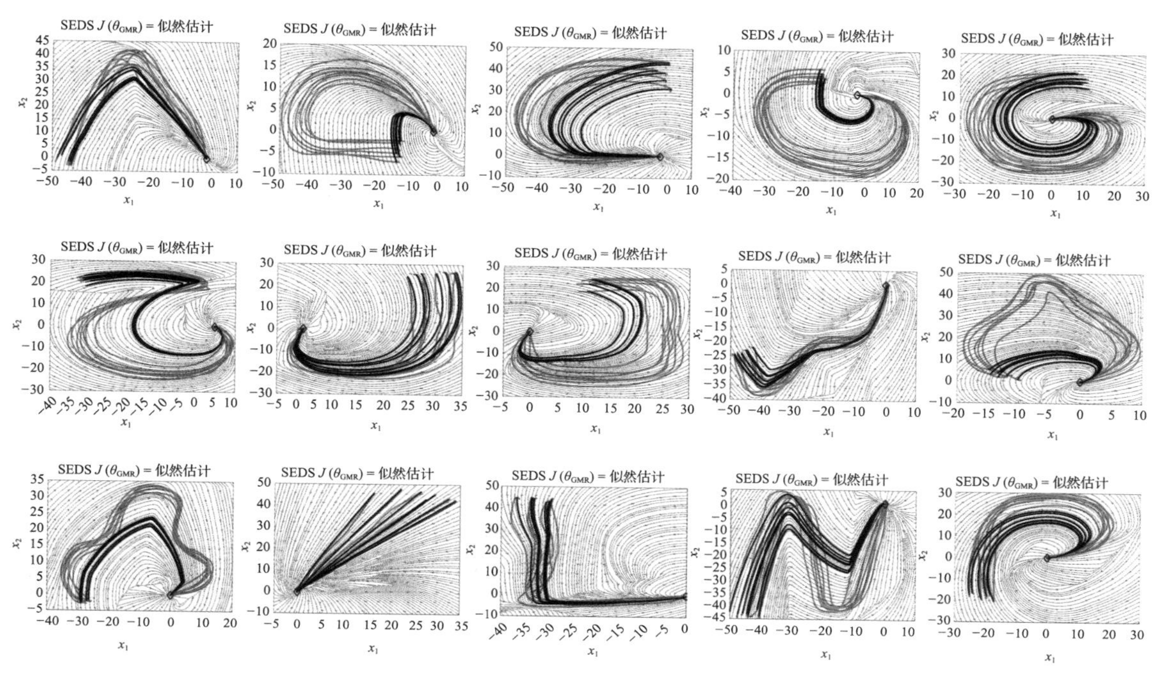

图 3.8 LASA 手写数据集上动态系统的稳定估计（似然估计）的性能（运动 1 ～ 15）

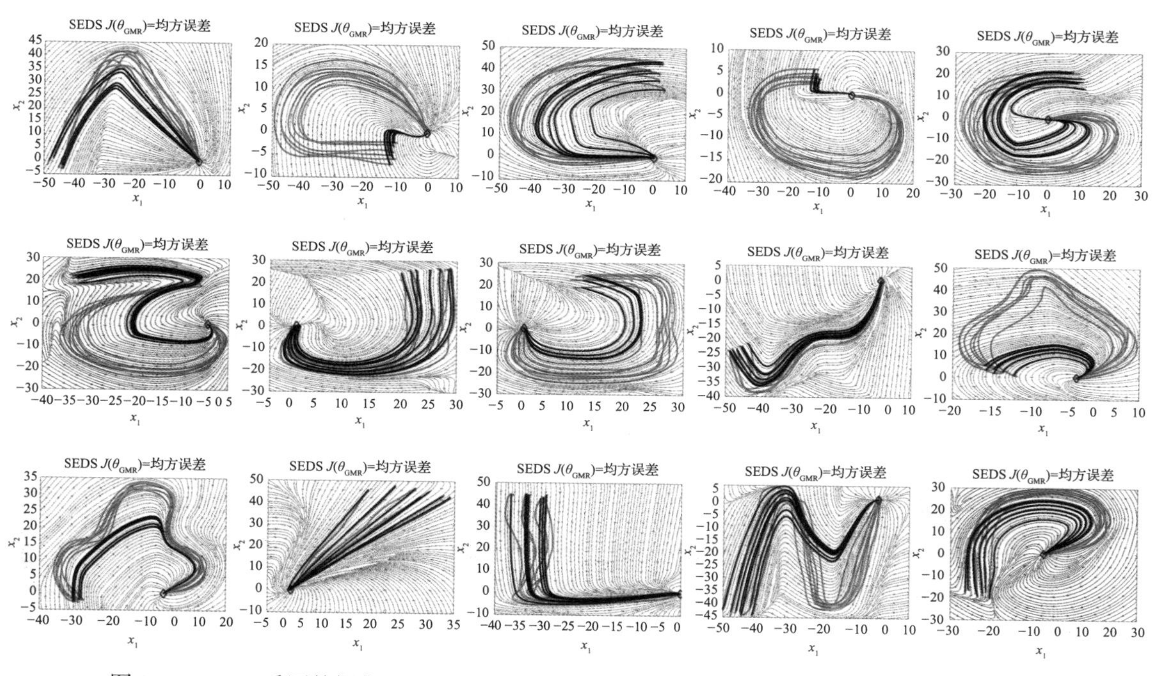

图 3.9 LASA 手写数据集上动态系统的稳定估计（均方误差）的性能（运动 1 ～ 15）

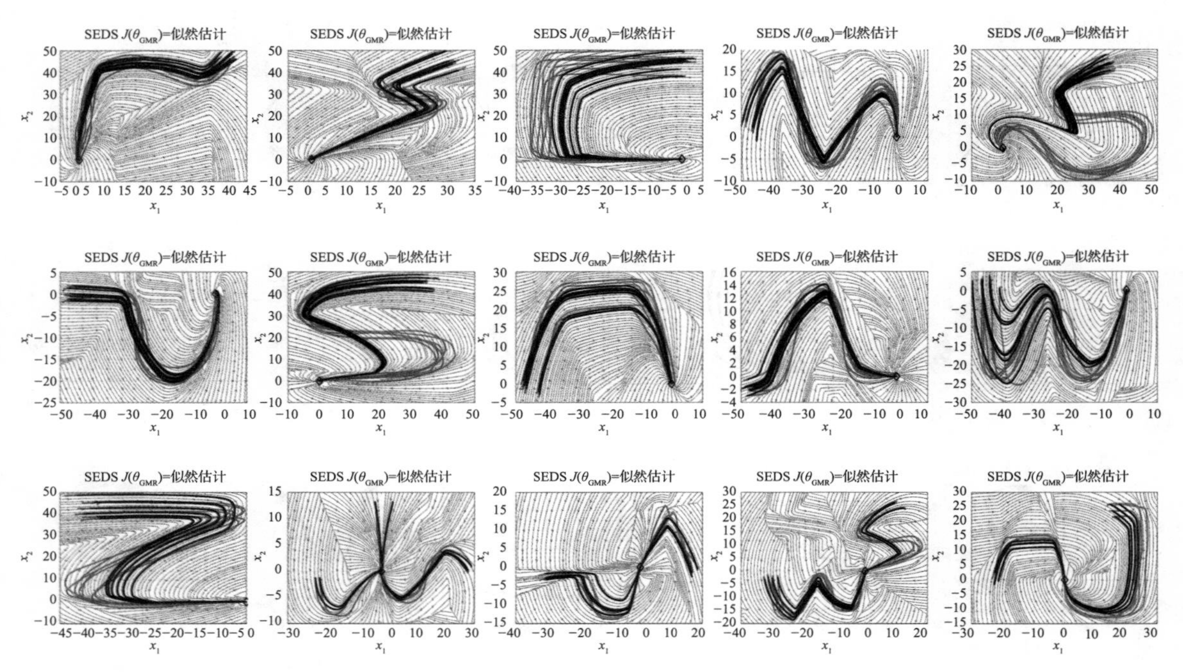

图 3.10　LASA 手写数据集上动态系统的稳定估计 （似然估计） 的性能 （运动 16 ～ 30）

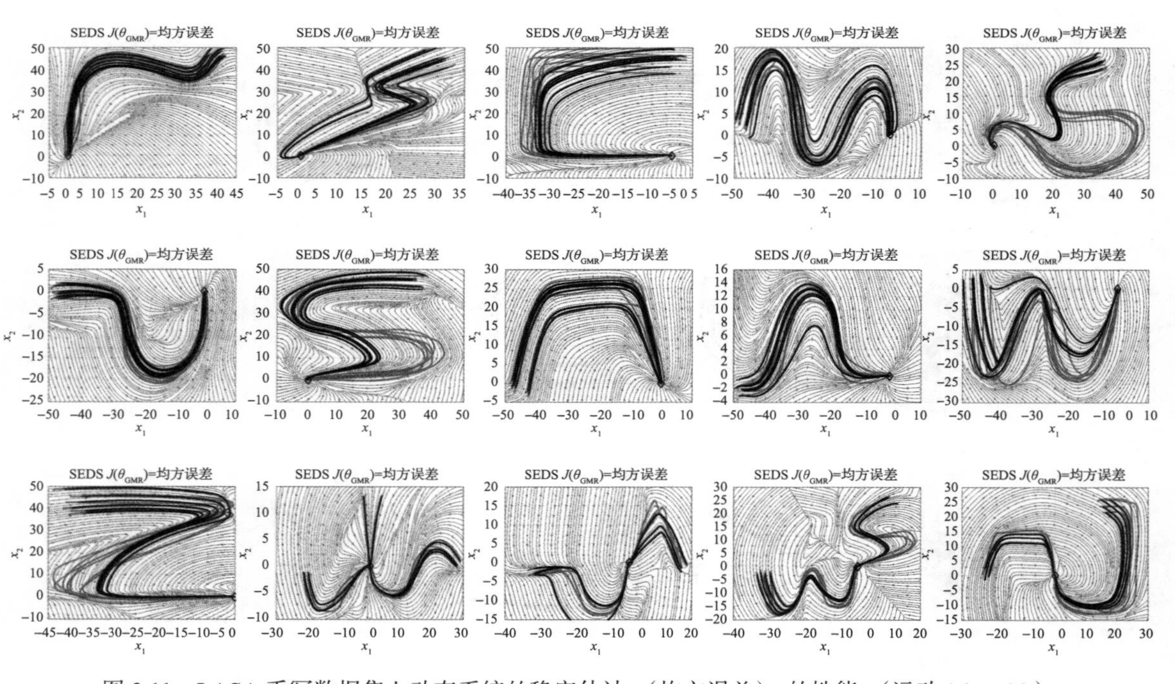

图 3.11　LASA 手写数据集上动态系统的稳定估计 （均方误差） 的性能 （运动 16 ～ 30）

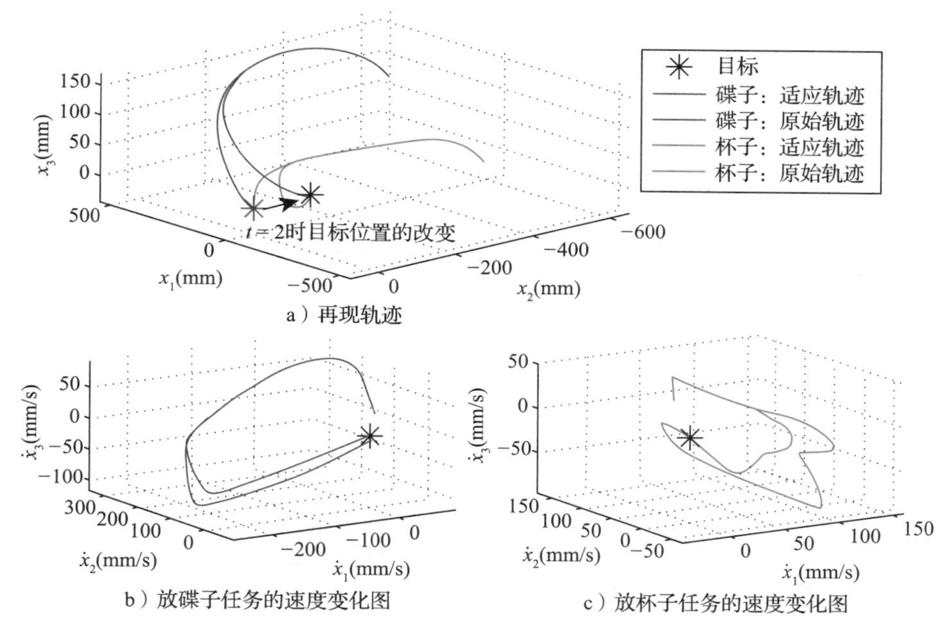

图 3.14　对任务 2 和任务 3 运行中目标位置变化的动态适应 [72]

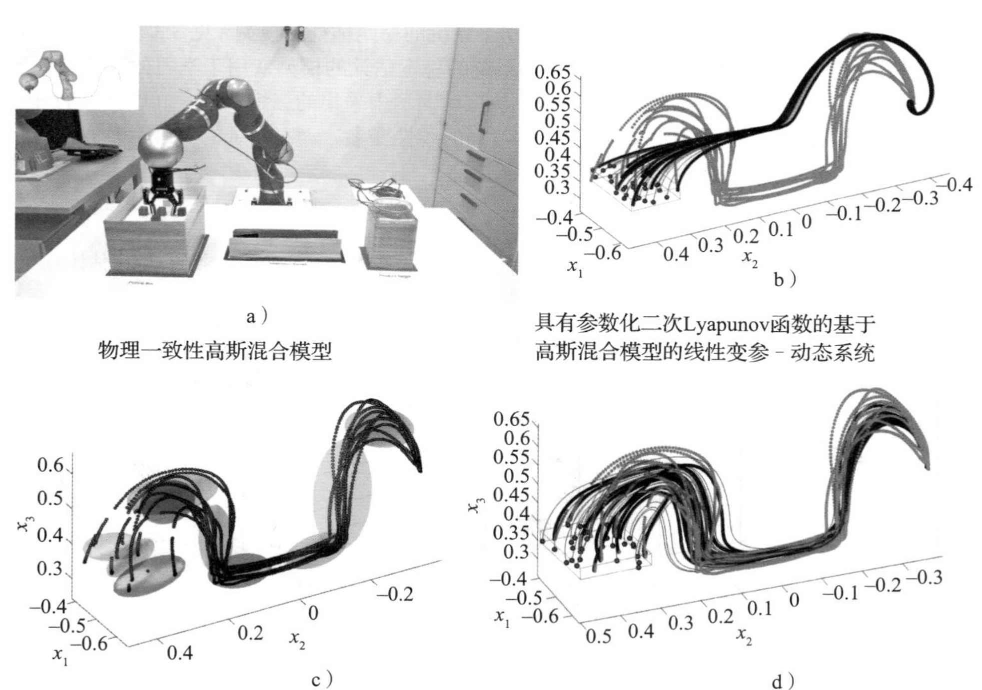

图 3.26　检查任务。a）实验设备示意图。机器人的任务是把彩色盒子从桌子最左边的盒子放到桌子最右边的盒子上。它的名义动态系统沿直线运动。示教者提供演示，教机器人通过中间的矩形盒子形成的狭窄通道。b）红色轨迹为演示轨迹，黑色轨迹由学习到的动态系统的稳定估计模型（见 3.3 节）从用于学习的初始位置生成，蓝色轨迹由学习到的动态系统的稳定估计模型从用于学习的初始位置的体积（蓝色标记）中采样的新初始位置生成。c）从运动示教中采集的三维轨迹，椭球代表物理一致性高斯混合模型算法拟合的高斯函数。d）学习到的线性变参 – 动态系统的三维演示和执行，轨迹颜色遵循与动态系统的稳定估计执行相同的约定

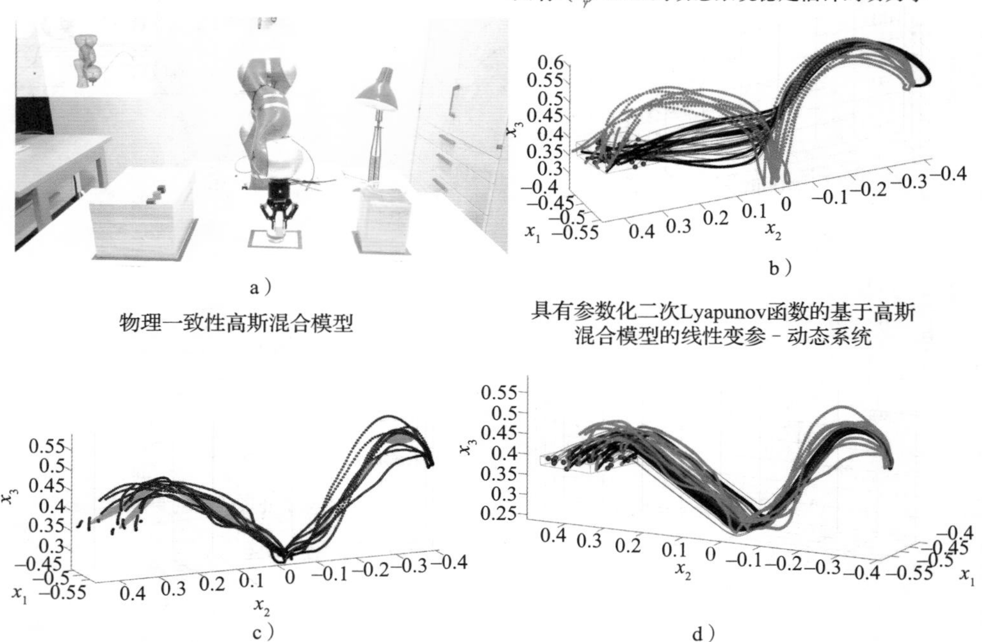

图 3.27 标记任务。a）图 3.26 中的任务变体。机器人必须通过位于中间蓝盒子中的一个特定点。b）红色轨迹为示教轨迹，黑色轨迹由学习到的动态系统的稳定估计的模型（见 3.3 节）从用于学习的初始位置生成，蓝色轨迹由学习到的动态系统的稳定估计的模型从用于学习的初始位置的体积（蓝色标记）中采样的新初始位置生成。c）从拖动演示中采集的三维轨迹，椭球代表物理一致性高斯混合模型算法拟合的高斯函数。d）学习到的线性变参－动态系统的三维示教和执行，轨迹颜色遵循与动态系统稳定估计执行相同的约定

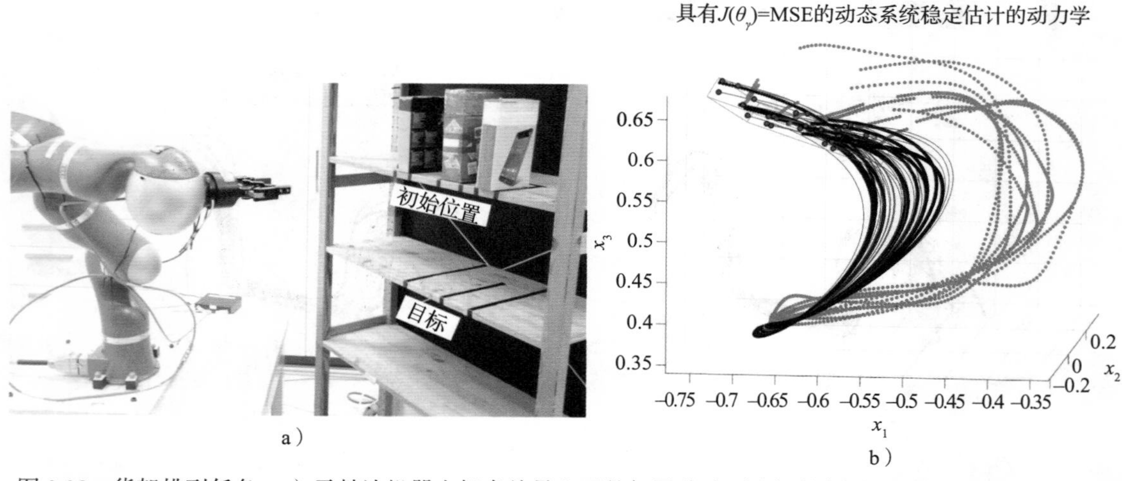

图 3.28 货架排列任务。a）示教让机器人把书从最上面的架子移动到中间的架子上，每本书都有一个专门的位置。b）红色轨迹为示教，黑色轨迹由学习到的动态系统的稳定估计模型（见 3.3 节）从用于学习的初始位置生成，蓝色轨迹由学习到的动态系统的稳定估计模型从用于学习的初始位置的体积（蓝色标记）中采样的新初始位置生成。c）从拖动示教中收集的三维轨迹，椭球代表物理一致性高斯混合模型算法拟合的高斯函数。d）学习到的线性变参－动态系统的三维示教和执行，轨迹颜色遵循与动态系统的稳定估计执行相同的约定

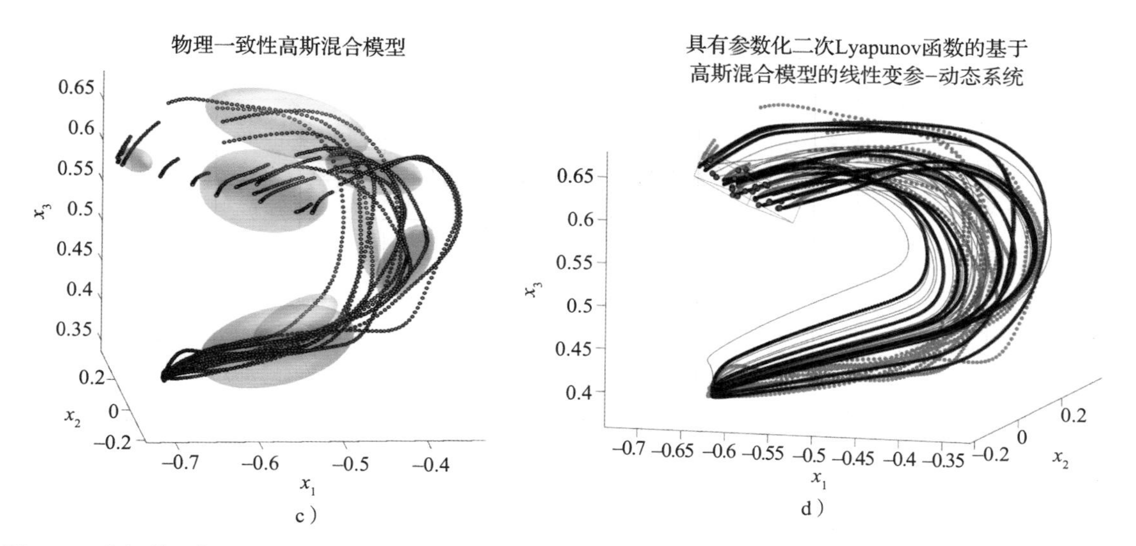

图 3.28　货架排列任务。a）示教让机器人把书从最上面的架子移动到中间的架子上，每本书都有一个专门的位置。b）红色轨迹为示教，黑色轨迹由学习到的动态系统的稳定估计模型（见 3.3 节）从用于学习的初始位置生成，蓝色轨迹由学习到的动态系统的稳定估计模型从用于学习的初始位置的体积（蓝色标记）中采样的新初始位置生成。c）从拖动示教中收集的三维轨迹，椭球代表物理一致性高斯混合模型算法拟合的高斯函数。d）学习到的线性变参 – 动态系统的三维示教和执行，轨迹颜色遵循与动态系统的稳定估计执行相同的约定（续）

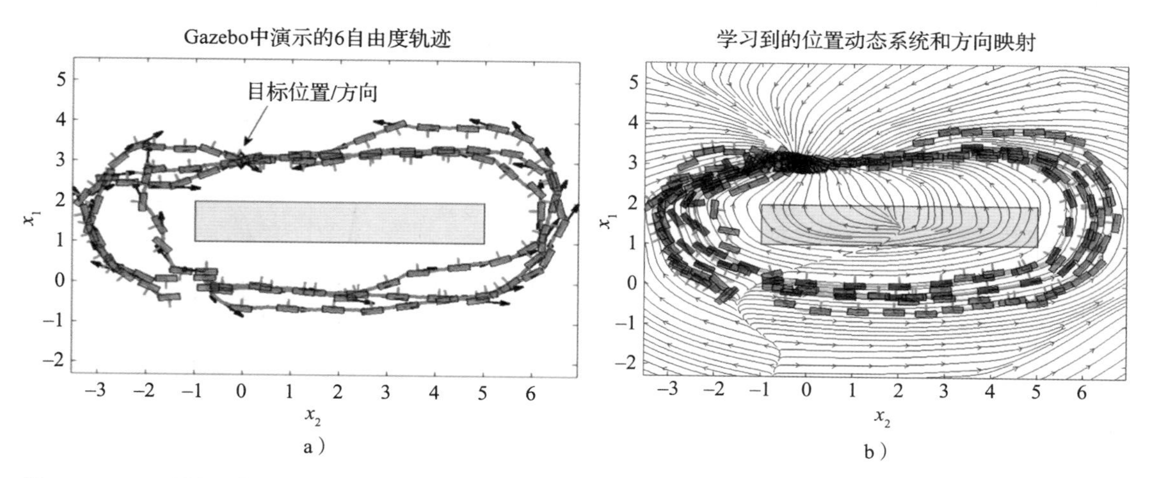

图 3.30　iCub 导航 / 绕墙协同操作。a）在 Gazebo 中远程操作的矩形物体的二维轨迹，用红色矩形表示该物体的位置和方向。b）二维演示轨迹（红色矩形）和使用学习过的动态系统（深灰色矩形）执行。c）一组使用线性变参 – 动态系统模型执行学习任务的 iCub

c）

图 3.30 iCub 导航 / 绕墙协同操作。a）在 Gazebo 中远程操作的矩形物体的二维轨迹，用红色矩形表示该物体的位置和方向。b）二维演示轨迹（红色矩形）和使用学习过的动态系统（深灰色矩形）执行。c）一组使用线性变参 – 动态系统模型执行学习任务的 iCub（续）

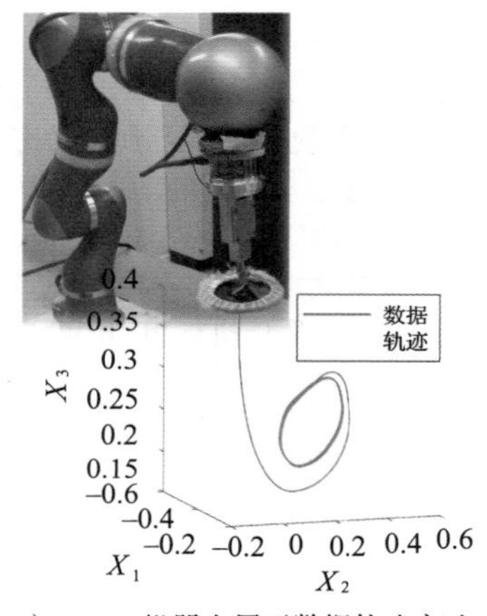

a）KUKA机器人用于数据轨迹实验

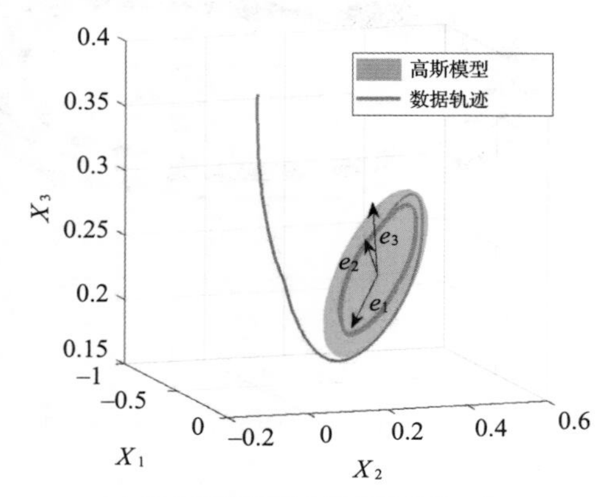

b）用高斯模型求出数据轨迹和ω集

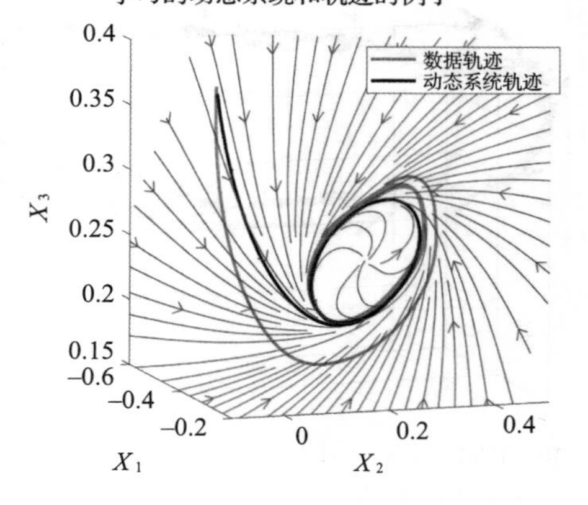

c）学习的动态系统（覆盖为蓝色的是周期定义的平面）和轨迹的再现

图 4.11 旋转和优化结果的高斯模型示例 [69]

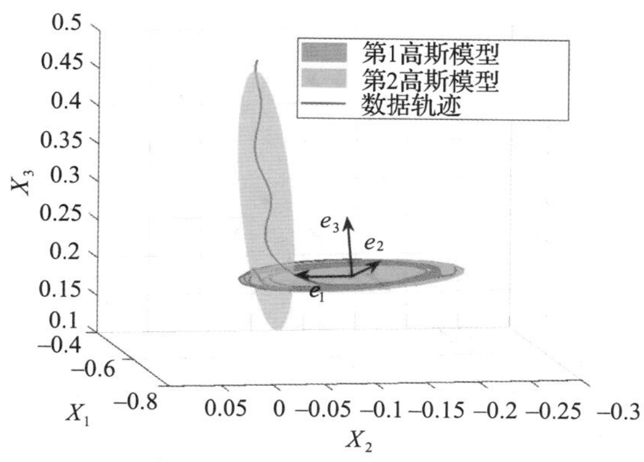

a）考虑高斯混合模型的第一高斯模型分布得到的拖动数据轨迹和ω集

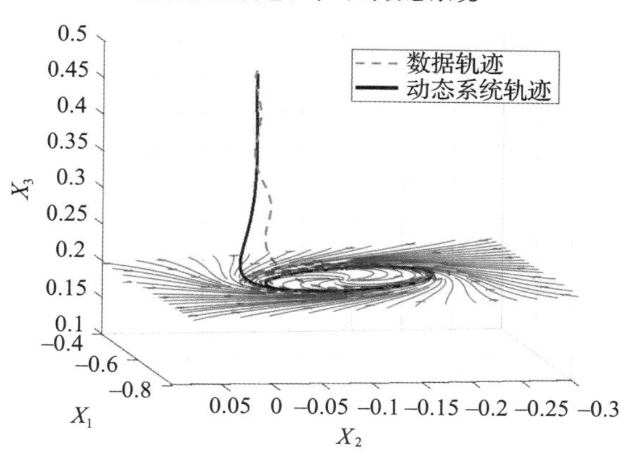

b）数据轨迹（红色），学习的动态系统轨迹（黑色），循环定义平面的动态系统向量场（蓝色箭头）

图 4.12　从拖动示教中学习动态系统 [69]

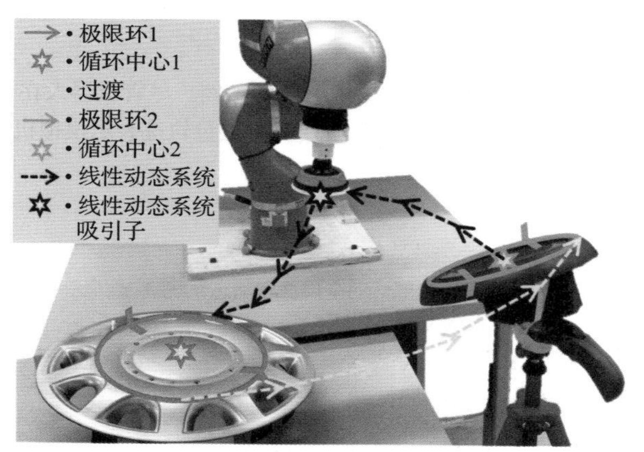

a）动态系统上进行硬而平滑的过渡以擦拭两个物体

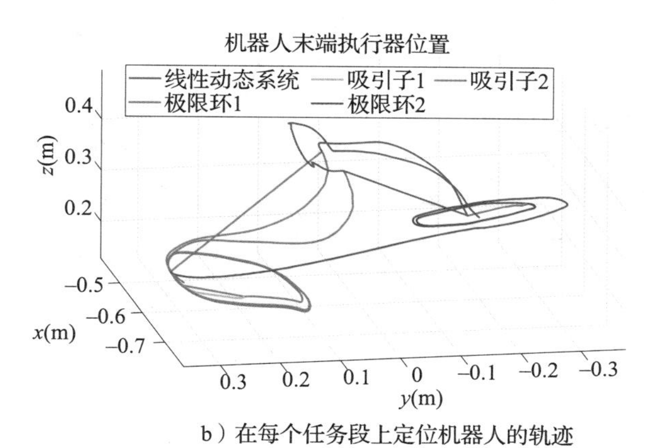

b）在每个任务段上定位机器人的轨迹

图 4.14　一个机器人任务的例子。在线性二阶动态系统（黑色）和分岔动态系统（红 / 蓝线）之间有硬切换，用于擦拭两个不同方向和直径的物体的表面。通过改变 ρ_0、x_0 和 θ_0 在极限环和吸引子内发生切换 [69]

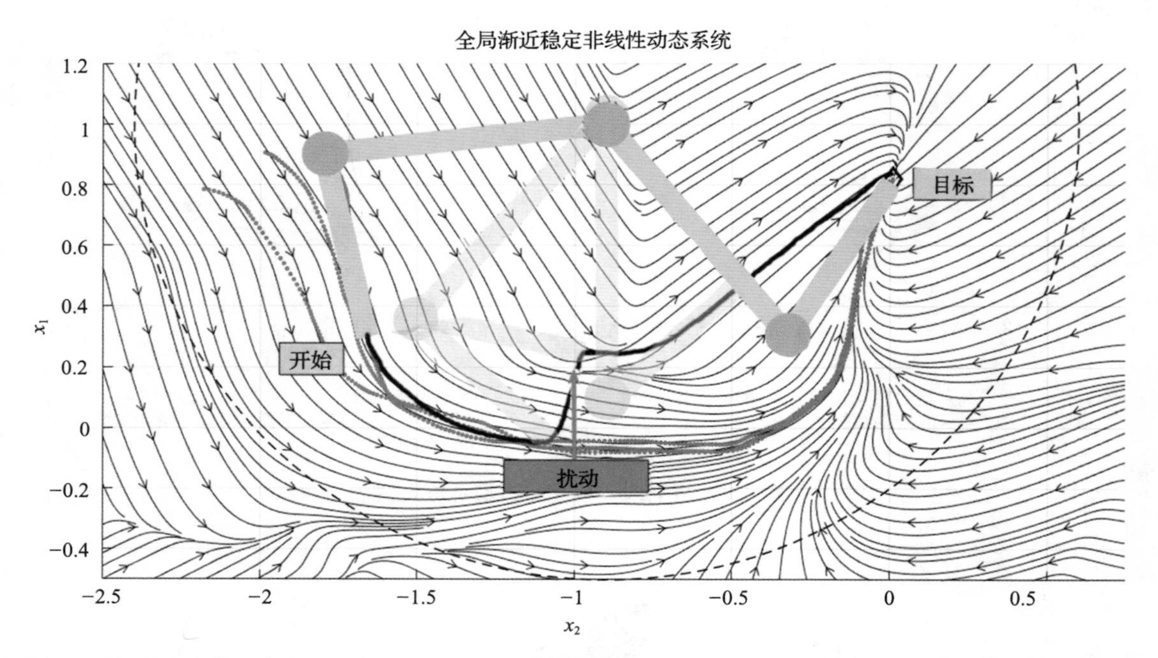

图 5.1　机器人由第 3 章介绍的一阶非线性动态系统引导的示例。尽管机器人在受到扰动后到达目标，但它不能遵循用于学习动态系统的参考轨迹（红色）。黑色轨迹表示模拟机器人末端执行器的轨迹

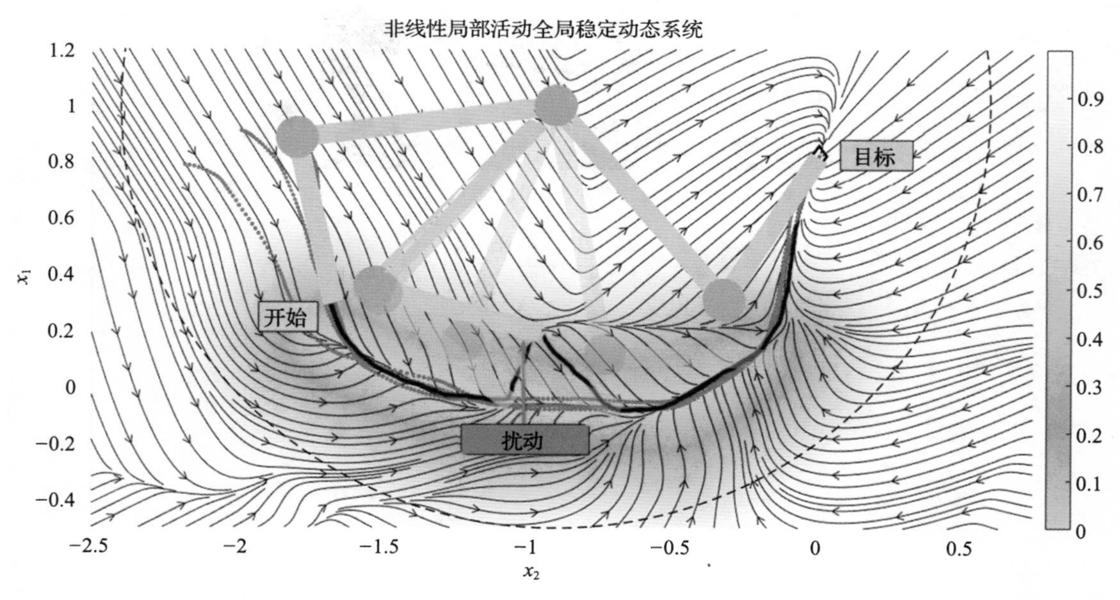

图 5.3　一个 2 自由度机械臂被一个局部活动全局稳定动态系统引导的说明性例子，它不仅对称地收敛到参考轨迹（红色），而且到达目标

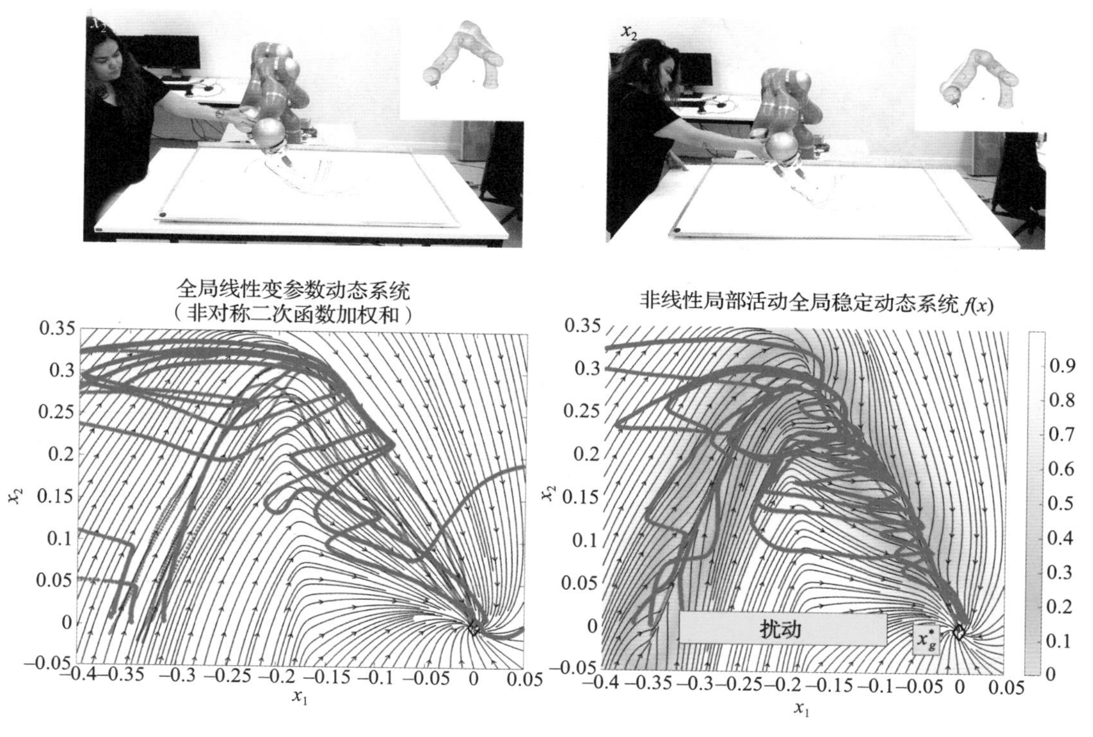

图 5.14　末端执行器执行角形的轨迹。红色轨迹为示教，蓝色和绿色轨迹为执行

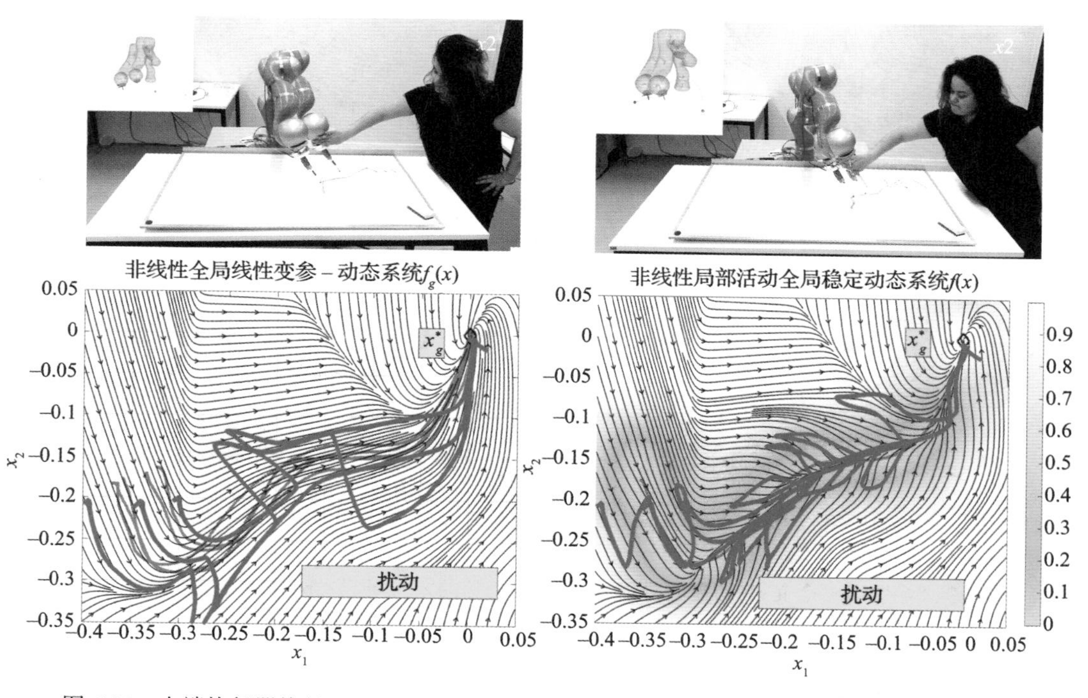

图 5.15　末端执行器执行 Khamesh 形的轨迹。红色轨迹为示教，蓝色和绿色轨迹为执行

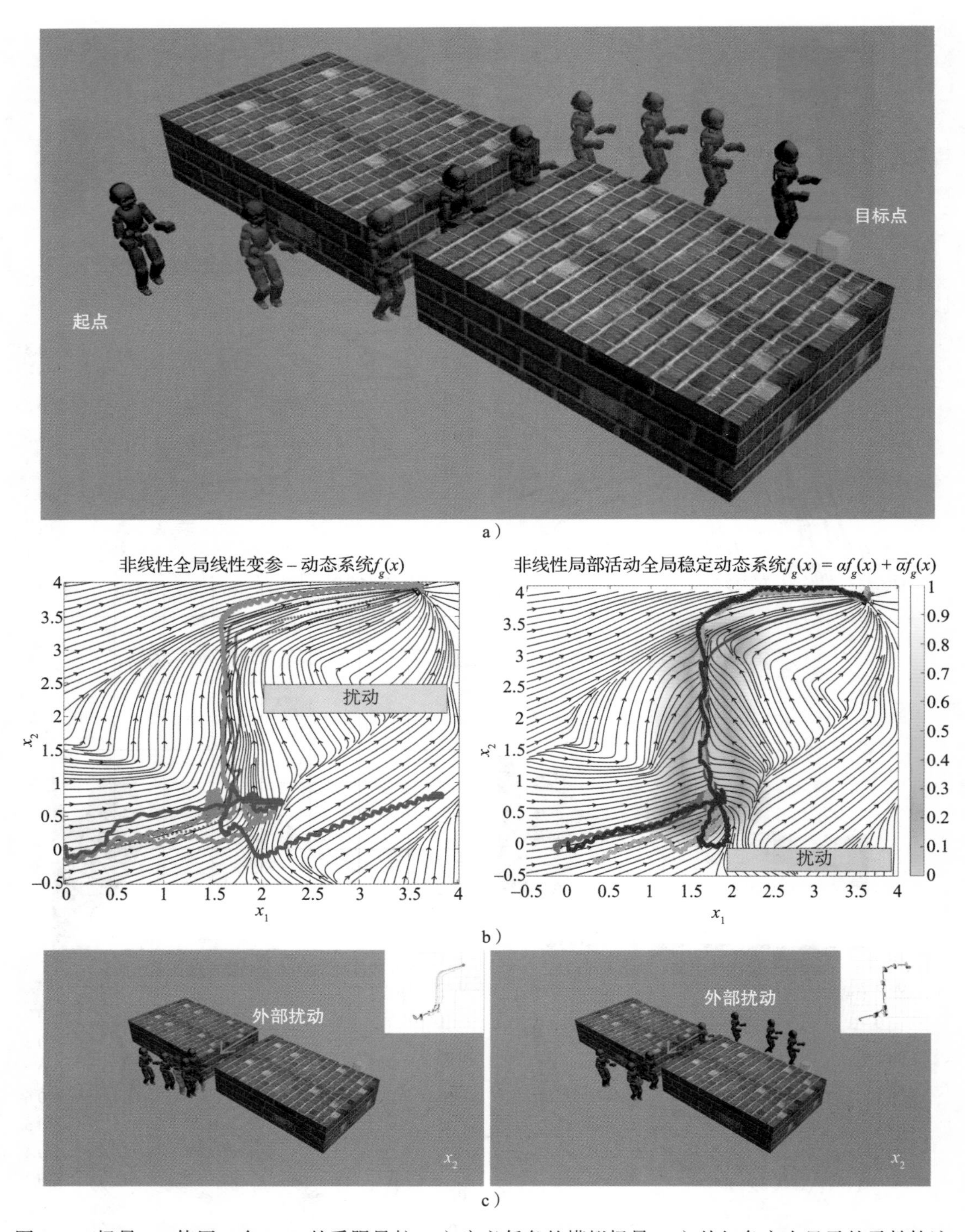

图 5.16　场景 1：使用一个 iCub 的受限导航。a）定义任务的模拟场景。b）从红色突出显示的示教轨迹中学习的全局动态系统与局部活动全局稳定动态系统的向量场，黑色轨迹是通过积分动态系统生成的开环轨迹，不同颜色的轨迹是模拟在不同外部扰动下机器人协作任务的轨迹。c）具有类似外部扰动的模拟场景的视频截图。可以看出，局部活动全局稳定动态系统能够在受到外部扰动后恢复并完成任务，而全局动态系统则会陷入困境

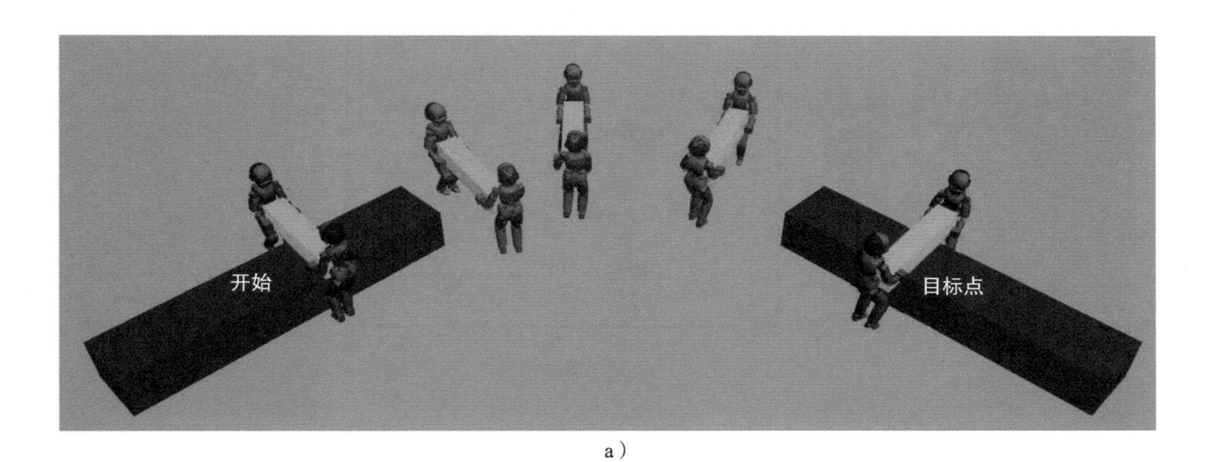

a）

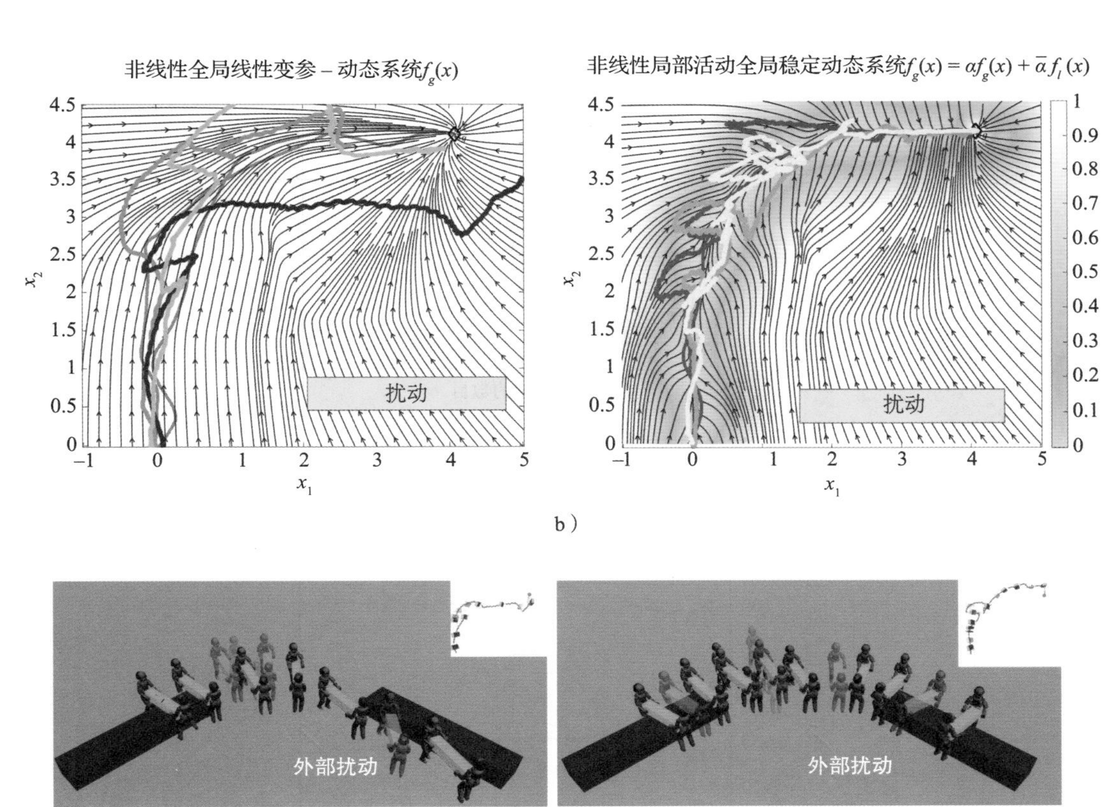

b）

c）

图 5.17 场景 2：使用两个 iCub 的物体协同操作。a）定义任务的模拟场景。b）从红色突出显示的示教轨迹中学习的全局动态系统与局部活动全局稳定动态系统的向量场，黑色轨迹是通过积分动态系统生成的开环轨迹，不同颜色的轨迹是机器人在不同外部扰动下模拟任务时的协同操作。c）具有类似外部扰动的模拟场景的视频截图。可以看出，局部活动全局稳定动态系统能够在外部扰动后恢复并完成任务，而全局动态系统试图达到目标，但遵循了导致任务失败的路径

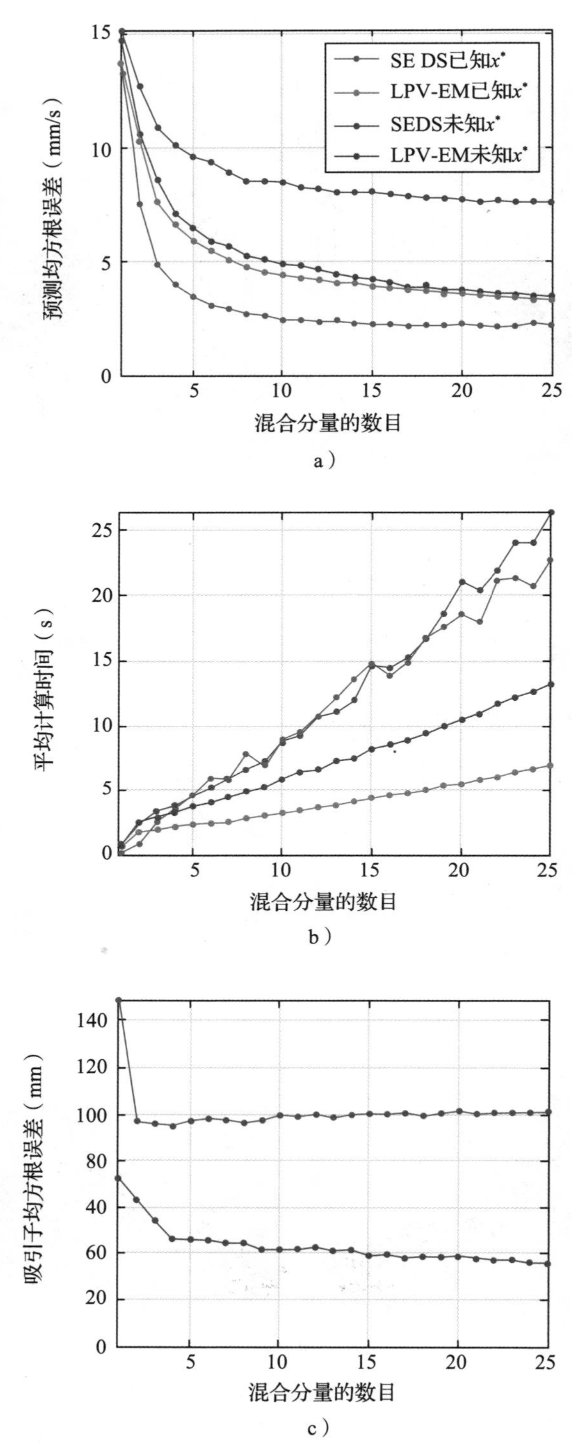

图 5.18　无论是吸引子 x^* 已知还是吸引子 x^* 未知，对动态系统的稳定估计和线性变参–期望最大化的LASA 手写数据集的结果。图 a 和图 b 分别显示了所有四种情况下的预测均方根误差和训练时间与混合分量数目的函数关系。图 c 显示了在吸引子未知的情况下的吸引子估计误差

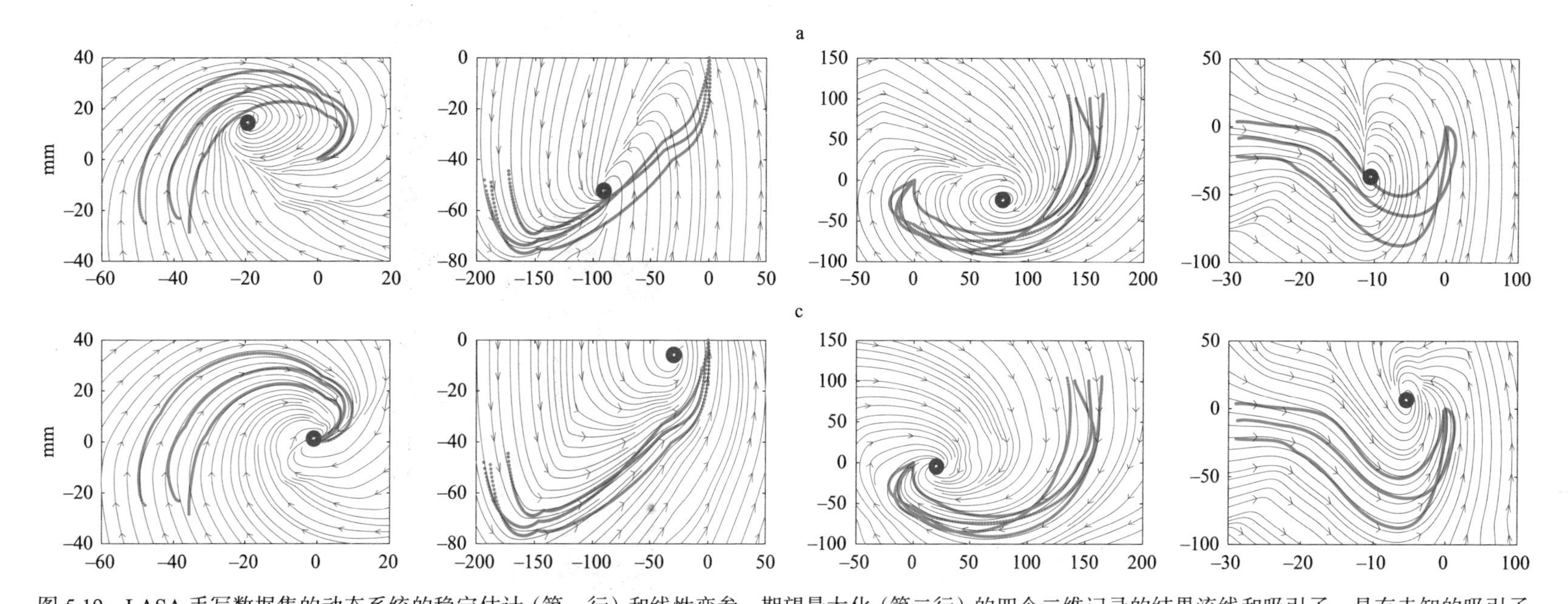

图 5.19　LASA 手写数据集的动态系统的稳定估计（第一行）和线性变参－期望最大化（第二行）的四个二维记录的结果流线和吸引子，具有未知的吸引子 x^* 和 K=7 分量。红点表示训练样本，蓝色标记表示估计的吸引子。数据集假设吸引子在 [0,0]

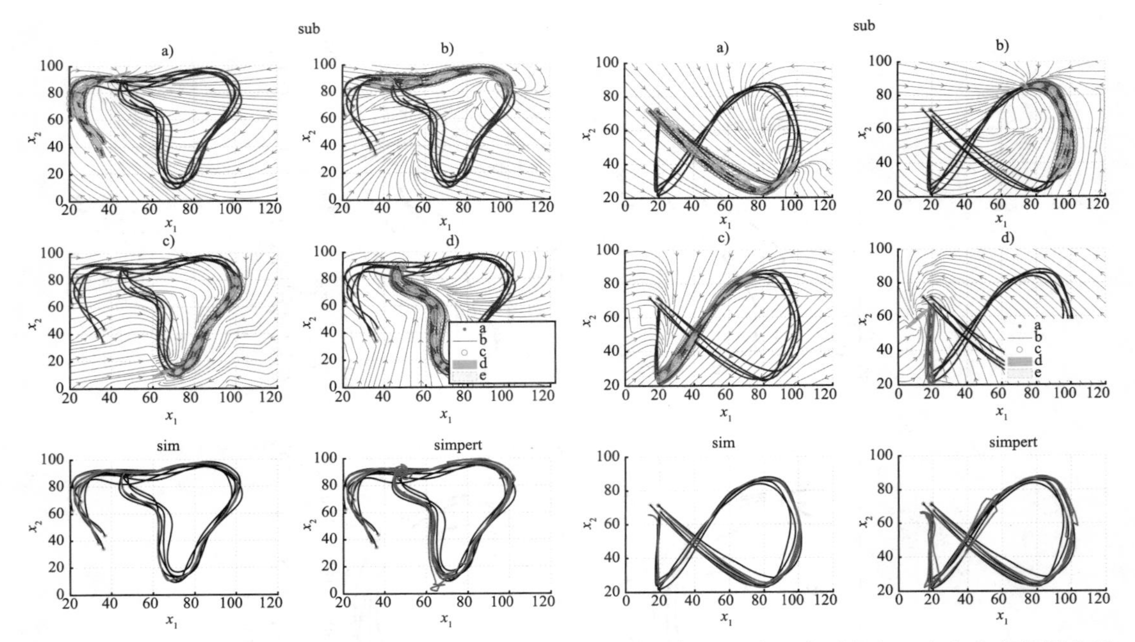

图 5.20　隐马尔可夫模型 – 线性变参模型的结果子任务和模拟轨迹，有四个子任务，有七个高斯混合模型分量，每个分量用于用鼠标捕获的两组典型的人类示教。黑色轨迹代表训练样本，粉红色星号表示初始位置。前两行描述了每个子任务的线性变参的参数、它们的终止策略和它们的责任（最有可能属于子任务的训练样本）。最后一行显示了几个由绿色实线描绘的模拟轨迹，这些线是根据式（5.61）生成的，从每个初始点开始。两个模型的子任务从左到右的序列为 a）-b）-c）-d）。图 a 和图 c 显示了没有扰动的模拟轨迹，而图 b 和图 d 显示了当系统每秒受到扰动时产生的轨迹。每次扰动发生时，都观察到与主轨迹的小偏差

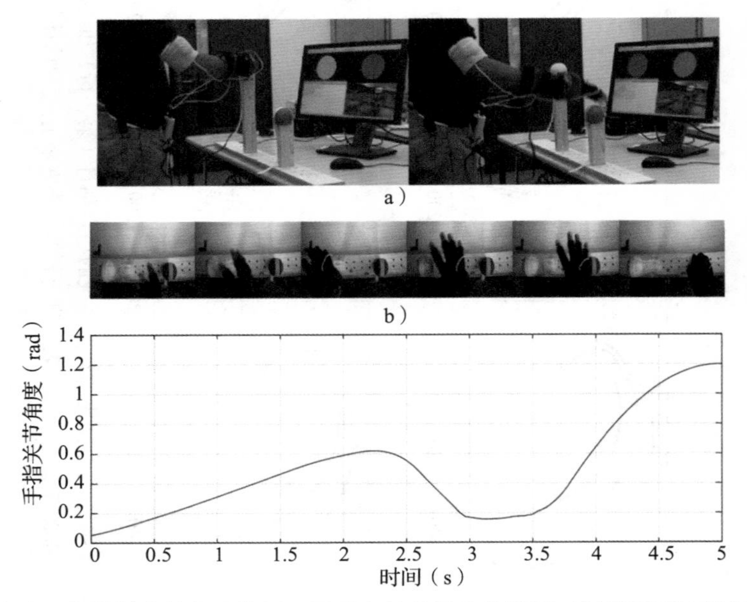

图 6.6　a）记录扰动下人类行为的实验装置。屏幕上的目标选择器用于创建要到达目标位置时的突然变化。b）从 100 帧 / 秒的高速摄像机中近距离观察手指运动，记录从受到扰动开始时关节角度的下降值（手指重新打开）

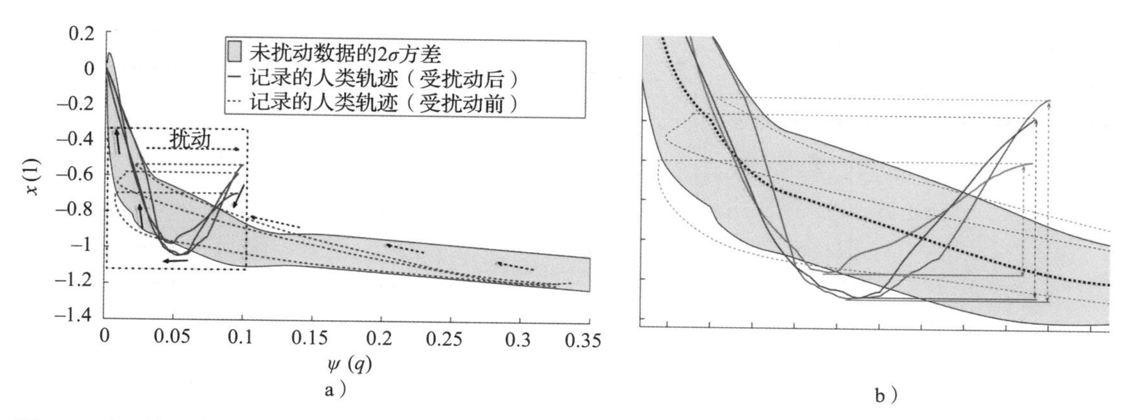

图 6.8　a）从人类受扰动示教中记录的数据。在扰动下的适应行为与未受扰动行为中的手部位置和手指之间的关联保持一致。b）处理扰动的区域用红色表示并放大，其中显示了来自同一对象的三个示教（红色、蓝色和紫色）

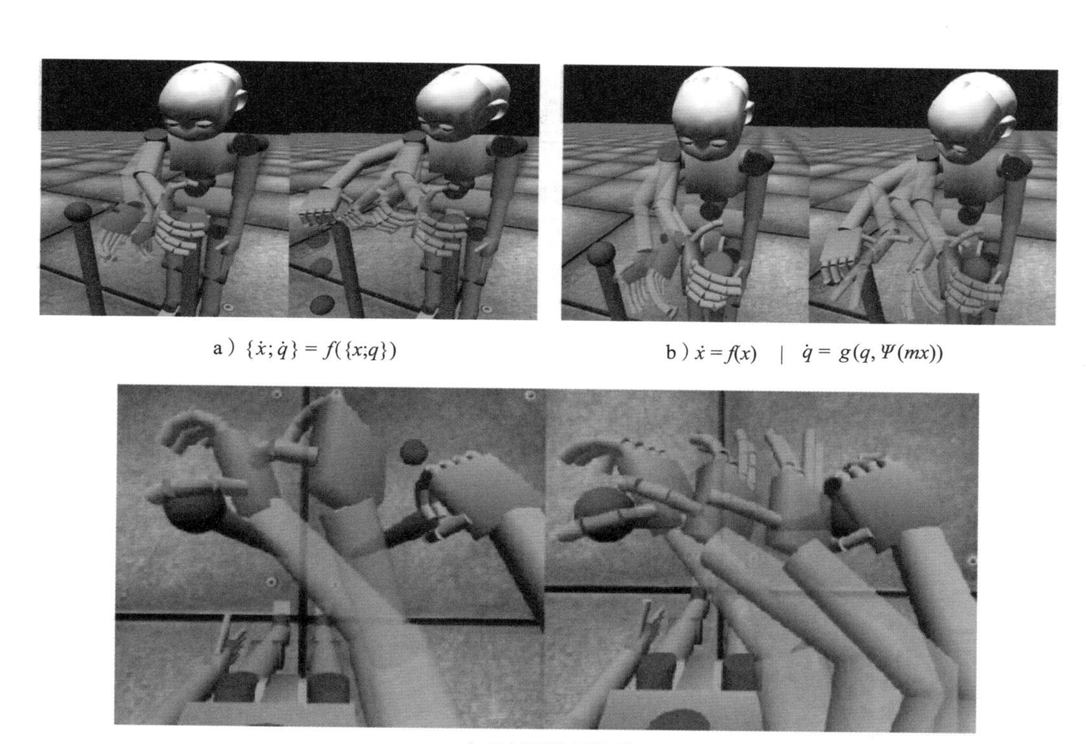

a）$\{\dot{x};\dot{q}\} = f(\{x;q\})$

b）$\dot{x} = f(x)$　|　$\dot{q} = g(q, \Psi(mx))$

c）机械手特写镜头

图 6.13　执行抓握任务时，有显式耦合和隐式耦合两种方式。显式耦合的执行（图 b）可以防止手指过早闭合，确保给定任何数量的扰动抓握的形成都能被阻止，直到确认安全为止。在隐式耦合执行（图 a）中，手指提前闭合抓握失败。图 c 显示了扰动后隐式（左）和显式（右）耦合情况下手部运动的特写

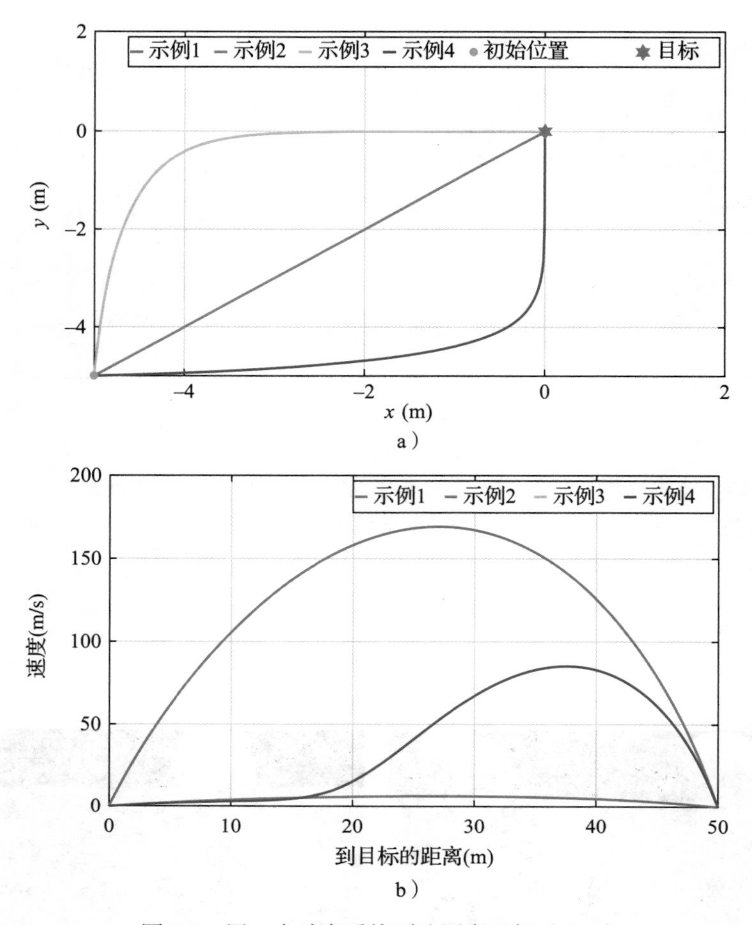

图 7.3　用 4 个动态系统到达固定目标（$x^{*}=0$）

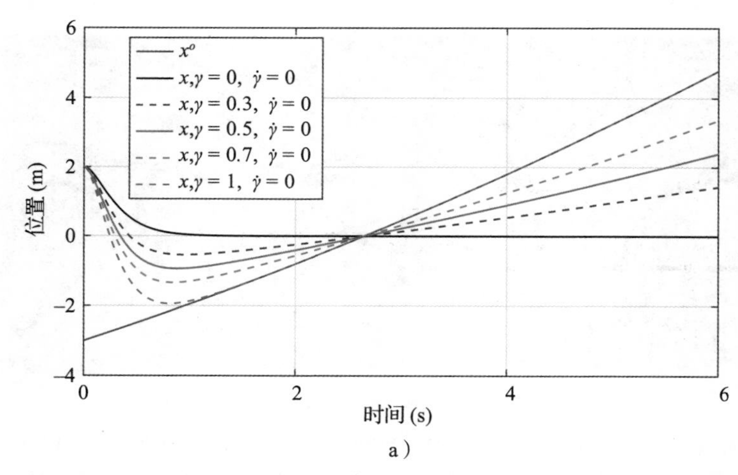

图 7.5　一维动态系统的行为受 ρ 和 $\dot{\rho}$ 的影响。图 a 中 $\dot{\rho}=0$。图 b 和图 c 中分别显示了 $\dot{\rho}$ 为常数或随时间变化时对于一维系统的行为。图 d 和图 e 分别表示 ρ 在图 b 和图 c 上的行为。在图 c 中，通过随时间优化的 ρ 值来满足虚拟工作空间的约束

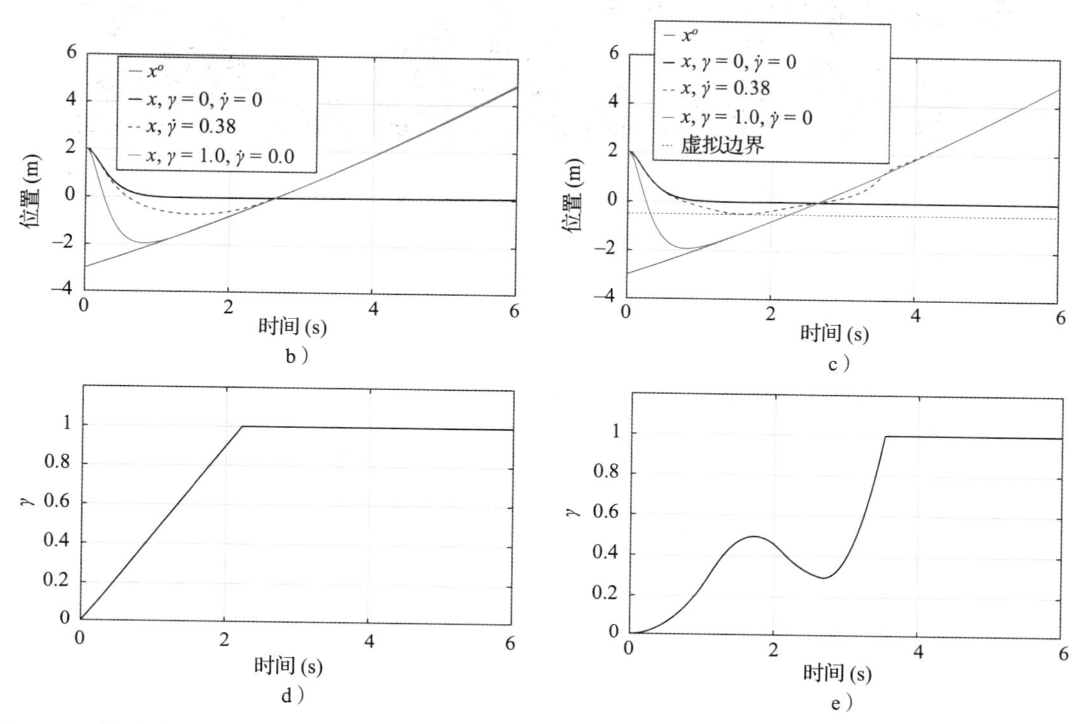

图 7.5　一维动态系统的行为受 ρ 和 $\dot{\rho}$ 的影响。 图 a 中 $\dot{\rho}=0$。 图 b 和图 c 中分别显示了 $\dot{\rho}$ 为常数或随时间变化时对于一维系统的行为。 图 d 和图 e 分别表示 ρ 在图 b 和图 c 上的行为。 在图 c 中，通过随时间优化的 ρ 值来满足虚拟工作空间的约束（续）

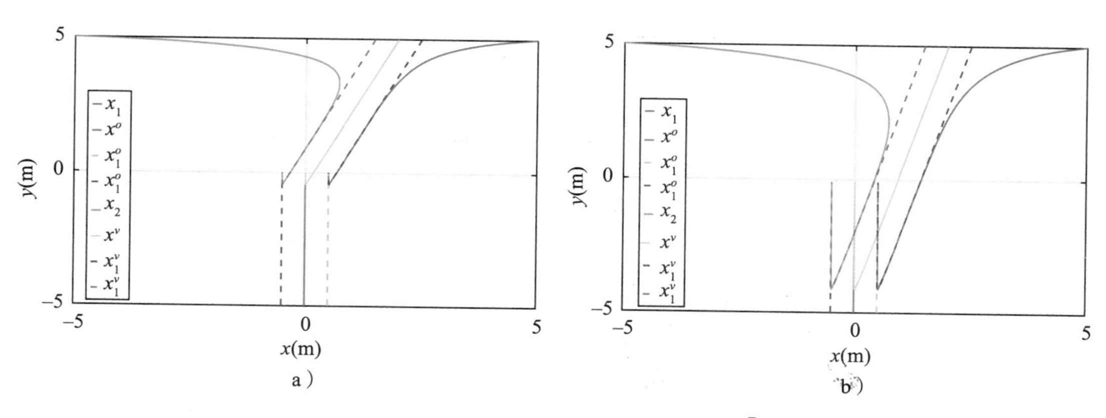

图 7.9　两个智能体到达并拦截一个移动物体。a) $\rho=0.1$，b) $\rho=0.9$。$\boldsymbol{A}_{2j}=\begin{bmatrix}-20 & 0\\ 0 & -20\end{bmatrix}$，$\boldsymbol{A}_{1j}=\begin{bmatrix}-100 & 0\\ 0 & -100\end{bmatrix}$，$\forall j\in\{1,2\}$，并且 $A_2^v=\begin{bmatrix}-4 & 0\\ 0 & -4\end{bmatrix}$，$A_1^v=\begin{bmatrix}-4 & 0\\ 0 & -4\end{bmatrix}$。两个机器人都到达虚拟物体并且在协调和同步中收敛到真实物体的运动

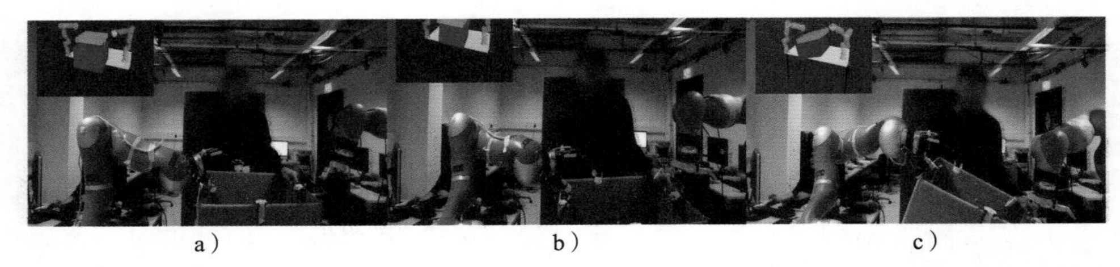

图 7.11　机械臂与移动 / 旋转物体之间的协调能力的视频截图。真实物体在机器人的工作空间内。因此，协调参数 ρ 接近于 1，这有利于机械臂和物体之间的协调。左上角的图片展示了机器人的实时可视化，以及虚拟（绿色）和真实（蓝色）的物体

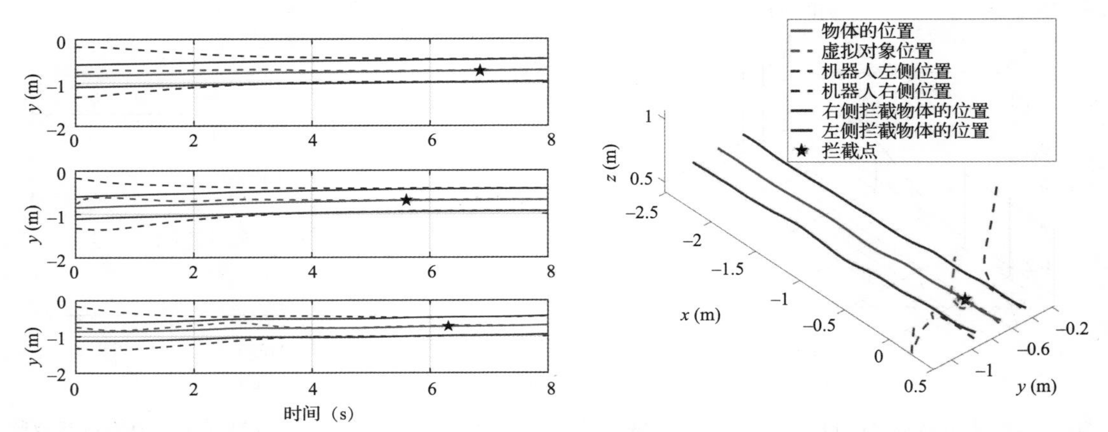

图 7.13　动态系统（式（7.25））生成的末端执行器位置的示例。只给出了沿 y 轴的轨迹。所示的物体轨迹是未捕获物体的预测轨迹。对箱子轨迹的预测需要一些数据进行初始化，并且使用 x 轴上几乎所有的前 0.2m 进行预测。正如预期那样，式（7.25）的输出值在 ρ 很小的情况下首先收敛于期望的拦截点。并且它柔和地拦截物体的轨迹并跟踪物体的运动。如果物体不移动或手指闭合，机器人就会停止

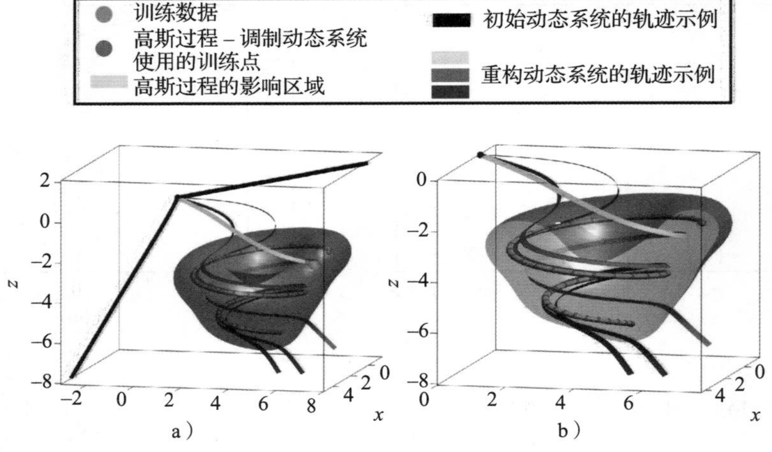

图 8.3　a）在三维系统中重塑动态系统的例子。彩色流带代表了重塑动态系统的轨迹例子。黑色的流带表示不通过状态空间重塑区域的轨迹，因此保留了线性系统的直线特性，这里用作标称动态系统。绿色流带是人工生成的数据，代表一个不断扩张的螺旋。紫色的点代表这些数据的子集（对应高斯过程中预测方差的水平集）。彩色流带是通过重塑区域的轨迹示例。b）和图 a 相同，但是放大了，影响面被切割以提高训练点和轨迹的可见度

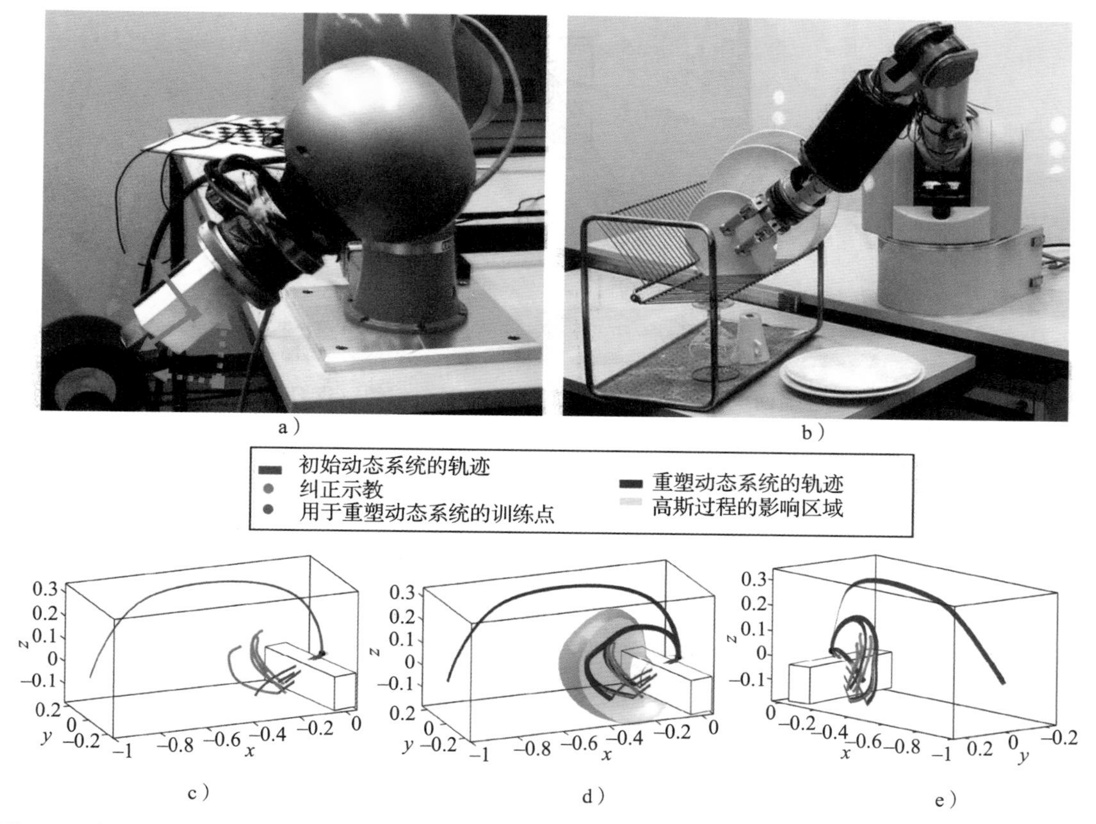

图 8.6　图 a 和图 b 展示了 Barrett WAM 7 自由度机械臂执行堆叠盘子的任务。由一组起始点（图 c）产生的标称动态系统轨迹会由于缺乏正确的方向而导致故障。轨迹开始接近盘子架往往会与它碰撞。通过机器人物理引导提供的校正训练数据以绿色显示。d）生成的重构后的系统。灰色阴影区域说明高斯过程的影响区域，并计算为预测方差的水平集。e）从不同的角度重塑系统。请注意训练数据的稀疏选择

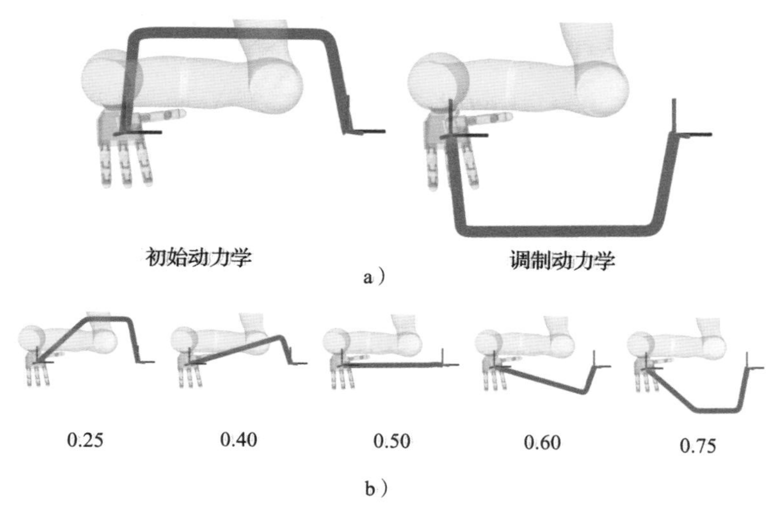

图 8.9　左边和右边的红、绿、蓝色坐标系分别对应于起点和目标。从上面看，绿色部分是动态系统的轨迹。a）初始和调制动力学。b）不同激活水平下的动力学结果。当 $h_s = 0.50$ 时，动力学曲线呈直线

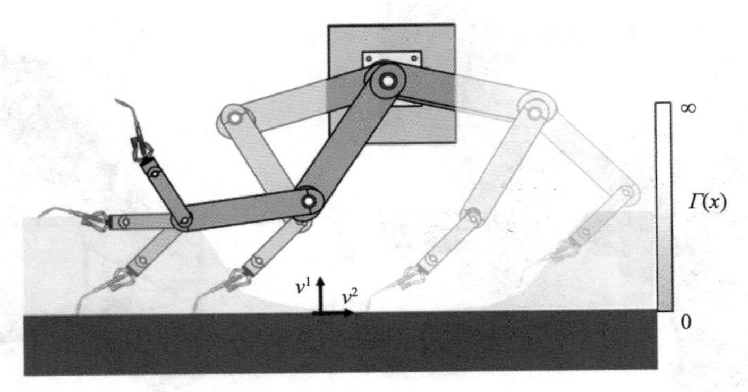

图 8.12　机器人的任务是在表面上快速滑动。为了确保接触是稳定的，我们引入了一种调制，通过一个距离函数 $\Gamma(x)$ 来减慢机器人接近表面的速度。远离表面，函数为零，没有影响

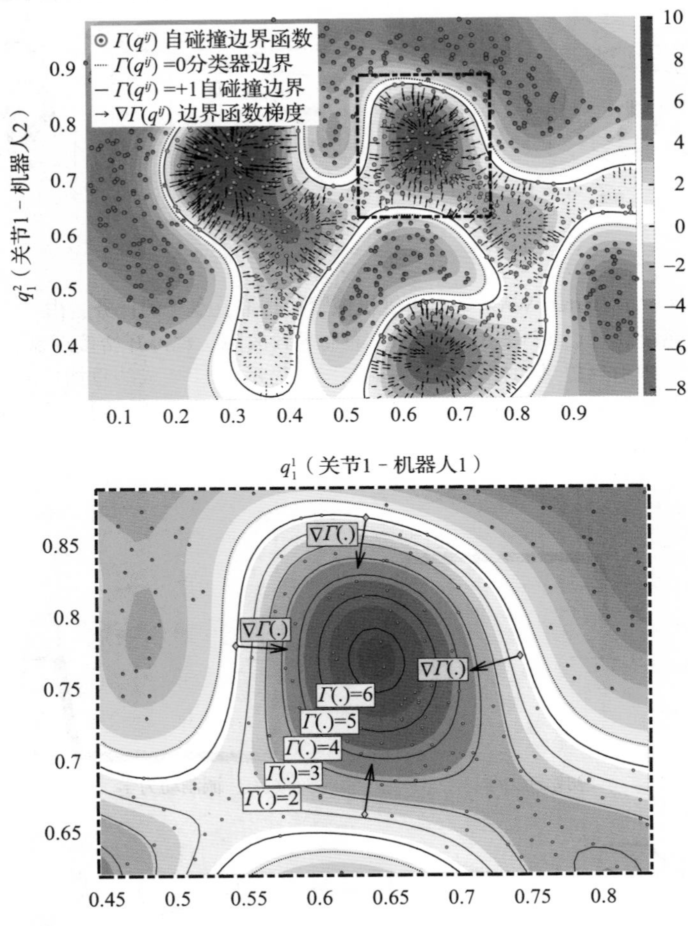

图 9.9　$\Gamma(q^{ij})$ 函数用于二维平面问题。假设有两个具有 1 自由度的机器人，每个机器人对应每个轴（即 $q^{ij}=[q_1^1,q_2^1]$）。绿色数据点表示无碰撞机器人构型（y=+1），红色数据点表示碰撞机器人构型（y=−1）。背景颜色代表 $\Gamma(q^{ij})$ 的值，请参阅颜色条以获取确切值，其中蓝色区域对应无碰撞机器人构型 $(\Gamma(q^{ij})>1)$，红色区域对应碰撞构型 $(\Gamma(q^{ij})<1)$。无碰撞区域内的箭头表示 $\nabla\Gamma(q^{ij})$

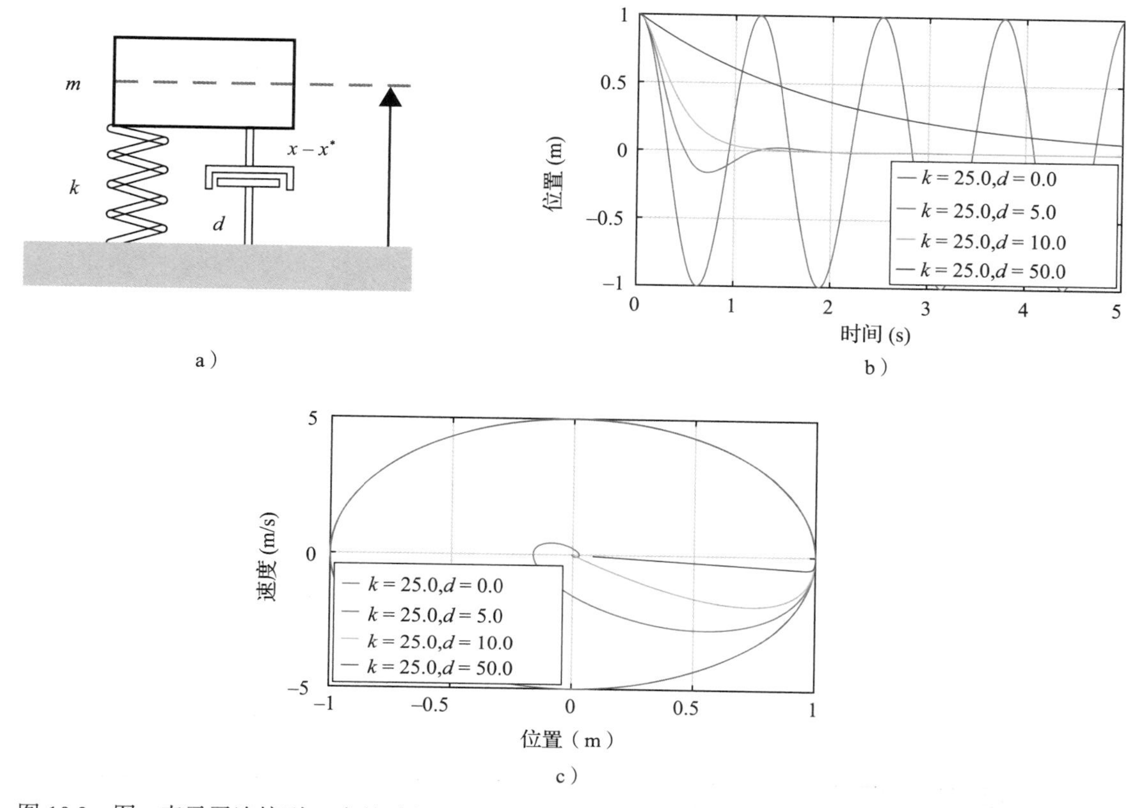

图 10.2　图 a 表示了连接到 x^* 点的质量 – 弹簧 – 阻尼系统式（10.2）。质量状态由 x 表示。在图 b 和图 c 中，举例说明了当 m=1，x^*=0 和 x_0=1 时，系统的四个阻尼系数的行为。从图 c 中可以看出，阻尼系数对系统的响应具有显著影响。系统可以是过阻尼（紫色）或无损（蓝色）的

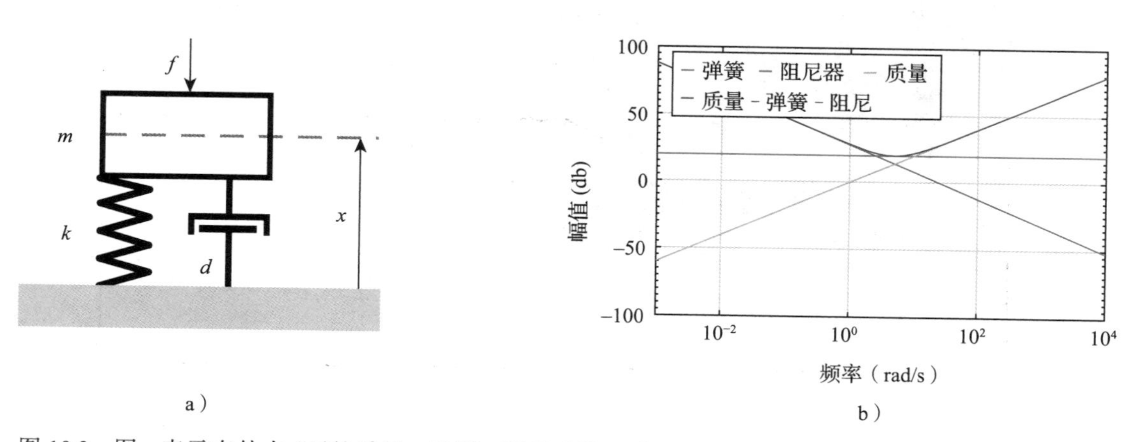

图 10.3　图 a 表示在外力 f 下的质量 – 弹簧 – 阻尼系统。质量的状态由 x 表示。图 b 表示质量（m=1）、刚度系数（k=25）和阻尼（d=10）分量以及质量 – 弹簧 – 阻尼系统（具有相同的系数）的频率响应。图 c 表示质量 – 弹簧 – 阻尼系统在不同阻抗（m=1，$d \in \{25,125\}$ 和 $k \in \{1，625\}$）下的行为。阻抗值相似的系统（图 10.3c 中的红色和紫色线）的响应几乎相同

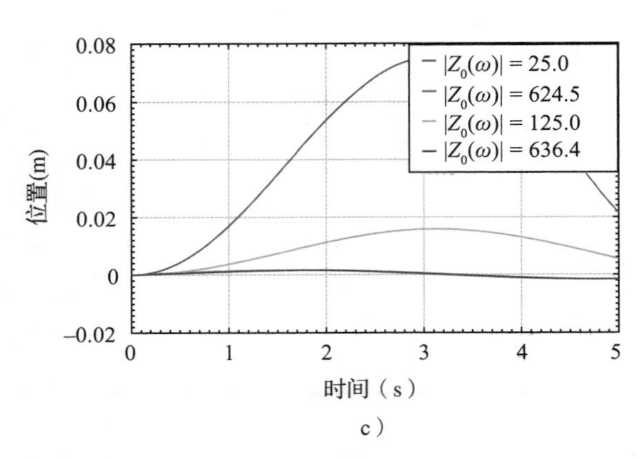

c）

图 10.3　图 a 表示在外力 f 下的质量－弹簧－阻尼系统。质量的状态由 x 表示。图 b 表示质量（m=1）、刚度系数（k=25）和阻尼（d=10）分量以及质量－弹簧－阻尼系统（具有相同的系数）的频率响应。图 c 表示质量－弹簧－阻尼系统在不同阻抗（m=1，$d \in \{25,125\}$ 和 $k \in \{1，625\}$）下的行为。阻抗值相似的系统（图 10.3c 中的红色和紫色线）的响应几乎相同（续）

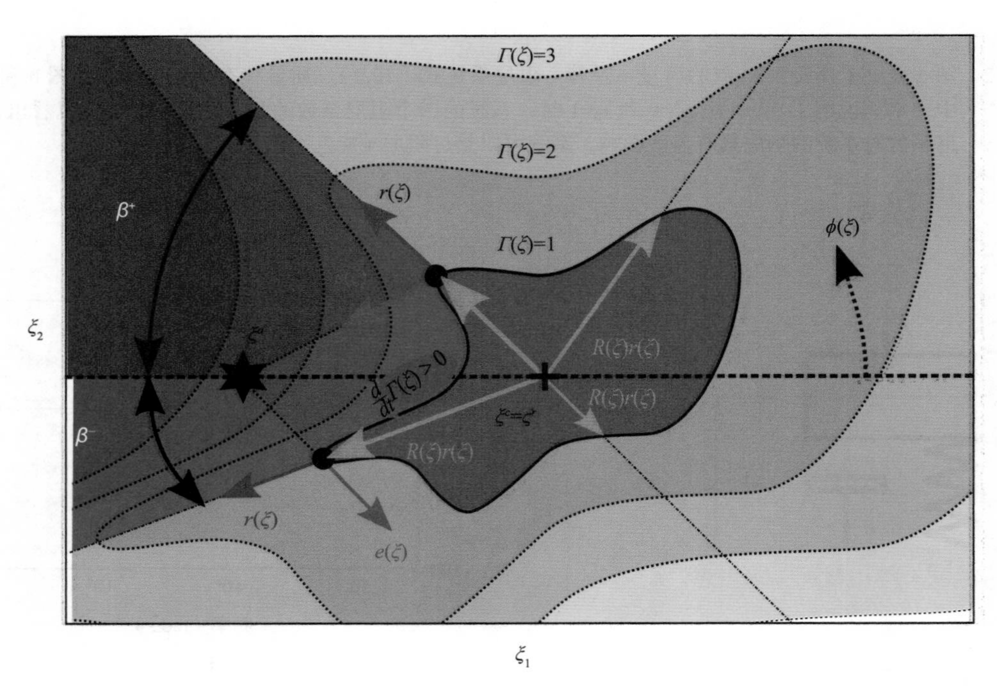

图 D.1　在正半平面或负半平面内的障碍物外部开始的任何轨迹最终都会在红色、蓝色或紫色不变锥区域中结束

· 机器人学译丛 ·

自适应和反应式机器人控制

动态系统法

[瑞士] 奥德 · 比拉德 (Aude Billard)
[瑞士] 辛纳 · 米拉扎维 (Sina Mirrazavi) 著
[美] 纳迪亚 · 菲格罗亚 (Nadia Figueroa)

姜金刚 张为玺 孙健鹏 马宏远 裘智显 译

Learning for Adaptive and Reactive Robot Control

A Dynamical Systems Approach

机械工业出版社
CHINA MACHINE PRESS

Aude Billard, Sina Mirrazavi, and Nadia Figueroa: Learning for Adaptive and Reactive Robot Control: A Dynamical Systems Approach (ISBN 978-0-262-04616-9).

图书在版编目（CIP）数据

自适应和反应式机器人控制：动态系统法 /（瑞士）奥德·比拉德（Aude Billard），（瑞士）辛纳·米拉扎维（Sina Mirrazavi），（美）纳迪亚·菲格罗亚（Nadia Figueroa）著；姜金刚等译. -- 北京：机械工业出版社，2024. 6. --（机器人学译丛）. -- ISBN 978-7-111-76095-5

I. TP24

中国国家版本馆 CIP 数据核字第 2024TK3303 号

机械工业出版社（北京市百万庄大街 22 号　邮政编码 100037）

策划编辑：曲　熠　　　　　　责任编辑：曲　熠

责任校对：郑　婕　陈　越　　责任印制：单爱军

保定市中画美凯印刷有限公司印刷

2024 年 9 月第 1 版第 1 次印刷

185mm × 260mm · 20.25 印张 · 12 插页 · 502 千字

标准书号：ISBN 978-7-111-76095-5

定价：99.00 元

电话服务	网络服务
客服电话：010-88361066	机　工　官　网：www.cmpbook.com
010-88379833	机　工　官　博：weibo.com/cmp1952
010-68326294	金　　书　　网：www.golden-book.com
封底无防伪标均为盗版	机工教育服务网：www.cmpedu.com

译者序

机器人技术是集机械工程、电子技术、控制工程和计算机技术等多个学科的综合技术，代表了当今科学技术的先进水平。随着科技水平的发展，机器人已经在工业生产、日常生活、教育娱乐、航空航天、海洋探测、医疗、智能建造等领域广泛应用。作为机器人的“大脑”，机器人控制技术是指采用控制算法使机器人各部件完成指定的操作任务。机器人控制的目的是，尽可能减小机器人实际运动轨迹与期望运动轨迹的偏差以及实际到达目标与期望到达目标的偏差，达到理想的运动精度和操作精度。但目前机器人在很大程度上仍然只能以重复的方式执行常规任务，机器人的自主性和决策能力有待进一步提高。本书详细介绍了机器人在运动时重新规划以适应新环境约束的控制方法，无论是研究人员、工程师还是学生，都需要对机器人控制涉及的这些专业知识有足够的了解和把握，才能胜任自己的工作。

本书是 Aude Billard、Sina Mirrazavi 和 Nadia Figueroa 教学工作的积累。本书主要内容包括：机器人动态规划的相关技术、机器人学习数据的收集、机器人运动控制律、机器人运动控制律序列、耦合和调制控制器、动态系统的柔性控制和力控制，以及动态系统理论、机器学习和机器人控制的背景等。本书语言精练，内容深入浅出，实例简单易懂，知识量大，体现了作者在机器人控制研究领域的高深造诣。

本书文前、第 1 ～ 5 章和第 12 章由哈尔滨理工大学姜金刚翻译，第 6 ～ 9 章由哈尔滨理工大学张为玺翻译，第 10、11 章由哈尔滨理工大学孙健鹏翻译，附录 A 和附录 B 由哈尔滨理工大学马宏远翻译，附录 C、附录 D 和附注由哈尔滨理工大学裘智显翻译。全书由姜金刚统稿及定稿。研究生薛钟毫、白艳双、林川、余彦鑫、翟硕建、彭翔、徐艳杰、于佳兴、马骠等参与了本书的部分文稿整理工作，在此表示由衷的感谢！

本书可作为高年级本科生和工科研究生机器人控制方面的教材，也可以作为科研人员和工程师学习机器人的参考资料。

限于译者的经验和水平，书中难免存在不足之处，恳请读者批评指正！

献给一个机器人将变得敏捷、智能和安全的世界。

为了理解现状，我们先回顾历史。

人类从未停止制造工具和机器，无论是为了让日常琐事变得更容易，提高生产力，还是仅仅为了享受创造的纯粹乐趣。20 世纪在这方面的研究成果尤其丰富，创造了大量具有各种形状和功能的机器人。许多人被机器人很快就能完成大量任务所吸引，但事实是，机器人在很大程度上仍然只能以重复的方式执行常规任务。

如今，机器人的自主性和决策能力几乎仅限于点到点。而当机器人被限制在工业环境中时，这种点到点的能力已经足够了，但这不能满足 21 世纪对机器人的期望。许多人希望将机器人部署在任何地方：在街道上，如汽车、轮椅和其他移动设备；在家中，为我们烹饪、打扫房间以及提供娱乐服务；从身体角度来看，替代失去的肢体或增强其能力。为了让这些机器人成为现实，它们需要做出较大的改变：它们必须远离舒适、隐蔽、在很大程度上可预测的工业世界。为了应对环境中经常发生的意外变化，机器人需要在不危及人类的情况下快速、适当地**调整**其行动路径。

思考一个机器人轮椅，其任务是在人群中穿梭，而不能撞到任何行人，这是一个烦琐的挑战。当机器人修改路径以远离拥挤的行人时，它应该避免减速过猛，因为这可能会导致用户被甩出轮椅。类似地，当用户穿过自助餐厅时，负责搬运托盘的手臂假体需要调整姿势，以避免碰到附近的其他消费者，同时确保托盘保持水平。随着托盘上被堆满更多的菜肴，它需要进一步调整力的方向。为了避开人群中的障碍物或以极快的速度抓住盘子边缘，轮椅和假体都需要在几毫秒内做出反应。

本书介绍了可以在运动时重新规划以适应新环境约束的控制方法。这种方法试图赋予机器人必要的反应能力，以调整其在有严格时间限制的情况下做出的路径规划。

在执行动作时，决定什么重要、什么不重要是多年专业知识的结果。例如，我们知道托盘应该水平放置，因为我们已经了解到，某些倾斜的放置方式会导致盘子掉到地板上。这一学习过程是在示教人员的耐心指导下进行的，他们很友善地为我们擦地板，并根据需要为我们拿托盘。机器人的用户不太可能愿意通过类似的实践来教机器人。因此，让机器人向那些有经验的人学习是至关重要的，这样可以通过很少的例子完成学习。本书介绍了一些方法，通过这些方法，机器人能从少数几个例子中学习控制律。我们提供了理论保证，确保机器人能够将其获得的知识泛化到所提供的示例之外。

控制机器人的方法

为了产生运动，传统上机器人依赖规划技术来计算可行路径 [89]。在早期，规划是很慢的，需要数小时才能确定路径。然而，近期的科技进步使机器人能够在几秒钟内生成复杂的规划 [68]。然而，这些规划的可行性取决于是否拥有准确的环境模型。现在的机器人学认为，没有一个现实世界的模型会在很长一段时间内足够准确或有效。环境和环境相关的动力学都在变化。

物体可能会因为被操纵而改变纹理和质量，而且这种改变的方式不容易被数学建模。机器人本身的动力学虽然在机器人出厂时是已知的，但必然会随着机械的折旧而改变。为了解决这些问题，机器人领域开始在规划和控制中纳入不确定性模型[110]。然而，这些方法的鲁棒性取决于拥有良好的不确定性模型。由于世界模型和不确定性模型都可能发生变化，机器人必须能够根据自己的经验学习和更新模型。此外，它们必须能够生成能应对运行时不确定性的动态规划，而不需要重新规划。

通过冗余处理路径规划中的不确定性，可行性优先于最优性 大多数任务在实现方式上都需要冗余。在获得技能时，人类学习的不是执行任务的单一方法，而是完成任务的各种方式。例如，当我们在保持杯子垂直的情况下来抓取一杯热茶时，我们允许在水平面上移动杯子的方式发生变化。这可以帮助我们避免意外干扰（例如路径上的障碍物），并采取舒适的手臂姿势。冗余是有利的，因为它提供了多种解决任务的方法，以及适应扰动所需的灵活性。本书提出了一个机器人控制器，它克服了环境中的不确定性，通过利用冗余的方式完成任务。这种冗余可以嵌入单个控制律中，该控制律提供了一组不同的路径来实现相同的目标。因此，我们认为，为了适应现实世界的不确定性，可行性优先于最优性。

从规划到行动

本书提供了一套新的控制律，使机器人能够执行无缝控制和高速复杂的行动。这种在线反应性是使用时不变动态系统的结果。由于动态系统能够生成对动态环境中的不确定性和变化具有固有鲁棒性的在线运动规划，因此使用动态系统解决机器人中的运动规划问题已成为主流[123，125，58，8，78]。动态系统也是模拟人类运动的关键[140，130，129，63，132]。因此，将其用于机器人控制，不仅简化了机器人与人类同步移动时的控制，还简化了运动模型从人到机器人的转换。

在线反应性确保了机器人上有足够好的中央处理器，但它还需要能够提供多种解决方案的固有鲁棒控制律。基于动态系统的控制提供了一种封闭形式的解决方案，无须进一步优化。动态系统提供了理论保证，例如向目标靠拢、不穿透障碍物，以及被动性等。此外，它允许人们轻松地同步多个机器人系统，从而确保对目标的协调控制。它还可以用于在控制模式之间快速切换。

通过柔性处理力控制中的不确定性 当今机器人面临的一个主要挑战是应对突发的意外力，如果处理不当，可能会给附近的人带来严重风险。这些意外的接触力可能来自外部意外冲击，例如，有人将物体放在机器人的路径上，或者有人撞到机器人。它们也可能由机器人操作时工件的意外断裂引起。为了减轻意外的力引起的损坏或伤害风险，一种方法是使机器人具有柔性。柔性允许机器人吸收部分冲击力。控制机器人柔性的一种强大的方法是阻抗控制[55]，机器人运动吸收或抵抗外力的程度通过阻抗律的刚度来控制。长期以来，控制器的柔性是固定的。然而，最近的研究探索了如何改变这种柔性，使机器人有时是刚性的，有时是柔性的[25，148]。当需要精度时（例如当移动到狭窄通道时），可以要求机器人是高度刚性的。一旦进入自由空间，机器人可以再次变为柔性的。也可以使机器人在方向上是柔性的。例如，如果某些控制方向必须保持刚性（例如平衡负载），而其他方向可以用来吸收干扰，这是有用的。本书介绍了几种不同的方法，通过这些方法可以了解任务相对柔性及其在任务完成过程中的变化，以及如何将这些嵌入动态系统基础控制中，以提高动态重新规划轨迹的能力。

学习需要数据

在本书中，我们假设数据可以通过人类提供任务示教或通过其他方式提供给机器人，例如通过最优控制来解决问题，以生成可行控制律集。

有几种从人类示教中生成数据的技术，我们在第 2 章简要回顾了这些技术，有关更完整的数据，请参见文献 [16,120]。当机器人必须由人类来训练时，关键是示教的数量要少，这样人类才有可能忍受。因此，该算法必须从稀疏数据集中学习。除了稀疏之外，由于噪声或缺乏熟练的示教人员，采集到的数据通常也不太理想。在本书中，学习利用了不同的机器学习技术，从而可以从小型数据集中学习。附录 B 介绍了这些技术。

从示教中学习的另一个问题是，用户必须提供明确的标签，告诉机器人哪个示教对应于哪个任务。我们展示了可以通过算法来实现这一点，这些算法可以自动将长流程的示教分解为子段，并将动态系统控制律关联到每个部分。我们还提供了自动发现潜在动态数量的技术示例。

教学建议

本书旨在为研究生课程提供支持，因此以教学方式构建。本书主要分为四个部分，共 12 章，章节组织结构见图 0.1。

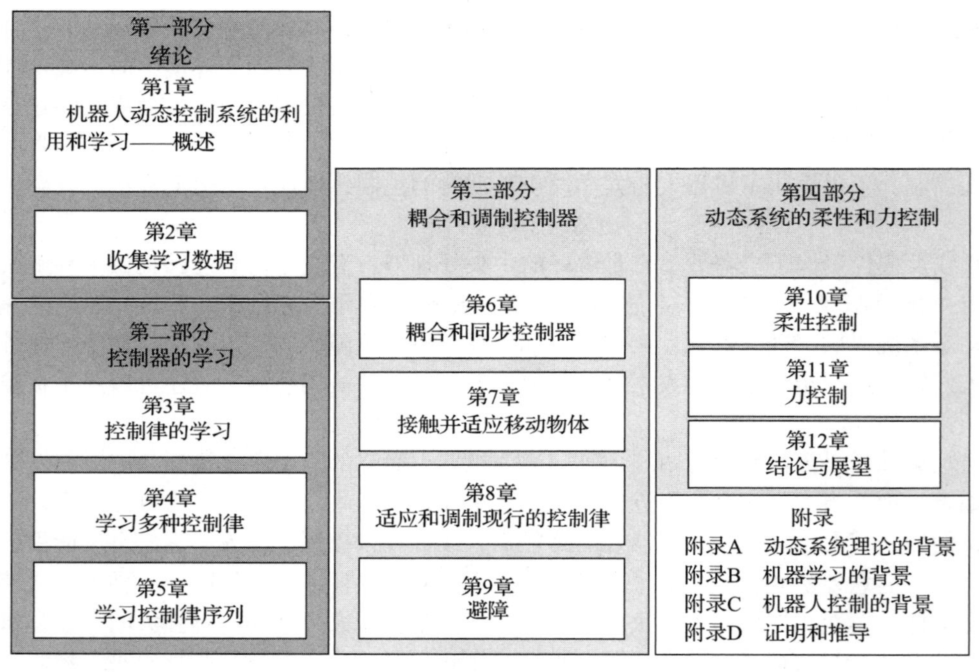

图 0.1 本书章节组织结构

我们从由两章组成的绪论部分开始。第 1 章概述了本书中介绍的所有技术，通过机器人应用的真实示例介绍了这些技术的起源。第 2 章介绍了收集数据的技术，以便学习本书其余部分中介绍的系统。我们主要侧重于从示教和优化中学习，还简要介绍了强化学习的概念。

本书的第二部分介绍了使用动态系统学习控制律的核心技术。提出了学习由单个吸引子动态系统组成的控制律的方法（第 3 章），分别学习了一阶和二阶动态系统的方法。接下来，在第 4 章中介绍了学习由不同吸引子和不同动态组成的控制律的方法。在第 5 章中，展示了如何对吸引子和相关动态进行排序。

第三部分是对第二部分的扩展，介绍了使用动态系统进行轨迹规划的方法。第 6 章提出了基于动态系统的一个或多个控制器的耦合概念，以实现对多个 agent 的同步控制。我们在第 7 章中展示了如何用一个或两个机械臂捕捉飞行物体。第 8 章介绍了通过学习局部动态来修改已知动态系统的方法，而第 9 章展示了这种调制在避障中的应用。

第四部分介绍了使用动态系统进行柔性控制和力控制的方法。第 10 章首先简要介绍了通过阻抗控制的柔性控制。然后介绍了学习可变阻抗控制器的两种方法，并解释了如何将学习阻抗与动态系统相结合。第 11 章解释了如何将动态系统与力控制结合使用，以便在与移动物体接触时进行柔性控制。

本书的每一章都包含了应用这些技术来控制机器人的应用示例，包括机械臂、拟人手和仿人机器人的全身控制。我们还介绍了如何使用多个机械臂对物体进行灵巧操作，用于实时避开复杂和移动的障碍物。我们举例说明了在机器人捕捉飞行中的物体并避免人类向其移动的应用中，动态系统在即时快速重新规划方面的优势。这些应用程序的视频可以在本书的网站上找到，请访问 https://www.epfl.ch/labs/lasa/mit-press-book-learning/。

本书应按照章节顺序阅读。第 1 ～ 3 章是本书的核心，应首先阅读。第 4 ～ 11 章对这些核心概念进行了扩展。预计教师只能选择这些章节中的一部分在课程中呈现。为了配合每一章，我们提供了手写和编程练习。练习和幻灯片可在本书网站下载。

预备知识 本书假设读者已经学习了机器人控制的基础课程，并熟悉以下概念：PD 控制、逆向运动学和逆动力学、轨迹规划和最优控制。本书还假设读者熟悉机器学习、统计和优化以及动态系统。

附录提供了本书中使用的机器学习技术的补充信息。在主要章节中，我们还简要介绍了动态系统的主要理论概念和机器人控制。附录简要总结了与本书相关的动态系统和机器人控制中的主要定义。然而，附录不能作为这些领域的全面教科书。为了更好地理解机器人，我们鼓励读者查阅 *Springer Handbook of Robotics* [136] 及其主要相关章节（“运动学”“运动规划”“运动控制”和“力控制”）。在 *Applied Nonlinear Control* [137] 一书的相关章节中（特别是“相平面分析”和“李雅普诺夫（Lyapunov）理论基础”），可以找到关于机器人控制的动态系统的详细介绍。

鼓励教师介绍机器人控制、机器学习和动态系统中的关键概念，这是理解本书所必需的。这可以在导论性课程中完成，也可以作为补充材料，以适应学生的背景。

致谢

我们非常感谢对本书中的技术发展起到重要作用的研究人员。这里按字母顺序列出他们：Walid Amanhoud、Lukas Huber、Farshad Khadivar、Mohammad Khansari Zadeh、Mahdi Khoramshahi、Klas Krondander、Ilaria Lauzana、Ashwini Shukla、Nicolas Sommer 和 Rui Wu。还要感谢与我们密切合作的 Jean-Jacques Slotine 和 Jose Santos-Victor。此外，感谢欧盟委员会、欧洲研究理事会、瑞士国家科学基金会和瑞士国家基金的资金支持。

符号表

Learning for Adaptive and Reactive Robot Control: A Dynamical Systems Approach

$\mathbb{R}$　一维实数域（全书）

$\mathbb{R}^N$　N维实向量域（全书）

$N \in \mathbb{N}$　机器人笛卡儿任务空间（末端执行器）维数（全书）

$D \in \mathbb{N}$　机器人关节空间维度（即自由度）(全书)

$M \in \mathbb{N}$　数据集或参考轨迹中的样本数量（全书）

$x \in \mathbb{R}^N$　机器人末端执行器的状态（即笛卡儿位置）(全书)

$\dot{x} \in \mathbb{R}^N$　机器人末端执行器的笛卡儿速度（全书）

$\ddot{x} \in \mathbb{R}^N$　机器人末端执行器的笛卡儿加速度（第 3、4、8、9 章）

$f(\cdot): \mathbb{R}^N \to \mathbb{R}^N$　向量值函数表示一个依赖状态的动态系统（全书）

$q \in \mathbb{R}^D$　机器人关节角度（位置）(全书)

$\dot{q} \in \mathbb{R}^D$　机器人关节速度（全书）

$\ddot{q} \in \mathbb{R}^D$　机器人关节加速度（全书）

$x^* \in \mathbb{R}^D$　单个吸引子动态系统（全书）

$A, A^k \in \mathbb{R}^{N\times N}$　单个或第 k 个仿射线性系统矩阵（全书）

$b, b^k \in \mathbb{R}^N$　单个或第 k 个线性系统的偏差（第 3、5 章）

$\gamma_k(\cdot): \mathbb{R}^N \to \mathbb{R}^K$　选择第 k 个线性系统的激活函数（第 3、5、6 章）

$\boldsymbol{\gamma}(\cdot): \mathbb{R}^N \to \mathbb{R}^K$　激活函数 K 的向量 $\boldsymbol{\gamma}(\cdot)=[\gamma_1(\cdot), \cdots, \gamma_k(\cdot)]$（全书）

$\boldsymbol{A}(\boldsymbol{\gamma}) \in \mathbb{R}^{N\times N}$　混合线性系统矩阵，即 $\sum_{k=1}^{K}\gamma_k(\cdot)A^k$（第 3、6 章）。

$p(\cdot|\theta): \mathbb{R}^N \to \mathbb{R}$　参数 θ 的概率分布（全书）

$\mathcal{N}(\cdot|\theta): \mathbb{R}^N \to \mathbb{R}$　正态（高斯）概率分布，$\theta=\{\mu,\Sigma\}$（全书）

$\mathrm{IW}(\cdot|\cdot): \mathbb{R}^N \to \mathbb{R}$　逆 Wishart 概率分布（第 3、5 章）

$\mathrm{NIW}(\cdot|\cdot): \mathbb{R}^N \to \mathbb{R}$　正态逆 Wishart（NIW）概率分布（第 3、5 章）

$\mu^k \in \mathbb{R}^N$　第 k 个高斯分布的均值（全书）

$\Sigma^k \in \mathrm{S}_N^+ \subset \mathbb{R}^{N\times N}$　第 k 个高斯分布的协方差矩阵（全书）

$P, P^k \in \mathbb{S}_N^+ \subset \mathbb{R}^{N\times N}$　单个或第 k 个对称的正定矩阵（全书）

$\mathbb{S}_N^+ \subset \mathbb{R}^{N\times N}$　对称正定矩阵的空间（全书）

$\mathbb{I}_M$　M维单位矩阵（全书）

$\chi \subset \mathbb{R}^N$　$\mathbb{R}^N$子集的紧凑集（第 5、8 章）

$\rho \in [0,1]$　柔性或协调性参数（第 7 章）

$F_e \in \mathbb{R}^N$　任务空间的外力（第 9 章）

$F_c \in \mathbb{R}^N$　任务空间的控制力（第 9 章）

关于下角标和上角标

- 向量：向量$x \in \mathbb{R}^N$（即$x_n \in \mathbb{R}$）的下角标指的是向量的第n维，上角标（即$x^i \in \mathbb{R}^N$）指的是N维实向量域$\mathbb{R}^N$中向量的第i个实例的索引。
- 矩阵：矩阵$A \in \mathbb{R}^{N \times N}$的下角标（即$A_{ii} \in \mathbb{R}$）指的是矩阵第$i$行、第$i$列的索引。下角标也可以用于表示$A$的矩阵子集。上角标（即$A^i \in \mathbb{R}^{N \times N}$）指的是在$\mathbb{R}^{N \times N}$中一个矩阵的第$i$个实例的索引。

目　录

Learning for Adaptive and Reactive Robot Control: A Dynamical Systems Approach

译者序

前言

符号表

第一部分　绪论

第 1 章　机器人动态控制系统的利用和学习——概述 ······ 2

1.1 预备知识和附加材料 ······ 2

1.2 不确定条件下的轨迹规划 ······ 2

1.2.1 规划抓取物体的路径 ······ 3

1.2.2 在线更新规划 ······ 5

1.3 计算动态系统的路径 ······ 7

1.3.1 稳定系统 ······ 8

1.4 学习用于自动规划路径的控制律 ······ 9

1.5 学习如何组合控制律 ······ 11

1.6 通过学习修改控制律 ······ 12

1.7 动态系统的耦合 ······ 13

1.8 动态系统的柔性控制的生成和学习 ······ 15

1.9 控制架构 ······ 17

第 2 章　收集学习数据 ······ 20

2.1 生成数据的方法 ······ 20

2.1.1 应使用哪种方法，何时使用 ······ 21

2.2 示教机器人的接口 ······ 21

2.2.1 运动跟踪系统 ······ 22

2.2.2 匹配问题 ······ 22

2.2.3 拖动示教 ······ 23

2.2.4 遥操作 ······ 24

2.2.5 传力接口 ······ 24

2.2.6 组合接口 ······ 24

2.3 数据要求 ······ 25

2.4 教机器人打高尔夫球 ······ 27

2.4.1 通过人类示教任务 ······ 27

2.4.2 从失败和成功的案例中学习 ······ 29

2.5 从最优控制中收集数据 ······ 30

第二部分　控制器的学习

第 3 章　控制律的学习 ······ 32

3.1 预备知识 ······ 33

3.1.1 动态系统学习的多元回归 ······ 33

3.1.2 稳定动态系统的 Lyapunov 理论 ······ 36

3.2 线性系统组合的非线性动态系统 ······ 40

3.3 学习稳定非线性动态系统 ······ 42

3.3.1 约束高斯混合回归 ······ 42

3.3.2 动态系统的稳定估计 ······ 44

3.3.3 非线性动态系统学习的评估 ······ 47

3.3.4 LASA 手写数据集：评估稳定动态系统学习的基准 ······ 48

3.3.5 机器人实现 ······ 53

3.3.6 动态系统的稳定估计表达方法的缺点 ······ 55

3.4 学习稳定的高度非线性动态系统 ······ 56

3.4.1 联合线性变参表达方法 ······ 56

3.4.2 物理一致性贝叶斯非参数高斯混合模型 ······ 59

3.4.3 线性变参动态系统的稳定估计 ······ 64

3.4.4 离线学习算法评估 ······ 68

3.4.5 机器人实现 ······ 74

3.5 学习稳定的二阶动态系统 ······ 79

3.5.1 二阶线性变参–动态系统表达方法 ······ 79

3.5.2 二阶动态系统的稳定估计 ······ 81

3.5.3 学习算法评估 ······ 82

3.5.4 机器人实现 …… 83
3.6 本章小结 …… 84

第 4 章 学习多种控制律 …… 86
4.1 通过状态空间划分组合控制律 …… 86
4.1.1 简单方法 …… 87
4.1.2 问题公式 …… 89
4.1.3 缩放和稳定性 …… 92
4.1.4 重建精度 …… 92
4.1.5 机器人实现 …… 93
4.2 学习具有分岔的动态系统 …… 95
4.2.1 具有 Hopf 分岔的动态系统 …… 96
4.2.2 动态系统的期望形状 …… 96
4.2.3 两步优化 …… 98
4.2.4 非线性极限环的扩展 …… 100
4.2.5 机器人实现 …… 101

第 5 章 学习控制律序列 …… 102
5.1 学习局部活动全局稳定动态系统 …… 103
5.1.1 具有单个局部活动区域的线性局部活动全局稳定动态系统 …… 106
5.1.2 具有多个局部活动区域的非线性局部活动全局稳定动态系统 …… 110
5.1.3 学习非线性局部活动全局稳定动态系统 …… 115
5.1.4 学习算法的评估 …… 118
5.1.5 机器人实现 …… 120
5.2 隐马尔可夫模型线性变参 – 动态系统的学习序列 …… 124
5.2.1 逆线性变参 – 动态系统公式和学习方法 …… 125
5.2.2 使用高斯混合模型学习稳定逆线性变参 – 动态系统 …… 126
5.2.3 使用隐马尔可夫模型的线性变参 – 动态系统学习序列 …… 132
5.2.4 模拟和机器人的实现 …… 135

第三部分 耦合和调制控制器

第 6 章 耦合和同步控制器 …… 140
6.1 预备知识 …… 140
6.2 耦合两个线性动态系统 …… 142
6.2.1 机器人切割 …… 143
6.3 机械臂 – 手耦合运动 …… 144
6.3.1 耦合形式 …… 145
6.3.2 学习动力学 …… 146
6.3.3 机器人实现 …… 150
6.4 耦合的眼睛 – 手臂 – 手指运动 …… 152

第 7 章 接触并适应移动物体 …… 156
7.1 如何抓取移动的物体 …… 156
7.2 单手抓取固定的小物体 …… 158
7.2.1 机器人实现 …… 160
7.3 单手抓取移动的小物体 …… 162
7.4 机器人实现 …… 165
7.5 双手抓取移动的大物体 …… 168
7.6 机器人实现 …… 171
7.6.1 协调能力 …… 171
7.6.2 抓取大型移动物体 …… 172
7.6.3 抓取快速飞行的物体 …… 173

第 8 章 适应和调制现行的控制律 …… 175
8.1 预备知识 …… 175
8.1.1 稳定性 …… 176
8.1.2 调制参数化 …… 177
8.2 学习内部调制 …… 178
8.2.1 局部旋转和范数缩放 …… 178
8.2.2 收集学习数据 …… 179
8.2.3 机器人实现 …… 182
8.3 学习外部调制 …… 184
8.3.1 调制、旋转和速度缩放动力学 …… 184
8.3.2 学习外部激活功能 …… 186
8.3.3 机器人实现 …… 188
8.4 从自由空间转换到接触的调制 …… 189

8.4.1 形式化 189
8.4.2 模拟示例 192
8.4.3 机器人实现 193

第 9 章 避障 196

9.1 避障：形式化 196
9.1.1 障碍物描述 196
9.1.2 避障的调制 197
9.1.3 凸面障碍物的稳定性 198
9.1.4 凹面障碍物的调制 199
9.1.5 不可穿透性和收敛性 200
9.1.6 将动态系统封闭在工作空间中 201
9.1.7 多个障碍物 202
9.1.8 避开移动障碍物 203
9.1.9 学习障碍物的形状 204
9.2 避免自碰撞和关节级障碍物 205
9.2.1 逆向运动学约束和自碰撞约束的组合 206
9.2.2 学习避免自碰撞边界 207
9.2.3 避免自碰撞数据集的构造 209
9.2.4 用于大数据集的稀疏支持向量机 210
9.2.5 机器人实现 212

第四部分 动态系统的柔性和力控制

第 10 章 柔性控制 214

10.1 机器人何时以及为什么应该是柔性的 214
10.2 柔性运动发生器 217
10.2.1 可变阻抗控制 220
10.3 学习期望的阻抗分布 227
10.3.1 从人体运动中学习可变阻抗控制 227
10.3.2 从拖动示教中学习可变阻抗控制 228
10.4 动态系统的被动交互控制 230
10.4.1 非守恒动态系统的扩展 231

第 11 章 力控制 235

11.1 动态系统接触任务中的运动和力的生成 235
11.1.1 接触任务的基于动态系统的策略 237
11.1.2 机器人实验 238

第 12 章 结论与展望 241

附录

附录 A 动态系统理论的背景 244

附录 B 机器学习的背景 251

附录 C 机器人控制的背景 286

附录 D 证明和推导 288

附注 303

参考文献 306

第一部分

绪　　论

第 1 章

Learning for Adaptive and Reactive Robot Control: A Dynamical Systems Approach

机器人动态控制系统的利用和学习——概述

本章以一种简化的方式介绍了将在本书其余部分全面展开的核心概念。首先介绍了在自由空间中规划轨迹时存在的问题，并解释了使用动态系统（Dynamical System，DS）进行规划的优点。动态系统在控制机器人空间路径的时间演化上用常微分方程表示。这种解决方法（闭环形式）对机器人路径的规划是有利的，因为它提供了一种即时生成新轨迹的现成方法，而无须重新规划。这种方法特别适合应对机器人沿预定轨迹运动时遇到干扰需要做出快速响应的情况。本书将通过各种图示来阐述，并通过手写和 MATLAB 仿真将动态系统与替代方法进行对比，从而展现动态系统的优点。本书进一步介绍了动态系统如何通过耦合机器人的控制律来轻松地协调控制多个机器人。动态系统可以通过外部乘法函数进行调节。本书说明了如何使用这种调节来改变原始动力（例如，躲避障碍物或控制施加在物体上的力），并解释了当与阻抗控制相结合时，如何通过调节动态系统实现闭环扭矩的控制。

动态系统可以在设计或使用阶段被塑造成多种形式。塑造过程是通过修改描述动态系统的常微分方程的参数和形式来完成的。而这需要通过学习来完成。正如我们将在本书中看到的，在某些情况下，可以使用现成的机器学习技术来学习动态系统。然而，通常必须修改机器学习技术，以保持动态系统的数学特性，例如稳定性和收敛性。为了更好地说明选择具有适当数学特性的动态系统和学习其参数之间的平衡，我们对每一章的内容都做了精心设计。在每一章中，首先介绍的都是由不同动态系统生成的控制类型。然后，我们将提出学习控制器参数的方法。

1.1 预备知识和附加材料

本章假设读者熟悉机器人控制的基本概念，例如逆向运动学、逆动力学、接触力和阻抗控制。读者可通过阅读 *Handbook of Robotics*[136] 中的选定章节，特别是运动学和运动规划相关内容，来刷新记忆。为了完整起见，我们在附录中介绍了动态系统，并回顾了本书中使用的每种机器学习技术。不熟悉动态系统理论和机器学习的读者可以参阅附录。用于控制的动态系统的详细回顾可以参考 [137]。

1.2 不确定条件下的轨迹规划

轨迹规划（也称为*路径规划*）可能是机器人面临的最古老的问题之一，而规划轨迹的方法有很多 [89]。它涉及计算从一点到另一点的自由轨迹问题，这也称为*点到点规划*。路径规划也可能是为了更好地覆盖空间面积，比如在控制真空吸尘机器人的路径时 [30]。本书内容涵盖点到点规划。

当环境（障碍物和目标位置）和机器人（运动学和动力学）都已知时，点到点规划可以表示为基于约束的优化。对于在自由空间中移动的机械臂，可以以闭环形式解决问题，正如我们将在练习 1.1 中看到的。然而，在将该控制方法应用于复杂的运动链时（如控制仿人机器人 [21]），我们需要对其进行全面优化。

当已知环境条件不全或在机器人完成规划轨迹之前环境条件发生改变时，会出现问题。当机器人需要伸长机械臂来抓取不在预期位置的物体时，如果不实时调整路径，机械臂可能会撞到物体，使其坠落。随着机器人逐渐被应用到人类居住的环境中，它们需要具有能够从错误规划中立即恢复的能力，以避免对人类造成伤害。为了解决这些问题，轨迹规划已经开始逐渐演变并遵循两个方案。首先，机器人在一开始（即规划轨迹时）就嵌入了不确定环境的处理程序。机器人会计算出一条对预期不确定性具有鲁棒性的路径。例如，如果已知某些传感器会提供不可靠的测量数据，则系统只会根据可靠的测量数据来执行规划 [110]。这是假设机器人在无噪声环境测量的情况下。虽然任何传感器都有噪声，但在某些应用中，信噪比可以忽略不计。例如，当机器人清洁地板时，机械臂的定位误差小于 1° 是完全可以接受的，并且不会导致任何故障。然而，在抓取小物体时，同样的误差可能会导致失败。轨迹规划还可以在发现不确定性因素时更新规划，例如，在运动中更新可行路径 [24, 92]。应仔细规划仿人机器人的步态和足部位置，以防止其跌倒。为此，可以放松约束，并允许规划系统生成到达目标附近的路径 [144, 114]，或者依赖离线生成的一组替代规划的可用性，并在运行时切换到最合适的方案 [65, 124]。

只有规划速度比变化速度更快时，这些假设才能起作用。因此，快速规划至关重要。本书提供了一种通过时不变动态系统将规划嵌入闭环控制律中的方法，使机器人能够立即重新规划路径。时不变动态系统（也称为自主动态系统）仅取决于系统的状态，而非时间显式依赖。正如本书中所展示的，这种不依赖时间的编码非常有利于机器人立即对干扰做出反应。虽然快速反应式路径规划技术通常是以失去收敛保证为代价的，但本书中提出的方法使机器人能够对新的障碍物和目标位置的变化做出反应，同时确保路径正确收敛以达到预期目标。

本书中提出的方法均基于两个假设，即机器人的运动学和动力学（扭矩和极限加速度）已知，并且足够实现规划。所有刚性机器人的运动都是已知的。动力学通常有清晰的描述，并且如今销售的大多数商业机器人中的低级控制器已经可以补偿动力学的惯性和重力分量。然而，仅凭已知动力学的准确性可能不足以完成高准确性的任务。当出现准确性不足的问题时，必须寻求替代机制来更好地估计机器人的动力学（例如，通过学习逆动力学 [109]），并调整动态系统的参数以适应机器人的硬件限制 [45]，或对建模不良的相互作用力进行补偿（见第 11 章）。

1.2.1 规划抓取物体的路径

思考控制机械臂抓取静态球的问题（见图 1.1）。假设球的位置是给定的。首先，我们必须选择一条机械臂从空间初始位置到球所在位置的路径。有无数条路径可以使机械臂到达球的位置。但需要一个标准来决定哪条路径最好。在机器人技术中，这个问题通常通过优化来解决。最简单的方法是优化笛卡儿空间中的最短路径。

假设我们只控制机器人的末端执行器，而忽略方向。机器人末端执行器的状态为 $x \in \mathbb{R}^3$。初始化时，机器人处于位置 $x(0) = x^0 \in \mathbb{R}^3$，并且必须移动到目标位置 $x^*(T) \in \mathbb{R}^3$。如果没有约束，则从 x^0 到 x^* 的最短路径是一条直线。为了证明这一点，让我们假设一个函数

$f(x)$，它描述了从 x^0 到 x^* 的路径。在每个时间步 δt，机器人以增量 $\delta x(t)$ 移动，其优化公式如下：

$$\begin{aligned}&\min_{\delta x(2)\cdots\delta x(T-1)}\sum_{i=1}^{T-1}\|\delta x(i)\|\\ \text{s.t.}\quad &x(0)=x^0\\ &x(T)=x^*\end{aligned}\tag{1.1}$$

其中，T 为到达目标位置所需的时间。

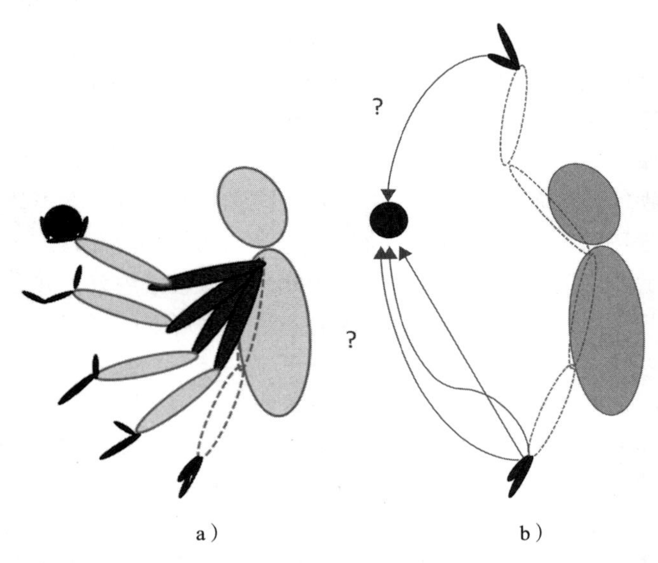

图 1.1 机器人的任务是抓取静态球（图 a）。路径的数量是无限的，它们根据初始位置而变化（其中一些显示在图 b 中）

通过三角不等式，我们可以设置 $\sum_{i=1}^{T-1}\|\delta x(i)\|\geqslant\left\|\sum_{i=1}^{T-1}\delta x(i)\right\|=\left\|x^T-x^0\right\|$。问题的解是两点之间的线。时间 T 决定了机械臂的移动速度。为了使系统尽可能快地移动，同时避免超调（overshoot），可以使用临界阻尼系统方程。这种系统将沿路径的加速度确定为由比例微分（PD）控制的两个项的组合：一个是弹簧项，根据距离分段运动到目标位置；另一个是阻尼项，随着速度的增加将减缓到达目标位置的运动速度，即

$$\ddot{x}=Kx-D\dot{x}\tag{1.2}$$

用 K 和 D 作为弹簧系数和阻尼系数。K 和 D 之间的关系可以确保准确到达目标位置，并且不会发生超调。由于机器人不能以任意快的速度移动，因此必须以这样的方式设置参数 K 和 D，以确保路径在动态上是可行的。当机器人沿直线移动时，可以相对容易地设置参数的极限 [66]。然而，有许多原因导致直线路径既不理想也不可行，例如，当机器人必须避开障碍物时，或当它必须抓住具有特定方向的物体时（例如，抓住杯子的把手）。当路径是非线性的并且机器人需要沿途加速和减速时，将更难计算最优路径。一种方法是通过一系列直线（称为样条）或一系列多项式来分解路径。现在已经有多种方法可以进行这种分解（见 [89]）。然而，只有当环境是静态的时候，才可以很好地进行样条分解。

1.2.2　在线更新规划

只要所考虑的内容在整个执行期间仍然有效，规划就有效。如果障碍物挡住了移动路径或目标物体随机器人沿规划的路径移动，机器人将需要重新计算路径。新路径可能比前一条路径短或长。如果使用传统技术（例如样条分解），则需要计算新的分解。但如果必须快速适应变化，可能没有足够的时间执行此分解。

当机器人的路径规划由随时间变化的显式函数来计算时，也会出现问题。假设机器人的路径是由每个时间步长 $\{\dot{x}(t), x(t)\}_{t=1}^{T}$ 的一组期望位置和速度来定义的。如果由于外部干扰而修改了路径长度和路线，则再继续使用前一个时间 T 可能会导致超过机器人的速度极限，如图 1.2 所示。因此需要重新计算路径和沿路径的速度分布。

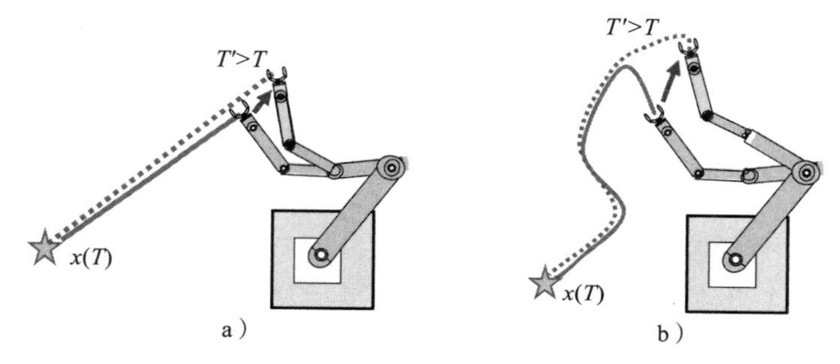

图 1.2　当机器人受到干扰而偏离其规划轨迹时，必须计算新路径。若路径是通过一组明确的时间点来描述的，到达目标的时间 T 也必须与路径一起重新计算，以防机器人超过其速度极限。当路径为线性时（图 a），计算新时间 T' 是即时的。当路径为非线性时（图 b），同时确定新路径和新时间存在困难，因为这取决于多种因素，并且在优化过程中可能需要考虑新的约束

计算机器人的路径时，还必须确保该路径在运动学上是可行的。也就是说，必须验证存在 N 个机器人关节的一系列连续关节结构，才能使末端执行器遵循所需的笛卡儿路径。还应确保关节移动的速度是可行的。可以通过约束 $\dot{x}(t)=J(q)\dot{q}(t),\ \forall t=0, \cdots, T$ 和 $\dot{q}(t)\leqslant\overline{q}$ 来确保速度，其中 $q\in\mathbb{R}^{D}$ 是机器人的关节，$J(q)$ 是机器人运动学函数的雅可比矩阵，$\overline{q}$ 是速度的上限。这也可以通过二次规划（Quadratic Programming，QP）来解决 [136]。

从能量的角度来看，这种优化仍然可能无法获得最佳路径。为了将能效纳入优化的标准，必须估计运动所需要的作用力。估计和最小化工作量的第一种近似方法是要求机器人在关节空间中选择最短路径，而不是在笛卡儿空间中选择最短路径。注意，在笛卡儿空间或关节空间中遵循最短路径可能会导致产生相同或不同的路径，这取决于我们是否有冗余机械臂（参阅练习 1.1 和练习 1.2）。为了估计机器人产生的真实作用力，必须计算整个路径中每个关节产生的扭矩。因此，为了减轻工作量，应该尽量寻找需要最小扭矩的轨迹。

假设控制一个四关节机器人（如图 1.3 所示），该机器人受重力作用。移动机器人底座关节可能比仅移动第二个关节更费力，因为第一个关节支撑整个机械臂。在移动过程中最小化产生的总扭矩可能会导致远端关节移位的运动（如图 1.3b 所示）。

练习 1.1　给定一个两关节机械臂，编写由正向运动学 $x=\cos(q_1(0))+\cos(q_2(0))$ 给出的从初始姿势 x 移动到期望位置 x^* 的优化程序，计算：

1. 最小化到达目标所需的时间。

2. 笛卡儿空间中最直的路径。

3. 关节空间中最直的路径。

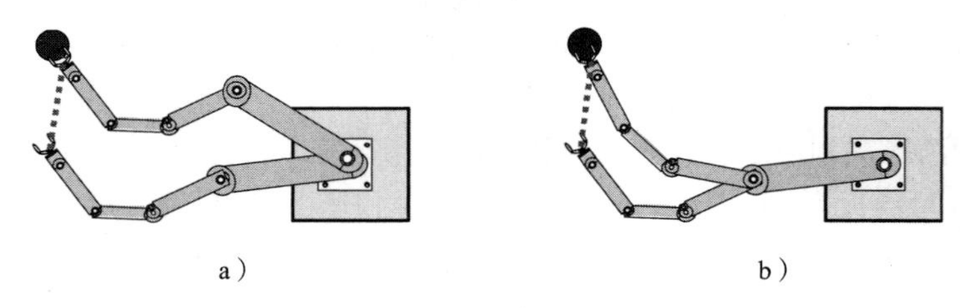

图 1.3 通过不同的方法移动四关节机械臂，都会导致产生笛卡儿空间中的直线路径。当优化最小作用力（即扭矩最小）时，图 b 中展示的移动第二个关节的解决方案可能优于图 a 中展示的移动第一个关节的解决方案，因为第二个关节承载的重量低于第一个关节

编程练习 1.1 本练习的目的是让读者熟悉机械臂运动的基本优化方法。请打开练习 1.1 的 `ch1_ex1.m`[⊖]。代码生成一个带有四关节机械臂的图形。编辑代码以执行以下操作：

1. 计算基于三阶多项式的闭式时变轨迹发生器。

2. 编写练习 1.1 中的优化问题，使该机械臂在三维空间中移动，因此具有三维吸引子。假设关节是连续的。在空间中的不同位置初始化末端执行器，并比较三种优化的轨迹方案。当练习 1.1 的第 2 问和第 3 问答案相同时，你能得出程序代码吗？

将路径规划转为优化问题时出现的一个情况是，必须为每个新的初始配置解决优化问题。虽然问题有时可能是凸的（例如在二次规划的情况下），但通常情况并非如此，比如在考虑约束（例如与机器人关节的自碰撞）时。为了找到一个可行的最优解，可能需要用新的初始条件多次运行处理器。优化还意味着明显的时间依赖，见式（1.1）。这种时间依赖对于优化和控制都是一个问题。时间窗口太短可能无法找到兼顾机器人速度和扭矩约束的可行方案。时间窗口过大又可能会不必要地减慢移动速度（参阅编程练习 1.2）。

编程练习 1.2 本编程练习的目的是确定如何在干扰下使用编程练习 1.1 中的优化技术重新计算路径。首先加载编程练习 1.1 中创建的代码。

1. 在先前的编程练习中选择一个位置并初始化末端执行器，然后生成沿练习 1.1 的第 3 问的路径。

2. 通过突然将机器人的一个关节移位 10°，在路径中间产生一个扰动。

3. 重新进行优化，利用原来抵达目标的剩余时间来生成新路径。

当沿途发生干扰时，控制一定数量的步骤也会造成问题。想象一下，一个机器人由于意料之外但瞬间发生的故障而停在路径上。如果控制器继续运行，计时器将在故障期间继续计时。一旦机械故障消失，控制系统预计的机器人所在位置与真实位置不同，导致生成错误的电机指令。为了避免这种情况，可以重置时钟系统，但这需要一个单独的附加控制回路来跟踪实时和预定的时间。当干扰将机器人引至另一条路径上时，问题将更加复杂。例如，如果

⊖ 见 https://www.epfl.ch/labs/lasa/mit-press-book-learning/。

一个人无意中撞到了机器人，这可能会使机器人偏离轨迹，使它来到一个新的位置 x'。从这个新位置生成新路径，可能需要重新开始优化。这种时间的重新缩放或重新优化会减缓机器人的反应速度。如果我们不考虑时间，使控制回路完全*依赖于状态*，这些问题将不存在。然而，这是有代价的——必须保证系统稳定在所需的目标上，我们将在下一节中继续讨论。

本书中，我们采用了一种使轨迹由闭环形式的数学表达式给出的方法，因此无须在系统运行时进行优化。此外，轨迹通过状态相关系统生成，以避免在遇到干扰时重新启动计时。

1.3 计算动态系统的路径

假定控制律由*确定时不变动态系统*来描述。在本书的其余部分中，将这种编码方式称为*动态系统*。动态系统可以用来描述机器人路径的时间演化。令 $x \in \mathbb{R}^N$ 表示机器人的状态。空间中的路径动力学由状态时间导数 $\dot{x} \in \mathbb{R}^N$ 来描述，

$$\dot{x} = f(x) \tag{1.3}$$

其中，$f: \mathbb{R}^N \to \mathbb{R}^N$ 是光滑连续函数。

请注意，用一阶导数进行控制并不具有约束性。正如我们将在第 7 章看到的，同样的原理可以应用于控制机器人加速的二阶控制规则。

式（1.3）中的动态系统称为*自主或时不变动态系统*，因为其演化明显不依赖于时间。时间变量是隐性的且在方程的状态变量中表示为时间导数（此处为 $\dot{x}$）。f 是确定性的。因此，机器人状态的时间变化仅取决于机器人的当前状态和位置 x。$f(x)$ 表示机器人的路径。在执行任务期间，空间位置的变换仅取决于机器人的当前状态和环境。这种控制律被称为*状态依赖型方法*。消除控制律对显性时间的依赖是有利的，因为这样我们就不必在更新路径时重新计算到达目标的时间。虽然这将导致无法确定机器人何时到达目标，但 1.7 节和第 7 章中表明，可以通过将系统耦合到目标动力学中并强制两者同步运动来避免这一问题。

机器人的路径可以从初始状态 $x(0)$ 正积分 $f(x)$ 得到。当从一系列初始状态开始时，这可以通过用向量运动场的积分来绘制路径积分进行可视化。图 1.4 展示了触球的二维示例。每条线表示一条路径，通过计算从初始点 $x(0)$ 经过一段时间的状态 $\{x(1), x(2), \cdots\}$ 得到。一旦到达目标，我们就停止计算。

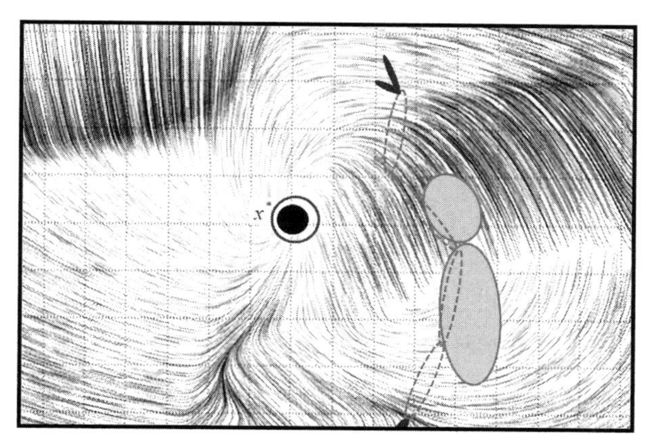

图 1.4 一个在目标处渐近稳定的时不变动态系统通向球的路径的多重性，用 x^* 表示。每条线表示动态系统从初始状态开始的时间演化

1.3.1　稳定系统

如果不显式地控制稳定性，则时不变动态系统可能是不稳定的。如果系统在平衡点的邻域之外初始化，则可能偏离目标。这方面内容将在第 3 章中详细描述。

为了使用本章所述的时不变系统来控制机械臂到达球的位置，我们必须让控制器在球的位置 x^* 处停止。此外，为了确保它仅在球处停止，必须要求球的位置是动态系统的唯一稳定点。形式上，这相当于要求系统在 x^* 处有一个固定点（即 $f(x)\neq 0, \forall x\neq x^*, f(x^*)=0$），并且所有路径对此点趋于稳定。如果要求路径稳定到 x^*（球的中心），就可以确保所有路径都会指向球。因此，我们设定：

$$
\begin{gathered}
f:\mathbb{R}^N\to\mathbb{R}^N \\
\dot{x}=f(x) \\
f(x)\neq 0, \forall x\neq x^* \\
\dot{x}^*=f(x^*)=0 \\
\lim_{t\to\infty} x=x^*
\end{gathered}
\tag{1.4}
$$

如果系统满足式（1.4），则从任意点 x 到目标 x^* 存在唯一路径。动态系统的渐近稳定性和时不变性提供了对扰动的天然鲁棒性。想象一下，在前往球的路径上，机器人被推离其原始轨迹来到一个新的位置 x'。由于空间中任意点的所有轨迹最终都会收敛到球的位置，因此无须重新生成路径，只需遵循由 f 生成的路径（见图 1.5）。为了简化计算，我们将系统的原点放在球上，因此目标的位移相当于机械臂在空间中的相对位移，如图 1.5b 所示。

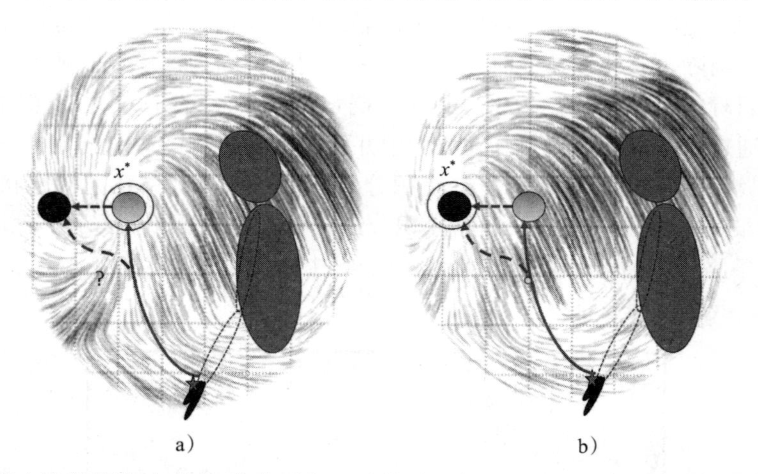

图 1.5　设置机器人沿着深灰色路径移动到位于 x^* 的球，但在机器人到达球的位置之前，球会移动（图 a）。如果球的新位置是动态系统的唯一稳定点，并且如果动态系统在球的位置处渐近稳定，则存在将机器人引导到球的唯一路径。该路径通过跟随动态系统的向量场生成，如图 b 所示

使系统针对目标（本例中为球）准确掌握位置变化的一种简单方法是将系统原点放置在球上。这意味着 $x^*=0$，因此，整个路径对原点是渐近稳定的。然后计算机器人相对于球的运动。如果球移动得离机械臂更远，这相当于将机械臂移动到了一个新位置 x'。如前文所述，只需要将新位置代入 f，就可以确保最终到达球的位置。图 1.6 显示了一种实现方法，用于控制仿人机器人的机械臂抓取沿斜坡滚动的球。球路径中的障碍物会导致球偏离其原始轨迹。

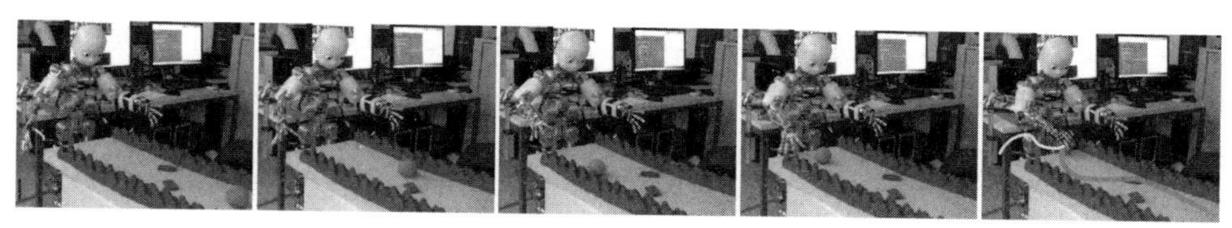

图 1.6　仿人机器人 iCub 抓取滚下斜坡的球。当球在途中碰到障碍物时，它的路径是相交的。机器人的机械臂根据球新的轨迹调整移动路径。当球到达桌子末端时，它会根据需要加速和减速，从而在合适的位置准确抓住球

同样的原理也可以推广到非对称物体上，例如抓住掉落的瓶子。如果不仅在物体上设置动态系统的原点，还沿物体的主轴设置参考系，将导致动态系统生成的运动轨迹与物体的轴对齐。当物体下落和旋转时，预期路径将在平移和旋转上对齐机器人的路径，以满足抓取物体的正确姿势，如图 1.7 所示。

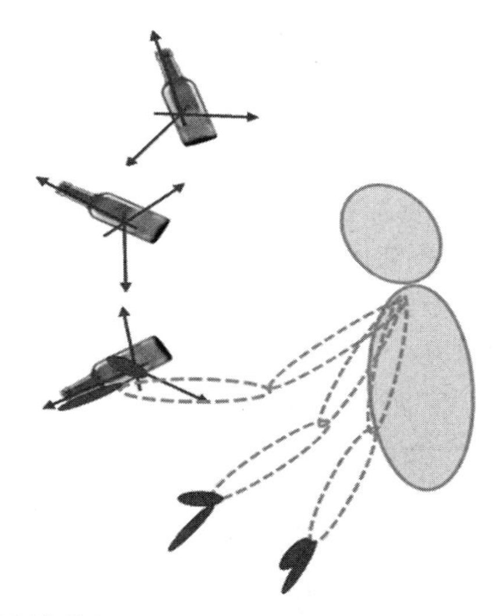

图 1.7　为了准确地掌握物体的方向和位置变化，可以将原点和参考系设置在物体上

练习 1.2　假设线性一维控制律 $\dot{x}=\alpha(x-x^*)$ 环绕吸引子 $x^*=1$。为了研究系统在吸引子处的稳定性，在 $\alpha=1$ 和 $\alpha=-1$ 的条件下，绘制该系统位置 $\dot{x}$ 相对于 x 的二维速度图。对于哪些 α 值，系统收敛并稳定在 x^*？

练习 1.3　考虑线性二维控制律 $\dot{x}=A(x-x^*)$，$x^*=[0,0]^{\mathrm{T}}$。

1. 绘制 $A=\mathrm{diag}\{-1,-2\}$ 和 $A=\mathrm{diag}\{1,-2\}$ 的相位图。
2. 对于 A 的哪些值，系统收敛并稳定在 x^*？

1.4　学习用于自动规划路径的控制律

在本章开始时我们曾说过，有无数种方式可以到达一个目标。对于遵循式（1.4）的系统，从空间中的一个点到目标只有一条路径。这意味着从无穷多个解变成了唯一一解。这种过渡必须谨慎完成，并且必须确保在控制律中嵌入“正确”的路径。正确的路径可能取决于许多外部因素。例如，如果机器人像打网球一样将球扔到地板上，它将希望从上面接住球。机

械臂将处于合适的配置中，以便向下移动。相反，如果希望在球落下之前接住球，它可能会选择从下往上的路径。这两组动力学遵循不同的函数 $f(x)$。为了确定使用哪个函数 f，可以从良好轨迹的例子中学习函数 f。

在第 2 章中，我们提出了三种获得良好轨迹样本的方法。一种方法是由示范最佳路径的人类专家进行培训。另一种方法是根据本章中描述的方法，在最优控制下离线生成这些轨迹。通过这种方式，我们可以嵌入开发人员已知的关于机器人运动学和动力学限制的所有要求，以及与手头任务相关的其他要求。由于通过最优控制生成这些解决方案需要时间，因此可以离线完成。一旦控制律嵌入单个函数 $f(x)$ 中，就不需要在运行时进行任何优化。假设最优路径是一劳永逸的，并且人类专家可以以某种方式存储这些知识。但是，设计者可能不知道最优路径是哪一条，或者最优路径可能会随着时间的推移而变化。获取样本数据的第三种方法是让机器人通过反复试验自行学习，这被称为*强化学习*。

在第 3 章中，我们将了解如何学习式（1.4）中给出的控制律。在这里，我们说明了为什么需要专门的方法，而不能仅仅应用自己喜欢的机器学习技术。回想一下，设定式（1.4）时，我们要求函数在目标处渐近稳定。假设你获得了一组 M 个 $X=\{x^i,\dot{x}^i\}_{i=1}^M$ 的位置和速度训练样本对。在机器学习中，你可以通过一组参数 Θ 来参数化函数。函数变为 $f(x;\ \Theta)$，可以使用多种回归方法学习其参数 θ，例如局部加权投影回归 [127]、高斯过程回归 [133]、高斯混合回归 [26] 或神经网络 [146]。然而，这些方法不能保证已学习的动态系统不会偏离吸引子，因为稳定性标准不是优化的一部分（有关这些方面的详细讨论，请参阅第 3 章）。在图 1.8 中，我们说明了使用支持向量回归和神经网络时 $f(x)$ 估计的向量场和解。可以看到，虽然路径准确遵循数据，但向量场在吸引子处不会消失。粉色的预测轨迹会越过吸引子并继续其路径。

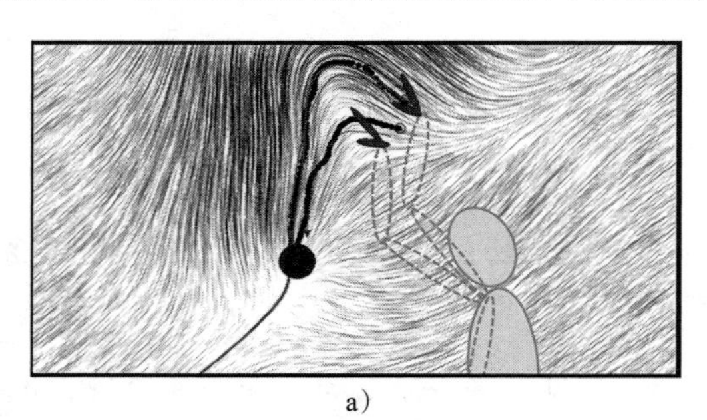

a）

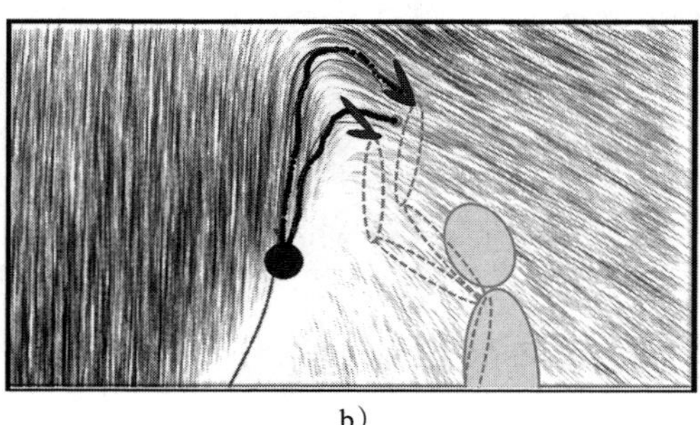

b）

图 1.8　学习支持向量回归（图 a）或神经网络（图 b）等机器学习技术的估计控制律 $\dot{x}=f(x)$，可以确保与数据紧密拟合，但不能保证它在吸引子处收敛。训练数据以红色线表示。学习过的轨迹以灰线表示。粉色轨迹说明了从一个训练点开始时的预测模型。在这两种情况下，轨迹一旦到达吸引子位置就会漂移

这些算法都不是为了在某一点上增强稳定性而构造的。它们通常是通过均方损失来使目标函数要求的数据尽可能地拟合。为了增强稳定性，吸引子处的速度应为零。均方损失函数很少强制要求速度在特定点精确为零。在第 3 章中，我们展示了如何使用显式约束来修改传统机器学习技术的原始优化框架，以确保学习的动力学是稳定的。

1.5　学习如何组合控制律

到目前为止，我们假设单个控制律足以控制机器人。但控制律可能需要随着任务的变化而变化。这将需要机器人在运行时随着任务的变化切换控制律。将各种控制律结合在一起编码到动态系统中有多种可能性。如果每个控制律仅在状态空间的不同区域中有效，则可以将状态空间分区然后一个一个地学习，并仅对每个分区中有效的动态系统建模。在第 4 章中，我们提出了一种称为强化支持向量机的方法，如图 1.9 所示。该方法可以学习空间的划分。每个分区包含一个动态系统。该方法学习每个分区中导向分区吸引子的路径模型。

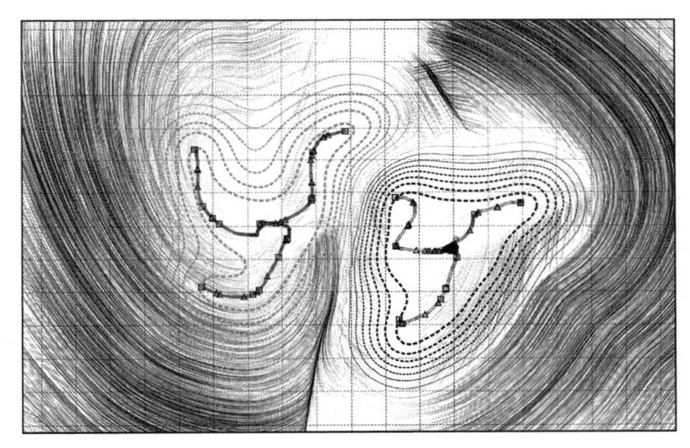

图 1.9　由具有两个单独吸引子的两个动态系统组成的系统。对于每个动态系统，生成一组三个样本轨迹来训练模型，由深色线描绘。强化支持向量机方法（见 4.1 节）学习两个区域的划分和每个区域的动力学。通过遵循学习的能量函数的等值线，可以重建每个动力学的局部邻域

考虑 K 个函数 $f_k, k=1,\cdots,K$，每个函数代表一个动态系统，强化支持向量机将这 K 个函数组合在一个函数中。它通过运行的 argmax 函数投票决定哪个适用：

$$f(x)=\arg\max_k f_k(x) \tag{1.5}$$

该技术的机器人实现在 [134] 中进行了说明，见图 1.10 中的节选。该系统经过训练，使两个单独的动态系统抓住香槟杯（模拟）和塑料瓶（真实机器人实现）的颈部或尾部，即使物体掉落也能抓住。机器人的任务是在前方的拦截点抓取物体。当物体失去平衡时，初始旋转速度的微小变化将导致不同的轨迹。因此，根据初始条件，必须在物体的颈部或尾部抓住物体。由于物体下落非常迅速（实际物体的下落时间不到 0.2s），因此没有时间进行规划。机器人必须立即切换到尾部或颈部的动态系统，以便及时抓住物体。事实上，当物体的尾部出现在机械臂前时，用于颈部的动态系统将导致抓取失败，因为机器人的夹持器会关闭过快。相反，当物体的颈部出现在机械臂前时，用于尾部的动态系统会让物体直接穿过机器人的手指，因为手指孔径太大，同样会导致抓取失败。

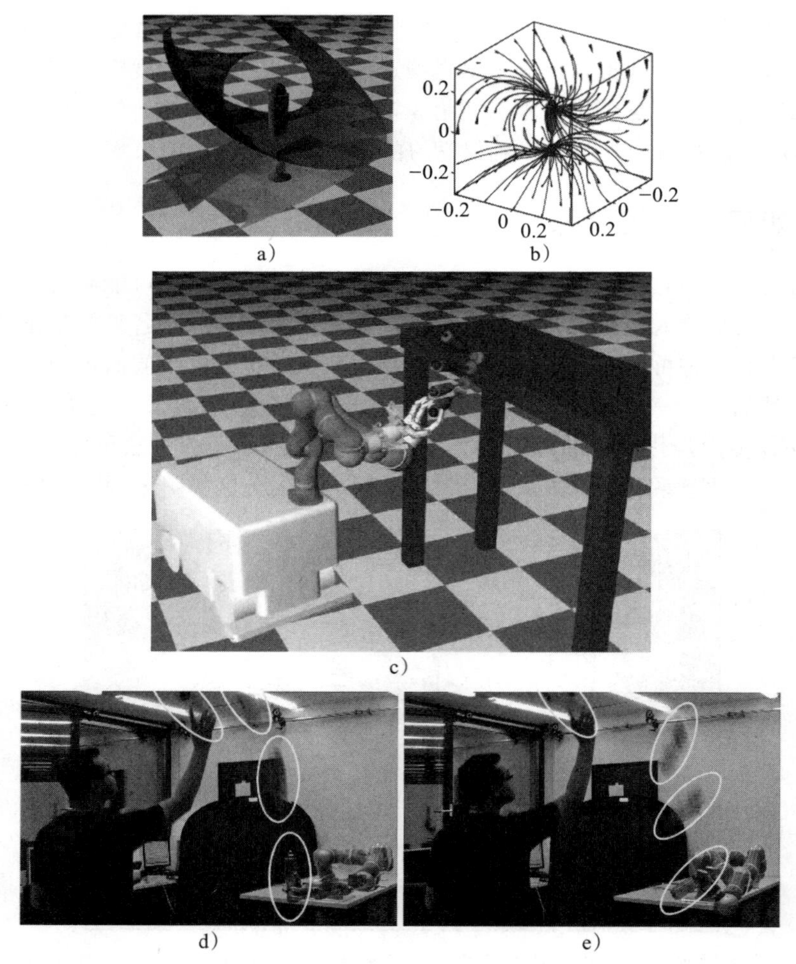

图 1.10　图 a 和图 b 为两种动态系统的编码，分别用于抓住物体的颈部或尾部。机器在运行时，机器人在两个动态系统之间切换，以抓住下落的玻璃杯或瓶子的颈部或尾部（图 c ～图 e）

1.6　通过学习修改控制律

在学习控制律后对其进行修改通常是有用的。例如，可以从标称线性动态系统开始，然后选择局部调制以避免障碍物。正如我们将在第 8 章中看到的，可以修改原始的动态系统 $f(x)$，同时保持其在吸引子处的稳定性。这是通过添加乘法调节项 $M(x)\in\mathbb{R}^{N\times N}$ 来实现的，它是一个连续矩阵函数，对原动态数据进行如下处理：

$$
\begin{aligned}
&f:\mathbb{R}^N\to\mathbb{R}^N\\
&M:\mathbb{R}^N\to\mathbb{R}^N\\
&\dot{x}=g(x)=M(x)f(x)\\
&\dot{x}^*=g(x^*)=f(x^*)=0\\
&\lim_{t\to\infty}x=x^*
\end{aligned}
\tag{1.6}
$$

M 必须是满秩的，以防路径与原始吸引子错开。这种通过乘法项来调节的方法非常灵活。本书从如何使用它来调节一个或多个移动障碍物周围的路径开始，展示了该方法的各种应用。我们进一步展示了如何使用它来生成局部非线性动态函数或生成极限环，如图 1.11 所示。

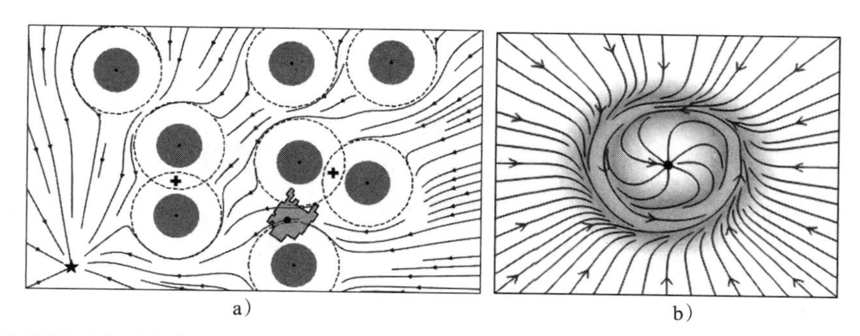

图 1.11 标称线性动态系统的调制可以避开障碍物，同时保持吸引子处的稳定性[57]（图 a），或通过从橙色区域中提供的数据点学习局部旋转来生成极限环[85]（图 b）

> **练习 1.4** 从练习 1.3 中创建的线性二维控制律 $\dot{x}=A(x-x^*)$，$x^*=\begin{pmatrix}0\\0\end{pmatrix}$ 开始。设矩阵 $M=\begin{pmatrix}1 & -2\\0 & 1\end{pmatrix}$。绘制相位图。对于 A 的哪些值，系统收敛并稳定在 x^*？

有时可以手动设置此调节，例如在避开障碍物时。然而，学习这种调节通常会很有趣。例如，我们可以参数化 $M(x)$ 以在空间中局部生成旋转。设置 $M(x)=\mathrm{e}^{-\gamma\|x-x^0\|}R(\theta)$，其中 R 是角度 θ 的旋转函数（在二维中）。学习这种调节需要估计路径旋转 θ 的程度以及旋转的位置。假设我们获得了一组局部数据点，如图 1.11 中的橙色部分所示。旋转中心 x^0 和通过 γ 传输的局部调节可以通过最大化高斯函数的期望参数来估算（见练习 1.5）。

> **练习 1.5** 提供了一组共 M 个位置和速度的训练样本对 $X=\{x^i,\dot{x}^i\}_{i=1}^M$，以估算调节矩阵 $M(x)=\mathrm{e}^{-\gamma\|x-x^0\|}R(\theta)$。
>
> 1. 如果使用最大似然法拟合高斯函数，你将获得 x^0 和 γ 的哪个值？
> 2. 如何估计 θ？

1.7 动态系统的耦合

动态系统的一个核心属性是耦合的概念。如果一个动态系统明确依赖于第二个动态系统，则称两个动态系统是耦合的。考虑两个变量 x 和 y，其动态方程由 $\dot{x}=f_x(x)$ 和 $\dot{y}=f_y(y,x)$ 描述。这里，y 通过 f_y 耦合到 x。

耦合不同的动态系统在机器人技术中是非常有用的。例如，它允许不同肢体或不同的机器人同步移动。图 1.12 显示了连接仿人机器人三个肢体的示例[94]。机械臂和手的动作与眼睛的运动相耦合。这种耦合受到自然界中类似耦合的启发。例如，当我们伸手去拿一个物体时，我们的眼睛先于手动，并引导手臂运动，同样，手指伴随着手臂运动，一旦手到达目标，手指就会同步闭合。在机器人技术中，这种眼睛－手臂－手指的耦合可以通过控制机器人眼睛、手臂和手指的三个动态系统之间的两两耦合来建模。这里，x、y 和 z 分别表示控制眼睛、手臂和手指的变量。眼睛引导所有动作，其动力学独立于其他肢体，即 $\dot{x}=f_x(x)$。手臂随眼睛移动 $(\dot{y}=f_y(y,x))$，手指随手臂移动 $(\dot{z}=f_z(z,y))$。系统的耦合可以使它们同时收敛于同一点（例如，在目标 x^* 处）。有关如何创建此类耦合的示例，请参见练习 1.6。

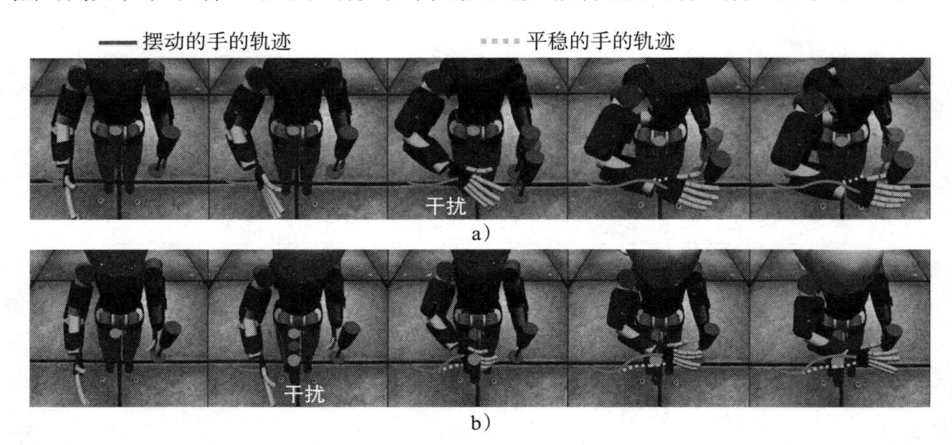

图 1.12　通过依靠每个肢体的动态系统来耦合眼睛、手臂和手指的运动，简化了控制，并确保在物体突然移动时，眼睛、手臂和手指同步移动，从而在其新位置上同时靠近物体（图 a）。它还允许对路径中移动的障碍物做出快速反应（图 b）

这提供了针对扰动的自然鲁棒性。例如，当移动物体时，眼睛跟踪并锁定物体新的位置。当手臂与眼睛耦合时，它会同步移动到物体的新位置。如果物体不断移动，眼睛和手臂会与物体同步移动。手指还与手臂运动相耦合，手臂位于物体位置时手指才会靠近物体。当物体移动时，手指将保持打开状态，直到手臂最终到达物体的新位置（详见第 6 章）。

练习 1.6　设两个变量 $x\in\mathbb{R}$ 和 $y\in\mathbb{R}$ 与下面的动力学耦合：

$$\begin{aligned}\dot{x}&=-x\\ \dot{y}&=-y+\alpha x\\ \alpha&\in\mathbb{R}\end{aligned}\tag{1.7}$$

1. 在点 $(1,1)^{\mathrm{T}}$ 和 $(-1,-1)^{\mathrm{T}}$ 处初始化时，绘制系统 x,y 的积分路径表示不同的 α 值。
2. 系统是否接受固定点？
3. 它在这个固定点上稳定吗？如果稳定，这是否取决于 α 的值？

耦合动态系统还可以使机器人的运动与我们无法控制的外部物体的动力学同步。假设有一个外部物体的动力学模型 $\dot{y}=f_y(y)$。我们可以设置在物体 y^* 的积分路径上的一点与这个物体相交。然后，可以将机械臂的动作与物体的动作耦合起来，即 $\dot{x}=f_x(x,y)$。这样，机械臂的动作就会停止在预计的拦截点 y^*，即 $\lim_{t\to\infty}x=x^*=y^*$ 和 $f_x(x^*,y^*)=0$。当机械臂在 y^* 点接触到物体时，这种耦合动作可以扩展为继续与物体一起移动。要做到这一点，必须平稳地从一个在 y^* 稳定的系统切换到随系统速度稳定的系统。要做到这一点，我们可以转移到二阶系统并设置 $\lim_{t\to\infty}\dot{x}=\dot{y}$。这种系统如图 1.13 所示，其中机械臂在半空中捕捉飞行物体，第 7 章对此进行了详细描述。

图 1.13　为了到达并跟踪物体的运动，结合了两个动态系统。一个将手臂朝向物体，而另一个将速度向量与物体的速度向量对齐

1.8　动态系统的柔性控制的生成和学习

由于机器人被部署在人类居住的环境中，安全已成为当今机器人领域的主要关注点。该行业致力于让机器人与人类合作。这种方式的优点很多，从获得空间到提高生产力。它还可以方便人类的工作，比如机器人可以帮助人类搬运重物。但是，这一新趋势也带来了多重危险。当人类靠近机器人时，人与机器之间发生碰撞的可能性很高（见图 1.14）。由于机器人移动速度快，此类碰撞产生的冲击将很大，并可能对人造成严重伤害。

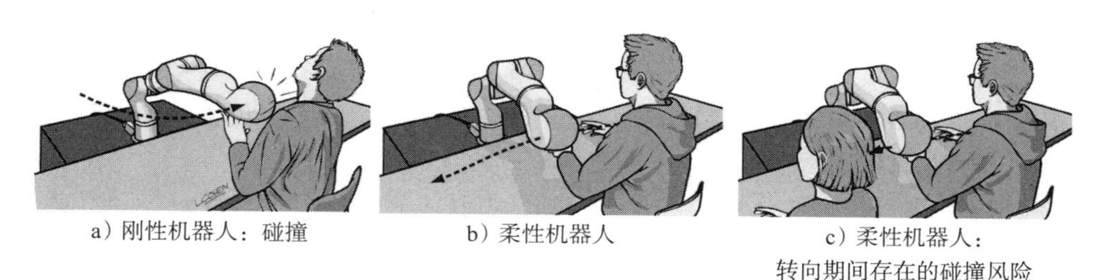

a）刚性机器人：碰撞　b）柔性机器人　c）柔性机器人：转向期间存在的碰撞风险

图 1.14　如在协作机器人示例中所设想的那样，机器人与人类一起工作时可能给人类带来危险（图 a）。为了避免这些危险，可以使用柔性机器人（图 b）。柔性机器人将吸收与人类意外接触产生的力（图 c），从而降低受伤风险

为了降低这些风险并使碰撞造成的伤害最小，一种方法是使机器人变得具有柔性 [35]。这可以通过修改硬件来实现，例如为机器人提供软关节或软材料来吸收冲击。另一种方法是通过软件使用阻抗控制创建这种柔性 [55]。阻抗控制通过虚拟弹簧和阻尼器控制律并计算机器人产生的扭矩。与真实物理弹簧类似，虚拟弹簧也可以调节刚度参数。增加或减少的刚度决定了机器人运动吸收或抵抗外力的程度 [152]。

在本书的第三部分中，介绍了使机器人具有柔性的方法，通过控制与二阶动态系统接触的力，或将基于动态系统的控制律与阻抗控制相结合，将前者用作后者的参考速度生成器。我们假设机器人的内部动力学得到补偿，然后就可以以二维的形式写出 [1]

$$\tau = J(q)^{\mathrm{T}} D(x)(\dot{x} - f(x)) \tag{1.8}$$

其中，$D(x)$ 是状态空间的半正定矩阵函数，$\tau \in \mathbb{R}^N$ 是机器人在每个 q 关节处的扭矩，$f(x)$ 是

动态系统的输出，$\dot{x}$ 是机器人的实际速度。这里，$f(x)$ 作为参考速度，是由式（1.8）来计算的。通过矩阵 D 调节参考速度的精确程度。使用与动态系统调节相同的方法，我们可以通过特征值 / 特征向量组合来生成矩阵 D，将第一个方向与标称动态系统的方向对齐。然后可以使用特征值沿路径调节刚度，如图 1.15 所示。阴影区域是具有高刚度的区域。在该区域内，系统屏蔽干扰并遵循动态系统指示的方向。在该区域的其余部分，动态系统受到干扰。干扰可能会使机器人移动到不同的位置。一旦干扰消失，机器人就恢复运动，即沿着动态系统在新位置生成的新路径运动。

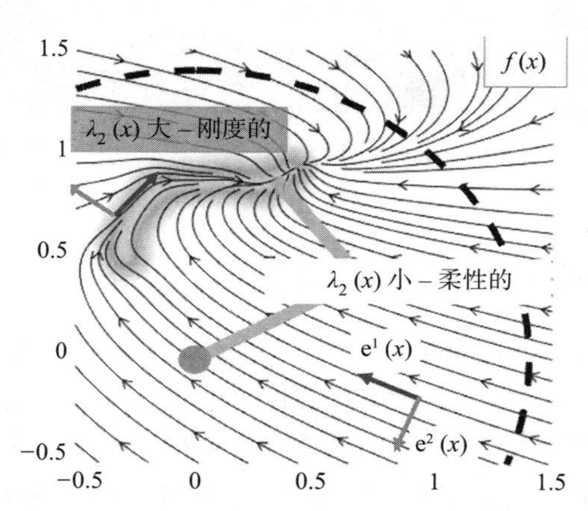

图 1.15　阻抗控制与动态系统相结合。通过对刚度矩阵进行特征值和特征向量分解，可以对刚度进行局部控制。第一个特征向量与动态系统路径对齐，而第二个特征向量和特征值控制对外部干扰的柔顺性

将动态系统与阻抗控制相结合是有利的，因为它既继承了动态系统在运动中重新规划的能力，又继承了柔顺控制的自适应性。这种组合使机器具备鲁棒控制的能力，能够通过重新规划预计轨迹和吸收冲击从意外碰撞中恢复。

矩阵 $D(x)$ 可以通过各种市场上可收集到的学习技术轻松学习。然而，与学习动态系统一样，使用这种技术可能无法保证系统保持稳定。需要对矩阵形状进行其他约束，以确保系统收敛于中心点。由于矩阵 D 随状态空间变化，因此不能通过临界阻尼系统的标准方法设置。在第 10 章中，我们介绍了几种在保持系统稳定性的同时学习各种阻抗项的技术。

最后，在第 11 章中，我们展示了如何通过动态系统控制力，这个想法是生成一个针对物体表面的法线分量，类似于通过阻尼项产生力。此外，如果将其与动态系统相结合，则可以使一对机械臂拾取并提升物体至空中 [5]，如图 1.16 所示。

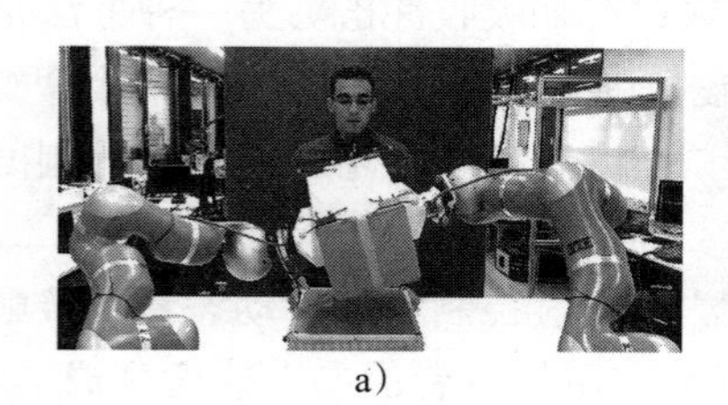
a）

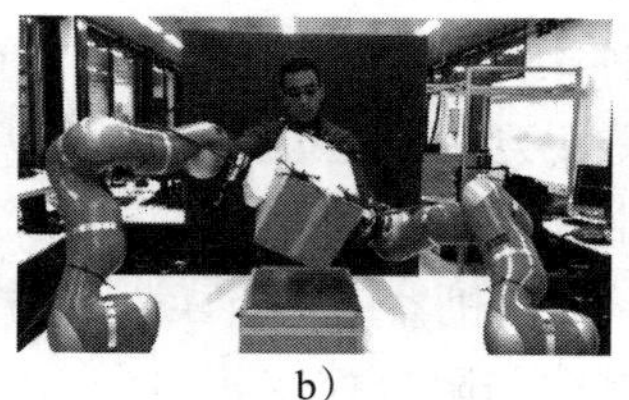
b）

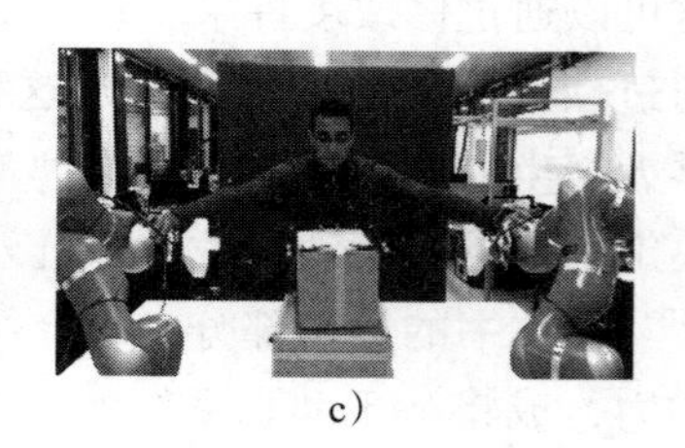
c）

图 1.16　可以通过动态系统将法向分量分解到物体表面以产生期望的力，从而实现力的控制 [5]。结合两个力控制动态系统使两个机械臂能够平衡力并同步移动。即使受到干扰（例如当人类旋转两个机械臂时，见图 b），机械臂也能将箱子提升并保持在空中（图 a）。该系统具备柔性，允许人类随时分开手臂（图 c）

1.9 控制架构

要用目前提出的基于动态系统的控制律控制机器人，需要一种控制结构。动态系统可以在轨迹规划时使用，也可以直接发送到关节来控制扭矩。在轨迹规划过程中使用时，控制架构依赖于初级控制器跟踪动态系统规定的动力学参数（即速度、加速度），并生成所需的扭矩。这通常由制造商内置的位置或速度控制器来完成。动态系统还经常在笛卡儿空间中生成轨迹。要按此轨迹运行，需要使用逆向运动学和逆动力学处理器。

本书中使用的控制架构可分为两大类：开环和闭环关节运动架构。如图 1.17 和图 1.18 所示。请注意，开环并不意味着机器人的整个控制系统以开环方式运行。机器人的行为始终随其环境的变化而做出反应。事实上，在本书使用的开环架构中，机器人仍然通过外部传感器跟踪环境的状态。例如，机器人会实时接收来自摄像机和激光雷达的信息，以追踪障碍物和目标的位置。如果其中一个移动，动态系统将生成新的轨迹以避开障碍物并实时适应目标的新位置。

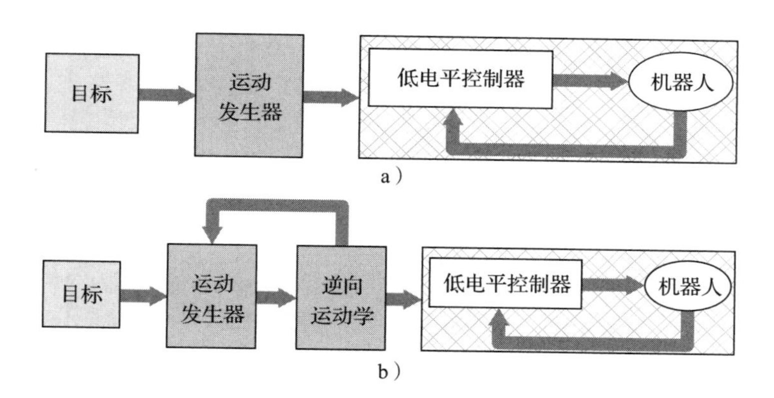

图 1.17　本书采用的典型开环关节运动发生器架构。在关节空间中进行控制时，不需要逆向运动学模块（图 a）。当动态系统控制末端执行器路径时，需要单独的逆向运动学处理模块（图 b）。当检测到目标的当前位置后，动态系统生成机器人所需的运动。对动态系统产生的预期速度的跟踪由低电平控制器来实现。动态系统仅在跟踪外部目标时（包括避开障碍物）闭合回路，而不会在当前关节所在位置处关闭

请注意，除非另有明确定义，否则在所有这些机器人实验中（以及在本书中），参考坐标系的原点都附着在目标上。因此，运动是相对该参考系进行控制的。如前所述，这种表示方法使动态系统的参数对目标位置的变化保持不变。此外，除非另有说明，否则用笛卡儿坐标系来表示机器人的运动。

在开环关节架构中，运动发生器的状态不会根据传感器信息更新，而是根据机器人先前的预期状态更新（见图 1.17）。这些架构有两个优点，但也有缺点。主要优点是，在机器人内部进行通信，从中央处理器到电机板和背板的延迟具有稳定性。尽管延迟看起来可能是无限小的，但它们不是恒定不变的。因此，如果机器人移动极为迅速（例如在飞行中捕捉物体），它们的影响可能非常显著。将关节控制与主轨迹控制分离的另一个优点是，可以单独研究动态系统运动发生器的性能和稳定性，并且不依赖机器人的特定动力学和运动学系统。然而，由于运动发生器不能随机器人的状态实时更新，因此无法补偿内部干扰（例如，关节

因自锁而不移动，或因齿隙过大而移动不精确）。此外，除非机器人配备触觉传感器或外力扭矩传感器以在接触时闭合回路，或者内置阻抗控制律，否则它可能无法对接触做出反应。因此，在没有额外传感器的情况下，由这些结构驱动的机器人可能会表现得和低级控制器一样僵硬。这些架构最适合用于要求机器人具有极高速度和反应力，并且操作空间完全安全且可观察的场景。

相反，闭环关节运动发生器根据机器人当前状态的测量值在每个时间节点更新控制律（见图 1.18）。因此，任何干扰都会被传输到运动发生器中，并通过学习的动态系统进行动态补偿。本书展示了如何在运行时将这种方法用于训练机器人。系统的这种即时自然反应允许用户随时以安全的方式中断机器人的运动。然后，用户可以使用该中断向机器人显示一条不同的路径。当与增量式学习更新法相结合时，该机制可用于动态塑造机器人的刚度 / 柔性。闭环关节运动发生器的一个缺点是，该架构容易因信道中的延迟而产生不稳定。所以，必须研究运动发生器的稳定性，同时考虑低电平控制器。图 1.18c 说明了一种控制架构，其中运动发生器和低电平控制器集成在一个块中，以解决上述问题。

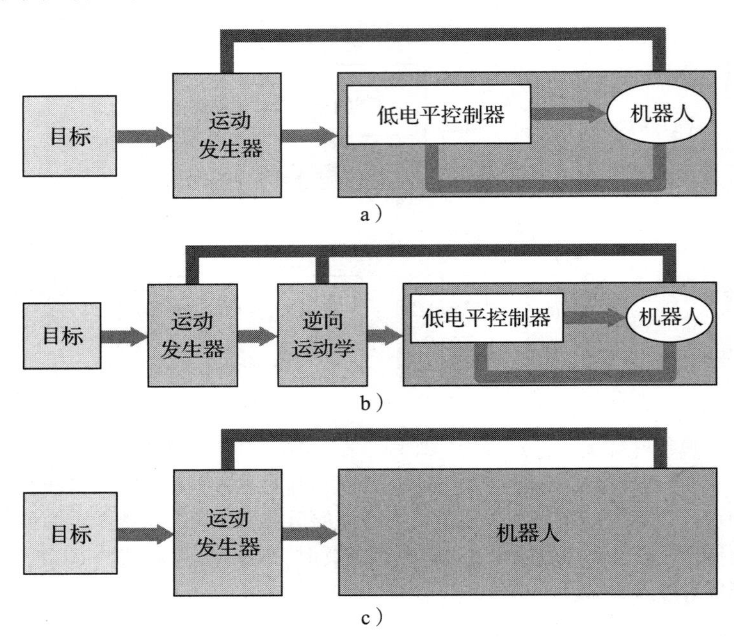

图 1.18　闭环关节运动发生器架构，包括关节控制（图 a）、笛卡儿路径控制（图 b）和直接扭矩控制（图 c）。机器人的预期运动是根据机器人当前的状态产生的。红色线显示的信道延迟可能造成不稳定或性能恶化。因此，在研究动态系统运动发生器的稳定性时，必须考虑整个控制回路的稳定性

本书中使用了各种形式的闭环控制架构，架构的选取取决于用于实现控制的机器人类型。一些机器人（如 Katana）不允许在机器人移动时进行关节运动。因此，此类机器人仅适用于开环关节运动模型。其他机器人的闭环控制各不相同，例如巴雷特（Barrett）臂、轮椅（只能控制在某些位置上）或库卡机械臂（可以控制扭矩）。表 1.1 总结了本书中介绍的所有控制架构。

表 1.1　每章讨论的控制架构概述

	机器人平台	控制架构	低电平控制器	逆向运动学
3.3.5 节	Katana-T	开环；图 1.17b	位置控制器	阻尼最小二乘法，C.2.3 节
3.3.5 节	iCub	闭环；图 1.18b	位置控制器	阻尼最小二乘法，C.2.3 节
3.4.5 节	KUKA LWR 4+	闭环；图 1.18a	被动动态系统，10.4 节	无源
3.4.5 节	Wheelchair	开环；图 1.17b	微分调节器，C.2 节	阻尼最小二乘法，C.2.3 节
3.4.5 节	iCub	开环；图 1.17b	位置控制器	时间投射步数法 [38],[37]
4.1.5 节	KUKA LWR 4+	闭环；图 1.18b	位置控制器	阻尼最小二乘法，C.2.3 节
4.2.5 节	KUKA LWR 4+	闭环；图 1.18a	被动动态系统，10.4 节	无源
4.2.5 节	iCub	开环；图 1.17b	位置控制器	时间投射步数法 [38],[37]
5.1.4 节	KUKA LWR 4+	闭环；图 1.18a	被动动态系统，10.4 节	无源
5.1.4 节	iCub	开环；图 1.17b	位置控制器	时间投射步数法 [38],[37]
6.3.3 节	iCub	闭环；图 1.18b	位置控制器	阻尼最小二乘法
7.2.1 节	iCub	闭环；图 1.18b	位置控制器	阻尼最小二乘法
7.2.1 节	KUKA IIWA	闭环；图 1.18b	位置控制器，低增益	阻尼最小二乘法，C.2.3 节
7.4 节	KUKA IIWA	开环；图 1.17b	位置控制器，高增益	阻尼最小二乘法，C.2.3 节
7.6 节	KUKA IIWA	闭环；图 1.18b	位置控制器，低增益	阻尼最小二乘法，C.2.3 节
8.2.3 节	KUKA LWR 4+	闭环；图 1.18a	笛卡儿阻抗控制器 10.2 节	无源
8.2.3 节	Barrett WAM Arm	闭环；图 1.18a	笛卡儿阻抗控制器 10.2 节	无源
8.3.3 节	KUKA LWR 4+	闭环；图 1.18a	被动动态系统，10.4 节	无源
8.4.3 节	KUKA IIWA	闭环；图 1.18b	位置控制器，低增益	阻尼最小二乘法，C.2.3 节
10.4.2 节	KUKA LWR 4+	闭环；图 1.18c	被动动态系统，10.4 节	无源
11.1.2 节	KUKA LWR 4+	闭环；图 1.18b	被动动态系统，10.4 节	无源

注：位置控制器是由制造商提供的内置控制器。因此，控制器参数要么是未公布的，要么是部分公布的。

收集学习数据

本书假设机器人拥有可供学习控制器的数据。本章介绍了可用于收集数据的技术和接口，这些数据可用于训练机器人控制器。本章还讨论了在收集数据时应牢记的注意事项。

2.1 生成数据的方法

让专家给我们提供希望机器人学习的任务示例，是生成用于训练机器人的数据的一种流行方法，这被称为*示教学习*或*示教编程* [16]。示教学习或示教编程有时被称为*模仿学习*和*学徒学习*，是一种使机器人能够从执行任务的观察专家（通常是人类）那里学习新任务的范例。机器人从示教中学习的主要原则是，最终用户可以在不编程的情况下教机器人新任务。因此，长期以来，示教学习或示教编程假设示教由现场人员提供。这是有局限性的，因为它需要一位专家来生成数据，因此它只能学习人类可以完成的任务。最近的方法使用模拟或最优控制来生成解决方案，这些解决方案将是穷举的或不可能由人类生成的。训练机器人的方法有很多，请参阅 [120, 16, 7]。

示教学习或示教编程的另一种选择是让机器人通过反复试验自行学习，这一般被称为*强化学习* [77]。虽然这种方法仍然需要专家，但只是提供奖励功能，而不是示教整个任务。强化学习的一个缺点是需要很长时间才能收敛到最优解。为了解决这个问题，遵循两个主要趋势。第一种趋势是将示教学习与强化学习相结合。示教用于引导搜索，提供可行解决方案或限制搜索空间（见图 2.1）。第二种趋势是使用真实模拟器离线执行搜索，并使用真实世界来优化初始搜索。强化学习的另一个一般性缺陷是，它需要仔细设计奖励。逆强化学习通过允许机器人自动推断奖励和最优控制器来解决这个问题 [157]。然而，要做到这一点，机器人必须能够获得问题的好的和坏的解决方案的例子。这些通常由人提供，这再次提出了限制所需示教数量的问题，以便人类能够承受 [23]。

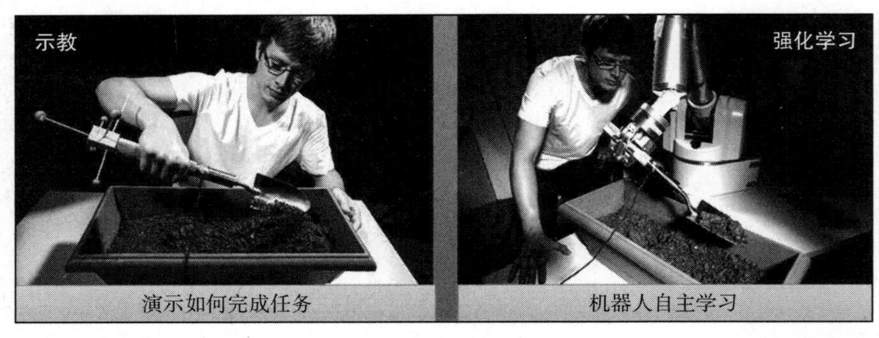

图 2.1 数据可以通过三个主要渠道收集：通过人类示教、离线通过最优控制或在线通过强化学习与机器人通信

2.1.1 应使用哪种方法，何时使用

这里提出的方法有不同的要求。有些需要用户事先了解机器人、任务和环境，而另一些需要大量时间来生成数据。为了帮助读者确定哪种方法最适合特定的应用，我们总结了每种方法的需要和下一步要提供的内容，请参见图 2.2 中的要求示意图。

生成数据的方法	在线模式	需要机器人或世界模型	示教者	训练样本数
从人类示教中学习	是	否	任何人	<20
最优控制	否	是	熟练的程序员	>100
强化学习（现场）	否	是（基于模型的强化学习） 否（不基于模型的强化学习）	任何人（奖励）	>100
强化学习（模拟）	是	是	熟练的程序员	>1000

图 2.2 数据可以通过三个主要渠道收集：通过人类示教、离线通过最优控制或在线通过强化学习与机器人探索

人类示教。可以从人类身上收集数据，向机器人展示任务。这样做的优点是机器人可以立即获得可行解的示例。示教者不需要是机器人控制方面的专家，可以是平台的最终用户。这种方法允许最终用户根据自己喜欢的移动方式自定义机器人的行为。这对于与用户协同工作的机器人（如协同机器人）以及控制假体和外骨骼特别有用。缺点是，示例的数量仅限于最终用户能够承受的大约 20 条训练轨迹，这可能导致提供的统计数据太少。而且，人类执行的运动有时可能不适用于机器人的硬件。

最优控制。如果我们可以编写任务和机器人动力学的模型，就可以使用最优控制生成满足所有任务要求和机器人约束的大范围可行轨迹。最优控制依赖于非凸优化或整数和约束规划的求解器。求解器可能需要几分钟或几小时才能找到解，而且它们不一定收敛。因此，通过最优控制将离线找到的所有解转换为闭式表达式有一个优点，可以保证始终实时检索可行解。这种嵌入是使用机器学习技术完成的，正如本书其余部分所述。使用最优控制生成学习数据是有利的，因为它可以提供大量的轨迹（通过随机初始条件），并且通过构造，轨迹对机器人的动力学是可行的。

强化学习。机器人可以通过反复试验收集数据。在每次试验中，机器人都会收到一份奖励，告知它这是一个好的还是不好的解决方案，这种技术就是强化学习。与前两种方法相比，使用这种方法的优点是它提供了一组可行和不可行的轨迹。然后，可以在学习期间使用不可行的轨迹来界定可行运动的范围。缺点是这相当缓慢，可能需要多次试验才能找到可行的解决方案。在机器人上运行这种方法可能不可行，并且可能需要一个精确的模拟器。

在 2.4 节中，我们给出了一个使用这些不同技术教机器人打高尔夫球的示例。其他章节将介绍更多应用这些方法执行不同机器人任务的示例。

2.2 示教机器人的接口

当人们选择通过人类示教来训练机器人时，界面的选择至关重要，因为界面在收集和传输信息的方式中起着关键作用。在本书中，我们主要考虑提供运动的运动学信息（速度、位置）和触觉信息（力、扭矩、触摸位置）的接口。在这种情况下，用户必须根据此处给出的三种方案选择一个接口。

2.2.1 运动跟踪系统

为了记录人体运动的运动学，人们可以使用任意现有的运动跟踪系统，无论这些系统是基于视觉、外骨骼还是其他类型的可穿戴运动传感器，有关示例的评价和视频，请参见[15]。图 2.3 显示了使用运动跟踪来监控人类接球的示例。运动捕捉系统由一组红外摄像机组成，这些摄像机可以高速跟踪被摄物体佩戴的标记，并以每秒 250 帧的高帧率在毫米准确性范围内传送到球上。考虑到运动发生的速度，必须对其进行快速采样并保证达到这种准确性。这只能通过运动捕捉系统或 TOF 相机来实现。当人们考虑示教一个需要慢得多的速度的动作时，使用以 50 Hz 采样的标准摄像机是一个合适的选择。其中有几个系统是商用但开源的，可以利用摄像机重建人体运动，关于其中的方法，请参见 [95, 119]。

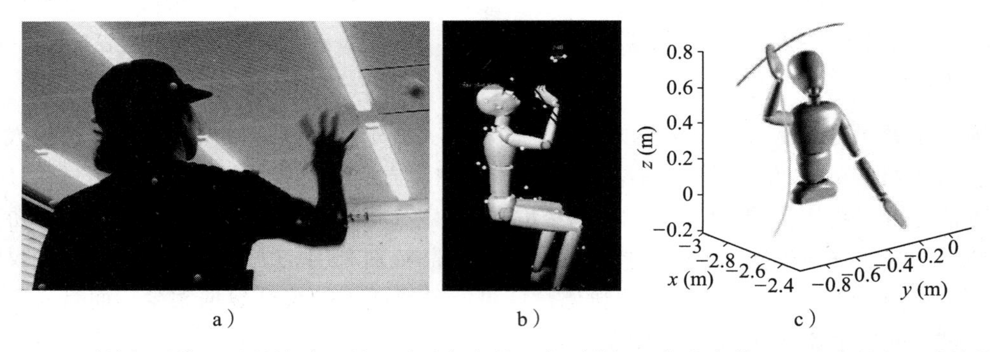

图 2.3　用运动捕捉系统记录的接球示教。受试者穿着一套覆盖标记物的套装，以追踪所有上肢关节。重建轨迹的准确性很高

2.2.2 匹配问题

这些跟踪人体运动的外部手段返回了肢体和关节角位移的精确测量值。它们已在各种情况下用于全身运动的示教学习 [88, 47, 76]。这些方法允许人类自由移动并自如地执行任务。然而，它们需要解决匹配问题（即当人体的运动学和动力学都不同时，如何将运动从人转移到机器人的问题），或者换句话说，解决配置空间的维度和大小不同的问题。这通常是在将视觉跟踪的关节运动映射到与机器人模型密切匹配的人体模型时完成的。这样的映射总是具有挑战性的。例如，具有 7 个自由度的机械臂没有办法像人类手臂关节对齐那样进行关节对齐。换言之，这两个运动链存在显著差异。它们的运动范围也不同。简单的缩放是不够的，通常必须执行双逆向运动学，将人类端点的位移转换为相应机器人的关节角度。给定当前人体关节测量值 q^h，使用雅可比矩阵 $J(q)^h$ 计算人体端点位置 x^h，类似地，通过求解以下等式计算机器人端点位置 x^r、雅可比矩阵 J^r 和关节角度 q^r：

$$\min_{\theta^r} \| x^h - x^r \|$$

$$x^h = J^h \theta^h$$

$$x^r = J^r \theta^r$$

当两个系统的自由度显著不同时，这个问题尤其困难。例如，据说人手的自由度在 22 ～ 28 之间，但大多数机器人手的自由度要小得多。传统的假手只有 5 个自由度（每个手指 1 个），而更复杂的手分别有 9 个自由度（如 Humanoid iCub hand[1]）、13 个自由度（如 DLR hand）、16 个自由度（如 Gifu hand [67] 和 Allegro hand[2]）和 24 个自由度（如 Shadow hand[3]）。

例如，假设你希望遥控一只机械手。由于机械手的自由度低于人手，因此必须找到一种方法将人手的关节映射到机械手的关节上。显然，人手的几个关节需要映射到机器人的单个关节的运动。映射可能取决于程序控制。在大多数日常手部运动中，当关节协调移动时，控制参数的真实数量远小于手部自由度的数量。关节的这种协调运动通常被称为协同作用 [126]。通过使用主成分分析（PCA），将关节角度投影到低维子空间，可以构建关节间的协同作用。如果 $q^h \in \mathbb{R}^D$ 表示 D 个人类手关节，我们构造 $y \in \mathbb{R}^D$，$p < D$，且 $y = \boldsymbol{A}q^h$。$\boldsymbol{A}$ 是执行主成分分析后发现的投影矩阵。$\boldsymbol{A}$ 的每一行嵌入一个特定的关节组合 q^h，y 可用于单独控制每个关节组合。假设 y 由二进制数组组成，其中 $y_i \in 0, 1, i=1:p$。如果我们将 $y_1 = 1$ 和所有其他数组设置为零，这将激活第一个关节组合，对应于 A 的第一行。

类似映射可用于控制机械手 q^r 的关节以进行遥操作。为了利用协同作用将人类运动映射到机器人运动，必须在两个空间之间找到一个公共映射投影矩阵。一种方法是明确确定机械手指上的映射。由于 $\boldsymbol{A}$ 的行由特征向量组成，特征向量的数组对应每个关节对协同的贡献，设置这些条目将确定映射 [22]。练习 2.1 中给出了此类协同构造的示例。

练习 2.1　考虑由 5 个自由度组成的机械手 $q \in \mathbb{R}^5$，每根手指一个自由度。

1. 假设拇指比其他四根手指短三分之一。你需要使用哪一个最小协同 $y=Aq$ 来同时闭合所有手指？

2. 你希望使用戴在手上的数据手套远程操作这只机械手，分别控制每根手指。手套的拇指有 2 个自由度，其他所有手指有 3 个自由度，总共 D=14 个自由度。$q=Ax$，$x \in \mathbb{R}^D$，你应该使用哪个映射？

3. 现在，你需要同步控制拇指和食指，并保持其他手指静止。以前的映射将如何更改？

2.2.3　拖动示教

当人们试图控制一个仿人机器人或者当机器人的身体与人体几乎没有相似性时（例如，六足动物与人体显著不同），问题将会变得更加困难。解决对应问题的一种方法是将人放在机器人的位置上，例如让人通过拖动示教引导机器人，如图 2.4 所示。拖动示教是一种技术，示教者利用机器人关节的机械后驱动能力来实现机器人的被动移动 [4]。拖动示教还可以传输关于力的信息，这在运动跟踪系统中是不容易获得的。此外，它还提供了一个自然的教学界面，用于纠正机器人再现的技能。拖动示教的一个主要缺点是，人类必须经常使用更多的自由度来移动机器人，而不是在机器人上移动的自由度。这在图 2.4c 的示例中可以发现。要移动机器人一只手的手指，示教者必须使用双手。这限制了通过拖动示教可以示教的任务类型。通常，需要同时移动双手的任务不能以这种方式示教。我们可以循序渐进，先示教右手的任务，然后在机器人用右手重放动作的同时示教左手的动作。然而，这可能会很麻烦。如前所述，使用外部跟踪器更适合示教多个肢体之间的协调运动。

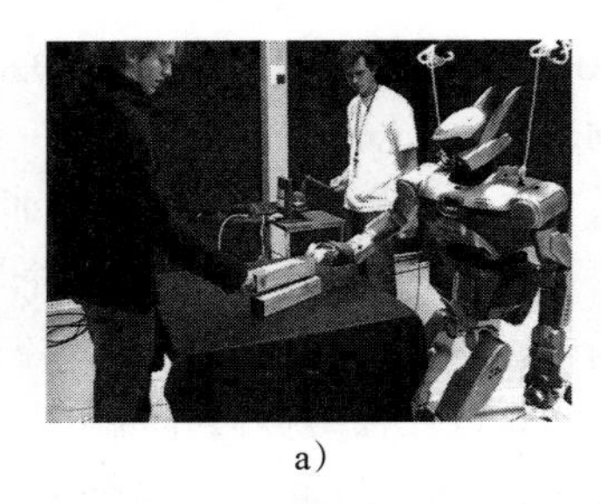
a)

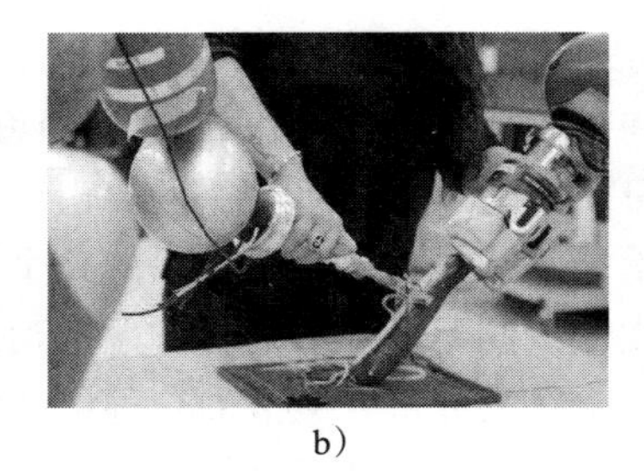
b)

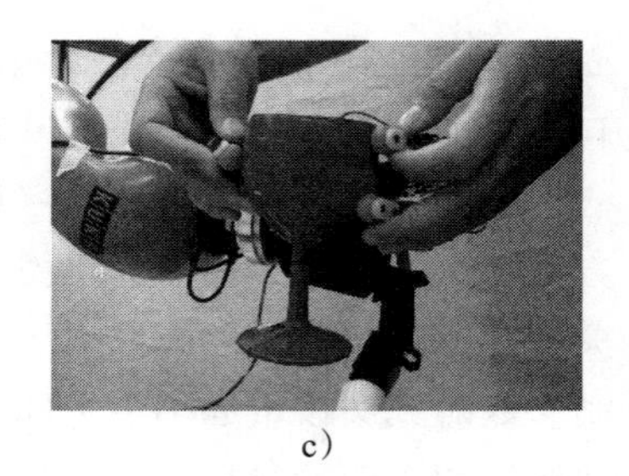
c)

图 2.4 a）通过触觉界面进行遥操作演示需要力控制的任务（改编自 [36]）。b）拖动示教示例，其中人类将自己放在机器人的角度中，示教机器人如何剥蔬菜皮。力是通过机器人端点的触觉传感器测量的。c）示教如何操作物体的拖动示教示例。力是通过机器人指尖的触觉传感器测量的

2.2.4 遥操作

通过操纵杆和遥控器的遥操作也可用于传输运动的运动学。这种身临其境的遥操作场景中，人类操作员使用机器人自身的传感器和执行器来执行任务，是从自己的角度训练机器人的强大技术。例如，在 [31] 中，当由专业飞行员进行遥控操作时，通过记录直升机的运动来学习直升机的杂技轨迹。在 [51] 中，通过操纵杆引导机器狗的人教会机器狗踢足球。然而，遥操作通常局限于呈现的视野，这妨碍了示教者观察执行任务所需的所有感官信息。与外部运动跟踪系统相比，遥操作具有优势，因为它完全解决了通信问题，系统直接记录来自机器人配置空间的感知和动作。使用简单操纵杆的遥操作只允许引导自由度的子集。为了控制所有自由度，必须使用非常复杂的外骨骼型设备，这非常麻烦。

2.2.5 传力接口

迄今为止，我们描述的所有方法仅提供运动学信息。当我们想要示教可以使用位置和速度完全描述的任务（例如手势）时，这就足够了。然而，当任务取决于接触时的力，并且这是在没有大运动的情况下完成的（例如，当将销钉插入孔中时），则需要使用可以测量和传输这些力的接口。

代替使用简单的操纵杆，可以使用提供和传输力的触觉设备（见图 2.4a）。与拖动训练相比，它具有优势，因为它允许从远处训练机器人，因此特别适合示教导航和运动模式。示教者不再需要与机器人共享同一个空间。例如，该方法用于向人形机器人传授平衡技术[115]。当示教者移动时，附着在示教者躯干上的触觉接口测量交互力。演示器运动的运动学通过遥操作直接传输给机器人，并与触觉信息相结合，以训练基于感知力的运动模型。遥操作技术的缺点是示教者通常需要经过培训才能学会使用遥控设备。此外，触觉设备提供在机器人末端执行器处感知到的接触的能力有时会很差，可能会延迟提供。为了适应这种情况，可以为示教者提供可视化界面来模拟交互作用力。

为了测量力，还可以使用机器人的机载触觉传感器或力 / 扭矩传感器。这可以与拖动教学结合使用（见图 2.4），也可以通过使用非触觉设备使用。在拖动教学中，示教者可以感知力并调整其手势以做出反应，当使用非触觉操纵杆时，这种感知会丢失，并可能对示教产生不好的影响。

2.2.6 组合接口

每个教学界面都有优缺点。因此，现在人们通常将其中几个接口结合使用。图 2.5 显示

了一个示例，其中训练机器人用勺舀甜瓜。这项任务具有挑战性，因为甜瓜是软的，机器人必须学会在用勺舀取时改变力和刚度，以响应它从甜瓜中感知到的阻力。当甜瓜较硬时，可能需要一个刚性控制器，而当甜瓜较软时，可能需要一个更符合要求的控制器。瓜类不是同质的，因此可能需要在移动中修改柔性。为了示教机器人，图 2.5 中所示的用户利用了多种接口的组合。她使用动觉教学来具体表现给机器人，这使她能够更好地感知和传递力。力和扭矩通过安装在工具和机器人末端执行器上的两个力 / 扭矩传感器测量，也可以通过覆盖用户佩戴的手套的触觉传感器测量。这些传感器测量施加的力的变化，作为对甜瓜阻力变化的响应。这种力测量的演变提供了关键信息，使人们能够根据水果阻力的变化来调整阻抗。此外，基于标记的视觉和数据手套跟踪手臂和手部运动的运动学信息，以便检测用户适应任务时检测姿势和手部抓取的变化。[149] 中记录了有关如何使用该信息训练机器人执行相同任务的更多详细信息。

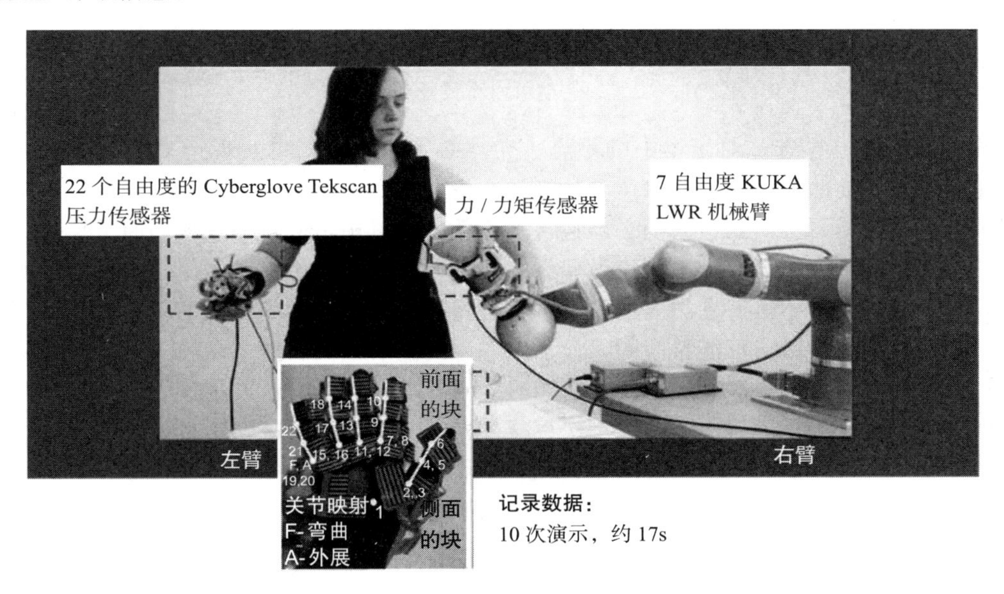

图 2.5　使用多种接口（即视觉、触觉）训练机器人用勺舀甜瓜（改编自 [149]）

2.3　数据要求

在我们探索如何收集和使用数据来训练机器人的示例之前，需要考虑一些一般性因素。

收集足够的数据。数据本身就有噪声。由于本书中使用的所有机器学习技术都基于统计的，因此数据必须包含足够的统计信息，以便算法能够区分噪声和信号。统计学中的一个好规则是每个维度至少有 10 个样本 [54]5。如果你正在示教一项需要控制位置和方向的任务（N=6），你将希望至少有 106 个数据点。如果你以 50Hz 的频率对轨迹进行采样，那么经过 10 次演示后，数据将包含足够的统计数据，每次演示持续不到几秒钟。然而，虽然这在统计上可能是足够的，但不确定这是否足以很好地教会机器人。我们需要确保数据与任务相关。

例如，假设你希望机器人学习如何打高尔夫（见图 2.6a）。为了教会机器人如何将球放入洞中，你必须给出示例来说明如何做到这一点。虽然显示 10 个示例可能足以生成所需的统计数据，但显示准同级的示例将无法深入了解任务。从不同的配置开始，以不同的方向接近目标来生成多个示例是非常有用的。改变实验设置以及改变孔的位置和高度也可能是有用的。

a）

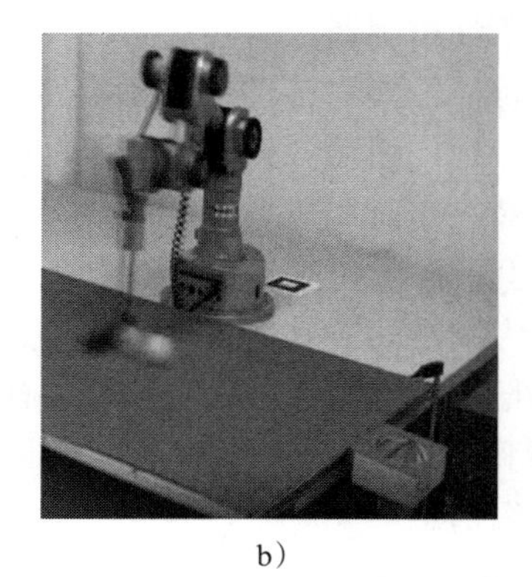

b）

图 2.6 a）示教者根据球洞的位置改变球杆的方向来演示打高尔夫球的任务。b）一旦机器人学会了任务，即使孔位于演示中没有看到的位置，它也可以重复任务

数据必须精心挑选。对于本书的重点，数据必须由机器人可实现运动的动力学样本组成。速度、加速度曲线、扭矩和阻抗参数必须在机器人的能力范围内。此外，数据必须代表我们希望机器人学习的内容，它们必须包含手头任务的有用示例。虽然人们通常只提供机器人必须做什么的示例，但提供不应该做什么的示例通常非常有用。这类似提供可能导致任务成功或失败的可行和不可行动态的例子，也就是将导致任务成功或失败的动态。例如，当教机器人打高尔夫球时，你可能希望同时显示球进入洞内的示例和球未命中或从洞边缘反弹的示例。这些额外信息将帮助算法了解方向和速度的微小变化可能导致任务从成功转向失败。

当示教由人进行时，目标是将演示次数减少到最低限度，以减轻示教者的负担。经验法则通常是每个任务不超过 20 个演示。因此，选择好要演示的内容以避免浪费演示是很重要的。如果你在模拟中工作，并使用优化来生成示例轨迹，那么你的耐心和求解器的速度将限制你。因此，我们仍然应该确保收集足够广泛的解决方案样本，并生成可行和不可行的解决方案，以使机器人能够很好地学习。请注意，可行和不可行解决方案的数量应相似（或数量级相同），以避免数据集不平衡。不平衡数据集的概念是指一种类型的样本比另一种类型的样本多的情况（例如，非癌细胞的样本比癌细胞的样本多）。这种不平衡可能不利于学习，因为样本数量最多的组比样本数量较少的组具有更大的影响力，并且更具代表性。

泛化。机器学习的一个主要目标是确保模型在用于训练的示例之外泛化。这是至关重要的，因为我们非常清楚这样一个事实，即训练示例只提供了所有现有内容的一个子集。机器学习中通常的做法是将数据集分解为训练集、验证集和测试集。训练和验证结合使用，通过网格搜索和交叉验证确定最佳超参数。测试集用于评估算法在推广到未知数据时的效果。训练集 / 测试集比率是一个很好的泛化度量。确保测试集良好性能所需的训练数据数量越小，我们对模型泛化的信心就越强。

然而，对于需要进行泛化的机器人来说，重要的是训练集和测试集的选择要导致这种泛化。泛化可以有多种形式。在前面介绍的高尔夫球任务中，只有当球的初始位置与训练过程中看到的位置相差几厘米时，机器人才能正确击球，这需要有限的泛化。但是，如果系统可以将球推到各种球和洞的配置中，则可以证明系统具有泛化性。如果机器人能够在训练中看到的更复杂的地形上击球，那么将展示出惊人的泛化能力。然而，这种情况很少见，将知识转移到新的环境中通常需要对系统进行再次训练。这就是所谓的迁移学习。因此，测量机器人泛化能力的测试集不能是整个数据集随机采样的结果，而应谨慎选择，以证明预期的泛化能力。

总之，训练机器人的数据必须谨慎选择。它们必须代表您希望机器人实现的目标，它们必须包括哪些是任务的好的解决方案，哪些不是。训练和测试时不得随意分割数据。相反，必须选择测试中使用的数据来证明机器人在多大程度上概括了训练示例中涉及的知识。

2.4　教机器人打高尔夫球

本节说明了如何使用人类示教、试错和最优控制来训练机器人打高尔夫球[6]。使用模拟高尔夫地形（见图 2.6），我们的目标是教会机器人移动高尔夫球杆，以正确的方向和速度击球，将球打入洞中。

首先，人类示教足以教会机器人在平地上完成任务。然而，当机器人的任务是在更复杂的丘陵地形上击球时，很难获得成功的人类示教。由于任务要求高准确性，可行和不可行轨迹的示例同样重要。因此，反复试验是补充人类示教的必要条件。最后，还可以通过最优控制对任务进行编码，以离线学习所需的动态，其速度和准确性将超过人类可以示教的速度和准确性。

2.4.1　通过人类示教任务

为了训练机器人推杆，可以选择通过动觉示教显示运动（改编自 [86]），如图 2.6 所示。当示教者被动移动机器人关节时，机器人记录状态 $x \in \mathbb{R}^N$ 和速度 $\dot{x} \in \mathbb{R}^N$ 其末端执行器在每个时间步长的 $\mathbb{R}^N$。然后，示教集包含一组由 $\{X,\dot{X}\}=\{X^m,\dot{X}^m\}_{m=1}^M=\{\{x_t^m,\dot{x}_t^m\}_{t=1}^{T_m}\}_{m=1}^M$ 对组成的 M 轨迹，其中 T_m 是每个第 m 个轨迹的长度。每对表示一个 $2N$ 维向量点。

我们遵循第 1 章中提出的方法，将运动动力学嵌入形式为 $\dot{x}=g(x)$ 的动态系统。为此，我们使用了动态系统的稳定估计方法（SEDS），该方法确保运动流渐近到达并稳定在球的位置，从而有 $\lim_{t\to\infty}x=x^*$，其中 x^* 是球的位置。第 3 章详细介绍了此方法。此方法为末端执行器生成运动流，最终正确命中球。然而，这个模型不足以完成我们的任务，因为有了这样一个系统，机器人一旦到达球就会停止。为了击中球，使其进入洞中，机器人需要以非常特定的速度到达球。为了实现这一点，我们调节初始稳定的动态系统流，使吸引子处的速度向量定向，并与示教过程中看到的振幅相匹配（见图 2.7a）。

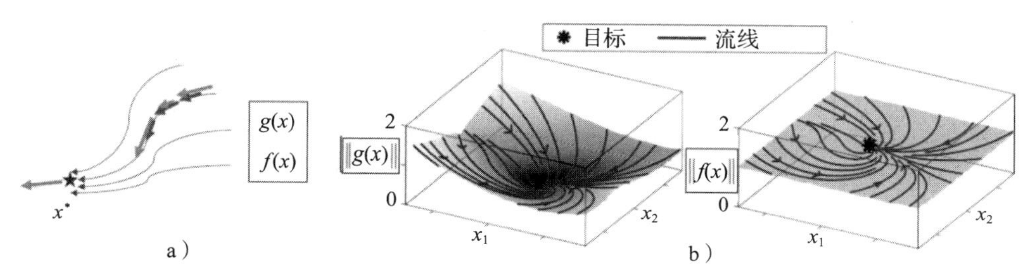

图 2.7　为了生成速度在吸引子处不消失的流，可以调节两种动力学：在吸引子 $g(x)$ 处渐近稳定的单一流和嵌入速度剖面 $M(x)$ 的非平稳流，该速度剖面在吸引子处不一定稳定。最终流 $f(x)=M(x)g(x)$ 是稳定的，同时吸引子处的速度也非零 [86]

为了实现这一点，我们使用了两次演示数据点：首先，我们学习球处的稳定流，在接近球时嵌入演示的方向。当这个流在球上消失了，我们只存储向量场 $\|g(x)\|=1$，$\forall x$。其次，我们学习一个（不一定稳定的）函数 $M(x)$ 来表示演示速度流的振幅 $M(x)=\|\dot{x}\|$。可以使用任何用于回归的机器学习技术（例如，支持向量回归、高斯过程回归或神经网络）来学习 $M(x)$。

最终的动力学是作为学习函数的组合生成的：$\dot{x}=f(x)=M(x)g(x)$。然后 $f(x)$ 收敛到球，因为它遵循 $g(x)$ 指示的流，具有 $M(x^*)$ 指定的正确振幅[7]。通过观察图 2.7 中 $g(x)$ 和 $f(x)$ 的能量函数的流线和振幅，可以可视化流的收敛。

泛化和适应性

这项任务的一个期望是机器人能够将知识推广到各种球和球洞的配置中。这种泛化可以通过在精心选择的参考系中表达这个问题来实现。现在，我们计算球和末端执行器在参考系中相对于球洞的位置。这样做时，末端执行器的学习方向变得独立于世界坐标系，这允许机器人为不同的球洞位置生成正确的运动（见图 2.8）。这种形式的泛化假设地形在所有方向上都是完全平坦的。

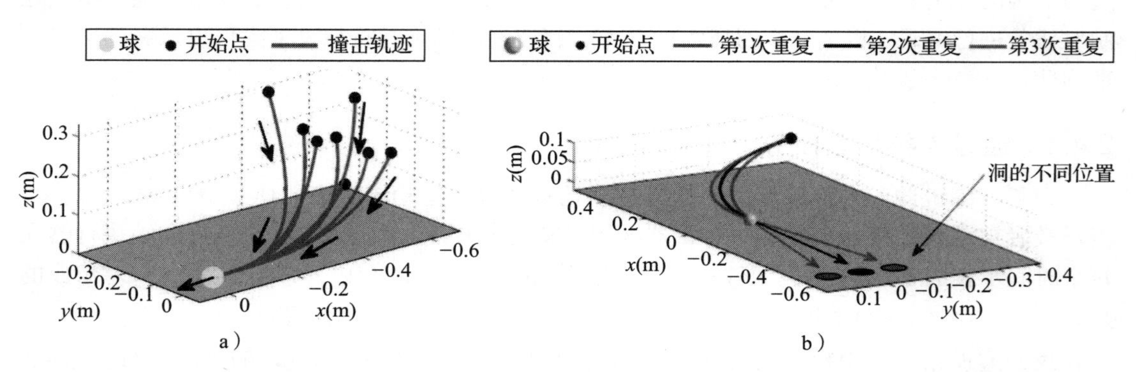

图 2.8　a）通过动态系统表示击球的轨迹。b）从球到洞的相对位置的动力学表示，可以很好地概括朝向球的方向，无须进一步演示

由于机器人的运动主要由动态系统驱动，因此机器人可以适应环境的变化。例如，如果机器人在接近球的同时被推离其初始轨迹，系统将生成一个新的流，该流也一定会以正确的方向和幅度接近球。洞的位置也可以在运行时移动，机器人同样会适应新的位置（见图 2.9 和本书网站上的相关视频，https://www.epfl.ch/labs/lasa/mit-press-book-learning/）。

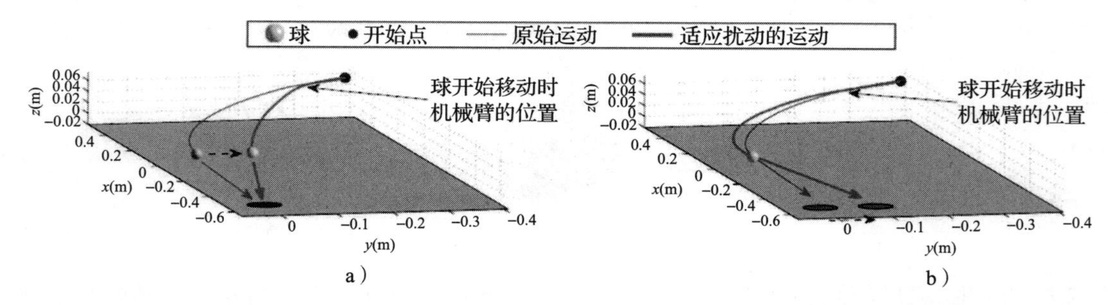

图 2.9　学习到的动态系统可以在运行时适应扰动，例如通过生成正确到达目标的新轨迹将机器人推离其轨迹（图 a）和移动球洞（图 b）[86]

2.4.2　从失败和成功的案例中学习

现在，我们让机器人学习在不平坦的丘陵地形上将球击入洞中（见图 2.10）。这项任务比前面讨论的任务更复杂。困难在于确定精确的速度和击打的角度。如果一个人以太小的速度击球，球就会沿着斜坡向下跑，但速度太快可能会使球跳过球洞。丘陵地形不均匀。击打的角度上的一个小错误可能会导致球偏离球洞。如果我们再次规定让机器人泛化到不同的球和球洞位置（在图 2.10 所示的设置中，用户可以通过沿场地末端的轨道滑动来更改球洞的位置），那么任务就变得更加困难了。为了在移动球洞时成功击落球，机器人必须在运行时调整其末端执行器的方向和所需速度。

a）

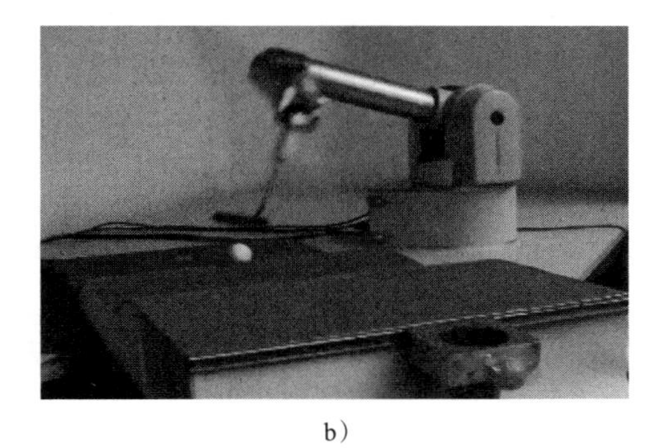

b）

图 2.10　a）示教者演示了在丘陵地形上击球的任务。他展示了成功和失败的例子，以便机器人能够学习可行和不可行参数集分布的表示。这些参数是击球时的角度和速度。b）一旦机器人学会了，即使洞位于演示中没有看到的位置，它也可以重复任务

在前一个示例中，我们展示了在相对参考系中对任务进行编码将允许机器人适应球洞位置的修改。这在本例中是不可能的。在本例的丘陵地形中，许多物理因素可能导致机器人失败。这可能是由于地形沿线摩擦不均匀造成的，很难提前预知。此外，任务不再是确定性的，因为即使采用理论上正确的角度和速度，机器人有时也可能不成功。

为了考虑任务的非线性和随机性，我们选择学习可行方向和速度的分布。然而，由于任务的成功受方向和速度微小变化的影响，人们不仅应该了解使之成功的参数，还应该了解导致失败的参数。获得失败的例子并不难，因为人们发现很难做出好的例子。这是由于地形的复杂性和移动这么大的机械臂很麻烦的事实。最后，大多数演示都以失败告终，我们缺少成功的例子。为了增加成功的统计数据，我们通过系统测试不同的速度和方向参数，让机器人通过试错学习。使用这些演示来指导搜索有助于减少要测试的参数范围。当机器人尝试不同的参数时，它最终收集了许多成功和失败试验的例子。

图 2.11 显示了导致该任务成功与失败的参数分布。注意，这两种分布是混合的。这证实了对可行和不可行参数的分布进行建模是多么重要，因为可行区域非常小，并且分散在不可行区域内。仅通过观察好的示例进行简单插值可能会导致预测不可行的参数。

可以使用机器学习的概率密度函数建模（本例中使用的是高斯混合模型）来学习分布。在测试时，可以通过比较可行和不可行分布下参数的可能性来确定当前配置是否被视为失败或成功。在运行时，当环境发生变化（例如，目标位置发生变化）时，可以通过从可行参数分布的最接近组合中提取来确定新参数集。本书网站上的视频展示了成功复制的例子。有关更多详细信息，请参见 [86]。

a)

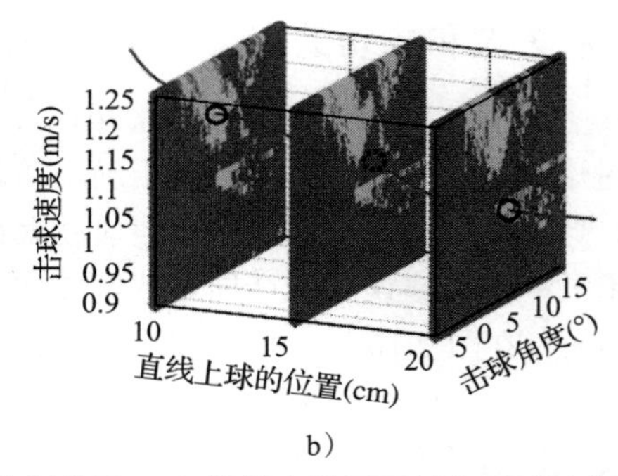

b)

图 2.11　a）用户移动球洞的位置，机器人必须适应这个新位置。b）机器人学习可行和不可行参数（击球角度和速度）的分布，以承受噪声 [86]

2.5　从最优控制中收集数据

在前面介绍的两个示例中，我们假设机器人可以再现人类示教的速度和轨迹。换句话说，我们假设演示满足机器人的运动学和动力学约束。当使用动觉示教时，运动学约束得到满足，因为它包括移动机器人的关节。然而，人类示教中显示的动力学可能太快，需要比在机器人上可能需要的加速度更大。相反，一些人体运动有时太慢，当转换为机器人的速度时，如果加速度太小且不能克服机器人的摩擦力，则无法生成这些运动。

如本章前面所述，使用人类示教的另一种方法是通过强化学习搜索可能的解决方案。强化学习与最优控制密切相关。为了生成对机器人可行的轨迹，必须有一个机器人模型。在现实世界中运行搜索时，没有这样的模型可能有风险，因为这可能会导致硬件损坏。在高尔夫的示例中，可以通过以下迭代优化来表示生成可行且引导机器人尽快移动的轨迹。

算法 2.1　生成运动可行的数据轨迹

初始化：
　$x(0)$ 和 x^* 随机定义机器人的初始位置和最终目标位置。
　$q(0)=F^{-1}(x(0))$ 初始关节位置的逆向运动学。
　$t=0$. 初始化时间。
主循环：
　While $\epsilon \leqslant \|F(q(t))-x^*\|$：
　　　$\dot{q}(t+dt)=\arg\max_{\dot{q}}\|\dot{q}\|$。最大化关节速度。
　　s.t.
　　　$\frac{\dot{q}}{\|\dot{q}\|}=J+(q(t))\frac{x^*-F(q(t))}{\|x^*-F(q(t))\|}$。沿着直线向任务空间的目标移动。
　　　$\dot{q}_{\min}[i]\leqslant\dot{q}[i]\leqslant\dot{q}_{\max}[i],\forall i\in\{1,\cdots,D\}$。速度水平上的运动学可行性。
　　　$q_{\min}\leqslant q(t)[i]+\dot{q}[i]dt\leqslant q_{\max}[i],\forall i\in\{1,\cdots,D\}$。位置水平上的运动学可行性。
　　$q(t+dt)=q(t)+\dot{q}(t+dt)\,dt$
　　$t=t+dt$
　　$F(\cdot)$ 和 $J(\cdot)$ 分别是正向运动学和雅可比矩阵，+是Moore-Penrose的逆。

算法 2.1 使用每个关节的最大加速度和速度边界以及正向和逆向运动学模型，确保轨迹是可行的。

此优化可以离线运行。如果对不同的初始和最终末端执行器和关节位置 $(x(0), q(0), x^*)$ 进行采样，则能够填充可行轨迹的数据库。所有导致求解器不可行解的配置都可以用作失败参数集的示例。在模拟中运行此功能是有利的，因为它将提供许多示例（远远超过人类示教的范围），因此具有精细化模型。然而，这只是一个模拟，仍然是现实的替代。例如，在高尔夫任务中，可以使用良好的机器人模型和环境进行一些模拟试验。这将允许为参数的可行区域生成一组初始值。然而，需要真正的实现来微调参数并添加更多数据，以克服地形的非线性。

第二部分

控制器的学习

第 3 章

Learning for Adaptive and Reactive Robot Control: A Dynamical Systems Approach

控制律的学习

本章介绍了利用时不变动态系统学习机器人运动控制律的方法。我们假设机器人系统的运动完全由其状态参数 $x \in \mathbb{R}^N$ 定义，并由常微分方程（ODE）系统表征。设 $f(x)$ 是一阶函数自主动态系统，描述机器人的标称运动规划，使得

$$\begin{gathered} f: \mathbb{R}^N \to \mathbb{R}^N \\ \dot{x} = f(x) \end{gathered} \tag{3.1}$$

式中，$f(\cdot): \mathbb{R}^N \to \mathbb{R}^N$ 为连续可微向量值函数。学习包括估计函数 f，它是一个从 n 维输入状态 $x \in \mathbb{R}^{\mathrm{N}}$ 到其时间导数 $\dot{x} \in \mathbb{R}^{\mathrm{N}}$ 的映射。

训练数据由样本轨迹组成，我们假设这些轨迹代表了底层动态系统的路径积分。这些轨迹覆盖了状态空间的有限部分。学习算法的目标是确保学习到的自主动态系统能很好地再现训练数据，同时对数据未覆盖的区域进行泛化。我们希望系统不会偏离训练数据点。为了解决这个问题，我们将约束嵌入学习算法中，以便从控制理论的角度为所学的动力学提供保证。一个理想的特性是在吸引子 x^* 处稳定。因此，f 如下所示：

$$\begin{gathered} \dot{x}^* = f(x^*) = 0 \\ \lim_{t \to \infty} x = x^* \end{gathered} \tag{3.2}$$

式中，$f(\cdot): \mathbb{R}^N \to \mathbb{R}^N$ 是一个连续可微的向量值函数，表示收敛于单个稳定平衡点 x^* 的自主动态系统，它也被称为*目标点*或*吸引子*。

为了学习该函数，我们为要学习的函数选择了一个表达式，通过一组参数 Θ 对其进行参数化，使得原函数变为 $f(x;\Theta)$。学习包括更新参数 Θ 直到函数尽可能精确地拟合参考轨迹，这可以通过损失函数 $L(X,f,\Theta)$ 来测量。

关键问题表述如下。给定一组 M 的参考轨迹 $\{\boldsymbol{X}, \dot{\boldsymbol{X}}\} = \{X^m, \dot{X}^m\}_{m=1}^M = \{\{x^{t,m}, \dot{x}^{t,m}\}_{t=1}^{T_m}\}_{m=1}^M$，其中 T_m 是每一个第 m 个轨迹的长度，似然函数 $f(x;\Theta)$ 中的参数 Θ 根据损失函数 $L(X,f,\Theta)$ 来确定。此外，函数 f 必须能够在训练数据未覆盖的状态空间中产生一些保留参考轨迹特征的运动。这可以通过测量由训练中未使用的参考轨迹组成的测试集所产生的损失来评估。最后，函数 f 必须确保是从空间中的任意点到达目标 x^* 的。

这可以概括为两个目标：

- 复现参考动态系统。
- 收敛到吸引子（目标）。

从机器学习的角度来看，从数据中估计 $\dot{x} = f(x)$ 可以被定义为一个回归问题，其中输入是状态变量 x，输出是它们的一阶导数 $\dot{x}$。正如我们将展示的，标准的机器学习技术可以确保第一个目标，但无法确保第二个目标。在本章中，我们介绍来自机器学习算法的技术，从而学

习动态系统，准确地再现演示的行为，并确保从状态空间的任何地方收敛到目标。

3.1 节将简要介绍动态系统稳定性的基本概念，这些概念将在本书中反复使用。读者可以参考附录 B 来回顾本章和全书中使用的机器学习技术。在 3.3 节和 3.4 节中，我们继续介绍两种技术来学习数据中的一阶单吸引子非线性动态系统。在 3.5 节中我们描述了这些技术如何扩展到学习二阶动态系统与单个吸引子。

3.1　预备知识

3.1.1　动态系统学习的多元回归

在本节中，我们介绍机器学习中用于估计 f 的三种方式，即高斯混合回归（GMR）、支持向量回归（SVR）和高斯过程回归（GPR），并表明它们会产生不稳定的动态系统。

对于不熟悉标准回归技术的读者，我们在附录 B 中对这一节提出的每一种方法进行了总结。具体来说，高斯混合模型和高斯回归模型可以在 B.3 节中找到，支持向量回归在 B.4.2.2 节中描述，高斯过程回归在 B.5 节中总结。

3.1.1.1　高斯混合回归

利用高斯混合回归，通过 K 分量高斯混合模型学习位置和速度测量结果的联合密度来估计一阶动态系统 $\dot{x}=f(x)$，过程如下：

$$p(x,\dot{x}\mid\Theta_{\mathrm{GMR}})=\sum_{k=1}^{K}\pi_k\underbrace{p(x,\dot{x}\mid\mu^k,\Sigma^k)}_{\mathcal{N}(\cdot\mid\mu,\Sigma)} \tag{3.3}$$

其中，$\mathcal{N}(\cdot\mid\mu,\Sigma)$（见式（B.16））为多元高斯（或正态）分布；$\pi_k$ 表示各已知的高斯分量，并且 $\sum_{k=1}^{K}\pi_k=1$；第 k 个高斯分布参数化表达为 $\theta_k=\{\mu^k,\Sigma^k\}$，其中 $\mu^k=\begin{bmatrix}\mu_x^k\\ \mu_{\dot{x}}^k\end{bmatrix}$ 且 $\Sigma^k=\begin{bmatrix}\Sigma_x^k & \Sigma_{x\dot{x}}^k\\ \Sigma_{\dot{x}x}^k & \Sigma_{\dot{x}}^k\end{bmatrix}$。式（3.3）中的参数 $\Theta_{\mathrm{GMR}}=\{\pi_k,\theta_k\}_{k=1}^{K}$ 可以通过以下任意一种方法估计：

- 如 B.3.1 节所述，通过迭代期望最大化算法进行极大似然估计。样本 K 的数量可以通过模型选择或交叉验证方法进行选择。对于前者，使用模型选择指标（见 B.2.1 节）来寻找权衡模型的可能性与复杂性的最佳参数数量，如 B.3.1.4 节所述。对于后者，回归指标（如均方误差变量，见 B.2.4 节）用于最小化估计速度与观测速度之间的误差，即对 L 个数据点最小化 $\frac{1}{L}\sum_{i=1}^{L}\|f(x_i)-\dot{x}_i\|$。
- 如 B.3.2 节和 B.3.3 节所述，通过采样方案进行最大后验（MAP）估计，其中 K 可以通过模型选择或前面讨论的回归指标的交叉验证进行推断，也可以通过贝叶斯非参数估计进行推断，从而最大化后验分布。

一旦推断出 Θ_{GMR} 和 K，则可通过计算条件密度上的期望 $\mathbb{E}\{p(\dot{x}\mid x)\}$ 得到学习到的动态系统，如下所示：

$$\begin{aligned}\dot{x}&=f(x;\Theta_{\mathrm{GMR}})\\&=\mathbb{E}\{p(\dot{x}\mid x)\}=\sum_{k=1}^{K}\gamma_k(x)\tilde{\mu}^k(x)\end{aligned} \tag{3.4}$$

其中，

$$\gamma_k(x)=\frac{\pi_k p(x\mid\mu_x^k,\Sigma_x^k)}{\sum_{i=1}^K \pi_i p(x\mid\mu_x^i,\Sigma_x^i)},\tilde{\mu}^k(x)=\mu_{\dot{x}}^k+\Sigma_{\dot{x}x}^k(\Sigma_x^k)^{-1}(x-\mu_x^k) \tag{3.5}$$

$\tilde{\mu}^k(x)$ 可以解释为局部线性回归函数，其斜率由 Σ_{xx}^k（x 的方差）和 $\Sigma_{\dot{x}x}^k$（$\dot{x}$ 和 x 的协方差）决定。进一步来说，$\gamma_k(x)=p(k\mid x,\Theta_{\text{GMR}})$ 是数据点 x 属于第 k 个高斯分量的后验概率，其中 $p(x\mid\mu_*^*,\Sigma_*^*)=\mathcal{N}(x\mid\mu_*^*,\Sigma_*^*)$ 是高斯密度函数方程（B.16）。我们在这里提到 $\gamma_k(x)$ 作为线性回归的混合权重（或函数）。此外，注意到混合函数 $\gamma_k(x)$ 具有以下性质，这些性质将用于下一小节中的证明：

$$\begin{cases}0<\gamma_k(x)\leqslant 1,\forall k=1,\cdots,K\\ \sum_{k=1}^K\gamma_k(x)=1\end{cases} \tag{3.6}$$

因此，学习到的动态系统 $\dot{x}=f(x)$ 是 K 个线性回归模型的加权组合。对于式（3.4）和式（3.5）的推导，读者可以参考 B.3.4.3 节。图 3.1b 所示的动态系统由式（3.4）生成，其中，Θ_{GMR} 通过极大似然估计得到。

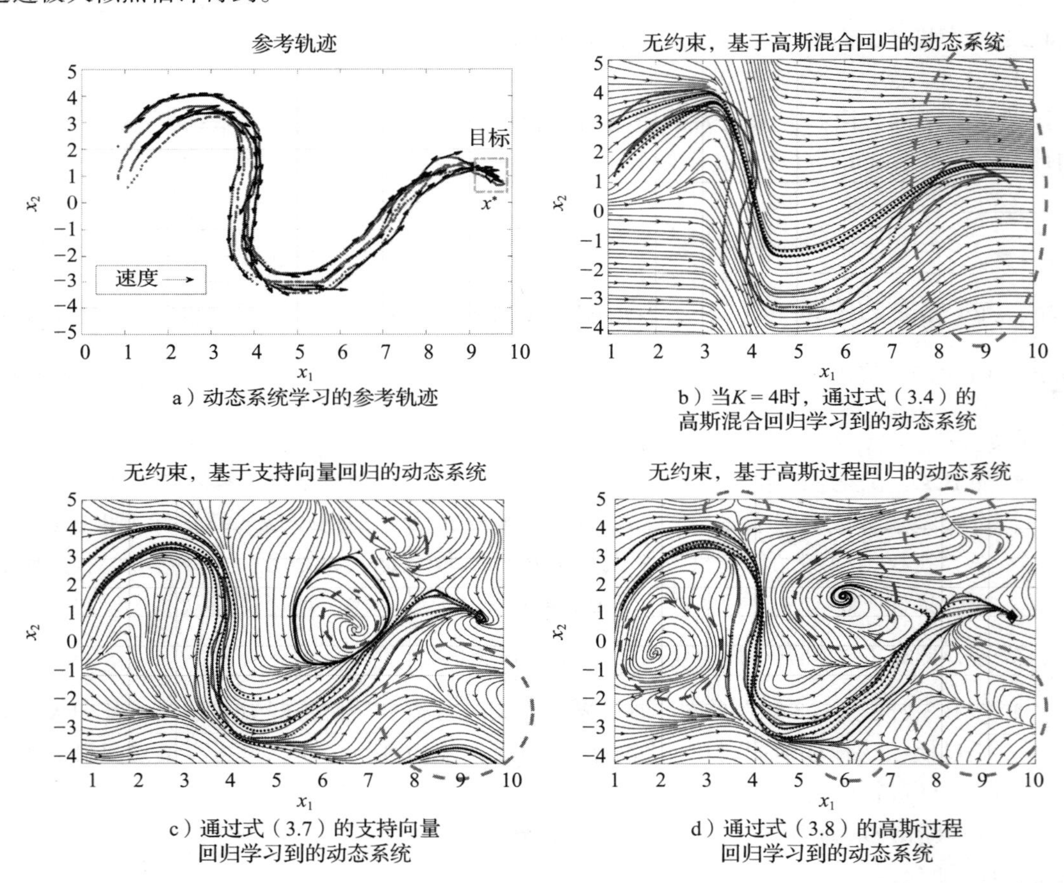

图 3.1　使用标准回归算法图 b～图 d 和 3.3 节中介绍的稳定动态系统学习方案（图 d）进行动态系统学习的二维参考轨迹（图 a）。红色轨迹是演示，黑色轨迹是在演示的初始状态下学习到的动态系统的再现。注意，对于所有标准回归技术，动态系统都有伪吸引子和发散区域

3.1.1.2　支持向量回归

在支持向量回归中，一阶动态系统 $\dot{x}=f(x),x,\dot{x}\in\mathbb{R}^N$ 可以通过学习 N 个回归函数来估计，

每个回归函数对应 N 个输出维度（即 $f(x)=[f_1(x),\cdots,f_n(x),\cdots,f_N(x)]^{\mathrm{T}}$），如下：

$$\begin{aligned}\dot{x}_n &= f_n(x;\theta_{\text{SVR}}^n)\\ &=\sum_{i=1}^{L}(\alpha_i-\alpha_i^*)_n k_n(x,x^i)+b_n\end{aligned} \tag{3.7}$$

其中，$L=\sum_{m=1}^{M}T_m$ 是参考轨迹集合 $\{\boldsymbol{X},\dot{\boldsymbol{X}}\}=\{X^m,\dot{X}^m\}_{m=1}^{M}=\{\{x^{t,m},\dot{x}^{t,m}\}_{t=1}^{T_m}\}_{m=1}^{M}$ 中所有输入 / 输出对（位置 / 速度测量值）的个数。这里，$\alpha_i,\alpha_i^*\in\mathbb{R}$ 表示第 i 个输入数据点是支持向量的权值，也就是说，当 $(\alpha_i-\alpha_i^*)_n>0$ 时，x^i 是第 n 个回归向量的支持向量。这里，$b_n\in\mathbb{R}$ 是偏置项（偏差）。$k_n(x,x^i)$ 表示第 n 次回归函数所使用的核函数。正如 B.4 节所述，我们必须根据核函数选择不同的超参数集。因此，第 n 个回归变量可能具有不同的核超参数。在本书中，我们倾向于径向基函数 $\left(\text{即}k_n(x,x^i)=\exp\left(-\frac{1}{2\sigma_n^2}\|x-x^i\|^2\right)\right)$，如式（B.72）所述。该核函数具有超参数 σ_n，表示径向基函数在第 i 个支持向量附近的方差或宽度。因此，第 n 个支持向量回归被参数化为 $\theta_{\text{SVR}}^n=\{\{(\alpha_i-\alpha_i^*)_n\}_{i=1}^{L},\sigma_n,b_n\}$，并加上必须保留作为支持向量的输入数据点，确定完整的参数集为 $\Theta_{\text{SVR}}=\{\theta_{\text{SVR}}^n\}_{n=1}^{N}$。

给定所选择的核超参数来估计支持向量的权值 $(\alpha_i-\alpha_i^*)_n$ 和偏差 b_n，必须利用一个凸优化问题来缩小预测误差，即 $\|f_n(x)-\dot{x}_n\|_2$，同时允许输出估计有 ϵ_n - 偏差误差。这是通过最大余量优化问题方程（B.85）来最大化 ϵ - 不敏感损失函数方程（B.82）实现的。这不仅需要选择核超参数，还需要选择容许误差 $\epsilon_n\in\mathbb{R}_+$，以及与误差相关的惩罚因子 $C_n\in\mathbb{R}_+$，其数值大于 ϵ_n。此优化问题的定义见式（B.85）。与高斯混合回归方法一样，必须选择超参数的最佳组合——在这种情况下，对于每一个第 n 次回归，$\{C_n,\epsilon_n,\sigma_n\},\forall n=1,\cdots,N$。虽然最优核超参数 σ_n 对于第 n 次回归可能是相似的，但与输出估计相关的超参数 C_n,ϵ_n 对于第 n 次输出的维度是不同的。为了估计每个回归函数的最佳超参数，可以对 B.4.3 节所述的一组已知的超参数范围以及 B.2.4 节所述的均方误差变量进行交叉验证。通过式（3.7）学习的二维动态系统示例如图 3.1 所示。

3.1.1.3　高斯过程回归

与支持向量回归一样，当使用高斯过程回归估计一阶动态系统 $\dot{x}=f(x),x,\dot{x}\in\mathbb{R}^N$ 时，必须估计 N 个回归函数，每个回归函数的第 n 个输出维度（即 $f(x)=[f_1(x),\cdots,f_n(x),\cdots,f_N(x)]^{\mathrm{T}}$）如下：

$$\begin{aligned}\dot{x}_n &= f_n(x;\theta_{\text{GPR}}^n)\\ &=E\{p(y_n\mid x,\boldsymbol{X},\dot{\boldsymbol{X}})\}\\ &=\boldsymbol{k}_n(x)^{\mathrm{T}}[K_n+\epsilon_{\sigma_n^2}\mathbb{I}_M]^{-1}\dot{\boldsymbol{X}}\end{aligned} \tag{3.8}$$

其中，$\boldsymbol{k}_n(x^*)=\boldsymbol{k}_n(x,\boldsymbol{X})\in\mathbb{R}^L$ 表示输入数据点与训练数据集之间的协方差向量，$K_n=K_n(\boldsymbol{X},\boldsymbol{X})\in\mathbb{R}^{L\times L}$ 表示训练集中数据点的总数。此外，$\boldsymbol{k}_n(x,\boldsymbol{X})=[k_n(x,x^l)]_{l=1}^{L}$ 是一个 $\boldsymbol{L}$ 维向量，用于计算查询点 x 与训练集中第 l 个数据点之间的核函数 $k_n(x,x^l)$（即协方差函数）。核矩阵 K_n 的构造方法类似（即 $[K_n(x^i,x^j)]_{ij}=k_n(x^i,x^j)$）。在本书中，我们使用径向基函数（也被称为平方指数函数）式（B.110）作为核函数，即 $k_n(x,x')=\sigma_y^2\exp\left(-\frac{1}{2l_n^2}\sum_{i=1}^{N}(x_i-x_i')^2\right)$。如 B.5 节所述，我

们设置输出方差为 σ_y^2，必须找到最优长度尺度 l，它代表径向基函数的宽度。在支持向量回归的情况下，内核函数上的第 n 个指数表示第 n 个回归元，在径向基函数核的高斯过程回归情况下，它可以有不同的超参数，包括 $\Theta_{\mathrm{GPR}}=\{\epsilon_{\sigma_n^2},l_n\}_{n=1}^N$。关于超参数优化，可以进行 B.4.3 节所述的交叉验证，或通过极大似然最大化（即Ⅱ型极大似然）技术进行贝叶斯模型选择[118]。注意，除了超参数 Θ_{GPR} 外，我们还必须用式（3.8）来对训练数据集 $\{\boldsymbol{X},\dot{\boldsymbol{X}}\}$ 进行回归。

3.1.1.4　不稳定的动态系统回归量

如图 3.1 所示，采用本章所述的标准回归算法（即高斯混合回归（3.4）、支持向量回归（3.7）和高斯过程回归（3.8）），我们得到一个不稳定的动态系统。具体来说，产生的动态系统（见图 3.1）是不稳定的，因为：

- 在没有收集数据的状态空间区域中发散。
- 不能保证由动态系统产生的运动将在期望的目标处停止。

当学习到的回归函数参数（即 Θ_{GMR}、Θ_{SVR} 或 Θ_{GPR}）不受约束以保证不存在上述问题时，就会产生这种不稳定性。也就是说，不需要保证式（3.2）所示的全局渐近稳定性（GAS）约束。

在本章中，我们通过 Lyapunov 的第二种全局渐近稳定性方法得到的参数 Θ_* 施加条件来增强动态系统映射函数 $f(x;\Theta_*):\mathbb{R}^N\to\mathbb{R}^N$ 的稳定性约束[137]。

编程练习 3.1　这个练习的目的是使读者熟悉用于动态系统学习的标准回归算法。读者将能够再现图 3.1 所示的图形，并从手绘或预先收集的数据集中生成新的动态系统。

操作说明。打开 MATLAB，将目录设置为第 3 章习题对应的文件夹。在这个文件夹中，你将找到以下 MATLAB 脚本：

```
1 ch3_ex1_gmrDS.m
2 ch3_ex1_svrDS.m
3 ch3_ex1_gprDS.m
```

在这些脚本中，你将在块注释中找到指令，从而能够：

- 通过图形用户界面或从预先收集的二维和三维数据集中绘制轨迹。
- 使用高斯混合回归、支持向量回归和高斯过程回归，通过绘制 / 加载的轨迹来学习一阶动态系统。

读者应该修改每个回归技术（高斯混合回归、支持向量回归和高斯过程回归）对应的脚本中的代码，以实现以下目标：

- 找到最佳优化技术和一组超参数，使观测速度与预测速度之间的 RMSE $=\sqrt{\frac{1}{L}\sum_{i=1}^{L}\|f(x^i)-\dot{x}^i\|_2}$ 最小化。
- 找到在均方根误差和稳定性之间产生最佳权衡的超参数集（或集合）。这可以通过人工调整或事后验证技术来实现。
- 通过增加 / 减少轨迹数和每个轨迹的样本数来修改数据点 L 的数量。分析当 L 随均方根误差改变时的敏感性、模型的复杂性和稳定性。

3.1.2　稳定动态系统的 Lyapunov 理论

定理 3.1（全局渐近稳定性[137]）　函数 $\dot{x}=f(x)$ 是一个在吸引子 $x^*\in\mathbb{R}^N$ 处的全局渐近稳定

性动态系统，如果存在一个连续且连续可微的 Lyapunov 候选函数 $V(x):\mathbb{R}^N \to \mathbb{R}$ 径向无界，即 $\|x\| \to \infty \Rightarrow V(x) \to \infty$，则满足以下条件：

$$\begin{aligned}&1.V(x^*)=0\\&2.V(x)>0,\forall x\in\mathbb{R}^N\setminus x=x^*\\&3.\dot{V}(x^*)=0\\&4.\dot{V}(x)<0,\forall x\in\mathbb{R}^N\setminus x=x^*\end{aligned} \tag{3.9}$$

直观地说，定理 3.1 指出，对于式（3.2）中给出的任何形式的全局渐近稳定性动态系统，都应该有一个相应的类似能量的函数 $V(x)$，如图 3.2a 所示，它应该沿着 $f(x)$ 的所有轨迹不增加。换句话说，动态系统应该总是在消耗能量，在目标 x^* 处的能量为零。条件 4 也可以用几何解释，即由 $f(x)$ 产生的向量场应该始终指向 Lyapunov 函数 $V(x)$ 的低阶集合。换言之，如果

$$\dot{V}(x)=\frac{\partial V(x)}{\partial x}f(x)<0 \tag{3.10}$$

那么 Lyapunov 函数的梯度 $\nabla V(x)=\dfrac{\partial V(x)}{\partial x}$ 与向量场 $f(x)$ 的运动方向之间的夹角应该是钝角，如图 3.2b 所示。这保证了 $f(x)$ 的轨迹始终指向 Lyapunov 函数 $V(x)$ 的低值。因此，全局渐近稳定性动态系统必须有一个对应的正定函数 $V(x)$，确保满足条件 1 ～条件 4。

在控制理论中，线性和/或线性化动态系统[137, 70]最常用的 Lyapunov 函数是二次 Lyapunov 函数，即

$$V(x)=\frac{1}{2}(x-x^*)^{\mathrm{T}}(x-x^*) \tag{3.11}$$

式（3.11）的二维示例如图 3.2a 所示。

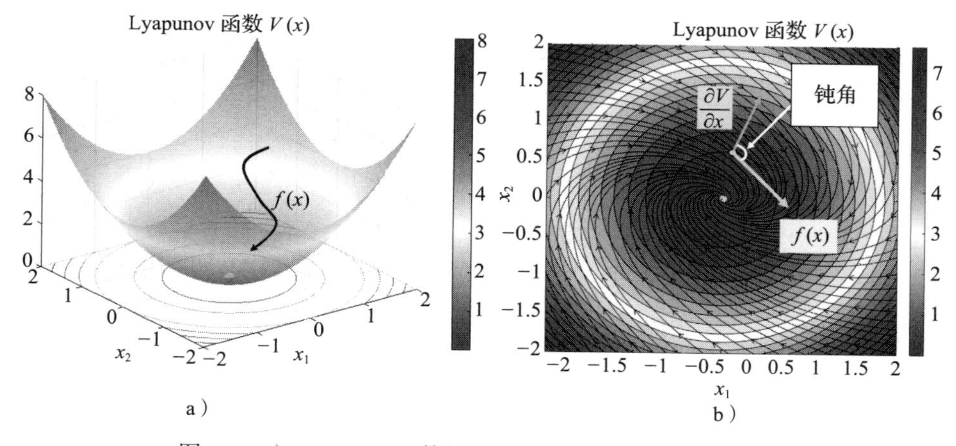

图 3.2 a）Lyapunov 函数的图解。b）定理 3.1 的几何直觉

接下来，我们展示了由式（3.11）推导出以下形式的线性时不变（LTI）动态系统的充分稳定性条件：

$$\begin{aligned}\dot{x}&=f(x)\\&=Ax+b\end{aligned} \tag{3.12}$$

其中，$b\in\mathbb{R}^N$可以被视为动态系统原点的偏移或平移，$A\in\mathbb{R}^{N\times N}$是定义线性时不变系统的线性系统矩阵，见图 3.3。

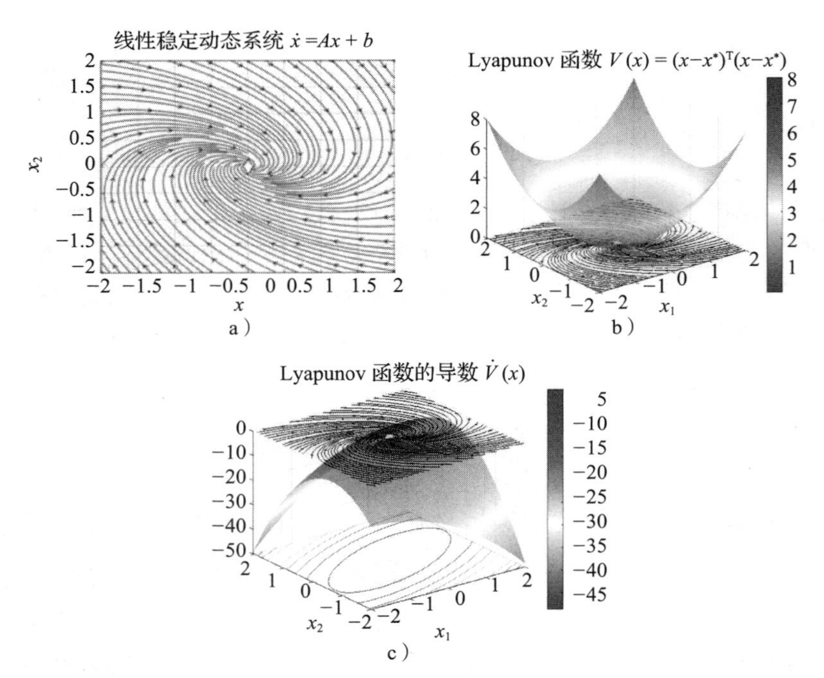

图 3.3　a）式（3.12）的全局渐近稳定性线性动态系统。b）对应的 Lyapunov 函数 $V(x)$ 等于式（3.11）。c）Lyapunov 函数 $V(x)$ 对式（3.12）的导数

命题 3.1　式（3.2）中定义的线性动态系统在吸引子 x^* 处是全局渐近稳定的，如果

$$\begin{cases} b=-Ax^* \\ A^{\mathrm{T}}+A\prec 0 \end{cases} \tag{3.13}$$

其中 $\prec$ 表示矩阵的负定性。如果它的对称部分 $\tilde{A}=\frac{1}{2}(A^{\mathrm{T}}+A)$ 有所有负的特征值，则矩阵 A 被认为是负定的。

证明。如果存在一个连续且连续可微的 Lyapunov 函数 $V(x):\mathbb{R}^N\to\mathbb{R}$，使 $V(x)>0,\dot{V}(x)<0,$ $\forall x\neq x^*$ 和 $V(x^*)=0,\dot{V}(x^*)=0$，则可以证明命题 3.1。考虑式（3.11）作为候选 Lyapunov 函数，我们可以保证 $V(x)>0$ 的二次型。负定条件是 $V(x)$ 对时间求导并展开，过程如下：

$$\begin{aligned} \dot{V}(x) &= \frac{\partial V(x)}{\partial x}\frac{\partial x}{\partial t}=\frac{1}{2}\frac{\partial}{\partial x}((x-x^*)^{\mathrm{T}}(x-x^*))\dot{x} \\ &=(x-x^*)^{\mathrm{T}}f(x) \\ &=(x-x^*)^{\mathrm{T}}\underbrace{(Ax+b)}_{\text{由式 (3.12)}} \\ &=(x-x^*)^{\mathrm{T}}\underbrace{A}_{\prec 0\text{式 (3.12)}}\underbrace{(x-x^*)}_{\text{由式 (3.12)}}<0,\forall x\in\mathbb{R}^N\text{和}x\neq x^* \end{aligned} \tag{3.14}$$

通过将 $x=x^*$ 代入式（3.11）和式（3.14）得到：

$$V(x^*)=\frac{1}{2}(x-x^*)^{\mathrm{T}}(x-x^*)|_{x=x^*}=0 \tag{3.15}$$

$$\dot{V}(x^*)=(x-x^*)^{\mathrm{T}}A(x-x^*)|_{x=x^*}=0 \tag{3.16}$$

因此，如果满足式（3.13）中的条件，式（3.12）给出的动态系统在吸引子 x^* 处就是全局渐近稳定的。

□

注意，将式（3.13）的第一个条件代入式（3.12），可以将其简化为：

$$\begin{aligned}\dot{x}&=f(x)\\&=A(x-x^*)\end{aligned} \tag{3.17}$$

因此，从 Lyapunov 函数（定理 3.1）相对于二次 Lyapunov 函数（式（3.11））的意义上来说，线性动态系统是全局渐近稳定的，我们只需要矩阵 A 对称部分的实特征值为负即可，也就是说 $\tilde{A}=\frac{1}{2}(A+A^{\mathrm{T}})$ 必须是 Hurwitz 矩阵。

然而，通常使用如式（3.11）的二次 Lyapunov 函数来确保动态系统的稳定性可能会导致过于保守的约束，限制了动力学 $f(x)$ 的复杂性。为了缓解这一问题，可以使用另一种常见的 Lyapunov 函数，即参数化二次 Lyapunov 函数（P-QLF），其形式如下：

$$V(x)=(x-x^*)^{\mathrm{T}}P(x-x^*) \tag{3.18}$$

其中，$P\in\mathbb{S}_N^+\subset\mathbb{R}^{N\times N}$ 是一个重构的二次 Lyapunov 函数（式（3.18））的对称正定矩阵，见图 3.4a。这样的重构提供了一个不那么严格的稳定条件，允许相应的动态系统的动力学 $f(x)$ 具有更强的非线性。在这种情况下，强制矩阵 $\boldsymbol{A}$ 的对称部分的特征值不为负，命题 3.2 描述的充分条件必须成立。

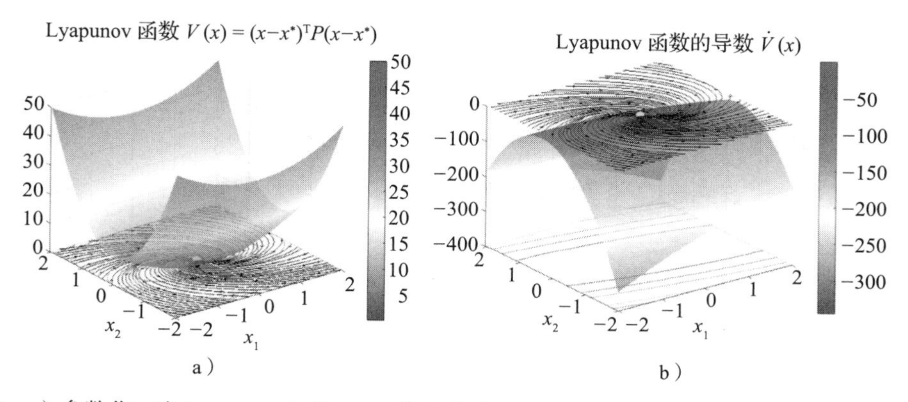

图 3.4　a）参数化二次 Lyapunov 函数 $V(x)$ 等于式（3.18）。b）Lyapunov 函数的导数 $\dot{V}(x)$（3.12）

命题 3.2　如果

$$\begin{cases}b=-Ax^*\\A^{\mathrm{T}}P+PA=Q,P=P^{\mathrm{T}}\succ 0,Q=Q^{\mathrm{T}}\prec 0\end{cases} \tag{3.19}$$

则式（3.12）定义的线性动态系统在吸引子 x^* 处是全局渐近稳定的。其中，$\prec(\succ)$ 分别表示矩阵的负（正）定性。

证明。根据命题 3.1 的证明，考虑式（3.18）作为候选 Lyapunov 函数，可以保证 $V(x)>0$。

对 $V(x)$ 时间求导并展开如下，得到负定条件

$$
\begin{aligned}
\dot{V}(x) &= \frac{\partial V(x)}{\partial x}\frac{\partial x}{\partial t} = \dot{x}^{\mathrm{T}} P(x-x^*) + (x-x^*)^{\mathrm{T}} P^{\mathrm{T}} \dot{x} \\
&= f(x)^{\mathrm{T}} P(x-x^*) + (x-x^*)^{\mathrm{T}} P f(x) \\
&= \underbrace{(Ax+b)^{\mathrm{T}}}_{\text{由式（3.12）}} P(x-x^*) + (x-x^*)^{\mathrm{T}} P \underbrace{(Ax+b)}_{\text{由式（3.12）}} \\
&= \underbrace{(x-x^*)^{\mathrm{T}} A^{\mathrm{T}}}_{\text{由式（3.19）}} P(x-x^*) + (x-x^*)^{\mathrm{T}} P \underbrace{A(x-x^*)}_{\text{由式（3.19）}} \\
&= (x-x^*)^{\mathrm{T}} \underbrace{(A^{\mathrm{T}}P + PA)}_{Q\prec 0\text{由式（3.19）}} (x-x^*) < 0, \forall x \in \mathbb{R}^N \text{和} x \neq x^*
\end{aligned}
\tag{3.20}
$$

根据命题 3.1 的证明，通过将 $x = x^*$ 代入式（3.12）和式（3.20），确保 $V(x^*) = 0, \dot{V}(x^*) = 0$。因此，如果满足式（3.19）中的条件，则式（3.12）给出的线性动态系统在吸引子 x^* 处是全局渐近稳定的。 □

命题 3.2 中要求 $P \in \mathbb{R}^{N\times N}$ 和 $Q \in \mathbb{R}^{N\times N}$ 两个矩阵都是对称的。进一步说，给定 $P \succ 0$ 和 $Q \prec 0$，如果矩阵 A 的实特征值为负，则线性动态系统具有全局渐近稳定性。也就是说，A 必须是 Hurwitz 矩阵，然而 $\tilde{A} = \frac{1}{2}(A + A^{\mathrm{T}})$ 不必是 Hurwitz 矩阵。这使得动力学矩阵 A 的设计更加灵活，找到矩阵 P 和 Q 确保式（3.19）所需的 A 不是一件简单的任务，即使对于式（3.12）这样的简单线性动态系统也是如此。

在 3.3 节和 3.4 节中，我们将介绍用不同的优化技术设计矩阵 $A, P, Q \in \mathbb{R}^{N\times N}$ 的方法。下一节将介绍本章中使用的非线性动态系统公式。

练习 3.1　求矩阵 $P \in \mathbb{R}^{N\times N}$ 和 $Q \in \mathbb{R}^{N\times N}$ 的组合，将命题 3.2 简化为命题 3.1。

练习 3.2　设计一个矩阵 $A \in \mathbb{R}^{2\times 2}$ 和 Lyapunov 函数矩阵 $P \in \mathbb{R}^{2\times 2}$，以确保一个线性动态系统 $\dot{x} = f(x) = A(x - x^*)$，其原点的吸引子 $x^* = [0\ \ 0]^{\mathrm{T}}$ 在使用以下任何一种表示的条件下具有全局渐近稳定性。

1. 矩阵 $Q \in \mathbb{R}^{2\times 2}$，其形式如下：

$$
Q = q\mathbb{I}_2, q \in \mathbb{R}
$$

2. 矩阵 $Q \in \mathbb{R}^{2\times 2}$，其形式如下：

$$
Q = \begin{bmatrix} q_1 & q_2 \\ q_2 & q_1 \end{bmatrix}, q_1, q_2 \in \mathbb{R}
$$

提示：矩阵 Q 的项应该满足什么条件？

3.2　线性系统组合的非线性动态系统

由命题 3.1 或命题 3.2 中的二次 Lyapunov 函数或参数化二次 Lyapunov 函数推导出的 Lyapunov 稳定性条件仅适用于式（3.12）中所示的线性动态系统。在机器人学中，我们经常要求机器人执行非线性运动，而这些非线性运动不能用单一的线性动态系统矩阵 $A \in \mathbb{R}^{N\times N}$

来表示。非线性动态系统的稳定性分析仍然是一个悬而未决的问题，只有在特定情况下才存在理论解。在本章中，我们通过将非线性动态系统表述为以下形式的线性系统的混合来提供这个问题的几种解决方案：

$$\begin{aligned}\dot{x} &= f(x) \\ &= \sum_{k=1}^{K} \gamma_k(x)(A^k x + b^k)\end{aligned} \tag{3.21}$$

其中，$A^k \in \mathbb{R}^{N\times N}$，$b^k \in \mathbb{R}^N$ 为第 k 个线性系统的参数。$\gamma_k(x):\mathbb{R}^N \to \mathbb{R}_+$ 是混合函数，也称为激活函数。这种状态依赖型函数定义了在状态空间的哪些区域必须激活第 k 个线性动态系统。观察 $f(x)$ 现在被表示为线性动态系统的非线性和。通过将非线性动态系统表示为式（3.21），我们可以推导出类似于 3.1.2 节中利用二次 Lyapunov 函数和参数化二次 Lyapunov 函数推导出的 Lyapunov 稳定性条件。在这样做的时候，如果矩阵的所有特征值 $A^k, \forall k=1,\cdots,K$ 的实部严格为负，通过遵循非线性动态系统 $f(x)$ 应该是稳定的这一点，可能会被诱导直接将命题 3.2 应用到式（3.21），然而，这并不符合实际，下面将说明这一点。

例 3.1 假设一个二维非线性动态系统，以式（3.21）表示，由 K = 2 个线性系统组成，存在位于原点处的吸引子，即 $x^* = [0\ \ 0]^{\mathrm{T}}$，且

$$\begin{cases} A^1 = \begin{bmatrix} -1 & -10 \\ 1 & -1 \end{bmatrix}, A^2 = \begin{bmatrix} -1 & 1 \\ -10 & -1 \end{bmatrix} \\ b^1 = b^2 = 0 \\ \gamma_1(x) = \gamma_2(x) = 0.5 \end{cases} \tag{3.22}$$

矩阵 A_1 和 A_2 的特征值为 $-1 \pm 3.16\mathrm{i}$。因此，给定一个 $P \succ 0$ 和 $Q \prec 0$，每个矩阵根据命题 3.2 确定一个稳定的线性系统。然而，只有当 $x_2 = x_1$ 时，这两个矩阵的组合是稳定的，而在状态空间的其他地方是不稳定的，即 $\mathbb{R}^N \setminus \{(x_2, x_1) \mid x_2 = x_1\}$。具体说明见图 3.5。

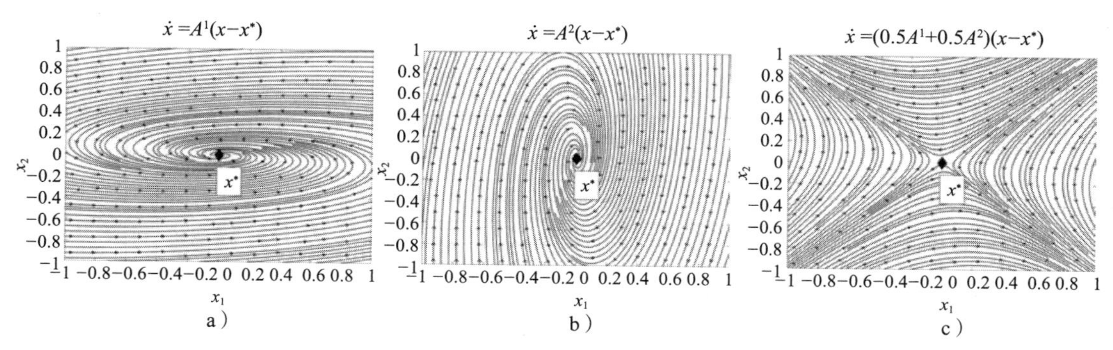

图 3.5 虽然每个子系统（图 a）$\dot{x} = A^1(x - x^*)$ 和（图 b）$\dot{x} = A^2(x - x^*)$ 是全局渐近稳定的，这些系统的加权之和 $x = \gamma_1(x)A^1(x - x^*) + \gamma_2(x)A^2(x - x^*)$ 可能会变得不稳定（图 c）。这里，系统只在线 $x_2 = x_1$ 上的点保持稳定

练习 3.3 假设有一个形式为 $\dot{x} = \sum_{k=1}^{K} \gamma_k(x)(A^k x + b^k)$ 的动态系统，其中 $N = 2, K = 2, \gamma_1(x) = 0.7, \gamma_2(x) = 0.3$。设计非对角矩阵 $A^1 \in \mathbb{R}^{2\times 2}$ 和 $A^2 \in \mathbb{R}^{2\times 2}$，使具有二次 Lyapunov 函数的动态系统在原点（即 $x^* = [0\ \ 0]^{\mathrm{T}}$）处全局渐近稳定性。

练习 3.4　设一个形式为 $\dot{x}=\sum_{k=1}^{K}\gamma_k(x)(A^k x+b^k)$ 的动态系统，其中 $N=2,K=2,\gamma_1(x)=0.5,\gamma_2(x)=0.5$。设计非对角矩阵 $A^1\in\mathbb{R}^{2\times2}$ 和 $A^2\in\mathbb{R}^{2\times2}$，使具有二次 Lyapunov 函数的动态系统在原点（即 $x^*=[0\ \ 0]^{\mathrm{T}}$）处全局渐近稳定，其中

$$P=\begin{bmatrix}2 & 0\\ 0 & 2\end{bmatrix},Q=\begin{bmatrix}-1 & 0\\ 0 & -1\end{bmatrix}$$

编程练习 3.2　本编程练习允许读者通过设计和可视化例 3.1 中定义的动态系统来理解设计式（3.21）表示的全局渐近稳定的动态系统方程的复杂性。

操作说明。打开 MATLAB，设置文件地址到第 3 章习题文件夹。按照下面的 MATLAB 脚本的说明：

```
1 ch3_ex2_designDS.m
```

读者将能够再现图 3.5 中的说明。此外，有如下建议：

- 考虑 $\gamma_1,A^1,\gamma_2,A^2$ 的设计值，使得产生一个全局渐近稳定的系统。可以使用此代码作为解决练习 3.3 和练习 3.4 的支持。
- 添加第三个线性动态系统，K=3，你能找到保证全局渐近稳定性的全套参数吗？简单来说，稳定性怎么样？（请参阅附录 A。）

接下来，我们介绍基于高斯混合模型和混合高斯回归的学习算法，自动设计一阶非线性动态系统的稳定参数，该动态系统由具有二次 Lyapunov 函数（见 3.3 节）以及参数化二次 Lyapunov 函数（见 3.4 节）的式（3.21）表示。

3.3　学习稳定非线性动态系统

可以直接将非线性动态系统公式（式（3.21））与式（3.4）中的高斯混合回归方程进行类比，即非线性动态系统公式是线性动态系统的组合，而高斯混合回归量是线性回归量的组合。在本节中，我们提出一种学习非线性动态系统的方法，该方法利用了这种相似性，制定了一种约束高斯混合回归学习算法，称为动态系统的稳定估计（SEDS），该方法最初发表在 [72] 中。

3.3.1　约束高斯混合回归

首先通过高斯混合回归定义方程（3.21）的非线性动态系统参数，即 $\Theta_{f(x)}=\{\gamma_k(x),A^k,b^k\}_{k=1}^{K}$。接下来，我们重新表述并扩展高斯混合回归方程（3.4），即条件分布 $p(\dot{x}\mid x)$ 的后验均值为

$$\begin{aligned}\dot{x}&=f(x;\Theta_{\mathrm{GMR}})\\&=\mathbb{E}\{p(\dot{x}\mid x)\}=\sum_{k=1}^{K}\frac{\pi_k p(x\mid\mu_x^k,\Sigma_x^k)}{\sum_{i=1}^{K}\pi_i p(x\mid\mu_x^i,\Sigma_x^i)}(\mu_{\dot{x}}^k+\Sigma_{\dot{x}x}^k(\Sigma_x^k)^{-1}(x-\mu_x^k))\end{aligned}\tag{3.23}$$

这个扩展的高斯混合回归方程可以通过改变变量来简化。我们定义：

$$\begin{cases}A^k=\Sigma_{\dot{x}x}^k(\Sigma_x^k)^{-1}\\ b^k=\mu_{\dot{x}}^k-A^k\mu_x^k\\ \gamma_k(x)=\dfrac{\pi_k p(x\mid\mu_x^k,\Sigma_x^k)}{\sum_{i=1}^{K}\pi_i p(x\mid\mu_x^i,\Sigma_x^i)}\end{cases}\tag{3.24}$$

将式（3.24）代入式（3.23）可得

$$
\begin{aligned}
\dot{x} &= f(x;\Theta_{\mathrm{GMR}}) \\
&= \mathbb{E}\{p(\dot{x}\mid x)\} = \sum_{k=1}^{K}\gamma_k(x)(A^k x + b^k)
\end{aligned}
\tag{3.25}
$$

可以看出，式（3.25）与式（3.21）中引入的线性动态系统公式的混合是相同的，但每个动态系统参数都通过式（3.24）编码。利用这种参数化方法，我们可以分析高斯混合回归参数 $\Theta_{\mathrm{GMR}}=\{\pi_k,\mu^k,\Sigma^k\}_{k=1}^K$ 对所得动态系统的影响。如图 3.6 所示，对于一个由三个高斯函数构造的一维模型，每个线性动态方程 $A^k x+b^k$ 都对应一条经过高斯 μ^k 中心的直线，斜率 A^k 由 Σ_{xx}^k（x 的方差）和 $\Sigma_{\dot{x}x}^k$（x 和 $\dot{x}$ 的协方差）决定。这种解释同样也适用于更高的维度。进一步，非线性加权项 $\gamma_k(x)$，其中 $0<\gamma_k(x)\leqslant 1$ 和 $\sum_{k=1}^K\gamma_k(x)=1$ 给出了各高斯局部相对影响的度量。换句话说，它们定义了状态空间中第 k 个线性动态系统具有更大权重或更重要的区域。

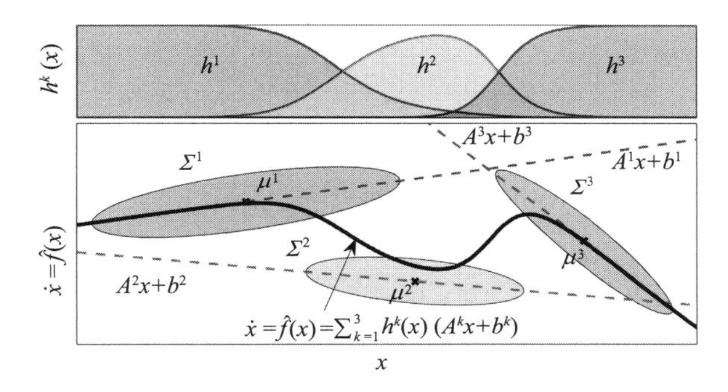

图 3.6　式（3.24）中定义的参数及其对三个高斯函数构建的一维模型 $f(x)$ 的影响的图解 [72]。请参阅 [72] 了解更多信息

到目前为止，我们已经重新参数化了高斯混合回归方程（3.4），使其写成式（3.21）的形式。这并不能保证所学的动态系统在目标 x^* 时是全局渐近稳定的。为了保证这种收敛性，我们从二次 Lyapunov 函数方程（3.11）推导出了以下充分条件。

定理 3.2　式（3.25）定义的非线性动态系统由式（3.24）中的 $\Theta_{\mathrm{GMR}}=\{\pi_k,\mu^k,\Sigma^k\}_{k=1}^K$ 参数化，即在目标 $x^*\in\mathbb{R}^N$ 处全局渐近稳定，如果

$$
\begin{cases}
b^k = -A^k x^* \\
A^k + (A^k)^{\mathrm{T}} \prec 0
\end{cases}
\quad \forall k=1,\cdots,K
\tag{3.26}
$$

其中，$(A^k)^{\mathrm{T}}$ 是 A^k 的转置，$\prec 0$ 表示矩阵的负确定性。

证明。如果存在一个连续且连续可微的 Lyapunov 函数 $V(x):\mathbb{R}^N\to\mathbb{R}$，有 $V(x)>0,\dot{V}(x)<0$，$\forall x\neq x^*$ 和 $V(x^*)=0,\dot{V}(x^*)=0$，则可以证明定理 3.2（由定理 3.1）。通过选取二次 Lyapunov 函数（3.11）作为候选 Lyapunov 函数，由于其二次型，我们可以确保 $V(x)>0$。负定条件是对 $V(x)$ 对时间求导，展开如下：

$$
\begin{aligned}
\dot{V}(x) &= \frac{\partial V(x)}{\partial x}\frac{\partial x}{\partial t} = \frac{1}{2}\frac{\partial}{\partial x}((x-x^*)^{\mathrm{T}}(x-x^*))\dot{x} \\
&= (x-x^*)^{\mathrm{T}} f(x)
\end{aligned}
$$

$$
\begin{aligned}
&= (x-x^*)^{\mathrm{T}} \underbrace{\sum_{k=1}^{K}\gamma_k(x)(A^k x+b^k)}_{\text{由式(3.21)}} \\
&= (x-x^*)^{\mathrm{T}} \sum_{k=1}^{K}\gamma_k(x)\underbrace{A^k(x-x^*)}_{\text{由式(3.26)}}
\end{aligned} \tag{3.27}
$$

重新排列式（3.27）中的项，并利用式（3.6）中定义的高斯混合回归的混合函数 $\gamma_k(x)$ 和式（3.26）中 A^k 矩阵的条件得到

$$
\begin{aligned}
\dot{V}(x) &= \sum_{k=1}^{K} \underbrace{\gamma_k(x)}_{>0\text{由式(3.6)}} (x-x^*)^{\mathrm{T}} \underbrace{A^k}_{\prec 0\text{由式(3.26)}} (x-x^*) \\
&= \sum_{k=1}^{K} \underbrace{\gamma_k(x)}_{\gamma_k>0} \underbrace{(x-x^*)^{\mathrm{T}} A^k (x-x^*)}_{<0} < 0, \forall x \in \mathbb{R}^N \text{和} x \neq x^*
\end{aligned} \tag{3.28}
$$

此外，根据命题 3.1 的证明，将 $x=x^*$ 代入候选 Lyapunov 函数 $V(x)$（式（3.11））及其时间导数 $\dot{V}(x)$（式（3.28）），得到

$$
V(x^*) = \frac{1}{2}(x-x^*)^{\mathrm{T}}(x-x^*)\big|_{x=x^*} = 0 \tag{3.29}
$$

$$
\dot{V}(x^*) = \sum_{k=1}^{K}\gamma_k(x)(x-x^*)^{\mathrm{T}} A^k (x-x^*)\big|_{x=x^*} = 0 \tag{3.30}
$$

因此，如果满足式（3.26）所述条件，式（3.25）给出的非线性动态系统在吸引子 x^* 处全局渐近稳定。 □

练习 3.5 考虑非线性动态系统 $\dot{x}=\mathbb{E}\{p(\dot{x}|x)\}=\sum_{k=1}^{K}\gamma_k(x)(A^k x+b^k)$，其中，$N$=1，$K$=4。设计高斯混合回归参数 $\Theta_{\mathrm{GMR}}=\{\pi_k,\mu^k,\Sigma^k\}_{k=1}^{2}$ 以使得在目标 $x^*=0$ 处产生全局渐近稳定性动态系统，使得：

- 如果 $x=-1$，则 $\dot{x}=0.5$；当 $x=-2$ 时，$\dot{x}=2$。
- 如果 $x=+1$，则 $\dot{x}=-0.5$；当 $x=+2$ 时，$\dot{x}=-2$。

练习 3.6 考虑非线性动态系统 $\dot{x}=\mathbb{E}\{p(\dot{x}|x)\}=\sum_{k=1}^{K}\gamma_k(x)(A^k x+b^k)$，推导具有参数化二次 Lyapunov 函数的全局渐近稳定性的充分条件。

3.3.2 动态系统的稳定估计

3.3.1 节中提供了由式（3.25）定义的 $f(x)$ 在目标 x^* 处全局渐近稳定性的充分条件。现在我们介绍计算式（3.25）的未知参数的过程（即 $\Theta_{\mathrm{GMR}}=\{\pi_k,\mu^k,\Sigma^k\}_{k=1}^{K}$），我们用它来描述动态系统的稳定估计（SEDS）。动态系统的稳定估计是一种学习算法，它在式（3.26）定义的全局渐近稳定性约束下，通过求解优化问题来计算 Θ_{GMR} 的最优值。

由于高斯混合回归的概率性质，高斯混合回归的参数 Θ_{GMR} 通常是由表示输入 / 输出联合分布 $p(x,\dot{x})$ 的高斯回归模型的最大似然或后验概率来估计的。换句话说，它们试图估计最能描述观测数据的联合概率分布的参数。另一方面，其他回归算法通过最小化观测结果和估计结果之间的误差来估计它们的参数（如 3.1.1.2 节所述的支持向量回归）。要估计高斯过程

回归等非参数算法的超参数（见 3.1.1.3 节），可以遵循概率路线（即最大似然 / 后验）或使用外部度量来最小化回归误差。正如 B.2 节所总结的，均方误差及其变体是评估回归算法最常用的指标。因此，我们考虑了两个候选的动态系统稳定估计算法的目标函数：对数似然函数和均方误差。

3.3.2.1　动态系统的稳定估计——似然估计

动态系统的稳定估计——似然估计的目标函数遵循高斯混合模型的机器学习参数估计算法。如前所述，高斯混合模型的参数通常是由期望最大化算法估计的，该算法可以找到高斯混合模型的最优似然值。这是通过迭代格式（见 B.3.1 节，期望最大化算法的描述）最大化式（B.22）中定义的对数似然来实现的。因此，在这种动态系统的稳定估计变形中，我们最大化我们的参考轨迹 $\{\boldsymbol{X},\dot{\boldsymbol{X}}\}=\{X^m,\dot{X}^m\}_{m=1}^M=\{\{x^{t,m},\dot{x}^{t,m}\}_{t=1}^{T_m}\}_{m=1}^M$，这些轨迹由参数 Θ_{GMR} 的高斯混合模型描述，其稳定性约束用式（3.26）定义如下：

$$\min_{\Theta_{\text{GMR}}} J(\Theta_{\text{GMR}})=-\frac{1}{L}\sum_{m=1}^{M}\sum_{t=0}^{T_m}\log\ p(x^{t,m},\dot{x}^{t,m}\mid\Theta_{\text{GMR}}) \tag{3.31}$$

s.t.

$$\begin{cases}1.b^k=-A^k x^* \\ 2.A^k+(A^k)^{\mathrm{T}}\prec 0 \\ 3.\Sigma^k\succ 0 & \forall k=1,\cdots,K \\ 4.0<\pi_k\leqslant 1 \\ 5.\Sigma_{k=1}^K\pi_k=1\end{cases} \tag{3.32}$$

其中，$p(x^{t,m},\dot{x}^{t,m}\mid\Theta_{\text{GMR}})$ 为式（3.3）给出的高斯回归模型的概率分布函数（PDF），$L=\Sigma_{m=1}^M T_m$ 是来自参考轨迹 $\{\boldsymbol{X},\dot{\boldsymbol{X}}\}$ 的训练数据点总数。式（3.32）中的约束 1 ～ 2 为定理 3.2 中的稳定性条件。约束 3 ～ 5 是由高斯回归模型的性质施加的，以确保所有的 π^k 是正定矩阵，先验 π^k 值是小于或等于 1 的正标量，并且所有先验的和等于 1。最后一个约束对于高斯混合模型的概率分布函数在统计上是必要的（即一个属于第 k 个高斯分布的点的概率不可能大于 1）。由于这个性质，混合 / 激活函数 $\gamma(x)$ 产生式（3.25）的线性动态系统的加权和。

3.3.2.2　动态系统的稳定估计——均方误差

动态系统的稳定估计——似然估计——的变体可以被视为标准期望最大算法的替代，但会受到限制。为了遵循其他回归算法（即高斯过程回归 / 支持向量回归）的参数估计方法，我们提出了一个基于均方误差的备选目标函数：

$$\min_{\Theta_{\text{GMR}}} J(\Theta_{\text{GMR}})=\frac{1}{2L}\sum_{m=1}^{M}\sum_{t=0}^{T_m}\|f(x^{t,m})-\dot{x}^{t,m}\|^2 \tag{3.33}$$

该优化问题寻求在与式（3.32）相同的约束条件下，最小化式（3.33）。从而使得式（3.33）中的 $f(x^{t,m})$ 值可以直接由式（3.25）计算。

3.3.2.3　动态系统的稳定估计的参数优化

动态系统的稳定估计（似然估计）和动态系统的稳定估计（均方误差）都可以表述为非线性规划（NLP）问题 [10]，因此可以使用标准约束优化技术来求解。在本节中，我们使用一种基于拟牛顿方法的序列二次规划（SQP）方法来解决式（3.31）和式（3.33）中定义的受式（3.32）约束的优化问题。

实现过程。序列二次规划方法利用约束的线性逼近来最小化非线性规划的拉格朗日函数的二次逼近。给定约束条件的导数和代价函数对优化参数的一阶（梯度）和二阶（Hessian 矩阵）导数，序列二次规划方法找到一个适当的下降方向（如果有的话），使代价函数最小化，同时不违反约束。接下来，我们详细介绍所提出的解决动态系统的稳定估计优化问题的方法：

- 等式约束。序列二次规划通过改变满足等式约束的超曲面上的参数来找到一个最小化代价函数的下降方向。
- 不等式约束。只要不等式（非活动约束）成立，序列二次规划就会遵循代价函数的梯度方向。只有在超曲面上（不等式约束变得活跃的地方），序列二次规划才会搜索一个下降方向，要么通过改变超曲面上的参数来最小化代价函数，要么将其指向非活动约束域。
- 代价函数导数。与显式计算二阶导数的 Hessian 矩阵不同，对于动态系统的稳定估计，我们使用拟牛顿方法，通过梯度计算 Hessian 矩阵的近似值。我们使用 Broyden-Fletcher-Goldfard-Shanno（BFGS）算法（一种拟牛顿算法）[10] 作为 Hessian 近似方法。

与通用求解器相比，为动态系统的稳定估计提出的序列二次规划实现有几个优点。首先，我们有一个梯度的解析表达式，允许我们使用 Broyden-Fletcher-Goldfard-Shanno（BFGS）算法，它显著提高性能。其次，对实现的代码进行剪裁，以解决具体问题。也就是说，利用协方差矩阵的 Cholesky 分解而不是全协方差矩阵的变量变换，可以简化动态系统的稳定估计优化参数 $\Theta_{\mathrm{GMR}}=\{\pi_k,\mu^k,\Sigma^k\}_{k=1}^K$。这样可以保证满足式（3.32）中定义的优化约束 1 和 3 ～ 5。因此，本次优化只需要执行式（3.32）中的约束 2。梯度的解析推导和满足优化约束的数学公式在 [74] 中有详细描述。

虽然动态系统的稳定估计非线性规划问题总是存在一个可行解，但它是非凸的，因此，不能确定找到全局最优解。但是，只要对参数进行良好的初始化，序列二次规划求解器就会收敛到目标函数的某个局部极小值。确保这一点的一种方法是运行期望最大算法来获得要优化的高斯回归模型参数的初始猜测 $\Theta_{\mathrm{GMR}}^{\mathrm{init}}=\{\pi_k,\mu^k,\Sigma^k\}_{k=1}^K$。然而，通常情况下，这种初始猜测可能并不合适，因为它没有考虑式（3.32）中定义的约束。为了确保这一点，我们提供了两个程序（算法 3.1 和算法 3.2），它们提供了计算良好初始猜测的方法，并将其输入动态系统的稳定估计求解器中。

算法 3.1　动态系统的稳定估计求解器的初始化算法（通过参数变形）

要求：示例 $\{\boldsymbol{X},\dot{\boldsymbol{X}}\}=\{\{x^{t,m},\dot{x}^{t,m}\}_{t=1}^{T_m}\}_{m=1}^{M}$ 和超参数 K。

1. 对 $\{\boldsymbol{X},\dot{\boldsymbol{X}}\}$ 运行期望最大化算法（见 B.3.1 节）以找到一个初始估计，即 $\{\pi_k,\mu^k,\Sigma^k\}_{k=1}^K$。
2. 定义 $\tilde{\pi}_k=\pi_k$ 和 $\tilde{\mu}_x^k=\mu_x^k$。
3. 转换协方差矩阵，使其满足式（3.32）所给出的稳定性约束 2 和 3：

$$\begin{cases}\tilde{\Sigma}_x^k=\mathrm{II}_N\circ\mathrm{abs}(\Sigma_x^k)\\ \tilde{\Sigma}_{\dot{x}x}^k=-\mathrm{II}_N\circ\mathrm{abs}(\Sigma_{\dot{x}x}^k)\\ \tilde{\Sigma}_{\dot{x}}^k=\mathrm{II}_N\circ\mathrm{abs}(\Sigma_{\dot{x}}^k)\\ \tilde{\Sigma}_{x\dot{x}}^k=-\mathrm{II}_N\circ\mathrm{abs}(\Sigma_{x\dot{x}}^k)\end{cases}\quad\forall k=1,\cdots,K \tag{3.34}$$

其中 $\circ$ 和 abs(·) 对应的是元素的乘法和绝对值函数。

4. 利用式（3.32）给出的优化约束条件 1 来计算 $\tilde{\mu}_{\dot{x}}^k$：

$$\tilde{\mu}_{\dot{x}}^k = \tilde{\Sigma}_{\dot{x}x}^k(\tilde{\Sigma}_x^k)^{-1}(\tilde{\mu}_x^k - x^*) \tag{3.35}$$

确保： $\Theta_{\text{GMR}}^{\text{init}} = \{\tilde{\pi}_k, \tilde{\mu}^k, \tilde{\Sigma}^k\}_{k=1}^K$。

算法 3.2　动态系统的稳定估计求解器的初始化算法（通过第 k 个参数的估计）

要求： 示例 $\{\boldsymbol{X}, \dot{\boldsymbol{X}}\} = \{\{x^{t,m}, \dot{x}^{t,m}\}_{t=1}^{T_m}\}_{m=1}^M$ 和超参数 K。

1. 对 $\{\boldsymbol{X}, \dot{\boldsymbol{X}}\}$ 运行期望最大化算法（见 B.3.1 节）以找到一个初步的估计，即 $\{\pi_k, \mu^k, \Sigma^k\}_{k=1}^K$。
2. 定义 $\tilde{\pi}_k = \pi_k$。
3. for k=1,…,K do
4. 提取参考轨迹中属于第 k 个高斯函数 $p(k \mid x^i, \{\mu_x^k, \Sigma_x^k\})$ 的数据点 $\{\boldsymbol{X}^k, \dot{\boldsymbol{X}}^k\}$（见 B.3.4.1 节）。
5. 在第 k 个参考轨迹 $\{\boldsymbol{X}^k, \dot{\boldsymbol{X}}^k\}$ 上运行动态系统的稳定估计求解器，假设式（3.25）的初值条件为 K=1，初始参数 $\{\pi_1 = 1, \mu^1 = \mu^k, \Sigma^1 = \Sigma^k\}$。
6. 定义 $\tilde{\mu}^k = \mu_{\text{SEDS}}^1$ 和 $\tilde{\Sigma}^k = \Sigma_{\text{SEDS}}^1$。
7. end for

确保： $\Theta_{\text{GMR}}^{\text{init}} = \{\tilde{\pi}_k, \tilde{\mu}^k, \tilde{\Sigma}^k\}_{k=1}^K$。

超参数和预先规范。请注意，动态系统的稳定估计的初始化算法，以及动态系统的稳定估计的学习算法，都需要对高斯函数的个数 K 和动态系统 $x^* \in \mathbb{R}^N$ 的吸引子进行预先规范。后者是由用户定义的（参见本小节末尾的说明），高斯函数的个数 K 的最优数量是使用标准的高斯回归模型选择方案确定的（参见 B.3.1.4 节）。回顾一下，在为具有模型选择的高斯回归模型选择最优高斯函数 K 时，我们使用贝叶斯信息量准则（BIC）指标来权衡模型的似然性和编码数据所需的参数数量。贝叶斯信息量准则的方程如式（B.2）所示，依赖于学习到的参数总数的计算，对于拟合在 N 维位置 / 速度对上的高斯混合模型，其总数为 $B = K(1 + 3N + 2N^2)$，即先验 π_k，均值 μ^k 和协方差矩阵 Σ^k 分别对应的大小为 1, $2N$ 和 $N(2N+1)$。

- 对于动态系统的稳定估计——似然估计。参数的数量可以减少，因为式（3.32）给出的约束 1 提供了从其他参数（即 μ_x^k, Σ_x^k 和 $\Sigma_{\dot{x}x}^k$）计算 $\mu_{\dot{x}}^k$ 的显式公式。因此，构造一个具有 K 个高斯量的高斯回归模型所需的参数总数为 $B = K(1 + 2N(N+1))$。
- 对于动态系统的稳定估计——均方误差。可以进一步减少参数的数量，因为在构造 $f(x)$ 时，不使用 $\Sigma_{\dot{x}}^k$，在优化过程中被省略。因此，学习参数的总数减少为 $B = K\left(1 + \frac{3}{2}N(N+1)\right)$。

对于这两种动态系统的稳定估计变体，学习参数与 K 呈线性增长，与 N 呈二次增长。

说明： 第 5 章提供了从涉及序列、运动学 / 吸引子的演示中自动识别吸引子 $x^* \in \mathbb{R}^N$ 的方法。

3.3.3　非线性动态系统学习的评估

与任何机器学习问题一样，在估计非线性动态系统时，评估学习方法的性能是至关重要的。为了评估这一性能，我们需要回到为学习问题设定的最初目标。回想一下，我们有两个目标。目标 1 是提供一个精确的动力学模型，目标 2 是确保学习到的动态系统在吸引子处全局稳定。目标 2 不需要通过数字来评估，因为它已经通过学习模型的构建得以实施（因此通过正式的证明进行了评估）。然而，目标 1 需要从数字上加以评估。评估学习函数能否很好地再现动态的最自然的方法是将均方误差作为损失函数。均方误差必须评估速度流的正确再现。正如我们将在本章的其余部分看到的，评估非线性动态系统的学习方法不同于它们拟合非线性动力学的自然曲率的能力。曲线越弯曲，在保持吸引子稳定性的同时拟合数据就越困难。为了强调准确性和稳定性之间的平衡，我们将使用嵌入不同复杂度级别的非线性动力学二维数据集，这被称为 LASA 手写数据集。

3.3.4　LASA 手写数据集：评估稳定动态系统学习的基准

LASA 手写数据集包括一个从平板计算机记录的二维手写运动库。对于每个运动，用户被要求从不同的初始位置（但彼此非常接近）开始，并在相同的最终点结束，画出所需模式的七个演示。这些演示可能会相互交叉。总共收集了 30 个人类手写运动，其中 26 个运动对应一个单一的动态行为 / 运动模式，其余 4 个运动都包含一个以上的动态行为 / 运动模式（称为多模式）。图 3.7 展示了来自 LASA 手写数据集的全套运动。在附带的 MATLAB 源代码中，我们提供了从该数据集加载演示的脚本，以及通过动态系统稳定估计的变体绘制自己的数据集和学习 N 维全局渐近稳定性动态系统模型的方法。

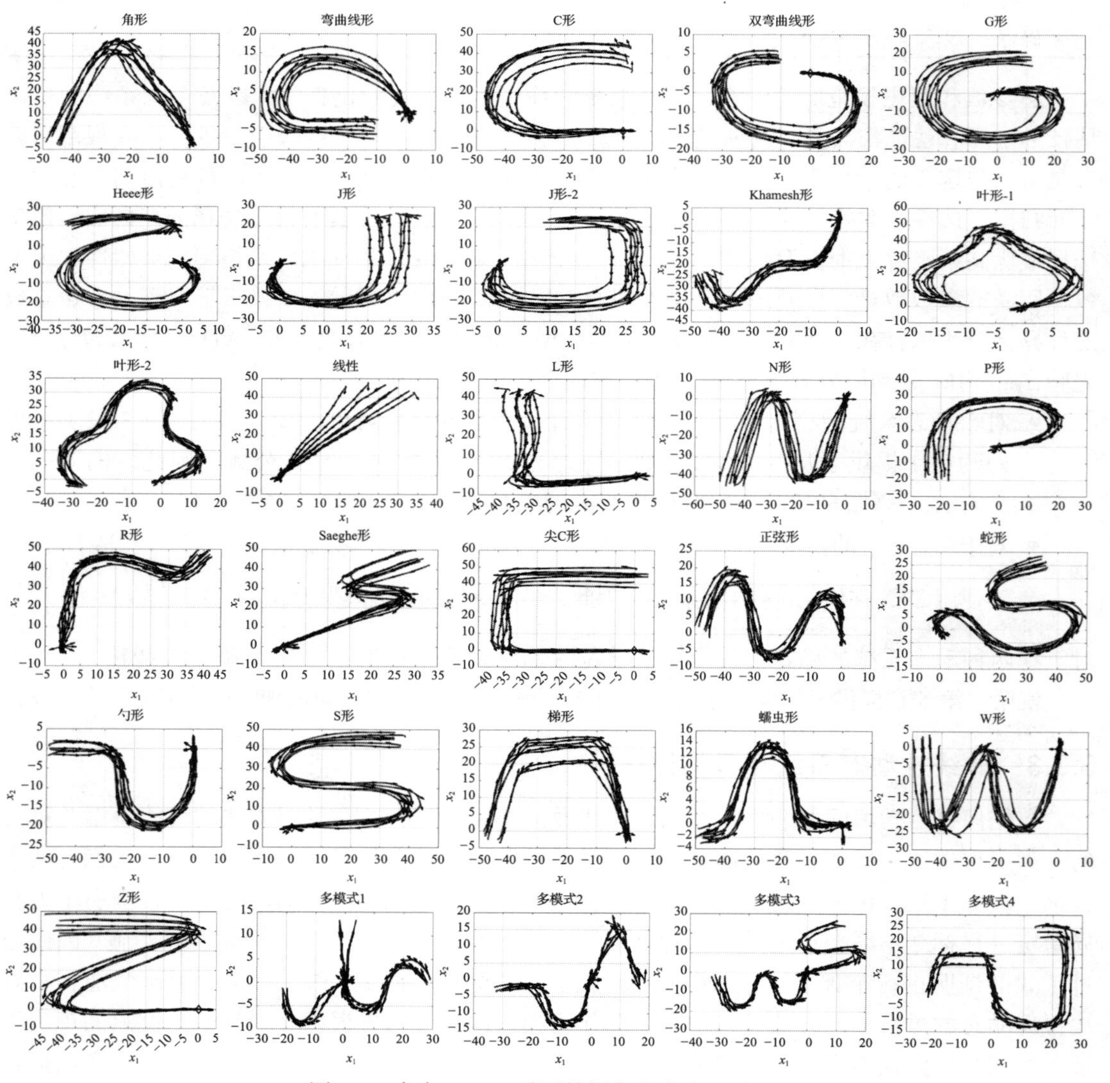

图 3.7　来自 LASA 手写数据集的全套运动[72]

LASA 手写数据集现已成为评估和比较不同方法学习非线性动态系统的基准。在本章中，我们使用数据集来简化不同方法之间的比较。我们从使用动态系统的稳定估计时的评估开始（可在 [72] 中找到对该方法的广泛评估）。

动态系统的稳定估计（似然估计）vs. 动态系统的稳定估计（均方误差）。可以使用似然或均方误差作为目标函数进行训练。使用似然估计或均方误差目标函数对动态系统的稳定估计在 LASA 手写数据集子集的动态建模方面的性能进行定性评估，分别见图 3.8 和图 3.9。在这两组图中，我们显示编号为 1(角形)～ 15(P 形）的手写运动。此外，在图 3.10 和图 3.11 中，我们说明了其余的运动。也就是编号 16（R 形）～ 30（多模式 4）的手写运动。

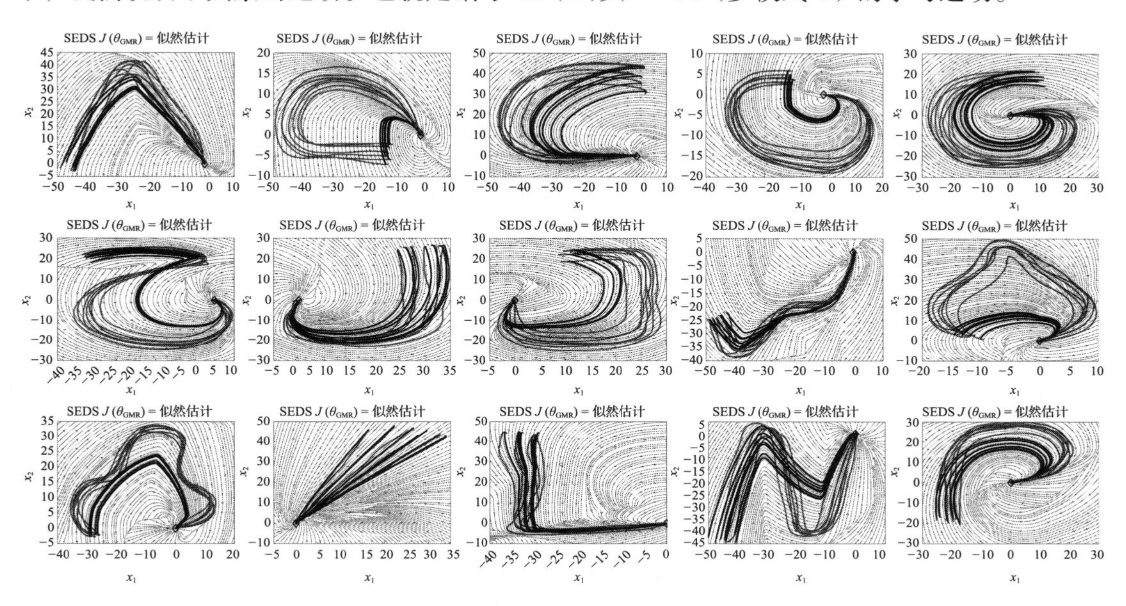

图 3.8 LASA 手写数据集上动态系统的稳定估计（似然估计）的性能（运动 1 ～ 15）

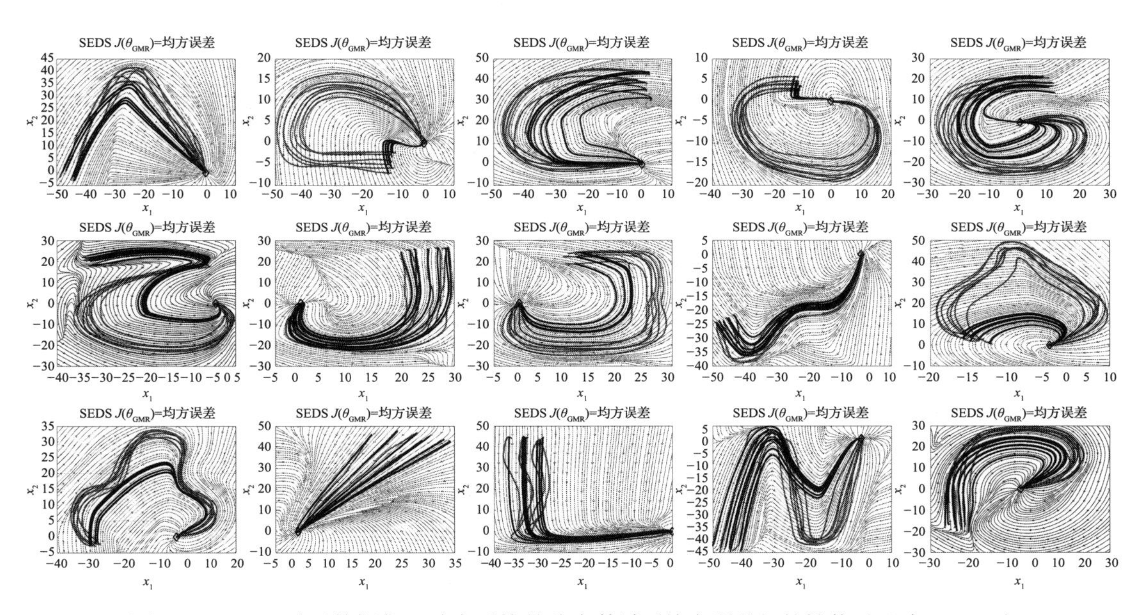

图 3.9 LASA 手写数据集上动态系统的稳定估计（均方误差）的性能（运动 1 ～ 15）

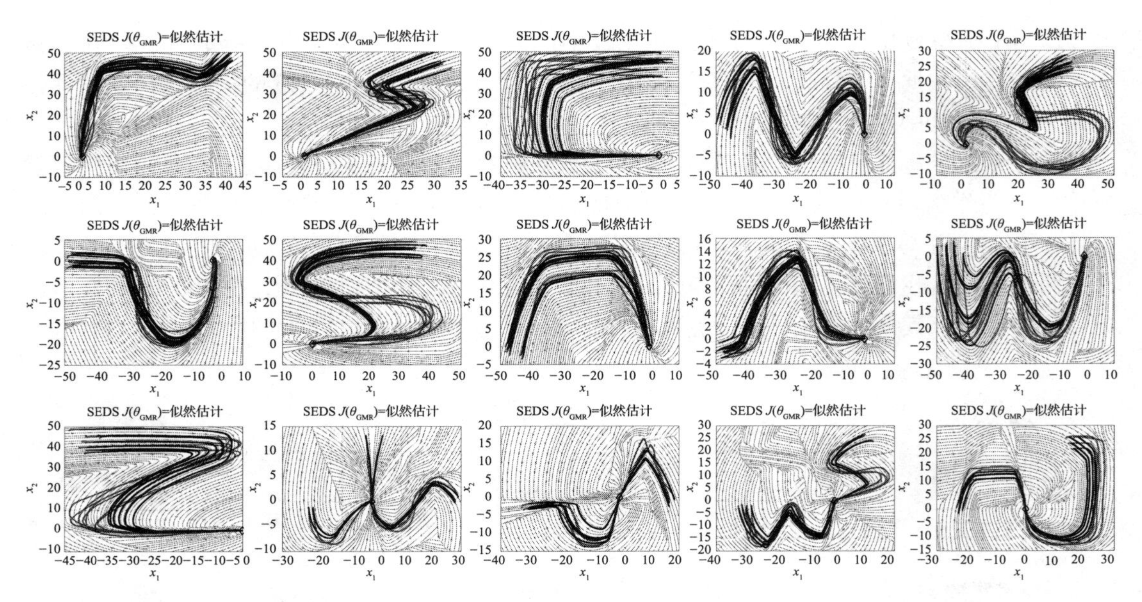

图 3.10　LASA 手写数据集上动态系统的稳定估计（似然估计）的性能（运动 16 ～ 30）

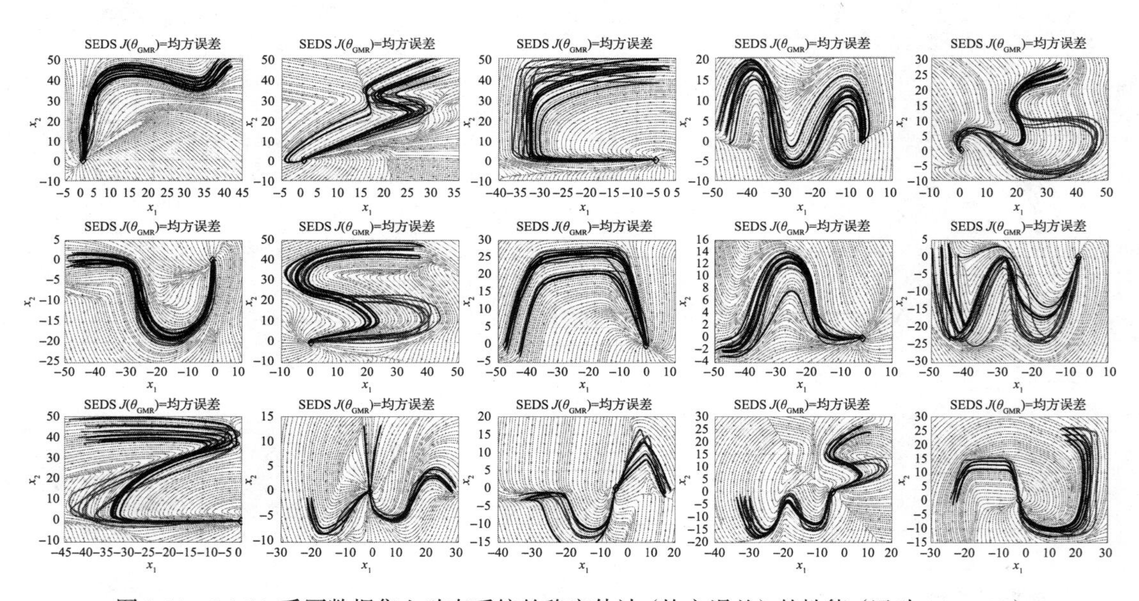

图 3.11　LASA 手写数据集上动态系统的稳定估计（均方误差）的性能（运动 16 ～ 30）

回想一下，该方法有一个超参数（即 K 个高斯函数的数量），我们需要在运行估计之前设置它。对于每个运动，通过贝叶斯信息量准则使用模型选择方法计算最优 K。使用贝叶斯信息量准则的模型选择包括多次运行方法（这里是动态系统的稳定估计），每次改变参数 K。贝叶斯信息量准则是一个在估计的准确性和精确度之间进行权衡的度量。为了再现性，我们列出了用于生成图 3.8 ～图 3.11 中每个动态系统所获得的 K。

LASA 手写数据集的 K 个高斯函数的数量。角形（K=4），弯曲线形（K=4），C 形（K=5），双弯曲线形（K=5），G 形（K=4），Heee 形（K=4），J 形（K=5），J 形 –2（K=5），Khamesh 形（K=5），叶形 –1（K=4），叶形 –2（K=5）、线形（K=2），L 形（K=3），N 形（K=4），P 形

（K=4），R 形（K=4），Saeghe 形（K=4），尖 C 形（K=5），正弦形（K=4），蛇形（K=4），勺形（K=4），S 形（K=6），梯形（K=4），蠕虫形（K=4），W 形（K=6），Z 形（K=5），多模式 1（K=5），多模式 2（K=6），多模式 3（K=7），多模式 4（K=6）。

参数初始化。根据我们的实验，优化参数 Θ_{GMR} 的初始化过程的选择很大程度上取决于三个因素：运动的形状、高斯函数的个数 K 和标准期望最大化算法给出的参数 Θ_{GMR} 的初始估计。例如，假设正确选择了高斯函数的个数 K，标准期望最大化算法完美地拟合参考轨迹上的高斯函数，从而实现了模型的机器学习。在这种情况下，两种初始化算法将强制协方差矩阵的稳定性约束，但不会大幅修改整个参数集。另一方面，当高斯混合模型与标准期望最大化算法的参考轨迹拟合不佳时，初始化算法可能会对参数施加约束，从而产生较差的结果。因此，我们建议运行具有多次初始化的动态系统的稳定估计，直到实现良好的复制。

性能分析。图 3.8 ～图 3.11 说明了红色的参考轨迹 $\{\boldsymbol{X},\dot{\boldsymbol{X}}\}$，学习到的动态系统（式（3.25））表示为灰色向量场，学习到的动态系统具有黑色轨迹所再现的轨迹。这些再现轨迹是通过模拟动态系统的正积分生成的，排除了机器人控制器以避免建模误差。模拟从与所有演示相同的初始点开始。因此，为了定性地评估动态系统的准确性，我们的目标是复制（**黑色**轨迹）尽可能接近演示的参考轨迹（**红色**轨迹）。为了评估动态系统的稳定性，我们希望所有的轨迹都能引导机器人到达目标 / 吸引子。可以看到，对于 LASA 手写数据集的所有运动，学习到的动态系统，无论是通过动态系统的稳定估计（似然估计）还是动态系统的稳定估计（均方误差），都是全局渐近稳定。

另一方面，再现准确性取决于手写运动。从在 LASA 手写数据集的 30 个运动中，动态系统稳定估计的学习变量能够准确再现参考轨迹和 / 或为大多数运动（即 22 个）产生相似的运动模式，而其中 8 个（弯曲线形，双弯曲线形，Heee 形，叶形 -1，叶形 -2，N 形，蛇形，S 形）严重失败。我们可以看到动态系统的稳定估计失败的运动子集表现出高曲率、远离吸引子的运动，以及初始点和终点彼此接近的轨迹。本节给出的稳定性约束和动态系统公式没有考虑运动中的这些特性。这些问题将在本章的下面几节讨论。因此，动态系统的稳定估计变量的性能不应该基于这些运动来评估，我们只是在这里展示了算法的局限性。

考虑到动态系统的稳定估计算法准确再现的 22 个运动，在比较动态系统的稳定估计（似然估计）和动态系统的稳定估计（均方误差）的性能时，两种方法之间只有很少的差异。这些差异与目标函数直接相关。例如，可以看到在 LASA 手写数据集的许多情况下，用动态系统的稳定估计（均方误差）生成的运动比用动态系统的稳定估计（似然估计）生成的运动更平滑（正弦形，蠕虫形，勺形，Saeghe 形和 R 形）。也就是说，后者产生的运动具有更尖锐的边缘和线性化的运动段。动态系统的稳定估计。（均方误差）寻求最小化轨迹速度与动态系统模型生成的速度之间的误差，而不考虑高斯混合模型参数的概率或几何特性。换句话说，动态系统是精确地放置在非线性轨迹的线性段上的线性回归量的混合物的几何丢失（见图 3.6）。这是因为均值 μ^k 和协方差 Σ^k 以（均方误差）损失函数最小化优化，而不是以似然模型最大化。尽管高斯函数的位置被动态系统的稳定估计（均方误差）彻底改变，我们仍然能够实现平滑的非线性运动。另一方面，由于动力系统的稳定估计（似然估计）寻求最大化高斯混合模型参数的对数似然，高斯函数的位置没有发生很大的变化，但实现了不太光滑的非线性运动。在 [72] 中指出，动态系统的稳定估计（似然估计）方法在定量上比动态系统的稳定估计（均方误差）更准确。这个结果是从本书中完整的 LASA 手写数据集的一个子集中获得的。关于进一步的定量比较，建议读者参考 [72]。

模型和计算复杂度。动态系统的稳定估计（均方误差）优于动态系统的稳定估计（似然估计），因为它需要的参数更少（这个数量减少了 $\frac{1}{2}KN(N+1)$）。另一方面，动态系统的稳定估计（均方误差）有一个更复杂的代价函数，需要在每次迭代中对所有训练数据点计算高斯混合回归。因此，均方误差的使用使得算法的计算量更大，训练时间更长。详情见 [72]。

编程练习 3.3　本编程练习的目的是使读者熟悉动态系统的稳定估计的学习算法。我们提供代码，使用动态系统的稳定估计算法从二维绘制的数据集以及 LASA 手写数据集中学习动态系统 (并可视化它们)。

操作说明。打开 MATLAB，将目录设置为第 3 章习题对应的文件夹，在这个文件夹中，你会找到以下脚本：

```
1 ch3_ex0_drawData.m
2 ch3_ex3_seDS.m
```

在这些脚本中，你会在块注释中找到指令，使你能够：

- 在图形用户界面上绘制二维轨迹。
- 加载如图 3.7 所示的 LASA 手写数据集。
- 学习具有动态系统的稳定估计变量的一阶非线性动态系统。

注意。MATLAB 脚本提供了加载 / 使用各种类型数据集的选项，以及选择学习算法的各种选项。请阅读脚本中的注释，并分别运行每个块。

读者应使用 LASA 手写数据集中的自绘轨迹或运动来测试以下内容：

1. 比较动态系统稳定估计（似然估计）和动态系统稳定估计（均方误差）在重建误差、模型复杂度和计算时间方面的差异。

2. 比较手动选择 K 和通过贝叶斯信息量准则选择模型的结果。

3. 比较使用 $M = 1$ 和 $M >> 1$ 轨迹时的结果。

4. 比较动态系统的稳定估计初始化算法。哪一种在重构、模型复杂性和求解器收敛时间方面的性能最好？你能想到另一种初始化参数的方法吗？

5. 来自 LASA 手写数据集的多模式是两个单模式运动的串联。你能想个办法把两个动态系统模型分开学习，然后合并吗？如果可以，比较合并动态系统模型的性能与从合并轨迹学习单个动态系统模型的性能。

6. 绘制自相交轨迹。动态系统的稳定估计适合这些吗？为了正确地使用通过动态系统的稳定估计学习到的多个动态系统，自相交轨迹应该在哪里断开 / 分割？

7. 如果轨迹有不同的终点会发生什么？动态系统的稳定估计算法能对这些编码吗？它们能用标准的高斯混合回归编码吗？

读者还可以使用教学用图形用户界面，如图 3.12 所示，以补充前面的练习。

借助于这个图形用户界面，自绘轨迹可以通过动态系统的稳定估计变体学习动态系统模型。然而，它提供了一个机器人模拟，允许用户执行学习到的动态系统的运动，并在机器人执行任务时对其施加扰动。

操作说明。打开 MATLAB，将目录设置为第 3 章练习题对应的文件夹，在这个文件夹中，你会找到以下脚本：

```
1 gui_seDS.m
```

或者，在 MATLAB 命令窗口中输入以下命令：

```
1 >> gui_seDS
```

借助于这个图形用户界面，用户将能够完成以下工作：

- 在具有 2 个自由度的机械臂的工作空间内绘制轨迹。
- 手动选择 K，或通过贝叶斯信息量准则进行模型选择。
- 使用动态系统的稳定估计（似然估计）或动态系统的稳定估计（均方误差）学习动态系统模型。
- 模拟机器人跟随学习到的动态系统的运动。
- 在机器人执行运动时对其施加扰动。

高斯混合模型参数的初始化通过算法 3.2 执行。

注意。关于如何使用这个图形用户界面的示教视频可以在以下链接中找到：*https://youtu.be/fQL-tCOqCH0*

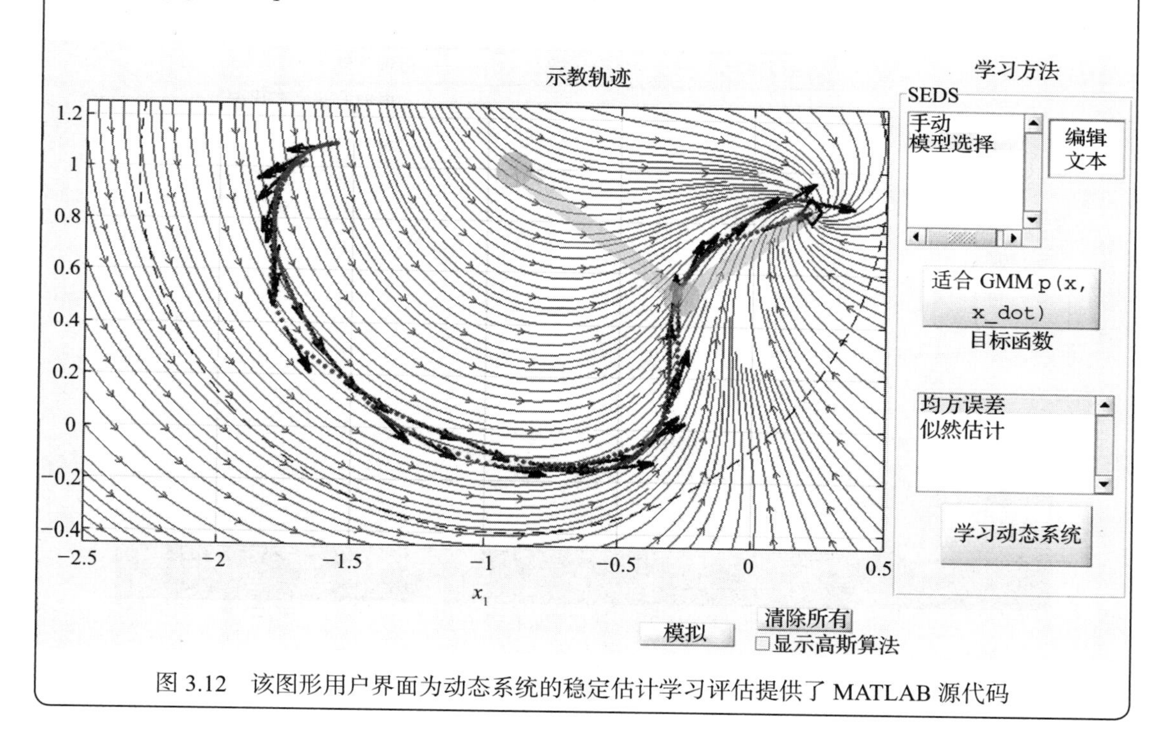

图 3.12 该图形用户界面为动态系统的稳定估计学习评估提供了 MATLAB 源代码

3.3.5 机器人实现

从文献 [72] 中，我们给出了一个使用动态系统的稳定估计方法估计的非线性动态系统 $f(x)$ 如何作为控制律在工业机器人 Katana-T 的 6 自由度机械臂中产生运动的例子。机器人的任务是将一个碟子放在托盘上（任务 1），然后将一个杯子放在碟子上（任务 2）。

对于这两个任务，$M=4$ 个参考轨迹用以示教，$K=4$ 个高斯函数用以学习动态系统模型。

图 3.13 显示了两个任务的示教轨迹和测试轨迹，它们相互叠加。从不同于示教的点开始的测试轨迹很好地遵循演示的动态。所有的轨迹都落在目标上。

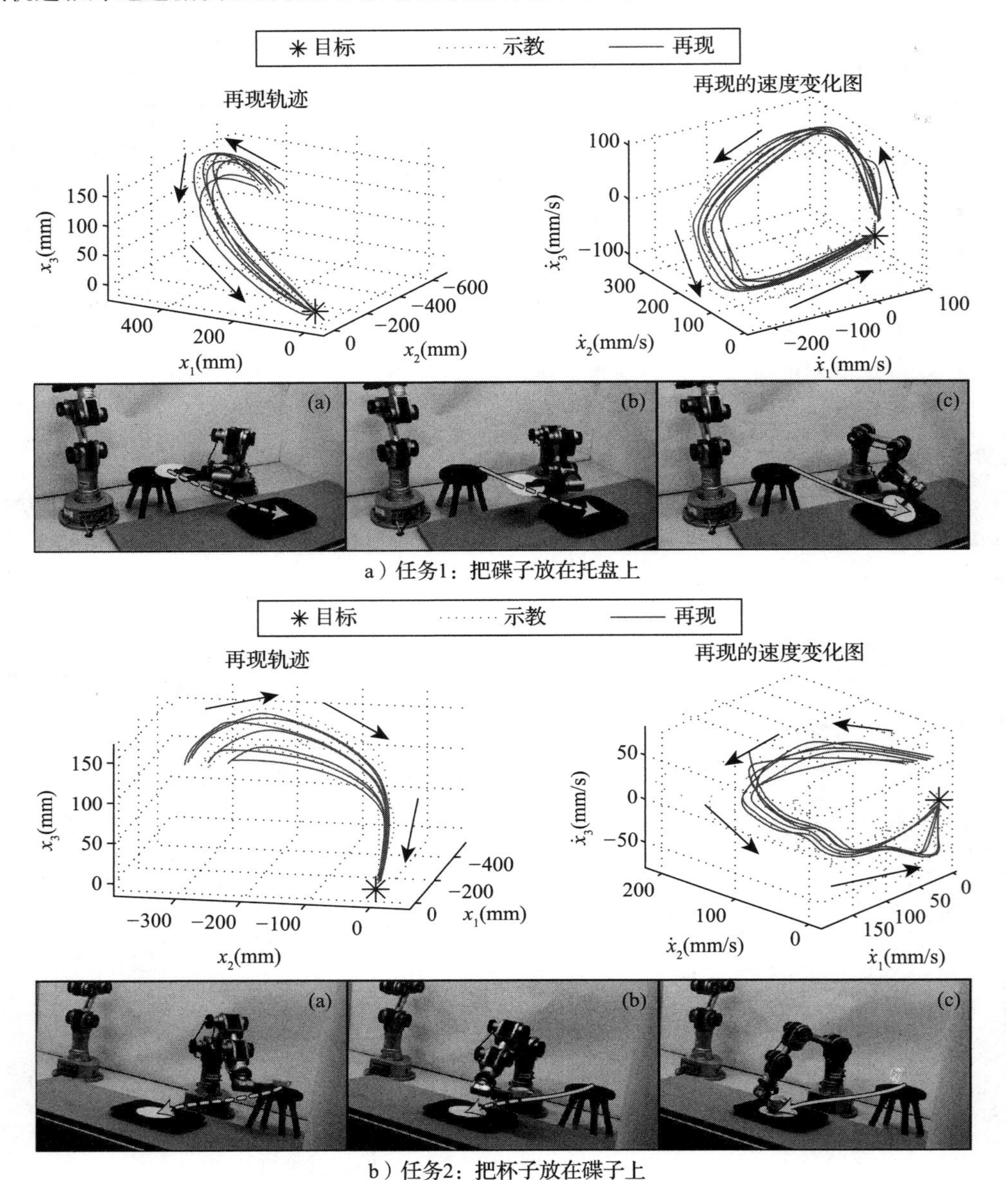

a）任务1：把碟子放在托盘上

b）任务2：把杯子放在碟子上

图 3.13 一个 6 自由度的 Katana-T 机械臂的任务是将一个碟子放在托盘上（a），然后将一个杯子放在碟子上（b）。训练和测试轨迹遵循相同的动力学，并收敛到各自的目标[72]

为了举例说明对新目标位置的自然和瞬时适应，我们通过移动目标（分别是托盘和碟子）来引起路径上的扰动。目标（分别是碟子或托盘）在运动开始后的 2s 内在任务执行过程中移位。图 3.14 显示了学习到的动态系统对两种任务中扰动的响应所产生的轨迹。注意，虽然任务 2 是在任务 1 完成后执行的，但我们将两个任务的轨迹叠加在同一个图中。在这两个实验中，机器人通过重新生成一条通往目标的新路径，很好地处理了扰动。

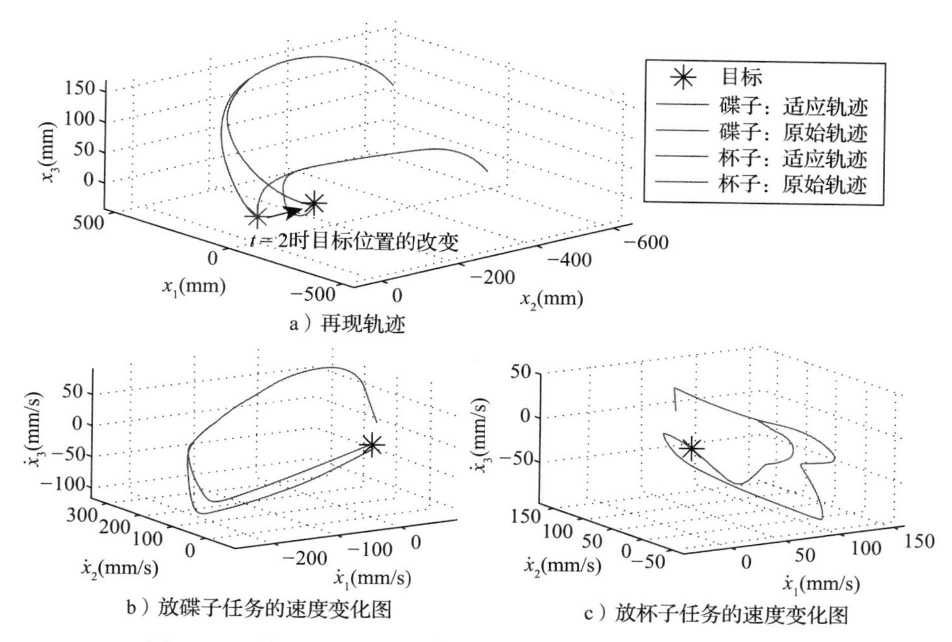

a）再现轨迹

b）放碟子任务的速度变化图

c）放杯子任务的速度变化图

图 3.14 对任务 2 和任务 3 运行中目标位置变化的动态适应 [72]

3.3.6 动态系统的稳定估计表达方法的缺点

在本节开始时，我们使用受约束的高斯混合回归（式（3.25））来阐述对控制律的学习。我们提出了一种方法——动态系统的稳定估计——来使用约束非凸优化学习高斯混合回归的参数。这种表述保证了得到的控制律在单个吸引子上的全局渐近稳定性。此外，我们还展示了用这种模型生成的机器人运动可以在线适应目标位置的变化。然而，这种方法有许多局限性，接下来我们将讨论这些局限性，这引出了随后提出的另一种方法。

增量学习。增量学习通常是至关重要的，它允许用户以交互的方式改进模型，或者在以前没有见过的区域添加新的示教。动态系统的稳定估计学习算法不允许模型的增量再训练，因为它是一个批量离线优化算法。如果一个人在训练一个模型之后添加了新的示教，则不得不基于新旧示教的组合集重新训练模型，或者从新的示教构建一个新模型并将其与以前的模型合并。例如，只需将高斯混合模型的参数合并起来，就可以将两个具有 K_1 和 K_2 个数目的高斯函数合并到一个单一的模型中，即 $K = K_1 + K_2$ 个高斯函数，通过合并它们的参数，$\Theta_{\mathrm{GMR}} = \{\pi_k, \mu^k, \Sigma^k\}_{k=1}^{K}, \forall k = 1, \cdots, K_1, \cdots, K$ 得到的模型不再是局部最优的，这可能是对两个模型的准确估计。然而，这种方法只适用于两个模型 / 示教之间没有重叠的情况。在 3.4 节中，我们提出了另一种非线性动态系统公式和学习方法，该方法能够增量式训练动态系统模型，同时处理重叠问题，而不需要使用旧的示教和保留全局渐近稳定性。

编码高度非线性的复杂运动。如 3.3.3 节所述，尽管模拟表明 LASA 手写数据集的大部分运动可以在满足定理 3.2 中推导出的充分稳定性条件的情况下建模，但这些全局稳定性条件可能太过限制，无法精确建模高度非线性的运动。动态系统的稳定估计的变体不能编码 LASA 手写数据集的 30 个图中的 8 个（即弯曲线形、双弯曲线形、Heee 形、叶形 -1、叶形 -2、N 形、蛇形和 S 形）就是证据。此外，虽然来自另一个图子集的向量场（包括 C 形、G 形、J 形 -1、J 形 -2、P 形、尖 C 形和 Z 形）类似于参考轨迹中示教的运动模式，但再

现不一定准确。究其原因，动态系统的稳定估计的学习算法存在“准确性与稳定性”的困境。也就是说，它在包含高曲率或非单调（即暂时远离吸引子）的高度非线性运动中表现不佳。这主要是由于选择了 Lyapunov 函数而导致的。例如，在几何上，二次 Lyapunov 函数只允许 L_2 范数（即 $\|x-x^*\|_2$）距离单调减小的轨迹[72,108]。一种解决方案是通过使用参数化二次 Lyapunov 函数来放宽动态系统的稳定估计的稳定性条件（参见 3.1 节），以允许更高的非线性。

对超参数和初始化的敏感性。如 3.3.3 节所述，动态系统的稳定估计的学习算法在很大程度上依赖于两个主要因素：K 个高斯函数的良好选择和动态系统的稳定估计求解器要优化的高斯混合模型参数的良好初始估计。当需要机器人自主时，这就成为一个缺点，因为这些“良好的”估计必须由人类或通过特别的启发式进行监控。

接下来，我们提出一种解决这里提出的限制的方法。

3.4　学习稳定的高度非线性动态系统

本节介绍了一种学习非线性动态系统作为控制律的替代方法。它解决了动态系统的稳定估计方法的核心问题——“准确性与稳定性”困境（见 3.3 节）——并且允许增量学习并消除对超参数选择和准确性初始化的敏感性。要做到这一点，方法是[2]：

1. 引入一种备选参数化二次 Lyapunov 函数（式（3.18））来满足稳定性约束，从而使其能够更好地拟合非线性。

2. 保留高斯函数的局部性，允许增量学习。

3. 自动估计高斯函数的最优个数 K。

为了实现这些目标，我们尝试了贝叶斯非参数高斯混合模型估计。

3.4.1　联合线性变参表达方法

观察式（3.21）定义的线性动态系统的混合 $\dot{x}=f(x)=\sum_{k=1}^{K}\gamma_k(x)(A^k x+b^k)$，它是线性变参（Linear Parameter Varying，LPV）系统[6]，每个 $A^k x$ 是线性时不变系统，$\gamma_k(x)$ 是一个状态相关的参数向量 $\boldsymbol{\gamma}=[\gamma_1,\cdots,\gamma_K]$。在线性时不变系统中，通常使用 $V(x)=(x-x^*)^{\mathrm{T}}P(x-x^*)$ 形式的 Lyapunov 函数来保证稳定性。矩阵 P 是二次 Lyapunov 函数的一个参数（关于使用线性动态系统的例子，参见 3.1.2 节和命题 3.1）。用参数化二次 Lyapunov 函数替换动态系统的稳定估计的二次 Lyapunov 函数得到下面描述的充分条件，以确保在 x^* 处的全局渐近稳定性。

定理 3.3　式（3.21）中定义的非线性动态系统在吸引子 x^* 上具有全局渐近稳定性，如果存在 $P=P^{\mathrm{T}}$ 且 $P\succ 0$ 和 $V(x)=(x-x^*)^{\mathrm{T}}P(x-x^*)$，使得

$$\begin{cases}(A^k)^{\mathrm{T}}P+PA^k=Q^k,Q^k=(Q^k)^{\mathrm{T}}\prec 0\\ b^k=-A^k x^*\end{cases}\quad \forall k=1,\cdots,K \tag{3.36}$$

证明。首先证明 $V(x)=(x-x^*)^{\mathrm{T}}P(x-x^*)$ 是一个候选 Lyapunov 函数。$P\succ 0$，$V(x)>0$，$\forall x\neq x^*$ 且 $V(x^*)=0$。$V(x)$ 对时间求导，我们有

$$\begin{aligned}V(x)&=(x-x^*)^{\mathrm{T}}Pf(x)+f(x)^{\mathrm{T}}P(x-x^*)\\&=(x-x^*)^{\mathrm{T}}P\underbrace{\left(\sum_{k=1}^{K}\gamma_k(x)(A^k x+b^k)\right)}_{\text{由式(3.21)}}+\underbrace{\left(\sum_{k=1}^{K}\gamma_k(x)(A^k x+b^k)^{\mathrm{T}}\right)}_{\text{由式(3.21)}}P(x-x^*)\end{aligned} \tag{3.37}$$

$$
\begin{aligned}
&=(x-x^*)^{\mathrm{T}}P\left(\sum_{k=1}^{K}\gamma_k(x)(A^k x-\underbrace{A^k x^*}_{\text{由式(3.36)}})\right)+\left(\sum_{k=1}^{K}\gamma_k(x)(A^k x-\underbrace{A^k x^*}_{\text{由式(3.36)}})^{\mathrm{T}}\right)P(x-x^*)\\
&=(x-x^*)^{\mathrm{T}}P\left(\sum_{k=1}^{K}\gamma_k(x)A^k\right)(x-x^*)+(x-x^*)^{\mathrm{T}}\left(\sum_{k=1}^{K}\gamma_k(x)(A^k)^{\mathrm{T}}\right)P(x-x^*) \qquad (3.37\text{ 续})\\
&=(x-x^*)^{\mathrm{T}}\left(\sum_{k=1}^{K}\underbrace{\gamma_k(x)}_{>0\text{ 由式(3.21)}}\underbrace{((A^k)^{\mathrm{T}}P+PA^k)}_{Q_k\prec 0\text{ 由式(3.36)}}\right)(x-x^*)<0
\end{aligned}
$$

式中，$Q_k=Q_k^{\mathrm{T}}\prec 0$。如果满足条件（3.36）并且动态系统关于 x^* 具有全局渐近稳定性，$V(x)$ 是式（3.21）中给定动态系统的有效 Lyapunov 函数。 □

回顾 3.1.2 节，P 的效应是 Lyapunov 函数的重塑。当 P 为单位矩阵时，Lyapunov 函数在空间中提供了一个各向同性的测度。对 P 的分量进行整形可以得到一个各向异性的测度。这对于建模具有高曲率和沿着不同的维度向 x^* 收敛的收敛速度不同的轨迹特别有用。

如果将动态系统的稳定估计的学习算法（3.32）的稳定性约束 1 和 2 替换为式（3.36）中定义的约束，优化就变得更加复杂，因为式（3.36）需要 P 和 A^k 的联合估计。问题是非凸的，并且依赖于对 P 的良好初始估计。解决这个问题并非不可行，但必须进行大量的参数调整和利用一个特别的求解器来解决问题。为了缓解这种情况，我们利用式（3.36）的约束对式（3.21）的参数进行解耦优化。

让我们首先了耦合从何而来。在动态系统的稳定估计的公式中，动态系统参数 $\Theta_{f(x)}=\{\gamma_k(x),A^k,b^k\}_{k=1}^K$ 都与高斯混合模型参数 $\Theta_{\mathrm{GMR}}=\{\pi_k,\mu^k,\Sigma^k\}_{k=1}^K$ 拟合在参考轨迹 $\{\boldsymbol{X},\dot{\boldsymbol{X}}\}$ 的联合分布 $p(x,\dot{x})$ 上。这种参数绑定是式（3.24）中引入的变量变化的结果，强调如下：

$$
\gamma_k(x)=\frac{\pi_k p(x\mid\mu_x^k,\Sigma_x^k)}{\sum_{i=1}^{K}\pi_i p(x\mid\mu_x^i,\Sigma_x^i)},\ A^k=\Sigma_{\dot{x}x}^k(\Sigma_x^k)^{-1},\ b^k=\mu_{\dot{x}}^k-A^k\mu_x^k,\ \forall k=1,\cdots,K
$$

可以看出，混合函数 $\gamma_k(x)$ 和线性动态系统参数 $\{A^k,b^k\}$ 通过高斯混合模型内的**位置**变量的均值和协方差矩阵 $\{\mu_x^k,\Sigma_x^k\}$ 联系在一起。这就是动态系统的稳定估计的学习算法成为非线性规划的原因。尽管动态系统的稳定估计的主要稳定性约束（即式（3.32）的约束 1）是一个线性矩阵不等式（Linear Matrix Inequality，LMI），可以作为半正定规划（Semi Definite Program，SDP）求解，但由于参数的绑定，它实际上是不可能做到这一点的。因此，我们将 $\Theta_{f(x)}$ 从 Θ_{GMR} 中分离：

$$
\begin{aligned}
\dot{x}&=f(x,\Theta_{\mathrm{LPV}})\\
&=\sum_{k=1}^{K}\underbrace{\gamma_k(x)}_{\Theta_\gamma}\underbrace{(A^k x+b^k)}_{\Theta_f}
\end{aligned}\qquad (3.38)
$$

其中，

$$
\Theta_{\mathrm{LPV}}=\{\underbrace{\{\pi_k,\theta_\gamma^k=(\mu^k,\Sigma^k)\}_{k=1}^K}_{\Theta_\gamma},\underbrace{\{A^k,b^k\}_{k=1}^K}_{\Theta_f}\}\qquad (3.39)
$$

由于这种参数的分离，我们只需要在位置变量 $p(x\mid\Theta_\gamma)=\sum_{k=1}^{K}\pi_k\mathcal{N}(x\mid\mu^k,\Sigma^k)$ 上拟合一个高斯混合模型密度，线性动态系统参数集 $\Theta_f=\{A^k,b^k\}_{k=1}^K$ 仍然可以用任何方法进行优化，与 Θ_γ

无关。这允许我们对线性矩阵不等式使用现成的半正定规划求解器，例如在式（3.36）中提出的稳定性条件中定义的那些求解器，它产生较少的保守约束。此外，通过解绑定 / 解耦参数，该方法保留了高斯混合模型的几何表示形式，因为其参数在约束优化阶段不再被修改。

警告。虽然线性变参 – 动态系统公式的提出方法允许我们使用参数化二次 Lyapunov 函数来推导限制较少的稳定性约束并通过半正定规划来估计 Θ_f，但其再现准确性很大程度上依赖于对 Θ_γ 的良好估计。我们不仅必须找到最好的代表参考轨迹的正确的高斯函数个数 K，而且它们还应该与轨迹对齐，以便每个高斯分布表示状态空间中的一个跟随线性动态系统的局部区域（参见图 3.15）。

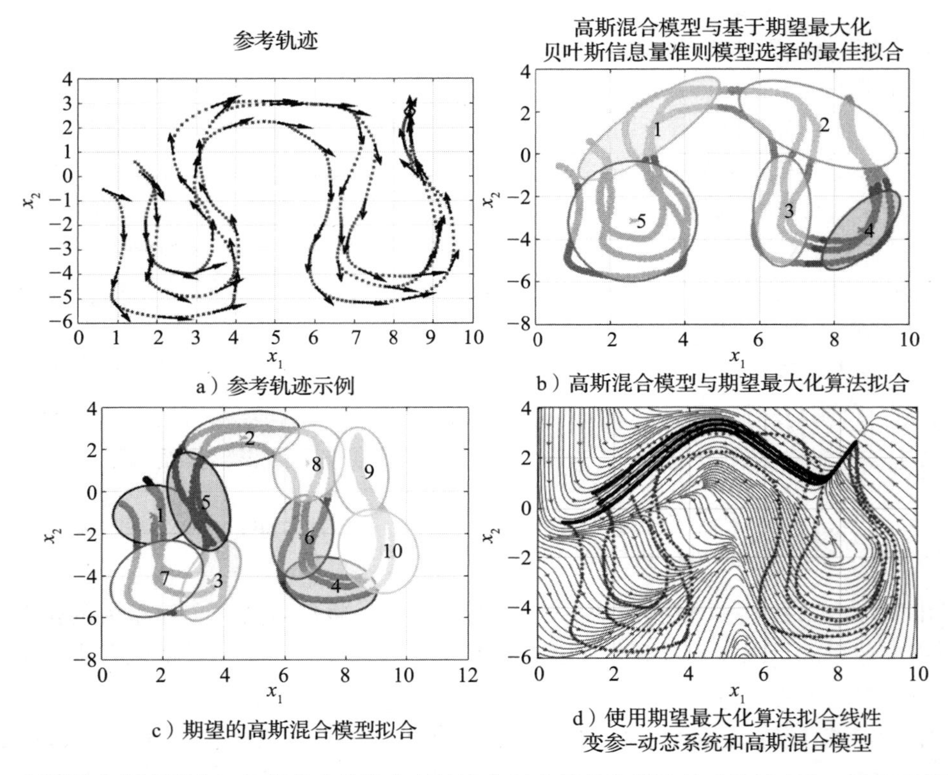

图 3.15 高斯混合模型拟合一组高度非线性参考轨迹位置变量的实例及其对线性变参 – 动态系统再现准确性和运动建模的影响。当用标准期望最大化算法和模型选择方案将高斯混合模型拟合到图 a 所示的参考轨迹时，我们得到了图 b 所示的最优 $K = 5$。然而可以看到，聚类 1 和聚类 2 对应的高斯函数中包含了不连续的轨迹和速度方向相反的点。这种聚类违反了最初的线性变参 – 动态系统的假设，该假设表示每个高斯函数应该代表一个线性动态系统。这导致线性变参 – 动态系统模型对所示教的运动的不准确表示，如图 d 所示。为了缓解这种情况，我们寻找与轨迹数据实际上一致的高斯混合模型拟合，如图 c 所示

练习 3.7 考虑有一个非线性动态系统 $\dot{x} = f(x,\Theta_{\text{LPV}}) = \sum_{k=1}^{K}\gamma_k(x)(A^K x + b^K)$，$N$=1，$K$=4。设计线性变参 – 动态系统参数 $\Theta_{\text{LPV}} = \{\pi_k, \mu^k, \Sigma^k, A^k, b^k\}_{k=1}^{2}$，使其在目标点 x^* =0 处产生全局渐近稳定性动态系统，要求如下：

- 当 $x = -1$ 时，$\dot{x} = 0.5$；而当 $x = -2$ 时，$\dot{x} = 2$。

- 当 $x=+1$ 时，$\dot{x}=-0.5$；而当 $x=+2$ 时，$\dot{x}=-2$。

练习 3.8 考虑一个非线性动态系统 $\dot{x}=f(x,\Theta_{\text{LPV}})=\sum_{k=1}^{K}\gamma_k(x)(A^k x+b^k)$，$N$=2，$K$=2。设计一个矩阵 $P\in\mathbb{R}^{2\times2},A^1\in\mathbb{R}^{2\times2}$ 且 $A^2\in\mathbb{R}^{2\times2}$，激活函数为 $\gamma_1(x),\gamma_2(x)$，在一个参数化二次 Lyapunov 函数并且在参数化二次李雅普诺夫函数和 $Q\in\mathbb{S}_N^+$ 的自由选择作用下，使得其在原点 $x^*=[0,0]^{\text{T}}$ 处为全局渐近稳定性动态系统。这个动态系统应该表现出以下动态行为：

- 当 $x_1<0$ 时，动态系统应该朝着目标做直线运动。
- 当 $x_1>0$ 时，动态系统应该朝着目标做曲线运动。

请回顾一下，如何选取 $x=[x_1,x_2]$。编程练习中的代码可以用来设计这个动态系统。

3.4.2 物理一致性贝叶斯非参数高斯混合模型

如图 3.15 所示，对于线性变参 – 动态系统公式的准确再现，不仅最优化高斯函数的数量 K 很重要，而且高斯函数必须与线性变参 – 动态系统假设一致（即每个高斯函数应该表示遵循准线性运动的数据点）。这样的估计在经验上很难用期望最大化估计或贝叶斯非参数方法找到。虽然贝叶斯非参数建模和估计方法（如采样和变分推理）可以自动确定足够的高斯函数数量 K，但它们不能确保每个高斯函数都能聚类表示线性运动的数据点。我们把这个特性称为物理一致性（即确保每个高斯分量的位置和覆盖范围对应一个线性动态系统）。在本节中，我们提出了一种用于高斯混合模型的贝叶斯非参数模型和估计方法，称为物理一致性高斯混合模型（PC GMM）。

提示。在我们讨论中，将简要介绍高斯混合模型的贝叶斯非参数处理。然而，我们假设读者对聚类问题和贝叶斯非参数有很好的理解。关于各种高斯混合模型估计方法，可以在附录 B 中进行回顾，特别是 B.3 节。

让我们将高斯混合模型解释为一个层次模型，其中每 k 个混合分量被视为一个聚类，由一个具有 $\theta_\gamma^k=\{\mu_\gamma^k,\theta_\gamma^k\}$ 的高斯分布 $\mathcal{N}(\cdot|\theta_\gamma^k)$ 和混合质量 π_k 表示。每个数据点 x_i 通过聚类将指标变量 $Z=\{z_1,\cdots,z_M\}$ 分配给聚类 k，其中对于 M 个样本 $i:z_i=k$，即

$$
\begin{aligned}
&z_i\in\{1,\cdots,K\}\\
&p(z_i=k)=\pi_k\\
&x_i\,|\,z_i=k\sim\mathcal{N}(\theta_\gamma^k)
\end{aligned}
\tag{3.40}
$$

通过式（3.40），混合模型的概率密度函数定义为

$$
p(x\,|\,\Theta_\gamma)=\sum_{k=1}^{K}p(z_i=k),\mathcal{N}(x\,|\,\mu^k,\Sigma^k)
\tag{3.41}
$$

在贝叶斯处理中，人们通常对概率模型的潜在变量施加先验。在高斯混合模型的情况下，对指标变量集 Z 和高斯分布变量集 $\Theta_\gamma=\{\mu^k,\Sigma^k\}_{k=1}^{K}$ 施加先验分布。在期望最大化算法估计中，K 被认为是先验，因此，在 Z 上的边际分布仅由混合权重 $\pi=\{\pi_k\}_{k=1}^{K}$ 的集合定义。因此，如本章前几节所述，聚类分配指标变量 z_i 的先验概率降为 $p(z_i=k)=\pi_k$。

利用贝叶斯非参数处理，不仅对潜在变量施加先验，而且假设高斯函数的个数未知且无穷大，即 $K\to+\infty$。因此，贝叶斯非参数高斯混合模型也被称为无限高斯混合模型。

潜变量的先验。因为假设 K 是无穷大的，我们需要一个无穷大的分布作为先验。Dirichlet 过程（DP）是分布上的无限分布，用于评估有限样本集上的无限混合模型，见 [64]。通过推断，可以共同估计最优的 K 和 Θ_γ。

我们用正态逆 Wishart 分布（NIW）作为高斯参数 θ_γ^k 的先验。通过采样或变分推理使式（3.41）的后验概率最大化，可估计出最优高斯参数和 Θ_γ。虽然使用这样的先验解决了估计最优高斯参数 K 的问题，但当数据点的分布表现出高曲率和不均匀性等特性时，它们的表现很差，如图 3.15 和图 3.16 所示。这是因为高斯指数 $\exp\left\{-\frac{1}{2}(x-\mu^k)^{\mathrm{T}}(\Sigma^k)^{-1}(x-\mu^k)\right\}$ 不考虑轨迹的方向性。为了确保模型遵循动态系统的流程，接下来将介绍一种新的相似度量。

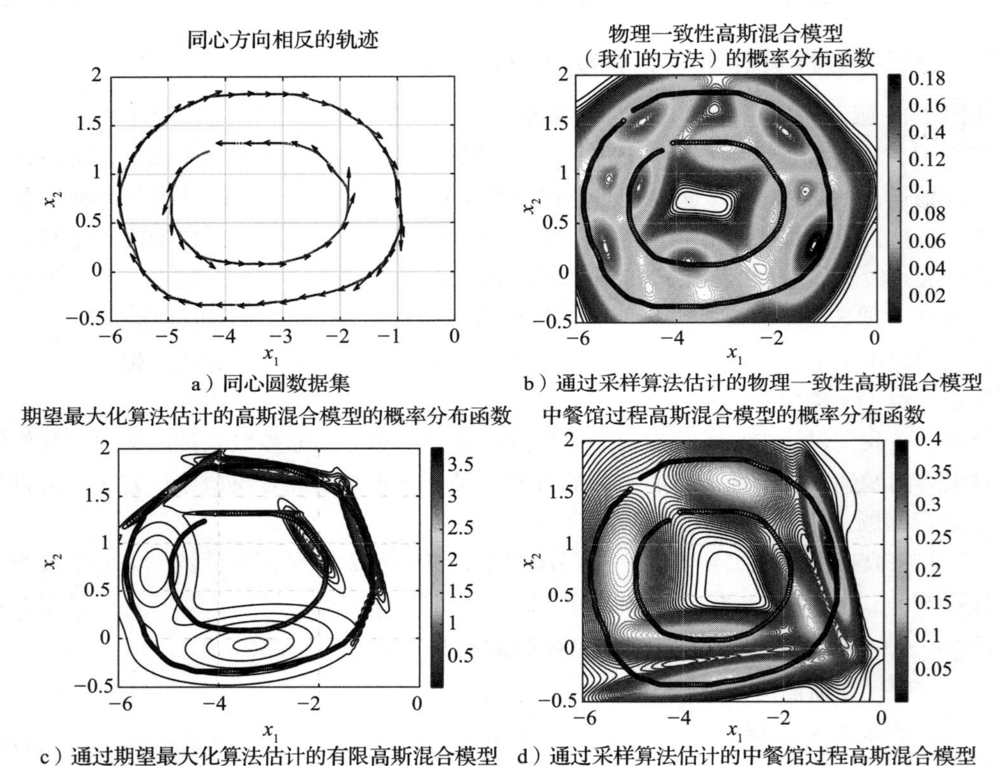

a）同心圆数据集　b）通过采样算法估计的物理一致性高斯混合模型

c）通过期望最大化算法估计的有限高斯混合模型　d）通过采样算法估计的中餐馆过程高斯混合模型

图 3.16　不同高斯混合模型拟合策略在同心圆轨迹数据集上的性能。图 a 中的箭头表示速度方向

通过 $\dot{x}$ 相似度实现物理一致性。为了以物理一致性的方式聚类轨迹数据，必须同时考虑方向性和局域性。因此，我们提出了一个由局部缩放、移位的余弦相似核组成的相似性度量，我们将其称为 $\dot{x}$ 相似度：

$$\Delta_{ij}(x^i,x^j,\dot{x}^i,\dot{x}^j)=\underbrace{\left(1+\frac{(\dot{x}^i)^{\mathrm{T}}\dot{x}^j}{\|\dot{x}^i\|\|\dot{x}^j\|}\right)}_{\text{方向性}}\underbrace{\exp(-l\|x^i-x^j\|^2)}_{\text{局域性}} \tag{3.42}$$

第一项测量方向性是成对速度测量值的移位余弦相似性（即 $\overline{\cos}(\angle(\dot{x}^i,\dot{x}^j))\in[0,2]$），它以成对发生的速度 $\phi_{ij}=\angle(\dot{x}^i,\dot{x}^j)$ 之间的夹角为界。当 $\phi_{ij}=\pi$（其最大值）时，速度方向是相反

的，并且 $\overline{\cos}(\phi_{ij})=0$。当 $\phi_{ij}=\{\pi/2,3\pi/2\}$ 时，速度间相互正交，得到 $\overline{\cos}(\phi_{ij})=1$。最后，当 $\phi_{ij}=\{0,2\pi\}$ 时，由于成对发生的速度指向相同的方向，余弦相似值在 $\overline{\cos}(\phi_{ij})=2$ 时达到最大值。对于不包含重复模式的轨迹，这足以作为物理一致性的测量。然而，对于像正弦波这样的轨迹，即使在欧氏空间中轨迹彼此不接近，$\overline{\cos}(\phi_{ij})$ 也可以产生其最大值。为了加强局域性，我们在位置测量上用径向基函数对 $\overline{\cos}(\phi_{ij})$ 进行缩放，即式（3.42）中的第二项。值得注意的是，$l=\dfrac{1}{2\sigma^2}$ 是一个超参数，如果设置不当可能会造成麻烦。因此，我们提出用数据驱动的启发式来设定 σ，即 $\sigma=\sqrt{\mathrm{Mo}(\boldsymbol{D})/2}$，其中 $\boldsymbol{D}\in\mathbb{R}^{M\times M}$ 是一个成对发生的平方欧氏距离的矩阵 $d_{ij}=\|x^i-x^j\|^2$，Mo 是 $\boldsymbol{D}$ 的所有项的模。直观地说，我们在近似地计算轨迹的长度。这样的近似是充分的，因为我们只需要它缩放高 $\overline{\cos}(\phi_{ij})$ 值在欧氏空间中远离。

为了在保留式（3.41）形式的情况下，将式（3.42）纳入高斯回归模型的估计中，我们采用依赖距离的中餐馆过程（CRP）[19]，而不是将中餐馆过程作为 $p(Z)$ 的先验。依赖距离的中餐馆过程基于距离的外部度量关注客户与其他客户坐在一起的概率（即观察 x^i 与 x^j 聚集在一起）。

物理一致性的中餐馆过程。物理一致性的中餐馆过程（PC-CRP）适应依赖距离的中餐馆过程以生成客户座位分配 $C=\{c_1,\cdots,c_M\}$ 的先验分布 $p(C)$，其中 $i{:}c_i=j$ 表示第 i 个和第 j 个客户聚类，即根据式（3.42）将观察 x^i 和 x^j 聚类在一起。这个先验是由一个概率序列构成的，其中第 i 个客户 (x^i) 有两种选择，她/他可以与第 j 个客户 (x^j) 坐在一起，其概率与式（3.42）成正比，或者单独坐着，其概率与 α 成正比。这样的序列产生一个先验分布，它是一个关于客户座位分配 C 的多项分布——条件是 $\varDelta$ 和 α，也就是 $p(C\mid\varDelta,\alpha)$。它可计算为

$$p(C\mid\varDelta,\alpha)=\prod_{i=1}^{M}p(c_i=j\mid\varDelta,\alpha),\text{其中 } p(c_i=j\mid\varDelta,\alpha)=\begin{cases}\dfrac{\varDelta_{ij}(\cdot)}{\Sigma_{j=1}^{M}\varDelta_{ij}(\cdot)+\alpha} & \text{如果 } i\neq j\\[2ex] \dfrac{\alpha}{M+\alpha} & \text{如果 } i=j\end{cases}\tag{3.43}$$

其中，$\varDelta\in\mathbb{R}^{M\times M}$ 是式（3.42）计算的两两相似度矩阵，α 为集中参数。

物理一致性高斯混合模型。通过使用物理一致性高斯混合模型（PC-GMM）先验，我们不再显式计算聚类指示器变量 $Z=\{z_1,\cdots,z_N\}$，但它们可以通过递归映射函数 $Z=\boldsymbol{Z}(C)$ 重新获得，该函数集合了所有连接的客户。因此，使用式（3.43）和正态逆 Wishart 分布作为先验，我们构建了如下物理一致性高斯混合模型：

$$\begin{aligned}c_i&\sim\mathrm{PC-CRP}(\varDelta,\alpha)\\ z_i&=\boldsymbol{Z}(c_i)\\ \theta_\gamma^k&\sim\mathcal{N}\mathrm{IW}(\lambda_0)\\ x^i\mid z_i=k&\sim\mathcal{N}(\theta_\gamma^k)\end{aligned}\tag{3.44}$$

式（3.44）表明 $C=\{c_1,\cdots,c_N\}$ 从物理一致性高斯混合模型先验中采样，对于每 k 个高斯模型，其参数 θ_γ^k 从正态逆 Wishart 分布中提取，超参数 $\lambda_0=\{\mu_0,\kappa_0,\varLambda_0,\nu_0\}$。为了估计这些参数，必须最大化式（3.44）的后验分布，即 $p(C,\theta_\gamma\mid\boldsymbol{X})$。然而，由于共轭性，我们可以从后验分布中积分出模型参数 θ_γ^k，只估计潜在变量 C 的后验值，即 $p(C\mid\boldsymbol{X},\varDelta,\alpha,\lambda)=$

$\frac{p(C\mid \Delta,\alpha)p(\boldsymbol{X}\mid \boldsymbol{Z}(C),\lambda)}{\Sigma_C p(C\mid \Delta,\alpha)p(\boldsymbol{X}\mid \boldsymbol{Z}(C),\lambda)}$。由于这种完全后验是难以处理的，我们通过折叠吉布斯采样，从以下分布中抽取 c_i 的样本，对其进行近似：

$$p(c_i = j\mid C_{-i},\boldsymbol{X},\Delta,\alpha,\lambda) \propto \underbrace{p(c_i = j\mid \Delta,\alpha)}_{\text{尺度速度空间的相似性}}\ \underbrace{p(\boldsymbol{X}\mid \boldsymbol{Z}(c_i = j\cup C_{-i}),\lambda)}_{\text{位置空间观测}} \tag{3.45}$$

其中第一项由式（3.43）给出，第二项是当前的座位安排中出现的座位分配的可能性 $\boldsymbol{Z}(c_i = j\cup C_{-i})$。$C_{-i}$ 是除第 i 个客户外的所有客户的座位分配。关于折叠吉布斯采样器的实现细节见 D.1.1 节。

估计高斯混合模型参数的全部集合。通过采样得到最大后验估计（式（3.45），见 D.1.1 节），我们仅获得指标变量 C，然后估计 $K = |\boldsymbol{Z}(C)|$ 的高斯函数的最佳数量，分配给每个高斯函数的观测值为 $\boldsymbol{X}_{\boldsymbol{Z}(C)=k}$。因此，为了估计每 k 个聚类的高斯参数 $\theta_\gamma^k = \{\mu^k,\Sigma^k\}_{k=1}^K$，我们取 $\boldsymbol{X}_{\boldsymbol{Z}(C)=k}$ 对于每 k 个聚类的正态逆 Wishart 后验超参数 λ 和样本 θ_γ^k 的集合（具体方程参见 B.3.2.2 节）。最后，将混合权值 $\{\pi_k\}_{k=1}^K$ 估计为 $\pi_k = M_k/M$，其中 $M_k = |\boldsymbol{X}_{\boldsymbol{Z}(C)=k}|$ 是分配给第 k 个聚类的观测次数。图 3.16 显示了物理一致性高斯混合模型、中餐馆过程 – 高斯混合模型和期望最大化算法在同心圆轨迹数据集上的性能。进一步的例子见图 3.17 ～图 3.19。

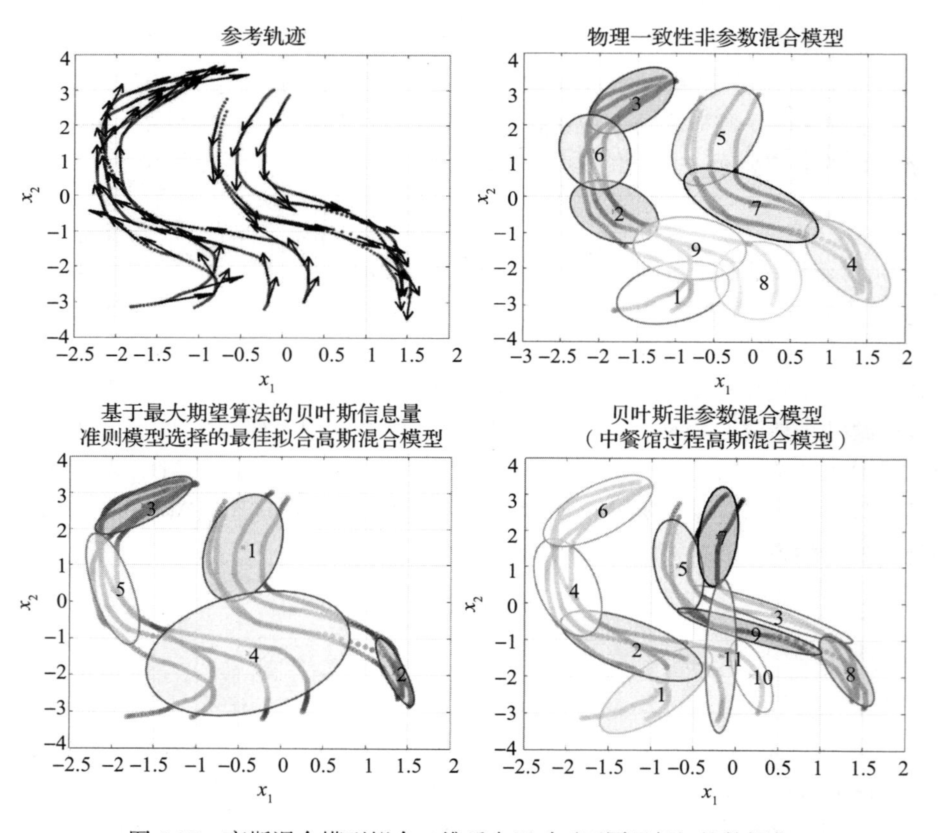

图 3.17　高斯混合模型拟合二维反向运动（不同目标）的数据集

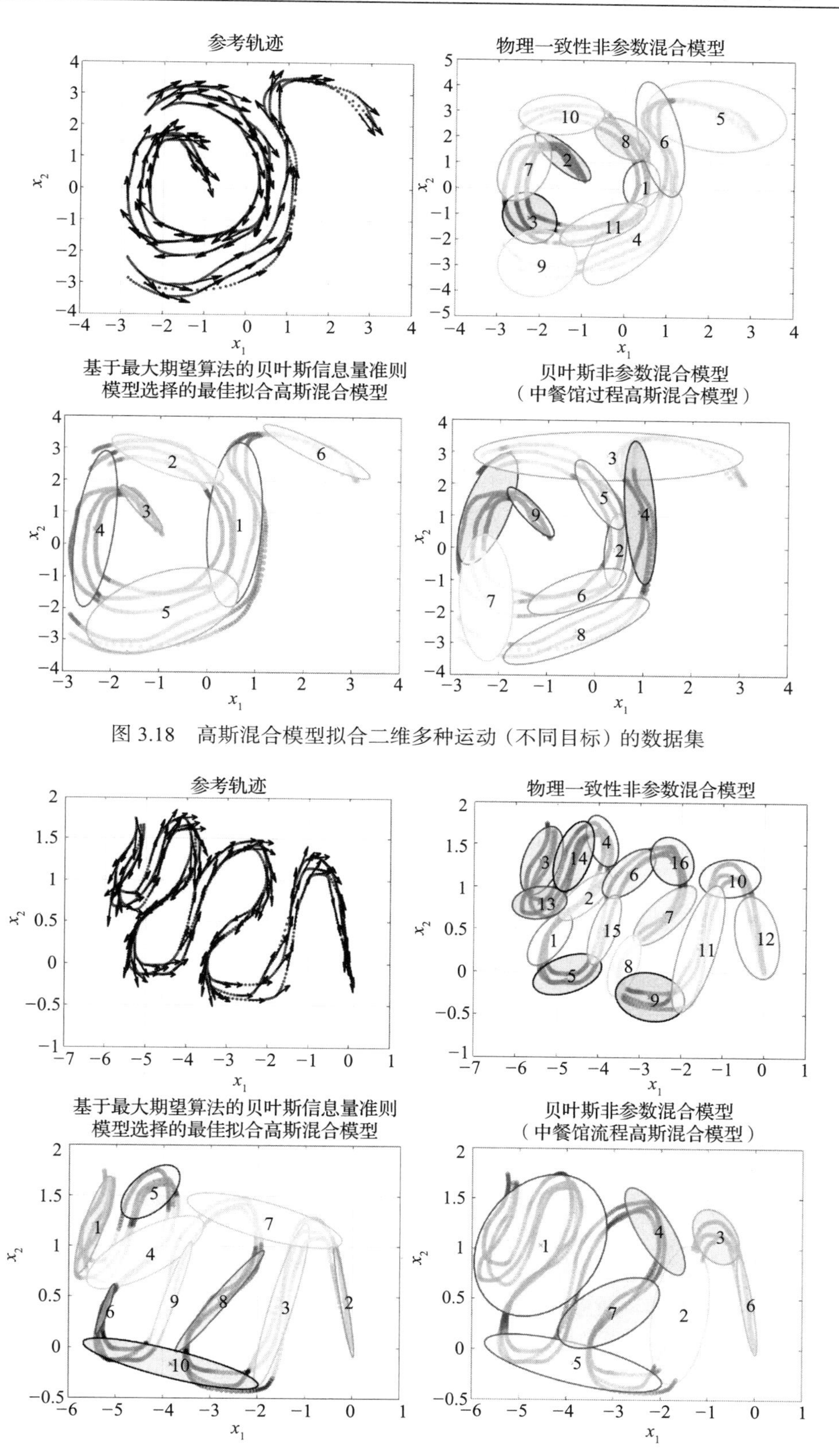

图 3.18　高斯混合模型拟合二维多种运动（不同目标）的数据集

图 3.19　高斯混合模型拟合二维凌乱蛇形的数据集

3.4.3 线性变参动态系统的稳定估计

给定参考轨迹集 $\{\boldsymbol{X},\dot{\boldsymbol{X}}\}=\{X^m,\dot{X}^m\}_{m=1}^M=\{\{x^{t,m},\dot{x}^{t,m}\}_{t=1}^{T_m}\}_{m=1}^M$，吸引子 x^*（即期望目标），以及通过物理一致性高斯混合模型方法估计的高斯混合模型参数 $\Theta_\gamma=\{\pi_k,\mu^k,\Sigma^k\}_{k=1}^K$，我们现在通过在动态系统的稳定估计（均方误差）变量（式（3.33））中最小化均方误差来估计线性动态系统的参数集 $\Theta_f=\{A^k,b^k\}_{k=1}^K$。由于线性变参动态系统公式中参数的解耦 / 解绑定，对动态系统参数施加约束是一个非常灵活的过程。接下来，我们提出了三个从 $O1$ 派生的约束变量，第一个是二次 Lyapunov 函数（如动态系统的稳定估计），式（3.32），第二个是 $O2$ 和 $O3$，是从参数化二次 Lyapunov 函数（式（3.36））得到的：

$$\begin{aligned}
&\min_{\Theta_f} J(\Theta_f)\ \text{s.t.}\\
&(O1)\{(A^k)^{\mathrm{T}}+A^k\prec 0, b^k=-A^k x^*,\ \forall k=1,\cdots,K\\
&(O2)\{(A^k)^{\mathrm{T}}P+PA^k\prec 0,\ b^k=\mathbf{0},\ \forall k=1,\cdots,K,\ P=P^{\mathrm{T}}\succ 0\\
&(O3)\{(A^k)^{\mathrm{T}}P+PA^k\prec Q^k,\ Q^k=(Q^k)^{\mathrm{T}}\prec 0,\ b^k=-A^k x^*,\ \forall k=1,\cdots,K
\end{aligned} \tag{3.46}$$

3.4.3.1 离线线性变参动态系统的参数优化

- 式（3.46）中的（$O1$）遵循动态系统的稳定估计中使用的相同条件 [72]，但它不是一个非线性约束优化问题，而是一个凸半定优化问题，可以通过 SeDuMi 等标准半正定规划求解器求解 [142]。
- 式（3.46）中的（$O2$）具有非凸约束，因为 P 是未知的，但它可以通过诸如 PENLAB 等非线性半正定规划求解器求解 [40]。注意式（3.46）中的（$O2$）假设吸引子在原点，因此约束 $b^k=\mathbf{0}$。如果没有这个假设，它可能会收敛于不稳定解。这种方法最初在 [100] 中提出。
- 式（3.46）中的（$O3$）与式（3.46）中的（$O2$）相似，但为了求解它，我们假设它具有通过数据驱动方法得到的 P 的先验估计。为了对给定的一组参考轨迹找到合适的 P，我们解决以下约束优化问题：

$$\begin{aligned}
&\min_P J(P)=\sum_{m=1}^{M}\sum_{t=1}^{T^m}\left(\frac{1+\bar{w}}{2}\operatorname{sgn}(\psi_{t,m})\psi_{t,m}^2+\frac{1+\bar{w}}{2}\psi_{t,m}^2\right)\\
&\text{s.t.}\\
&\{P\succ 0, P=P^{\mathrm{T}}
\end{aligned} \tag{3.47}$$

式中，$\bar{w}>0$ 是一个小的正标量（即 $\bar{w}\ll 1$，$\psi_{t,m}$ 是一个由 $\psi_{t,m}=\dfrac{\nabla_x V(x^{t,m})^{\mathrm{T}}\dot{x}^{t,m}}{\|\nabla_x V(x^{t,m})^{\mathrm{T}}\|\|\dot{x}^{t,m}\|}$ 定义的函数。式（3.47）是在 [75] 中提出的用于学习更复杂的 Lyapunov 候选函数的改进版本。直观地说，式（3.47）优化了 P，使得 $\{\boldsymbol{X},\dot{\boldsymbol{X}}\}$ 中数据点数最少的值违反式（3.10）中的 Lyapunov 稳定性条件。给定 P 的先验估计，我们引入辅助矩阵 Q^k，对参数空间进行更广泛的探索。

前面提到的求解器（SeDuMi 和 PENLAB）通常与 YALMIP MATLAB 工具箱一起使用 [93]。尽管式（3.46）中的（$O2$）找到了可行的解决方案，但是式（3.46）中的（$O2$）的结果与式（3.46）中的（$O3$）相似。由于问题的非线性，它可能收敛于一个不是所有约束都满足的解。只要 $P=P^{\mathrm{T}}$ 且特征值平衡良好，式（3.46）中的（$O3$）总是收敛于可行解。图 3.20 展示了物理一致性高斯混合模型、利用式（3.46）中的（$O3$）估计的线性变参 – 动态系统和

Lyapunov 函数的微分。

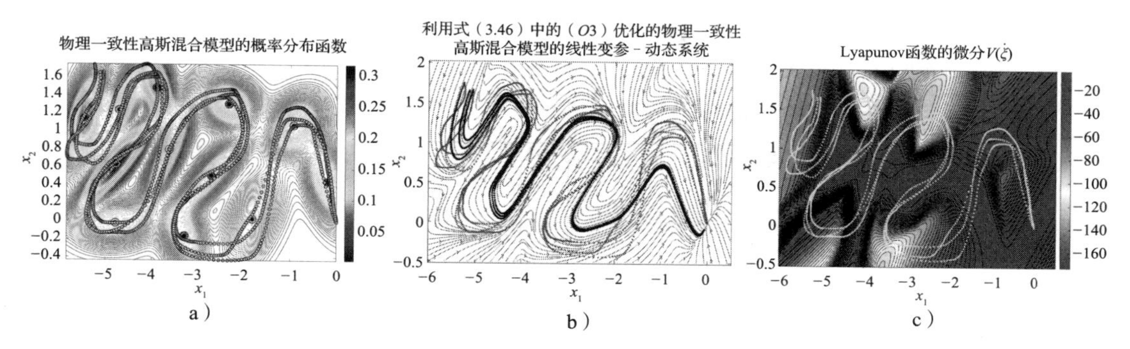

图 3.20　a）物理一致性高斯混合模型。b）利用式（3.46）中的（O3）估计的线性变参 - 动态系统。c）$\dot{V}(x)$

3.4.3.2　增量线性变参 - 动态系统的参数优化

假设我们获得了参考轨迹 $\{\boldsymbol{X},\dot{\boldsymbol{X}}\}^i$ 的初始批处理（i=1），然后在这些演示上学习动态系统 $f^i(x)$ 并使用它生成运动。一段时间后，我们获得了一批新的参考轨迹 $\{\boldsymbol{X},\dot{\boldsymbol{X}}\}^{i+1}$，我们希望使用它来更新动态系统 $f^i(x)\to\tilde{f}^{i+1}(x)$。

解决这个问题的一种理想化的方法是将参考轨迹 $\{\boldsymbol{X},\dot{\boldsymbol{X}}\}=\{\boldsymbol{X},\dot{\boldsymbol{X}}\}^i\cup\{\boldsymbol{X},\dot{\boldsymbol{X}}\}^{i+1}\cup\cdots\cup\{\boldsymbol{X},\dot{\boldsymbol{X}}\}^{i+\infty}$ 的不同批次简单地串联起来，并且在每次得到新的数据时学习一个新的动态系统。随着批处理数量的增加，这种方法不仅在计算上变得复杂，而且不能有效地使用以前的数据集。例如，如果得到一个新的参考轨迹，它与旧批次的轨迹重叠，学习新的参数 Θ_γ 和 Θ_f 可能对生成的模型没有影响，因此不需要重新加载动态系统。如图 3.21 所示，另一个数据效率低下的例子是如果参考轨迹的批次不重叠，则没有必要从头学习与前一批相关的动态系统参数，它只需要从新数据中学习一个新的线性动态系统，而不与之前学习的模型重叠。

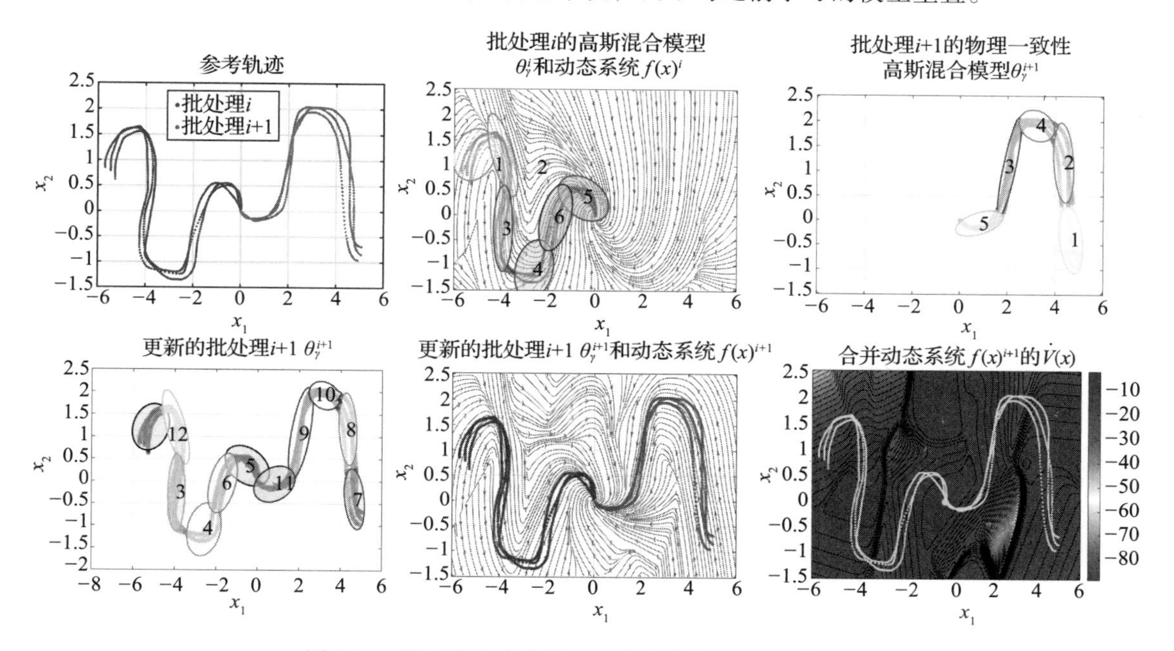

图 3.21　增量线性变参数 - 动态系统学习方法（例 1）

因此，我们提出了一种增量学习算法，该算法可以更新在数据集 $\{\boldsymbol{X},\dot{\boldsymbol{X}}\}^i$ 上学习到的动态系统 $f^i(x)$ 与新的即将得到的参考轨迹 $\{\boldsymbol{X},\dot{\boldsymbol{X}}\}^{i+1}$ ，同时重用从前一批学习到的参数 Θ_γ^i 和 Θ_f^i ，仅使用新到达的 $\{\boldsymbol{X},\dot{\boldsymbol{X}}\}^{i+1}$ 数据并保留全局渐近稳定性。

线性变参 – 动态系统的增量学习方法

考虑每一批示教， $\{\boldsymbol{X},\dot{\boldsymbol{X}}\}^i$ 和 $\{\boldsymbol{X},\dot{\boldsymbol{X}}\}^{i+1}$ 表示两个独立的动态系统：

$$f^i(x)=\sum_{k=1}^{K^i}\gamma_k^i(x)(A^{k^i}x+b^{k^i}) \tag{3.48}$$

$$f^{i+1}(x)=\sum_{k=1}^{K^{i+1}}\gamma_k^{i+1}(x)(A^{k^{i+1}}x+b^{k^{i+1}}) \tag{3.49}$$

更新后的动态系统 $\tilde{f}^{i+1}(x)=f^i(x)\oplus f^{i+1}(x)$ 是由合并方程（3.48）和式（3.49）构造的，符号⊕表示两个函数或参数空间的合并操作。更新后的参数集是 $\tilde{\Theta}^{i+1}=\{\{\Theta_\gamma^i,\Theta_f^i\}\oplus\{\Theta_\gamma^{i+1},\Theta_f^{+1}\}\}$ ，其结果不是串联，而是参数的合并。为了保持在更新的动态系统 $\tilde{f}^{i+1}(x)$ 中使用的更新的参数集的全局稳定性，我们提出以下从二次 Lyapunov 函数派生的充分条件。

定理 3.4　*合并的动态系统* $\tilde{f}^{i+1}(x)=f^i(x)\oplus f^{i+1}(x)$ *由独立的动态系统（式（3.48）和式（3.49））组成，在吸引子* x^* *处全局渐近收敛，如果*

$$\begin{aligned}&\sum_{k=1}^{K^i}\gamma_k^i(x)+\sum_{k=1}^{K^{i+1}}\gamma_k^{i+1}(x)=1\\&(A^{k^i})^{\mathrm{T}}+A^{k^i}\prec 0,b^{k^i}=-A^{k^i}x^* \qquad \forall k^i=1,\cdots,K^i\\&(A^{k^{i+1}})^{\mathrm{T}}+A^{k^{i+1}}\prec 0,b^{k^{i+1}}=-A^{k^{i+1}}x^* \quad \forall k^{i+1}=1,\cdots,K^{i+1}\end{aligned} \tag{3.50}$$

证明。我们首先证明了 $V(x)=(x-x^*)^{\mathrm{T}}(x-x^*)$ 是一个候选 Lyapunov 函数。$V(x)>0$ 且任意 $x\neq x^*$，$V(x^*)=0$。求 $V(x)$ 对时间的导数，我们有

$$\begin{aligned}\dot{V}(x)&=\frac{\partial V(x)}{\partial x}\frac{\partial x}{\partial t}=(x-x^*)^{\mathrm{T}}\tilde{f}^{i+1}(x)\\&=(x-x^*)^{\mathrm{T}}\left(\sum_{k=1}^{K^i}\gamma_k^i(x)(A^{k^i}x+b^{k^i})+\sum_{k=1}^{K^{i+1}}\gamma_k^{i+1}(x)(A^{k^{i+1}}x+b^{k^{i+1}})\right)\\&=(x-x^*)^{\mathrm{T}}\left(\sum_{k=1}^{K^i}\gamma_k^i(x)\underbrace{(A^{k^i})(x-x^*)}_{\text{由式(3.50)}}+\sum_{k=1}^{K^{i+1}}\gamma_k^{i+1}(x)\underbrace{(A^{k^{i+1}})(x-x^*)}_{\text{由式(3.50)}}\right)\\&=(x-x^*)^{\mathrm{T}}\left(\sum_{k=1}^{K^i}\gamma_k^i(x)A^{k^i}+\sum_{k=1}^{K^{i+1}}\gamma_k^{i+1}(x)A^{k^{i+1}}\right)(x-x^*)\\&=(x-x^*)^{\mathrm{T}}\left(\underbrace{\sum_{k=1}^{K^i+K^{i+1}}\tilde{\gamma}_k^{i+1}(x)}_{>0\text{由式(3.50)}}\quad\underbrace{(\tilde{A}^{k^{i+1}})}_{\prec 0\text{由式(3.50)}}\right)(x-x^*)<0\end{aligned} \tag{3.51}$$

式中，$\sum_{k=1}^{K^i+K^{i+1}}\tilde{\gamma}_k^{i+1}(x)=\sum_{k=1}^{K^i}\gamma_k^i(x)+\sum_{k=1}^{K^{i+1}}\gamma_k^{i+1}(x)$ 和 $\tilde{A}^{k^{i+1}}$ 是串联矩阵集中的第 k 个矩阵 $\tilde{A}^{i+1}=\{A^{1^i},\cdots,A^{K^i},A^{1^{i+1}},\cdots,A^{K^{i+1}}\}$ 。通过在 $V(x)$（式（3.11））和 $\dot{V}(x)$（式（3.51））中代入 $x=x^*$ ，可以确保 $V(x^*)=0,\dot{V}(x^*)=0$ 。因此，如果满足方程（3.50）中的条件，$\dot{f}^{i+1}(x)$ 对于吸引子 x^* 是全局渐

近稳定的。 □

注意，每个线性系统矩阵 A^{k^*} 对应的第 k^* 个线性动态系统的稳定性约束，无论它来自前一个（第 i 个）还是当前批次（第 $i+1$ 个），都是彼此独立的。因此，只要每个线性系统矩阵 $A^{k^i}, \forall k=1,\cdots,K^i$ 和 $A^{k^{i+1}}, \forall k=1,\cdots,K^{i+1}$ 是定理 3.4 中定义的负定矩阵，那么合并的动态系统 $\tilde{f}^{i+1}(x)=f^i(x)\oplus f^{i+1}(x)$ 仍然是全局渐近稳定的。

增量参数更新算法

由于矩阵 A^{k^*} 的约束是独立的，因此只能优化新的 K^{i+1} 线性动力学集合，而无须更新旧的 K^i 线性动力学参数集合。定理 3.4 中引入的稳定性条件的一个隐式约束是线性动力学的合并集合 $\tilde{\Theta}^{i+1}=\{\{\Theta_\gamma^i,\Theta_f^i\}\oplus\{\Theta_\gamma^{i+1},\Theta_f^{+1}\}\}$ 不重叠。如果这是成立的，并且系统动力学矩阵是负定的，那么增量线性变参 – 动态系统在每次更新后保持其原始的稳定性属性。因此，给定第 i 批学习到的动态系统 $f^i(x):\mathbb{R}^N\to\mathbb{R}^N$，其中混合函数参数为 Θ_γ^i，动态系统参数为 Θ_f^i。如果出现了一批新的参考轨迹 $\{\boldsymbol{X},\dot{\boldsymbol{X}}\}^{i+1}$，我们执行以下步骤：

1. 学习混合函数参数 (Θ_γ^{i+1}) 与物理一致性高斯混合模型算法。

2. 更新混合函数参数 $\tilde{\Theta}_\gamma^{i+1}=\Theta_\gamma^i\to\Theta_\gamma^{i+1}$ 与 Kullback-Leibler 散度，选择哪些高斯函数合并到现有模型。

3. 更新高斯混合模型混合函数的先验，使稳定条件保持不变，即 $\Sigma_{k=1}^{K^i+K^{i+1}}\pi^k=1$ 使 $\Sigma_{k=1}^{K^i}\gamma_k^i(x)+\Sigma_{k=1}^{K^{i+1}}\gamma_k^{i+1}(x)=1$。

4. 通过带有式（3.46）中的约束选项（$O1$）的半正定规划优化，学习新合并的高斯函数对应的动态系统参数。

5. 如果有新数据，重复步骤 1。

接下来，我们详细描述了增量参数更新算法的步骤。

- **步骤 2: 用新数据更新混合函数参数** $\tilde{\Theta}_\gamma^{i+1}=\Theta_\gamma^i\to\Theta_\gamma^{i+1}$。给定新的数据，我们得到一个新的物理一致性高斯混合模型 Θ_γ^{i+1}。然后，我们遵循高斯混合模型方法对 [139] 中提出的在线数据流聚类方法的增量进行估计。然而，我们在每个高斯混合模型的第 k 个高斯分量之间使用 Kullback-Leibler 散度 $D_{\mathrm{KL}}(\mathcal{N}(\mu^{k^i},\Sigma^{k^i})\|\mathcal{N}(\mu^{k^{i+1}},\Sigma^{k^{i+1}}))$，而不是使用多元统计检验协方差和均值是否相等作为合并策略。如果任何双向 D_{KL} 小于阈值 $\tau\in\Re$（通常设为 1），则认为高斯函数相似，并利用其充分的统计量来更新分量。见图 3.21 和 3.22。
- **步骤 4: 学习新的局部分量的动态系统参数** $\Theta_f^i\to\Theta_f^{i+1}$。对于从第 3 步创建的新的高斯分量集，我们现在通过求解式（3.46）中的变量（$O1$）的约束优化问题，在新获得的训练数据 $\{\boldsymbol{X},\dot{\boldsymbol{X}}\}^{i+1}$ 上计算动态系统参数 Θ_γ^{i+1}。

练习 3.9　结合参数化二次 Lyapunov 函数推导出合并的动态系统 $\tilde{f}^{i+1}(x)=f^i(x)\oplus f^{i+1}(x)$ 以保持全局渐近稳定的充分条件。

练习 3.10　假设你使用一个参数化二次 Lyapunov 函数来推导出对 $\tilde{f}^{i+1}(x)=f^i(x)\oplus f^{i+1}(x)$ 保持全局渐近稳定性的充分条件。推导一个算法，以更新线性变参 – 动态系统参数和 P 的新批次的数据到达。

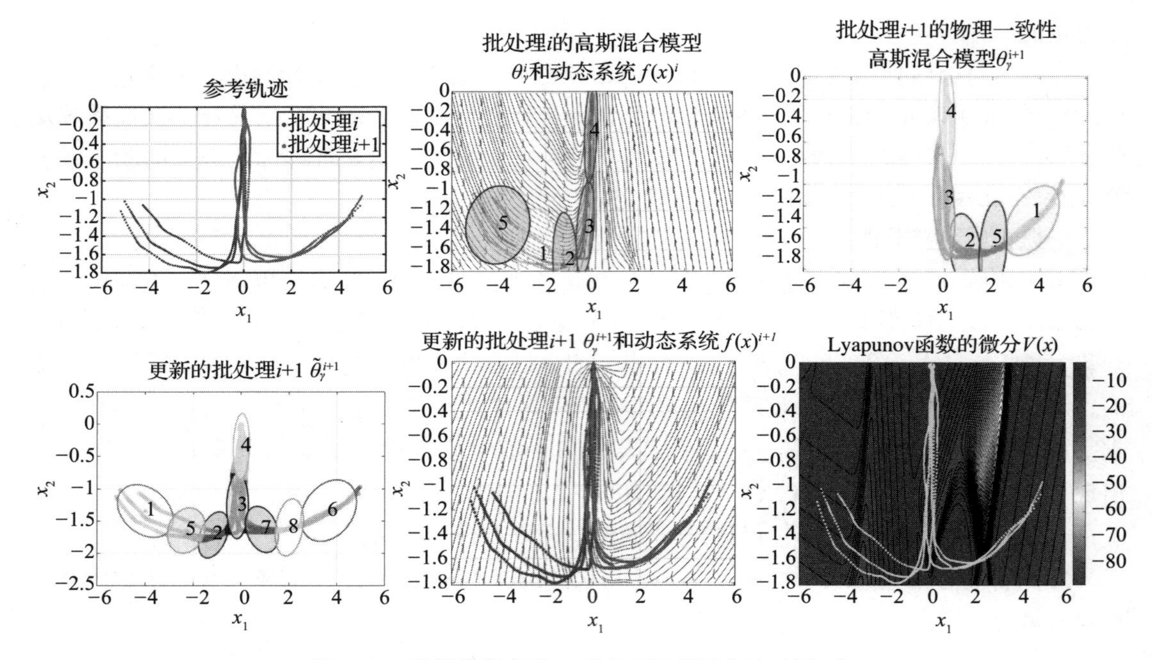

图 3.22　增量线性变参 – 动态系统学习方法（例 2）

3.4.4　离线学习算法评估

为了定量评估线性变参 – 动态系统稳定估计量（SE-LPVDS）的物理一致性，我们使用整个 LASA 手写数据集（不包括多模型运动），即 26 个运动集。因为每个运动集包含 7 个轨迹，我们使用其中 4 个来训练我们的模型并评估再现准确性，其余的 3 个来测试泛化准确性（即不可见轨迹的再现准确性）。我们使用三个指标：（1）[99] 中提到的预测 RMSE = $\frac{1}{M}\sum_{m=1}^{M}\|\dot{x}^m - f(x^m)\|$、（2）[100] 中提到的预测余弦相似度 $\dot{e}=\frac{1}{M}\sum_{m=1}^{M}\left|1-\frac{f(x^m)^{\mathrm{T}}\dot{x}^m}{\|f(x^m)^{\mathrm{T}}\dot{x}^m\|\|\dot{x}^m\|}\right|$ 和（3）[122] 中提到的预测动态时间弯曲距离（DTWD）。（1）和（2）给出了关于演示而生成的动态系统的形状的总体相似度，（3）测量了参考轨迹的形状和从相同初始点再现的相应形状之间的不相似度。

图 3.23 显示了具有 (O1-3) 线性变参 – 动态系统优化变量（式（3.46））的动态系统的稳定估计（S）、基于期望最大化的高斯混合模型 $E(\cdot)$ 的拟合，以及物理一致性高斯混合模型 PC($\cdot$) 的性能。均方根误差（RMSE）在所有方法中都是可比较的，因为这个指标不能代表再现准确性。如果我们关注 $\dot{e}$ 和训练集上的动态时间弯曲距离，方法 E(O2-3) 和 PC(O2-3) 明显优于动态系统的稳定估计，但在动态时间弯曲距离上有很大差距。E(O2-3) 方法在训练集上具有很好的准确性，但在测试集上误差增大。这表明 E(O2-3) 是过拟合的，只是局部塑造了动态系统，而运动的总体形状没有泛化。线性变参 – 动态系统方法的相对训练 / 测试误差趋于相同的范围。

在图 3.24 中，我们演示了物理一致高斯混合模型的拟合和学习到的线性变参 – 动态系统及其变体 (O3)，用于动态系统的稳定估计失败或表现不佳的运动子集（见图 3.8 ～图 3.11）。如图所示，对于所有这些运动（除了双弯曲线形），线性变参 – 动态系统方法在再现准确性和运动模式塑造方面优于动态系统的稳定估计。我们省略了说明优化变量（$O1$）的结果，因为这样做产生的结果与动态系统的稳定估计相当；我们也省略了（$O2$），因为这样做的结果与（$O3$）在给予良好的初始 P 时构建的动态系统相似。进一步的量化比较可以查阅 [43]。

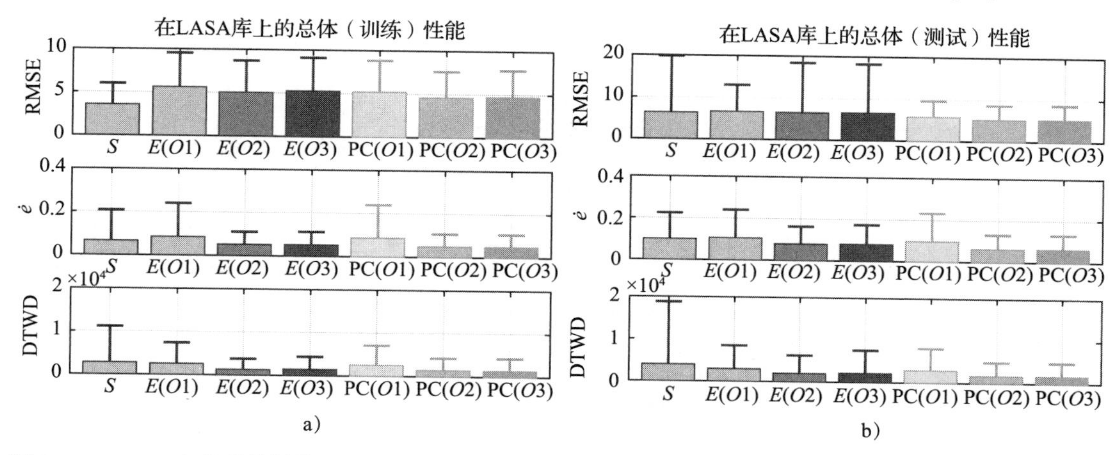

图 3.23 LASA 库的总体性能指标。a）训练数据的性能。b）测试数据的性能。每个柱状图显示了每种方法的误差的平均值（和标准）。S= 动态系统的稳定估计、$E(\cdot)$= 期望最大化高斯混合模型 PC(·)= 物理一致高斯混合模型。

编程练习 3.4 本编程练习的目的是使读者熟悉线性变参 – 动态系统的稳定估计学习算法。

操作说明。打开 MATLAB，将目录设置为第 3 章习题对应的文件夹，在这个文件夹中，你会找到以下脚本：

```
1 ch3_ex0_drawData.m
2 ch3_ex4_lpvDS.m
```

在这些脚本中，你可以在注释块中找到指令，使你能够完成以下操作：

- 在图形用户界面上绘制二维轨迹。
- 加载如图 3.7 所示的 LASA 手写数据集。
- 学习具有线性变参 – 动态系统稳定估计变量的一阶非线性动态系统。

说明：MATLAB 脚本提供了加载 / 使用不同类型数据集的选项，以及为学习算法选择的选项。请阅读脚本中的注释，并分别运行每个块。

我们建议读者从 LASA 手写数据集中自行绘制轨迹或运动来测试以下内容：

- 定性（相位图）和定量（均方误差）地比较不同优化变量（$O1$-$O3$）的结果。
- 比较不同高斯混合模型拟合方法的结果。
  - 通过贝叶斯信息量准则（BIC）进行模型选择期望最大化算法。
  - 中餐馆过程高斯混合模型的折叠采样器。
  - 物理一致性高斯混合模型的折叠采样器。
- 比较使用 M=1 和 M>>1 轨迹时的结果。
- 绘制自交叉轨迹。线性变参 – 动态系统的稳定估计适合这些吗?
- 绘制初始点和终点彼此接近的轨迹。线性变参 – 动态系统的稳定估计适合这些吗?

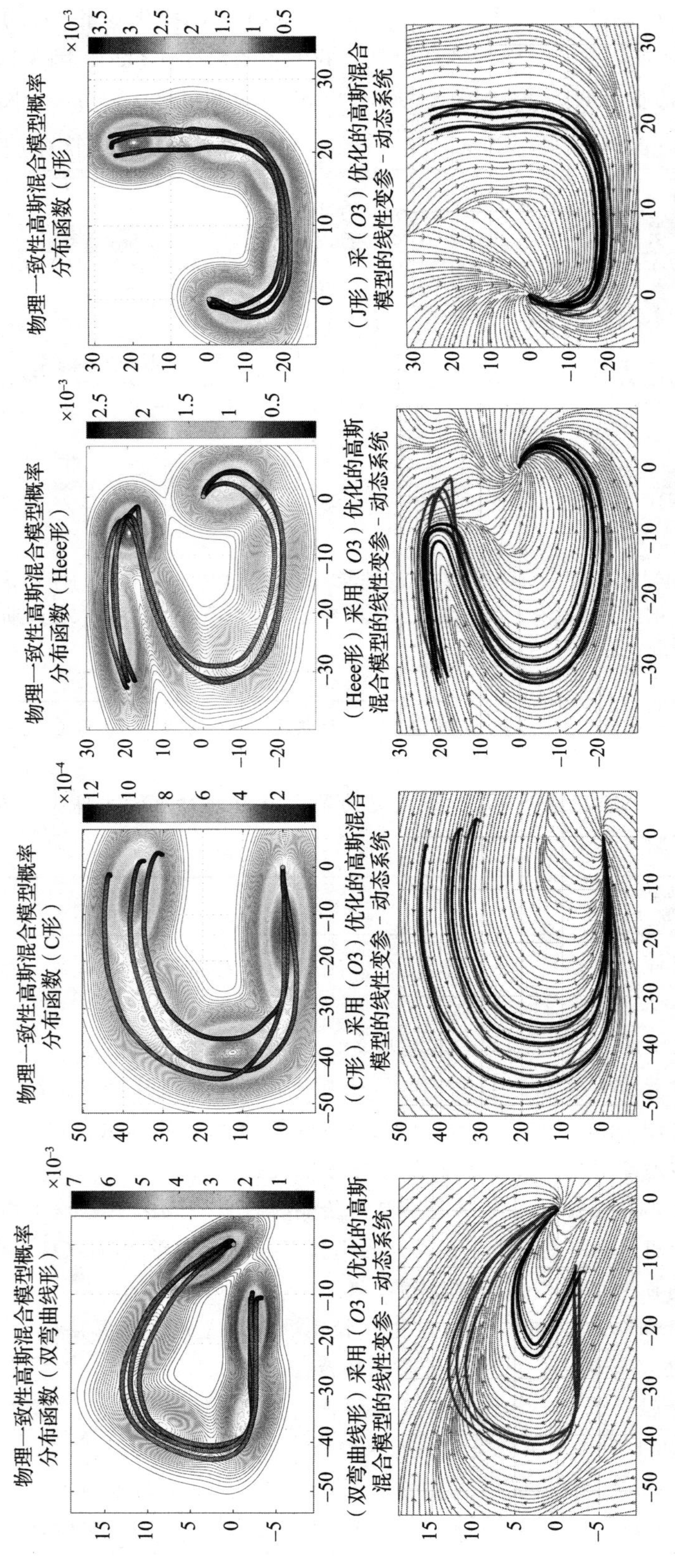

图 3.24　使用物理一致性高斯混合模型和线性变参-动态系统方法成功地学习了 LASA 手写数据集中具有高度非线性的运动。从上到下，对于行的每一对，我们展示了物理一致高斯混合模型密度叠加到训练轨迹（上行）和（下行）通过方程（O3）用线性变参数动态系统估计的学习得到的动态系统

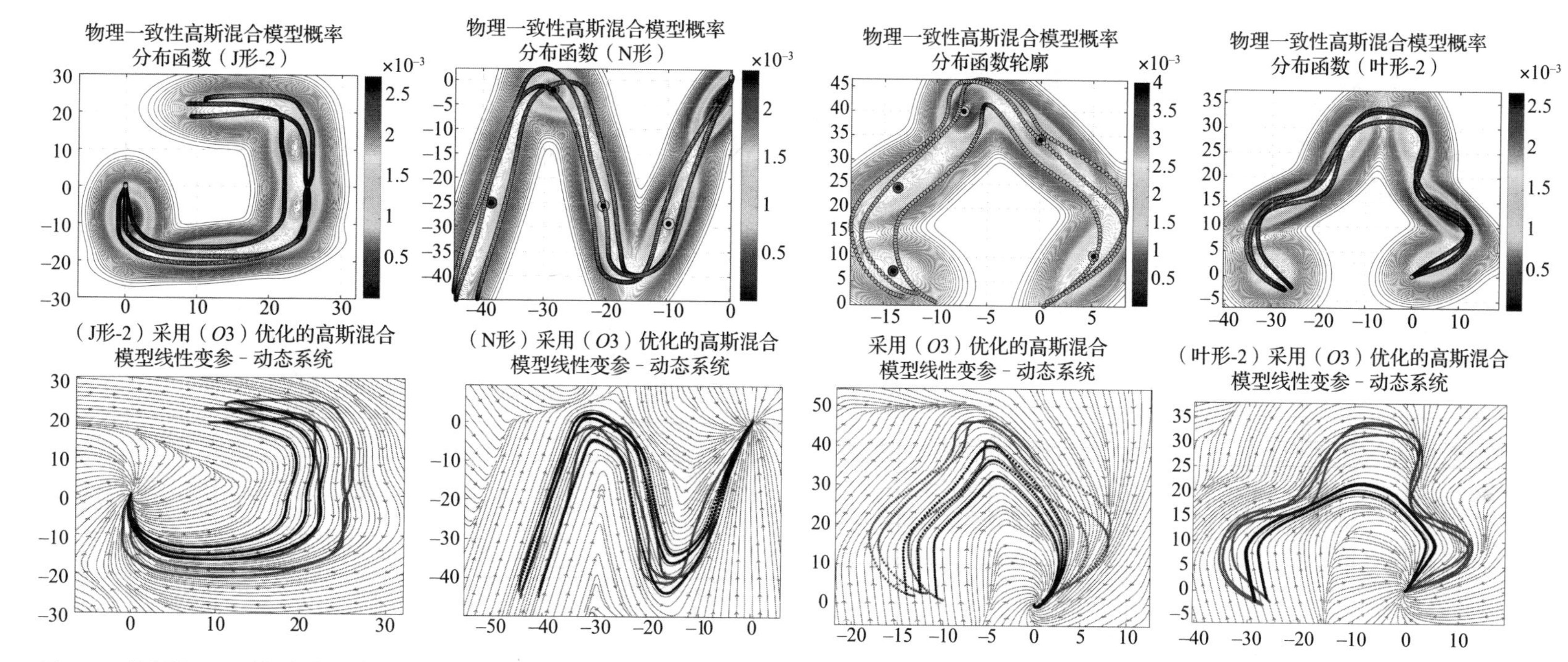

图 3.24 使用物理一致性高斯混合模型和线性变参-动态系统方法成功地学习了 LASA 手写数据集中具有高度非线性的运动。从上到下，对于行的每一对，我们展示了物理一致高斯混合模型密度叠加到训练轨迹（上行）和（下行）通过方程（O3）用线性变参数动态系统估计的学习得到的动态系统（续）

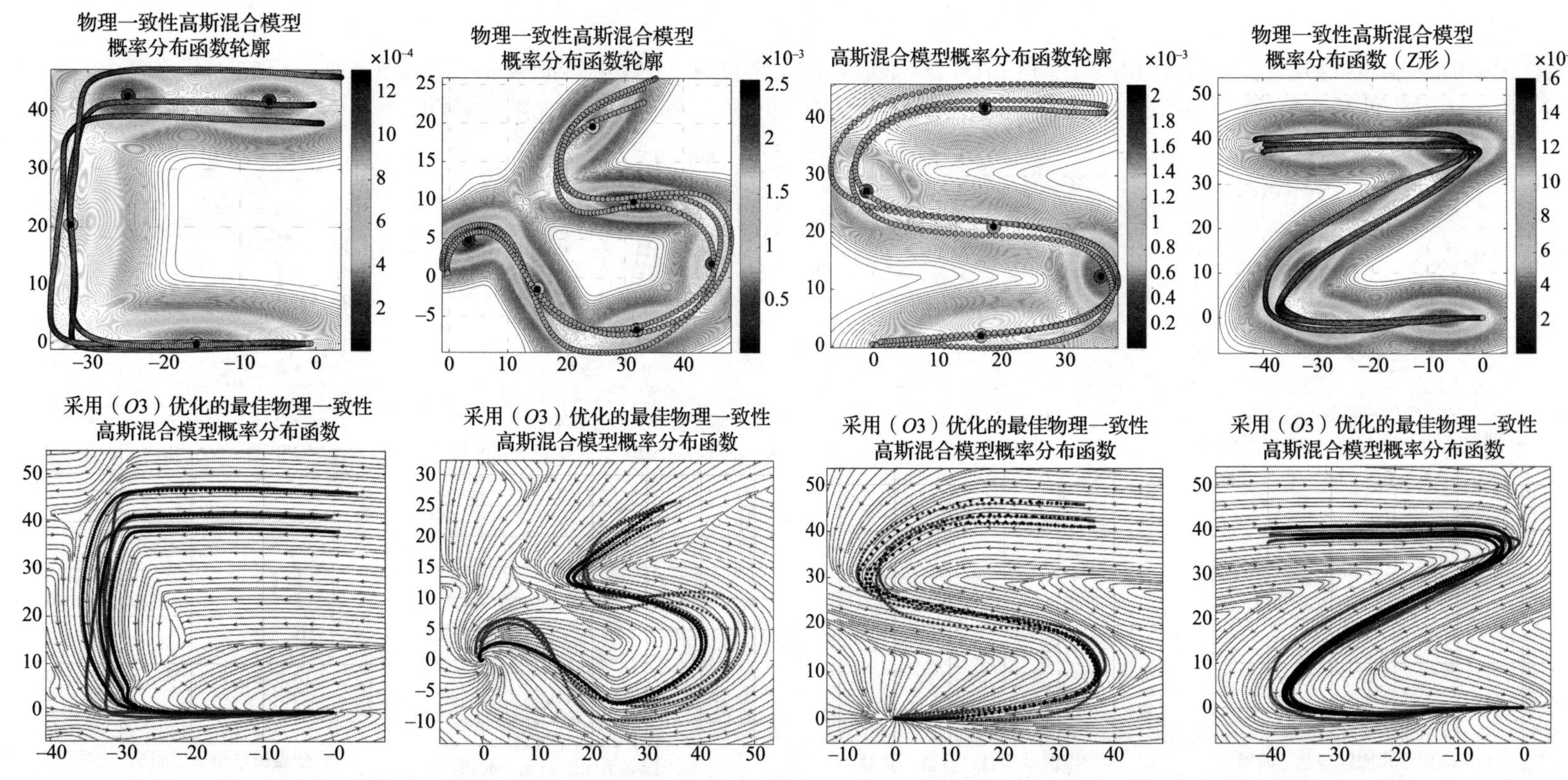

图 3.24　使用物理一致性高斯混合模型和线性变参–动态系统方法成功地学习了 LASA 手写数据集中具有高度非线性的运动。从上到下，对于行的每一对，我们展示了物理一致高斯混合模型密度叠加到训练轨迹（上行）和（下行）通过方程（O3）用线性变参数动态系统估计的学习得到的动态系统（续）

- 使用 ch3_ex4_lpvDS.m 中提供的代码块实现增量学习算法。你能想到其他指标来确定高斯函数是否重叠吗？

读者还可以使用指示性图形用户界面（如图 3.25 所示）以补充前面的练习。

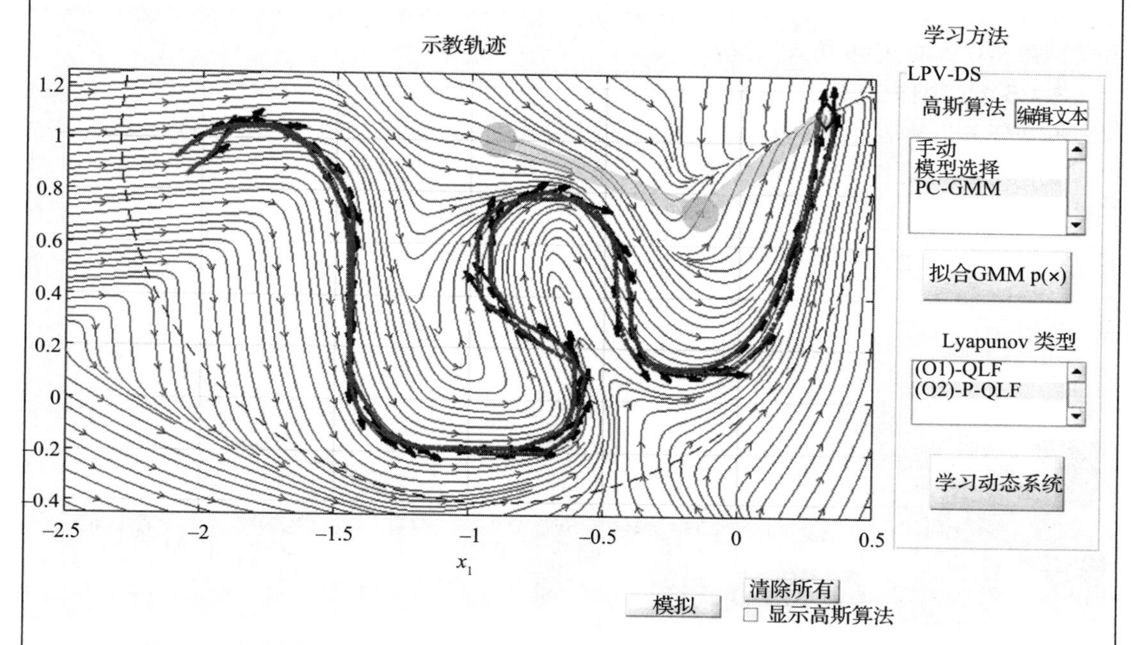

图 3.25　该图形用户界面为动态系统的稳定估计学习评估提供了 MATLAB 源代码

借助于这个图形用户界面，只有自绘轨迹可以通过线性变参 – 动态系统稳定估计的变体学习动态系统模型。然而，它提供了一个机器人模拟，允许用户执行学习到的动态系统的运动，并在机器人执行任务时对其施加扰动。

操作说明。打开 MATLAB，将目录设置为第 3 章练习题对应的文件夹，在这个文件夹中，你会找到以下脚本：

```
1  gui_lpvDS.m
```

或者，在 MATLAB 命令窗口中输入：

```
1  >> gui_lpvDS
```

有了这个图形用户界面，用户将能够完成以下操作：

- 在 2 自由度机械臂的工作空间内绘制轨迹。
- 手动选择 K，或通过贝叶斯信息量准则或物理一致性高斯混合模型自动匹配进行模型选择。
- 采用优化变量 $(O1)$ 或 $(O3)$ 学习线性变参 – 动态系统
- 模拟机器人跟随学习到的动态系统的运动。
- 在机器人执行运动时对其施加扰动。

说明：关于如何使用这个图形用户界面的演示视频可以在以下链接中找到：*https://youtu.be/jDcPaOUMwvI*。

3.4.5　机器人实现

接下来，我们提出线性变参 – 动态系统方法的三种实现来学习机器人系统的控制律。为了展示该方法对所使用的机器人类型没有限制，我们考虑在三个非常不同的平台和不同的任务上实现：操作任务的 7 自由度 KUKA LWR 4+ 机械臂、导航任务的模拟半自动轮椅和导航和协同操作任务的 iCub 仿人机器人。

3.4.5.1　操作任务

操作任务包括学习一个复杂的三维运动，对应一个应该由 7 个自由度的机械臂执行的任务。我们为三个任务验证这种方法：检查任务（图 3.26），标记任务（图 3.27）和货架排列任务（图 3.28）。

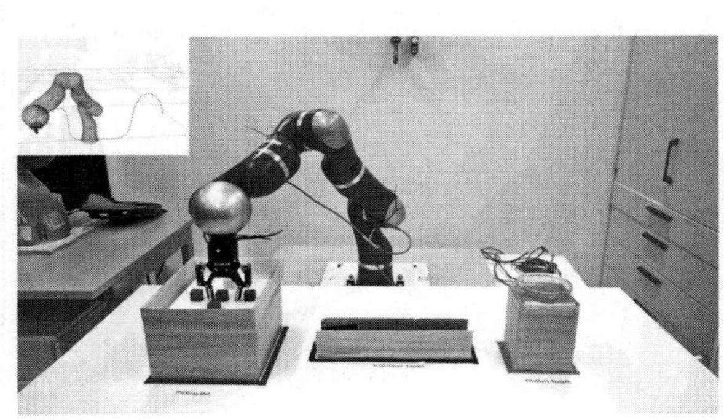

a）

具有$J(\theta_\gamma)$=log-Likelihood的动态系统稳定估计的动力学

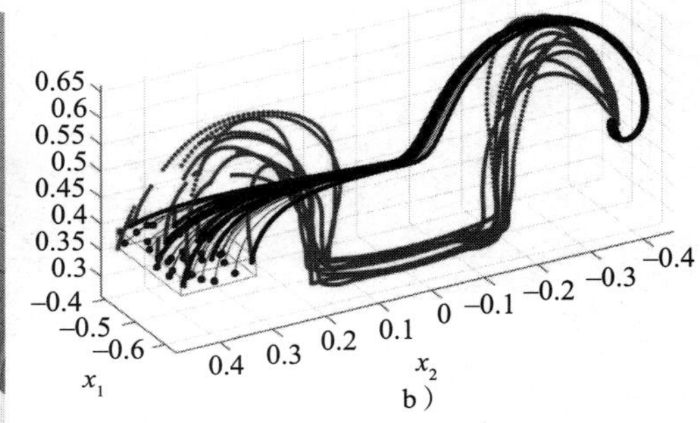

b）

物理一致性高斯混合模型

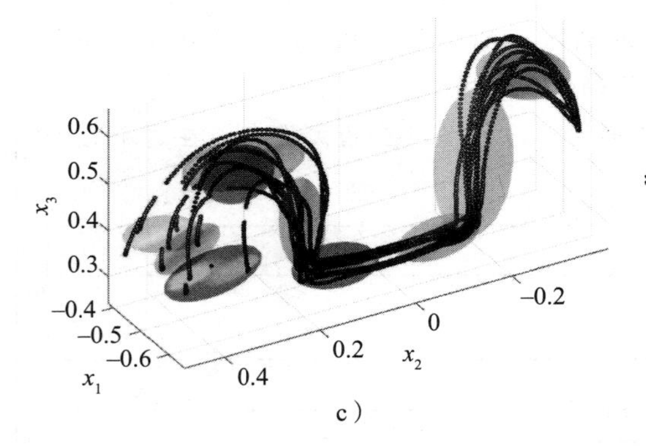

c）

具有参数化二次Lyapunov函数的基于高斯混合模型的线性变参 - 动态系统

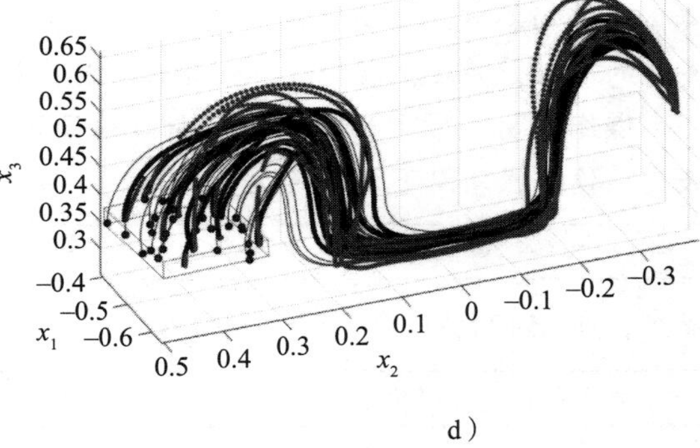

d）

图 3.26　检查任务。a）实验设备示意图。机器人的任务是把彩色盒子从桌子最左边的盒子放到桌子最右边的盒子上。它的名义动态系统沿直线运动。示教者提供演示，教机器人通过中间的矩形盒子形成的狭窄通道。b）红色轨迹为演示轨迹，黑色轨迹由学习到的动态系统的稳定估计模型（见 3.3 节）从用于学习的初始位置生成，蓝色轨迹由学习到的动态系统的稳定估计模型从用于学习的初始位置的体积（蓝色标记）中采样的新初始位置生成。c）从运动示教中采集的三维轨迹，椭球代表物理一致性高斯混合模型算法拟合的高斯函数。d）学习到的线性变参 – 动态系统的三维演示和执行，轨迹颜色遵循与动态系统的稳定估计执行相同的约定

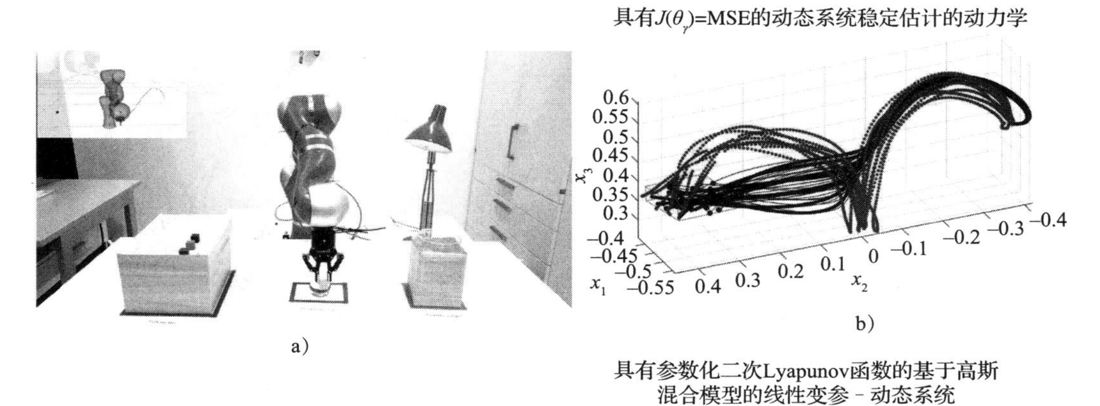

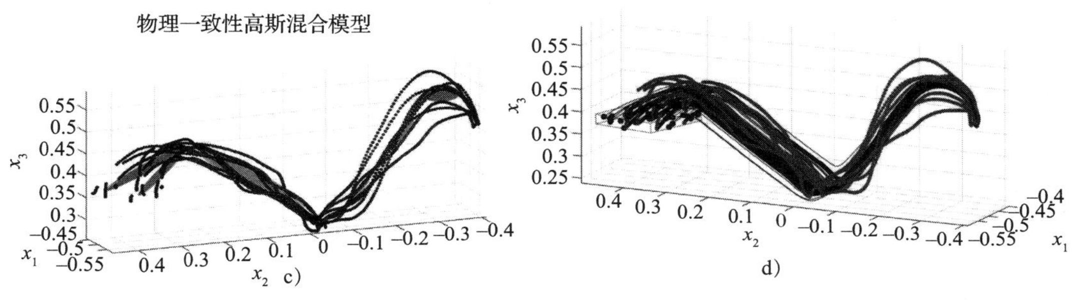

图 3.27　标记任务。a）图 3.26 中的任务变体。机器人必须通过位于中间蓝盒子中的一个特定点。b）红色轨迹为示教轨迹，黑色轨迹由学习到的动态系统的稳定估计的模型（见 3.3 节）从用于学习的初始位置生成，蓝色轨迹由学习到的动态系统的稳定估计的模型从用于学习的初始位置的体积（蓝色标记）中采样的新初始位置生成。c）从拖动演示中采集的三维轨迹，椭球代表物理一致性高斯混合模型算法拟合的高斯函数。d）学习到的线性变参 – 动态系统的三维示教和执行，轨迹颜色遵循与动态系统稳定估计执行相同的约定

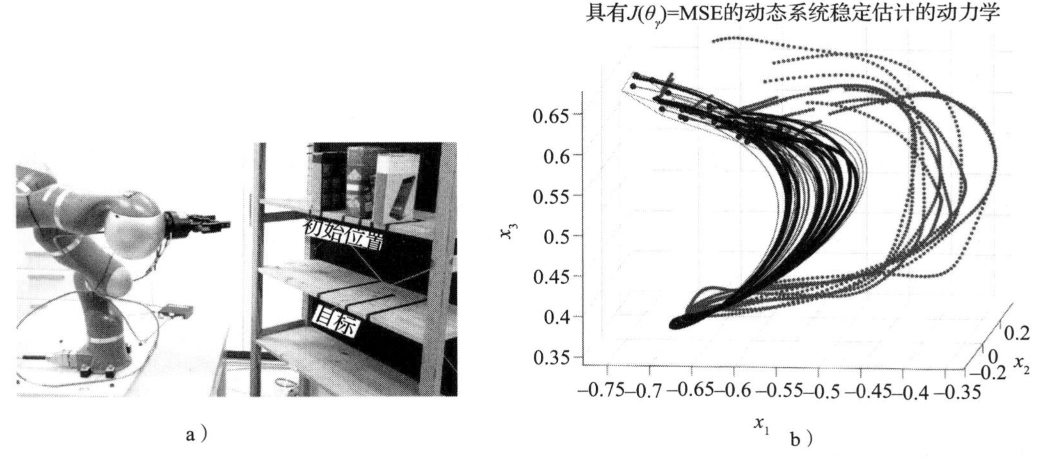

图 3.28　货架排列任务。a）示教让机器人把书从最上面的架子移动到中间的架子上，每本书都有一个专门的位置。b）红色轨迹为示教，黑色轨迹由学习到的动态系统的稳定估计模型（见 3.3 节）从用于学习的初始位置生成，蓝色轨迹由学习到的动态系统的稳定估计模型从用于学习的初始位置的体积（蓝色标记）中采样的新初始位置生成。c）从拖动示教中收集的三维轨迹，椭球代表物理一致性高斯混合模型算法拟合的高斯函数。d）学习到的线性变参 – 动态系统的三维示教和执行，轨迹颜色遵循与动态系统的稳定估计执行相同的约定

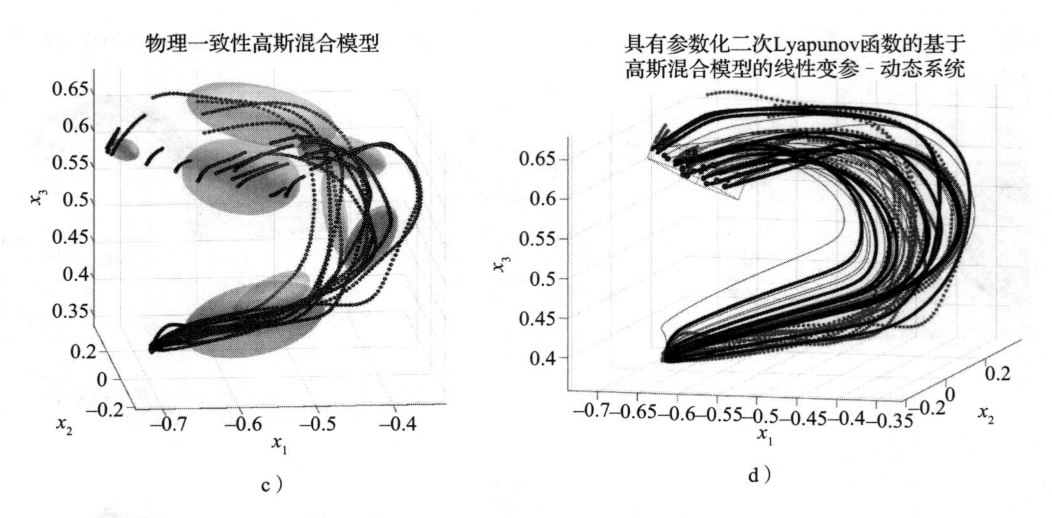

图 3.28　货架排列任务。a）示教让机器人把书从最上面的架子移动到中间的架子上，每本书都有一个专门的位置。b）红色轨迹为示教，黑色轨迹由学习到的动态系统的稳定估计模型（见 3.3 节）从用于学习的初始位置生成，蓝色轨迹由学习到的动态系统的稳定估计模型从用于学习的初始位置的体积（蓝色标记）中采样的新初始位置生成。c）从拖动示教中收集的三维轨迹，椭球代表物理一致性高斯混合模型算法拟合的高斯函数。d）学习到的线性变参－动态系统的三维示教和执行，轨迹颜色遵循与动态系统的稳定估计执行相同的约定（续）

数据收集。对于每个任务，我们收集了 9 ～ 12 个成功示教的轨迹。通过控制 7 自由度 KUKALWR+ 机械臂在重力补偿模式下进行拖动的轨迹采集。数据采集频率为 100Hz。每个轨迹可以有不同的长度，并且不需要在整个示教中对齐或动态时间弯曲。原始轨迹只包含位置测量。采集后，通过数值微分计算速度测量值。虽然所有的轨迹都可以用来学习一个模型，但与动态系统的稳定估计不同的是，线性变参－动态系统学习方案和公式不依赖于联合分布。因此，示教中没有必要有足够的差异。在实践中，线性变参－动态系统可以通过 M=1 的轨迹进行学习，但是，为了确保高度非线性运动的精确再现，我们建议使用 $M \geqslant 3$ 的轨迹进行学习。

学习和评估。在选择已示教的轨迹后，我们用 Savitsky-Golay 滤波器平滑轨迹。位置和速度曲线越平滑，得到的动态系统就越平滑。还可以对轨迹进行次采样，以减少轨迹的样本，提高学习方案的效率。当然，如果一个人对数据进行过多的次采样，那么我们在再现时就有失去准确性的风险。在我们的实验中，我们对轨迹进行了 2 倍的次采样。一旦这个预处理完成，我们将执行以下优化步骤：

1. 采用物理一致性高斯混合模型采样算法学习混合函数参数 (Θ_γ^{i+1})。

2. 通过求解式（3.47）中的约束优化问题，估计参数化二次 Lyapunov 函数的候选 Lyapunov 函数的 P。

3. 通过带有式（3.46）中的约束选项 $(O3)$ 的半正定规划优化，学习新合并的高斯函数对应的动态系统参数。

对图 3.26、图 3.27 和图 3.28 的补充说明如下：

- 对于用**红色**表示的预处理轨迹，我们用椭球叠加在轨迹上表示拟合的高斯混合模型。
- **黑色**轨迹是通过对学习的线性变参－动态系统积分得到的开环轨迹，初始位置

$x(0) \in \mathbb{R}^N$ 等价于学习时的初始位置。

- **蓝色**轨迹是通过对学习到的线性变参 – 动态系统积分得到的开环轨迹，初始位置 $x(0) \in \mathbb{R}^N$ 从包含已示教轨迹所有初始位置的立方体中随机采样。

这些图还显示了通过集成学习到的动态系统的稳定估计模型生成的开环轨迹（见 3.3 节）。可以看到，动态系统的稳定估计未能准确编码这种复杂的高度非线性的运动，而线性变参 – 动态系统法可以。

机器人的控制和执行。为了使用学习到的线性变参 – 动态系统来执行每个学习到的任务，我们使用了 KUKALWR 4+ 机械臂，通过拖动示教来收集轨迹。在第 10 章中我们将学习到，在执行过程中，通过基于闭环动态系统的阻抗控制律 [82] 在转矩模式下控制机器人。在这种控制方式下，因为动态系统是一个负反馈速度误差控制律，所以我们不需要对它进行积分。由于该控制律提供的无源性，我们可以主动扰动机器人，同时执行从学习到的动态系统的命令速度，展示了我们学习的线性变参 – 动态系统模型对扰动的鲁棒性。

3.4.5.2 轮椅导航任务

我们在 Gazebo 物理模拟器中验证了线性变参 – 动态系统方法在半自主轮椅导航场景中的有效性。如图 3.29 所示，我们创建了一个受限的道路导航场景，轮椅在到达目标（在本例中，即停止标志）之前必须绕过交通锥。

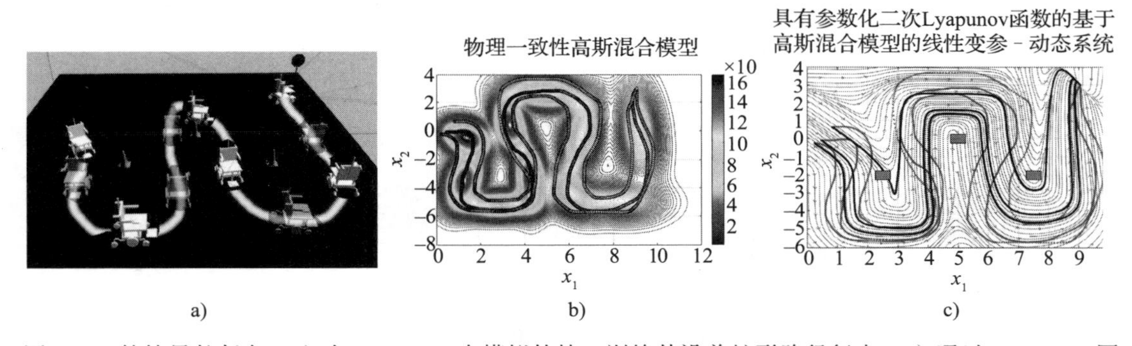

图 3.29 轮椅导航任务。a）在 GAZEBO 中模拟轮椅，训练其沿着蛇形路径行走。b）通过 MATLAB 图形用户界面收集手绘轨迹的二维示教，椭球代表物理一致性高斯混合模型算法的拟合高斯函数。c）红色轨迹为示教轨迹，黑色轨迹为从用于学习的初始位置对学习到的线性变参 – 动态系统模型进行积分生成的开环轨迹

数据收集。对于这个二维道路导航任务，我们在 MATLAB 中从 Gazebo 重新创建地图，并使用编程练习中提供的图形用户界面来绘制所需的轨迹。我们收集了三个轨迹，每个轨迹有 300 ～ 500 个样本。我们还对速度进行缩放，使动态系统可以在 $\mathrm{d}t = 0.01\mathrm{s}$ 的情况下学习，从而用于模拟轮椅的控制。

学习和评估。应用与 3.4.5.1 节中描述的操作任务相同的预处理和学习步骤。我们在图 3.29 中显示了任务、轨迹、拟合的高斯混合模型和再现的开环轨迹，并且使用了相同的颜色约定。我们没有将其与动态系统的稳定估计进行比较，因为这种方法在这种高度非线性运动中显然会失败，如图 3.10 和图 3.11 所示的 w 形轨迹与我们演示的轨迹非常相似。

机器人的控制和执行。轮椅在速度级上进行控制，因此在每个时间步中，直接从线性变参 – 动态系统计算所需的速度，并计算角速度，以便轮椅的航向与动态系统定义的运动方向

一致。关于如何使用学习到的动态系统 $f(x)$ 来控制轮椅的进一步细节在 [42] 中提供。通过对轮椅施加外力来模拟扰动。轮椅对扰动具有鲁棒性，因为它将继续沿着动态系统所描述的期望路径运行。如果扰动过大，轮椅离目标太近，那么它就会简单地收敛。这个场景展示了使用动态系统进行导航的优势，因为它能够动态地重新规划整个路径。此外，正如将在第 9 章演示的那样，人们可以调节动态系统执行在线障碍物规避，以实现鲁棒的实时导航。

3.4.5.3　iCub 导航 / 协同操作任务

我们验证了线性变参 – 动态系统方法在两个 iCub 仿人机器人之间的导航 / 协同操作场景中的运动规划 (见图 3.30)。模拟任务要求两个机器人抓住矩形物体，并将其移动到墙的另一边。如 3.4.5.2 节所示，在这种情况下，学习到的线性变参 – 动态系统定义了物体的期望速度。因此，该问题被视为一个二维导航任务。

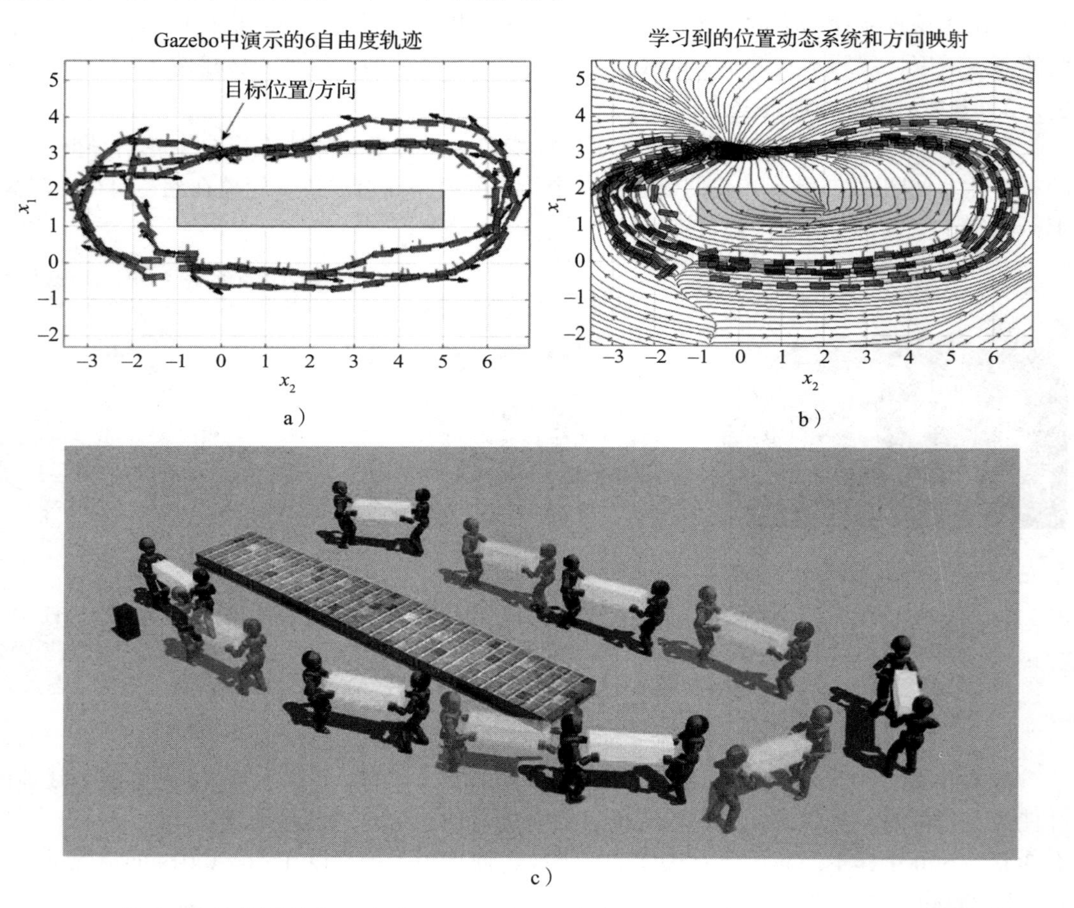

图 3.30　iCub 导航 / 绕墙协同操作。a）在 Gazebo 中远程操作的矩形物体的二维轨迹，用红色矩形表示该物体的位置和方向。b）二维演示轨迹（红色矩形）和使用学习过的动态系统（深灰色矩形）执行。c）一组使用线性变参 – 动态系统模型执行学习任务的 iCub

数据收集。在 Gazebo 物理模拟器中通过远程操作机器人来收集该场景的参考轨迹。具体地说，在 Gazebo 中，机器人被控制在柔顺的低水平行走控制器 [37-38] 和 [44] 中详细描述的臂阻抗控制律中。在机器人成功抓住物体后，用户通过模拟操纵杆的键盘输入来提供物体所需的运动。如图 3.30 所示，我们收集了 6 个演示，其中 3 个从左边绕着墙转，其他 3 个从右边转，数据以 100Hz 为单位。

学习和评估。我们应用与 3.4.5.1 节中描述的操作任务相同的预处理和学习步骤。在图 3.29 中显示了任务、轨迹、拟合的高斯混合模型和再现的开环轨迹，我们使用与 3.4.5.1 节相同的颜色约定。如图 3.11 和图 3.10 所示，结果不包括与动态系统的稳定估计的比较，因为这种方法在 w 形的高度非线性运动中显然会失败，这与我们示教的轨迹非常相似。

机器人的控制和执行。学习到的线性变参 – 动态系统 $f(x)$ 为对象生成期望的速度，然后将其转换为每个机器人基座坐标系中的速度，并将其提供给一个兼容的低级步行控制器 [37-38]。iCub 仿人机器人使用的控制体系结构的进一步细节超出了本书的范围，但感兴趣的读者可以在 [44] 了解更多。

在本小节中，我们介绍了一种动态系统的稳定估计学习方法的替代方法，它能够学习更广泛的复杂动作。在过去，决策系统主要用于编码简单的到达动作。通过线性变参 – 动态系统公式和线性变参 – 动态系统的稳定估计学习方案，我们能够在单个动态系统中编码和再现整个任务，否则将需要离散成更简单的动作。我们的机器人实验证明，线性变参 – 动态系统能够再现高度非线性的操作和导航任务，而不仅仅是简单地到达目标。此外，通过解开线性动态系统公式的混合中的参数，我们能够逐步学习动态系统。虽然我们只在模拟中展示例子，但据我们所知，保证全局渐近稳定性和允许增量学习方法的非线性动态系统并不存在。最后，尽管线性变参 – 动态系统的稳定估计学习方案在高度复杂的非线性运动方面优于动态系统的稳定估计，但它不能像 LASA 手写数据集中的弯曲线形或双弯曲线形运动那样，对显示自相交轨迹、初始和终点重合，或彼此接近（类似于一个循环）的轨迹进行编码。

自相交轨迹的主要问题是在自相交处速度方向是不明确的。由于混合 / 激活函数 $\gamma(x)$ 仅依赖于位置，其方向难以确定。如果用位置、速度和加速度来定义运动（即 3.5 节中介绍的二阶动力学），这个问题就可以解决。此外，对于类似于循环的轨迹，动态系统序列将更适合。这个主题将在第 5 章进一步讨论。

3.5　学习稳定的二阶动态系统

在前面的章节中，我们介绍了学习一阶动态系统的方法（例如 $\dot{x}=f(x)$）。在这里，我们展示了如何扩展之前的方法来学习二阶动态系统（例如，$\ddot{x}=f(x,\dot{x})$）。当人们试图为机器人生成平滑可行的运动（通过限制速度 / 加速度）或在示教中出现速度方向的模糊性（如自相交运动）时，这样的决策系统是有用的。

3.5.1　二阶线性变参 – 动态系统表达方法

二阶线性变参 – 动态系统可以用以下公式描述

$$\begin{bmatrix}\dot{x}\\ \ddot{x}\end{bmatrix}=\sum_{k=1}^{K}\gamma_k(x,\dot{x})\left(\begin{bmatrix}0 & I\\ A_1^k & A_2^k\end{bmatrix}\begin{bmatrix}x\\ \dot{x}\end{bmatrix}+\begin{bmatrix}0\\ b^k\end{bmatrix}\right) \tag{3.52}$$

式中，$x,\dot{x},\ddot{x}\in\mathbb{R}^N$ 表示位置。$\{A_1^k,b^k\}_{k=1}^K$ 是描述系统一阶行为的线性动态系统参数集，$\{A_2^k\}_{k=1}^K$ 是描述系统二阶行为的线性系统矩阵集。最后，激活 / 混合函数 $\gamma_k(x,\dot{x})$ 不仅依赖于位置，而且依赖于速度。因此，为了学习 $\gamma_k(x,\dot{x})$（其在一阶情况下对于 $\forall k=1,\cdots,K$ 为正则化），我们按照高斯混合模型密度的后验概率 $p(k\,|\,[x,\dot{x}]^{\mathrm{T}},\theta_\gamma^k)$ 将其参数化，其后验概率是从位置和速度

测量$p([x,\dot{x}]^{\mathrm{T}}|\Theta_{\gamma})$（式（3.3））学习得到的，如下所示：

$$\gamma_k(x,\dot{x})=\frac{\pi_k p([x\ \dot{x}]^{\mathrm{T}}|\mu^k,\Sigma^k)}{\sum_{i=1}^{K}\pi_i p([x\ \dot{x}]^{\mathrm{T}}|\mu^i,\Sigma^i)} \tag{3.53}$$

其中，

$\mu^k=\begin{bmatrix}\mu_x^k\\ \mu_{\dot{x}}^k\end{bmatrix}$，$\Sigma^k=\begin{bmatrix}\Sigma_x^k & \Sigma_{x\dot{x}}^k\\ \Sigma_{\dot{x}x}^k & \Sigma_{\dot{x}}^k\end{bmatrix}$，并且对于$0\leqslant\pi_k\leqslant 1$，$\sum_{k=1}^{K}\pi_k=1$，且$p([x\ \dot{x}]^{\mathrm{T}}|\mu^k,\Sigma^k)=\mathcal{N}([x\ \dot{x}]^{\mathrm{T}}|\mu^k,\Sigma^k)$为高斯函数。此外，如果我们展开式（3.53），令$b^k=0,\forall k\in\{1,\cdots,K\}$，直观地将吸引子/目标放置在原点，我们得到了以下简化的二阶线性变参–动态系统：

$$\ddot{x}=\sum_{k=1}^{K}\gamma_k(x,\dot{x})A_1^k x+\sum_{k=1}^{K}\gamma_k(x,\dot{x})A_2^k\dot{x} \tag{3.54}$$

然后我们可以直接将定理3.3应用到式（3.52）中，推导出下面描述的全局渐近稳定性的充分条件。

定理3.5　式（3.52）中定义的二阶线性变参–动态系统在原点$x^*=0$处全局渐近稳定，即$\lim_{t\to\infty}[x\ \dot{x}]^{\mathrm{T}}=[0\ 0]^{\mathrm{T}}$，如果

$$\begin{cases}\begin{bmatrix}0 & I\\ A_1^k & A_2^k\end{bmatrix}^{\mathrm{T}}P+P\begin{bmatrix}0 & I\\ A_1^k & A_2^k\end{bmatrix}\prec 0 & \forall k=1,\cdots,K\\ b^k=0\end{cases} \tag{3.55}$$

用参数化二次Lyapunov函数作为Lyapunov候选函数，即$P=P^{\mathrm{T}}\succ 0$。

> **练习3.11**　推导式（3.55）描述的充分稳定性条件。
> **练习3.12**　如果吸引子x^*不位于原点会怎样？推导出b^k的充分条件。

3.5.1.1　高斯混合回归解释变量的改变

有趣的是，二阶线性变参–动态系统可以解释为一个受约束的高斯混合回归量，就像在动态系统的稳定估计方法中（在3.3.1节中讨论）那样。也就是说，如果我们学习以下形式的位置，速度和加速度的测量的高斯混合模型关节密度：

$$p(\underbrace{x,\dot{x},}_{\text{输入}}\ \underbrace{\dot{x},\ \ddot{x}}_{\text{输出}}|\Theta_{\mathrm{GMM}})=\sum_{k=1}^{k}\pi_k p(x,\dot{x},\dot{x},\ddot{x}|\mu^k,\Sigma^k) \tag{3.56}$$

其中，

$$\mu^k=\begin{bmatrix}\mu_x^k\\ \mu_{\dot{x}}^k\\ \mu_{\dot{x}}^k\\ \mu_{\ddot{x}}^k\end{bmatrix},\qquad \Sigma^k=\begin{bmatrix}\Sigma_x^k & \Sigma_{x\dot{x}}^k & \Sigma_{x\dot{x}}^k & \Sigma_{x\ddot{x}}^k\\ \Sigma_{\dot{x}x}^k & \Sigma_{\dot{x}}^k & \Sigma_{\dot{x}}^k & \Sigma_{\dot{x}\ddot{x}}^k\\ \Sigma_{\dot{x}x}^k & \Sigma_{\dot{x}}^k & \Sigma_{\dot{x}}^k & \Sigma_{\dot{x}\ddot{x}}^k\\ \Sigma_{\ddot{x}x}^k & \Sigma_{\ddot{x}\dot{x}}^k & \Sigma_{\ddot{x}\dot{x}}^k & \Sigma_{\ddot{x}}^k\end{bmatrix} \tag{3.57}$$

并将向量$[x\ \dot{x}]^{\mathrm{T}}$作为输入，$[\dot{x}\ \ddot{x}]^{\mathrm{T}}$作为回归模型的输出，则二阶动态系统可计算为条件分布$p([\dot{x}\ \ddot{x}]^{\mathrm{T}}\big|[x\ \dot{x}]^{\mathrm{T}})$的后验均值：

$$
\begin{aligned}
&[\dot{x}\ \ddot{x}]^{\mathrm{T}} = f([x\ \dot{x}]^{\mathrm{T}};\Theta_{\mathrm{GMR}}) \\
&=\mathbb{E}\ \{p([\dot{x}\ \ddot{x}]^{\mathrm{T}} \big| [x\ \dot{x}]^{\mathrm{T}})\} = \sum_{k=1}^{K}\gamma_k(x,\dot{x})\left(\begin{bmatrix} 0 & I \\ A_1^k & A_2^k \end{bmatrix}\begin{bmatrix} x \\ \dot{x} \end{bmatrix} + \begin{bmatrix} 0 \\ b^k \end{bmatrix}\right)
\end{aligned} \tag{3.58}
$$

式（3.58）是由以下变量变化得到的：

$$
\begin{cases}
\begin{bmatrix} 0 & I \\ A_1^k & A_2^k \end{bmatrix} = \begin{bmatrix} \Sigma_{\dot{x}x}^k & \Sigma_{\dot{x}}^k \\ \Sigma_{\ddot{x}x}^k & \Sigma_{\ddot{x}\dot{x}}^k \end{bmatrix}\begin{bmatrix} \Sigma_{x}^k & \Sigma_{x\dot{x}}^k \\ \Sigma_{\dot{x}x}^k & \Sigma_{\dot{x}}^k \end{bmatrix}^{-1} \\
b^k = \mu_{\ddot{x}}^k - A_2^k\mu_{\dot{x}}^k - A_1^k\mu_x^k \\
\gamma_k(x,\dot{x}) = \dfrac{\pi_k p\left([x\ \dot{x}]^{\mathrm{T}} \mid [\mu_x^k,\mu_{\dot{x}}^k]^{\mathrm{T}}, \begin{bmatrix} \Sigma_x^k & \Sigma_{x\dot{x}}^k \\ \Sigma_{\dot{x}x}^k & \Sigma_{\dot{x}}^k \end{bmatrix}\right)}{\sum_{i=1}^{K}\pi_i p\left([x\ \dot{x}]^{\mathrm{T}} \mid [\mu_x^i,\mu_{\dot{x}}^i]^{\mathrm{T}}, \begin{bmatrix} \Sigma_x^i & \Sigma_{x\dot{x}}^i \\ \Sigma_{\dot{x}x}^i & \Sigma_{\dot{x}}^i \end{bmatrix}\right)}
\end{cases} \tag{3.59}
$$

注意，通过遵循线性变参 – 动态系统的稳定估计的参数估计方法，我们可以估计 $\Theta_\gamma = \left\{\pi_k, [\mu_x^k\ \mu_{\dot{x}}^k]^{\mathrm{T}}, \begin{bmatrix} \Sigma_x^k & \Sigma_{x\dot{x}}^k \\ \Sigma_{\dot{x}x}^k & \Sigma_{\dot{x}}^k \end{bmatrix}\right\}_{k=1}^{K}$ 和 $\Theta_f = \{A_1^k, A_2^k, b^k\}_{k=1}^K$，但对于关节密度的高斯混合模型参数（式（3.57））的全集则没有。如果有人试图通过 $\{p([\dot{x}\ \ddot{x}]^{\mathrm{T}} \mid [x\ \dot{x}]^{\mathrm{T}})\}$ 计算动态系统参数 $\mathscr{L}(\Theta_{\mathrm{GMR}}|x)$ 的似然或预测速度的不确定性，高斯混合模型参数（式（3.57））的剩余块必须从动态系统的系统参数集 Θ_f 中估计出来。

练习 3.13　根据式 (3.58) 中的 $\mathbb{E}\{p([\dot{x}\ \ddot{x}]^{\mathrm{T}} \mid [x\ \dot{x}]^{\mathrm{T}})\}$，推导出式 (3.59) 中提到的导致变量变化的方程。

练习 3.14　这种变量变换技术能否应用于一阶线性变参 – 动态系统表达方法？推导出恢复关节密度 $p(x,\dot{x})$ 的高斯混合模型参数的方程。

3.5.2　二阶动态系统的稳定估计

给定参考轨迹集 $\{\boldsymbol{X},\dot{\boldsymbol{X}},\ddot{\boldsymbol{X}}\} = \{X^m,\dot{X}^m,\ddot{X}^m\}_{m=1}^M = \{\{x^{t,m},\dot{x}^{t,m},\ddot{x}^{t,m}\}_{t=1}^{T_m}\}_{m=1}^M$，并且假设吸引子在原点 $x^*=0$（即期望目标）处，首先根据二阶线性变参 – 动态系统公式（3.52）的混合函数 $\gamma_k(x,\dot{x})$（即 $\Theta_\gamma = \{\pi_k,\mu^k,\Sigma^k\}_{k=1}^K$）估计高斯混合模型参数。可以通过使用前一节中描述的任何高斯混合模型拟合方法来实现。然后，在加速度级别上，我们通过最小化均方误差来作为动态系统的稳定估计（均方误差）的变体（式（3.33））和一阶线性变参 – 动态系统（式（3.46））来估计线性动态系统的系统矩阵集 $\Theta_f = \{A_1^k, A_2^k\}_{k=1}^K$。

$$
\min_{\Theta_f} J(\Theta_f) = \frac{1}{2L}\sum_{m=1}^{M}\sum_{t=0}^{T_m}\left\| f(x^{t,m},\dot{x}^{t,m}) - \ddot{x}^{t,m}\right\|^2 \tag{3.60}
$$

这满足

$$
\begin{cases}
\begin{bmatrix} 0 & I \\ A_1^k & A_2^k \end{bmatrix}^{\mathrm{T}} P + P\begin{bmatrix} 0 & I \\ A_1^k & A_2^k \end{bmatrix} \prec 0 \\
0 \prec P, \quad P^{\mathrm{T}} = P \qquad\qquad \forall k = 1,\cdots,K \\
b^k = 0
\end{cases} \tag{3.61}
$$

式中，$L=\sum_{m=1}^{M}T_m$ 为训练数据点总数，$f(\cdot,\cdot)$ 由式（3.54）计算。与线性变参 – 动态系统的稳定估计的学习算法一样，式（3.60）中定义的带有约束的优化问题（式（3.61））可以通过非线性半正定规划求解器求解。在本例中，我们使用 PENLAB[40] 和 YALMIP MATLAB 工具箱 [93]。还可以使用 3.5.1.1 节所述的受约束的高斯混合回归解释来联合估计 Θ_γ 和 Θ_f 的参数。为此，我们需要像动态系统的稳定估计的优化（式（3.32））那样在高斯混合模型参数上添加约束，这将转换为非线性规划问题。虽然它可以解决，但我们主张使用线性变参 – 动态系统的表达和半正定规划求解方案。

3.5.3　学习算法评估

在图 3.31 中，我们表明二阶动态系统的稳定估计学习方法能够训练二阶线性变参 – 动态系统（3.52）来再现自相交运动。然后我们对 LASA 手写数据集的子集上执行二阶动态系统的稳定估计的定性和定量的评估。图 3.32 显示了估计运动的定性结果。在所有的实验中，我们多次运行期望最大化算法来计算不同的高斯混合模型拟合，并说明了最佳试验的结果。本文方法的定量结果如表 3.1 所示。对该方法的进一步定量评估见文献 [100]。注意，虽然二阶线性变参 – 动态系统在再现参考轨迹时可能没有那么精确，但它们产生的运动明显比一阶动态系统更平滑。

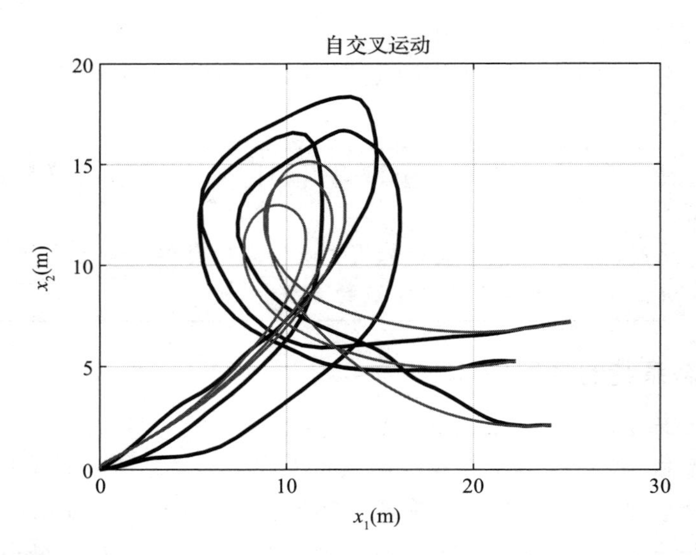

图 3.31　黑色的轨迹为在自相交参考轨迹集上学习到的二阶线性变参数动态系统。动态系统的再现轨迹是灰色的

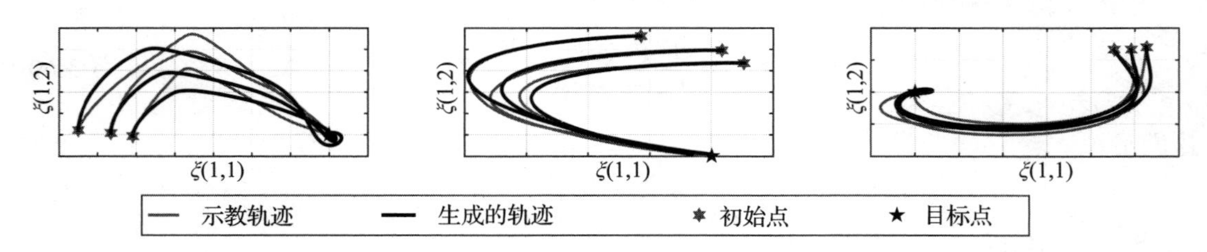

图 3.32　本文算法的定性性能评价。黑色轨迹是学习到的动态系统，灰色轨迹是训练数据点

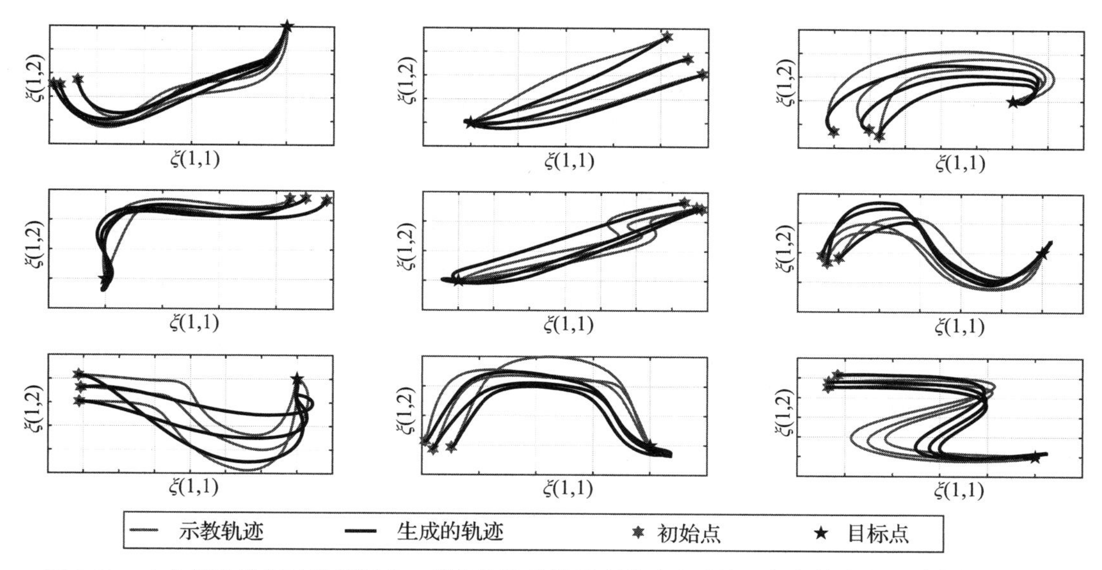

图 3.32　本文算法的定性性能评价。黑色轨迹是学习到的动态系统，灰色轨迹是训练数据点（续）

表 3.1　11 个 LASA 手写数据集的二阶动态系统的稳定估计学习方案的性能

$\dot{e}$ 的平均值 / 范围	高斯分量数量的平均值 / 范围	训练时间的平均值 / 范围 (s)
15.94(6.85 ～ 22.35)	2.8182(1 ～ 6)	78.91(7.46 ～ 244.11)

编程练习 3.5　本编程练习的目的是使读者熟悉二阶动态系统的稳定估计的学习算法。

操作说明。打开 MATLAB，将目录设置为第 3 章习题对应的文件夹，在这个文件夹中，你会找到以下脚本：

```
1 ch3_ex5_soDS.m
```

在这个脚本中，你将在注释块中找到指令，它将使你能够完成以下操作：

- 在图形用户界面上绘制二维轨迹。
- 加载如图 3.7 所示的 LASA 手写数据集。
- 用二阶动态系统的稳定估计来学习二阶非线性动态系统。

说明：MATLAB 脚本提供了加载 / 使用不同类型数据集的选项，以及不同学习算法选择的选项。请阅读脚本中的注释，并分别运行每个块。

我们建议读者使用图 3.31 中的自绘制自相交轨迹或 LASA 手写数据集中的运动来测试以下内容：

- 比较不同高斯混合模型拟合方法的定性（均方根误差）和定量（相图）结果如下。
  - 手动选择 K 个高斯函数的个数。
  - 通过贝叶斯信息量准则的期望最大化算法进行模型选择。
- 比较使用 $M=1$ 和 $M>>1$ 轨迹时的均方根误差和计算时间的结果。

3.5.4　机器人实现

图 3.33 演示了一个二阶控制的应用，它允许 iCub 用右手进行循环运动。运动在垂直平

面上，因此包含一个自相交点。这里通过拖动示教向机器人演示任务 5 次，高斯分量的数目为 7 个。机器人的运动在任务层生成，并通过求解速度逆向运动学求解器（见图 1.18b）转换到关节空间层。

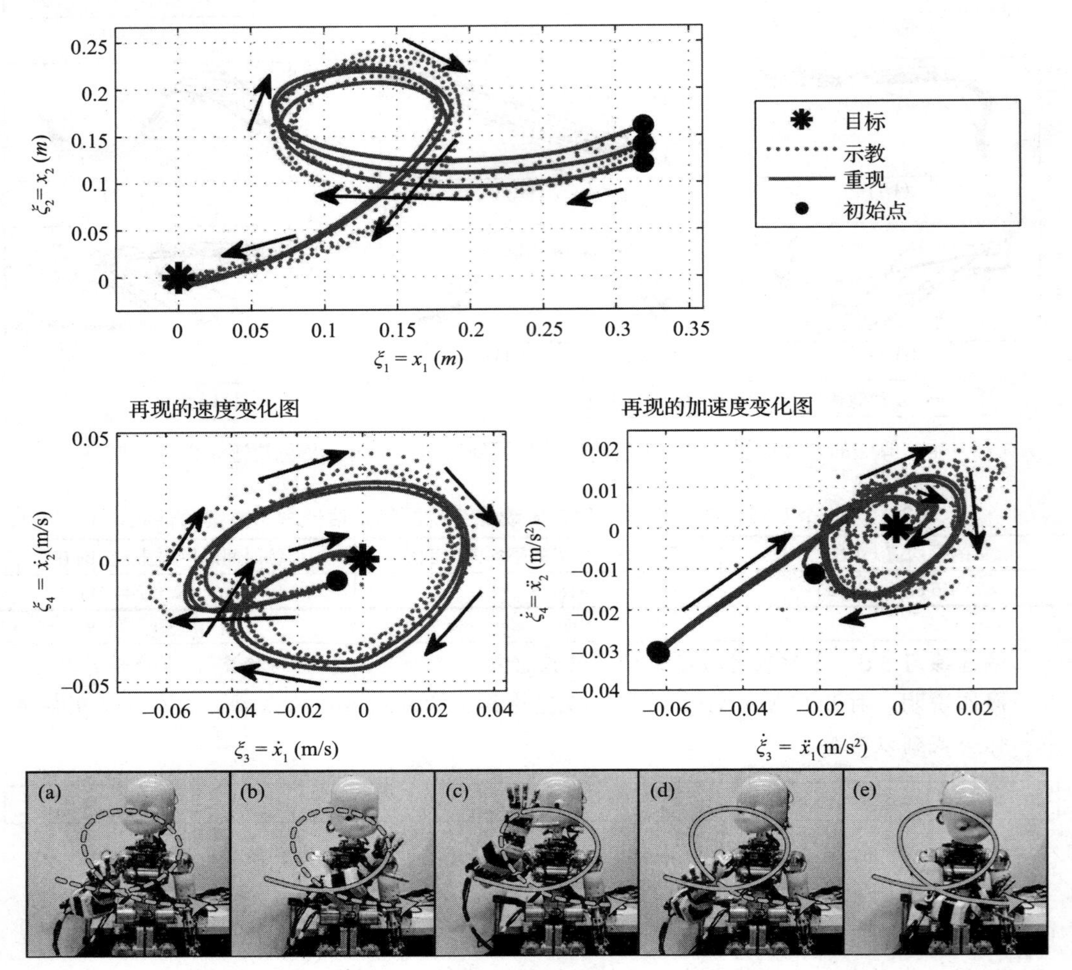

图 3.33 执行二阶动态学的自相交运动 [72]

第 7 章给出了二阶动态系统的其他应用实例。二阶系统可以方便地使机器人到达移动的目标和控制冲击力。

3.6 本章小结

本章所介绍的学习方法都保证了控制律在我们希望的吸引子处是稳定的。它们可以控制机器人的速度和加速度。由于该方法与机器人的结构无关，因此可以应用于不同的机器人平台。我们展示了一些使用机械臂操纵物体的应用实例，以及轮椅或人形机器人导航的应用实例。

在学习机器人控制律时，有两个关键因素：学习算法的数据选择和超参数的选择。这里介绍的方法只需要少量的数据。在每个实现中，只需少量的示教就足以获得一个好的模型。

虽然 3.3 节介绍的第一种学习方法——动态系统的稳定估计——对超参数的选择（高斯函数的个数 K）很敏感，但 3.4 节描述的贝叶斯处理和线性变参 – 动态系统方法不需要确定超参数。

然而，本章所涵盖的方法仅限于每次学习一个控制律和只接受一个吸引子。因此，这些方法不适合学习需要在目标和动力学之间切换或过渡以及遵循一系列不同目标或动力学的运动。

在接下来的两章中，我们将介绍解决这些问题的动态系统公式和学习方法。也就是说，在第 4 章中，我们介绍对多个吸引子或多个行为动力学的切换策略进行编码的学习方法。此外，在第 5 章中，我们提出学习动态序列以及如何 / 何时切换这些动态的方法。

学习多种控制律

在第 3 章中，我们了解了如何将控制律嵌入单个吸引子处全局渐近稳定的动态系统中来学习控制律。在本章中，我们将继续探索如何学习具有不同动力学和不同吸引子的多种控制律。我们展示了可以将多个控制律嵌入一个连续函数中，使得在运行时跨控制律的切换变得容易。虽然这为重新规划提供了更多的灵活性，但这也增加了潜在学习问题的复杂性。

我们在 4.1 节学习状态空间的一种划分方法，其中每一个划分都包含一个具有自己吸引子的动态系统。该方法被称为*增强支持向量机*（A-SVM）框架。它继承了众所周知的支持向量机 (SVM) 分类器的区域划分能力，并增加了新的约束来学习示教的动力学并确保每个吸引子的局部稳定性。这是一个有监督的学习问题，在这个问题中，我们既知道运动的个数，又知道每个数据点应该隶属于哪个运动。

虽然前面的方法假设每个动态系统适用于状态空间的不同部分，但在 4.2 节中，我们放宽了这个假设，我们可以学习一个在整个状态中有效的动态系统，其特征可以通过外部参数来修改。这类似于动态系统理论中的分叉原理。我们证明了我们可以在单个动态系统中嵌入不动点吸引子动态系统和极限环。此外，我们还证明了我们可以通过微分同胚映射来学习复杂的极限环。

4.1 通过状态空间划分组合控制律

我们试图自动构建空间的分区，并学习每个分区的局部动力学，每个分区将每个动态系统发送到自己的吸引子。图 4.1a 给出了具有相关动态系统和吸引子的 8 个吸引区域的一个系统的例子。在继续描述如何实现这一点之前，我们先从一个简单的示例开始，在这个示例中，我们将分别构造每个分区并将它们组合起来。为了建立每个分区，我们使用支持向量机。不熟悉支持向量机的读者应参阅 B.4 节[1]。

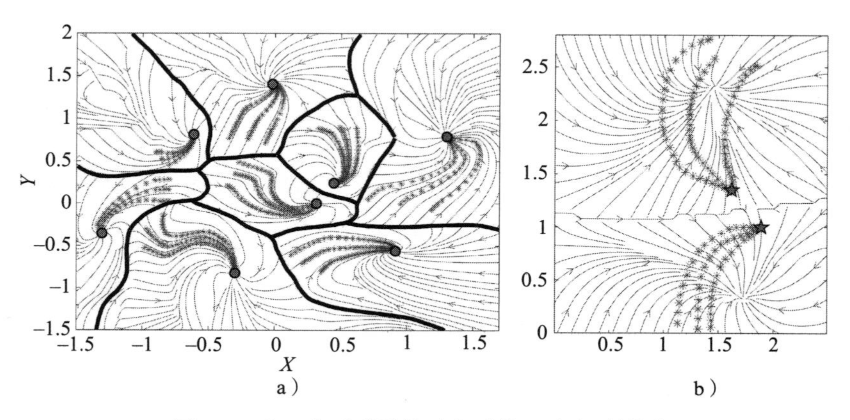

图 4.1　a）8 个吸引子的动态系统。b）调制轨迹

4.1.1 简单方法

构建多吸引子动态系统的一个简单方法是首先对空间进行分区，然后在每个分区中分别学习动态系统。糟糕的是，这很少产生所需的复合系统。例如，考虑两个具有不同吸引子的动态系统，如图 4.2a 和 4.2b 所示。首先，我们构建一个支持向量机分类器，将第一个动态系统的数据点（标记为 +1 ）与其他动态系统的数据点（标记为 –1 ）分开。然后，我们使用前文中回顾的技术分别估计每个动态系统。设 $h:\mathbb{R}^N \mapsto \mathbb{R}$ 表示将状态空间 $x \in \mathbb{R}^N$ 分成两个区域的分类器函数，标记为 $y_i \in \{+1,-1\}$ 。另外，设这两个动态系统为 $\dot{x} = f_{y_i}(x)$ ，吸引子在 $x_{y_i}^*$ 处稳定，则组合动态系统由 $\dot{x} = f_{\text{sgn}(h(x))}(x)$ 给出。

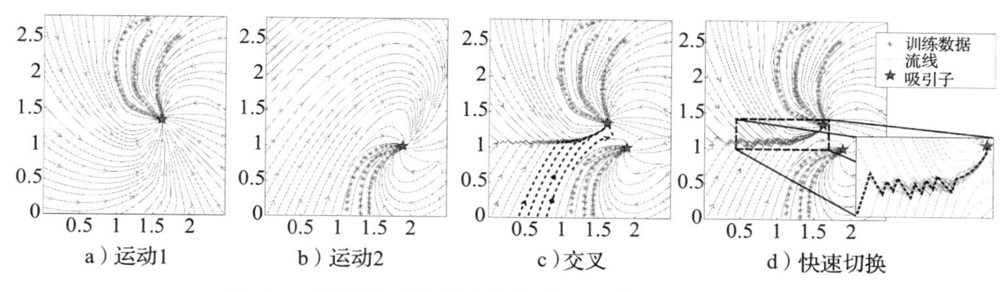

图 4.2　使用基于简单支持向量机分类切换组合运动

图 4.2c 显示了这种方法产生的轨迹。由于动力学的非线性，在一个区域初始化的轨迹会越过边界，收敛到位于相反区域的吸引子。换句话说，由支持向量机超平面划分的每个区域都不是吸引子的吸引区域。在现实世界的场景中，吸引子代表一个物体上的抓取点，机器人要跟随轨迹，交叉可能会将轨迹带向运动学上不可到达的区域。此外，如图 4.2d 所示，遇到边界的轨迹可能会在不同的动力学之间快速切换，导致抖动。

为了确保轨迹不会越过边界，并保持在它们各自吸引子的吸引区域内，可以采用一种更明智的方法，其中每个原始动态系统都被调制，以使生成的轨迹总是远离分类器边界。回想一下，通过构造，分类器函数 $h(x)$ 的绝对值随着远离分类超平面而增加。因此，当在正的或负的类的区域内移动时，梯度 $\nabla h(x)$ 是分别是正的或负的，如图 4.3 所示。

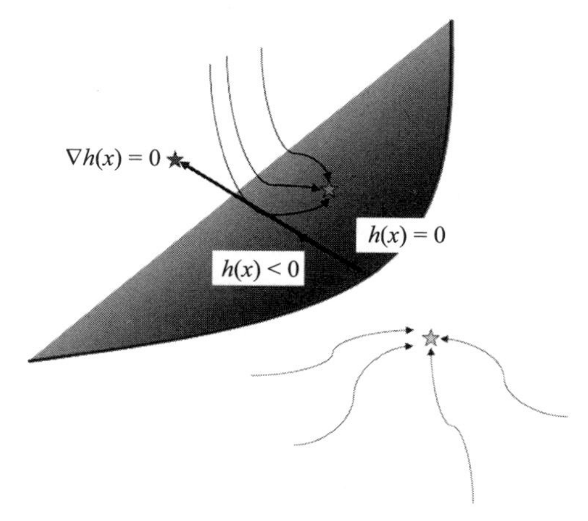

图 4.3　支持向量机的分区函数在负类的方向上提供了一个负梯度，类似于 Lyapunov 函数。然而，它的零点并不一定在期望的吸引子上

利用这一观测量，我们可以将速度信号中的选择性成分分别沿与方向 $\nabla h(x)$ 相反的方向从原始动态系统中偏移。具体来说，若 $\dot{x}_O = f_{\text{sgn}(h(x))}(x)$ 表示从原始动态系统得到的速度，并且

$$\lambda(x)=\begin{cases}\max(\epsilon,\nabla h(x)^{\mathrm{T}}\dot{x}_O) & 若 h(x)>0\\ \min(-\epsilon,\nabla h(x)^{\mathrm{T}}\dot{x}_O) & 若 h(x)<0\end{cases} \tag{4.1}$$

那么调制后的动态系统为：

$$\dot{x}=\tilde{f}(x)=\lambda(x)\nabla h(x)+\dot{x}_{\perp} \tag{4.2}$$

这里，ε 是一个小的正标量，$\dot{x}_{\perp}=\dot{x}_O-\left(\dfrac{\nabla h(x)^{\mathrm{T}}\dot{x}_O}{\|\nabla h(x)\|^2}\right)\nabla h(x)$ 是垂直于 $\nabla h(x)$ 的原始速度的分量。当 $h(x)>0$ 时，这导致了一个向量场，该向量场在空间区域中沿着分类器函数增加的值的方向流动，而在 $h(x)<0$ 的区域中沿着减少的值的方向流动。因此，轨迹远离分类超平面并收敛到位于它们被初始化的区域中的一个点。这种调制系统已广泛用于估计互联电网的稳定区域 [91]，并被称为准梯度系统 [29]。如果 $h(x)$ 为上界 [2]，所有轨迹都收敛于其中一个驻点 $\{x:\nabla h(x)=0\}$ 且 $h(x)$ 是整个系统的 Lyapunov 函数（更多内容可参看 [29] 的命题 1）。

图 4.1 显示了将这种调制应用于我们的动态系统对的结果。正如我们期待的那样，它迫使轨迹沿着函数 $h(x)$ 的梯度流动。虽然这解决了跨越边界的问题，但所得到的轨迹在两个主要方面存在缺陷：它们严重偏离原始动力学，并且它们不终止于期望的吸引子。这是因为用来调制动态系统的函数 $h(x)$ 是专门为分类而设计的，并不包含两个原始动态系统动力学的信息。也就是说，由 $\nabla h(x)$ 给出的向量场与训练轨迹的向量不一致，调制函数的驻点与期望的吸引子不重合。

练习 4.1 考虑 4 个具有坐标 $[0,-0.1]^{\mathrm{T}}$ 的二维点，类 1 为 $[0,0.1]^{\mathrm{T}}$，$[-0.1,0.2]^{\mathrm{T}},[-0.2,0.0]^{\mathrm{T}}$。

1. 建立线性分类器 $y=\text{sgn}(h(x))$ 和 $h(x)=(w^{\mathrm{T}}x+b)$，使得类 1 的点具有 y=1 的标记，标记 0 的点具有 y=–1 的标记。
2. 绘制边界线。
3. 计算 $h(x)$ 的梯度并确定它为零。它是否位于其中一个数据点上？

在随后的小节中，我们将展示如何学习一个新的调制函数，该函数考虑到初步讨论中强调的三个问题。我们需要寻找一个系统，（a）确保对每个动态系统进行严格的跨吸引区域分类，（b）密切跟踪每个吸引区域中每个动态系统的动力学，（c）确保每个吸引区域中的所有轨迹都达到期望的吸引子。满足要求（a）和（b）相当于同时执行分类和回归。在此，我们利用支持向量分类和支持向量回归中的优化具有相同的形式这一事实，以便将该问题表达在一个单一的约束优化框架中。在接下来的部分中，我们将说明除了通常的支持向量之外，所得到的调制函数还由另外一类支持向量组成。我们从几何角度分析了这些新的支撑向量对结果动力学的影响。虽然这个初步的讨论只考虑了二元分类，但我们现在将把这个问题扩展到多类分类。

编程练习 4.1 本编程练习的目的是使读者熟悉图 4.2 所示的简单分类方法。这个编程练习可以在 MATLAB 或任何其他编程语言中完成。如果你使用 MATLAB，请转到 `chapter 4-multi-attractors/A-SVM` 并启动 `ch4_ex1_simple_dsclassification.m`。

1. 画出练习 4.1 的设定数据点。
2. 使用 Line 函数绘制分类器的边界。

3. 对于边界的负的 x 生成两个动态系统，其形式为 $\dot{x}=\nabla h(x)$，对于边界的正的 x 生成 $\dot{x}=-\nabla h(x)$。绘制流线，它们在哪里收敛？

4. 在矩阵 A_1 和 A_2 的非对角线元素上设置非零项，使得它们的吸引子分别位于坐标 $[-0.15\ \ 0.15]^{\mathrm{T}}$ 和 $[0.15\ \ 0]^{\mathrm{T}}$。用 $\dot{x}=f_{\mathrm{sgn}(h(x))}(x)$ 画出最接近边界的流线。将两个动态系统修改为两个非线性系统。画出最接近边界的流线。

4.1.2　问题公式

系统的 N 维状态空间由 $x\in\mathbb{R}^N$ 划分为 M 个不同的类，每个类对应于要组合的 M 个运动。我们在状态空间中收集轨迹，得到一个 P 数据点集 $\{x^i;\dot{x}^i;l_i\}_{i=1,\cdots,P}$，其中 $l_i\in\{1,2,\cdots,M\}$ 代表每个点的类标号[3]。为了学习调制函数集 $\{h_m(x)\}_{m=1,\cdots,M}$，我们递归地进行。每个调制函数以一对全分类器的方式学习，然后计算最终的调制函数 $\tilde{h}(x)=\max\limits_{m=1,\cdots,M}h_m(x)$。在多类设置中，如果轨迹沿着函数 $\tilde{h}(x)$ 的递增值移动，则可以得到避免边界的行为。为此，二元情形（式（4.1））中的挠度项 $\lambda(x)$ 变为 $\lambda(x)=\max(\varepsilon,\nabla\tilde{h}(x)^{\mathrm{T}}\dot{x}_O);\forall x\in\mathbb{R}^N$。接下来，我们描述单个 $h_m(x)$ 函数的学习过程。

我们遵循经典的支持向量机公式，通过映射 $\phi:\mathbb{R}^N\mapsto\mathbb{R}^F$ 将数据提升到一个高维特征空间，其中 F 表示特征空间的维数。我们还假定每个函数 $h_m(x)$ 在特征空间中是线性的，即 $h_m(x)=w^{\mathrm{T}}\phi(x)+b$，其中 $w\in\mathbb{R}^F,b\in\mathbb{R}$。我们将当前（第 m 个）运动类标记为正，将所有其他运动类标记为负，使得当前子问题的标记集如下，

$$y_i=\begin{cases}+1 & 若\ l_i=m\\ -1 & 若\ l_i\neq m\end{cases}\quad i=1,\cdots,P$$

另外，索引正类的集合被定义为 $\mathscr{I}_+=\{i:i\in[1,P];l_i=m\}$。这样，我们将 4.1.1 节中解释的三个约束形式化如下。

区域分离。每个点必须正确分类的约束产生 P 个约束：

$$y_i(w^{\mathrm{T}}\phi(x^i)+b)\geqslant 1\quad\forall i=1,\cdots,P\tag{4.3}$$

Lyapunov 约束。为了保证调制流与训练轨迹保持一致，调制函数的梯度必须沿数据点的速度有一个正分量。也就是说，

$$\nabla h_m(x^i)^{\mathrm{T}}\hat{\dot{x}}^i=w^{\mathrm{T}}J(x^i)\hat{\dot{x}}^i\geqslant 0\quad\forall i\in\mathscr{I}_+\tag{4.4}$$

式中，$J\in\mathbb{R}^{F\times N}$ 为由 $J=[\nabla\phi_1(x)\ \nabla\phi_2(x)\ \cdots\ \nabla\phi_F(x)]^{\mathrm{T}}$ 给定的雅可比矩阵，并且 $\hat{\dot{x}}^i=\dot{x}^i/\|\dot{x}^i\|$ 是第 i 个数据点的归一化速度。

稳定性。最后，调制函数的梯度必须在正类 x^* 的吸引子处消失。这种约束可以表示为

$$\nabla h_m(x^*)^{\mathrm{T}}e^i=w^{\mathrm{T}}J(x^*)e^i=0\quad\forall i=1,\cdots,N\tag{4.5}$$

式中，量集 $\{e^i\}_{i=1,\cdots,N}$ 是 $\mathbb{R}^N$ 的正则基。

4.1.2.1　原始形式和对偶形式

与标准支持向量机[128]一样，我们根据式（4.3）～式（4.5）所表示的约束条件，优化正类和负类之间的最大边际。这可以公式化如下：

$$\min_{w,\xi_i}\frac{1}{2}\|w\|^2+C\sum_{i\in\mathscr{I}_+}\xi_i \quad \text{s.t.} \quad \left.\begin{array}{ll} y_i(w^{\mathrm{T}}\phi(x^i)+b)\geqslant 1 & \forall i=1,\cdots,P \\ w^{\mathrm{T}}J(x^i)\hat{\dot{x}}^i+\xi_i>0 & \forall i\in\mathscr{I}_+ \\ \xi_i>0 & \forall i\in\mathscr{I}_+ \\ w^{\mathrm{T}}J(x^*)e^i=0 & \forall i=1,\cdots,N \end{array}\right\} \tag{4.6}$$

这里，$\xi_i\in\mathbb{R}$ 是松弛式（4.4）中 Lyapunov 约束的松弛变量。我们在公式中保留了这些，以适应代表动力学的数据中的噪声。$C\in\mathbb{R}_+$ 是这些松弛变量的惩罚参数。这个问题的拉格朗日公式可以写为

$$\begin{aligned}\mathscr{L}(w,b,\alpha,\beta,\gamma)=&\frac{1}{2}\|w\|^2+C\sum_{i\in\mathscr{I}_+}\xi_i-\sum_{i\in\mathscr{I}_+}\mu_i\xi_i-\sum_{i=1}^{P}\alpha_i(y_i(w^{\mathrm{T}}\phi(x^i)+b)-1)\\ &-\sum_{i\in\mathscr{I}_+}\beta_i(w^{\mathrm{T}}J(x^i)\hat{\dot{x}}^i+\xi_i)+\sum_{i=1}^{N}\gamma_i w^{\mathrm{T}}J(x^*)e^i\end{aligned} \tag{4.7}$$

式中，$\alpha_i,\beta_i,\mu_i,\gamma_i$ 是拉格朗日乘子，$\alpha_i,\beta_i,\mu_i\in\mathbb{R}_+$ 和 $\gamma_i\in\mathbb{R}_+$。

练习 4.2 计算式（4.7）的对偶，并证明它具有以下约束问题的形式：

$$\begin{aligned}&\min_{\alpha,\beta,\gamma}\frac{1}{2}[\alpha^{\mathrm{T}}\beta^{\mathrm{T}}\gamma^{\mathrm{T}}]\begin{bmatrix}K & G & -G_* \\ G^{\mathrm{T}} & H & -H_* \\ -G_*^{\mathrm{T}} & -H_*^{\mathrm{T}} & H_{**}\end{bmatrix}\begin{bmatrix}\alpha\\ \beta\\ \gamma\end{bmatrix}-\alpha^{\mathrm{T}}\bar{\mathbf{1}}\\ &\text{s.t.}\quad 0\leqslant\alpha_i \qquad \forall i=1,\cdots,P\\ &\qquad\ 0\leqslant\beta_i\leqslant C \quad \forall i\in\mathscr{I}_+\\ &\qquad\ \sum_{i=1}^{P}\alpha_i y_i=0\end{aligned}$$

注：由于矩阵 K、H 和 H_{**} 是对称的，因此所得到的二次规划的整体 Hessian 矩阵也是对称的。然而，与标准的支持向量机对偶不同，它可能不是正定的，导致该问题有多个解析解。在 MATLAB 代码中提供的实现中，我们使用内点求解器 IPOPT[153] 来寻找局部最优解。通过运行一个标准的支持向量机分类问题，我们使用找到的 α 来初始化迭代。β 和 γ 的所有条目都设置为 0[4]。

此问题的解决方案产生以下调制函数：

$$h_m(x)=\sum_{i=1}^{P}\alpha_i y_i k(x,x^i)+\sum_{i\in\mathscr{I}_+}\beta_i\hat{\dot{x}}_i^{\mathrm{T}}\frac{\partial k(x,x^i)}{\partial x^i}-\sum_{i=1}^{N}\gamma_i(e^i)^{\mathrm{T}}\frac{\partial k(x,x^*)}{\partial x^*}+b \tag{4.8}$$

它可以根据核的选择进一步扩展。

使用增强支持向量机学习的调制函数（式（4.8））与标准支持向量机分类器函数有以下明显的相似之处：

- 第一个求和项由 α 支持向量（α-SV）组成，它们作为分类超平面的支持。
- 第二项包含一类新的支持向量，它们在训练数据点 x^i 处执行归一化速度的线性组合。这些 β 支持向量（β-SV）通过在调制函数值中引入沿方向的正斜率，有助于 Lyapunov 约束的实现。
- 第三个求和项是非线性偏置，它不依赖于所选择的支持向量，并围绕所需吸引子 x^* 执行局部修改，以确保调制函数在该点具有局部最大值。

- b 是常数偏差，它将分类边缘归一化为 -1 和 $+1$，这也存在于最初的支持向量机推导中。与支持向量机一样，我们计算它的值是利用这样一个事实，即对于所有 α 支持向量 x^i 值，我们必须有 $y_i h_m(x^i)=1$。我们使用从各种支持向量获得的值的平均值。

为了更好地理解新的支持向量集 β 支持向量的作用，我们在图 4.4 中使用径向基函数核 $k(x^i, x^j)=e^{1/2\sigma^2\|x^i-x^j\|^2}$ 局部说明了它们的作用，x^i 在原点且 $\hat{x}^i=\left[\frac{1}{\sqrt{2}}\ \frac{1}{\sqrt{2}}\right]^{\mathrm{T}}$。这些支持向量产生一个速度方向，我们对比核宽度 σ 的两个值，σ 越小，速度向量越大，这可以从等值线值的增加中看出。

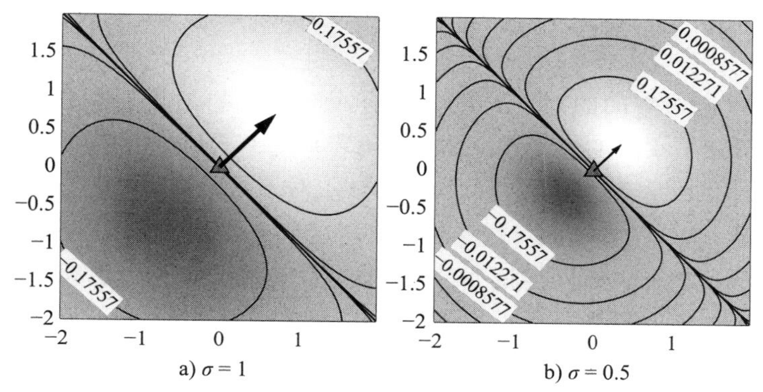

图 4.4　$f(x)=\hat{x}_i^{\mathrm{T}}\dfrac{\partial k(x,x^i)}{\partial x^i}$ 在 $x^i=[0\quad 0]^{\mathrm{T}}$ $\hat{x}^i=\left[\frac{1}{\sqrt{2}}\ \frac{1}{\sqrt{2}}\right]^{\mathrm{T}}$ 条件下对于径向基函数核的等曲线

通过在每种情况下将它们逐步相加并叠加所产生的动态系统流，调制函数（式（4.8））的所有三项的影响如图 4.5 所示。

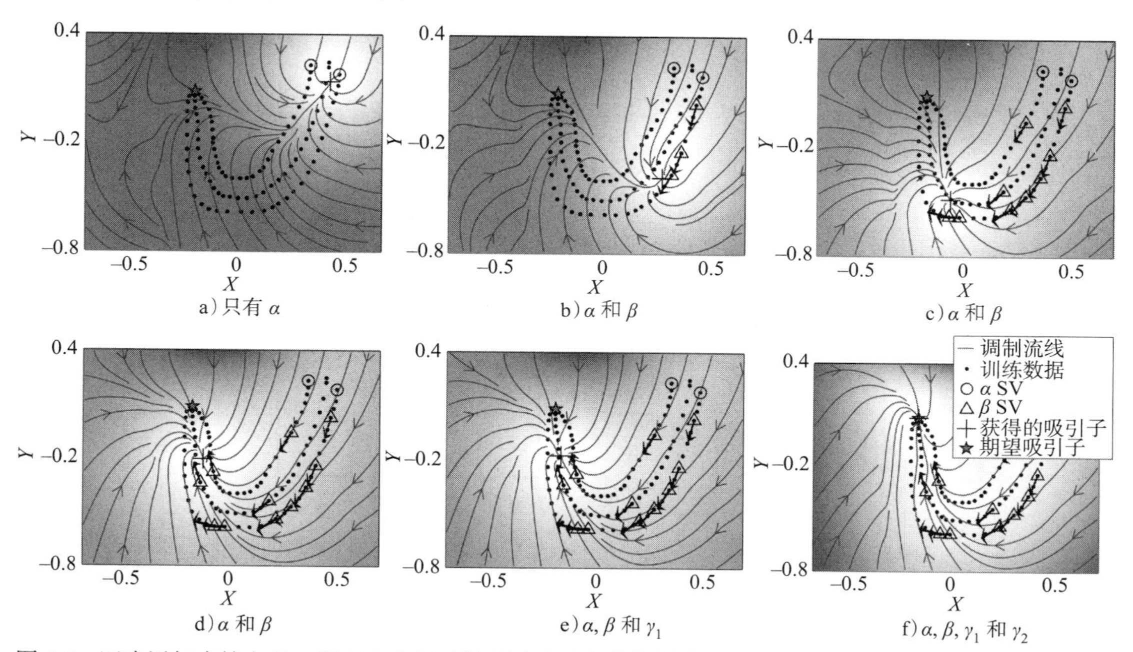

图 4.5　逐步添加支持向量，以突出它们对塑造运动动力学的影响。图 a 中的 α 支持向量在很大程度上影响分类。图 b ～图 d β 支持向量引导轨迹沿着箭头所示的各自相关方向 $\hat{x}^i$ 的流动。图 e 和图 f 两个 γ 项分别使调制函数的局部最大值沿 X 轴和 Y 轴与期望吸引子重合

调制函数 $h_m(x)$ 的值由颜色图显示（白色表示高值）。当图 4.5b ～图 4.5d 中 β 支持向量被加入时，它们沿着它们相关的方向推动轨迹流。在图 4.5e 和 4.5f 中，加上两个 γ 项使调制函数的最大值的位置与期望吸引子一致。一旦所有的支持向量都被考虑在内，得到的动态系统的流线就达到了期望的标准，即它们遵循训练轨迹并在期望的吸引子处终止。

4.1.3　缩放和稳定性

这种方法并不局限于它所能学习的动力学的数目。然而，各种动力学必须存在于状态空间的不同区域。不可能有重叠的轨迹，因为这种方法创建了空间的硬分区。然而，动力学越多，轨迹越多，问题的计算强度就越大。因此，由于收集数据和运行优化的成本，可能会有一个内在的限制。

增强支持向量机对空间的划分导致产生 M 个吸引子的 M 个吸引域。鉴于系统的复杂性，我们不能推导出吸引域的理论界，也不能确定系统中不存在伪吸引子。为了评估吸引域的大小和伪吸引子的存在性，必须进行数值估计。对于每一类，我们在范围 $[0,h_m(x^*)]$ 内计算相应的调制函数 $h_m(x)$ 的等值面。这些超曲面增量地跨越其吸引子周围的第 m 个区域的体积。我们对每个测试曲面进行网格划分，并从获得的网格点开始计算轨迹，寻找伪吸引子。在这里，h_{ROA} 是不包含伪吸引子的最大值等值面，它标志着相应运动动力学的吸引域。我们使用图 4.5 中的示例来说明这个过程。图 4.6 显示了使用较大的测试表面（虚线）检测到一个伪吸引子的情况，而实际的吸引区域（实线）较小。一旦计算出了 h_{ROA}，我们将吸引域的大小定义为 $r_{\text{ROA}} = (h(x^*) - h_{\text{ROA}}) / h(x^*)$。在这里，当除了从吸引子本身出发的轨迹之外没有任何轨迹通向吸引子时，$r_{\text{ROA}}=0$；当吸引域以等值面 $h(x)=0$ 为界时，$r_{\text{ROA}}=1$。

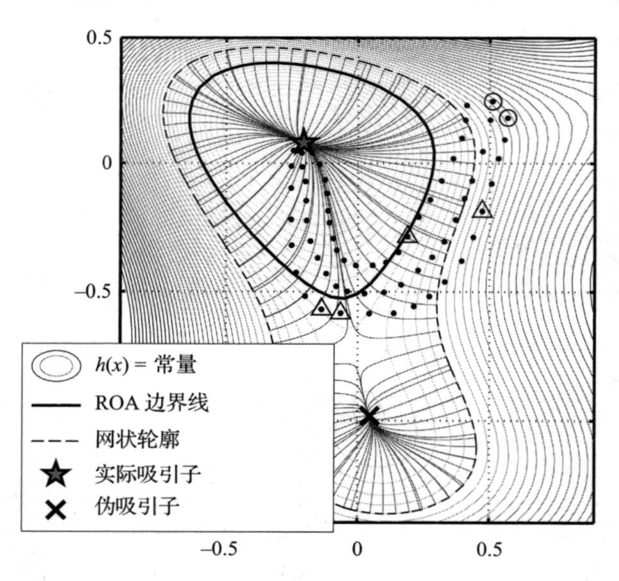

图 4.6　从等距线（虚线）上的几个点生成的测试轨迹，以确定伪吸引子

4.1.4　重建精度

与标准支持向量机一样，我们允许通过引入松弛变量来放松约束。然后，我们通过在目

标函数中的松弛变量上引入代价来惩罚这种松弛。在实践中，这意味着允许系统偏离原来的动力学。对于第 M 类来说，这是 $e_m = \left\langle \frac{\|\dot{x}^i - \tilde{f}(x^i)\|}{\|\dot{x}^i\|} \times 100 \right\rangle_{i:l_i=m}$，可以通过计算原始速度（读取数据）和调制速度（使用式（4.2）计算）之间的平均百分比误差来评估重建中产生的误差，其中 <.> 表示指示范围内的平均值。

图 4.7 显示了在四个吸引子问题上计算的核宽度值范围内的交叉验证误差（五个折叠上的均值和标准差，训练与测试比 2 ：3）（见图 4.7a）。每个运动类由不同的封闭形式动力学生成，包含 160 个数据点。颜色图指示组合调制函数值 $\tilde{h}(x) = \max_{m=1,\cdots,M} h_m(x)$，其中每个函数 $h_m(x)$ 使用所提出的增强支持向量机技术进行学习。共得到 9 个支持向量，其支持向量小于训练数据点数的 10%。每个运动类总共创建了十个轨迹。对原动态系统进行调制后得到的轨迹沿调制函数的增大值流动，从而在区域边界处向不同的吸引子分叉。对于每一类运动，我们可以看到一个测试误差最小的核宽度的最佳值带。这个最佳值带覆盖的区域可以根据吸引子和其他数据点的相对位置而变化。在图 4.7a 中，运动类 2（左上）和运动类 4（右上）比运动类 1（左下）和运动类 3（右下）拟合得更好，对核宽度的选择不太敏感。在最小误差情况下测试和训练误差的比较如图 4.7c 所示。我们看到，在最好的情况下，所有类的测试误差不到 1%。这表明，至少在这次测试中，重建还算不错。

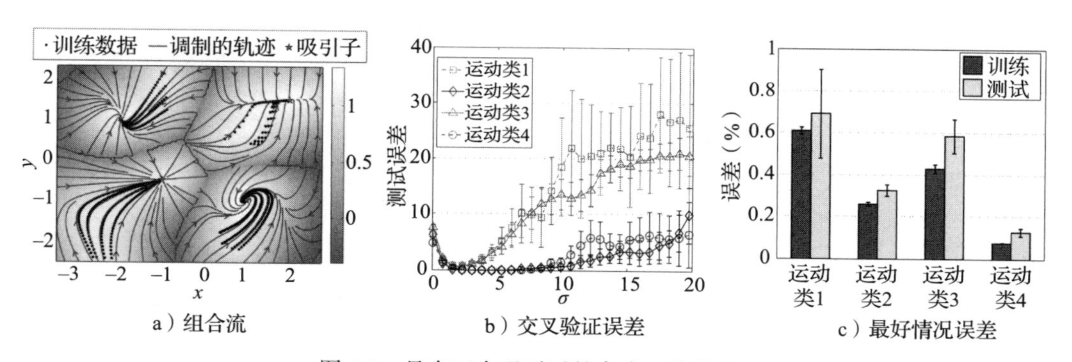

a）组合流　b）交叉验证误差　c）最好情况误差

图 4.7　具有四个吸引子的合成二维情况

编程练习 4.2　本编程练习的目的是使读者熟悉增强支持向量机算法及其对超参数选择的敏感性。打开 MATLAB 并将目录设置为 `chapter 4-multi-attractors/A-SVM`。在 `ex4_2_asvm` 中运行应用程序。这个应用程序允许你用手绘数据测试增强支持向量机。对于每个类，确保提供两个轨迹。

1. 通过为三个类中的每一个绘制轨迹来生成一个三吸引子系统。
2. 通过在一系列参数上运行该算法，探索该算法对超参数选择的敏感性。
3. 在一个表中以支持向量和重构误差的数量来报告性能。

4.1.5　机器人实现

本节中给出的多吸引子动态系统发现了几个机器人应用。当需要在运行时跨不同吸引子切换时，它特别有用。例如，当机器人的任务是抓住坠落的物体时，就会发生这种情况。抓取点可能不同，在机器人关节空间形成不同的吸引子，即不同的把手和手指在物体上的位置。当物体下落时，机器人几乎没有时间在不同的吸引子之间切换，以便在物体落地之前抓住它。

图 4.8a 显示了一种使用 7 自由度（DOF）KUKA-LWR 机械臂抓取水罐的方法的应用。我们使用 7 自由度 KUKA-LWR 机械臂架在 3 自由度 KUKA-Omnirob 基座上执行调制笛卡儿轨迹仿真。我们使用阻尼最小二乘逆向运动学控制机器人的所有 10 个自由度。吸引子表示在水罐上手动标记的抓取点。该对象的三维模型取自机器人操作系统 IKEA 对象库。这种实现的训练数据是通过从指向这些抓取点的到达抓取（reach–to–grasp）运动的拖动示教中记录末端执行器位置 $x^i \in \mathbb{R}^3$ 来获得的，产生了一个三类问题。每个类由 75 个数据点表示，所有数据点都用于训练模型。图 4.8b 显示了用所给方法学习的等值面 $h_m(x)=0, m\in\{1,2,3\}$ 。图 4.8c 和图 4.8d 显示了机器人执行两个轨迹时，从两个位置开始，并收敛到不同的吸引子（抓取点）。图 4.8e 显示了物体周围的运动流。重要的是，生成每个轨迹点所需的时间与支持向量的数目 $O(s)$ 呈线性关系，其中 s 表示支持向量的数目。在机器人的实现中，共有 18 个支持向量，在 1000Hz 的频率下产生轨迹点，适合实时控制。

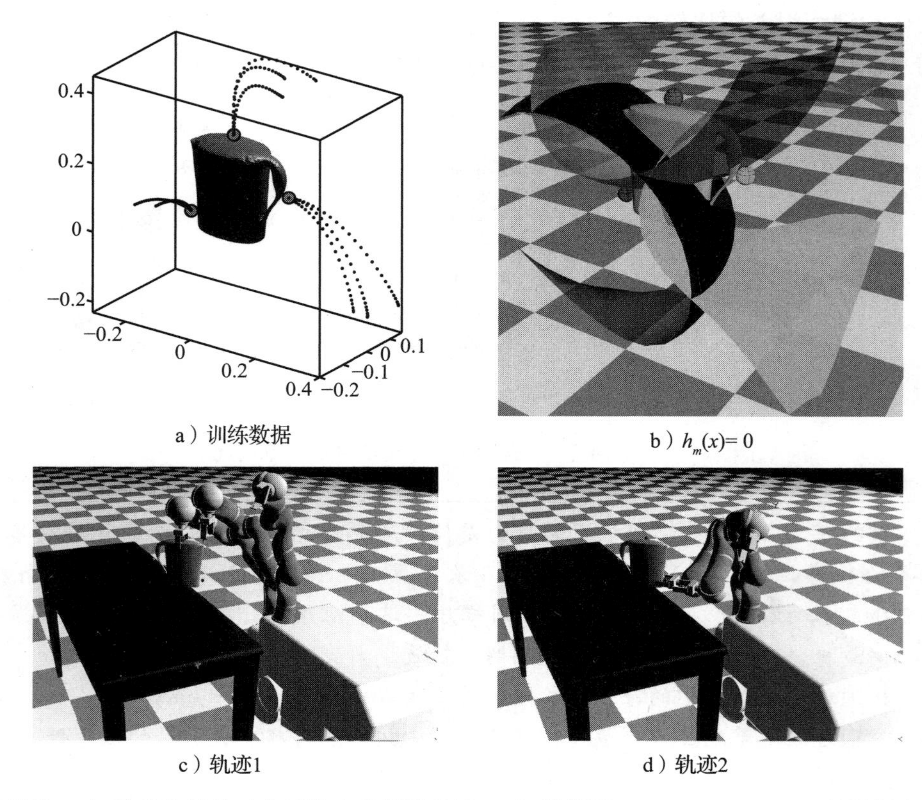

a）训练数据　b）$h_m(x)=0$

c）轨迹1　d）轨迹2

图 4.8　三维实验。a）手动选择的三个抓取点的训练轨迹。b）等值面 $h_m(x)=0$，$m=1,2,3$，以及相应吸引子的位置。在图 c 和图 d 中，机器人从不同位置开始执行生成的轨迹，从而收敛到不同的抓取点。e）完整的运动流程 [134]

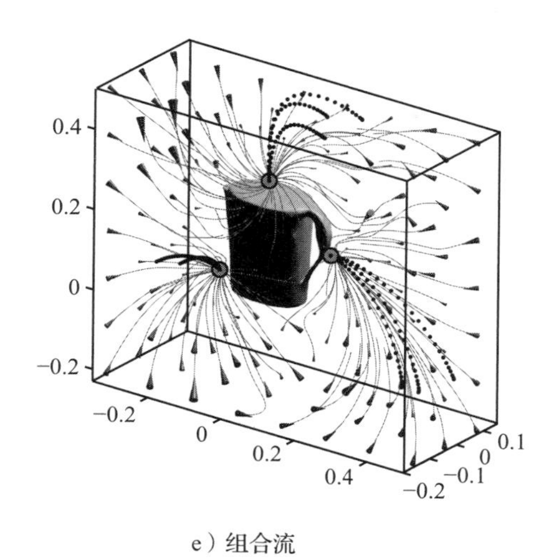

e）组合流

图 4.8　三维实验。a）手动选择的三个抓取点的训练轨迹。b）等值面 $h_m(x)=0$，$m=1,2,3$，以及相应吸引子的位置。在图 c 和图 d 中，机器人从不同位置开始执行生成的轨迹，从而收敛到不同的抓取点。e）完整的运动流程 [134]（续）

这种多吸引子的动态系统嵌入提供了一种可以快速生成新轨迹的理想方法。为了证明这种方法有多快，我们实现了这种方法，允许机器人在两个末端执行器姿态（关节空间的吸引子）之间切换，以便抓住一个掉落的瓶子。为此，KUKA 机械臂安装了一个三指的 Barrett 机械手。为了跟踪掉落的瓶子，我们使用了一组 12 个基于红外的 OptiTrack 相机，以每秒 250 帧的速度运行。一旦瓶子被释放，假设一个恒定的旋转和平移，我们计算其轨迹的线性近似。机器人嵌入了两个线性动态系统，以抓住瓶子的颈部或底部。吸引子是手动生成的，作为机械手的特定孔径。根据颈部和底部的宽度不同，我们选择两种尺寸的手指孔径。在运行时，机器人在两个吸引子之间切换。现场示教让 KUKA 机器人在 0.2s 内抓住掉落的瓶子可见本书网站上的视频。该实现的视频截图如图 4.9 所示。

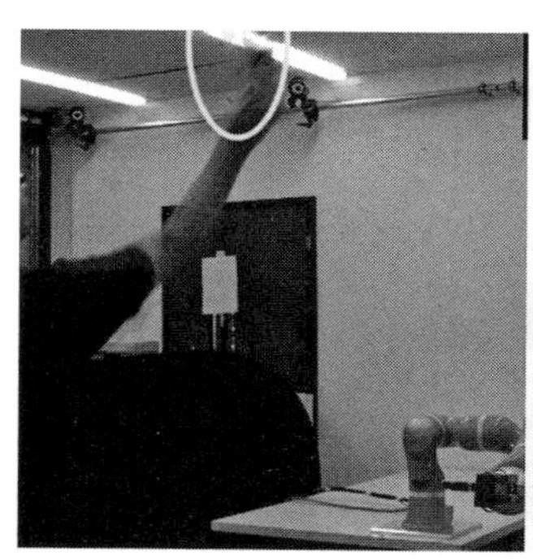
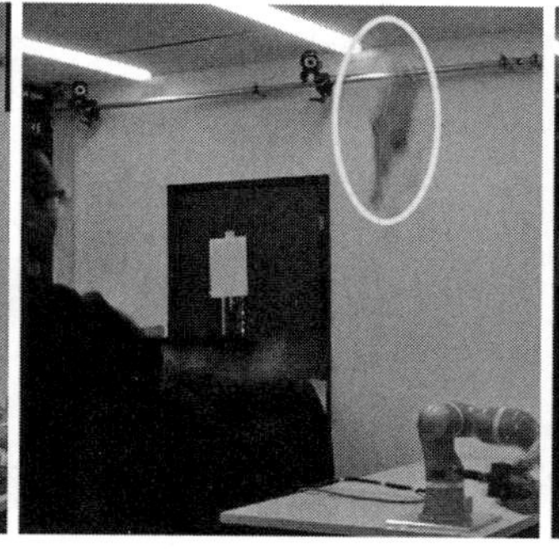
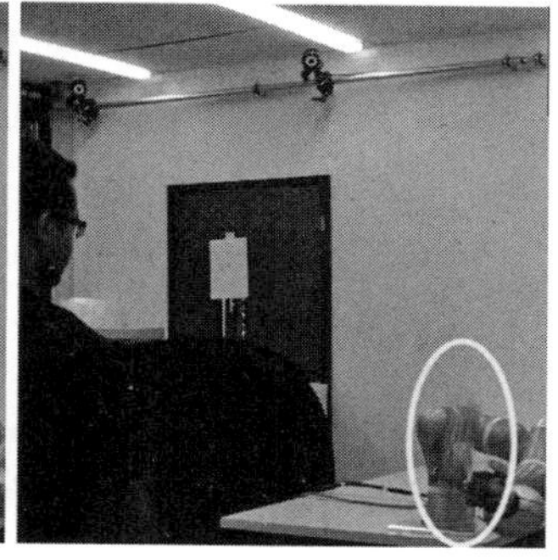

图 4.9　视频截图显示机器人快速接住掉落的瓶子

4.2　学习具有分岔的动态系统

动态系统的一个有趣的特性是，它们可以根据外部参数剧烈地改变动力学。这种剧烈的变化被称为分岔。分岔通常对应于从稳定动力学到不稳定动力学的突然变化。它也可能对应于两个稳定动力学的变化，但具有不同的吸引子类型。例如，系统可能从一个单一的定点吸引子动力学转变为一个极限环。这种分叉被称为 Hopf 分岔。在本节中，我们提出了一种学习嵌入 Hopf 分岔的动态系统算法，以便对不同类型的动力学进行编码，并在单个动态系统中提供跨越这些动力学的平滑过渡。我们学习了分岔参数，为控制提供了一种显式的方法，来控制对于运行时的动态变化。我们证明了用这种方法可以控制运动的速度、吸引子的位置和极限环的形状，并且可以通过这些不同的动力学在运行时进行切换[5]。

4.2.1　具有 Hopf 分岔的动态系统

我们将我们的模型简化为一阶动态系统模型，其中有一个分岔参数 μ。这里，我们考虑局部分岔，由此分岔处的动力学变化可以在平衡点或闭合轨道的邻域内研究（见附录）：

$$f:\mathbb{R}^N \to \mathbb{R}^N, \dot{x}=f(x,\mu), \quad x\in\mathbb{R}^N, \quad \mu\in\mathbb{R} \tag{4.9}$$

我们假定式（4.9）中的系统在 $\mu^*\in\mathbb{R}$ 处出现分岔，这样，对于 μ^* 附近的微小变化，系统引起拓扑变化，进而导致平衡类型从稳定不动点到极限环的变化。这种分岔可能发生在至少二维的系统中，其特征是出现从平衡点分岔的极限环，从而改变其稳定性。在 Hopf 分岔 [56] 和 Poincaré-Andronov-Hopf 分岔 [116] 的框架内对它们进行了广泛的研究。在这里，我们希望再现超临界 Hopf 分岔情形，当越过分岔值时，从稳定的平衡点出现稳定的极限环，从而平稳地跨越周期运动和离散运动。

练习 4.3　考虑以下二维动态系统：

$$\begin{aligned}\dot{x}_1 &= x_2 - x_1\mu \\ \dot{x}_2 &= -x_1 - x_2\mu\end{aligned} \tag{4.10}$$

通过 $\mu\in\mathbb{R}$ 参数化。

- 对于哪些 μ 值，你观察到吸引子的变化和指向吸引子的动力学？
- 绘制不同 μ 值的向量场。

编程练习 4.3　本编程练习的目的是使读者熟悉包含分岔的动态系统。打开 MATLAB 并将该目录设置为文件夹 ch4-multi-attractors/bifurcation，然后运行 ch4_ex3_bifurcation：

1. 对以下动态系统进行编程：

$$\begin{aligned}\dot{x}_1 &= -x_2 + x_1(\mu+\sigma(x_1^2+x_2^2)) \\ \dot{x}_2 &= x_1 + x_2(\mu+\sigma(x_1^2+x_2^2))\mu\end{aligned} \tag{4.11}$$

通过 μ，$\sigma\in\mathbb{R}$ 参数化。

2. 测试当两个分岔参数 μ 和 σ 取不同值时，动态系统相位图的变化。对于分岔参数的哪些值，你观察到动态系统稳定性的变化？

4.2.2　动态系统的期望形状

我们从一个动态系统的标准型开始，其中 $x\in\mathbb{R}^2$，$x=[x_1 \quad x_2]^{\mathrm{T}}$，在 μ=0 处给出了一个超临界 Hopf 分岔（参见 [52–53]）。我们通过将任务坐标 $x\in\mathbb{R}^2$ 转换为极坐标 $r\in\mathbb{R}^2$ 来简化系

统，极半径为 $\rho=\sqrt{x_1^2+x_2^2}$，极角为 $\theta=\tan\left(\frac{x_2}{x_1}\right)$：

$$f(\rho,\theta,\mu)=\begin{cases}\dot{\rho}=\rho(\rho^2-\mu)\\ \dot{\theta}=\omega\end{cases} \tag{4.12}$$

其中，μ 是分岔参数，$\omega\in\mathbb{R}$，$\omega\neq 0$ 是决定频率的开放参数（open parameter）。

如 [53] 所述，对于 $\mu>0$，分岔参数等于稳定极限环半径的平方 [6]。我们可以将分岔参数 μ 确定为稳定极限环半径平方的测度（$\mu>0$），对于 x_1，$x_2\in\Omega$，$\mu=\frac{a}{d}(x_1^2+x_2^2)$，其中 Ω 是动态系统的 ω– 极限集（即对于时间 $t_i\to\infty$，$f(x,\mu,t_i)\in\Omega$，如 [52] 所解释的不变点集），它包括吸引子或极限环，取决于 μ 的值。

我们的方法中重新定义二维动态系统时，保留了这种依赖关系，在为了简化，我们将分岔参数重命名为目标半径 ρ_0，定义为

$$\rho_0=\sqrt{x_1^2+x_2^2} \tag{4.13}$$

这一公式的灵感来自卫星围绕行星运动的动力学。这个系统的流线产生抛物线运动，这些运动要么稳定吸引子点（这里是系统的原点），要么在原点周围的极限环处转化为椭圆。该系统在极坐标下的能量 E 给出如下：

$$E(\dot{\rho},\dot{\theta},\rho)=\frac{N}{2}(\dot{\rho}^2+\rho^2\dot{\theta}^2)+U(\rho,\rho_0) \tag{4.14}$$

式中，$\dot{\rho}$、$\dot{\theta}$ 分别为径向速度和角速度，N 为系统的常惯量。U 是系统的势函数，由轨道半径参数化，由

$$U(\rho)=\frac{K_\rho}{2}(\rho-\rho_0)^2 \tag{4.15}$$

给出。

练习 4.4　表明势函数 U 由式（4.15）给出。提示：你可以从写出系统的完整能量（即动能和势能的组成）开始。

取势函数的导数 $\mathrm{d}U(\rho)=K_U(\rho-\rho_0)$，我们计算极坐标下关于 ρ_0 的动力学

$$f(\rho,\theta,\rho_0)=\begin{cases}\dot{\rho}=-\sqrt{M}(\rho-\rho_0)\\ \dot{\theta}=Re^{-M^2(\rho-\rho_0)^2}\end{cases} \tag{4.16}$$

$M=\frac{1}{2N}>0$ 是调节吸引力强度的参数，可用于调节机器人移动的速度。从式（4.16）可以看出，在 $\rho=\rho_0$ 处，极半径的微分方程消失了。极角 θ 的微分方程在数值上仅在 ρ_0 附近与 0 不同，而 ρ_0 是由 M 定义的。因此，参数 M 决定了收敛到极限环的速度和动力学开始向稳定椭圆旋转的距离。最后，$R\in\mathbb{R}$ 是一个附加参数，它允许人们很容易地改变角速度（例如，通过增加一倍 R，速度将增加一倍），以及反转动力学绕极限环的旋转。因此，通过对 M 和 R 的调制，可以控制设计的动态系统的收敛速度和最大速度。此外，当从示教中学习

M 和 R 时，获得的动态系统捕获示教轨迹的速度极限。图 4.10a 显示了在二维中引入动态系统的一个例子中的这三个参数，图 4.11a 显示了用于仿真的机器人上的动态系统的例子。

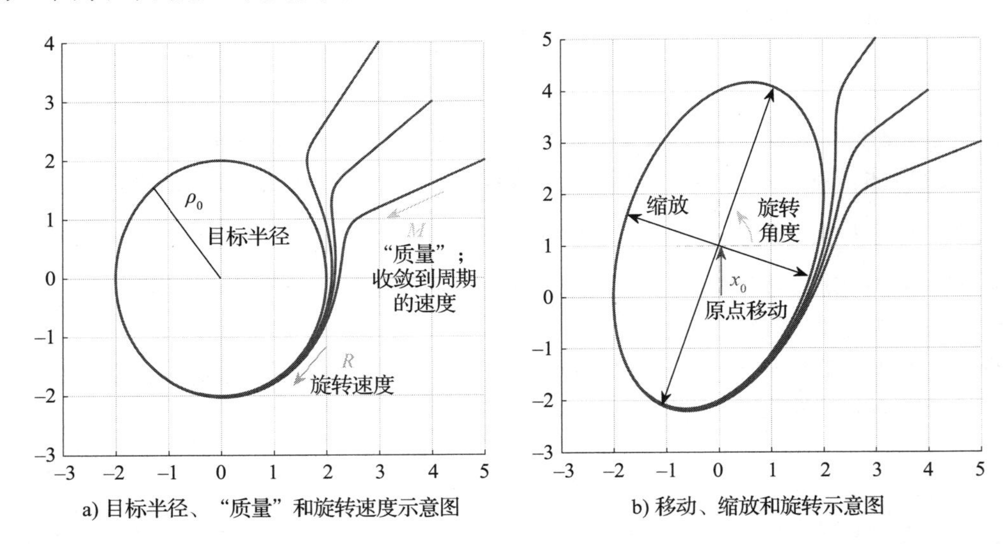

a) 目标半径、"质量"和旋转速度示意图

b) 移动、缩放和旋转示意图

图 4.10　需要学习的轨迹和参数的实例 [69]

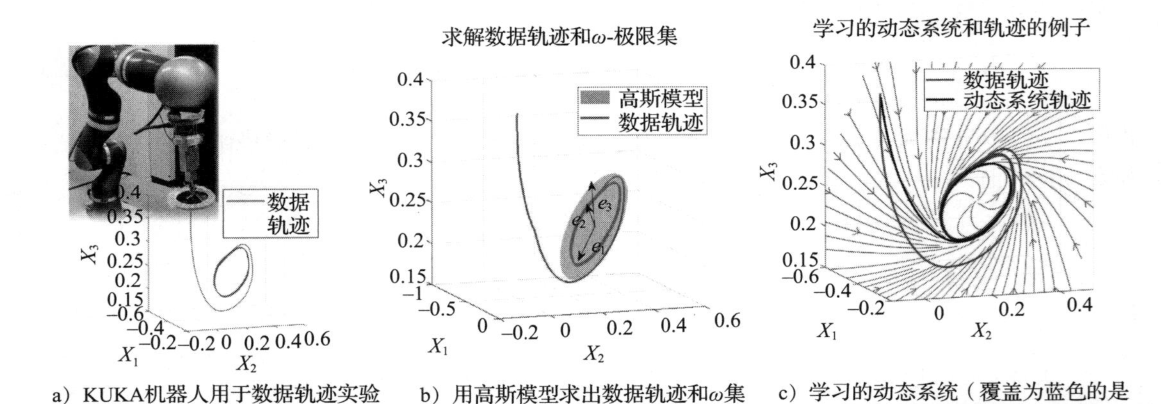

a）KUKA机器人用于数据轨迹实验

b）用高斯模型求出数据轨迹和ω集

c）学习的动态系统（覆盖为蓝色的是周期定义的平面）和轨迹的再现

图 4.11　旋转和优化结果的高斯模型示例 [69]

通过约束 $\rho_0 \geqslant 0$，我们有两个行为：

- 对于 $\rho_0 = 0$，原点是稳定的焦点。
- 对于 $\rho_0 > 0$，出现半径 ρ_0 的稳定极限环。

练习 4.5　将式（4.16）的系统扩展到三维。提示：用球坐标代替极坐标。

4.2.3　两步优化

假设我们已经收集了采样轨迹的数据集作为要学习的动态系统的示例，为了从式（4.16）中识别动态系统的参数，我们使用两次最小二乘法：

$$
\begin{aligned}
&1.\min \| -\sqrt{2M}(\rho_{\text{data}}-\rho_0)-\dot{\rho}_{\text{data}} \|^2 \\
&2.\min \| Re^{-4M^2(\rho_{\text{data}}-\rho_0)^2}-\dot{\theta}_{\text{data}} \|^2
\end{aligned}
\tag{4.17}
$$

约束 $\rho_0 \geqslant 0$，$M>0$。

$\rho_{\text{data}}, \dot{\rho}_{\text{data}}$和$\dot{\theta}_{\text{data}}$分别是数据 x 的半径、径向速度和（方位角）角速度，在二维情况下极坐标 $r=[\rho,\theta]$，在三维情况下，球坐标 $r=[\rho,\varphi,\theta]$。该优化在三维中是相同的（即 $x\in\mathbb{R}^3$，其中 $x=[x_1\ x_2\ x_3]^{\mathrm{T}}$），半径是 $\rho=\sqrt{x_1^2+x_2^2+x_3^2}$，径向速度 $\dot{\rho}$ 已经解释了 x_3 的变化。

通过重复这两个步骤，直到误差低于一个固定的阈值，我们找到参数 ρ_0，M 和 R。

当使用实际数据时，缩放和旋转示教以使二维空间变得与平面平行通常是很重要的。这可以使用高斯混合模型和主成分分析来完成，如图 4.12 所示。算法 4.1 给出了从缩放、移位、旋转到优化的完整算法的伪代码。

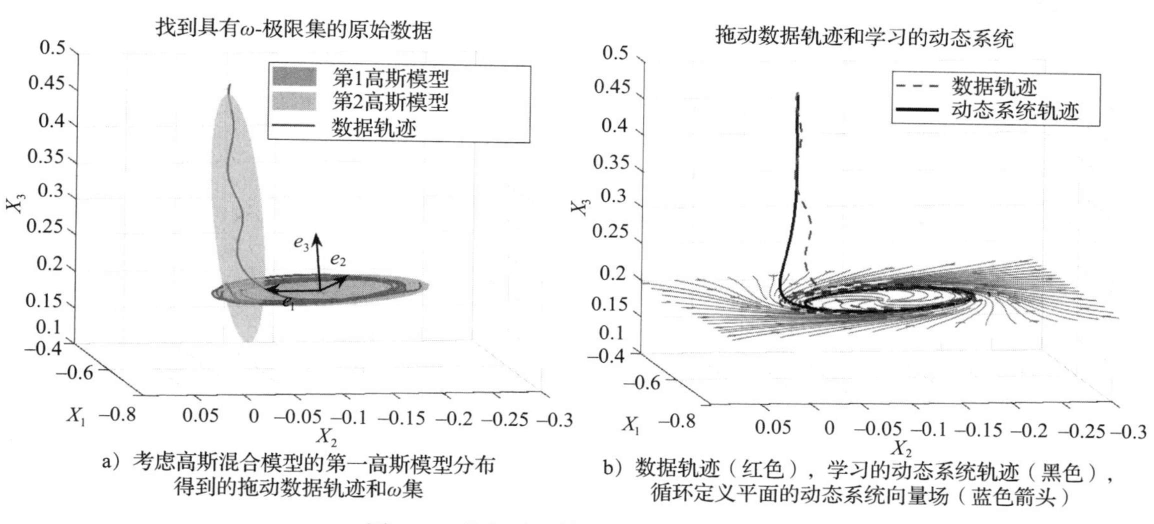

a）考虑高斯混合模型的第一高斯模型分布得到的拖动数据轨迹和ω集

b）数据轨迹（红色），学习的动态系统轨迹（黑色），循环定义平面的动态系统向量场（蓝色箭头）

图 4.12　从拖动示教中学习动态系统 [69]

算法 4.1　优化步骤

输入： $\{\boldsymbol{x}_{\text{data}}, \dot{\boldsymbol{x}}_{\text{data}}\}=\{x^i_{\text{data}}, \dot{x}^i_{\text{data}}\}_{i=1}^M$ 为M个数据点。　▷数据
输出： $\{\rho_0, M, R, \boldsymbol{a}, x_0, \theta_0\}$。　▷估计参数
1: 求ω-极限集的高斯模型。
2: **if** 极限环在空间上旋转，**then** 用主成分分析求出坐标系旋转矩阵，从旋转矩阵求出欧拉角θ_0。将x_{data}乘上旋转矩阵。
3: **else**
　设置欧拉角θ_0为[0 0 0]。
4: **end if**
5: **procedure**　转换为球坐标（$\boldsymbol{a}, \boldsymbol{x}_{\text{data}}, x_0, \dot{\boldsymbol{x}}_{\text{data}}$）。
　$\boldsymbol{r}_{\text{data}}=$ `2Spherical`$(\boldsymbol{a}(\boldsymbol{x}_{\text{data}}+x_0))$
　$\dot{\boldsymbol{r}}_{\text{data}}=$ `2SphericalVelocity`$(\dot{\boldsymbol{x}}_{\text{data}}, \boldsymbol{a}(\boldsymbol{x}_{\text{data}}+x_0))$
6: **end procedure**
7: **while**　错误 > 阈值 **do**
　$\min \| -\sqrt{2M}(\rho_{\text{data}}-\rho_0)-\dot{\rho}_{\text{data}} \|^2$,
　$\min \| Re^{-4M^2(\rho_{\text{data}}-\rho_0)^2}-\dot{\theta}_{\text{data}} \|^2$,
　$u.c.\quad \rho_0\geqslant 0,\quad M>0$
8: **end while**

4.2.4 非线性极限环的扩展

前面给出的系统是线性的。为了扩展二阶动态系统的学习方法，需要非线性极限环，我们可以使用微分同胚映射的概念。其原理是学习从原始空间到另一个动力学为线性的空间的双向映射。在这里，我们寻求学习映射函数 $s(\cdot)$ 将非线性动态系统发送到一个动态系统呈现线性的空间。我们从式（4.16）中的动态系统开始。这是我们的基本线性动态系统。我们搜索一个微分同胚映射，从这个基础振荡器到所需的非线性极限环，然后再返回。

对于极限环和相位振荡器，根据相位角缩放极半径足以将极限环变为非线性极限环 [2]。因此，我们假设存在一个基于相位的径向映射函数 $s(\theta)$，将式（4.16）中获得的线性动态系统缩放到期望的非线性极限环

$$\rho_n = s(\theta)\rho_b \tag{4.18}$$

式中，ρ_b 和 ρ_n 分别是基础和非线性极限环的半径。为了获得更好的可读性，我们在 ρ_n 中去掉下角标 n，并将 $s(\theta)$ 称为 s。给定此条件，如果 $\forall\theta: s \neq 0$ 且 s 至少可微一次，则 s 将定义期望微分同胚映射的雅可比行列式 [2]。为了形成非线性动态系统，我们可以求解式（4.18）的导数：

$$\dot{\rho}(\rho,\theta) = s\dot{\rho}_b\left(\frac{\rho}{s}\right) + \frac{\rho}{s}\frac{\partial s}{\partial\theta}\dot{\theta}\left(\frac{\rho}{s}\right) \tag{4.19}$$

将式（4.19）代入式（4.16），我们得到非线性极限环的表达式：

$$\begin{cases} \dot{\rho} = -\sqrt{M}(\rho - s\rho_0) + \dfrac{R\rho}{s}\dfrac{\partial s}{\partial\theta}e^{-M^2\left(\frac{\rho}{s}-\rho_0\right)^2} \\ \dot{\theta} = Re^{-M^2\left(\frac{\rho}{s}-\rho_0\right)^2} \end{cases} \tag{4.20}$$

与式（4.16）相比，式（4.20）增加了 s 的提取和 $\partial s/\partial\theta$ 的实时计算。

微分同胚映射的学习可以使用高斯混合模型来完成，该高斯混合模型估计原始空间和投影空间中速度的联合密度。从一个到另一个的映射可以通过对模型进行条件化来获得。图 4.13 说明了通过微分同胚映射学习非线性动态系统所遵循的步骤。

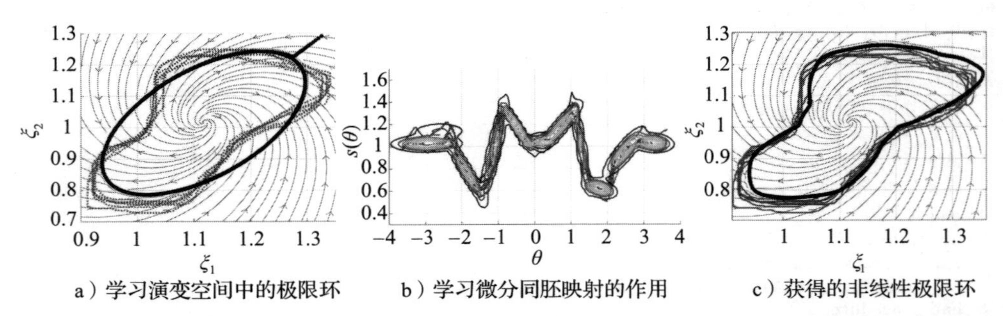

图 4.13　从一组示教中学习非线性极限环的过程。a）学习与示教数据最接近的线性极限环的结果。b）利用高斯混合回归学习微分同胚映射的映射函数，然后将得到的线性极性动态系统转化为期望的极限环。c）通过对学习到的线性极限环进行演变而得到的非线性极限环 [69]

该方法在合成数据和实际数据中的实现可在补充代码中获得（见编程练习 4.4 和图 4.14）。

4.2.5 机器人实现

在本小节中，我们展示了一个使用具有分岔的学习得到的动态系统来控制机器人的例子。机器人的任务是从执行指向吸引子的点到点运动切换到极限环并返回。任务是从一个物体移动到另一个物体，并依次擦拭这两个物体。由于物体有不同的尺寸，这就需要改变相关极限环的半径，可以用 ρ_0 来控制。要擦拭正确的物体可以通过改变动态系统的方向 θ_0 和原点 x_0 来完成，将后者放在需要擦拭的区域的中间。

对于这个任务，我们使用了一个 7 自由度的 KUKA LWR4+ 机械臂安装了一个擦拭工具（如图 4.14a 所示），然后在运行时通过切换到每个任务段以获得期望对象和行为来修改控制器。在第一段中，线性动态系统被用来生成期望的速度轨迹，而不是式（4.16）中学习得到的动态系统。在第二段中，我们从线性动态系统切换到极限环模式下的学习得到的动态系统集。

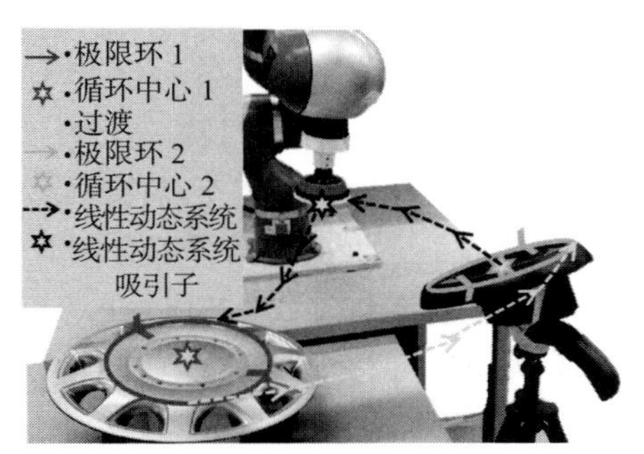

a）动态系统上进行硬而平滑的过渡以擦拭两个物体

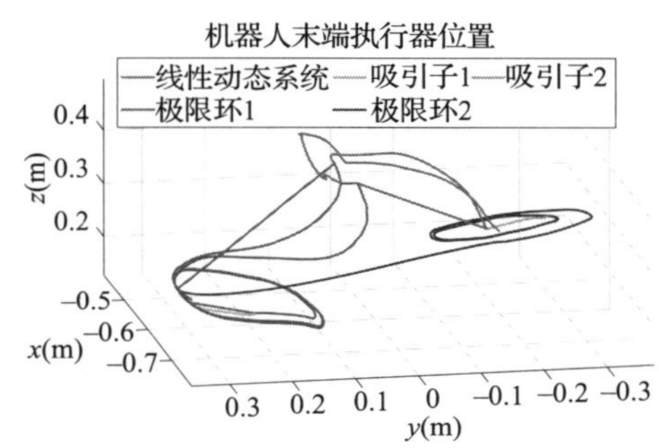

b）在每个任务段上定位机器人的轨迹

图 4.14　一个机器人任务的例子。在线性二阶动态系统（黑色）和分岔动态系统（红 / 蓝线）之间有硬切换，用于擦拭两个不同方向和直径的物体的表面。通过改变 ρ_0、x_0 和 θ_0 在极限环和吸引子内发生切换 [69]

用分岔代替跨极限环和线性动态系统的切换是有利的，因为它保证了控制函数的连续性。

编程练习 4.4　本编程练习允许读者使用具有分岔的动态系统的学习方法，并测试其对超参数选择的敏感性。打开 MATLAB 并将目录设置为 `ch4-Multi-attractors` 文件夹。

1. 选择选项 3 加载真实数据，测试算法对高斯函数个数的敏感性。对于每个数据集，确定最佳数目。

2. 选择选项 4 绘制数据并生成具有单个定点吸引子或极限环的动态系统示例。算法对绘图的位置和方向敏感吗?

3.（可选）通过取消最后几行代码的注释，将性能与另一种技术（即 DMP）进行比较。

第 5 章

Learning for Adaptive and Reactive Robot Control: A Dynamical Systems Approach

学习控制律序列

基于动态系统的控制律作为运动发生器的一个主要优点是其固有的对扰动的鲁棒性，如前几章所示，无论机器人（或目标）被扰动多少次，控制器都会引导机器人最终到达目标。然而，当机器人在任务执行过程中受到干扰时，它可能无法实现当前任务的一些高级要求/目标，例如：（i）精确地跟随（或跟踪）用于学习动态系统的参考轨迹和（ii）到达对完成任务可能至关重要的点或子目标。

在本章中，我们提供了一些方法，这些方法赋予控制器完成任务目标（i）和（ii）的能力，同时保持状态依赖并满足收敛保证。通过将机器人的任务建模为一个*动态系统序列*，我们假设（i）和（ii）可以通过动态系统运动生成范式来实现。下面我们将详细介绍其原理。

跟踪参考轨迹。如图 5.1 所示，非线性动态系统（如第 3 章所述）学习空间中的许多轨迹，所有这些轨迹都指向吸引子。当机器人精确地跟随示教的轨迹并引起扰动时，该算法不会使系统返回示教的轨迹，而是简单地让机器人通过一个可选择的轨迹到达吸引子。因此，如果精确地遵循一个参考轨迹是任务的目标，这样的方法就会失败。

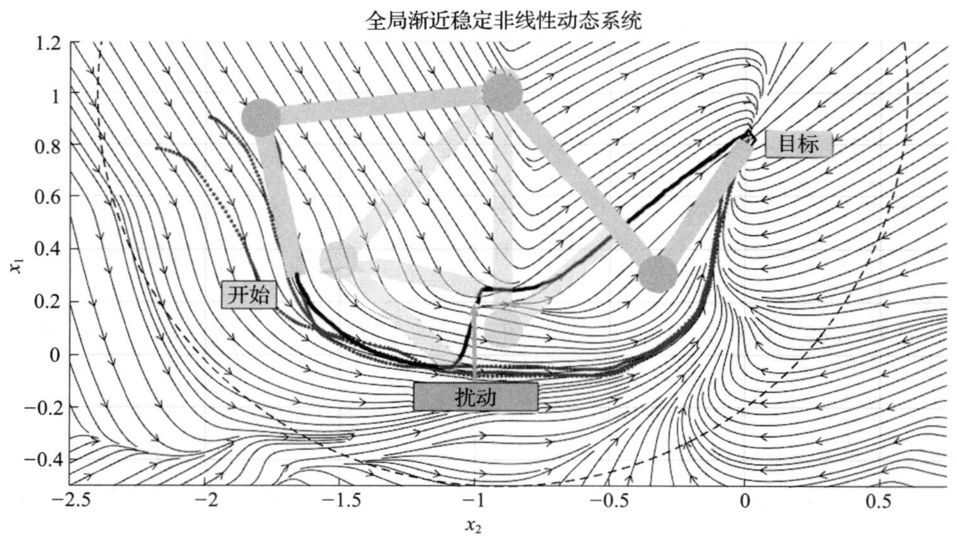

图 5.1　机器人由第 3 章介绍的一阶非线性动态系统引导的示例。尽管机器人在受到扰动后到达目标，但它不能遵循用于学习动态系统的参考轨迹（红色）。黑色轨迹表示模拟机器人末端执行器的轨迹

在 5.1 节中，我们引入了一个动态系统公式，它能够在参考示教的周围具有轨迹跟踪行为，同时在一个最终吸引子处保持全局渐近稳定性。这种动态系统公式被称为局部活动全局稳定动态系统（LAGS-DS），它将复杂的非线性运动描述为*局部虚吸引子动力学序列*。这些局部动力学编码了非线性参考轨迹周围线性区域内不同的轨迹跟踪行为。此外，它们是*虚拟的*，因为如果

机器人在局部活动区域内，动态系统不会停止在局部吸引子上，而是平稳地通过它们。

到达通过点。如果到达和停在中间目标是任务的目标（如图5.2所示），那么任务可以被建模为一个单吸引子非线性动态系统序列，如第3章所介绍的，其中每个非线性动态系统的吸引子位于中间目标。这种中间目标通常被称为通过点。因此，挑战在于确定跨越每个非线性动态系统的转换机制。

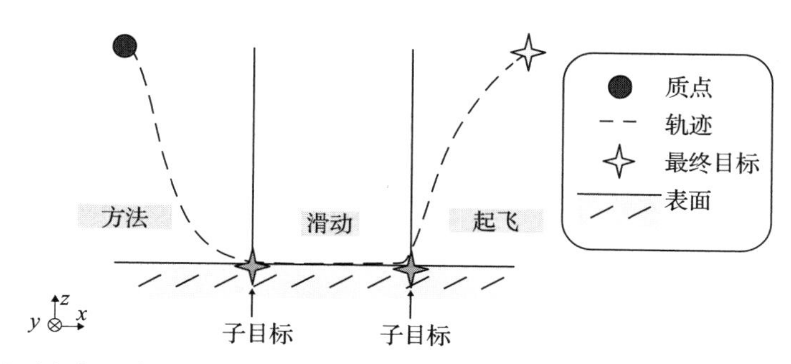

图5.2 涉及机器人（由点–质量表示）在收敛到最终目标之前到达一系列子目标（即质点）的任务的说明性示例

在5.2节中，我们介绍了一种基于隐马尔可夫模型（HMM）的公式，它以概率的方式对非线性动态系统进行排序。我们将这种方法称为隐马尔可夫模型–线性变参（HMM-LPV），因为它使用了第3章介绍的动态系统的线性变参表达式。我们证明了我们可以确保每个动态系统在其相应吸引子处的稳定性保证是在整个任务排序过程中保存的。因此，整体动态可以保证通过每一个通过点进行转换。

说明：为了遵循本章的规定，必须复习第3章。此外，为了更好地理解5.2节，如果你不熟悉隐马尔可夫模型和隐马尔可夫模型参数估计的Baum-Welch算法，我们建议阅读[17]和[117]。

5.1 学习局部活动全局稳定动态系统

如果机器人是柔性的，则会出现用动态系统运动发生器跟踪参考轨迹的问题。在图5.1中，我们展示了通过一组示教（红色轨迹）学习的动态系统，这些示教引导通过基于动态系统的阻抗控制律控制的二维机器人的末端执行器的运动（参见第10章）。在没有任何外部扰动的情况下，如果机器人在参考轨迹的初始点附近开始运动，它可以精确地跟随参考轨迹所描绘的运动。然而，如果机器人一直受到扰动，它将遵循下一个从扰动状态开始的积分曲线$f(x)$。机器人将到达目标，而不考虑状态空间中它被扰动的区域。然而，它将不再忠实地遵循参考轨迹。

为了提供类似“轨迹跟踪”的行为，同时在控制级别上保持柔性，这种行为应该在动态系统本身中编码。为了实现这一点，我们需要动态系统$f(x)$，对称地收敛到参考轨迹（或多个轨迹），如图5.3所示。正如我们可以看到的，该动态系统在阴影区域内表现出定性上类似于参考轨迹周围的刚性吸引的行为。当机器人被扰动且仍在阴影区域内时，$f(x)$的积分曲线将把机器人引导到参考轨迹。另一方面，如果机器人表现出较大的扰动，积分曲线$f(x)$将引导机器人向目标方向移动。这种局部吸引行为可用于超越点到点运动的应用，例如柔性操作（其中动态系统可以在状态空间的局部区域中表现出不同的参考轨迹吸引行为）或教一个浮基机器人在受限环境中导航（见图5.4）。

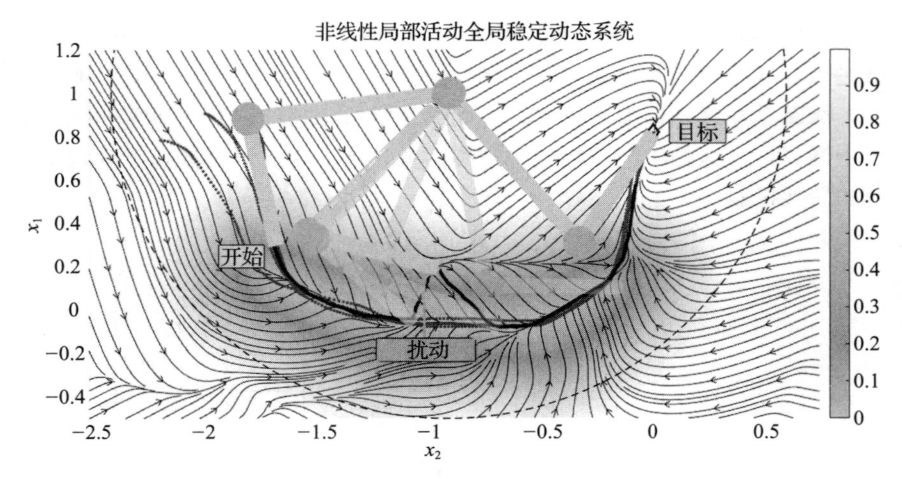

图 5.3 一个 2 自由度机械臂被一个局部活动全局稳定动态系统引导的说明性例子，它不仅对称地收敛到参考轨迹（红色），而且到达目标

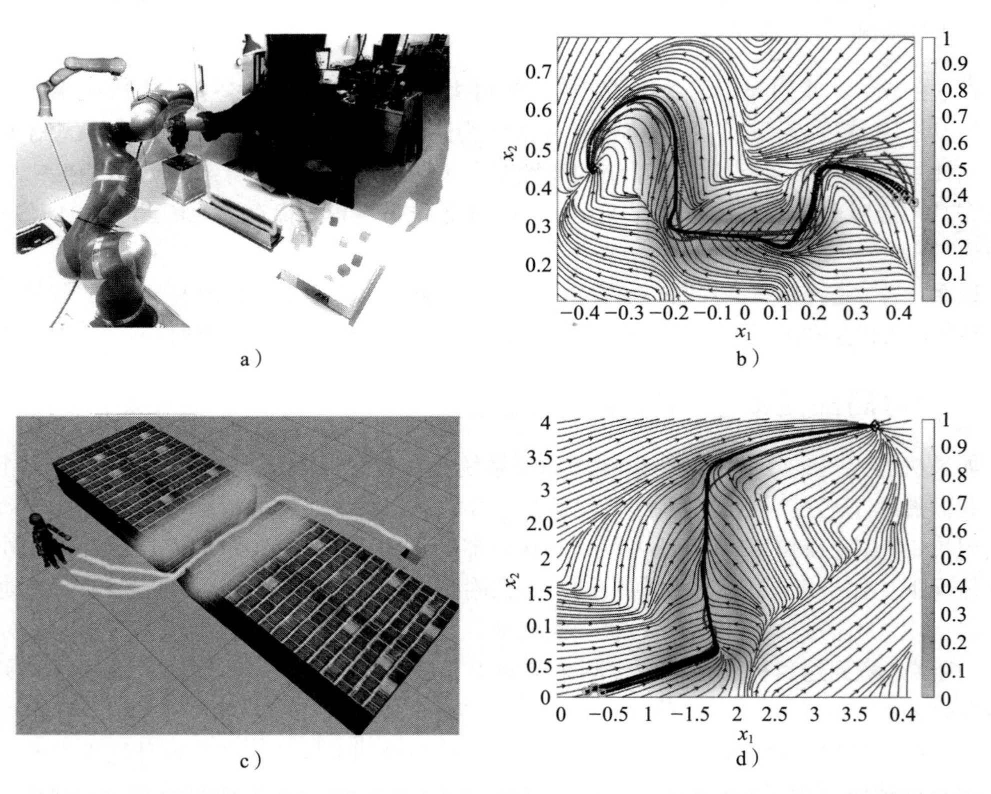

图 5.4 希望局部活动全局稳定动态系统在状态空间（图 a 和图 b）和操作（图 c 和图 d）运动的阴影区域编码轨迹跟踪行为的场景

为了提高可读性，在本节中，我们将介绍以下变量和表示法：

符号

$x_g^* \in \mathbb{R}^N$ 全局吸引子

$x_l^* \in \mathbb{R}^N$ 单一的局部虚吸引子

$x_k^* \in \mathbb{R}^N$	第 k 个局部虚吸引子
$\tilde{x}_g = (x - x_g^*)$	机器人当前状态 x 和 $x_g^* \in \mathbb{R}^N$ 间的误差向量
$\tilde{x}_l = (x - x_l^*)$	机器人当前状态 x 和 $x_l^* \in \mathbb{R}^N$ 间的误差向量
$\tilde{x}_k = (x - x_k^*)$	机器人当前状态 x 和 $x_k^* \in \mathbb{R}^N$ 间的误差向量
$f_g(\cdot): \mathbb{R}^N \to \mathbb{R}^N$	具有吸引子 $x_g^* \in \mathbb{R}^N$ 的全局动态系统
$f_l(\cdot): \mathbb{R}^N \to \mathbb{R}^N$	具有吸引子 $x_l^* \in \mathbb{R}^N$ 的局部动态系统
$f_l^k(\cdot): \mathbb{R}^N \to \mathbb{R}^N$	具有吸引子 $x_k^* \in \mathbb{R}^N$ 的第 k 个的局部动态系统

下面定义了局部活动全局稳定动态系统背后的主要思想（另见图 5.5）：

设 $f_g(x)$ 是一个全局 / 名义上全局动态系统，它应该严格收敛于全局吸引子 x_g^*，如图 5.5a 所示。对于 k=1,⋯,k，我们还有一组局部动态系统 $f_l^k(x)$，如图 5.5b ～ d 所示，它们在局部虚吸引子 $x_k^* \neq x_g^*$ 周围表现出特定的轨迹跟踪行为。最后，我们有一组局部激活区域，指示局部动态系统 $f_l^k(x)$ 应该在哪里激活。局部活动全局稳定动态系统的目标是根据 $f_g(x)$ 演化的，在 $f_g(x)$ 中，局部激活区域是不活跃的，而在它们活跃的区域中，状态根据局部激活动态系统 $f_l^k(x)$ 演化。在没有扰动的情况下，如果状态处于局部活跃区域，它将通过局部虚吸引子 x_k^* 和 $f_g(x)$ 或另一局部动态系统，最终到达全局吸引子 x_g^*。

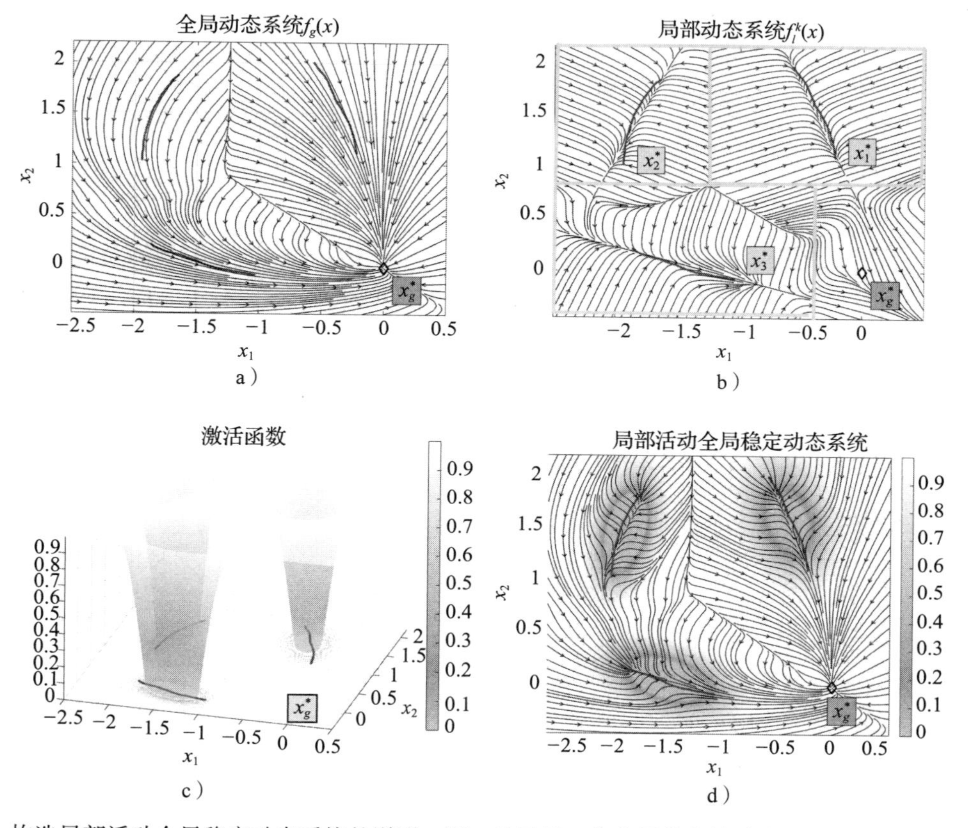

图 5.5 构造局部活动全局稳定动态系统的说明。图 a 显示了一个全局稳定的动态系统。图 b 显示了对应于每个线性参考轨迹的局部二阶动态系统集。图 c 显示了局部动态系统的激活区域，图 d 显示了由此产生的局部活动全局稳定动态系统

我们从 5.1.1 节开始，描述一个具有单个局部活动区域的线性局部活动全局稳定动态系统公式。我们利用本节的理论结果引入了一个具有多个局部活动区域的非线性局部活动全局稳定动态系统公式（5.1.2 节）[1]。

5.1.1　具有单个局部活动区域的线性局部活动全局稳定动态系统

在给定一组线性参考轨迹 $\{\boldsymbol{X},\dot{\boldsymbol{X}}\}=\{X^m,\dot{X}^m\}_{m=1}^M=\{\{x^{t,m},\dot{x}^{t,m}\}_{t=1}^{T_m}\}_{m=1}^M$ 的情况下，我们试图设计一个动态系统，它的全局动力学行为由 $\{\boldsymbol{X},\dot{\boldsymbol{X}}\}$ 所描述的整体运动模式形成，并收敛于 x_g^*(即$f_g(x)$) 上，同时对称地在状态空间的局部激活区域中收敛到线性参考轨迹。为了实现这一要求，我们提出以下线性局部活动全局稳定动态系统公式：

$$\dot{x}=\underbrace{\alpha(x)f_g(x)}_{\text{全局动力学}}+\underbrace{\bar{\alpha}(x)f_l(h(x),x)}_{\text{局部动力学}} \tag{5.1}$$

这里，$f_l(\cdot)$ 表示由分区函数 $0\leqslant H(x)\leqslant 1$ 参数化的局部活动动力学。此外，$\alpha(x):\mathbb{R}^M\to\mathcal{R}$ 是 $\alpha(x)\in[0,1]$ 范围内的连续激活函数，表示状态空间中局部动力学活动的区域，$\bar{\alpha}(x)=(1-\alpha(x))$。当 $\alpha(x)$=1 时，全局动态系统$f_g(x)$被激活，而当 $\alpha(x)$=0 时，局部动态系统 $f_l(\cdot)$ 被激活（见图 5.6）。当 $\alpha(x)\in(0,1)$ 时，这将导致$f_g(x)$ 和$f_l(\cdot)$ 的混合。其次，我们描述了式（5.1）中每个项的性质和作用，以及全局渐近稳定的推导。

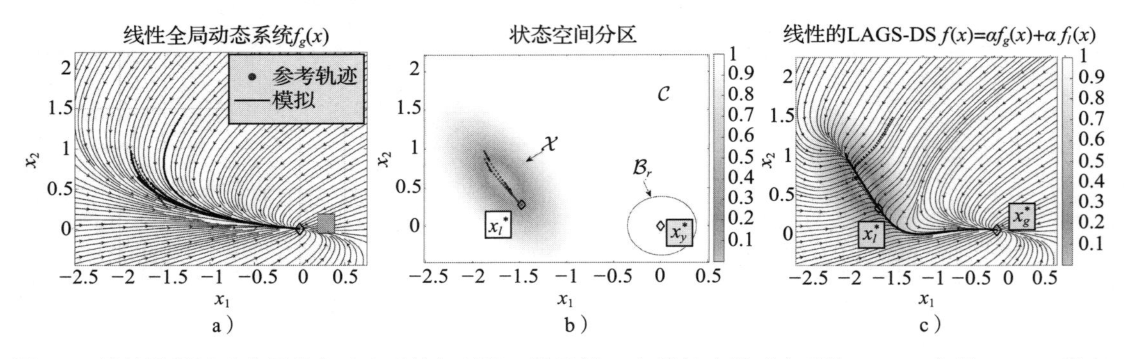

图 5.6　线性局部活动全局稳定动态系统解释的二维示例。a）线性全局动态系统，$f_g(x)$[方程 (5.2)]，具有参考轨迹的形状。b）通过激活函数 $\alpha(x)$(5.3) 进行状态空间分区。c）具有对称收敛局部动力学的线性局部活动全局稳定动态系统 [方程 (5.1)]。

全局动力学。$f_g(x)$ 是一个线性动态系统，其形式如下：

$$f_g(x)=A_gx+b_g \tag{5.2}$$

式中，$A_g\in\mathbb{R}^{M\times M}$ 和 $b_g=-A_gx_g^*$。这个动态系统的作用是将全局收敛行为强加给 x_g^*。确保这种收敛的技术将在第 3 章讨论。

激活函数。当 $\alpha(x)<1$ 时，激活函数 $\alpha(x)$ 激活局部动力学。也就是说，仅在紧集 $\mathcal{X}\subset\mathbb{R}^M$ 中（见图 5.1）。另一方面，在收敛区域 $\mathcal{C}\subset\mathbb{R}^M$ 和中心在 x_g^* 处半径为 r 的球 $\mathcal{B}_r$ 中，局部动力学是不活跃的，而全局动态系统引导运动，即当 $\alpha(x)$=1 时。我们将此激活函数参数化如下：

$$\alpha(x)=(1-r(x))\left(1-\frac{1}{Z}\mathcal{N}(x\mid\mu,\tilde{\Sigma})\right)+r(x) \tag{5.3}$$

式中，μ 和 $\tilde{\Sigma}$ 是计算得到作为参考位置轨迹 $\{\boldsymbol{X}\}$ 的样本均值和重新调整协方差矩阵的高斯分布的参数，通过调节 $\tilde{\Sigma}$ 的特征值，激活区域可以被放大或缩小。$Z=\mathcal{N}(\mu\,|\,\mu,\tilde{\Sigma})$ 是一个归一化因子，它使参考轨迹上的概率值变平，使得在紧集 $\mathcal{X}$ 内 $\alpha(x)\approx 0$ 的区域变宽。最后，$r(x)$ 为

$$r(x)=\exp(-c\,\|\,x-x_g^*\,\|) \tag{5.4}$$

它是一个以 $\mathcal{B}_r$ 的 x_g^* 为中心的径向指数函数，c 与 $\mathcal{B}_r$ 的半径 r 成正比，区域 $\mathcal{B}_r$ 内强制 $\alpha(x)=1$。

Lyapunov 候选函数方程。为了确定对于式（5.1）的全局渐近稳定的充分条件，我们提出以下 Lyapunov 候选函数：

$$V(x)=\tilde{x}_g^{\mathrm{T}}P_g\tilde{x}_g+\beta(x)(\tilde{x}_g^{\mathrm{T}}P_l\tilde{x}_l)^2 \tag{5.5}$$

其中，

$$\beta(x)=\begin{cases}1,\forall x:\tilde{x}_g^{\mathrm{T}}P_l\tilde{x}_l\geqslant 0\\0,\forall x:\tilde{x}_g^{\mathrm{T}}P_l\tilde{x}_l<0\end{cases} \tag{5.6}$$

式（5.5）属于 $\mathcal{C}^1$ 类且径向无界，$P_g=P_g^{\mathrm{T}},P_l=P_l^{\mathrm{T}}\succ 0$ 都是对称正定矩阵。式（5.5）中的第一项是以全局吸引子 x_g^* 为中心的标准参数化二次 Lyapunov 函数，而第二项是由局部虚吸引子 x_l^* 形成并通过 $\beta(x)$ 激活的非对称局部参数化二次 Lyapunov 函数。式（5.5）遵循 [75] 中提出的非对称二次函数加权和的形式。因此，我们将式（5.5）称为动力学驱动的非对称二次函数加权和，因为它是由所期望动力学（式（5.1））中的全局虚吸引子 x_g^* 和局部虚吸引子 x_l^* 参数化的。

局部活动动力学。式（5.1）中的 $f_l(\cdot)$ 分量表示在局部活动区域中诱导期望的吸引行为的动力学。我们设计 $f_l(\cdot)$，使得在紧集 $\mathcal{X}$ 内不存在平衡点（即局部虚吸引子 x_l^* 消失）。为了实现这一点，我们提出了 $f_l(\cdot)$ 作为*局部活动动态系统*和*局部偏转动态系统*的加权组合。两者都以 x_l^* 为中心，并通过超平面分区函数 $h(x)$ 进行调制，如下所示（其中 $\bar{h}(x)=1-h(x)$）：

$$f_l(h(x),x)=h(x)f_{l,a}(x)+\bar{h}(x)f_{l,d}(x)-\lambda(x)\nabla_x h(x) \tag{5.7}$$

局部活动动态系统 $f_{l,a}(x)$ 定义为

$$f_{l,a}(x)=A_{l,a}x+b_{l,a} \tag{5.8}$$

为了诱导对参考轨迹 $\{\boldsymbol{X}^l,\dot{\boldsymbol{X}}^l\}$ 的局部吸引行为，式（5.8）的参数构造如下：

$$A_{l,a}=U_{l,a}\Lambda_{l,a}U_{l,a}^{\mathrm{T}},b_{l,a}=-A_{l,a}x_l^* \tag{5.9}$$

对于

$$U_{l,a}=[\bar{x}_0,\bar{x}_{0_\perp}^1,\cdots,\bar{x}_{0_\perp}^{M-1}],\Lambda_{l,a}=\mathrm{diag}([\lambda_{l,a}^1,\cdots,\lambda_{l,a}^M]) \tag{5.10}$$

式中，$\bar{x}_0\in\mathbb{R}^{M\times 1}$ 是参考轨迹向局部虚吸引子 x_l^* 的运动方向，$\bar{x}_{0_\perp}^i\in\mathbb{R}^{M\times 1}$ 是指向参考轨迹收敛的方向的正交向量。通过对 $\lambda_{l,a}^i<0$ 进行赋值，我们可以得到 $A_{l,a}\prec 0$。为了保证对称收敛于参考轨迹，特征值必须满足条件 $|\kappa_i\lambda_{l,a}^i|>|\lambda_{l,a}^1|$，其中 $\kappa_i\in\mathcal{R}_+$ 表示在每个正交方向上参考轨迹周围动态系统的刚度。因此，在扰动下，该动态系统将以弹簧般的方式将机器人拉向参考轨

迹。κ_1 对二维系统的影响见图 5.7。

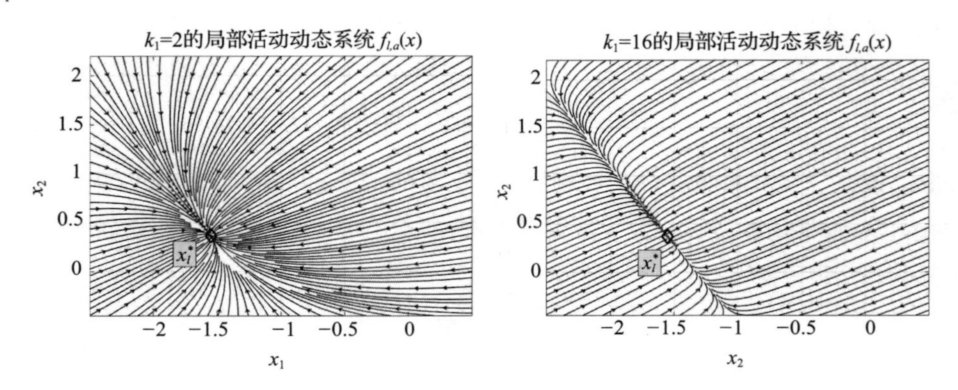

图 5.7　κ_i 刚度值对方程（5.8）中局部活动动态系统 $f_{l,a}(x)$ 的影响

局部线性基和虚吸引子配置。通过计算参考位置轨迹的协方差矩阵（即 $\Sigma_X = \mathbb{E}\{XX^{\mathrm{T}}\}$）并提取其特征值分解 $\Sigma_X = VLV^{\mathrm{T}}$ 来估计形成 $U_{l,a}$ 的正交基向量。假设对于 $l_1 > \cdots > l_M$ 的特征向量 $V=[v_1,\cdots,v_M]$ 按特征值 $L=\mathrm{diag}([l_1,\cdots,l_M])$ 降序排序，我们定义 v_1 是参考轨迹的运动方向。其余的特征向量是指向该参考轨迹的方向。因此，对于 M=2，我们定义了 $\bar{x}_0 = v_1, \bar{x}_{0_\perp} = v_2$。这可以推广到 M>2，其中 $U_{l,a}=[v_1,v_2,\cdots,v_M]$。

给定局部运动方向 $\bar{x}_0$ 和 $\alpha(x)$（式（5.3））中使用的高斯分布 $\mathcal{N}(x\mid\mu,\tilde{\Sigma})$，我们通过沿着 $\bar{x}_0$ 搜索 $\mathcal{N}(x\mid\mu,\tilde{\Sigma})\approx\epsilon_l$ 的点来找到局部虚吸引子 x_l^* 的最优位置。这里，ϵ_l 按照经验设置为一个小值，使得局部吸引子位于分布的外部末尾。为了找到这一点，我们通过计算以下更新步骤在 $\bar{x}_0$ 方向上执行局部线搜索：

$$x_l^* \leftarrow x_l^* + \rho\bar{x}_0 \tag{5.11}$$

直到 $\mathcal{N}(x_l^*|\mu,\tilde{\Sigma})\approx\epsilon_l$，$\rho\in\mathcal{R}_+$ 是更新速率，可以设置为非常小的数。请注意，通过构造式（5.9）所定义的局部活动动态系统 $f_{l,a}(x)$，它在局部虚吸引子 x_l^* 处的全局渐近稳定，即 $\mathcal{R}(\lambda_l(A_{l,a}))<0$，$\forall\ i=1,\cdots,M$。为了保持 $f_{l,a}(x)$ 期望的局部吸引行为，在消去组合系统中的吸引子的同时，我们引入了局部偏转项 $f_{l,d}(x)$，定义为

$$f_{l,d}(x) = A_{l,d}x + b_{l,d} \tag{5.12}$$

其中，

$$A_{l,d} = \lambda_d \mathrm{II}_M, b_{l,d} = -A_{l,d}x_l^* \tag{5.13}$$

对于 $\lambda_d>0$ 且 $|\lambda_d|\leqslant|\lambda_{l,1}^1|$。也就是说，它是以局部虚吸引子 x_l^* 为中心，以局部活动动态系统主方向的收敛速度为界的排斥动态系统。为了结合式（5.8）和式（5.12），我们提出了一个非负分区函数 $h(x)$ 来表示每个动态系统属于状态空间的哪个区域，参数化如下：

$$h(x)=\min\left(1,\frac{1}{2}(\boldsymbol{w}^{\mathrm{T}}x+b+|\boldsymbol{w}^{\mathrm{T}}x+b|)\right) \tag{5.14}$$
$$\text{其中 } \boldsymbol{w}=-\bar{x}_0 \text{ 且 } b=1-\boldsymbol{w}^{\mathrm{T}}x_l^*$$

式（5.14）是一个简单的线性分类器，其中 $h(x)=1$ 表示正类的区域，对应于局部活动的动态系统；$h(x)<1$ 表示负类的区域，对应于局部偏转的动态系统，如图 5.8 所示。通过 1 的上界，式（5.14）成为以 $0 \leqslant h(x) \leqslant 1$ 为边界的局部活动和偏转线性动态系统的激活函数。为了确保在局部虚吸引子 x_l^* 周围没有诱导平衡点，项 $-\lambda(x)\nabla_x h(x)$ 在分区函数 $-\nabla_x h(x)$ 的负梯度方向上增加了一个速度分量，该速度分量由以下方程调制：

$$\lambda(x)=\begin{cases}\exp(-c_l\|x-x_l^*\|),\forall x:\dfrac{\nabla_x\tilde{h}(x)^{\mathrm{T}}\nabla_x V(x)}{\|\nabla_x\tilde{h}(x)\|\|\nabla_x V(x)\|}\geqslant 0\\ 0\qquad\qquad\qquad\quad,\forall x:\dfrac{\nabla_x\tilde{h}(x)^{\mathrm{T}}\nabla_x V(x)}{\|\nabla_x\tilde{h}(x)\|\|\nabla_x V(x)\|}<0\end{cases}\tag{5.15}$$

式中，c_l 与 $\mathcal{B}_{r_l}$ 的半径 r_l 成正比。当在组合系统（式（5.1））中，全局动态系统 $f_g(\cdot)$ 和局部动态系统 $f_l(\cdot)$ 的运动方向相互垂直或相反时，这个项是必要的。此外，我们用 Lyapunov 函数 $\nabla_x h(x)$ 的梯度来约束这个速度向量的加法。这保证了 $-\lambda(x)\nabla_x h(x)$ 不会引起式（5.1）中的不稳定性，参见定理 5.1。

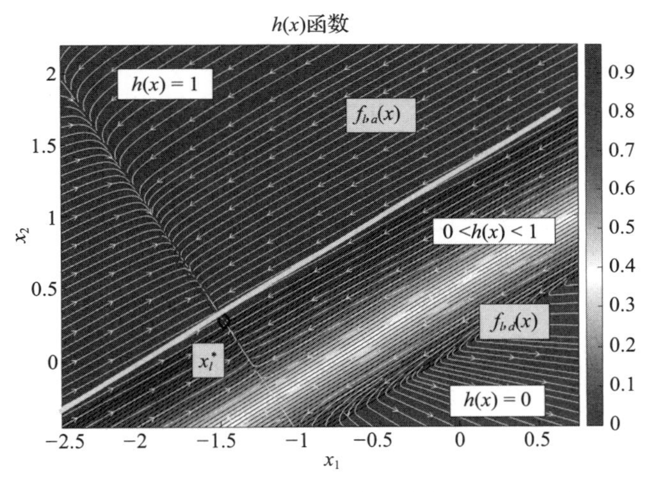

图 5.8　超平面分区函数 $\bar{h}(x)$ 比色刻度尺对应于 $h(x)$ 的值，其中局部活动分量 $h(x)f_{l,a}(x)+\bar{h}(x)f_{l,d}(x)$（向量场）[参见公式 (5.7)]

全局渐近稳定性。到目前为止，我们已经构造了一个平衡点在紧集 $\mathcal{X}$ 内消失的局部动态系统（式（5.7））。然而，这并不能保证式（5.1）中定义的组合系统在 x_g^* 处有一个单一的平衡点。接下来，我们提出了式（5.1）全局渐近稳定性的必要条件。在图 5.9 中，我们演示了为不同行为确保这样的条件的动态系统。

定理 5.1　动态系统方程（5.1）在吸引子 $x_g^*\in\mathbb{R}^N$ 处全局渐近稳定，如果对于 Lyapunov 候选函数（式（5.5）），下列条件成立。

1. 对于全局动态系统参数：

$$\begin{cases}b_g=-A_g x_g^*, A_g^{\mathrm{T}}P_g+P_gA_g=Q_g, A_g^{\mathrm{T}}P_l=Q_g^l\\ Q_g=Q_g^{\mathrm{T}}\prec 0, Q_g^l=(Q_g^l)^{\mathrm{T}}\prec 0\end{cases}\tag{5.16}$$

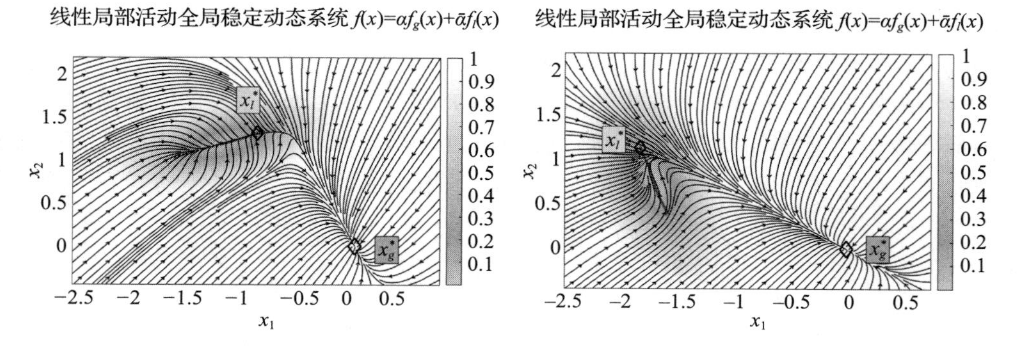

图 5.9 满足定理 5.1 的条件得到的线性局部活动全局稳定动态系统的示例

2. 对于激活 / 分区 / 调制函数：

$$\begin{cases} b_g = -A_g x_g^*, A_g^{\mathrm{T}} P_g + P_g A_g = Q_g, A_g^{\mathrm{T}} P_l = Q_g^l \\ Q_g = Q_g^{\mathrm{T}} \prec 0, Q_g^l = (Q_g^l)^{\mathrm{T}} \prec 0 \end{cases} \tag{5.17}$$

3. 对于具有 $\boldsymbol{A}_l = h(x)\boldsymbol{A}_{l,a} + \bar{h}(x)\boldsymbol{A}_{l,d}$ 的局部动态系统：

$$\begin{cases} b_{l,a} = -A_{l,a} x_l^*, b_{l,d} = -A_{l,d} x_l^* \\ \boldsymbol{A}_l^{\mathrm{T}} + \boldsymbol{A}_l \prec \epsilon \mathbb{I}, \boldsymbol{A}_l^{\mathrm{T}} P_l = Q_l, 2\boldsymbol{A}_l^{\mathrm{T}} P_g = Q_l^g \\ Q_{l+} \nsucc 0, Q_{l+}^g \nsucc 0 \end{cases} \tag{5.18}$$

式中，$\epsilon \in \mathcal{R}_+$ 是一个小的正实数。正下标 Q_+ 表示矩阵的对称部分，0 表示非正定性，即它可以是负的正定或非正定，但绝不会是正的。最后，组合系统必须是有界的，$\forall x \in \mathcal{X} \subseteq \mathbb{R}^N$，其中 $\mathcal{X}$ 是局部活动区域，如下所示：

$$\lambda_{\max}(Q_G(x)) \| \tilde{x}_g \|^2 + \lambda_{\max}(Q_L + (x)) \| \tilde{x}_l \|^2 < -\tilde{x}_l^{\mathrm{T}} Q_{LG}(x) \tilde{x}_g \tag{5.19}$$

式中，$Q_G(x) = \alpha(Q_g + \beta_l^2 Q_G^l), Q_L(x) = \bar{\alpha}\beta_l^2 Q_l, Q_{LG}(x) = \alpha\beta_l^2 Q_G^l + \bar{\alpha}(Q_l^g + \beta_l^2 Q_l)$ 且 $\beta_l^2(x) = 2\beta(x)\, \bar{x}_g^{\mathrm{T}} P_l \tilde{x}_l$，重申一下 $P_g = P_g^{\mathrm{T}}, P_l = P_l^{\mathrm{T}} \succ 0$。 □

证明。见 D.3.2 节。

练习 5.1 证明了式（5.5）中定义的 Lyapunov 候选函数是径向无界的。

练习 5.2 推导出式（5.5）(即 $\nabla_x V(x)$）中定义的 Lyapunov 候选函数的梯度。

练习 5.3 推导出式（5.14）(即 $\nabla_x V(x)$）中定义的超平面分区函数的梯度。

练习 5.4 在式（5.8）中定义的局部活动动态系统是不是一种偏转行为（即 $A_{l,a} \nsucc 0$）? 推导出局部活动全局稳定动态系统（式（5.1））在 x_g^* 处保持全局渐近稳定的充分稳定条件。

5.1.2 具有多个局部活动区域的非线性局部活动全局稳定动态系统

可用于编码具有多个局部活动区域的非线性参考轨迹 $\{\boldsymbol{X}, \dot{\boldsymbol{X}}\}$ 的非线性局部活动全局稳定动态系统公式采用以下形式：

$$\dot{x}=\underbrace{\alpha(x)\overbrace{\sum_{k=1}^{K}\gamma_k(x)f_g^k(x)}^{f_g(x)}}_{\text{非线性全局动态系统}}+\underbrace{\bar{\alpha}(x)\overbrace{\sum_{k=1}^{K}\gamma_k(x)f_l^k(h_k(x),x)}^{f_l(\cdot)}}_{K\text{个局部动力学的集合}} \tag{5.20}$$

与线性情形一样，$f_g(x)$ 是收敛于全局吸引子 x_g^* 的全局渐近稳定动态系统，$f_l^k(x)$ 表示由式（5.7）定义的具有局部虚吸引子 x_k^* 的第 k 个局部动态系统，$\alpha(x)$ 是选择应该激活哪个局部动态系统的激活函数。

全局动力学。非线性全局动态系统 $f_g(x)$ 是一个收敛于全局吸引子 x_g^* 的线性变参 – 动态系统（如第 3 章所述），其表述如下：

$$f_g(x)=\sum_{k=1}^{K}\gamma_k(x)(A_g^k x+b_g^k) \tag{5.21}$$

式中，$\gamma_k(x)$ 是一个与状态相关的混合函数，它必须是 $0<\gamma_k(x)\leqslant 1$，$\sum_{k=1}^{K}\gamma_k(x)=1$ 且 $b_g^k=-A_g^k x_g^*$。关于收敛条件的更多信息见第 3 章。

备注 5.1.1　式（5.22）中的每第 k 个线性动态系统 $f_g(x)$ 通过混合函数 $\gamma^k(x)$ 与局部活动动态系统 $f_l^k(\cdot)$ 相关联。因此，式（5.20）变成了一个加权的非线性组合线性局部活动全局稳定动态系统 (5.1)，如下所示：

$$\begin{aligned}\dot{x}&=\alpha(x)\sum_{k=1}^{K}\gamma_k(x)(A_g^k x+b_g^k)+\bar{\alpha}(x)\sum_{k=1}^{K}\gamma_k(x)f_l^k(h_k(x),x)\\&=\sum_{k=1}^{K}\gamma_k(x)(\alpha(x)(A_g^k x+b_g^k)+\bar{\alpha}(x)f_l^k(h_k(x),x))\end{aligned} \tag{5.22}$$

局部线性状态空间分区。为了从参考位置轨迹的数据集 $\{\boldsymbol{X}\}$ 中参数化式（5.22）的每第 k 个线性局部活动全局稳定动态系统，我们将状态空间划分为紧集 $\mathcal{X}=\mathcal{X}^1\cup\cdots\cup\mathcal{X}^K\subset\mathbb{R}^N$。每个紧集 $\mathcal{X}^k\subset\mathbb{R}^M$ 封装一个参考轨迹的局部线性区域。为了实现这种局部线性划分，我们采用了第 3 章介绍的物理一致性高斯混合模型。物理一致性高斯混合模型确保分配给每第 k 个分量的数据点对应于一个线性动态系统。因此，状态空间可以用参数 $\Theta_\gamma=\{\pi_k,\mu^k,\Sigma^k\}_{k=1}^{K}$ 的 $p(x\mid\Theta_\gamma)=\sum_{k=1}^{K}\pi_k\mathcal{N}(x\mid\mu^k,\Sigma^k)$ 来表示高斯混合模型的密度。图 5.10a 显示了用物理一致性高斯混合模型方法拟合的非线性运动参考轨迹的高斯混合模型密度。此外，给定这种局部线性状态空间划分，对于每第 k 个紧集 $\mathcal{X}^k$，我们取相应的高斯参数 $\mathcal{N}(x\mid\mu^k,\Sigma^k)$，并可以用 5.1.1 节中介绍的方法自动估计局部基 $U_{l,a}^k$ 和局部虚吸引子 x_k^*，如图 5.10d 所示。

与第 3 章一样，我们用第 k 个高斯分量的后验概率（即 $\gamma_k(x)=p(k\mid x,\Theta_\gamma)$），对式（5.22）中的 $\gamma_k(x)$ 进行参数化，定义了每个线性局部活动全局稳定动态系统的贡献（式（5.22））。注意，当 $\alpha(x)$=1 时，式（5.22）简化为式（5.21），这就是第 3 章介绍的线性变参 – 动态系统。这允许我们具有小于等于 K 的局部活动动态系统，同时保持由全局动态系统模拟的参考轨迹的整体运动模式。

激活函数。为了定义局部动态系统分量 $f_l^k(\cdot)$ 应该在紧集 $\mathcal{X}^k\subset\mathbb{R}^N$ 中的哪一个被激活，我们对 $\alpha(x)$ 提出了以下备选方案，与线性局部活动全局稳定动态系统情况一样，它应该具有

$0<\alpha(x)\leqslant 1$ 的界。

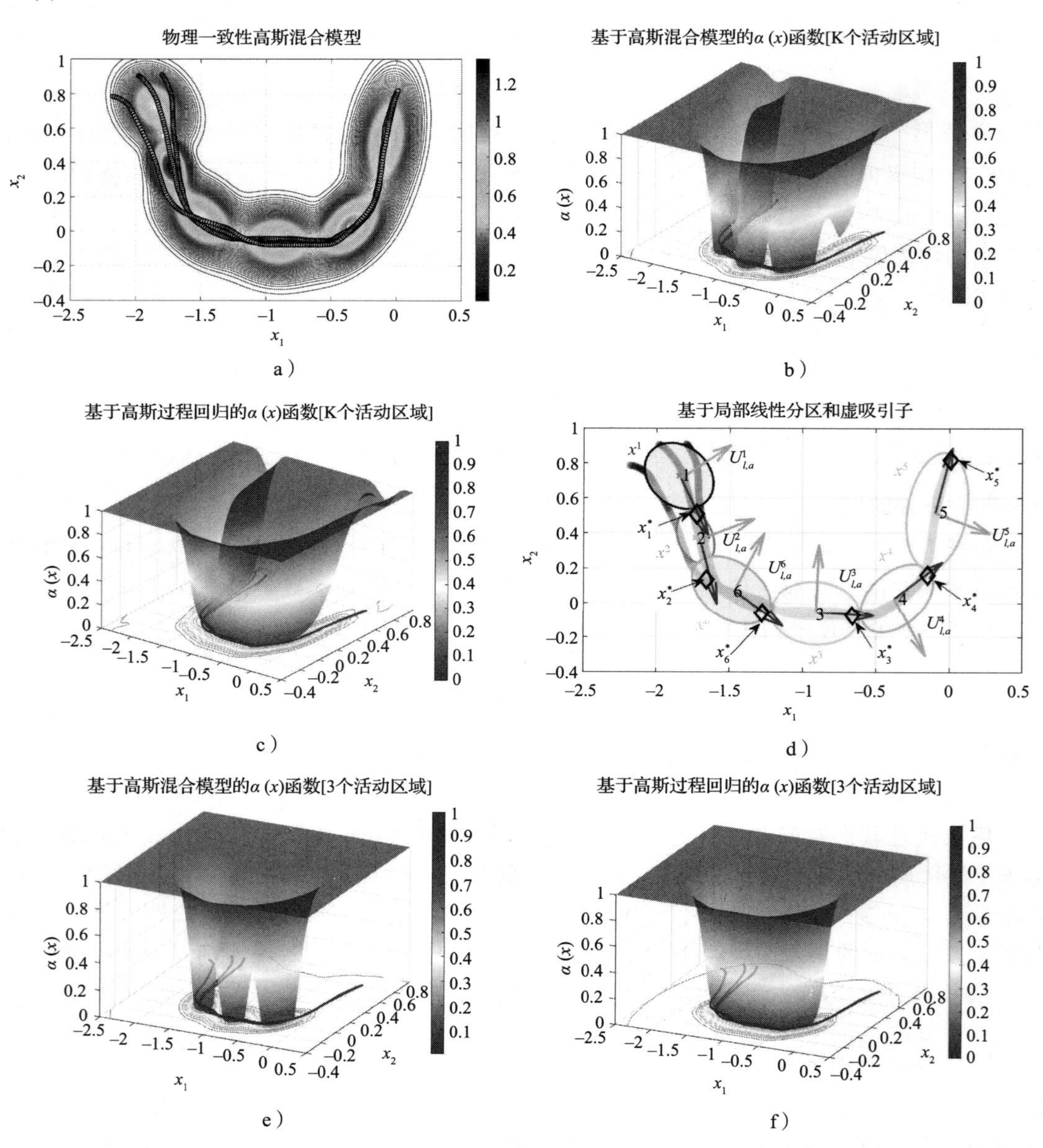

图 5.10　a）物理一致性高斯混合模型概率密度函数。d）通过具有局部基 $U_{l,a}^{k}$ 和局部虚吸引子 x_k^* 的物理一致性高斯混合模型对状态空间进行局部线性划分。图 b 和图 e 基于高斯混合模型激活函数（5.23）用于（图 a ～图 c）所有 K 个局部区域是局部活动的，以及（图 d ～图 e）仅用于 3 个局部区域是局部活动的（即 K=3,4,6）。图 c 和图 f 是式（5.23）定义的基于高斯过程回归的激活函数

基于高斯混合模型。对于线性局部活动全局稳定动态系统式（5.3），遵循基于高斯混合模型的激活函数，我们使用 $\gamma(x)$ 的高斯混合模型密度来参数化 $\alpha(x)$ 如下：

$$\alpha(x)=(1-r(x))\left(1-\frac{1}{Z}p(x\,|\,\Theta_{\alpha})\right)+r(x) \tag{5.23}$$

其中，$Z=\min_{\mu^k} p(\mu^k|\Theta_\alpha)$ 是用于峰值截断的归一化因子。这种建模方法具有以下两个属性：

- 当所有第 k 个紧集被激活时，用于参数化式（5.23）的高斯混合模型的参数与混合函数 $\gamma(x)$（即 $\Theta_\alpha=\Theta_\gamma$）的参数相等，即 $\alpha=\gamma$。
- 当仅激活 K 个紧集的一个子集时，$\{\pi_k,\mu^k,\Sigma^k\}_{k=1}^{K_+}$，其中 $K_+<K$。保留高斯参数 μ^k 和 Σ^k 并重新估计先验参数 π_k，以保证 $\Sigma_{k=1}^{K_+}\pi_k=1$。

最后，用式（5.4）将 $r(x)$ 参数化。在图 5.10b 和图 5.10e 中，我们展示了激活所有紧集和紧集子集的方程组（5.23）。

基于高斯过程回归。另一种方法是使用概率回归方法，其中参考位置轨迹 $\{\boldsymbol{X}\}$ 被认为是输入且 $\kappa\in\mathbb{R}^{1\times L}$，对应于每个输入的 1s 向量，是第 L 个数据点的输出。$\alpha(x)$ 表述为

$$\alpha(x)=(1-r(x))(1-\mathbb{E}\{p(\kappa|x,\boldsymbol{X},\kappa)\})+r(x) \tag{5.24}$$

式中，$\mathbb{E}\{p(\kappa|x,\boldsymbol{X},\kappa)\}$ 是高斯过程回归预测函数（见 B.5.2 节）。我们使用 3.1.1.3 节讨论的平方指数核函数。式（5.24）产生了沿着轨迹的平滑连续的局部激活，如图 5.10c 和图 5.10f 所示。学习进行如下：

- 当所有第 k 个紧集被激活时，我们不使用整个数据集 $\{\boldsymbol{X}\}$，而是对数据集进行采样，以降低高斯过程回归的计算复杂度。
- 当只有 $K_+<K$ 紧集的一个子集被激活时，我们使用混合函数 $\gamma_k(x)$ 的高斯混合模型密度，通过高斯混合模型聚类来选择属于所选激活区域的数据点（参见 3.4.1 节）。

第 k 个局部活动动力学。式（5.22）中的每个 $f_l^k(h_k(x),x)$ 由式（5.7）参数化，其中包含独立的局部虚吸引子 x_k^* 和对应于每个紧集 $\mathcal{X}^k,\forall k=1,\cdots,K$ 的分区函数 $h_k(x)$（式（5.14））。从 5.1.1 节中我们知道，通过构造，在没有其他第 $K-1$ 个局部活动动态系统的情况下，每第 K 个局部活动动态系统 $f_{l,a}^k(x)$ 相对于其对应的 k 局部虚吸引子 x_k^* 是全局渐近稳定的。当存在多个局部活动动态系统时，它们成为局部渐近稳定的系统，并收敛到各自的局部虚吸引子。

命题 5.1　*设 $\mathscr{B}_k$ 是一个封装有第 k 个局部虚吸引子 x_k^* 和紧集 $\mathcal{X}^k\subset\mathbb{R}^N$ 的球，如果 $x\in\mathscr{B}_k$，则第 k 个局部活动动态系统定义为*

$$f_{l,a}^k(x)=A_{l,a}^k x+b_l^k \tag{5.25}$$

在 $\mathscr{B}_k$ 内局部渐近稳定，如果以下条件成立：

$$b_{l,a}^k=-A_{l,a}^k x_k^*,(A_{l,a}^k)^{\mathrm{T}}+A_{l,a}^k\prec-\epsilon\mathbb{I} \tag{5.26}$$

练习 5.5　证明式（5.25）局部渐近稳定的充分条件式（5.26）成立。

Lyapunov 候选函数。非线性局部渐近全局稳定动态系统变量继承了与线性情况相同的稳定性问题。按照 5.1.1 节中的相同步骤，我们将动力学驱动的非对称二次函数加权和 Lyapunov 函数（5.5）扩展到对应于式（5.22）的每个局部活动区域的多个非对称二次函数，如下所示：

$$V(x)=\tilde{x}_g^{\mathrm{T}}P_g\tilde{x}_g+\sum_{k=1}^{K}\beta_k(x)(\tilde{x}_g^{\mathrm{T}}P_l^k\tilde{x}_k)^2 \tag{5.27}$$

其中

$$\beta_k(x)=\begin{cases}1,\forall x:\tilde{x}_g^{\mathrm{T}}P_l^k\tilde{x}_k\geqslant 0\\0,\forall x:\tilde{x}_g^{\mathrm{T}}P_l^k\tilde{x}_k<0\end{cases}\tag{5.28}$$

正如前文所述，$P_g=P_g^{\mathrm{T}}\succ 0$ 且 $P_l^k=(P_l^k)^{\mathrm{T}}\succ 0,\forall k=1,\cdots,K$。与线性情形一样，式（5.27）中的第一项对应于全局动态系统（5.21），它是以全局吸引子 x_g^* 为中心的参数化二次 Lyapunov 函数。另一方面，第二项对应于由相应的局部吸引子 x_k^* 形成的一组局部活动的非对称二次 Lyapunov 函数。此外，式（5.27）属于 $\mathscr{C}^1$ 类，并且是径向无界的[75]。

练习 5.6　证明式（5.27）中定义的 Lyapunov 候选函数是径向无界的。

练习 5.7　推导式（5.27）(即 $\nabla_x V(x)$）中定义的 Lyapunov 候选函数的梯度。

全局渐近稳定性。给定所提出的 Lyapunov 候选函数（5.27），我们给出了备注 5.1.1 所描述的式（5.22）的全局渐近稳定的充分条件。

定理 5.2　如果对于式（5.27）中定义的 Lyapunov 候选函数，满足下列条件，式（5.22）中具有激活函数（5.23）或式（5.24）的动态系统在吸引子 $x_g^*\in\mathbb{R}^N$ 处全局渐近稳定。

1. 对于全局动态系统的每个 k=1,⋯, K 分量：

$$\begin{cases}b_g^k=-A_g^kx_g^*,(A_g^k)^{\mathrm{T}}P_g+P_gA_g^k=Q_g^k\\(A_g^k)^{\mathrm{T}}+A_g^k<-\epsilon\mathbb{I},(A_g^k)^{\mathrm{T}}\boldsymbol{P}_l(x)=Q_G^{l,k}\\Q_g^k=(Q_g^k)^{\mathrm{T}}\prec 0,(Q_g^{l,k})_+\prec 0\end{cases}\tag{5.29}$$

其中，$\boldsymbol{P}_l(x)=\boldsymbol{P}_l(x)^{\mathrm{T}}=\sum_{j=1}^K\beta_j^2(x)P_l^j\succ 0$，是局部对称正定矩阵的加权和。

2. 对于激活 / 分区 / 调制函数：

$$\begin{cases}0<\alpha(x)\leqslant 1,\\0\leqslant h_k(x)\leqslant 1,\lambda_k(x)\geqslant 0\quad\forall k=1,\cdots,K\\0<\gamma_k(x)\leqslant 1,\sum_{k=1}^K\gamma_k(x)=1\end{cases}\tag{5.30}$$

式中，$\epsilon\in\mathfrak{R}_+$ 是一个小的正实数。

3. 对于具有 $\boldsymbol{A}_l^k=h_k(x)A_{l,a}^k+\bar{h}_k(x)A_{l,d}^k$，$k$=1,⋯, K 的局部活动动态系统：

$$\begin{cases}b_{l,a}^k=-A_{l,a}^kx_k^*,b_{l,d}^k=-A_{l,d}^kx_k^*\\(\boldsymbol{A}_l^k)^{\mathrm{T}}+\boldsymbol{A}_l^k\prec-\epsilon\mathbb{I},(\boldsymbol{A}_l^k)^{\mathrm{T}}\boldsymbol{P}_l(x)=Q_l^k\\2(\boldsymbol{A}_l^k)^{\mathrm{T}}P_g=Q_l^{g,k},(Q_l^k)_+\nprec 0,(Q_l^{g,k})_+\nprec 0\end{cases}\tag{5.31}$$

有以下边界，$\forall x\in\chi^k\subseteq\mathbb{R}^N$：

$$\begin{cases}\lambda_{\max}(Q_{G_+}^k(x))\|\tilde{x}_g\|^2<-\tilde{x}_k^{\mathrm{T}}Q_{LG}^k(x)\tilde{x}_g\\-\sum\limits_{j=1}^K2\beta_j(\alpha\lambda_{\max}((A_g^k)_+)(\tilde{x}_g^{\mathrm{T}}P_l^j\tilde{x}_j)^2+\bar{\alpha}\lambda_{\max}(\boldsymbol{A}_l^k)(\tilde{x}_k^{\mathrm{T}}P_l^j\tilde{x}_j)^2)\end{cases}\tag{5.32}$$

其中，$Q_{LG}^k(x)=\bar{\alpha}(Q_l^{g,k}+Q_l^k),Q_G^k(x)=\alpha(Q_g^k+Q_G^{l,k})$ 且 $\beta_j^2(x)=2\beta_j(x)\tilde{x}_g^{\mathrm{T}}P_l^k\tilde{x}_j$。

证明。见 D.3.3 节。 □

备注 5.1.2 方程（5.20）中的全局动态系统也可以是线性动态系统，这将产生以下形式的局部渐近全局稳定动态系统：

$$
\begin{aligned}
\dot{x}&=\alpha(x)f_g(x)+\bar{\alpha}(x)\sum_{k=1}^{K}\gamma_k(x)f_l^k(h_k(x),x)\\
&=\alpha(x)(A_g x+b_g)+\bar{\alpha}(x)\sum_{k=1}^{K}\gamma_k(x)f_l^k(h_k(x),x)
\end{aligned}
\tag{5.33}
$$

练习 5.8 利用 Lyapunov 候选函数（5.27）的推导来证明式（5.33）全局渐近稳定的充分条件。

5.1.3 学习非线性局部活动全局稳定动态系统

给定一组参考轨迹 $\{\mathbf{X},\dot{\mathbf{X}}\}$，我们执行以下学习步骤：

1. 学习利用物理一致性高斯混合模型方法进行局部线性状态空间划分。一旦完成这一步骤，我们就得到了混合函数的参数集 Θ_γ，K 个线性动态系统的个数及其局部虚吸引子 x_k^* 和基 $U_{l,a}^k$。
2. 学习参数化 Lyapunov 候选函数（5.27）的对称正定矩阵集 $\Theta_P=\{P_g,\{P_l^k\}_{k=1}^K\}$。
3. 学习关于全局动态系统分量 $f_g(x)$（方程（5.21））的线性动态系统的系统矩阵集 $\Theta_{f_g}=\{\boldsymbol{A}_g^k\}_{k=1}^K$。
4. 给定用户定义的局部活动区域，激活函数 $\alpha(x)$ 可以通过高斯混合模型（5.23）或高斯过程回归（5.24）参数化。
5. 已知 $\Theta_\gamma,\alpha(x),\{x_k^*,U_{l,a}^k\}_{k=1}^K$ 和 Θ_{f_g}，估计局部活动分量 $f_l^k(\cdot,x)$ 的系统参数。

步骤 1 和步骤 4 分别在 5.1.3.1 ～ 5.1.3.4 节中描述。接下来，我们提供执行步骤 2、3 和 5 的更多细节。

5.1.3.1 学习局部活动全局稳定动态系统的候选 Lyapunov 函数

给定参考轨迹集 $\{\mathbf{X},\dot{\mathbf{X}}\}$，全局吸引子 x_g^* 和局部虚吸引子集 $\{x_k^*\}_{k=1}^K$，我们可以得到参数化的 $\Theta_P=\{P_g,\{P_l^k\}_{k=1}^K\}$（式（5.27））。这是通过求解一个约束优化问题来实现的，正如第 3 章介绍的关于学习参数化二次 Lyapunov 函数的 P 矩阵的问题。当我们使用与式（3.47）相同的目标函数时，优化问题受到以下约束：

$$
\min_{\Theta_P} J(\Theta_P)
$$

$$
\text{s.t.}\quad
\begin{cases}
P_g\succ 0,P_g=P_g^{\mathrm{T}}\\
P_l^k\succ 0,P_l^k=(P_l^k)^{\mathrm{T}}\\
\mathrm{Tr}(P_l^k)\leqslant \mathrm{Tr}(P_g),\forall k=1,\cdots,K
\end{cases}
\tag{5.34}
$$

第一个和第二个约束强加于 P 矩阵的结构，即它们应该是对称正定的。最后一个约束用来控制 P_g 和 P_l^k 的特征值的幅值，同时保证全局分量的能量下降率大于局部分量的能量下降率。

如式（3.47）所述，为了找到 Θ_P 的局部最优解，我们使用了 MATLAB 中的 fmincon 求解器 IPOPT[20]，如 [75] 所示。

5.1.3.2　局部渐近全局稳定动态系统的全局动态系统估计

在给定参考轨迹集 $\{\mathbf{X},\dot{\mathbf{X}}\}$，全局吸引子 x_g^*，混合函数 $\gamma_k(x)$ 和对称正定矩阵集 $\Theta_P=\{P_g,\{P_l^k\}_{k=1}^K\}$ 的情况下，我们通过最小化动态系统的稳定估计和线性变参－动态系统的稳定估计方法中近似速度与观测速度之间的均方误差来估计全局动态系统 $\Theta_{f_g}=\{A_g^k,b_g^k\}_{k=1}^K$ 的参数（见第 3 章）。当我们使用与式（3.33）和式（3.46）相同的目标函数时，优化问题受到以下约束：

$$\min_{\theta_{f_g}} J(\theta_{f_g})$$

$$\text{s.t}\ (\forall k=1,\cdots,K)$$

$$\begin{cases}b_g^k=-A_g^k x_g^* \\ (A_g^k)^{\mathrm{T}}P_g+P_gA_g^k=Q_g^k,Q_g^k\prec 0 \\ (A_g^k)^{\mathrm{T}}\Sigma_{k=1}^K P_l^k=Q_G^{l,k},(Q_g^{l,k})_+\prec 0 \\ (A_g^k)^{\mathrm{T}}+A_g^k<-\epsilon\mathbb{I}\text{若}x_k^*=x_g^*\end{cases} \tag{5.35}$$

式（5.35）中的约束是由式（5.29）中所表示的必要稳定条件推导得出。而前两行约束与式（5.29）相同，第三个约束是式（5.29）中定义的保守非状态依赖的条件。由于这一保守约束，我们可以将第四个约束松弛到仅为第 k 个矩阵 A_g^k，其对应的局部虚吸引子 x_k^* 与全局吸引子 x_k^* 是等价的。式（5.35）是一个非凸半定程序，我们用 Penlab 求解 [40]，并通过 YALMIP MATLAB 工具箱接口 [93]。

5.1.3.3　局部渐近全局稳定动态系统的局部动态系统估计

给定混合函数 $\gamma(x)$，激活函数 $\alpha(x)$，对称正定矩阵集 Θ_P，全局动态系统参数集 Θ_{f_g}，局部基和虚吸引子集 $\{x_k^*,U_{l,a}^k\}_{k=1}^K$，我们现在可以估计出每个 $k\in K_+$ 局部活动动力学 $f_l^k(\cdot)$ 的系统矩阵 $\theta_{f_l^k}=\{\Lambda_{l,a}^k,\Lambda_{l,d}^k\}$ 的特征值集 $f_l^k(\cdot)$。通过式（5.10），每个局部活动动力学的特征值 $\Lambda_{l,a}^k$ 的比值表示每第 i 个正交运动方向的局部活动动态系统在参考轨迹周围的刚度 κ_i。为了达到这一目的，我们提出了一个优化问题，其中刚度因子 κ_i 最大，同时使 $f_l^k(\cdot)$（式（5.7））给出的期望速度与参考轨迹 $\dot{x}^{\text{ref}}$ 观测速度之间的速度误差最小。给定每第 k 个局部紧集 $\{\mathbf{X},\dot{\mathbf{X}}\}_k$ 的参考轨迹，对每第 k 个局部活动区域求解如下优化问题：

$$\min_{\theta_{f_l^k}} J(\theta_{f_l^k})=\frac{1}{M-1}\sum_{i=1}^{M-1}\frac{1}{\kappa_i}+\overline{\nu}\sum_{m=1}^{M}\sum_{t=1}^{T^m}\|\dot{x}^{t,m}-f_l^k(x^{t,m})\|^2$$

$$\text{s.t.}$$

$$\begin{cases}A_{l,a}^k=U_{l,a}^k\Lambda_{l,a}^k(U_{l,a}^k)^{\mathrm{T}},b_{l,a}^k=-A_{l,a}^k x_k^*,\Lambda_{l,a}^k\prec 0 \\ A_{l,d}^k=\lambda_{l,d}\mathbb{I},\ b_{l,d}^k=-A_{l,d}^k x_k^*,\ 0<\lambda_{l,d}<|(\lambda_{l,a}^k)^1| \\ (\lambda_{l,a}^k)^1\leqslant R(A_g^k,U_{l,a}^k[:,1])<0 \\ (\lambda_{l,a}^k)^i\leqslant\kappa_i(\lambda_{l,a}^k)^1,1\leqslant\kappa_i\leqslant\kappa_{\max},\forall i=2,\cdots,M\end{cases} \tag{5.36}$$

$$\boldsymbol{A}_l^k=h_k(x)A_{l,a}^k+\overline{h}_k(x)A_{l,d}^k,(\boldsymbol{A}_l^k)^{\mathrm{T}}\boldsymbol{P}_l(x)=Q_l^k,2(\boldsymbol{A}_l^k)^{\mathrm{T}}P_g=Q_l^{g,k}$$

给定

$$
\begin{aligned}
&Q_{LG}^{k}(x)=\bar{\alpha}(Q_{l}^{g,k}+Q_{l}^{k}),Q_{G}^{k}(x)=\alpha(Q_{g}^{k}+Q_{G}^{l,k}):\\
&\begin{cases}\lambda_{\max}(Q_{G_{+}}^{k}(x))\|\tilde{x}_{g}\|^{2}<-\tilde{x}_{k}^{\mathrm{T}}Q_{LG}^{k}(x)\tilde{x}_{g}\quad\forall x\in\chi^{k}\subseteq\mathbb{R}^{N}\\
-\sum_{j=1}^{K}2\beta_{j}(\alpha\lambda_{\max}((A_{g}^{k})_{+})(\tilde{x}_{g}^{\mathrm{T}}P_{l}^{j}\tilde{x}_{j})^{2}+\bar{\alpha}\lambda_{\max}(A_{l}^{k})(\tilde{x}_{k}^{\mathrm{T}}P_{l}^{j}\tilde{x}_{j})^{2})\end{cases}
\end{aligned}
$$

式中，$\bar{v}>0$ 是一个小的正标量（即 $\bar{v}<<1$）。式（5.36）中的前两行约束定义了局部活动（式（5.8））和局部偏转（式（5.12））动态系统的参数结构。通过施加这些严格的约束，直接保证了定理 5.2 的稳定性条件（式（5.31））。第三行定义第一特征值 $A_{l,a}^{k}$ 的上界，其中 $R(A_{g}^{k},U_{l,a}^{k}[:,1])=\dfrac{\bar{x}_{0}^{\mathrm{T}}(A_{g}^{k})_{+}\bar{x}_{0}}{\bar{x}_{0}^{\mathrm{T}}\bar{x}_{0}}$ 是全局动态系统矩阵 A_{g}^{k} 关于局部活动动态系统主运动方向的 Rayleigh 商。这将确保 $f_{l}^{k}(\cdot)$ 产生的速度范数与相应的全局分量 $f_{l}^{k}(\cdot)$ 等效或在相同的范围内。第四行定义了每第 i 个正交方向的刚度比 κ_{i}，并为期望的 κ_{i} 设置了上 / 下界。最后，第五个约束是对定理 5.2 中定义的局部分量 $f_{l}^{k}(\cdot)$ 关于全局分量 $f_{g}^{k}(\cdot)$ 的耗散率施加了一个上界。注意，这个约束是与状态相关的，但它只应在紧集 $\mathcal{X}^{k}$ 内强制执行。因此，在求解式（5.36）时，我们对参考轨迹和从连续区域 $\mathcal{X}^{k}\subset\mathbb{R}^{N}$(即$\{x\}_{k}\cup\{x_{\chi^{k}}\}$) 内提取的一组离散样本点实施了这种约束。式（5.36）是一个非线性非凸优化问题。利用 MATLAB 中的 fmincon 求解器的 IPOPT[20] 求解 $\theta_{f_{l}^{k}}$ 的局部最优解。

显而易见，确保定理 5.2 依赖于保证由采样点集 $\{x_{\chi^{k}}\}$ 表示的连续紧集 $\mathcal{X}^{k}$ 上的上界（式（5.32））。由于每个紧集 $\mathcal{X}^{k}$ 通过相应的高斯分布具有连续的表示，我们从 $\mathcal{N}(x\mid\mu^{k},\Sigma^{k})$ 中提取点来收集我们的样本 $\{x_{\chi^{k}}\}$。

$\mathcal{X}^{k}$ 的有效采样与再学习。为了可靠地集成紧集 $\mathcal{X}^{k}$ 中的连续约束，我们遵循 [107] 中提出的方法，其中提出了学习和验证之间的相互作用。在第一次迭代 i=0 时，我们从通过 $\mathcal{N}(x\mid\mu^{k},\Sigma^{k})$ 参数化的高斯分布 $\mathcal{X}^{k}$ 最外层等值线上的均匀采样点 $\{x_{\mathcal{X}^{k}}\}=x_{\mathcal{X}^{k}}^{0}$，并利用这些点通过求解式（5.36）来估计初始参数 $\theta_{f_{l}^{k}}^{0}$。然后我们在高斯分布的最大随机样本上验证式（5.32）。在我们的实验中，我们设置 $M_{\text{ver}}=10^{5}$。然后，我们收集违反约束的样本，并将它们添加到我们的评估集 $\{x_{\mathcal{X}^{k}}\}=x_{\mathcal{X}^{k}}^{0}\cup x_{\mathcal{X}^{k}}^{i}$ 中，通过用新的样本点求解式（5.36）且初始化 $\theta_{f_{l}^{k}}^{i-1}$ 来重新学习参数 $\theta_{f_{l}^{k}}^{i}$，重复此过程，直到在紧集或迭代次数 N_{iter} 达到最大。图 5.11 显示了该采样 / 再学习方案在单个局部有效区域运行的示例。

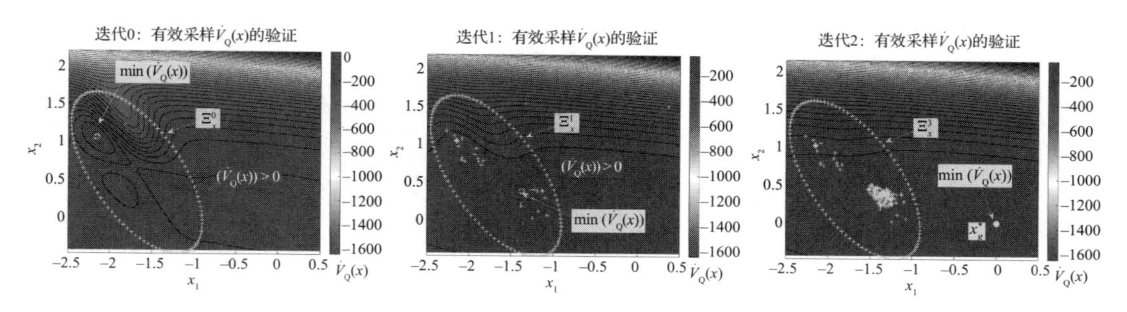

图 5.11　有效采样和再学习方案的说明

5.1.4　学习算法的评估

图 5.5 和图 5.12 中提供的局部活动全局稳定动态系统图解是通过使用本节中提出的方案从 MATLAB 图形用户界面的跟踪示教中学习的。图 5.13 显示了从 LASA 手写数据集中学习的全局非线性动态系统与局部活动全局稳定动态系统的对比。在这些例子中，我们选择了要激活的局部线性区域。可以看出，我们的学习方案在每第 k 个局部活动区域上找到最大允许刚度 κ_i^k 以保证全局渐近稳定。

本文提出的方法能够产生一个紧紧地收敛于非线性参考轨迹线性区域的全局渐近稳定向量场。然而，由于这种线性化依赖于参考轨迹，我们可能会失去整体运动模式中的一些平滑性，并呈现出“拐角切割”（如图 5.13 中的 C 形）或“更锋利的边缘”（如图 5.13 中的 Khamesh 形）。

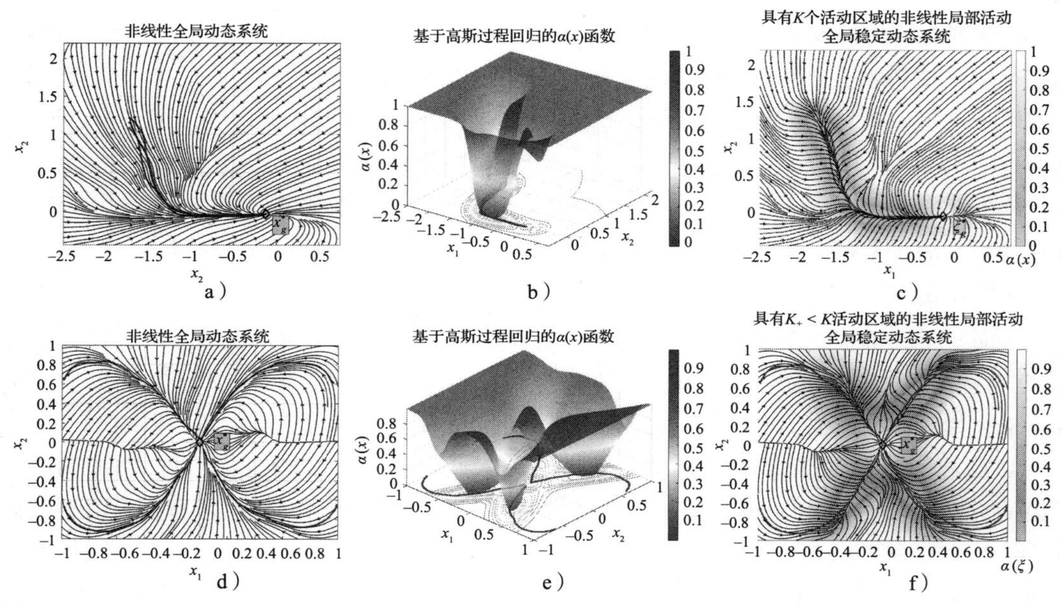

图 5.12　全局动态系统示例。（图 a 和图 d）$f_g(x)$，式（5.22），（图 b 和图 e）激活函数 $\alpha(x)$（式（5.23）或式（5.24）），和（图 c 和图 f）局部活动全局稳定动态系统 $f(x)=\alpha f_g(x)+\bar{\alpha} f_l^k(\cdot)$，式（5.20）

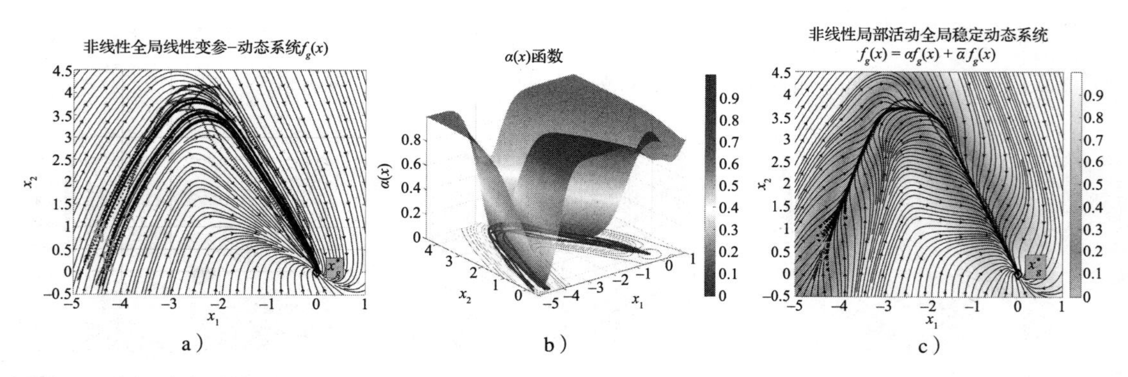

图 5.13　全局动态系统 $f_g(x)$（图 a）、激活函数 $\alpha(x)$（图 b）和局部活动全局稳定动态系统（图 c）在 LASA 手写数据集的样本上学习

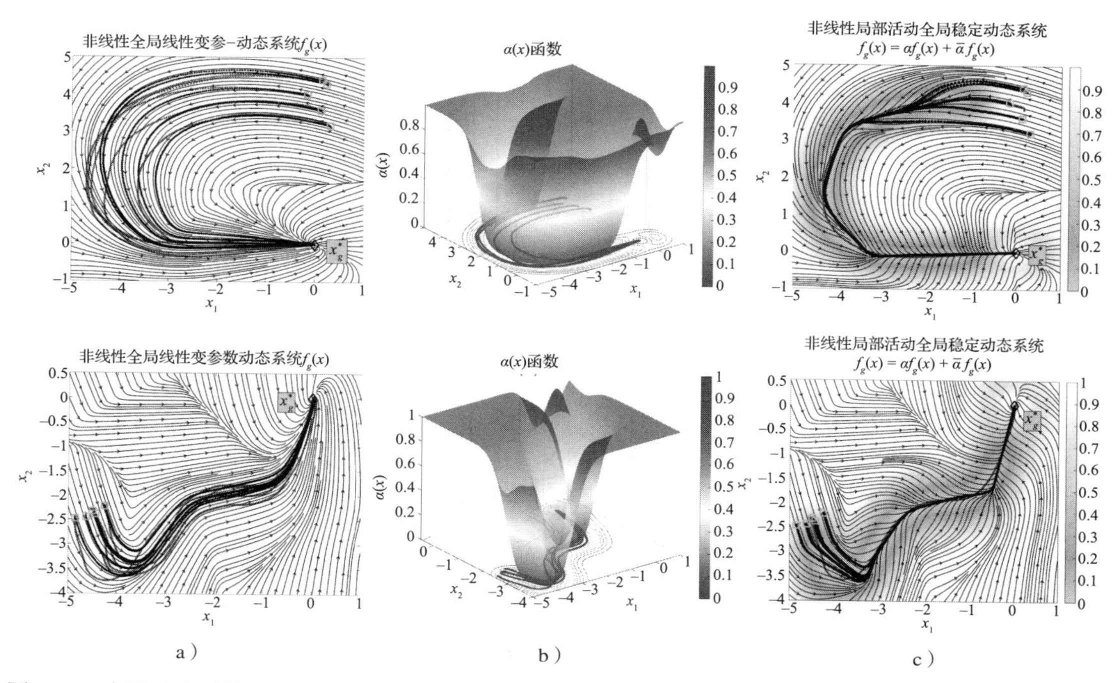

图 5.13　全局动态系统 $f_g(x)$（图 a）、激活函数 $\alpha(x)$（图 b）和局部活动全局稳定动态系统（图 c）在 LASA 手写数据集的样本上学习（续）

编程练习 5.1　本编程练习的目的是让读者熟悉局部活动全局稳定动态系统学习算法。

操作说明。打开 MATLAB，将目录设置为第 5 章练习对应的文件夹，在此文件夹中，你将找到以下脚本：

```
1 ch5_ex1_linear_lagsDS.m
2 ch5_ex1_nonlinear_lagsDS.m
```

在这些脚本中，你将在注释块中找到指令，这些指令将使你能够执行以下操作：

- 使用二维模拟机器人在图形用户界面上绘制二维轨迹。
- 加载第 3 章图 3.7 所示的 LASA 手写数据集。
- 学习线性局部活动全局稳定动态系统（CH5_ex1）或非线性（CH5_ex1_nonlinear_*.m）局部活动全局稳定动态系统。

说明。MATLAB 脚本提供了加载 / 使用不同类型的数据集以及为学习算法选择不同项的选项。请阅读脚本中的注释并分别运行每个块。

在遵循这些指令后，你可以模拟机器人的行为如下：

1. 绘制任意线性轨迹并定义全局吸引子，然后执行以下操作（CH5_EX1_LINEAR_LAGSDS.M）：

- 在保证定理 5.1 中的条件的前提下，编写一个函数从期望的 κ_i 和一组线性轨迹来估计线性局部活动全局稳定动态系统参数。
- 在 κ_i 值范围内测试上述优化。你能找到保持全局渐近稳定的 κ_i 的最大允许值吗？
- 调整径向指数函数 $r(x)$ 和 $\lambda(x)$ 的超参数（即 c_g 和 c_l），在动态系统的形状和稳定性方面，这些参数如何影响得到的向量场的平滑性？

- 比较你的优化与代码中提供的优化所实现的允许刚度和计算时间。由此产生的动态系统在定性上有何不同？
- 调整激活函数 $\alpha(x)$ 的协方差矩阵 Σ 的特征值，然后用所提供的优化来估计允许刚度 κ_i。参考轨迹周围 $\alpha(x)$ 的宽度有什么影响？

2. 从 LASA 手写数据集中绘制非线性轨迹或加载运动，然后：

- 对物理一致性高斯混合模型进行拟合，选择非线性轨迹上的局部活动区域。实现一个函数，该函数根据式（5.11）找到局部吸引子和基函数
- 使用上面实现的优化和式（5.36）中提供的优化，（独立地）找到每第 k 个区域的允许刚度 κ_i^k。局部活动全局稳定动态系统的混合是否保证了一个全局稳定的非线性动态系统？
- 运行代码中提供的非线性局部活动全局稳定动态系统的约束优化求解器。
- 将径向指数函数 $r_k(x)$ 和 $\lambda_k(x)$ 的超参数（即 c_g^k 和 c_l^l）调整为 $\alpha(x)$ 函数的宽度。分析这些参数对产生的非线性运动的影响。

5.1.5 机器人实现

本书给出了两种学习机器人系统刚度控制律的局部活动全局稳定动态系统方法的实现。我们展示了该方法不依赖于所使用的机器人类型。更确切地说，我们考虑了两个非常不同的平台和不同的任务的实现：一个 KUKA LWR4+ 机械臂，具有 7 自由度，可用于手写任务和一个或一组 iCub 仿人机器人，用于导航和协作任务。

5.1.5.1 手写任务

手写任务包括学习一个复杂的二维运动，对应于应该写在白板上的字母或符号。使用的字母 / 符号是来自 LASA 手写数据集的角形和 Khamesh 形，用于评估第 3 章的方法。在 7 自由度 KUKA LWR4+ 机械臂的末端执行器上安装了一个标记。这项任务的目的是展示局部活动全局稳定动态系统通过尽可能准确地跟随参考轨迹从扰动中恢复的能力。

数据收集。在 3.3 节中，我们提供了如何生成 LASA 手写数据集的描述。对于每个形状，我们使用提供的十个轨迹中的五个。我们还缩放了位置和速度，使它们足够大，可以写在白板上，并从扰动中可视化恢复。

学习。在对线性变参 – 动态系统实验应用 3.4.5 节中的预处理步骤后，我们执行 5.1.3 节中列出和详细描述的优化序列，以学习局部活动全局稳定动态系统参数。

机器人的控制与执行。我们使用 7 自由度 KUKA LWR4+ 机械臂来执行局部活动全局稳定动态系统学习的任务，并采用基于被动动态系统的控制律，使得机器人在执行任务时允许来自人的扰动。图 5.14 显示了 KUKA LWR 机械臂在被人干扰时书写角度形状的例子。如图所示，扰动后的机器人不再跟随参考轨迹，而是跟随全局动态系统的下一个积分曲线，将其引向最终目标。另一方面，当使用局部活动全局稳定动态系统时，机器人在受到扰动后又回到参考轨迹。图 5.14 还显示了从相同的初始状态开始，使用两种动态系统变体持续扰动末端执行器的轨迹。注意，在不受干扰的执行中，局部活动全局稳定动态系统精确地遵循平均参考轨迹，而全局线性变参 – 动态系统泛化了运动模式。Khamesh 形也实现了类似的行为，如图 5.15 所示。

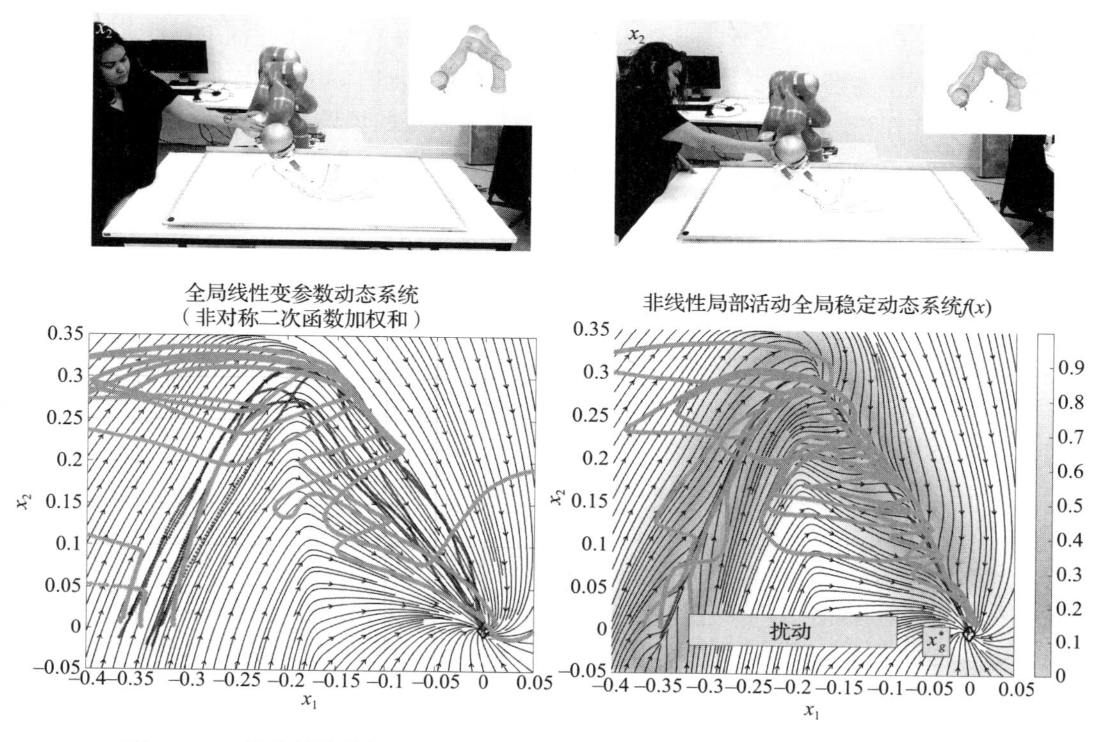

图 5.14　末端执行器执行角形的轨迹。红色轨迹为示教，蓝色和绿色轨迹为执行

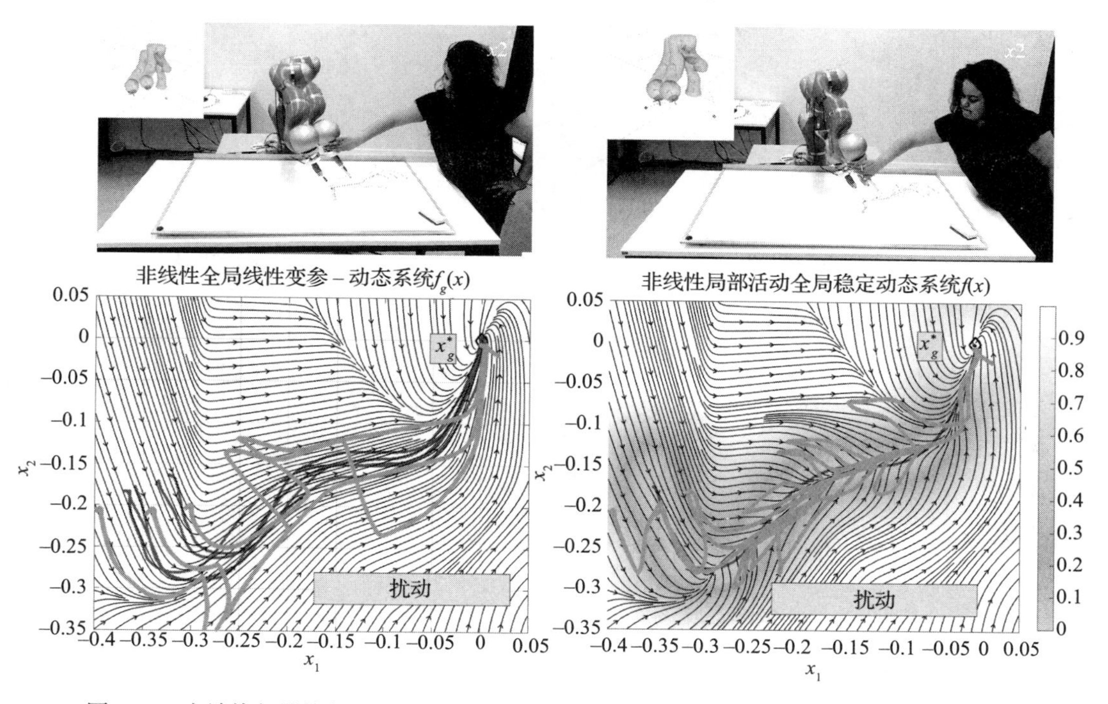

图 5.15　末端执行器执行 Khamesh 形的轨迹。红色轨迹为示教，蓝色和绿色轨迹为执行

5.1.5.2　iCub 导航 / 协作任务

类似于 3.4.5 节中的线性变参 – 动态系统实验验证，我们进一步验证了局部活动全局稳定动态系统在两个场景中的运动规划使用：一个 iCub 仿人机器人的约束运动和两个 iCub 机器人之间的协作任务。图 5.16 和图 5.17 提供了这两种情况的场景。

数据收集。在这些场景中，我们通过如 3.4.5 节所述的 Gazebo 物理模拟器遥操作机器人来收集数据，用于线性变参 – 动态系统机器人实验。

学习。在对线性变参 – 动态系统实验应用 3.4.5 节中的预处理步骤后，我们执行 5.1.3 节中列出和详细描述的优化序列，以学习局部活动全局稳定动态系统参数。

机器人控制和执行。学习到的局部活动全局稳定动态系统生成目标的期望速度（在两个机器人场景中），然后将其转换为机器人基坐标系中的速度，并反馈到柔性的低级行走控制器中 [37-38] 或直接反馈为机器人基座的期望参考速度（在单个机器人场景中）。用于 iCub 仿人机器人的控制结构的进一步细节在 [44] 中详细说明。

场景 1（受限移动）。iCub 机器人的期望任务是通过遵循特定的路径和方向从起点导航到目标，这将允许它通过一个狭窄的通道。图 5.16 显示了机器人在多次执行任务期间的执行路径和轨迹图，叠加在全局动态系统或局部活动全局稳定动态系统上。在这个场景中，我们不使用任何躲避策略来展示局部活动全局稳定动态系统如何通过在期望参考轨迹周围提供刚度来隐式地解决这个问题。全局动态系统更容易陷入碰撞布局中而无法达到目标。另一方面，当使用局部活动全局稳定动态系统进行运动规划时，无论机器人受到多大的外部扰动，它都能跟随参考轨迹到达目标。

a）

图 5.16　场景 1：使用一个 iCub 的受限导航。a）定义任务的模拟场景。b）从红色突出显示的示教轨迹中学习的全局动态系统与局部活动全局稳定动态系统的向量场，黑色轨迹是通过积分动态系统生成的开环轨迹，不同颜色的轨迹是模拟在不同外部扰动下机器人协作任务的轨迹。c）具有类似外部扰动的模拟场景的视频截图。可以看出，局部活动全局稳定动态系统能够在受到外部扰动后恢复并完成任务，而全局动态系统则会陷入困境

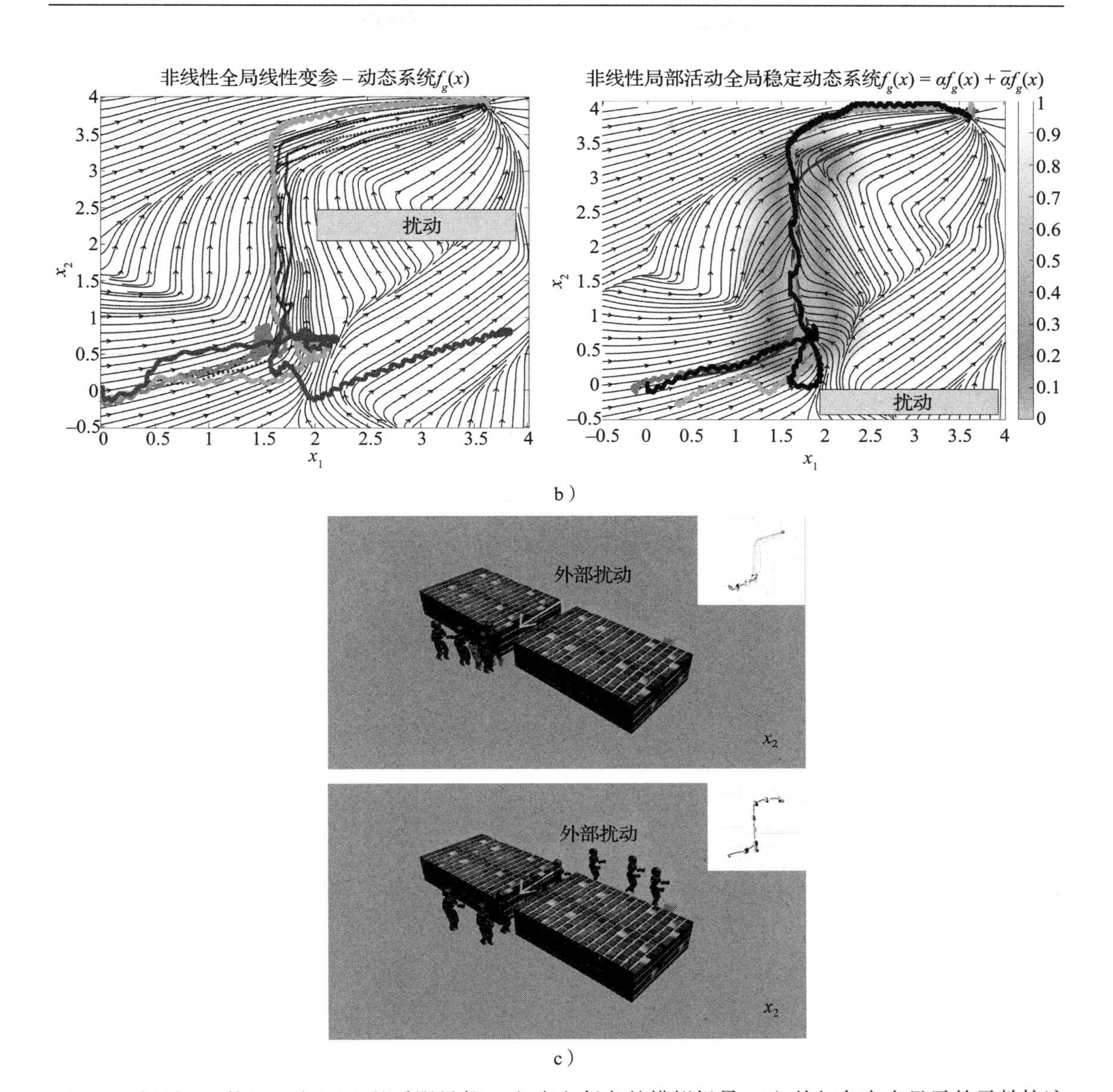

图 5.16　场景 1：使用一个 iCub 的受限导航。a）定义任务的模拟场景。b）从红色突出显示的示教轨迹中学习的全局动态系统与局部活动全局稳定动态系统的向量场，黑色轨迹是通过积分动态系统生成的开环轨迹，不同颜色的轨迹是模拟在不同外部扰动下机器人协作任务的轨迹。c）具有类似外部扰动的模拟场景的视频截图。可以看出，局部活动全局稳定动态系统能够在受到外部扰动后恢复并完成任务，而全局动态系统则会陷入困境（续）

场景 2（物体协作）。两个 iCub 机器人的期望任务是从一个传送带上捡起一个物体，并将其移动到第二个传送带上，直到到达期望的目标。图 5.17 显示了叠加在全局动态系统或局部活动全局稳定动态系统上，任务多次执行期间物体轨迹的执行路径的视频截图。全局动态系统很容易由于路径上的轻微扰动而无法完成任务。另一方面，局部活动全局稳定动态系统可以处理路径上的多个扰动，同时总是设法在第二个传送带上滑动物体。

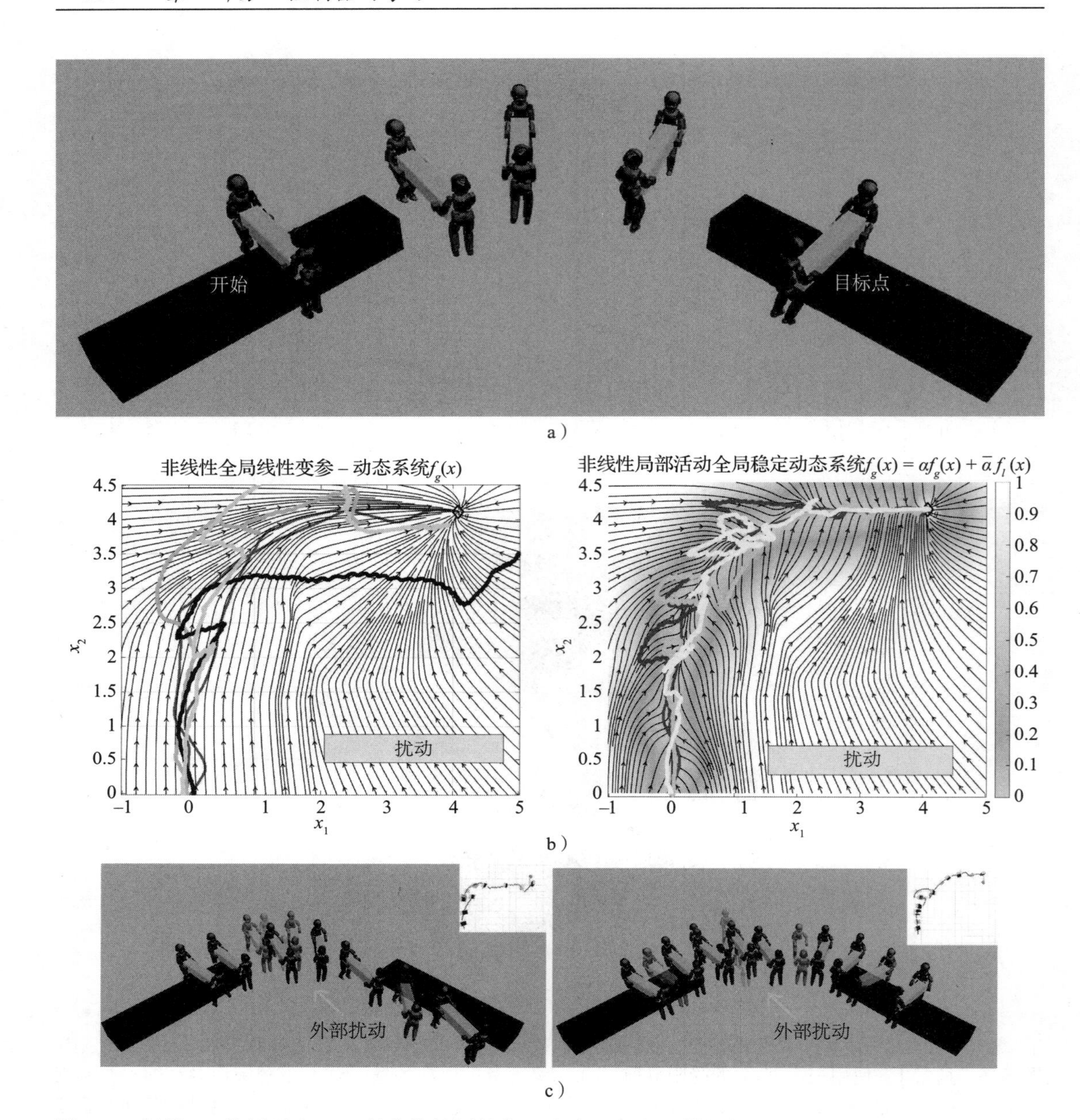

图 5.17　场景 2：使用两个 iCub 的物体协同操作。a）定义任务的模拟场景。b）从红色突出显示的示教轨迹中学习的全局动态系统与局部活动全局稳定动态系统的向量场，黑色轨迹是通过积分动态系统生成的开环轨迹，不同颜色的轨迹是机器人在不同外部扰动下模拟任务时的协同操作。c）具有类似外部扰动的模拟场景的视频截图。可以看出，局部活动全局稳定动态系统能够在外部扰动后恢复并完成任务，而全局动态系统试图达到目标，但遵循了导致任务失败的路径

5.2　隐马尔可夫模型线性变参 – 动态系统的学习序列

为了达到复杂任务中的子目标或通过点（如图 5.2 所示），我们提出了以下公式，它将不同的线性变参 – 动态系统排序：

$$\dot{x} = \sum_{s=1}^{S} h_s(x) f_s(x) \tag{5.37}$$

式中，S 是子任务（即子目标或通过点）的总数，$f_s(x)$ 是对应于第 s 个子任务的具有吸引子 $x_s^* \in \mathbb{R}^N$ 的第 s 个线性变参 – 动态系统，$h_s(x)$ 是一个排序函数，它指示机器人何时应该切换到第 s 个子任务。只有当机器人在第 s 个子任务上并到达相应的吸引子时，才会发生这种切换。

在第 3 章中所做的假设之一是，对于每种动态系统学习方法，吸引子是已知的。在本例中，我们试图学习一个吸引子未知的变参 – 动态系统序列。因此，我们引入了逆线性变参 – 动态系统公式和一个学习算法，从数据中参数化动态系统的系统矩阵 $\{A^k\}_{k=1}^K$ 和吸引子 x^*。

给定逆线性变参 – 动态系统公式，我们寻求联合学习序列函数 $h_s(x)$ 和代表每个子任务的 S 个逆线性变参 – 动态系统的集合。为了实现这一点，我们将式（5.37）参数化为一个隐马尔可夫模型（HMM），其中 $h_s(x)$ 由机器人处于第 s 个状态（即活动子任务）并终止于第 s 个吸引子的概率定义。此外，由于逆线性变参 – 动态系统被学习为联合概率分布（如第 3 章的动态系统的稳定估计方法），因此它被认为是隐马尔可夫模型中第 s 个状态的发射模型。然后从隐马尔可夫模型 – 线性变参模型的期望动力学计算得到由此产生的动态系统速度。因此，本节从描述和评估逆线性变参 – 动态系统公式和学习方法开始，并以隐马尔可夫模型 – 线性变参模型的学习和评估结束[2]。

5.2.1　逆线性变参 – 动态系统公式和学习方法

让我们以一种更通用的形式重述带有二次 Lyapunov 函数稳定性条件的线性变参 – 动态系统公式，即非线性动态系统可以表示为：

$$\dot{x} = \sum_{k=1}^{K} \gamma_k(z)(A^k x + b^k) \tag{5.38}$$

式中，$z \in \mathbb{R}^N$ 是定义混合系数 $\gamma_k(z)$ 的可测外部参数或操作点，$\sum_{c=1}^{C} \gamma_k(z) = 1$ 且 $\gamma_k(z) > 0$，在这种情况下，如果

$$A^k + (A^k)^{\mathrm{T}} \prec 0, b^k = -A^k x^*, \forall k = 1, \cdots, K \tag{5.39}$$

如第三章所示，系统全局渐近收敛于唯一吸引子 x^*。这是一个稳定的线性变参系统的具体例子[9]，如果吸引子是用高斯混合模型[60]或模糊模型[39, 28, 48]先验已知的，它的参数化可以从数据中估计出来。当参数是系统状态（即 $z=x$）的函数时，则完全自主的方程（5.38）在文献中被称为准线性变参系统[39]，它也可以在稳定性约束下学习，如第 3 章所示。

说明。在第 3 章所有提出的公式中，我们并没有按照 $z=x$ 把准线性变参系统和线性变参系统进行区分。然而，在本节中，我们确实做出了这种区分，因为所提出的线性变参公式更通用。

当吸引子 x^* 未知时，由于式（5.39）中每个 k 约束的所有 A^k 值和 b^k 值的乘积所产生的非凸性，动态系统参数 $\Theta_f = \{A^k, b^k\}_{k=1}^K$ 的估计成为一个具有挑战性的问题。因此，不考虑标准的正动力学线性变参 – 动态系统模型（式（5.38）），本节中提出的方法背后的主要思想是通过考虑它的逆来避免这种依赖性。从式（5.39）可以推导出一个未知吸引子的方程如下：

$$b^k = -A^k x^* \Rightarrow x^* = -(A^k)^{-1} b^k, \forall k = 1, \cdots, K \tag{5.40}$$

因此，反演式（5.38），并使用未知吸引子的方程（5.40）导致局部逆线性动态系统的混合：

$$x = \sum_{k=1}^{K} \gamma_k(z)((A^k)^{-1}\dot{x} - (A^k)^{-1}b^k)$$
$$x = \sum_{k=1}^{K} \gamma_k(z)((A^k)^{-1}\dot{x} + x^*) \quad (5.41)$$
$$= x^* + \sum_{k=1}^{K} \gamma_k(z)(A^k)^{-1}\dot{x}$$

当吸引子 x^* 是未知的，并且成为模型中的一个偏差时，这种替代表示简化了线性变参和准线性变参系统的辨识。

问题表述。给定一组来自参考轨迹 $\{\boldsymbol{X},\dot{\boldsymbol{X}},\boldsymbol{Z}\}=\{x^i,\dot{x}^i,z^i\}_{i=1}^M$ 的 M 个独立同分布样本集，本节考虑的问题是假设它是全局渐近稳定并且具有单个未知吸引子 x^* 的观测所表示的动力学行为的估计。

5.2.2　使用高斯混合模型学习稳定逆线性变参 – 动态系统

本节中提出的模型假定 z 的联合分布和由 $\dot{x}$，x 表示的观测动态行为由高斯混合模型给出。具体地说，观测值分布为

$$p\left(\begin{bmatrix} z \\ \dot{x} \end{bmatrix} \middle| x,\Theta_{\text{GMM}}\right) = \sum_{k=1}^{K} p(k \mid \Theta_{\text{GMM}}) p\left(\begin{bmatrix} z \\ \dot{x} \end{bmatrix} \middle| x,k,\Theta_{\text{GMM}}\right) \quad (5.42)$$

式中，$p(k \mid \Theta_{\text{GMM}}) = \pi_k$ 表示先验，每个分量的条件概率密度函数定义如下：

$$p\left(\begin{bmatrix} z \\ \dot{x} \end{bmatrix} \middle| x,k,\Theta_{\text{GMM}}\right) = p(\dot{x} \mid x,k,\Theta_{\text{GMM}}) p(z \mid k,\Theta_{\text{GMM}})$$
$$p(\dot{x} \mid x,k,\Theta_{\text{GMM}}) = \mathcal{N}(A^k(x-x^*),\Sigma_{\epsilon}^k) \quad (5.43)$$
$$p(z \mid k,\Theta_{\text{GMM}}) = \mathcal{N}(\mu_z^k,\Sigma_z^k)$$

该方法具有动力学矩阵 A^k，估计噪声 Σ_{ϵ}^k 且 μ_z^k，Σ_z^k 分别表示 z 的均值和方差。请注意，所有的混合分量在设计上共享相同的吸引子 x^*。

参数集由 $\Theta_{\text{GMM}}=\{x^*,\theta_1,\cdots,\theta_k\}$ 给出，其中 $\theta_k=\{\pi_k,\mu_z^k,\Sigma_z^k,A^k,\Sigma_{\dot{x}}^k\}$。为了简单起见，在下面的讨论中，我们将忽略关于 Θ_{GMM} 的依赖关系。

对于一个标准的线性变参系统（即 $z \neq x$），式（5.43）相应地假定 z 与系统的状态或其导数无关。在准线性变参系统（即 $z=x$）的情况下，式（5.43）依据动态系统的稳定估计方法（见 3.3 节）简化到联合密度 $p\left(\begin{bmatrix} x \\ \dot{x} \end{bmatrix} \middle| k\right) = p(\dot{x} \mid x,k)p(x \mid k)$。为了方便起见，我们还在渐近稳定性约束下定义了每个分量的逆线性动力学：

$$p(x \mid \dot{x},k) = \mathcal{N}(x^*+(A^k)^{-1}\dot{x},\Sigma_{\epsilon}^k) \quad (5.44)$$

同样，所有分量共享相同的吸引子 x^*。请注意，在式（5.44）中，估计噪声协方差 $\hat{\Sigma}_{\epsilon}^k$ 现在是用逆模型而不是用正模型 $\hat{\Sigma}_{\epsilon}^k$ 表示的。

5.2.2.1　高斯混合模型的预期动态

给定一个观察到的 $\{z, x\}$，式（5.42）中 $\dot{x}$ 的条件分布所规定的动力学行为也是高斯的，

具有期望的均值

$$\mathbb{E}[p(\dot{x} \mid x,z)]=\sum_{k=1}^{K}\gamma_k(z)(A^k(x-x^*)) \tag{5.45}$$

其中，

$$\gamma_k(z)=\frac{\pi_k\mathcal{N}(z\mid\mu_z^k,\Sigma_z^k)}{\sum_{j=1}^{K}\pi_j\mathcal{N}(z\mid\mu_z^j,\Sigma_z^j)}$$

注意 $\gamma_k(z)\geqslant 0$ 和 $\sum_{k=1}^{K}\gamma_k(z)=1$ 。式（5.45）收敛的充分条件在命题 5.2 中给出。

命题 5.2　动力学（式（5.45））全局渐近收敛于吸引子 x^*，如果

$$A^k+(A^k)^{\mathrm{T}}\preceq -\epsilon\,\mathbb{I},\quad \forall k=1,\cdots,K \tag{5.46}$$

其中 $\epsilon\in\mathbb{R}_+$ 是一个小正数。

> **练习 5.9**　证明式（5.46）所表达的条件对于式（5.45）所定义的预期动力学的稳定性是充分的。

5.2.2.2　用期望最大化算法学习渐近稳定的线性变参系统

给定一组观测值，利用期望最大化 (EM) 算法估计最大似然的线性变参参数 Θ_{GMM} [17]（见 B.3.1 节）。为了保证式（5.45）的收敛性，用凸约束集（式（5.46））足够约束最大化问题，使得

$$\begin{aligned}&\underset{\Theta_{\mathrm{GMM}}}{\arg\max}\sum_{i=1}^{M}\log p\left(\begin{bmatrix}z^i\\ \dot{x}^i\end{bmatrix}\middle| x^i,\Theta_{\mathrm{GMM}}\right)\\ &\text{s.t.}\qquad A^k+(A^k)^{\mathrm{T}}\preceq -\epsilon\mathbb{I},\qquad \forall k=1,\cdots,K\end{aligned} \tag{5.47}$$

期望最大化算法的目标是通过在迭代过程中最大化对数似然的一个下界来求得该问题的局部最优解。设 K_i 是表示第 i 个观测隶属度的潜变量。期望步骤（E-step）由考虑当前参数 Θ_{GMM} 的 K_i 分布最大化组成，即每个分量的责任，对应于

$$p(K_i=k)=\frac{p(k)p\left(\begin{bmatrix}z^i\\ \dot{x}^i\end{bmatrix}\middle| x^i,k\right)}{\sum_{k=1}^{K}p(k)p\left(\begin{bmatrix}z^i\\ \dot{x}^i\end{bmatrix}\middle| x^i,k\right)} \tag{5.48}$$

利用这种分布，最大化步骤（M-step）计算解决现在简化的优化问题的最优参数

$$\begin{aligned}\hat{\Theta}_{\mathrm{GMM}}=&\underset{\Theta_{\mathrm{GMM}}}{\arg\max}\sum_{i=1}^{M}\sum_{k=1}^{K}p(K_i=k)\log p(k)p(\dot{x}\mid x,k)p(z\mid k)\\ &\text{s.t.}\quad A^k+(A^k)^{\mathrm{T}}\preceq -\epsilon\mathbb{I},\qquad \forall k=1,\cdots,K\end{aligned} \tag{5.49}$$

最优参数 $\{\hat{\pi}_k,\hat{\mu}_z^k,\Sigma_z^k\}$ 以封闭形式计算。例如，可以参见 [17]。为了有效地估计吸引子 $\hat{x}^*$ 并避免非凸性，我们考虑了产生代理问题的逆动力学（式（5.44））：

$$\begin{aligned}\hat{\Theta}_{\text{GMM}} = \arg\max_{\Theta_{\text{GMM}}} \sum_{i=1}^{M}\sum_{k=1}^{K} p(K_i=k)\log p(k)p(x\,|\,\dot{x},k)p(z\,|\,k) \\ \text{s.t.}\quad (A^k)^{-1}+(A^k)^{-\text{T}} \preceq -\epsilon_{\text{inv}}\mathbb{I},\qquad \forall k=1,\cdots,K\end{aligned} \tag{5.50}$$

其中，$\epsilon_{\text{inv}}\in\mathcal{R}_+$ 是一个小的正数，应用贝叶斯规则，当潜在概率为 $p(x\,|\,k)\leqslant p(\dot{x}\,|\,k)$ 时，是式（5.49）下界。注意，该问题现在约束逆动力学矩阵为非对称负定，以保证在吸引子上收敛，同时保证矩阵是可逆的。根据约束最优逆动力学参数 $\hat{x}^*$ 和 $\hat{A}_k^{-1}$，估计噪声协方差 $\hat{\Sigma}^k$ 的驻点由下式给出：

$$\hat{\Sigma}_\epsilon^k = \frac{\sum_{i=1}^{M} p(K_i=k)(x^i-(\hat{x}^*+(\hat{A}^k)^{-1}\dot{x}^i))(x^i-(\hat{x}^*+(\hat{A}^k)^{-1}\dot{x}^i))^{\text{T}}}{\sum_{i=1}^{M}\sum_{k=1}^{K} p(K_i=k)}$$

将此表达式代入式（5.50）并忽略常数项，则 $\hat{x}^*,(\hat{A}^{-1})^{1,\cdots,K}$ 的约束极大步长为

$$\begin{aligned}\hat{x}^*,(\hat{A}^{-1})^{1,\cdots,K} = \arg\max_{x^*,(\hat{A}^{-1})^{1,\cdots,K}} \sum_{k=1}^{K} -\frac{1}{2}\log|\hat{\Sigma}_\epsilon^k|\left(\sum_{i=1}^{M} p(K_i=K)\right) \\ \text{s.t.}\quad (A^k)^{-1}+(A^k)^{-\text{T}} \preceq -\epsilon_{\text{inv}}\mathbb{I},\quad \forall k=1,\cdots,K\end{aligned} \tag{5.51}$$

通过在协方差中加入一个正则项和一个额外的迹项，可以证明它是凸的 [59,80]。作为替代，如果估计噪声协方差假定为对角的，则问题简化为凸二次规划：

$$\begin{aligned}\hat{x}^*,(\hat{A}^{-1})^{1,\cdots,K} = \arg\max_{x^*,(A^{-1})^{1,\cdots,K}} \sum_{k=1}^{K} -\frac{1}{2}\text{tr}(\hat{\Sigma}_\epsilon^k)\left(\sum_{i=1}^{M} p(K_i=k)\right) \\ \text{s.t.}\quad (A^k)^{-1}+(A^k)^{-\text{T}} \preceq -\epsilon_{\text{inv}}\mathbb{I},\quad \forall k=1,\cdots,K\end{aligned} \tag{5.52}$$

虽然 $(\hat{A}-1)^k$ 是每个分量的正动力学矩阵 A^k 的逆的有效估计，但考虑求解式（5.52）后得到的 $\hat{x}^*$，式（5.49）（具有正动力学条件概率密度函数）的直接优化可以得到更精确的结果。相应的凸规划是

$$\begin{aligned}\hat{A}^{1,\cdots,K} = \arg\max_{A^{1,\cdots,K}} \sum_{k=1}^{K} -\frac{1}{2}\text{tr}(\hat{\Sigma}_{\dot{\epsilon}}^k)\left(\sum_{i=1}^{M} p(K_i=k)\right) \\ \text{s.t.}\quad A^k+(A^k)^{\text{T}} \preceq -\epsilon\mathbb{I},\quad \forall k=1,\cdots,K\end{aligned} \tag{5.53}$$

其中，

$$\hat{\Sigma}_{\dot{\epsilon}}^k = \frac{\sum_{i=1}^{M} p(K_i=k)(\dot{x}^i-\hat{A}^k(x^i-\hat{x}^*))(\dot{x}^i-\hat{A}^k(x^i-\hat{x}^*))^{\text{T}}}{\sum_{i=1}^{M}\sum_{k=1}^{K} p(K_i=k)}$$

给定初始 Θ_{GMM}，期望最大化算法迭代地应用期望步骤（E-step）（式（5.48）），依次输入式（5.49）中的 $\{\hat{\pi}_k,\hat{\mu}_z^k,\hat{\Sigma}_z^k\}$ 的最大化步骤（M-step），式（5.52）中的吸引子 $\hat{x}^*$ 以及式（5.53）中的线性动力学矩阵 $\hat{A}^{1,\cdots,K}$ 和估计噪声 $\hat{\Sigma}_\epsilon^k$ 进行迭代直到收敛。

5.2.2.3 考虑吸引子的先验信息

尽管前面的小节假定了一个未知的吸引子，但在许多情况下，先验信息可能是可用的，例如我们期望系统收敛的特定区域或一组感兴趣的区域。在这些情况下，最大后验估计通过求解来考虑这些附加信息

$$\underset{\Theta_{\text{GMM}}}{\arg\max}\sum_{i=1}^{\text{M}}\log p\left(\begin{bmatrix} z_i \\ \dot{x}_i \end{bmatrix}\middle| x^i, \Theta_{\text{GMM}}\right)p(x^*)$$
$$\text{s.t.}\quad A^k+(A^k)^{\text{T}}\preceq-\epsilon\mathbb{I}\,,\quad \forall k=1,\cdots,K$$

式中，$p(x^*)$ 是吸引子的先验分布。这个问题的解也可以通过上一小节中解释的期望最大化算法来解决，但式（5.52）除外，在这种情况下，它产生了一个附加项 $\log p(x^*)$。如果这一项是凸的（例如用高斯或高斯混合），则解仍然是凸的，且可以有效地估计。此外，吸引子上的任何线性约束（例如，避免机器人工作空间的不可达区域）可以添加到这个问题而不失去凸性。

5.2.2.4 学习算法评估

我们在 MATLAB 中使用 SEDUMI[142] 求解器和 YALMIP [93] 接口实现了我们的方法，求解了式（5.52）和式（5.53）。我们将我们的评估限制在 $z=x$ 的准线性变参系统。我们将我们的方法线性变参 – 期望最大化与动态系统的稳定估计方法进行了比较，利用 LASA 手写数据集最小化均方误差。对于这个评估，我们考虑四个条件：

- 具有已知吸引子 x^* 的动态系统的稳定估计。吸引子被固定到示教的终点。
- 具有已知吸引子 x^* 的线性变参 – 期望最大化。吸引子被固定到示教的终点，且只求解式（5.53）。
- 具有未知吸引子 x^* 的动态系统的稳定估计。吸引子作为开放参数添加到 [72] 中提供的求解器中。
- 具有未知吸引子 x^* 的线性变参 – 期望最大化。吸引子作为开放参数，求解式（5.52）和式（5.53）。

所有条件在 1 ～ 25 个分量之间进行评估。为了应用期望最大化算法，我们用观测状态的平均值初始化 x^*，其余参数用 k– 均值给出的初始聚类初始化。ϵ_{inv} 的选择尤其重要，因为它决定了系统动力学矩阵的最大特征值，并对吸引子的估计有很大的影响。$\epsilon_{\text{inv}}\approx 0$ 会产生不自然的结果，而 $\epsilon_{\text{inv}}>>0$ 会产生离原始数据很远的吸引子。根据我们的经验，在所有测试数据集中，在 $10^{-1}\leqslant\epsilon_{\text{inv}}\leqslant 10^{1}$ 范围内的值产生了可信的结果。在这个特定的实验中，我们设置 $\epsilon_{\text{inv}}=0.5$ 和 $\epsilon=10^{-6}$。我们根据估计速度的均方根误差、估计吸引子 x^* 的均方误差和计算时间等方面对我们的方法进行评估。

依据预测均方根误差（如图 5.18 所示），当吸引子已知时，动态系统的稳定估计优于所有其他条件，因为它在它的学习过程中直接使均方误差最小化。相比之下，线性变参 – 期望最大化将整个似然最大化了（包括 z 的分布），而不仅仅是预测误差，导致预测准确性略低。然而，在下一节中，这个功能将非常重要，以便基于该模型制定隐马尔可夫模型。当吸引子未知时，线性变参 – 期望最大化明显优于动态系统的稳定估计的变体。有趣的是，在吸引子已知和吸引子未知的情况下，线性变参 – 期望最大化的预测性能仅有微小的差异。这种情况在动态系统的稳定估计中不会发生，当吸引子未知时，十个分量后均方根误差几乎保持不

变，表明总体性能不令人满意。在计算时间方面，两种线性变参－期望最大化条件的计算时间都随着分量数量的增加而显著加快。具有未知吸引子的条件大约要慢两倍，因为它必须在每个最大化步骤（M-step）中解决一个额外的优化问题。关于吸引子估计的均方根误差，线性变参－期望最大化条件得出了更好的结果。

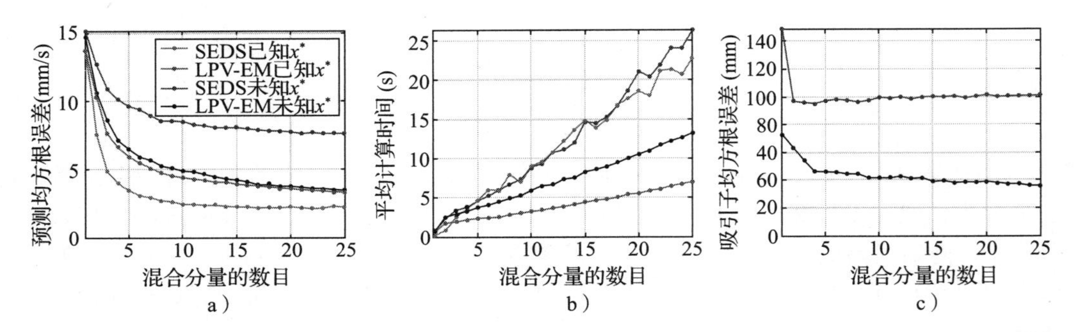

图 5.18　无论是吸引子 x^* 已知还是吸引子 x^* 未知，对动态系统的稳定估计和线性变参－期望最大化的 LASA 手写数据集的结果。图 a 和图 b 分别显示了所有四种情况下的预测均方根误差和训练时间与混合分量数目的函数关系。图 c 显示了在吸引子未知的情况下的吸引子估计误差

如图 5.19 所示，当吸引子未知时，动态系统的稳定估计可能陷入局部极小值，产生不希望的吸引子。相比之下，线性变参－期望最大化变体由于最大化步骤的凸性，总是获得一致的结果。虽然得到的吸引子并不完全符合先验假设的目标，但估计的解是作为目标导向运动的数据的合理解释。事实上，假设数据集的人类示教在（0,0）处收敛，但数据可能不会清楚地显示这种行为。总之，当吸引子已知时，线性变参－期望最大化模型是动态系统的稳定估计的一个合适的替代方案，当吸引子未知时，线性变参－期望最大化模型成为唯一可靠的选择。

编程练习 5.2　本编程练习的目的是使读者熟悉具有未知吸引子的轨迹的线性变参－期望最大化算法。

操作说明。打开 MATLAB 并将目录设置为文件夹 `ch5-DS_Learning`，在此文件夹中，你将找到以下脚本：

```
1    ch5_ex2_lpvEM.m
```

在此脚本中，你将在注释块中找到使你能够执行以下操作的说明：

- 在图形用户界面上绘制二维轨迹。
- 加载如图 3.7 所示的 LASA 手写数据集。
- 学习逆线性变参－期望最大化，并与动态系统的稳定估计和线性变参－动态系统方法进行比较。

说明。MATLAB 脚本提供了加载 / 使用不同类型的数据集以及为学习算法选择不同项的选项。请阅读脚本中的注释并分别运行每个块。

我们建议读者使用 LASA 手写数据集中的自绘制轨迹或运动来测试以下内容：

1. 对于一组轨迹，在吸引子未知的情况下，定性地（均方根误差，收敛性）和定量地（相位图）比较线性变参－期望最大化与逆线性变参－期望最大化。

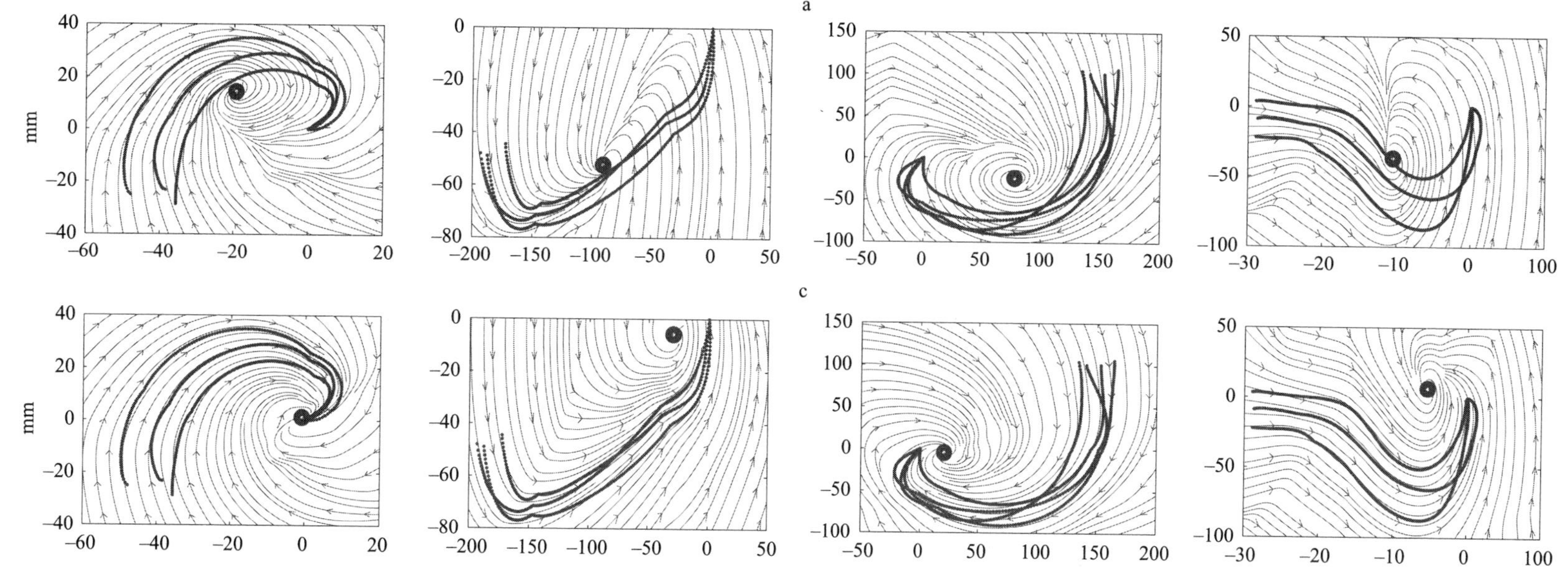

图 5.19 LASA 手写数据集的动态系统的稳定估计（第一行）和线性变参 – 期望最大化（第二行）的四个二维记录的结果流线和吸引子，具有未知的吸引子 x^* 和 K=7 分量。红点表示训练样本，蓝色标记表示估计的吸引子。数据集假设吸引子在 [0,0]

2. 比较使用 M=1 和 M>>1 轨迹时的结果。数据点的数量如何影响每种方法的准确性和计算时间？

3. 使用单个高斯或高斯混合模型在吸引子的位置上添加先验值，估计是否有所改善？收敛速度更快吗？

5.2.3　使用隐马尔可夫模型的线性变参 – 动态系统学习序列

在本节中，为了表示任务序列，我们构造了一个表示多个子任务的隐马尔可夫模型，其中每个子任务由一个渐近稳定的准线性变参系统给出。与以往的工作相比，线性变参 – 期望最大化算法能够从数据中鲁棒地估计吸引子，从而能够学习以非线性稳定动力学作为状态发射概率的隐马尔可夫模型。此外，我们在我们的模型中加入了一个子任务达到目标时即完成的直观思想：依据 [81,34]，潜状态（子任务）之间的转换依赖于通过终止策略的观察。然后，我们对模型进行约束，使得终点最有可能围绕吸引子，即当子任务以一定的精度到达相应的吸引子时，子任务就结束了，这也是从数据中学习的。然后，我们研究了隐马尔可夫模型 – 线性变参模型的动力学，并提出了一种学习和运动生成方法，该方法保证了从左到右和周期模型的全序列稳定性。

问题表述。给定一组示教的参考轨迹 $\{\boldsymbol{X},\dot{\boldsymbol{X}},\boldsymbol{Z}\}$，本节考虑的问题是假设任务由 S 个面向目标的全局渐近稳定子任务序列组成的任务的动态模型的获取。轨迹可以表示任务的一部分、单个子任务的一部分或子任务的完整序列。

5.2.3.1　隐马尔可夫模型 – 线性变参模型

设 $s_i \in \{1,2,\cdots,S\}$ 是表示时间步骤 i 上的活动子任务的离散潜变量，$b_i \in \{0,1\}$ 是表示事件完成 $(b_i{=}1)$ 或未完成 $(b_i{=}0)$ 子任务 s_i 的终止二元变量。隐马尔可夫模型 – 线性变参模型假设观测轨迹分布为：

$$p(x\mid\Lambda)=\left(\sum_{s_1=1}^{S}\sum_{b_i-1=0}^{1}p(s_1\mid\boldsymbol{\lambda}_\pi)p\left(\begin{bmatrix}x^1\\ \dot{x}^1\end{bmatrix}\mid s_1,\boldsymbol{\lambda}_e\right)\right)\prod_{i=1}^{T}\sum_{s_i=1}^{S}\sum_{s_i-1=1}^{S}\sum_{b_i-1=0}^{1}p(s_i\mid s_{i-1},b_{i-1},\boldsymbol{\lambda}_a)$$
$$\cdot p(b_{i-1}\mid s_{i-1},x_{i-1},\boldsymbol{\lambda}_b)p\left(\begin{bmatrix}x^i\\ \dot{x}^i\end{bmatrix}\mid s_i,\boldsymbol{\lambda}_e\right) \tag{5.54}$$

参数集 $=\{\lambda_\pi,\lambda_a,\lambda_b,\lambda_e\}$，其中

- 当 $1\leqslant s\leqslant S$ 时，初始子任务概率为 $p(s\mid\boldsymbol{\lambda}_\pi)=\boldsymbol{\lambda}_\pi=\{\bar{\pi}_s\}$。
- 对于 $1\leqslant j,\ k\leqslant S$ 且 $j\neq k$ 的子任务转换参数 $\boldsymbol{\lambda}_a=\{a_{jk}\}$，在无终止的情况下 $p(j\mid j, b=0,\boldsymbol{\lambda}_a)=1$，在终止的情况下 $p(j\mid k,b=1,\boldsymbol{\lambda}_a)=a_{jk}$，$p(j\mid j,b=1,\boldsymbol{\lambda}_a)=0$。由于我们只考虑序列，所以我们将我们的模型限制为从左到右或周期拓扑，即如果 j 在 k 之前，那么 $a_{jk}=1$）。
- 每个子任务的发射概率由准线性变参 – 系统给出（即如式（5.42）所示）$\boldsymbol{\lambda}_e=\{\Theta_{\mathrm{GMM}}^1,\cdots,\Theta_{\mathrm{GMM}}^S\}$ 和 $p\left(\begin{bmatrix}x\\ \dot{x}\end{bmatrix}\mid s,\boldsymbol{\lambda}_e\right)=p\left(\begin{bmatrix}x\\ \dot{x}\end{bmatrix}\mid\Theta_{\mathrm{GMM}}^s\right)$。我们用 $\Theta_{\mathrm{GMM}}^s=\{x_s^*,\Theta_{\mathrm{GMM}}^{s,1},\cdots,\Theta_{\mathrm{GMM}}^{s,K}\}$，其中 $\Theta_{\mathrm{GMM}}^{s,k}=\{\pi_{s,c},\mu_{s,z}^k,\Sigma_{s,z}^k,A_s^k,\Sigma_{s,\dot{x}}^k\}$ 表示第 s 个子任务的准线性变参系统的高斯混合模型参数。

- 终止概率 $p(b\mid s,x,\boldsymbol{\lambda}_b)$ 由 x 相关的 Bernoulli 分布给出，该分布由径向基函数参数化，其形式如下：

$$p(b=1\mid s,x,\boldsymbol{\lambda}_b)=\exp\{-(x-\mu^{b,s})^{\mathrm{T}}\Sigma_{b,s}^{-1}(x-\mu^{b,s})\} \tag{5.55}$$

其中，参数 $\boldsymbol{\lambda}_b=\{\mu^{b,1},\Sigma^{b,1},\cdots,\mu^{b,S},\Sigma^{b,S}\}$。从假定的分布来看，不终止的概率为 $p(b=0\mid s,x,\boldsymbol{\lambda}_b)=1-p(b=1\mid s,x,\boldsymbol{\lambda}_b)$。

5.2.3.2 隐马尔可夫模型 – 线性变参模型的预期动力学

在时间步骤 i 中，并且观察了自第一个样本以来的前一个 x– 历史（即 $\{x^t\}_{t=1}^{i}$），预期的动力学是

$$\dot{x}_{\text{hmm}}=\mathbb{E}[p(\dot{x}^i\mid\{x^t\}_{t=1}^{i},\boldsymbol{\lambda})] \tag{5.56}$$

$$=\sum_{s=1}^{S}\underbrace{\tilde{h}_{s,i+1}(x^i)}_{h_s(x)}\underbrace{\mathbb{E}[p(\dot{x}^i\mid x^i,\Theta_{\text{GMM}}^{s})]}_{f_s(x)} \tag{5.57}$$

式中，$\mathbb{E}[p(\dot{x}^i\mid x^i,\Theta_{\text{GMM}}^{s})]$ 是由式（5.45）给出的高斯混合模型的期望动力学，而 $\tilde{h}_{s,i+1}(x_i)=p(s_i\mid\{x_t\}_{t=1}^{i},\boldsymbol{\lambda})$ 是只考虑部分信息的隐马尔可夫模型的前向变量（即 x_t）其递归计算为

$$\tilde{h}_{s,i}(x^{i-1})=\sum_{s_{i-1}=1}^{S}\sum_{b_{i-1}=0}^{1}\tilde{h}_{s,i}(x^{i-1})p(s_i\mid s_{i-1},b_{i-1},\boldsymbol{\lambda}_a) \\ p(b_{i-1}\mid s_{i-1},x^{i-1},\boldsymbol{\lambda}_b)p(x^{i-1}\mid s_i,\boldsymbol{\lambda}_e) \tag{5.58}$$

并且进行归一化，使得 $\sum_{s=1}^{S}\tilde{h}_{s,i}(x^i)=1$。给定变量 $h_s(x)$ 和 $f_s(x)$，我们可以看到，隐马尔可夫模型的期望动力学（式（5.56））等价于式（5.37）中定义的线性变参 – 动态系统序列方程。然而，即使所有子任务都满足命题 5.2，由于它们考虑不同的吸引子，因此产生的动力学可能是不稳定的。事实上，当我们恢复动力学（式（5.45））时，只有当 $\tilde{h}_{s,i}(x^i)=1$ 时，我们才保持第 s 个子任务的稳定性。为了保证整个序列的收敛性，我们用动力学定义 s_{curr} 为当前子任务，s_{next} 为下一个子任务：

$$s_{\text{curr},i+1}=\begin{cases}s_{\text{next},i} & 若\ \tilde{h}_{s_{\text{next}}}(x^i)=1\\ s_{\text{curr},i} & 否则\end{cases} \\ s_{\text{next},i+1}=\begin{cases}s_{\text{next},i}+1 & 若\ \tilde{h}_{s_{\text{next}}}(x^i)=1\\ s_{\text{next},i} & 否则\end{cases} \tag{5.59}$$

然后，我们提出了一个充分条件，保证当系统到达 s_{curr} 的吸引子时，s_{curr} 和 s_{next} 之间的转换总是从 $\tilde{h}_{s_{\text{curr}}}(x^i)=1$ 演化到 $\tilde{h}_{s_{\text{next}}}(x^i)=1$。

命题 5.3 设 s_{curr} 和 s_{next} 分别为具有动力学（式（5.59））的当前和下一个子任务，并仅考虑这两种状态计算条件前向概率，即式（5.58）中的 $S=\{s_{\text{curr}}, s_{\text{next}}\}$。任何达到吸引子 $x_{s_{\text{curr}}}^{*}$ 的轨迹都将收敛到子任务 $\tilde{h}_{s_{\text{curr}}},i(x_i)=0,\tilde{h}_{s_{\text{next}}},i(x_i)=1$，如果

$$p(b=1\mid s_{\text{curr}},x_{s_{\text{curr}}}^{*},\boldsymbol{\lambda}_b)=1 \tag{5.60}$$

练习 5.10 证明式（5.60）表示的条件对于转换的稳定性方程（5.59）是充分的。

为了保证到达 $x^*_{s_{\text{curr}}}$，一种简单的方法是只考虑当前子任务生成的运动，该子任务保证收敛到命题 5.2 中的吸引子。一种替代方法是通过添加稳定输入在任务之间连续转换来修改原始预期动力学（式（5.56））[75]，即

$$\dot{x} = \dot{x}_{\text{HMM}} + \dot{x}_{\text{corr}}$$
$$\dot{x}_{\text{corr}} = \begin{cases} 0 & \text{若} \boldsymbol{l}^{\text{T}} \dot{x}_{\text{HMM}} > 0 \\ -\dfrac{\boldsymbol{l}^{\text{T}} \dot{x}_{\text{HMM}}}{\|\boldsymbol{l}\|} \boldsymbol{l} + \epsilon_{\text{corr}} \boldsymbol{l} & \text{否则} \end{cases} \tag{5.61}$$

式中，$\boldsymbol{l} = (x^*_{s_{\text{curr}}} - z)$ 和 $\epsilon_{\text{corr}} > 0$。这样，得到的动力学尽可能接近模型动力学（式（5.56）），只有在潜在发散的情况下才进行修正。

如果每个子任务都满足命题 5.3，则表示完整序列的从左到右的模型在每个转换中通过遵循式（5.61）来保证收敛到最后一个子任务的吸引子。同样地，对于周期拓扑，潜状态演化被确保表现出稳定的离散极限环动力学。注意，命题 5.3 提供了非常保守的条件。实际上，转换通常在没有校正输入干预的情况下收敛。

5.2.3.3　用 Baum-Welch 算法学习隐马尔可夫模型 – 线性变参模型

为了从示教中获得最优参数，我们利用 Baum-Welch 算法[117]和隐马尔可夫模型的期望最大化算法使模型似然最大化，并用命题 5.2 和命题 5.3 的条件约束问题：

$$\arg\max_{\Lambda} \sum_{d=1}^{D} \log p(x_d \mid \Lambda) \tag{5.62}$$

$$\text{s.t.} p(b=1 \mid s, x^*_s, \boldsymbol{\lambda}_b) = 1 \tag{5.63}$$
$$A^k_s + (A^k_s)^{\text{T}} \prec 0, \qquad \forall s = 1, \cdots, S, \forall k = 1, \cdots, K$$

[117] 和 [34] 中详细描述了 $\boldsymbol{\lambda}_\pi$，$\boldsymbol{\lambda}_a$ 的期望步骤（E-step）和最大化步骤（M-step）。发射概率 $\boldsymbol{\lambda}_e$（即线性变参系统）的最大化步骤（M-step）类似于式（5.52），仅在期望步骤（E-step）中计算的责任不同。用径向基函数函数（5.55）求终止概率 $\boldsymbol{\lambda}_b$ 的最大化步骤（M-step）得到了一个类似于逻辑回归的问题结构[34]，但具有椭球边界函数，因此是一个非凸目标。然而，在这种特定设置下，式（5.63）意味着，对于每个状态，$x^*_s = \mu^{b,s}$，并将这两个问题耦合在一起。因此，$\boldsymbol{\lambda}_e$ 的最大化驱动 $\boldsymbol{\lambda}_b$ 的解推向动力学收敛的区域，同时，在那里更有可能发生转换。在给定 Λ 初始猜测的情况下，通过迭代应用期望步骤（E-step）和最大化步骤（M-step）来计算最优参数，直到出现可忽略不计的改进。

在下面的编程练习中，我们提供了从二维绘制的数据集学习隐马尔可夫模型 – 线性变参（并可视化它）的代码。

编程练习 5.3　本编程练习的目的是使读者熟悉吸引子动力学序列轨迹的隐马尔可夫模型 – 线性变参算法。

操作说明。打开 MATLAB，将目录设置为第 5 章练习对应的文件夹，在此文件夹中，你将找到以下脚本：

```
1 ch5_ex3_hmmLPV.m
```

在此脚本中，你将在注释块中找到说明，这些说明将使你能够执行以下操作：

- 在图形用户界面上绘制复杂的二维轨迹。
- 学习隐马尔可夫模型 - 线性变参。

说明。MATLAB 脚本提供了加载 / 使用不同类型的数据集以及为学习算法选择不同项的选项。请阅读脚本中的注释并分别运行每个块。

我们建议读者使用自绘制的轨迹测试以下内容：

1. 手动选择 K 个高斯函数的个数和 S 个子任务的个数。
2. 通过贝叶斯信息量准则（BIC）模型选择来估计子任务数 S，并调整每第 s 个线性变参 – 动态系统的高斯的数目 K。
3. 比较使用 M=1 和 M>>1 轨迹时的结果。
4. 使用单个高斯或高斯混合模型向吸引子位置添加先验信息。

5.2.4　模拟和机器人的实现

我们在 MATLAB 中使用 FMINSDP 求解器 [147] 实现了我们的方法，从式（5.62）中求解 $\boldsymbol{\lambda}_b$ 和 $\boldsymbol{\lambda}_e$ 的联合最大值。我们用 k– 均值（k-means）初始化模型参数。在此初始聚类中，我们应用前一节所述的线性变参 – 期望最大化算法中的最大化步骤（M-step）来初始化包含吸引子的 $\boldsymbol{\lambda}_e$ 参数，同时径向基函数终止函数的协方差初始设置为相应聚类的方差。在我们的实验中，我们在式（5.61）中设置正常数为 $\epsilon_{\text{corr}}=1$，在式（5.52）和式（5.53）中分别设置正常数为 $\epsilon_{\text{inv}}=0.5, \epsilon_{\text{inv}}=10^{-6}$。

我们首先在两组用鼠标捕获的二维人体运动示例中说明我们的模型的能力。如图 5.20 所示，隐马尔可夫模型 – 线性变参模型能够提取有意义的子任务动力学和终止策略。吸引子以及终止策略的中心通常位于运动方向的末端，但在某些情况下，例如图 5.20 的两个 a)，被放置得更远，因为相应的数据没有表现出收敛性。结果，在转换期间，依据式（5.61）生成的轨迹与训练样本一样平滑。并且由于命题 5.3，它们也收敛于最后一个吸引子。值得注意的是，在这两个例子中，无扰动生成的轨迹未产生稳定输入的修正。在有扰动的仿真中，模型的时间无关性和状态反馈特性允许立即重新规划，从而从偏差中恢复。另外，由于模型的稳定性，轨迹收敛于最后一个吸引子。

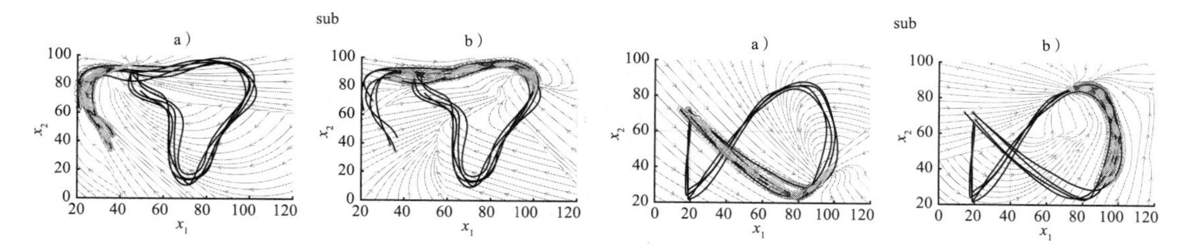

图 5.20　隐马尔可夫模型 – 线性变参模型的结果子任务和模拟轨迹，有四个子任务，有七个高斯混合模型分量，每个分量用于用鼠标捕获的两组典型的人类示教。黑色轨迹代表训练样本，粉红色星号表示初始位置。前两行描述了每个子任务的线性变参的参数、它们的终止策略和它们的责任（最有可能属于子任务的训练样本）。最后一行显示了几个由绿色实线描绘的模拟轨迹，这些线是根据式（5.61）生成的，从每个初始点开始。两个模型的子任务从左到右的序列为 a) -b) -c)-d)。图 a 和图 c 显示了没有扰动的模拟轨迹，而图 b 和图 d 显示了当系统每秒受到扰动时产生的轨迹。每次扰动发生时，都观察到与主轨迹的小偏差

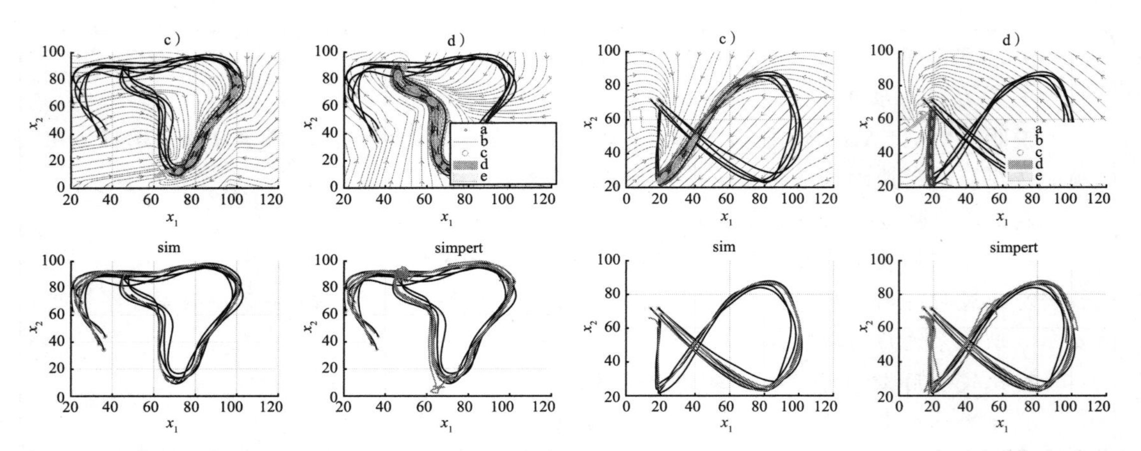

图 5.20　隐马尔可夫模型 – 线性变参模型的结果子任务和模拟轨迹，有四个子任务，有七个高斯混合模型分量，每个分量用于用鼠标捕获的两组典型的人类示教。黑色轨迹代表训练样本，粉红色星号表示初始位置。前两行描述了每个子任务的线性变参的参数、它们的终止策略和它们的责任（最有可能属于子任务的训练样本）。最后一行显示了几个由绿色实线描绘的模拟轨迹，这些线是根据式（5.61）生成的，从每个初始点开始。两个模型的子任务从左到右的序列为 a）-b）-c)-d)。图 a 和图 c 显示了没有扰动的模拟轨迹，而图 b 和图 d 显示了当系统每秒受到扰动时产生的轨迹。每次扰动发生时，都观察到与主轨迹的小偏差（续）

为了在更现实的环境中验证我们的方法，我们在拖动示教过程中获得的轨迹上测试它，在拖动示教过程中，一名示教者操作一个柔性的被动机器人削西葫芦[41]（见图 5.21）。这项任务包括三个阶段的重复过程：到达、削皮和返回，而第二个机械臂在每次剥皮后旋转西葫芦。我们只对削皮机械臂的运动进行建模，为了捕捉预期的行为，我们用周期结构和三种状态训练我们的模型。结果子任务如图 5.22 所示。模型的周期拓扑成功地捕获了观察到的运动结构，到达 – 削皮 – 返回子任务分别由图 5.22b、图 5.22c 和图 5.22a 子任务表示。此外，模拟轨迹显示了模型捕捉到的状态依赖极限环行为，与示教相匹配。

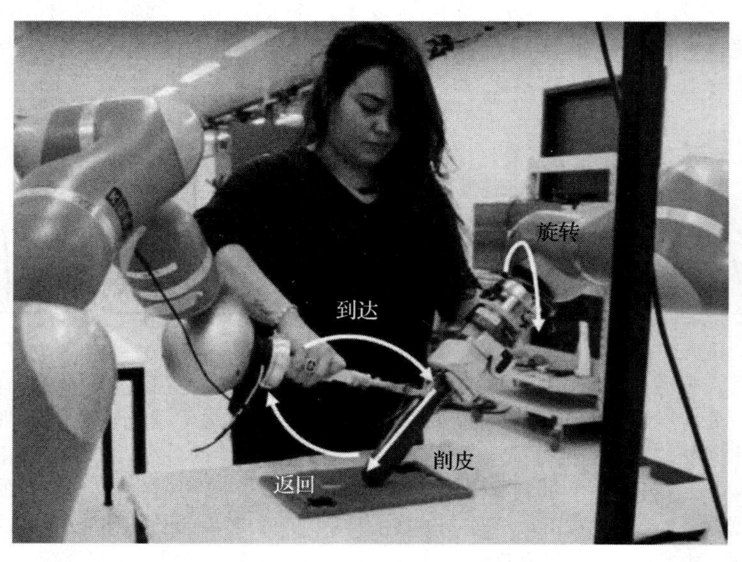

图 5.21　显示了一个包含一系列子任务的任务，以及对蔬菜进行削皮的机器人实验

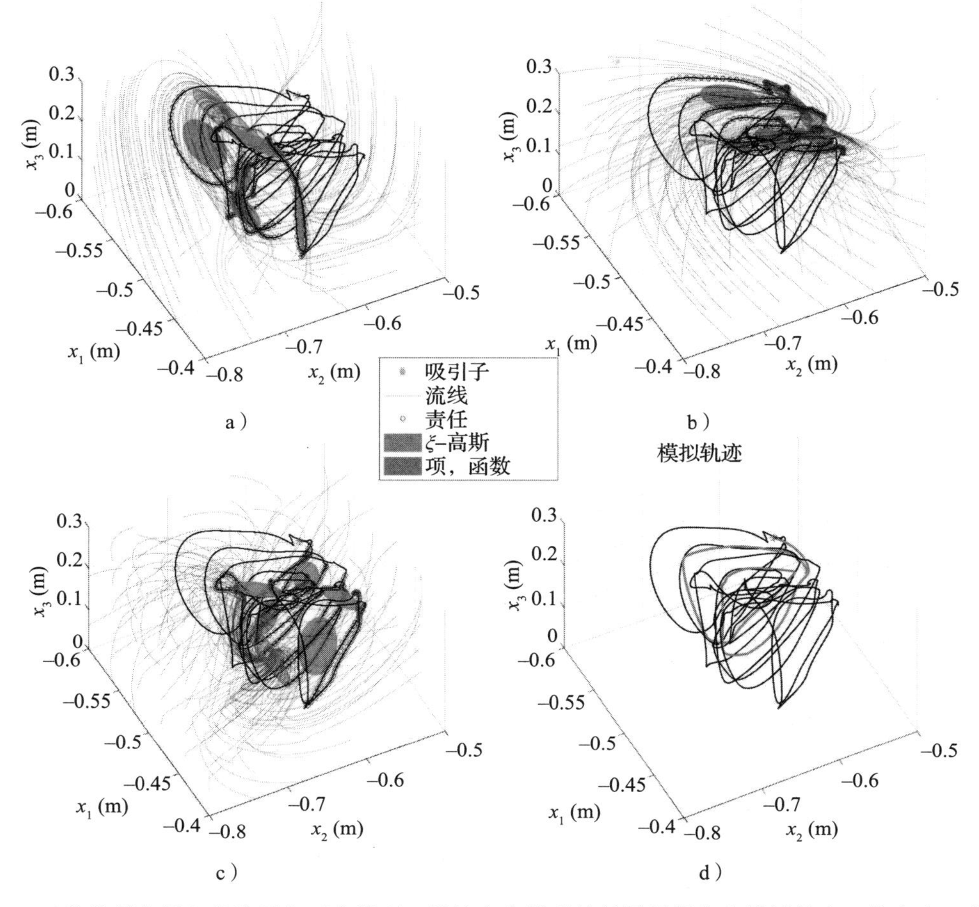

图 5.22　西葫芦削皮任务的隐马尔可夫模型 – 线性变参模型的结果子任务和模拟轨迹，其中有三个子任务，每个子任务有五个高斯混合模型分量。西葫芦在示教中被放在右侧。图 a ～图 c 分别描述了每个子任务的线性变参的参数、它们的终止策略和它们的责任（最有可能属于子任务的训练样本）。图 d 显示了按照式（5.61）生成的模拟轨迹。黑色轨迹代表训练数据，粉红色星号表示初始位置。基本的周期结构产生循环子任务序列为图 b- 图 c- 图 a，它们对应于图 5.21 所示的到达 – 削皮 – 返回阶段

总之，隐马尔可夫模型 – 线性变参模型是一种用数据中的多吸引子表示复杂动态行为的合适方法。由此产生的动态策略与时间无关，因此对扰动不敏感。此外，由于稳定性和光滑过渡，动力学可以保证在转换过程中不间断地收敛。本章介绍的所有实验视频都可以在本书的网站上找到。

第三部分

耦合和调制控制器

耦合和同步控制器

在前面的章节中，我们总是假设仅控制单一智能体，然而同时控制几个智能体也是非常有必要的。这些智能体可以是多个机器人，也可以是一个机器人中的多个肢体。同步控制允许系统同时运动，也允许人们在不同系统运动中设定优先级。

为了在不同系统之间生成这样的依赖关系，我们使用数学耦合来连接各个智能体控制器底层的动态系统（DS）。耦合的概念是动态系统理论的核心，当两个或更多动态系统之间存在显性依赖关系时，就会出现耦合。本章介绍了一些示例，在这些示例中，基于动态系统的控制律之间的明确耦合可以简化机器人控制，同时可以保持对扰动的自然鲁棒性。

6.1 节详细介绍了本书中讨论的依赖关系。6.2 节展示了如何使用动态系统之间的耦合确保动态系统在空间中沿着精确的轨迹运行，这也常常被用来控制机器人在空间中沿着特定的直线切割。由于机器人是通过动态系统控制的，它对外部干扰具有鲁棒性，因此可以随时由验证切割质量的操作员将其移离切割线。6.3 节展示了如何通过耦合控制机械手和机械臂及其应用，即一个动态系统控制机械臂在空间中的运动，同时另一个动态系统控制机械手的手指。将机械手耦合在机械臂上，并且它的动态控制依赖于机械臂的姿态。这种依赖关系催生了一个主从系统：机械臂驱动机械手运动。该系统也允许机械臂和机械手同步运动，以确保机械臂到达该物体时机械手能够停在物体上。机械手和机械臂的动态系统的耦合提供了天然的鲁棒性来抵抗干扰。例如，如果物体在机器人即将抓住它的时候移动，机械手和机械臂将同时重新定义它们的运动，以适应物体新的位置和方向。在 6.4 节中，该原则被拓展到机器视觉、机械臂和机械手三个不同层级的动态系统的耦合中。机器视觉的动态系统驱动机械臂移动，同时机械臂驱动机械手。该系统可以实现对运动物体的平滑视觉追踪和抓取。它还可以用来追踪视觉上移动的障碍物，并且可以引导机械臂和机械手远离障碍物。

动态系统间的耦合在本书其他章节将会进一步讨论。第 7 章中采用多动态系统耦合的方法控制多个机器人协同工作。通过控制智能体的动态系统之间的依赖关系，可以控制各种机器人系统实现同步或顺序动作。在第 7 章中，我们展示了这种原理的一种应用：使用两个机械臂捕捉一个飞行物体。该原理建立在三向耦合的基础上。我们将两个机械臂与另一个机械臂和外部物体的动力学相耦合。在第 11 章，该原理被拓展以确保位置和力的耦合，并且在平衡力的同时能够使一对机械臂同时到达并移动物体。

6.1 预备知识

假设动态系统的两种形式分别为 $\dot{x}=f_x(x)$ 和 $\dot{y}=f_y(y)$，每个动态系统都作用于两个独立的变量 x 和 y。如果两个动态系统之间共享一个外部变量显式依赖，我们认为它们是耦合的。例如，如果我们写出 $\dot{x}=f_x(x,z)$ 和 $\dot{y}=f_y(y,z)$，这两个系统都依赖于变量 z。假设变量 x

和 y 控制机械臂的姿态，变量 z 就是物体在空间中的位置。物体两侧的两个抓取位置 $x^*(z)$ 和 $y^*(z)$ 分别为 f_x 和 f_y 的吸引子。当物体从位置 z 移动到新位置 z' 时，两个吸引子也移动到新位置 $x^*(z')$ 和 $y^*(z')$，两个机械臂也分别移动到各自吸引子的新位置，因此，两个机械臂在空间中看起来是同步移动的，见图 6.1。我们将在第 7 章中使用这种隐式耦合，并阐述如何学习并确保隐式耦合系统的稳定性。

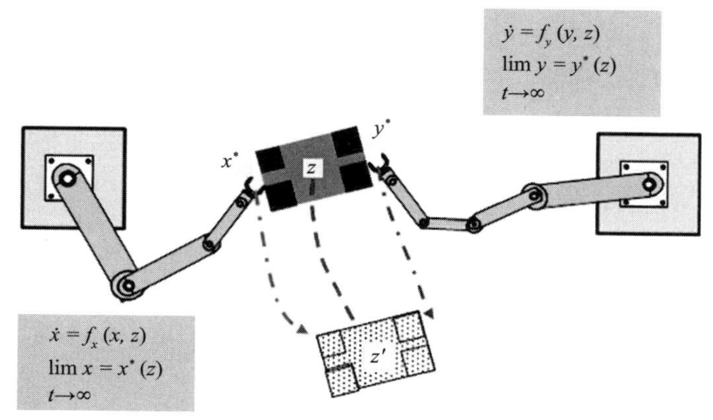

图 6.1　两个机械臂的动态系统通过外部变量 z 耦合物体的位置。当物体移动时，两个机械臂同时移动。这种隐式耦合保证了动作同步

另一种耦合类型是一个动态系统依赖于其他系统的状态。例如，如果我们假设两个系统为 $\dot{x} = f_x(x)$ 和 $\dot{y} = f_y(y,x)$，很明显变量 y 依赖于变量 x。如前文所述，假设两个系统在 x^* 和 y^* 处渐近稳定。进一步考虑 $\dot{y} = f_y(y)\|\dot{x}\|$ 的依赖关系。这样的依赖关系将导致变量 y 在每次 x 停止时停止。除此之外，当变量 x 加速时变量 y 也加速，反之亦然。

在 6.2 节中，我们举了这种耦合的一个例子。读者可以先完成练习 6.1 来理解这些概念。

练习 6.1　思考两个一维系统 $\dot{x} = x$ 和 $\dot{y} = y + \alpha x, \alpha \in \mathbb{R}$。

1. 当 $\alpha=1$ 时，变量 x 和 y 取什么值可以使系统稳定？
2. 描述吸引子的稳定性。
3. 绘制两个系统的相位图。

编程练习 6.1　打开 MATLAB，并将目录设置为以下文件夹：

```
1    ch6-coupled-DS
```

该代码能够启动一个二维耦合动态系统的 MATLAB 仿真，系统方程为 $\dot{x} = f_x(x,z)$ 和 $\dot{y} = f_y(y,z)$，其中两个线性动态系统 f_x 和 f_y 在原点保持稳定，并且 z 是一个二维向量点。请完成以下练习：

1. 使两个系统的吸引子都依赖于 z，并且 f_x 稳定在点 1 处，f_y 稳定在点 –1 处。请问 z 应该在哪里？

2. 在 z 轴上进行线性移动，并观察 x 和 y 的运动结果。

3. 如果系统稳定性取决于 z 移动的速度。请设置一个动态变量 z，其速度是两个动态系统积分步长的两倍。将会发生什么？

6.2　耦合两个线性动态系统

假设第一个线性动态系统的形式为 $\dot{x} = Ax + a, \dot{x}, x, a \in \mathbb{R}^N$，$A$ 是一个负定矩阵。假设第二个虚拟动态系统的形式为 $\dot{z} = Bz + b, \dot{z}, z, b \in \mathbb{R}^N$，它的运动遵循空间中的虚拟轨迹，并停止于 z^*。

和 6.1 节的示例相同，我们将两个系统耦合，依照形式 $a(z) = Az$ 的形式，使 x 的动力学被吸引到 z 状态，这使得 x 能够与 z 同时运动。此外，我们可以创建第二个依赖关系，这次是从 z 到 x，依照形式 $\dot{z} = (Bz + b)\delta(x, z)$，使得当两个系统处于相同状态（即 x=z）时，z 也会移动。完整系统如下所示：

$$
\begin{aligned}
\dot{x} &= (Ax + a(z)) \\
x^* &= z \\
a(z) &= Az \\
\dot{z} &= (B\dot{z} + b)\delta(x, z) \\
z^* &= B^{-1}b \\
\delta(x, z) &= \begin{cases} 1\text{如果} x = z \\ 0\text{如果} x \neq z \end{cases}
\end{aligned}
\tag{6.1}
$$

耦合项 $a(z) = Az$ 改变了第一个动态系统的吸引子，并持续将其传递到第二个动态系统的状态。这种耦合通过 $\delta(x, z)$ 迫使第二个系统等待第一个系统达到其状态。然后它开始递增自己的状态以移动到自己的吸引子。也就是说，只要 $x \neq z$，z 就保持不变。一旦两种状态被叠加起来，两个系统就沿着同一轨迹朝着吸引子 z^* 同步运动。必须仔细选择系统参数以确保整个系统的稳定性（见练习 6.2）。

这一原理如图 6.2 所示。两个耦合的线性动态系统被用来确保系统跟随特定的轨迹。将该动力学与第 3 章和第 5 章中介绍的动态系统估计器和局部活动全局稳定动态系统（LAGS-DS）进行比较。与动态系统的稳定估计和局部活动全局稳定动态系统相比，如果系统受到干扰，一旦干扰停止，动力学将返回干扰点，而动态系统的稳定估计将按照不同的轨迹移动到最终吸引子，局部活动全局稳定动态系统将返回主轨迹，但离干扰发生的点更远。

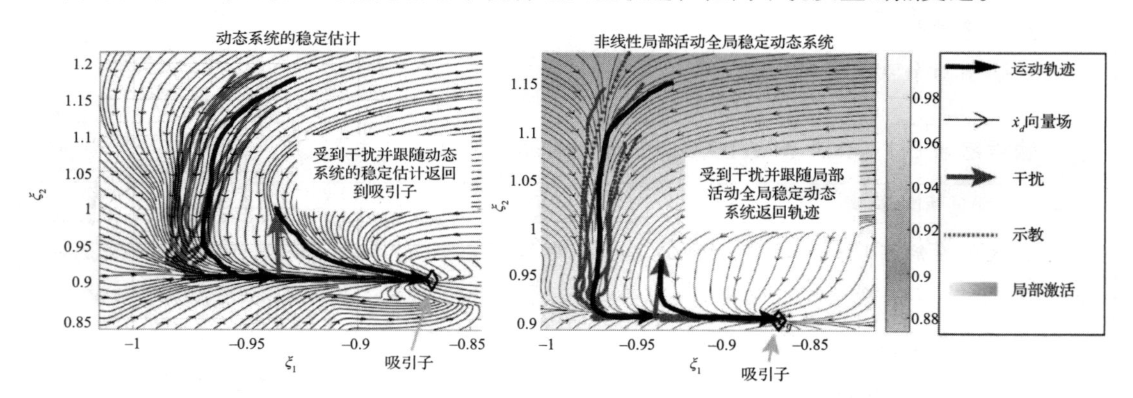

图 6.2　与使用稳定动态系统估计器和局部活动全局稳定动态系统相比，使用耦合动态系统（CDS）能够确保系统跟随特定的轨迹。与动态系统的稳定估计和局部活动全局稳定动态系统相比，耦合动态系统可以返回干扰点并继续沿着轨迹前进

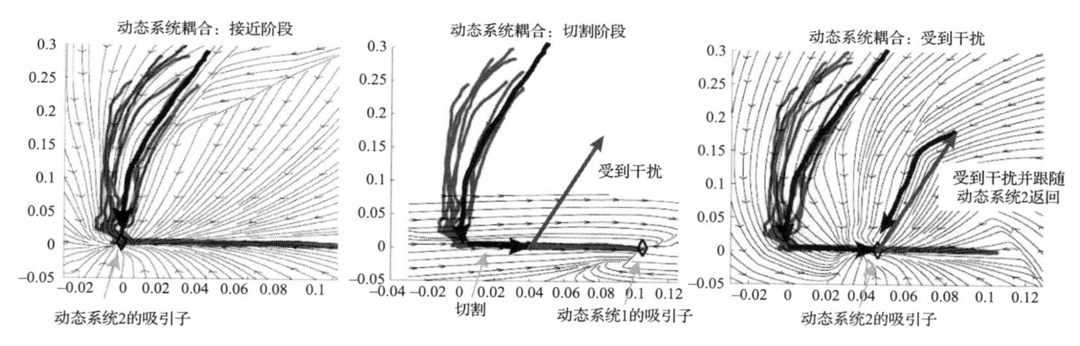

图 6.2 与使用稳定动态系统估计器和局部活动全局稳定动态系统相比，使用耦合动态系统（CDS）能够确保系统跟随特定的轨迹。与动态系统的稳定估计和局部活动全局稳定动态系统相比，耦合动态系统可以返回干扰点并继续沿着轨迹前进（续）

6.2.1 机器人切割

本小节我们演示了机器人控制的一个应用，模拟了机器人在空间中跟随一条线的运动（见图 6.3 或编程练习 6.2），[156] 详细地介绍了这项工作。

机器人沿着线运动时，我们施加一个虚拟扰动，只要机器人偏离虚拟轨迹，第二个系统就停止递增。这使得机器人系统能够记住干扰发生时所处的位置，并在干扰消失后返回该点。

图 6.3 展示了控制机器人完成沿着特定直线切割一块材料的例子。为了设计这个控制器，我们使用了第 2 章介绍的从人类示教中收集数据的方法，如图 6.4 所示。为了产生合适的切割材料时的力，我们使用了将在第 11 章中详细介绍的将耦合动态系统与阻抗控制相结合的方法。

使用式（6.1）提供的耦合动态系统是有利的，因为它允许机器人在执行任务时对两种类型的干扰具有鲁棒性：

- 如果想要检查切割效果，人们必须将机械臂从原先作业的轨迹移开。一旦机器人状态不处于虚拟状态 z，第二个动态系统将停止增加 z。一旦松开机器人，第一个动态系统将驱动机械臂回到人类干预前正在切割的位置。如果干扰消失并且机器人已经返回到切割位置，第二个动态系统将再次增加，控制 x 和 z 状态同步运动时机器再次开始切割。
- 如果我们固定参考系，使 x 和 z 与机器人被切割的平面对齐，系统就能适应切割平面方向的变化。

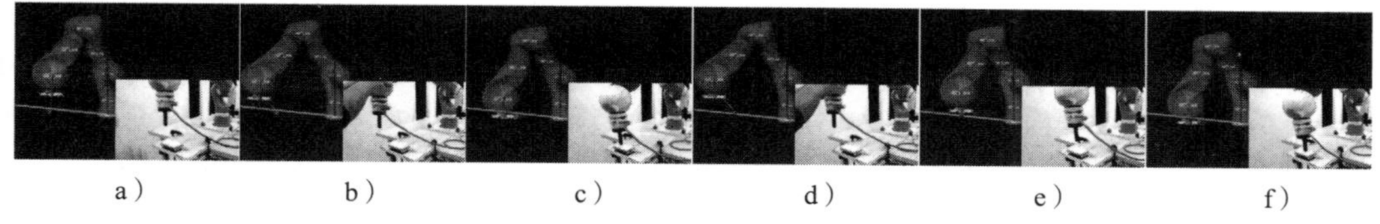

图 6.3 使用耦合动态系统驱动机器人切割组织的示例。首先，第一个动态系统将机器人运动终点转换为一个次要的虚拟动态系统的状态，即机器人动态系统的瞬态吸引子。一旦机器人达到虚拟系统状态，系统开始运动，且机器人吸引子与系统同步运动。如果机器人受到干扰或者离开虚拟系统状态，它的吸引子将停留在系统最后一个状态并且系统也停止运动。只有当机器人再次达到虚拟系统的状态时，吸引子才会再次运动。图 a ～图 f 分别展示了：机器人接近起始切割点；机器人在接近阶段受到干扰；机器人在第二个动态系统的控制下返回干扰点，在第一个动态系统的控制下开始切割；机器人切割时受到干扰；第二个动态系统再一次被激活并将机器人返回干扰点；机器人继续切割 [156]

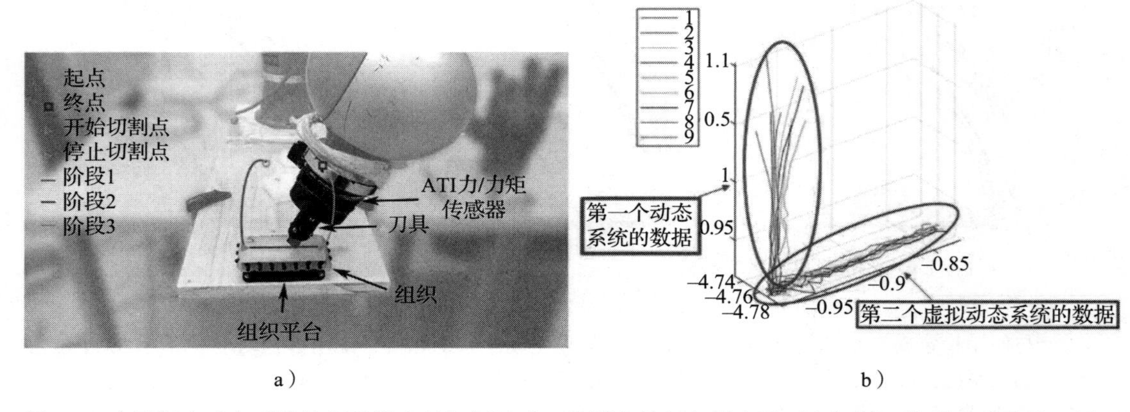

a） b）

图 6.4 应用耦合动态系统控制机器人的切割运动。机器人的任务是在平面上切割一块硅胶（图 a）。用于训练机器人控制器的人类示教数据（图 b）[156]

练习 6.2 假设系统是三维的（即 $N=3$），练习 6.1 中的动态系统沿着第一个轴做直线运动，并且停止于 $z^*=[1,0,0]^{\mathrm{T}}$，试确定 A, a, B, b 的值。

编程练习 6.2 打开 MATLAB，并将目录设置为以下文件夹：

```
1 ch6-coupled-DS/ch6_ex_2
```

该代码启动一个机器人模拟器，并使用式（6.1）描述的耦合动态系统生成如图 6.3 所示的数据。请执行以下测试：

1. 若有一个扰动，将机器人送到虚拟轨迹前面的一个位置。之后会发生什么？
2. 试着改变虚拟轨迹的参数，在空间中画一个圆，而不是一条线。
3. 试着修改虚拟轨迹来画一个椭圆。

6.3 机械臂 – 手耦合运动 [1]

在本节中，我们展示了使用动态系统之间的耦合函数控制机器人流畅伸手和抓取动作的示例。实际上，当使用动态系统控制机械臂到达和机械手抓取物体时，必须考虑机械臂和机械手运动的相互依赖关系。

但是，读者可能不赞同前文提到的需要耦合机械手和机械臂的观点。因此，我们可以从相反的角度来考虑这个问题，我们使用两个独立不同步的动态系统分别控制机械臂的运动和机械手的合拢。进一步假设，第一个动态系统控制机械臂渐近稳定地抵达物体，而第二个动态系统在预期的关节姿态上渐近稳定以实现抓取动作。如果当机械手和机械臂将要接触物体时物体开始移动，机械手的动态系统能够使机械臂正确地适应此扰动并朝着物体的新位置移动。如果机械手动态系统不依赖物体位置，手指会继续合拢。反之，如果手指的状态依赖物体的位置，那么手指的张开和合拢将适应物体的运动，并与手臂的运动同步在物体的新位置处闭合（见图 6.5）。

因此，为了应用动态系统来控制机械臂和机械手的运动，我们必须找到一种方法来使它们的运动同步。在本书的很多例子中，我们展示了可以用渐近收敛到目标的动态系统来控制。

为了实现到达 – 抓取动作，有两种方式可以完成这一想法。可以采取下列方式中的任何一种：

- 学习两个独立且相互独立的动态系统，其状态向量为末端执行器的姿态和手指配置。
- 学习一个由扩展状态向量（包括末端执行器姿态和手指姿态）组成的自由度（DOF）。

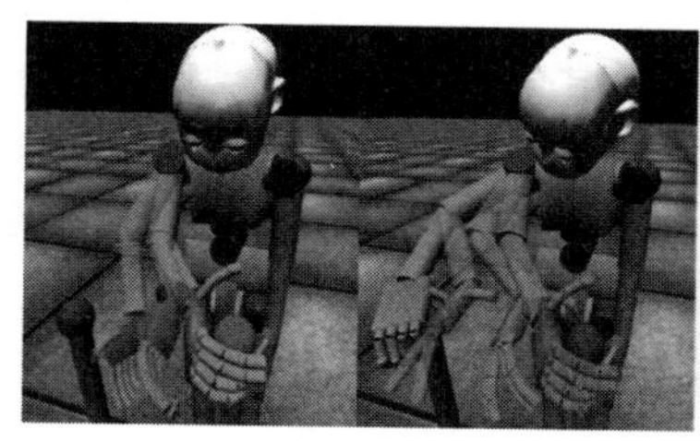

a）耦合式

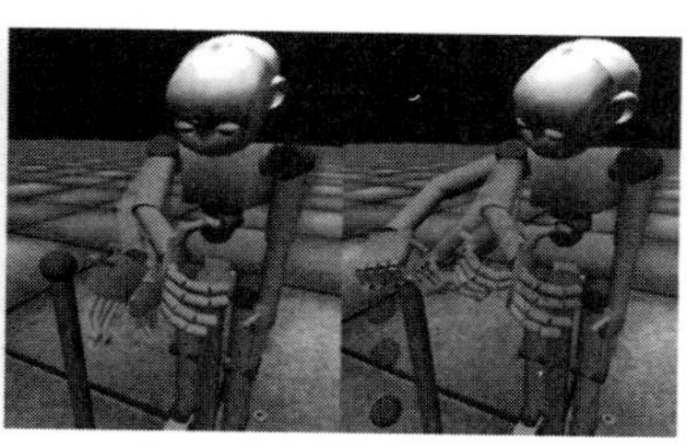

b）非耦合式

图 6.5 使用或不使用显式耦合执行到达 – 抓取动作。显式耦合执行（图 a）防止手指过早合拢，确保在任何扰动情况下，直到安全时才进行抓取。隐式耦合动作执行（图 b）中手指提前闭合，导致抓取失败

同时学习两个动态系统是不可取的，因为两个子系统（传输和预成型）将运用各自学习得到的动力学独立演化。因此，手部传输中的任何扰动都会使两个子系统暂时不同步。即使两个单独的动态系统都将趋同于各自的目标状态，这也可能导致整体到达 – 抓取任务的失败。

乍一看，第二种选择可能会更吸引人，因为人们希望能够掌握机械手和手指动力学之间的相关性，从而确保在重现过程中传输和手部预形动作的时序约束能够得以保持。当人们从数据中学习模型时，在高维系统中很难建立一个数据和模型一样的隐式耦合模型。如果提供的相关示教案例较少（如第 2 章所示，在通过示教学习时，为了让训练者可以承受，一个目标只能做少于 10 个示教案列），但相关性就有可能很差，特别是与示教案例差别很大的情况时。因此，如果机器人的状态被扰动到远离所示教的状态空间区域，就不能确保两个系统正确同步。

耦合两个独立的动态系统是更好的，在伸手抓握的任务中，动态系统必须响应机械手的传输（末端执行器运动的动力学），以及机械手的预成型（即手指关节运动的动力学）。传输过程与手指的运动无关，而手指的瞬时动力学取决于手的状态。

6.3.1 耦合形式

我们假设一个非同步系统控制机械臂和机械手，通过动态系统控制机械臂到达目标。首先通过两个动态系统 $\dot{x} = f_x(x)$ 和 $\dot{q} = f_q(q)$ 来控制手指关节。第一个动态系统控制笛卡儿空间中的末端执行器，$x \in \mathbb{R}^3$，并且在原点处渐近稳定。就像前几章那样，我们将原点设置在希望抓取的物体上，因此原点处于一个移动坐标系参考系上，也就是物体的位移。为了使手指运动和手的传输之间产生依赖关系（即手指等到机械手到达物体时运动），我们利用已知的与物体的距离，这由第一个动态系统的状态方程（即 $\|x\|$）给出，我们可以建立以下依赖关系：

$$
\begin{aligned}
\dot{q} &= f_q(q - \beta\hat{q}) \\
\hat{q} &= g(\|x\|) \\
q_{t+1} &= q_t + \alpha\dot{q} \\
\beta, \alpha &\in \Re
\end{aligned}
\tag{6.2}
$$

式（6.2）表示的系统能够获得我们所期望的动作，即当物体远离目标时手指重新张开，而当手接触到物体时，手指会握住物体。手指张开、闭合的速度由参数 α 控制。手指打开的程度由参数 β 控制。函数 g 决定了耦合的类型。最简单的耦合将是线性关系，即手指按照手接近物体的程度成比例地关闭。这对于控制一个 1 自由度的夹持器是足够的，但不能控制一个完整的机械手，因为机械手的某些手指可能需要比其他手指更快地关闭。接下来，我们将展示如何从人类数据中学习每个动态系统的动态变化和耦合的参数。一旦学习了动力学，就可以通过改变模型参数来调整耦合，以支持类人运动或快速自适应运动，这样就可以使机器人系统从快速扰动中恢复，保证了系统的稳定性（见练习 6.3）。

练习 6.3　思考式（6.2）描述的系统。

1. 假设 f_x 和 f_q 渐近稳定于原点，证明式（6.2）中的耦合系统保持 f_q 的渐近稳定。
2. 为了确保耦合系统的稳定性，你需要对函数 $g(x)$ 施加什么条件？

6.3.2　学习动力学

为了学习式（6.2）给出的系统，需收集数据来训练两个动态系统控制机械手和手指的运动。此外，我们还需要数据来估计控制手指重新张开时的振幅和速度的开放参数。如果我们遵循机器人学的从示教中学习的方案（见第 2 章），可以继续记录伸手抓握的例子来训练动态系统。然而，由于我们对推导两个动态系统之间的耦合同样感兴趣，要求能够展示这种耦合的数据是非常有趣的。一种方法是要求实验对象在干扰下进行示教。[135] 采用了这种方法，如图 6.6 所示。

为了模拟到达和抓握的自然适应，我们改变了在运动开始后应该达到的目标。我们使用了两个静止的物体，一个绿球和一个红球。屏幕上的物体选择器提示受试者伸手并抓住两个球中的一个，抓住哪个取决于屏幕上显示的颜色。开始实验后，其中一个球被点亮，受试者开始向相应物体伸手。当受试者移动手，调整手指以到达目标球时，通过突然关闭目标球并点亮第二个球来创建干扰。在每次试验中，在运动开始后的 1 ～ 1.5s 左右，只发生一次物体间的切换。到那时，受试者的手通常已经到达目标的一半以上。一旦受试者成功抓住第二个物体，试验就停止。为了确保我们观察到对这种扰动的自然反应，受试者被要求按照自己的节奏进行，并且不强制规定整体运动的时间。这些数据的说明如图 6.7 所示。

对人类数据的目视检查证实，在未受扰动的情况下，机械手的运动和手指闭合之间存在稳定的耦合，即当机械手更快地接近目标时，手指闭合得更快，反之亦然。这种耦合关系在所有试验和所有受试者中都持续存在。最有趣的观察是，在干扰实验中，当目标切换时，手指首先重新打开，并随着手向新目标移动而再次闭合（见图 6.6b）。因此我们推断耦合函数 $g(x)$ 取决于机械手与目标的距离，可以写为 $g(\|x\|)$。

对手部张开和手部移动的动态进行测量，可以用来推导出手部移动与手指形状之间相关性的精确测量值，然后我们用这些值来确定这两个运动物体的耦合动态系统模型之间的具体参数。为了将这一想法继续下去，我们需要首先建立数据分布的统计表示，然后从第 3 章中描述的这个分布中学习动态系统。为了方便起见，我们将吸引子放置在机械手和手指运动参考系的原点。这样，机械手的运动就以附着在被抓住物体上的坐标系来表示，而手指关节角度的零位则被放置在物体被抓住时手指所采用的关节结构上 [2]。

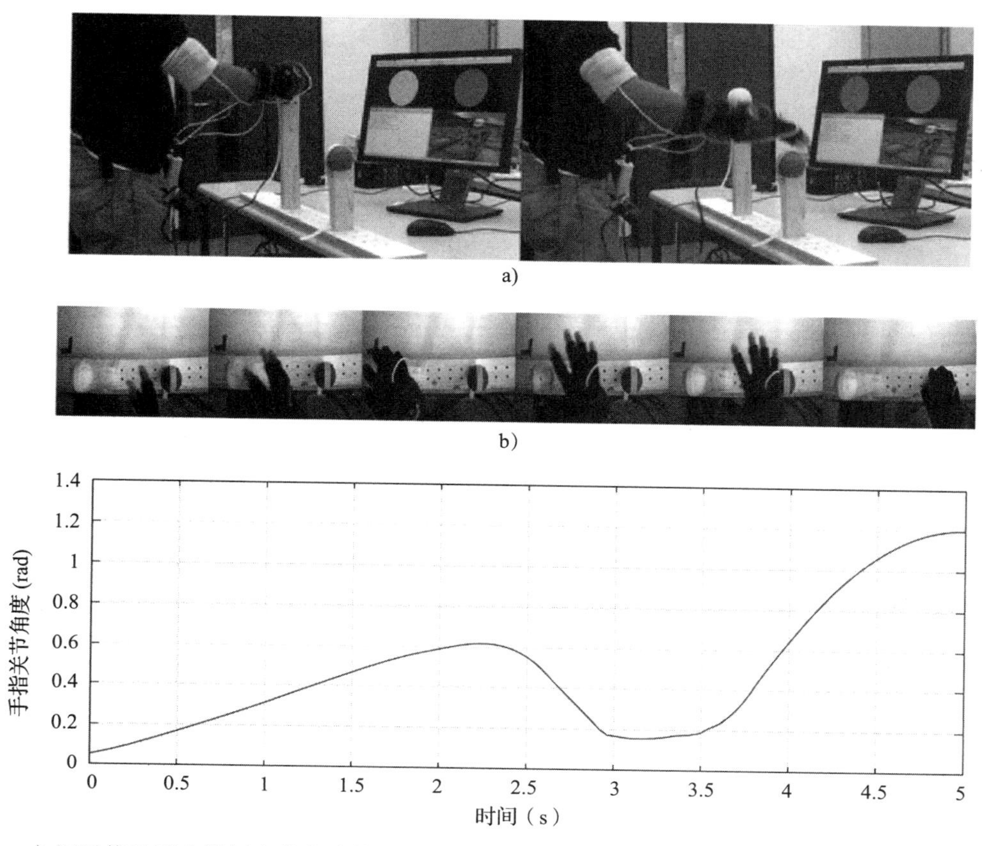

图 6.6　a）记录扰动下人类行为的实验装置。屏幕上的目标选择器用于创建要到达目标位置时的突然变化。b）从 100 帧 / 秒的高速摄像机中近距离观察手指运动，记录从受到扰动开始时关节角度的下降值（手指重新打开）

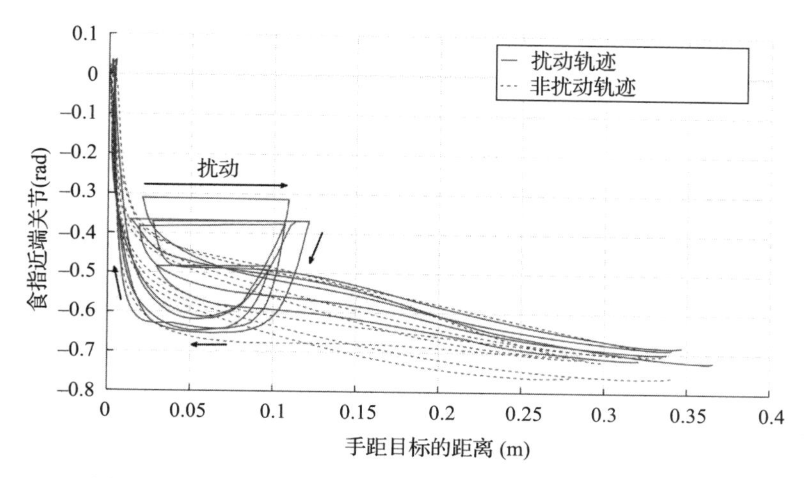

图 6.7　受扰动以及未受扰动时机械手与手指的协调演示[135]

因此，以下联合分布可以单独来学习：

- $P(x,\dot{x})$ 常被用来编码机械手的动力学，$\dot{x}=E\{P(\dot{x}\mid x)\}$。

- $P(q,\dot{q})$ 常被用来编码手指关节的动力学，$\dot{q}=E\{P(\dot{q}\mid q)\}$。
- $P(\|x\|,q)$ 能够编码当前机械手和手指关节位置的耦合，也可以通过分布条件（即 $\hat{q}g(\|\|x\|)=E\{P(q\|\|x\|)\}$）确定理想的手指位置 $\hat{q}$。

耦合函数 g 在原点处单调且为零。

学习到的模型可以用于式（6.2）给出的耦合动态系统中。当在与试验期间类似的扰动下运行模型时，该模型很好地说明了机械臂运动的动力学（见图 6.8a)。进一步观察扰动后的手指轨迹，仍然保持在模型的协方差包络线内。这个包络线代表了在未扰动试验中观察到的手指运动的可变性。这证实了手指在对扰动做出反应后不久就能恢复到其未受扰动的运动模型的假设。在图 6.8b 中特别明显，图 6.8b 放大了扰动过程中和扰动后的轨迹部分。这里有三个示例，从中可以看到，无论在扰动发生时手指的状态 q 如何，在扰动发生前手指轨迹倾向于遵循回归模型的平均值（这代表了在未受干扰的试验中，人类手指所遵循的轨迹的平均值）。在扰动之后，手指重新张开（轨迹向下），然后再次闭合（轨迹上升）。

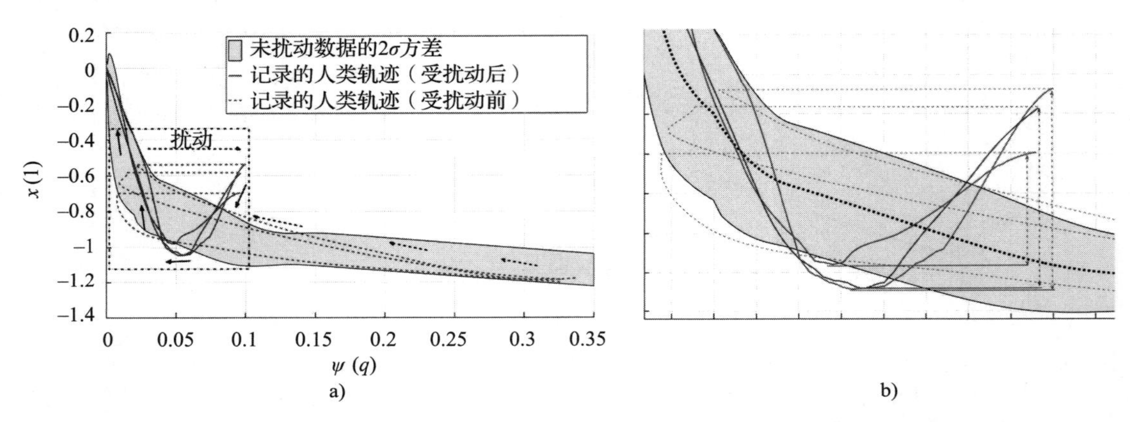

图 6.8　a）从人类受扰动示教中记录的数据。在扰动下的适应行为与未受扰动行为中的手部位置和手指之间的关联保持一致。b）处理扰动的区域用红色表示并放大，其中显示了来自同一对象的三个示教（红色、蓝色和紫色）

如前文所述，该模型有两个开放参数 α 和 β，以控制手指运动与手部运动的耦合动力学的速度和幅值。图 6.9 显示了 α 和 β 对轨迹变化的影响。在这里，α 调节了对扰动的反应发生速度。另一方面，β 的值越高，重新打开的幅值越大。图 6.10 显示了该系统在两个不同 α 值下的流线，以求将耦合动态系统下轨迹演化的全局行为可视化。

开始讨论之初，我们常说，当学习全态高斯混合模型时，独立学习耦合比隐式的学习更有趣。图 6.11 显示了耦合动态系统轨迹与使用单一高斯混合模型方法获得的轨迹的比较，其中，在单一 GMM 方法中，耦合均是隐式的。它显示了只在横坐标上引入扰动时的行为。显然，在隐式耦合的情况下，扰动没有适当地转移到未扰动的维数 q 上，并且在该空间中的运动保持不变。根据扰动后两个子系统的状态，这种行为可能会有显著的不同。这在图 6.12 中进一步得到了证明，图中展示了单一 GMM 模型和显示 CDS 在从状态空间不同点初始化时生成的轨迹。请注意轨迹上的显著差异，因为显式耦合动态系统轨迹试图保持状态空间变量之间的相关性，并且总是从示教包络线内收敛。另一方面，单一高斯混合模型方法的运动轨迹没有明确的收敛约束[3]。这种差异在到达 – 抓取任务中非常重要。如果轨迹从包络线的顶部收敛，这意味着变量 q（手指）比 x（机械手位置）收敛速度快。也就是说与在示效期间观察到的情况相比，手指总是过早闭合。如果轨迹从包络线底部收敛，这意味着手指闭合比示教中观察到的要晚。前者在任何到达 - 抓取任务中都是不可取的，而后者只有在移动 / 下落物体的情况下才是不可取的。

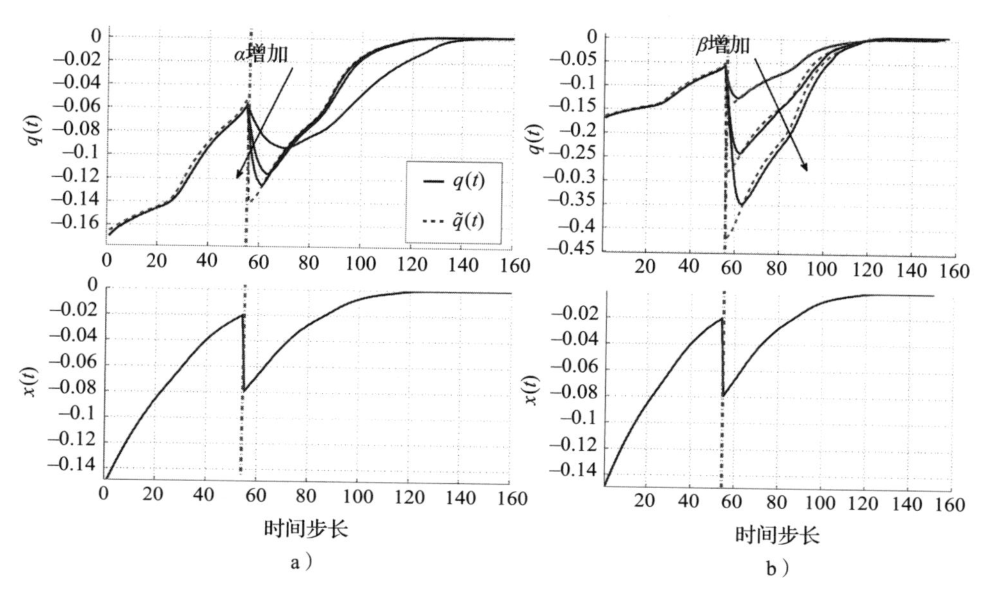

图 6.9 不同 α 和 β 值下轨迹的变化。垂直的线表示当目标突然在正 x 方向上被推开时的扰动瞬间。x 方向会产生负速度，以跟踪 $\hat{q}$。收敛速度与 α（图 a）成正比，幅值与 β（图 b）成正比

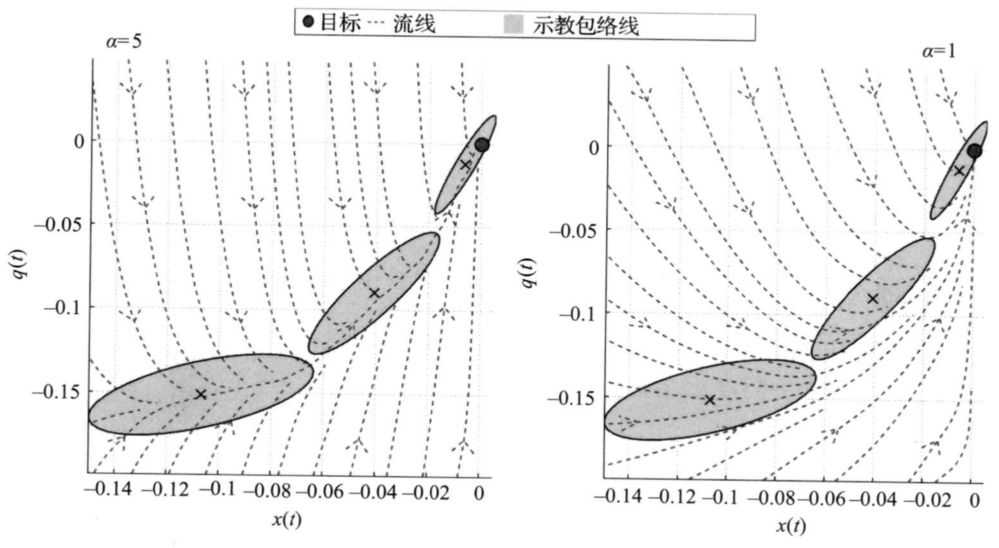

图 6.10 α 值的变化影响流线的性质。较大的 α 值将会使系统更快地到达在示教过程中看到的 (x, q) 位置

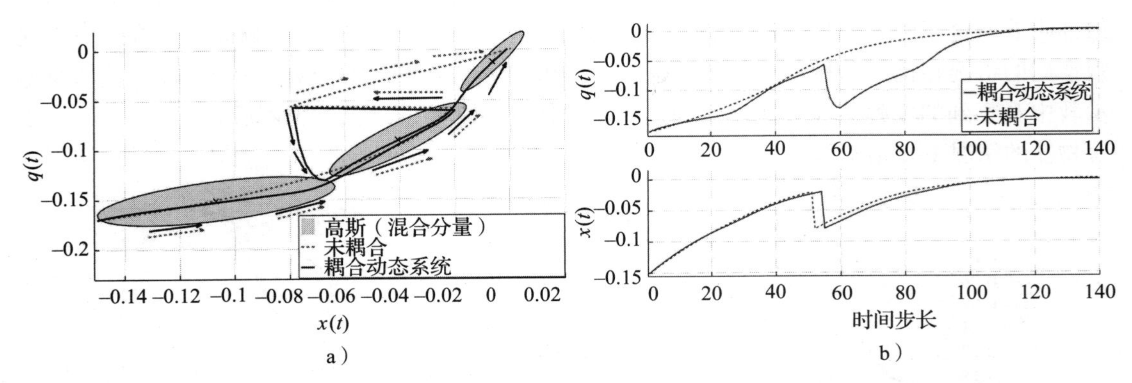

图 6.11 具有显式和隐式耦合的任务再现在状态空间（图 a）和时间变化（图 b）中的表现。虚线表示隐式耦合任务的执行情况。注意这两种情况下收敛方向的不同。在显式耦合执行中，x 的收敛速度比 q 的收敛速度快

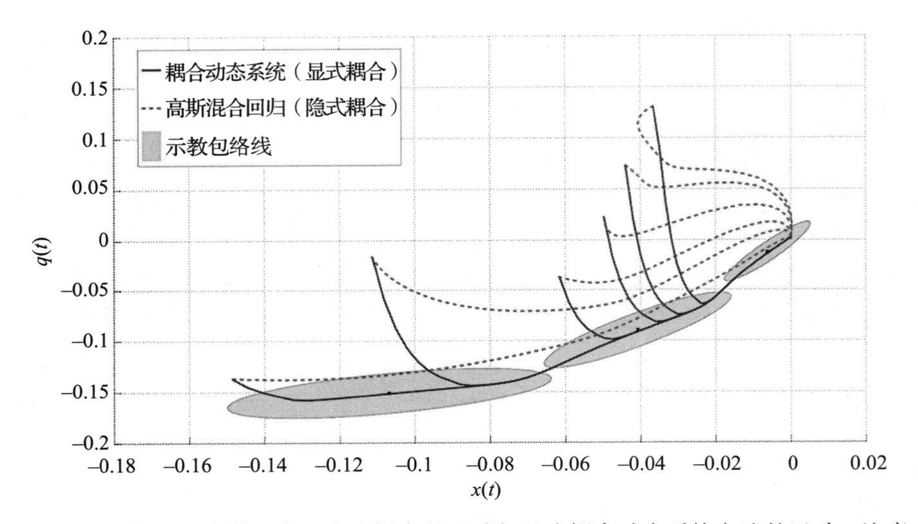

图 6.12 比较了单个高斯混合模型嵌入隐式耦合的运动与显式耦合动态系统方法的运动。注意，当在状态空间的不同位置开始时，收敛的顺序可以有显著的不同

6.3.3 机器人实现

使用真实的 iCub 机器人验证该模型。我们的系统的状态由末端执行器（人或机器人腕部）的笛卡儿位置和方向以及以下六个手指关节角度组成：

- 1 个拇指的弯曲度。
- 2 个食指的近端和远端关节。
- 2 个中指的近端和远端关节。
- 1 个无名指和小指的组合弯曲。

Moore-Penrose 逆向运动学函数将末端执行器的姿态转换为机械臂的关节角度。在模拟中以及在真实的 iCub 机器人上，我们以 20ms 的更新速度控制了 7 自由度机械臂和 6 个手指关节。

图 6.13a 展示了人类实验的再现图，图中 iCub 机器人首先到达绿球。运动中途目标

被切换，机器人必须首先抓取红球。在这个过程中，我们对比了通过扩展的高斯混合模型（GMM）进行隐式耦合和通过耦合动力学系统（CDS）进行显式耦合的效果。单一的用于手和手指动力学的 GMM 无法正确嵌入和抓取子系统之间的相关性，手指的运动也不能很好地适应抓取新的球目标。缺乏显式耦合会导致手指和机械手之间运动协调不良。导致手指提前闭合，球掉落。图 6.13b 展示了使用耦合动态系统模型执行相同的任务。受到扰动后手指重新打开，延迟抓握的形成。随后根据示教期间学习到的相关性，手指关闭，形成一次成功的抓握。图 6.13c 显示了俯视图中的手，清楚地显示了在显式耦合任务中手指的重新打开。

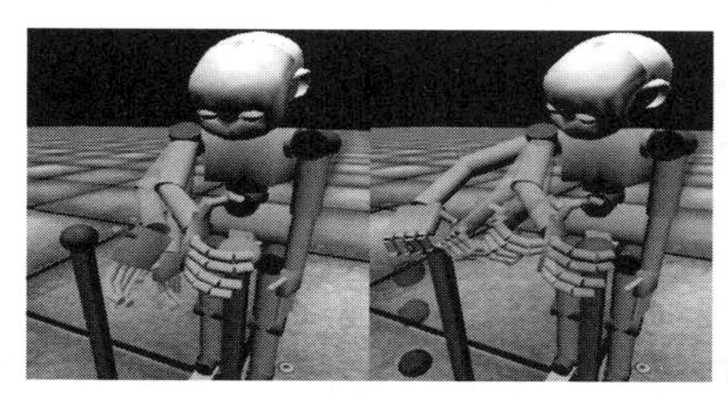

a）$\{\dot{x};\dot{q}\} = f(\{x;q\})$

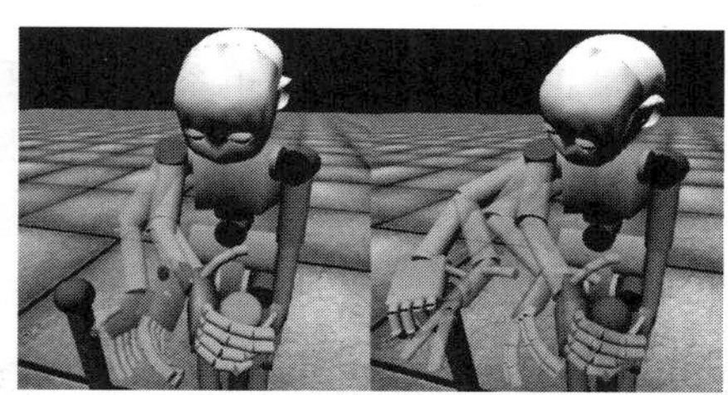

b）$\dot{x} = f(x) \quad | \quad \dot{q} = g(q, \Psi(mx))$

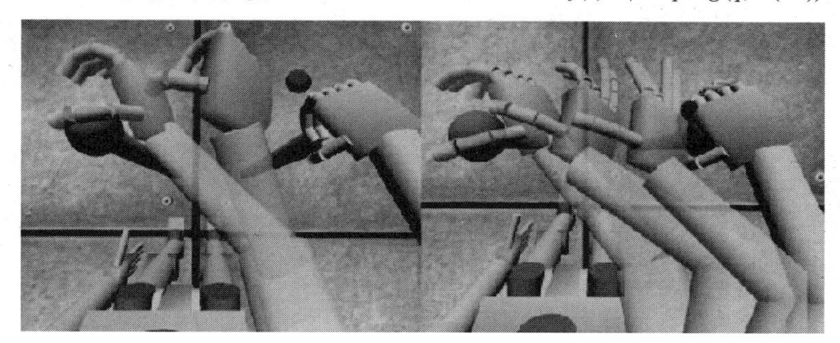

c）机械手特写镜头

图 6.13　执行抓握任务时，有显式耦合和隐式耦合两种方式。显式耦合的执行（图 b）可以防止手指过早闭合，确保给定任何数量的扰动抓握的形成都能被阻止，直到确认安全为止。在隐式耦合执行（图 a）中，手指提前闭合抓握失败。图 c 显示了扰动后隐式（左）和显式（右）耦合情况下手部运动的特写

6.3.3.1　对快速扰动的适应性

使用自主动态系统编码运动的一个重要方面是，它对扰动提供了很大的抵抗力。我们已经从人类数据中推断出动力学了，因此不必拘泥于人类示教的速度，而是可以通过 α 和 β 的参数化来根据机器人需要控制速度和幅度。使用不同于人类数据的 α 值来控制机器人执行任务可能很有趣，原因有两个：

- 比起人类，机器人移动速度非常快，使用更大的 α 值可以利用机器人更快的反应时间，同时保留在人类数据中发现的手指和机械手的运动之间的耦合关系。
- 此外，使用不同于人类示教中推断出来的 α 值，可以对将系统发送到示教期间看不到的状态空间区域，可能生成对扰动的更好响应。

我们在仿真中说明了这种适应快速扰动的能力，当机器人不仅必须调整其手的轨迹，还必须切换抓握类型（见图 6.14）。当目标不断移动时，必须快速适应从掌心向上到掌心向下的抓握。如图 6.14 所示，切换到第二个耦合动态系统模型能够重新规划手指运动并确保与

手的运动相协调（现在手部运动已重定向到下落的物体上）。准确地说，手的方向和手指的弯曲可以同步变化，使手能够在正确的时机闭合抓住下落的物体。

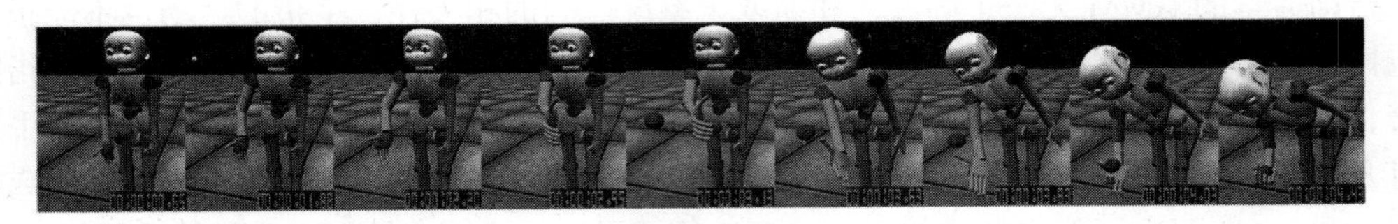

图 6.14　对从掌心向上到掌心向下抓握扰动的快速适应

我们使用真正的机器人测试了系统适应手指姿态的能力（除了适应手指运动的动力学之外），使得能够在捏握和抓握动态之间切换（见图 6.15）。通过对每项任务分别进行五次无干扰试验后，我们学习了两个耦合动态系统模型，一是如何捏握并抓取一个细长物体（本例是一个螺丝刀），二是如何抓握一个球形物体（一个球）。

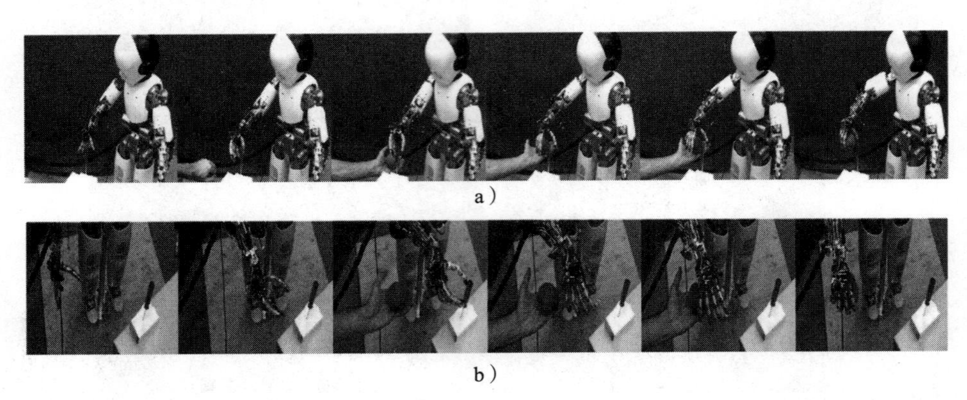

a）

b）

图 6.15　当机器人伸手去抓取细长物体时，它预先调整手指以采用学习到的捏握姿势，这时我们突然在机器人的视野中呈现出一个球形物体。随后，机器人将手转向球形物体而不是第一个物体。图 a 和图 b 分别从主视图和俯视图显示相同的任务，以更好地可视化手指的运动

6.4　耦合的眼睛 – 手臂 – 手指运动 [4]

我们可以扩展前一节描述的能够进行伸手抓握运动的耦合动态系统，使手臂 – 手指系统能够由眼球运动驱动。为此，我们又增加了一个动态系统来产生眼球运动的动力学。随后我们将机械臂与眼部以类似于机械臂与手耦合的方式耦合起来。这产生了一个三层的耦合。这些动力学也可以通过观察人类运动的动力学来学习，可以使用眼动仪来监测眼球运动。

耦合的眼睛 – 手臂 – 手指系统对于适应沿途的干扰（如障碍）特别有用。通过将目标替换为障碍物，并在距离障碍物几厘米处生成一个中间目标，可以调整手臂姿势以避免障碍（见图 6.16）。虽然这可以允许轨迹自然远离障碍物，但这并不能保证机械臂永远不会与障碍物发生碰撞。关于如何使用动态系统确保不穿透障碍物的讨论，请参考第 9 章。

该方法在仿真和真实的 iCub 机器人上使用机器人上的双目摄像机进行了验证（见图 6.17 和图 6.19）。耦合动态系统利用从视觉系统中获得的姿态信息（在视网膜和笛卡儿坐标下）驱动眼睛、手臂和手指朝向物体。在控制回路的每个周期中，当目光向物体移动时，我们更精确地重新估计物体的位置来更新系统。在手接触物体之前，目光注视着物体，我们得

到了关于物体位置的精确信息，这是成功抓取和避障的关键。我们的时间独立耦合动态系统也能够自动适应从这种非均匀分辨率处理方案中获得的目标位置的重新估计。在 [94] 中给出了对障碍和目标的视觉处理的实验细节。

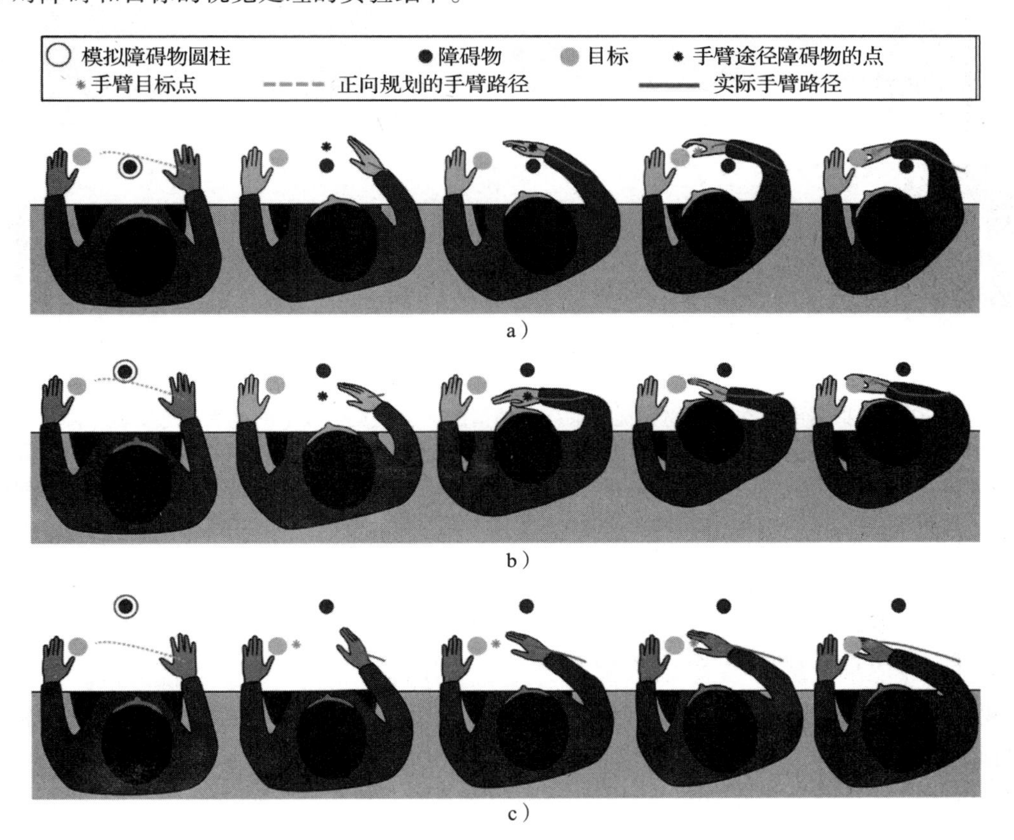

图 6.16 正向规划和避障方案的举例说明。在对耦合动态系统模型进行正向积分后，如果估计的手臂运动（虚线）与模拟障碍物 (必然碰撞) 的圆柱体（黑色圆圈）相交，则障碍物（黑圆圈）被识别为障碍物物体。或者当圆柱体位于很可能与前臂相撞的区域内时（很可能发生碰撞），障碍物（黑圆圈）也会被识别为阻碍物。如果识别出障碍阻碍了预期的运动，那么视觉运动系统的运动从开始到障碍和从障碍到目标被分割。当到达障碍物时，手臂动态系统在放置在通过点上的吸引子对障碍物的影响（黑色圆圈）下移动。通过点的位移方向（前方或腹侧）选择对应于估计发生碰撞的障碍物一侧：前侧（图 a）或腹侧（图 b）。如果正向规划方案没有检测到与障碍物（图 c）的碰撞，则将视觉运动系统驱动到目标物体处（即忽略障碍物）。灰色的圆表示目标手臂相对于目标物体的位置（灰的圆圈）。这些图像显示了从任务开始（左）到成功抓握（右）眼睛 – 手臂 – 手指协调的执行

在每次运行中，要抓取的物体被放置在工作空间内一个边长 15cm 的立方体内的随机计算位置。图 6.17 显示了一个障碍场景，我们分别测试了在目标物体和障碍物的突然扰动下的协调操作。机器人的末端执行器在抓取过程中会避开障碍物。一旦到达障碍物，视觉运动系统的目标就会改变，眼睛 – 手臂 – 手指的运动就会指向要被抓住的物体。我们使用一个具有逆向运动学的位置控制器来计算手臂的路径，并调整扶手姿势，使其尽可能接近动态系统给出的期望轨迹。

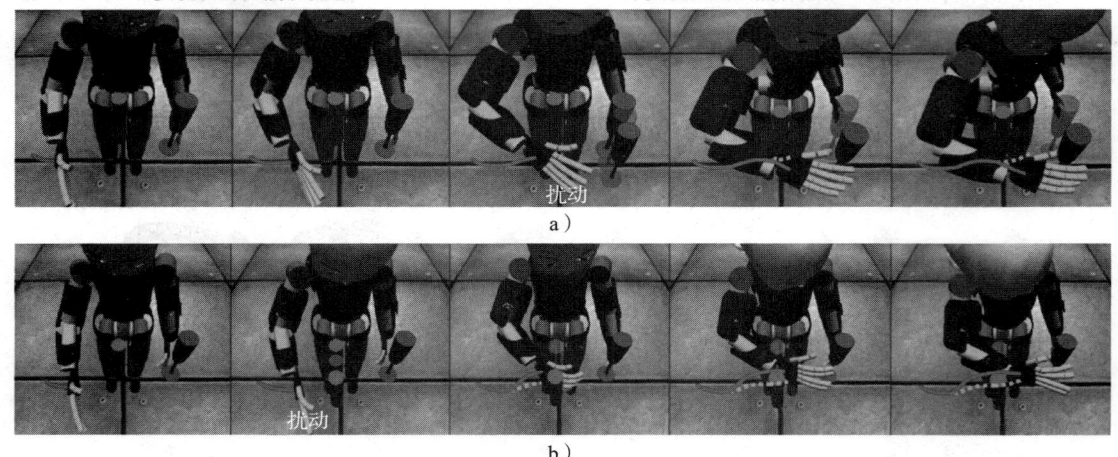

图 6.17　在 iCub 模拟器中，在障碍物和扰动都存在的情况下，视觉引导下的伸手抓握实验。障碍物是视觉运动系统的过渡目标，因此避障被分为两个子任务：从起始位置到障碍物（通过点）和从障碍物到抓取物体。照片展示了从任务开始（左）到成功抓取（右）的眼睛 – 手臂 – 手指的协调执行情况。图 a 展示了目标物体（香槟杯）在运动过程中受到扰动（扰动发生在左边的第三帧）的场景。当在操作过程中障碍被扰动时，视觉运动器的协调显示在图 b 中（第二帧的扰动）。虚线表示没有扰动时手的轨迹。实线是手从未受扰动的运动开始的实际轨迹，包括受扰动后的手的路径，直到成功抓取。在这两种情况下（目标扰动和障碍扰动），视觉运动系统会立即适应扰动，并将眼睛、手臂和手指的运动驱动到物体的新位置

我们进行了一项用户调研，要求人类受试者执行相同的任务。数据分析显示，当障碍不阻碍预期的运动时，受试者忽略了该障碍（见图 6.18）。在机器人控制器中也实现了同样的原理。因为眼球状态是在视网膜坐标中注视位置和视觉目标位置之间的距离，而手臂状态是相对于物体在笛卡儿空间中的位置来表示的，所以当扰动发生时，这两个变量都会立即更新。眼球的动态系统在适应时不受扰动的影响。

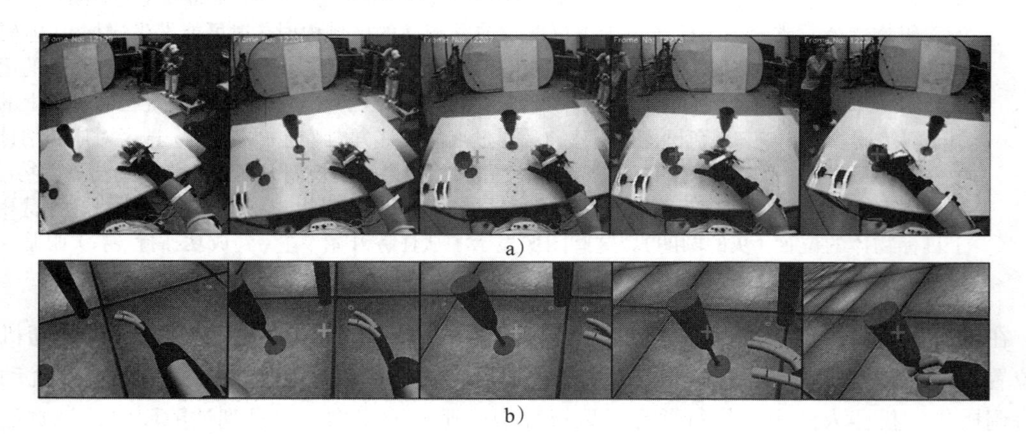

图 6.18　人体视觉运动协调性和真实机器人视觉运动行为的比较。机器人产生的视觉运动协调轮廓（图 b）与在人体试验中观察到的协调模式（图 a）高度相似。这些照片显示了从任务开始（左）到成功抓握（右）的眼睛 – 手臂 – 手指协调动作的视频截图

机械臂动态系统的行为通过眼睛 – 手臂耦合函数进行调节，而机械手的动态系统行为通过手臂 – 手指耦合进行调节。这种调制确保了学习到的眼睛 – 手臂 – 手指协调的轮廓将被保留下来，并且在物体受到扰动离开机械手时，手指将重新打开（见图 6.17）。除了视觉运动协调的拟人化特征外（见图 6.19），视线 – 手臂延迟允许有足够的时间集中视线在物体上，重新判断物体的姿态，并在手接触物体之前计算出合适的抓握姿态。

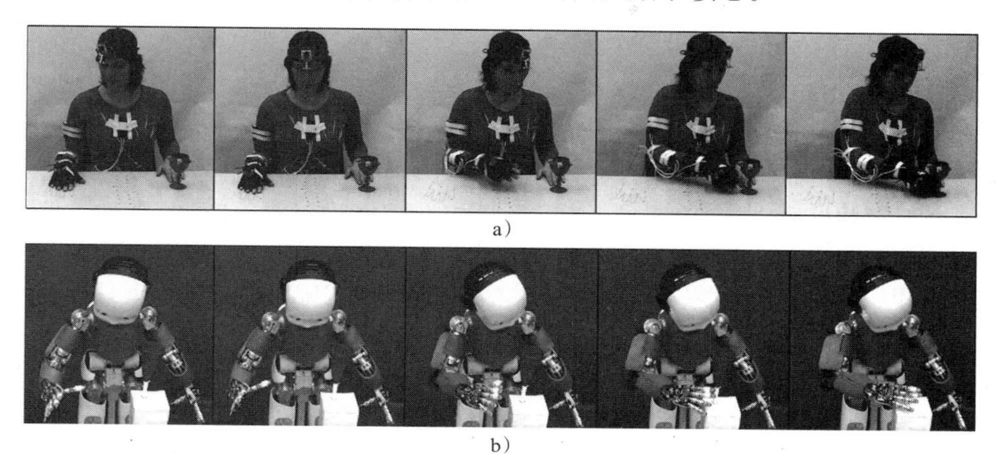

a)

b)

图 6.19　当障碍物与操作无关时（即不影响预期运动的障碍物对于凝视者来说在视觉上不明显），视觉运动系统会忽略它。对人体试验 Wearcam 记录的分析（图 a）显示，当障碍物（香槟杯）不阻碍预期的伸手抓握运动时，受试者并不会注视工作空间中的固定障碍物（香槟酒杯）。当正向规划方案估计物体不会阻碍抓取运动时，耦合动态系统眼睛 – 手臂 – 手指模型展示出了相同的行为（图 b），忽略障碍物（圆柱体）。视频截图显示从开始（左）到成功完成抓取（右）的任务

接触并适应移动物体

在第 6 章[1]，我们学习了如何利用耦合动态系统来实现机器人多个肢体关节的控制。在本章中，我们将学习如何将这种耦合更进一步，并学习如何将控制机器人的动态系统与我们无法控制的外部物体的动态耦合起来。为了凸显快速重新规划运动轨迹的必要性，我们考虑了物体动态可能突然变化且移动非常快的场景。

具体来说，当我们解决拦截一个移动物体的问题时。我们假设提出的模型只针对一个物体的动力学模型，但是这个模型可能会随着时间的改变而改变。例如，这种估计的动力学变化可能是由较差的感知引起的。当物体与我们之间的距离较远时，我们对于该物体的动力学预测是不准确的。而当物体靠近时，模型将得到完善，机器人需要适应对物体着陆位置的新预测。外部因素也可能会影响动力学的改变。例如，如果物体是由人类交给机器人的，当人类重新调整自己的位置时，拦截点可能会突然改变。适应一个物体的运动速度是典型的工业应用，其中涉及抓取在传送带上移动的物体。

为了与物体的动力学同步移动，我们将机器人的运动与虚拟物体的运动耦合起来。虚拟物体的动力学作为一个外部变量，我们可以将它与机器人的动态系统耦合起来。我们展示了一种与物体动力学进行耦合的策略，通过这种策略，使机器人适应物体的速度，并且通过降低冲击力来提高接触时的稳定性。这种适应是一种不同于阻抗控制的柔性形式[14]。虽然我们使用这种策略来抓取物体，但是值得强调的是，我们并没有对接触力进行明确控制。第四部分将介绍动态系统的柔性控制和力控制。

本章基于第 3 章中引入的用于学习和建模控制律的线性参数变化（LPV）系统的公式。将动态系统公式化为线性变参系统可以对广泛的非线性系统建模，并使用许多线性系统理论工具进行分析和控制。重要的是，它允许我们去建立二阶控制律的模型，从而控制机器人的加速度，这是控制接触力的必要步骤。

本章的内容结构如下。7.1 节形式化地描述了问题和预期的应用。7.2 节开始本章的技术部分，用二阶动态系统重新定义轨迹控制。在 7.3 节中，我们提出了一种将机器人的运动与移动物体的运动耦合起来的方法，展示了一种抓取空中快速移动物体的应用。并且用公式表示了稳定性约束来确保机器人能够抓住物体，当机器人抓住物体时，机器人的速度会和物体的速度保持一致。这使得机器人和物体可以同步移动从而减轻冲击力，防止物体从机器人的手中弹开。7.5 节扩展了这一方法，使得两个机械臂能够同步拦截移动物体。[2]。

7.1 如何抓取移动的物体

当机器人抓取移动的物体时，会出现两个主要问题。首先，与静态物体相比，移动物体的位置是不断变化的。除非能准确地预测物体的运动轨迹，否则抓住它的可能性很小。完全精确的预测是不现实的。然而，使用 Kalman 滤波器可以在短时间内利用一阶插值逼近轨迹。因此，随着预测的不断变化，运动生成器需要不断调整路径来响应变化。动态系统非常适合这么做，所以我们使用它来控制机器人的轨迹。为了适应目标轨迹预测的不断变化，我们将动态系统的吸引子定位在物体的预测拦截位置。当这个位置被更新时，新的轨迹会自动重新计算。

其次，与移动物体接触会产生巨大的接触力。如果接触力过大，可能会使物体在被手爪夹紧之前弹开。因此，精确控制冲击力是至关重要的，要确保系统和物体都没有损坏，并且系统在第一次撞击后，系统和物体仍然保持接触。为了实现这两点，我们选择了一种策略，即机器人在遇到物体时不会立即停止，而是在短时间内随着物体继续移动。这样冲击力可以减轻。这种“软捕获”策略如图 7.1 所示。

图 7.1　为了捕捉飞行中的物体并减轻接触力，我们考虑一种策略，即机器人在拦截该物体后继续与该物体移动一段时间

在本章中，我们将研究两个场景，如图 7.2 所示：

- 单手拦截飞行物体。在这一场景中，物体高速移动。为了减少冲击力，系统的目的是以尽可能接近物体速度的速度拦截物体（见图 7.2a）。
- 双手拦截移动物体。在这一场景中，物体的体积较大，一个机械臂无法抓住它。需要两个机械臂同时抓住。因此，该系统的目的是驱动两个机械臂同步运动，以便它们以特定的速度到达移动物体上的特定点。如图 7.2b 展示了两个机械臂抓取传送带上的物体。

在这些场景中，机器人和物体在拦截点的相对速度接近于零。这使得从自由空间运动到接触的过渡更加平滑，因为冲击力将为零或接近于零。为了实现这一点，系统的运动必须与物体的运动状态（位置、速度或加速度）相耦合。由于本节的主要范围是运动生成器在自由区域的稳定性而不是闭环运动生成器，我们假定机器人系统配有一个低级控制器，它能够在位置 / 速度水平上精确地跟随生成的运动（即测量的位置 / 速度与要求的位置 / 速度是相等的）。

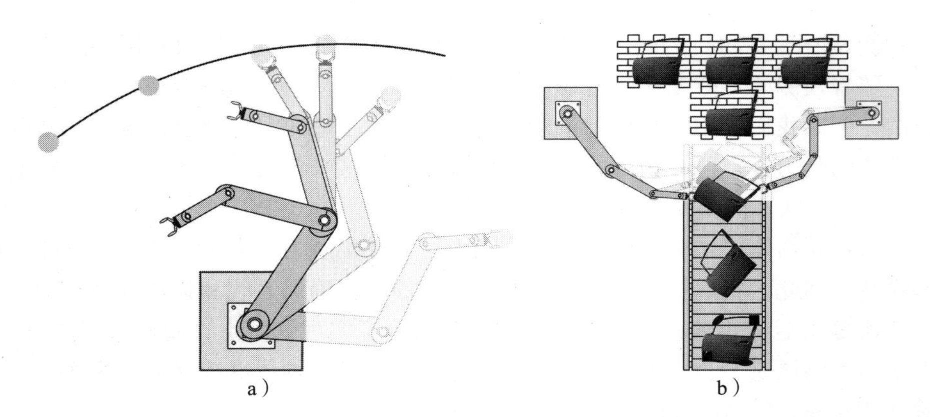

图 7.2　机器人可能拦截移动物体的两种情况的示意图。a）机器人接住了一个在空中快速飞行的球。工作难点在于，一旦物体进入机器人的工作空间，如何抓住它，同时尽量减少接触力，达到既不损坏机器人，也不让物体在被抓住之前飞走的效果。b）被抓物体的体积非常大，需要两个机械臂。需要解决的问题是两个机械臂要同时接近物体。事实上，如果一个手臂在第二个手臂到达物体之前到达物体，冲击力会使物体旋转，这是不理想的

7.2　单手抓取固定的小物体

首先，我们把二阶控制律定义为二阶动态系统，它在固定点 x^* 上是渐近稳定的，即

$$x(t^*) = x^* \qquad \dot{x}(t^*) = 0 \tag{7.1}$$

假设 $x^* \in \mathbb{R}^N$ 和 $t^* \in \mathbb{R}^+$ 分别是物体的位置和拦截时间，N 是系统的维数。由于我们的目标是同时控制机器人在接触时的位置和速度，动态系统必须是这两个变量的函数，输出必须定义系统的期望加速度。如第 3 章所述，我们使用由以下模型给出的一类连续时间线性变参系统来生成系统的运动：

$$\ddot{x}(t) = \boldsymbol{A}_1(\gamma)x(t) + \boldsymbol{A}_2(\gamma)\dot{x}(t) + u(t) \tag{7.2}$$

这里，$x(t) \in \mathbb{R}^N$ 是动态系统的状态。这通常对应末端执行器的姿态或者机器人的关节位置。进一步来说，$u(t)$ 是控制输入向量，$\gamma \in \mathbb{R}^{K\times 1}$ 是由激活参数组成的向量。激活参数可以是时间 t，也可以是系统状态 $x(t)$，或者是外部信号 $d(t)$（即 $\gamma(t, x(t), d(t))$）的函数。本章的其余部分为了方便起见，去掉了参数 γ：

$$\gamma = [\gamma_1 \cdots \gamma_k]^{\mathrm{T}} \tag{7.3}$$

$\boldsymbol{A}_i(\cdot): \mathbb{R}^K \to \mathbb{R}^{N\times N}, \forall i \in \{1,2\}$ 生成状态空间矩阵对激活参数和状态向量的仿射依赖关系：

$$\begin{aligned} \boldsymbol{A}_1(\gamma) &= \sum_{k=1}^{K} \gamma_k A_1^k, A_1^k \in \mathbb{R}^{N\times N} \\ \gamma_k &\in \mathbb{R}_{(0,1]} \\ \boldsymbol{A}_2(\gamma) &= \sum_{k=1}^{K} \gamma_k A_2^k, A_2^k \in \mathbb{R}^{N\times N} \end{aligned} \tag{7.4}$$

为了到达期望的目标位置 x^*，设式（7.2）中的控制输入 $u(t)$ 为

$$u(t) = -A_1(\gamma)x^* \tag{7.5}$$

将式（7.5）代入式（7.2），得到

$$\ddot{x}(t) = A_1(\gamma)(x(t) - x^*) + A_2(\gamma)\dot{x}(t) \tag{7.6}$$

可以证明（参见练习 7.3），这样的控制系统在 x^* 处是渐近稳定的，因此，我们得到

$$\lim_{t\to\infty} \| x(t) - x^*(t) \| = 0 \tag{7.7}$$

$$\lim_{t\to\infty} \| \dot{x}(t) \| = 0 \tag{7.8}$$

如果式（7.6）满足以下约束条件：

$$\begin{cases} \begin{bmatrix} 0 & I \\ A_2^k & A_1^k \end{bmatrix}^{\mathrm{T}} & P + P\begin{bmatrix} 0 & I \\ A_2^k & A_1^k \end{bmatrix} \prec 0 & \\ 0 \prec P, & P^{\mathrm{T}} = P & \forall k \in \{1,\cdots,K\} \\ 0 < \gamma_k \leqslant 1, & \sum_{k=1}^{K} \gamma_k = 1 & \end{cases} \tag{7.9}$$

示例 为了提供仿射函数的特定选择对控制器动力学的影响的概念，我们在图 7.3 中展示了 4 个示例。以上示例均满足式（7.9）给定的约束条件：

$$\text{示例1} \quad A_2 = \begin{bmatrix} -10 & 0 \\ 0 & -10 \end{bmatrix}, A_1 = \begin{bmatrix} -25 & 0 \\ 0 & -25 \end{bmatrix}$$

$$\text{示例2} \quad A_2 = \begin{bmatrix} -2 & 0 \\ 0 & -2 \end{bmatrix}, A_1 = \begin{bmatrix} -1 & 0 \\ 0 & -1 \end{bmatrix}$$

$$\text{示例3} \quad A_2 = \begin{bmatrix} -2 & 0 \\ 0 & -10 \end{bmatrix}, A_1 = \begin{bmatrix} -1 & 0 \\ 0 & -25 \end{bmatrix}$$

$$\text{示例4} \quad A_2 = \begin{bmatrix} -10 & 0 \\ 0 & -2 \end{bmatrix}, A_1 = \begin{bmatrix} -25 & 0 \\ 0 & -1 \end{bmatrix}$$

可以观察到，无论 A_1 和 A_2 的值是多少，系统都稳定在目标点。A_1 和 A_2 中各项的振幅定义了收敛速度和运动的形状。

编程练习 7.1 本编程练习的目的是帮助读者更好地理解动态系统（式（7.6））和开放参数对生成的运动的影响。本练习是对第 3 章所提供练习的补充。打开 MATLAB，将目录设置为如下文件夹：

```
1    ch7-DS_reaching/Fixed_Small_object
```

在这个练习中，我们可以研究 A_1、A_2 对产生的运动的影响。当在命令行中调用函数 `Reading_A_Static_Target([2;2],[2;1])` 时，可以生成从初始位置 [2;2] 到目标位置 [2;1] 的运动。研究式（7.6）在不同场景下产生的运动，回答以下问题。

1. A_1, A_2，$\forall i \in \{1,2\}$ 如何调制轨迹。

2. 修改矩阵 $\boldsymbol{A}_1$ 和 $\boldsymbol{A}_2$ 使其不满足方程（7.9）的条件。动态系统的行为是什么？

3. 修改初始位置和目标位置。动态系统的初始位置和目标位置对物体运动轨迹有影响吗？它们会影响目标速度吗？设置矩阵 $\boldsymbol{A}_1$ 和矩阵 $\boldsymbol{A}_2$，同时考虑式（7.9）的条件满足和不满足的两种情况。

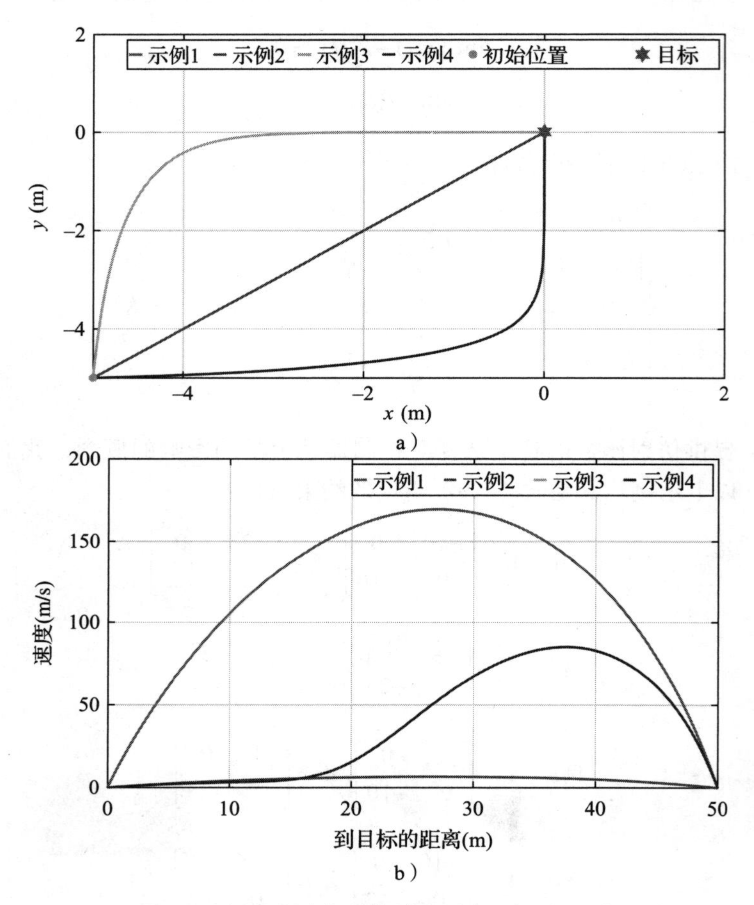

图 7.3　用 4 个动态系统到达固定目标（$x^*=0$）

7.2.1　机器人实现

如第 3 章所示，二阶动态系统通常用于近似自相交轨迹或起点和终点重和的运动。与一阶系统相比，使用二阶系统（式（7.6））的另一个主要优点是产生的运动的速度是连续的（产生更平滑的轨迹）。

图 7.4 说明了前面描述的使用两个 KUKA IIWA 机器人执行点到点运动的二阶动态系统的应用。机器人被分配按下两个按钮。并由相同的动态系统（式（7.6））控制，该系统使用最优控制生成的示例轨迹进行训练。具体地，我们为两个机械臂生成了最快的运动学可行运动。这是通过求解离线最优控制问题产生的（见图 7.4）。即使示教和期望的任务之间没有直接联系，机器人也能够完成任务，因为由式（7.6）产生的运动在空间上是渐近稳定地趋向于期望目标的。

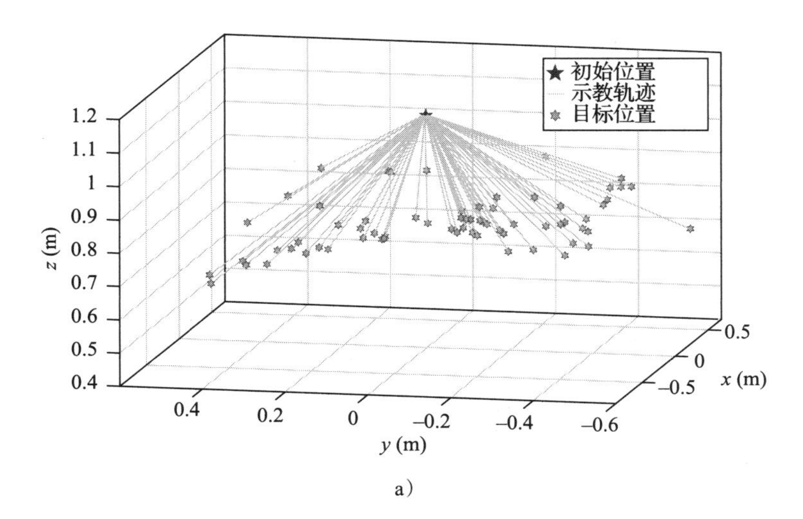

a）

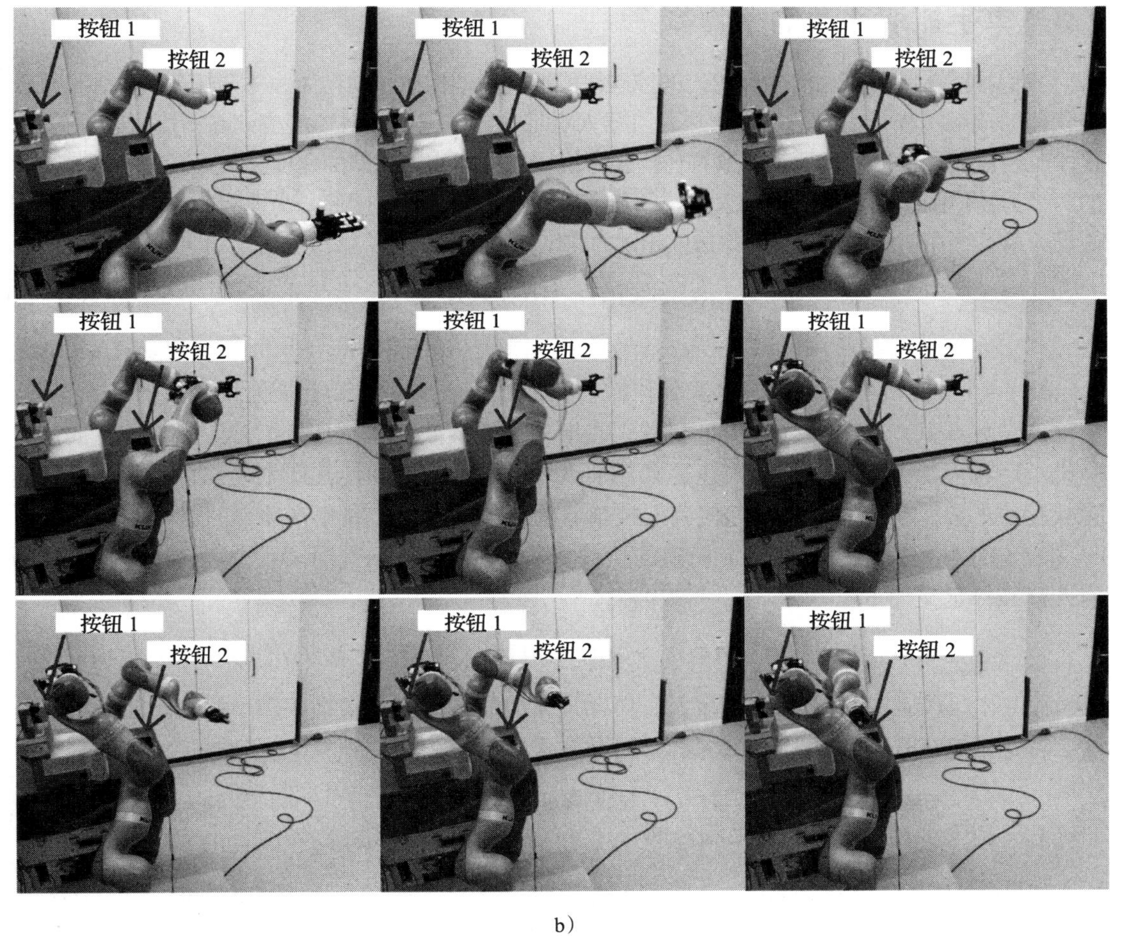

b）

图 7.4　a）数据集包含 67 个示教轨迹。初始点固定在机器人的基座位置 [100]。b）用两个机械臂按下按钮 1 和按钮 2。两个机器人的运动生成器是相同的，只有期望的目标位置不同 [104]

练习 7.1 考虑式（7.6）中的动态系统，且 d=2，k=1。设计 $\boldsymbol{A}_1$ 和 $\boldsymbol{A}_2$，使式（7.6）产生的运动满足

$$\frac{\| x(t)-x^* \|}{\| x(0)-x^* \|} \leqslant \mathrm{e}^{-10t}, \quad \forall t \in \{1,\infty\} \tag{7.10}$$

练习 7.2 考虑式（7.6）中的动态系统。给定式（7.4），获得 $\boldsymbol{A}_i^k(\forall i \in \{1,2\}, \forall k \in \{1,\cdots,K\})$ 的最小特征值和收敛误差的关系，使式（7.6）产生的运动满足

$$\frac{\| x(t)-x^* \|}{\| x(0)-x^* \|} \leqslant \mathrm{e}^{-10t}, \quad \forall t \in \{1,\infty\} \tag{7.11}$$

练习 7.3 考虑式（7.6）中的动态系统。证明如果式（7.9）的条件满足，则它渐近收敛于 $[x^* \ 0]^{\mathrm{T}}$。

7.3 单手抓取移动的小物体

我们接下来将讨论如何确保我们的控制律能够成功地拦截移动物体。主要任务是确保机器人与物体的接触过程是稳定的。这意味着机器人手爪和物体间的相对速度应该在一段时间内为零，这段时间足以让机器人的手爪抓紧物体。强制机器人以与物体相同的速度移动可能并不总是可行的，因为物体的运动可能比机器人系统的最大可行速度快得多。因此，为了放宽这个约束，我们假设如果系统在期望位置以与物体速度相同的速度拦截物体，那么该接触将是稳定的，即

$$x(t^*) = x^O(t^*), \quad \dot{x}(t^*) = \rho \dot{x}^O(t^*) \tag{7.12}$$

其中，物体的状态用 $x^O \in \mathbb{R}^N$ 表示，$\rho \in \mathbb{R}_{[0,1]}$ 是一个连续参数，我们称之为柔度。设 ρ = 0，$\dot{x}(t^*)$ =0 会使机器人在期望位置处拦截物体。这对应于一个具有最大接触力的刚性拦截。相反，设 ρ = 1，$\dot{x}(t^*) = \dot{x}^O(t^*)$ 会使机器人在期望位置拦截，这是柔性拦截。然而，正如前文所说：后者可能导致不可行的快速运动。柔度参数的选择必须使其产生动态可行的轨迹。同时减轻冲击力。现在我们展示如何确定控制器的参数来满足这些相互冲突的目标。

为了简单和简洁，我们假定期望的拦截点位于原点，即 $x^O(t^*)=0$ 。式（7.2）中的控制输入量 $u(t)$ 定义如下：

$$u(t) = \rho(t)\ddot{x}^O - \boldsymbol{A}_1(\gamma)\rho(t)x^O - \boldsymbol{A}_2(\gamma)(\rho(t)\dot{x}^O + \dot{\rho}(t)x^O) + 2\dot{\rho}(t)\dot{x}^O + \ddot{\rho}(t)x^O \tag{7.13}$$

$\boldsymbol{A}_i(\cdot) \in \{1,2\}$ 遵循式（7.4）给定的定义，将动力学分解为一组由激活参数 γ 调制的线性动态系统。将式（7.13）代入式（7.2），我们得到

$$\begin{aligned}\ddot{x}(t) = {} & \rho(t)\ddot{x}^O(t) + 2\dot{\rho}(t)\dot{x}^O(t) + \ddot{\rho}(t)x^O(t) + \\ & \boldsymbol{A}_1(\gamma)(x(t)-\rho(t)x^O(t)) + \boldsymbol{A}_2(\gamma)(\dot{x}(t)-(\rho(t)\dot{x}^O(t)+\dot{\rho}(t)x^O(t)))\end{aligned} \tag{7.14}$$

如果满足式（7.9）的条件，由式（7.14）给出的动态系统渐近收敛于 $[\rho(t)x^O \quad \rho(t)\dot{x}^O + \dot{\rho}(t)x^O]^{\mathrm{T}}$（见练习 7.7），也就是说，

$$\lim_{t\to\infty} \| x(t) - \rho(t)x^O(t) \| = 0 \tag{7.15}$$

$$\lim_{t\to\infty} \| \dot{x}(t) - (\rho(t)\dot{x}^O(t) + \dot{\rho}(t)x^O(t)) \| = 0 \tag{7.16}$$

如果我们假定 ρ 为零，式（7.14）产生一个可以到达和跟踪目标物体的复合控制器。这里，$\rho(t)$ 作为从一种运动类型到另一种运动类型的开关。设置 $\rho=0$ 产生一种纯粹的到达行为，并且动态系统在目标处稳定，即 $\lim_{t\to\infty}[x(t) \quad \dot{x}(t)]=[x^O(t^*) \quad 0_{1\times d}]^{\mathrm{T}}$。系统抵达了期望的拦截点，并且停在此处。如果动态系统（式（7.14））让它移动得足够快，它就会及时接触物体，从而在物体到达这里之前收敛于期望拦截点的可接受邻域 $\rho[x^O(t^*) \quad 0]^{\mathrm{T}}$ 上，即 $\|x(t^*)-\rho x^O(t^*)\|\leqslant\varepsilon$ 和 $\|\dot{x}(t^*)-\rho\dot{x}^O(t^*)-\dot{\rho}x^O(t^*)\|\leqslant\varepsilon$，其中 ε 是一个小的正数。然后机器人可能会停下来等待这个物体到达目标点。但机器人的停止将会在接触处产生强烈的冲击力。为了保证机器人以物体的速度（或以尽可能接近物体的速度）运动，我们需要使机器人从向物体移动平稳地过渡到跟踪物体。我们可以令 $\rho=1$。这将使跟踪运动的误差逐渐减小到

$$\ddot{x}(t)-\ddot{x}^o(t)=\boldsymbol{A}_1(\gamma)(x(t)-x^o(t))+\boldsymbol{A}_2(\gamma)(\dot{x}(t)-\dot{x}^o(t)) \tag{7.17}$$

虽然运动会收敛于物体的轨迹，并以 $\dot{x}=\dot{x}^O$（即满足速度约束）的速度来拦截它，但我们不能保证它会在正确的位置接触物体。但通过改变 γ 参数的值，我们可以确保系统不仅以正确的速度，而且也能确保在正确的点接触物体。这在命题 7.1 中得到了总结。

命题 7.1　式（7.14）给出的动态系统渐近到达期望的拦截点（$x^O(t^*)=0_{1\times d}$），其速度与物体的速度一致，$\dot{x}(t^*)\approx\rho\dot{x}^O(t^*)$。

证明。正如前文所述，拦截点是原点（即 $\rho x^O(t^*)=[0\cdots0]^{\mathrm{T}}$）并且位于物体的运动轨迹上。因此，物体在期望的拦截点处，ρx^O 穿过 x^O 点。因为系统在 ρx^O 上渐近收敛，所以当 $t=t^*$ 时，它在期望的拦截点处拦截物体的运动轨迹。此外，系统的运动速度将是一个与物体的运动速度向量成正比的速度向量，即 $\dot{x}(t^*)=\rho\dot{x}^O(t^*)$。□

从 $\rho=0$ 到 $\rho=1$ 的切换是不可取的，因为该过程可能会在加速度中产生强烈的不连续性。我们倾向于两者之间的平稳过渡。图 7.5 展示了式（7.14）对 ρ，$\dot{\rho}=0$ 和 $\dot{\rho}=c$ 三个值的解，其中 c 为常数，$\dot{\rho}=c(t)$，其中 $c(t)$ 是时间的函数。注意，对于所有 ρ、$\dot{\rho}$ 和 $\ddot{\rho}$，所产生的轨迹在 $x(t^*)=0$ 处与物体的轨迹相交。此外，通过增加 ρ 的值，系统的速度越来越接近物体的速度（通过比较图 7.5a 中的黑线和紫线可以证明这一点）。图 7.5c 显示了在线调制 ρ 值的示例。当工作空间中的奇异点或约束接近时，可能需要这样的调节以减速。

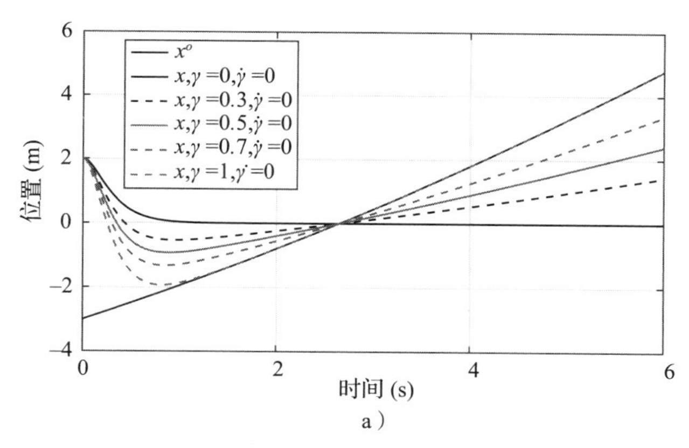

a）

图 7.5　一维动态系统的行为受 ρ 和 $\dot{\rho}$ 的影响。图 a 中 $\dot{\rho}=0$。图 b 和图 c 中分别显示了 $\dot{\rho}$ 为常数或随时间变化时对于一维系统的行力。图 d 和图 e 分别表示 ρ 在图 b 和图 c 上的行为。在图 c 中，通过随时间优化的 ρ 值来满足虚拟工作空间的约束

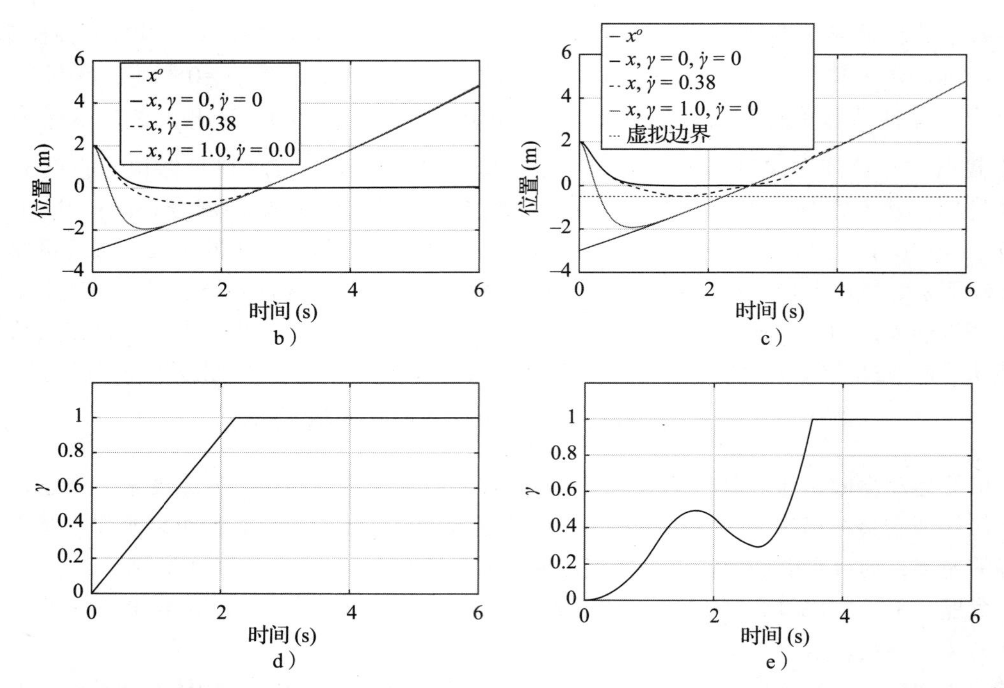

图 7.5 一维动态系统的行为受 ρ 和 $\dot{\rho}$ 的影响。图 a 中 $\dot{\rho}=0$。图 b 和图 c 中分别显示了 $\dot{\rho}$ 为常数或随时间变化时对于一维系统的行力。图 d 和图 e 分别表示 ρ 在图 b 和图 c 上的行为。在图 c 中，通过随时间优化的 ρ 值来满足虚拟工作空间的约束（续）

编程练习 7.2 本编程练习的目的是帮助读者更好地理解动态系统（式（7.14））以及开放参数对生成的运动的影响。该练习有三个部分。

在第一部分中，$\dot{\rho}=0$。打开 MATLAB，将目录设置为如下文件夹：

```
1    ch7-DS_reaching/Moving_small_object.
```

在第一个函数中，我们可以研究 A_1，A_2 和 ρ 对产生的运动的影响。首先在命令行上运行 Constant_rho 函数，所有的运动在原点处拦截物体。

1. 将物体的运动设置为比 DS 的收敛速度更快。

2. 修改物体的运动轨迹，使其不穿过原点（即它没有通过期望的拦截点）。会发生什么？

3. 如果 ρ 大于 1 会发生什么，小于 0 会发生什么？

4. 是否存在这样的条件，使式（7.14）产生的运动在某一点拦截了物体，而该点又不是期望的拦截点？

5. 修改代码，使式（7.9）的条件不满足。

6. 更改积分步长。这会影响机器人的运动行为吗？会影响恒定的值？你能解释一下这是为什么吗？

7. ρ 的高值在几何上意味着什么？

运行命令行上的 Constant_Drho 函数。对于这个代码，$\dot{\rho}=c$，其中 c 是一个常数。利用该函数，我们可以研究 A_1、A_2 和 ρ 对产生的运动的影响，而 ρ 的值不是常数并随着时间的变化而变化。在一个简单的例子中，$\rho(0) = 0.1$，$\dot{\rho} = 0.1$，产生的运动在原点处拦截目标物体。通过改变输入的函数，回答以下问题。

1. 函数单调递增还是单调递减对 ρ 来说重要吗？
2. 式（7.9）不满足时会发生什么？
3. ρ 值随时间变化的几何意义是什么？

运行命令行上的 `Geometrically_constrained` 函数。该函数中，$\dot{\rho}=c(t)$，其中 $c(t)$ 是随时间变化的函数。该程序的目的是塑造 $\dot{\rho}$，使动态系统在向目标运动时避开虚拟边界。在这个函数中，我们可以研究 $\boldsymbol{A}_1$，$\boldsymbol{A}_2$ 和 ρ 对产生的运动的影响，而 ρ 的值不是恒定的，并随着几何约束的变化而变化。通过修改这个函数的输入，回答以下问题。

1. 虚拟边界的位置重要吗？如果把它放在 x=0 处呢？
2. 如果不满足式（7.9）的条件会发生什么？
3. ρ 值的变化对动态系统和虚拟物体之间的角度有什么影响？
4. 是否存在任意 $\boldsymbol{A}_1$ 和 $\boldsymbol{A}_2$，使得虚拟边界的约束不被满足？

7.4 机器人实现

该系统使用一个 7 自由度的机械臂（KUKA LBR IIWA），装有一个 16 自由度的 Allegro 机械手，可以实现轻柔地抓住飞行中的物体。动态系统（式（7.14））的输出通过基于速度的控制转化为 7 自由度的关节状态，无须进行关节速度积分 [106]。为了避免高扭矩，所产生的关节角被一个临界阻尼滤波器过滤。机器人以 500Hz 的频率控制关节位置。

为了协调所有关节（包括机械臂和手指关节）的运动，使用第 6 章介绍的耦合动态系统模型来生成手指运动。这种方法包括两个不同的动态系统（即末端执行器运动和手指运动）的耦合。末端执行器的运动独立于手指的状态生成，而手指的运动是末端执行器状态和物体状态的函数。耦合的指标是末端执行器和物体之间的距离（$\| x-x^{O} \|$）。因此，当物体进入手内时，手指会闭合，当物体离开时，手指会重新打开。

当物体飞行时，使用 OptiTrack 动作捕捉系统从自然点以 240 Hz 的频率跟踪其位置和方向。由于控制回路比捕获系统快，因此将预测的物体位置作为式（7.14）中的目标位置。机械臂和手指运动的视频截图如图 7.6 和图 7.7 所示。图 7.8 给出了由式（7.14）生成的末端执行器的位置。详细的实验验证在 [100] 和 [102] 中提供，在线视频在本书的网站上提供。

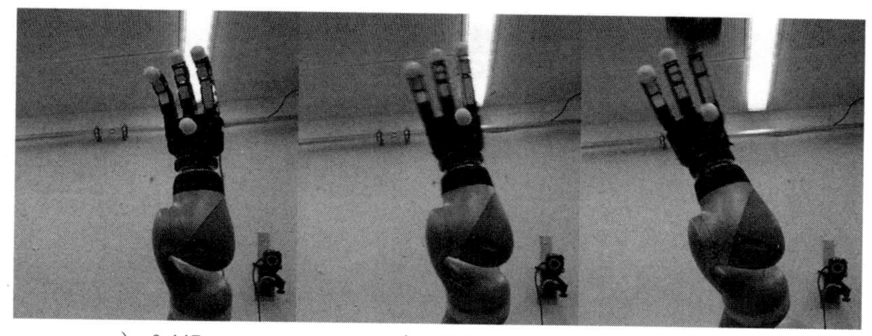

a）−0.447s　　b）−0.300s　　c）−0.260s

图 7.6　手指运动的视频截图。物体在图 d 中被拦截，在图 f 中被抓取。需要注意的是，手指的闭合时间随即将到来的物体的速度而变化

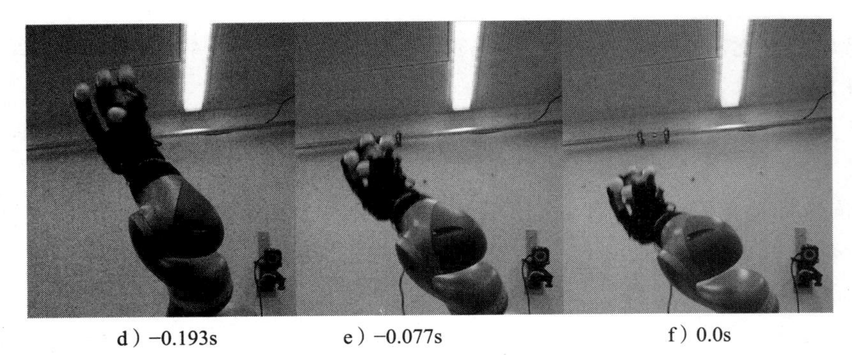

d）−0.193s e）−0.077s f）0.0s

图 7.6 手指运动的视频截图。物体在图 d 中被拦截，在图 f 中被抓取。需要注意的是，手指的闭合时间随即将到来的物体的速度而变化（续）

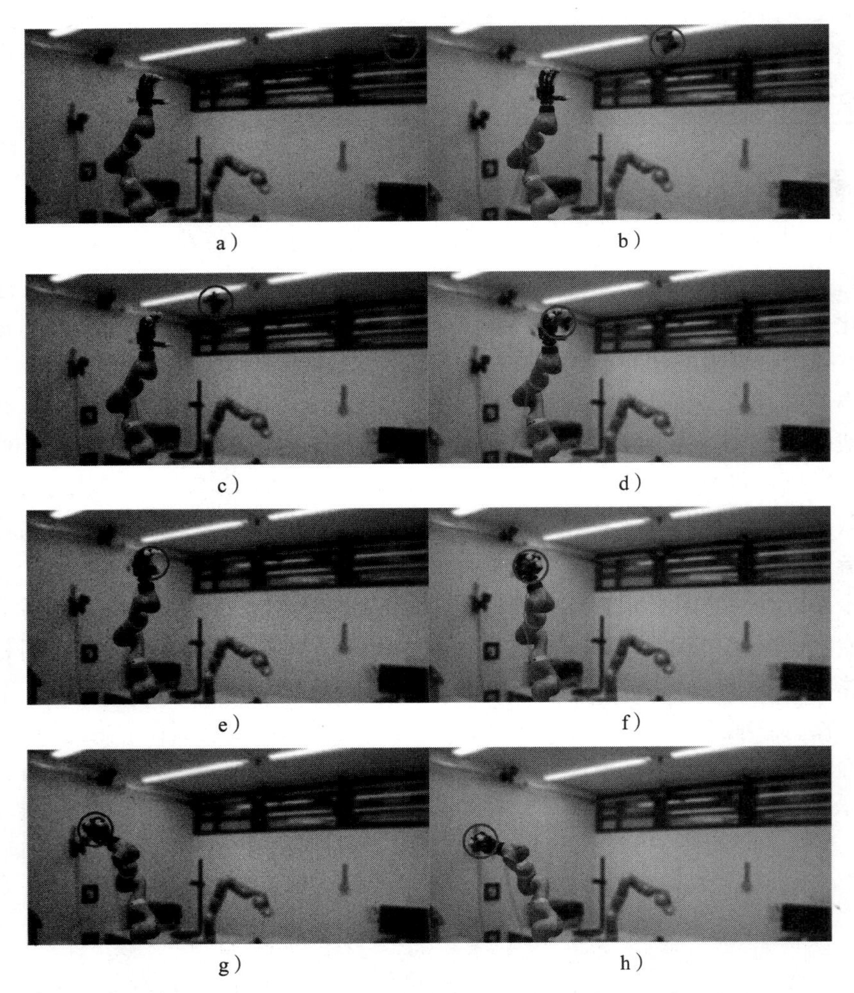

a） b） c） d） e） f） g） h）

图 7.7 砖头被抛出。在图 a 中，初始化目标轨迹的预测算法。图 b 所示的是第一个点。图 e 所示的为拦截点。在图 g 时，可以停止机器人，因为手指已经闭合，但这也可能会损坏机器人

虽然这种方法能够让机器人在 80% 的情况下抓取物体，但也有抓取失败的情况。失败的主要原因是无法始终生成与期望末端执行器轨迹相对应的精确关节运动。由于运动太快，

末端执行器不能准确地跟踪期望的运动。跟踪误差导致物体被拇指或手部的其他不被期望的部分击中并反弹。此外，跟踪对象的任何不精确都可能对机器人的抓取产生显著影响。如本章引言所述，捕捉飞行中的物体需要定期更新该物体位置的测量数据。然而，实际上，即使使用非常准确的基于标记的跟踪器，也不可能在任何时候都做到这一点。为了确定物体的位置，所有标记必须是可见的，但当物体在飞行中旋转时，标记经常被机械臂或物体本身阻挡。

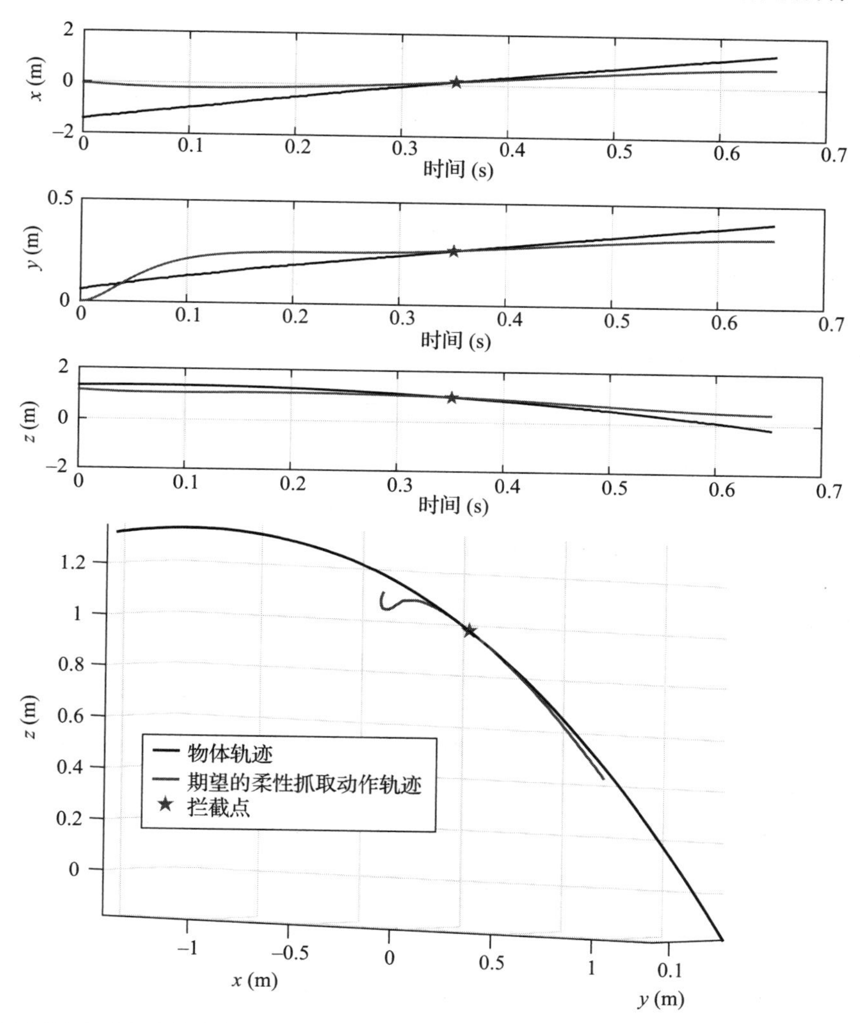

图 7.8 由动态系统生成的末端执行器的位置（式（7.14））。所示的物体轨迹是还未被捕获物体的预测轨迹。该轨迹描述了从第一个点到停止点的路径。如预期的那样，式（7.14）的输出在期望的拦截位置对目标轨迹进行柔性拦截。为了使机器人停止，在拦截后的 0.3s 期间，机器人的速度会线性减小

练习 7.4 给定一个具有以下运动学约束的机器人系统，考虑以下情况。

1. 当 $0 \leqslant p_w(x)$ 时，位置 x 是机器人系统的运动学可达的位置，$p_w(\cdot) \in \mathbb{R}^N \rightarrow \mathbb{R}$ 是机器人的可达工作空间模型。

2. 如果 $\|\dot{x}\| \leqslant \dot{x}_{\max}(q)$，则速度 $\dot{x}$ 是该机器人系统可实现的速度，$\ddot{x}_{\max}(q)$ 是机器人在给定关节配置 q 下的最大可行速度。

3. 如果 $\|\ddot{x}\| \leqslant \ddot{x}_{max}(q)$，则加速度 $\ddot{x}$ 对于机器人系统是可行的，$\ddot{x}_{max}(q)$ 是机器人在给定关节构型 q 处的最大可行加速度。

针对上述运动学约束，提出动态系统（式（7.14））中每个时间步的柔度最大化的算法。

练习 7.5 考虑式（7.14）给出的动态系统。能够用此动态系统来击中一个飞行物体吗？如果可以，ρ 的值是多少

练习 7.6 在第 2 章，可以使用四种方法来向机械臂示教期望的行为：拖动示教、徒手操作、遥操作和最优控制。哪一个将有利于使用来估计动态系统（式（7.14））的参数以捕捉飞行的物体。

练习 7.7 考虑式（7.14）中的动态系统，如果满足式（7.9）的条件，证明它渐近收敛 $[\rho(t)x^O \quad \rho(t)\dot{x}^O + \dot{\rho}(t)x^O]^{\mathrm{T}}$。

7.5 双手抓取移动的大物体

本节我们转向讨论使用两个机械臂协调运动拦截移动物体的问题。这种双臂机器人系统的优势在于它扩展了单个机械臂的工作空间，并使得操纵单机械臂所不能操作的重型和大型物体成为可能。智能工厂或智能建筑中的大量应用将受益于这种策略。例如，抓取由手推车或传送带运输的箱子（见图 7.2b），或由人类直接递交给机器人的物体。

为了实现双手拦截一个移动的物体，我们需要把这个问题分解为两个子问题。首先，确保机器人之间相互同步，这样如果一个机器人的运动被延迟，则另一个机器人应该在抓住物体之前等待它。其次，两个机器人的运动要与移动物体的运动保持同步。

第一级控制要求机器人在运动时相互协调。这对于确保系统同时拦截物体并且避免它们在适应移动物体的运动时发生碰撞都是必要的。第二级控制施加位置和速度约束，确保如上一节中介绍的单个机械臂工作案例中所述：所有的机器人的运动速度与目标物体的运动速度一致且必须在目标位置拦截目标。因此我们有位置和速度两个约束条件：

$$x_i(t^*) = x_i^O(t^*), \quad \dot{x}_i(t^*) = \rho\dot{x}_i^O(t^*), \quad \forall i \in \{1,\cdots,N_R\} \tag{7.18}$$

式中，$x_i \in \mathbb{R}^N$，x_i^O 是第 i 个机器人的状态以及它应该到达的目标上的期望点，N_R 是机器人系统的数量。可以通过跟踪目标物体上的 N_R 个到达点来确定目标的状态：

$$x^O(t) = \sum_{i=1}^{K} x_i^O(t) \tag{7.19}$$

为了实现这里所描述的三方协调，我们采用了虚拟对象的概念。这个虚拟对象将协调机器人之间以及机器人与真实物体之间的运动。它是真实物体的复制品，也包含了通过弹簧–阻尼项虚拟连接到机器人末端执行器的到达点的复制品。虚拟对象的运动与真实物体的运动协调并一致，最终虚拟物体到达真实物体。我们为虚拟对象设置了一个基于线性变参的动态系统：

$$\ddot{x}^\nu(t) = A_1^\nu x^\nu(t) + A_2^\nu \dot{x}^\nu(t) + u^\nu(t) \tag{7.20}$$

式中，$A_i^v \in \mathbb{R}^{N\times N}$，$\forall i \in \{1,2\}$，$x^v \in \mathbb{R}^N$ 为虚拟对象的状态。虚拟对象（以及相应的机械臂）必须同时在可行的可达点拦截物体。为了实现这一点，我们定义了以下控制输入 $u^v(t)$：

$$u^v(t) = \frac{1}{N_R+1}\left(\rho(t)\ddot{x}^O - A_1^v\rho(t)x^O - A_2^v(\rho(t)\dot{x}^O + \dot{\rho}(t)x^O) + 2\dot{\rho}(t)\dot{x}^O + \ddot{\rho}(t)x^O + \sum_{j=1}^{N_R} U_j\right) - \frac{N_R}{N_R+1}(A_1^v x^v(t) + A_2^v \dot{x}^v(t)) \tag{7.21}$$

与我们在 7.3 节中看到的类似，$x^O \in \mathbb{R}^N$，$\rho \in \mathbb{R}_{[0,1]}$ 是相同的连续柔度参数。我们进一步假设每个机器人控制器的原点都设置在期望的拦截点 $x^O(t^*)=0$。U_j 为第 j 个末端执行器跟踪控制器对虚拟对象的交互作用：

$$U_j = \ddot{x}_j(t) + \boldsymbol{A}_{1j}(\gamma_j)(x_j^v(t) - x_j(t)) + \boldsymbol{A}_{2j}(\gamma_j)(\dot{x}_j^v(t) - \dot{x}_j(t)) \tag{7.22}$$

式中，$\boldsymbol{A}_{ij}(\cdot)$，$\forall i \in \{1,2\}$ 和 $\forall j \in \{1,\cdots,N\}$ 的作用与式（7.4）类似，生成状态空间矩阵对激活参数 γ_j 的仿射依赖关系，定义为：

$$\begin{aligned} \boldsymbol{A}_{1j}(\gamma) &= \sum_{k=1}^{K_j} \gamma_{kj} A_{1kj} \\ &\forall j \in \{1,\cdots,N_R\} \\ \boldsymbol{A}_{2j}(\gamma) &= \sum_{k=1}^{K_j} \gamma_{kj} A_{2kj} \end{aligned} \tag{7.23}$$

这里，$x_j^v \in \mathbb{R}^N$ 是虚拟对象上的第 j 个点的状态，$x^v(t) = \sum_{i=1}^{K} x_i^v(t)$。根据虚拟对象上的第 j 个点的状态 $x_j^v(t)$ 与末端执行器 $x_j(t)$ 之间的跟踪误差，计算出第 j 个末端执行器 $x_j(t)$ 的期望运动：

$$\ddot{x}_j(t) = \ddot{x}_j^v(t) + \boldsymbol{A}_{1j}(\gamma_j)(x_j(t) - x_j^v(t)) + \boldsymbol{A}_{2j}(\gamma_j)(\dot{x}_j(t) - \dot{x}_j^v(t)) \tag{7.24}$$

将式（7.21）代入式（7.20），虚拟对象的动力学变为

$$\ddot{x}^v(t) = \frac{1}{N_R+1}\left(\rho(t)\ddot{x}^O + A_1^v(\gamma)(x^v - \rho(t)x^O) + A_2^v(\gamma)(\dot{x}^v - \rho(t)\dot{x}^O - \dot{\rho}(t)x^O) + 2\dot{\rho}(t)\dot{x}^O + \ddot{\rho}(t)x^O + \sum_{j=1}^{N_R} U_j\right) \tag{7.25}$$

练习 7.11 表明，如果三个动态系统都不受扰动，则虚拟对象的运动和由式（7.25）和式（7.24）分别生成的机器人系统渐近收敛到实际的物体，即

$$\lim_{t\to\infty} \| x_j(t) - x_j^v(t) \| = 0 \quad \lim_{t\to\infty} \| \dot{x}_j(t) - \dot{x}_j^v(t) \| = 0 \tag{7.26}$$

$$\lim_{t\to\infty} \| x^v(t) - \rho(t)x^O(t) \| = 0 \quad \lim_{t\to\infty} \| \dot{x}^v(t) - (\rho(t)\dot{x}^O(t) + \dot{\rho}(t)x^O(t)) \| = 0 \tag{7.27}$$

如果有 P^v，P_j，Q^v，Q_j，使得

$$\begin{cases} 0 \prec P^v, 0 \prec P_j & 0 \prec Q^v, 0 \prec Q_j \\ \begin{bmatrix} 0 & I \\ A_2^v & A_1^v \end{bmatrix}^{\mathrm{T}} P^v + P^v \begin{bmatrix} 0 & I \\ A_2^v & A_1^v \end{bmatrix} \prec -Q^v \\ \begin{bmatrix} 0 & I \\ A_{2j}^k & A_{1j}^k \end{bmatrix}^{\mathrm{T}} P_j + P_j \begin{bmatrix} 0 & I \\ A_{2j}^k & A_{1j}^k \end{bmatrix} \prec -Q_j, \forall j \in \{1, \cdots, K_r\} \\ 0 \leqslant \gamma_{kj} \leqslant 1 \end{cases} \tag{7.28}$$

如果我们设置柔度参数 $\rho(t) = \dot{\rho}(t) = 0$，式（7.25）产生向预测的拦截点渐近稳定的运动，即机器人之间的协调性得到了保留，但失去了机器人与物体之间的协调性。在另一方面，如果 $\rho(t) = 1$ 且 $\dot{\rho}(t) = 0$，即使不能准确预测物体的运动，式（7.25）也会对真实物体产生渐近稳定的运动，即与物体的完美协调[3]。然而，在这种情况下，不能保证虚拟对象在预测的拦截点和机器人的工作空间内拦截真实物体。在这种情况下，机器人和对象之间的协调就丢失了。因此，我们需要使 ρ 在 0 和 1 之间变化，以便只有当物体在预测点的拦截点附近时，ρ 才为 1。图 7.9 演示了两个机器人系统到达移动对象的示例。这两个系统的运动是协调的，使它们能够在期望位置同时拦截物体。

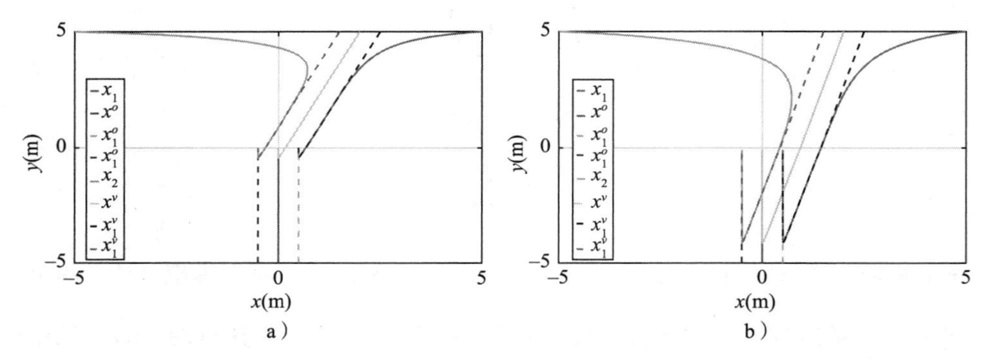

图 7.9　两个智能体到达并拦截一个移动物体。a）$\rho = 0.1$，b）$\rho = 0.9$。$\boldsymbol{A}_{2j} = \begin{bmatrix} -20 & 0 \\ 0 & -20 \end{bmatrix}$，$\boldsymbol{A}_{1j} = \begin{bmatrix} -100 & 0 \\ 0 & -100 \end{bmatrix}$，$\forall j \in \{1,2\}$，并且 $A_2^v = \begin{bmatrix} -4 & 0 \\ 0 & -4 \end{bmatrix}$，$A_1^v = \begin{bmatrix} -4 & 0 \\ 0 & -4 \end{bmatrix}$。两个机器人都到达虚拟物体并且在协调和同步中收敛到真实物体的运动

编程练习 7.3　本编程练习的目的是帮助读者更好地理解基于虚拟对象的动态系统（式（7.24）和式（7.25））以及开放参数对于生成的运动的影响。打开 MATLAB 并将目录设置为以下文件夹：

```
1 ch7_DS_reaching/Moving_large_object
```

在这个练习中，我们可以研究 $\boldsymbol{A}_{1i}$，$\boldsymbol{A}_{2i}$，$\forall i \in \{1,2\}$，A_1^v，A_2^v 和 ρ 对产生的运动的影响。在命令行中运行 `Bimanual_reaching` 函数。机器人和虚拟物体都在原点处拦截物体。修改此函数的输入或函数的内部参数并且回答如下问题。

1. 如果物体的运动比以下动态系统的收敛速度快得多会发生什么？

(a) 如果仅其中一个机器人的动态系统收敛速度较慢。

(b) 如果两个机器人的动态系统的收敛速度较慢，但虚拟对象的速度较快。

(c) 如果两个机器人和虚拟对象的动态系统的收敛速度都较慢。

2. 如果物体没有穿过原点会发生什么（即它没有穿过期望的拦截点）？

3. 如果 ρ 大于 1 或小于 0 会发生什么？

4. 式（7.24）和式（7.25）所产生的运动在某一点上拦截物体，而不是期望的拦截点，是否存在这样的条件？

5. 集成步骤会影响机器人的行为吗？为什么？

6. 高的 ρ 值对两个动态系统的动力学有什么影响？

7. 当 $A_1^v = A_2^v = 0$ 时，会发生什么？

8. 当虚拟对象在离机器人系统很远的地方初始化时，会发生什么？

9. 当 $\boldsymbol{A}_{11} = 100\boldsymbol{A}_{12}$，$\boldsymbol{A}_{21} = 20\boldsymbol{A}_{22}$ 时，会发生什么？

7.6 机器人实现

本方法在由两个 7 自由度机械臂组成的双臂平台上实现：一个 KUKA LWR 4+ 机械臂和一个 KUKA IIWA 机械臂分别安装了一个 4 自由度的 Barrett 机械手和一个 16 自由度的 Allegro 机械手。两个机器人基座之间的距离为 $[0.25 \quad 1.5 \quad -0.1]^{\mathrm{T}}$ m。机器人的实现涉及使用一种基于速度的控制方法将动态系统（式（7.24））的输出转换为 7 自由度的关节状态（对于每个机械臂），而不需要关节速度积分 [106]。为了避免产生大的力矩，采用临界阻尼滤波器对得到的关节角度进行滤波。机器人以 500Hz 的频率控制。手指由关节位置控制器控制。所有涉及的硬件（例如机械臂和机械手）都连接到一台 3.4GHz 的 i7 的计算机上并由其控制。OptiTrack 运动捕捉系统以 240Hz 的工作频率从自然点捕获目标的可行到达点的位置。因为控制回路比运动捕捉系统快，所以当物体的当前位置可用时，将物体的预测位置作为式（7.25）中的物体位置。

该经验验证分为三个部分，强调运动生成器的以下能力：协调多臂系统；在物体运动中引入不可预测性（例如通过让被蒙上眼睛的人携带物体），以协调地调整两臂的运动，从而伸手抓握一个大的运动物体；并且在不使用预定义的物体动力学模型的情况下，两条机械臂协调非常快速地适应并拦截飞行物体。详细的实验验证在 [100-101,104] 和本书的网站上提供的视频中。

7.6.1 协调能力

第一个场景旨在说明各个机械臂之间以及与物体之间的协调能力。将 ρ 设为 0 表示臂对臂的协调能力，这有利于机械臂之间的协调。当人类操作者扰动其中一个机械臂时，虚拟对象也会受到扰动，导致另一只未受扰动的机械臂稳定同步运动（见图 7.10）。由于运动生成器是基于虚拟对象运动的集中控制器，不存在主 / 从臂的概念。因此，当任何一个机器人受到扰动时，其他机器人将相应地同步它们的运动。通过在机器人的工作空间内移动物体来展示机械臂与物体的协调。使用的物体是一个由人类操作者抬起的大盒子（60cm × 60cm × 40cm）。盒子的边缘被指定为可行的到达点。当盒子在机器人的关节空间内时，操作者通过改变盒子的方向和位置来展示机器人与物体之间的协调能力（见图 7.11）。

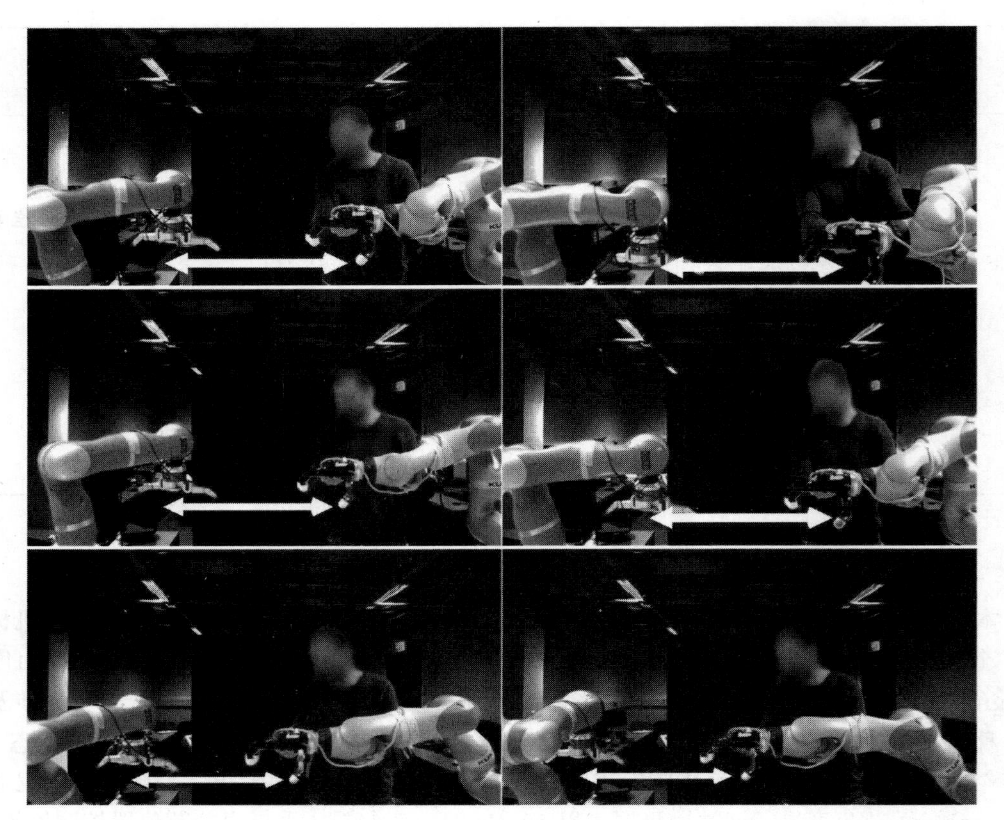

图 7.10　视频截图展示了机械臂在自由空间的协调工作。真实的物体在机器人的工作空间之外。因此，协调参数 ρ_i 接近于 0，并且有利于机械臂与机械臂之间的协调。人类操作者扰动其中一个机械臂，从而导致另一个机械臂跟随连接在两个末端执行器上的虚拟对象同步运动

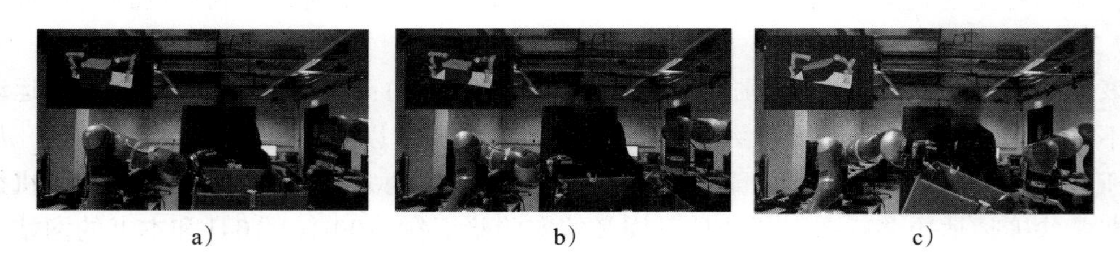

a）　　b）　　c）

图 7.11　机械臂与移动 / 旋转物体之间的协调能力的视频截图。真实物体在机器人的工作空间内。因此，协调参数 ρ 接近于 1，这有利于机械臂和物体之间的协调。左上角的图片展示了机器人的实时可视化，以及虚拟（绿色）和真实（蓝色）的物体

7.6.2　抓取大型移动物体

在第二个场景中，使用的是相同的物体。现在操作者拿着箱子走向机器人。一旦末端执行器距离可行的到达点不到 2cm，机械手的手指将会闭合并成功地从人的手中抓住盒子。如图 7.12 所示，操作者甚至可以蒙上眼睛来实现不可预测的轨迹，避免人类帮助机器人完成任务的自然反应。当搬着箱子的人类操作者靠近机器人时，虚拟对象会向箱子收敛并跟随它移动，直到到达所期望的拦截点。

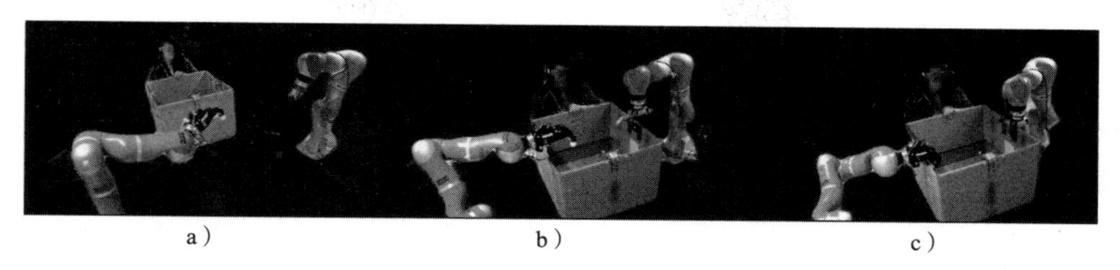

图 7.12　当被蒙住眼睛的操作者拿着移动物体时，机器人运动的视频截图。图 a ～图 c 物体轨迹预测开始，图 c 中手臂拦截了物体，手指抓住物体

机器人合上手指并且从人手里抓住箱子。期望的机器人轨迹和箱子的轨迹的例子如图 7.13 所示。正如预期的那样，末端执行器在箱子上收敛并且继续跟踪箱子的运动。当初始 $\rho=0$ 时，虚拟对象逐渐收敛于期望达到的位置。当箱子接近机器人时，ρ 开始增大，当物体处于机器人的工作空间时，ρ 值最终达到 1。因此，式（7.25）生成的是向真实物体而不是拦截点的渐近稳定运动。因此，拦截点的预测在机器人抓箱子的过程中并不能起到关键作用。

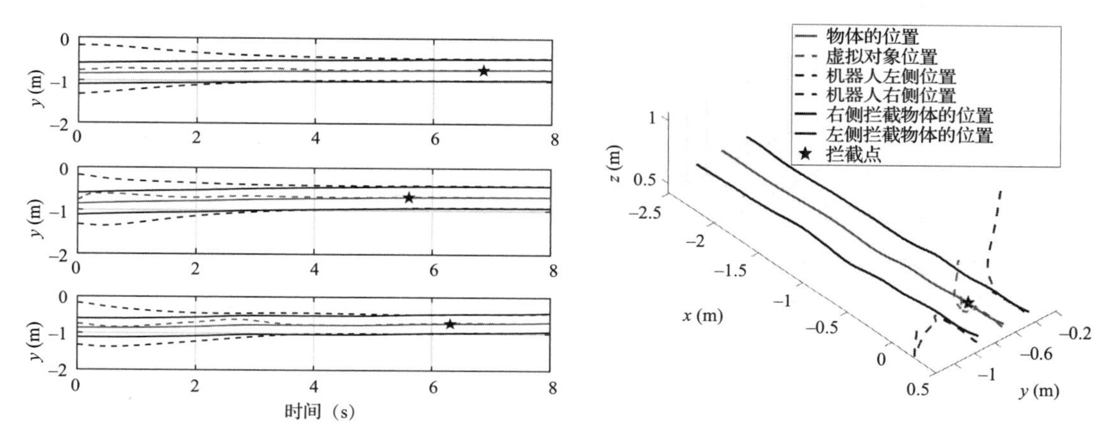

图 7.13　动态系统（式（7.25））生成的末端执行器位置的示例。只给出了沿 y 轴的轨迹。所示的物体轨迹是未捕获物体的预测轨迹。对箱子轨迹的预测需要一些数据进行初始化，并且使用 x 轴上几乎所有的前 0.2m 进行预测。正如预期那样，式（7.25）的输出值在 ρ 很小的情况下首先收敛于期望的拦截点。并且它柔和地拦截物体的轨迹并跟踪物体的运动。如果物体不移动或手指闭合，机器人就会停止

7.6.3　抓取快速飞行的物体

第三个场景展示了机器人和快速移动的物体之间的协调，从 2.5m 外向机器人抛出一根杆（150cm × 1cm），飞行时间大约为 0.56s。两个机器人基座之间的距离减少到 $[0.25\quad 1.26\quad -0.1]^{\mathrm{T}}\,\mathrm{m}$。由于物体轨迹的不精确预测，在机器人抓取的过程中，需要更新和重新定义可行的拦截点。在前一可行拦截点附近选取新的可行拦截点，以最小化收敛时间。

由于物体的运动速度比较快，预测的拦截点不准确，为了减少机器人对真实物体的收敛时间，将初值 ρ 设为 0.5。实际机器人实验的视频截图如图 7.14 所示。对数据和视频的视觉检查证实，机器人以协调的方式跟随物体的运动，并在预测的可行拦截点附近对其进行拦截。

图 7.14 机械臂到达快速移动物体位置时的视频截图。为了避免损坏机械手，当它们拦截到物体时不会闭合夹爪

练习 7.8 给定由基于虚拟对象的动态系统（式（7.25）和式（7.24））驱动的两个机械臂，在以下场景中，提出两个动态系统来产生柔度变量ρ，使$\rho \approx 1$。

- 当且仅当物体在机器人的工作空间内。
- 当且仅当物体与期望拦截点之间的距离小于 0.5cm。

注意：物体可以靠近机器人也可以远离机器人。

练习 7.9 考虑由基于虚拟对象的动态系统（式（7.25））驱动的两个机械臂。然而，只有一个机械臂能够跟随式（7.24），另一个机械臂在任务执行过程中会失效（即$\ddot{x}_2 = \dot{x}_2 = 0$）。研究虚拟对象和另一个机械臂的运动。它们能在期望的拦截点拦截物体吗？

练习 7.10 给定由基于虚拟对象的动态系统（式（7.25）和式（7.24））且$K_j = 1, j \in \{1,2\}$驱动的两条机械臂。证明如果满足定理 4.10 的条件，机械臂收敛于虚拟对象的期望到达点吗？假设虚拟物体在两个机械臂的中间初始化，虚拟对象的运动是什么样的？

练习 7.11 考虑式（7.25）和式（7.24）中的动态系统，证明式（7.26）和式（7.24）在满足式（7.28）的条件下成立。

适应和调制现行的控制律

在前几章中，我们已经展示了如何从一组训练数据点中学习控制律的各种技术。这种学习是基于全套训练轨迹的案例，在离线情况下一次性完成。然而，在很多情况下，能够再次训练系统是十分有用的，例如可以使机器人能够采取不同的路径接近目标。通常，这些变化只适用于状态空间的一个小区域。因此，通过仅在局部修改原来的状态来重新训练控制器是有用的。

本章展示了如何学习调制初始（标称）动态系统来产生新的动态系统。我们需要考虑局部作用的影响，以保持标称动态系统的性质（例如，渐近稳定性或全局稳定性）。我们进一步展示了如何使这种调制明确地依赖于外部输入，并通过几个速度被调制到与表面接触的例子来说明这种概念的有用性。

我们以 8.1 节中对调制所需属性的描述开始本章。然后我们分别在 8.2 节和 8.3 节中介绍学习和构造内部和外部信号调制函数的几种方法。最后，在 8.4 节中，我们考虑机器人系统稳定接触表面的情况。本章附有实际的编程练习，并举例示范了整体算法。我们强烈建议读者下载源代码，改变参数并分析参数对所生成的系统的影响[1]。

8.1 预备知识

假设我们有一个标称动态系统 $\dot{x}=f(x)$，其中 $x,\dot{x}\in\mathbb{R}^N$，它在不动点吸引子 $x^*\in\mathbb{R}^N$ 处渐近稳定。这种标称动力学可以通过第 3 章提供的方法学习，也可以由用户硬编码得到。我们可以通过将 $f(x)$ 乘以一个连续矩阵函数 $M(x)\in\mathbb{R}^{N\times N}$ 调节这个标称动态系统，以生成新的动态系统 $g(x)$。调制后的动态可以表示为

$$\dot{x}=g(x)=M(x)f(x) \tag{8.1}$$

将调制函数设为状态 $x\in\mathbb{R}^N$ 的函数 $M(x)$，我们可以在状态空间的不同区域用不同的方式来激活它。因此激活是局部的。我们能想到最简单的激活方式是旋转，可以写为

$$M(x)=I+(R-I)e^{-\|x-x^O\|} \tag{8.2}$$

其中，$R\in\mathbb{R}^{N\times N}$ 是旋转矩阵，$x^O\in\mathbb{R}^N$，旋转作用于点 x^O 附近的局部区域。调制的效果从该点开始以指数级消失。图 8.1 说明了这种局部调制对标称线性动态系统 $\dot{x}=Ax$ 产生曲线运动的两个例子。

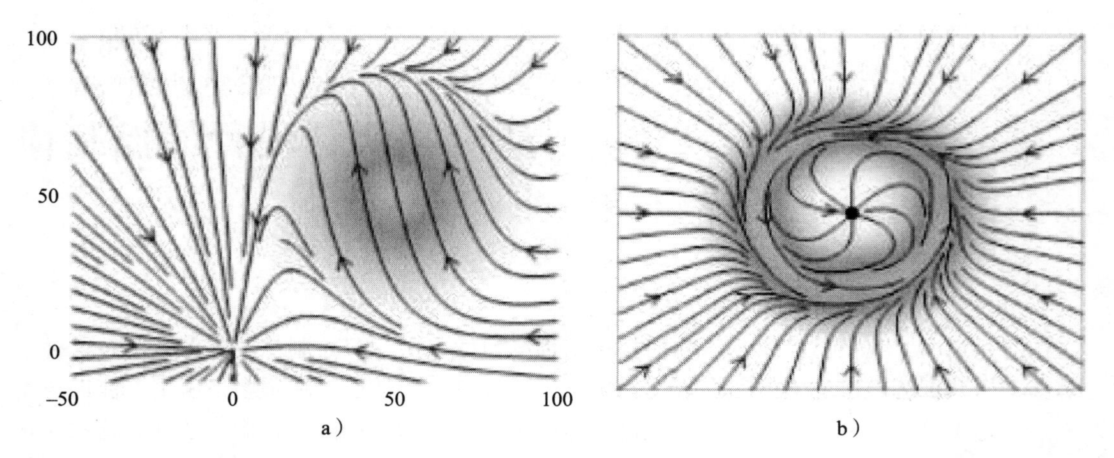

图 8.1 调制动态系统的示例。标称动态系统是一个线性系统。a) 绕 x^O 点的局部旋转在局部产生非线性动态。b) 局部调制在原点周围产生一个极限环

8.1.1 稳定性

我们可以证明（参见练习 8.2 和练习 8.4），如果 $M(x)$ 是满秩的，$\forall x \in \mathbb{R}^N$，并且在一个不包含吸引子的紧集中是局部活跃的，那么调制动力学具有与标称动力学相同的平衡点。如果调制后的动态系统保持有界性（参见练习 8.3），则它保持标称动态系统的吸引子。然而，这个条件不足以防止极限环的出现。

这些条件将重点放在产生局部调制，以保持标称动态系统的一般稳定性属性。相反，我们也可以使用调制来产生不稳定性。例如，考虑 $M(x)=(1-\mathrm{e}^{-\|x-x^O\|})$ 形式的调制。这种调制是局部有效的，但并不是到处都满秩。它取消了点 x^O 的流，使其成为伪吸引子。

我们可以通过以下调制进一步生成一个不稳定的动态系统：$M=\begin{pmatrix}1-\gamma(x,x^O) & 0\\ 0 & 1-\gamma(x,x^O)\end{pmatrix}$，其中 $\gamma(x,x^O)=(1-\mathrm{e}^{-\sigma\|x-x^O\|})$ 且 $0<\sigma$。这就产生了一个局部排斥器，其影响由因子 σ 调制。从数值上讲，排斥器的影响消失了，流恢复到标称动态系统。如图 8.2 所示 [2]。

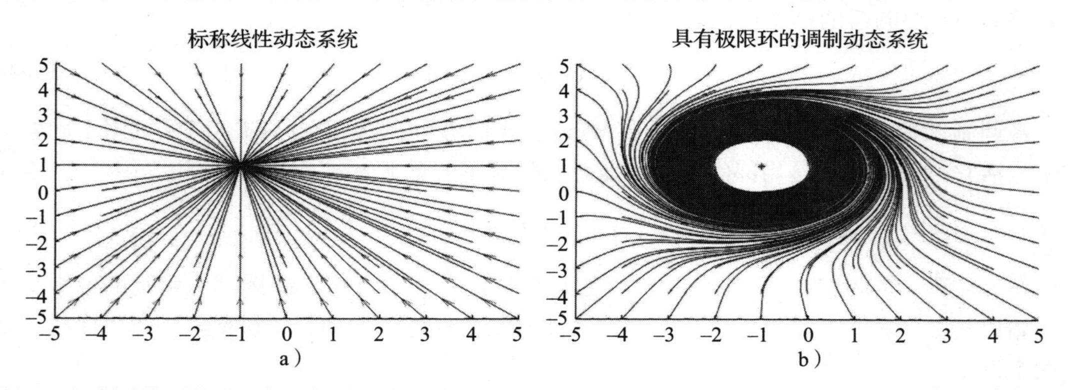

图 8.2 调制动态系统的示例。标称动态系统是一个线性系统（图 a）。围绕点 * 的局部旋转在局部生成一个极限环（图 b）。在 * 点（图 c）会局部产生排斥力。最后，显示了通过三个局部调制器点进行的一系列局部调制（图 d）

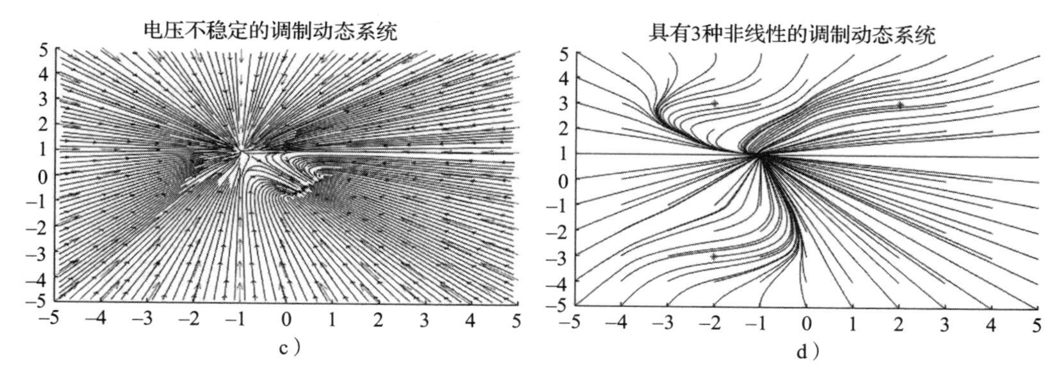

图 8.2　调制动态系统的示例。标称动态系统是一个线性系统（图 a）。围绕点 * 的局部旋转在局部生成一个极限环（图 b）。在 * 点（图 c）会局部产生排斥力。最后，显示了通过三个局部调制器点进行的一系列局部调制（图 d）(续)

我们可以进一步生成明确的极限环和局部非线性（见图 8.2）。

产生局部调制并确保调制矩阵保持满秩的一种方法是通过标称动态系统的局部旋转。设 $\phi(x)=\gamma(x,x^O)\phi$ 表示状态依赖的旋转。这导致了一个平稳衰减的旋转，仅在 $x=x^O$ 处以 ϕ 的角度完全旋转动态。然后将调制函数定义为相关的旋转矩阵：

$$M(x)=\begin{bmatrix}\cos(\phi(x)) & -\sin(\phi(x))\\ \sin(\phi(x)) & \cos(\phi(x))\end{bmatrix} \tag{8.3}$$

这一原理将被广泛应用于表面接触（见 8.4 节）和避障（见第 9 章），通过产生旋转使流与物体表面的切向平面对齐。旋转仅在接近表面时局部有效。

8.1.2　调制参数化

到目前为止，即使我们对调制进行缩放，所阐明的特性也保持不变。例如，假设调制是如式（8.2）所示的局部旋转，将其乘以一个正标量，即 $g(x)=\lambda M(x)f(x)$。在这种情况下，$\forall\lambda\in\mathbb{R}^{+}$ 会导致更快的旋转。

我们可以选择的另一个参数是式（8.2）中调制 x^O 的中心。只要我们确保调制的效果不包含吸引子，我们就可以保持稳定性。要做到这一点，需要选择一个适当的指数递减函数的缩放比例，使其效果在接近吸引子的位置上数值消失。

现在我们可以利用一组参数来学习，以便在期望的位置以期望的强度拟合一个调制矩阵，而不影响系统的稳定性。简而言之，如果我们选择将调制矩阵表示为一个局部旋转，我们可以简单地选择旋转的速度、方向、中心和局部区域。在下一节中，我们将讨论一种学习和估计调制函数参数的方法。

编程练习 8.1　本编程练习的目的是帮助读者更好地理解调制动态系统（式（8.2））和开放参数对所产生的运动的影响。打开 MATLAB，将目录设置为如下文件夹：

```
1 ch8-DS_modulated
```

打开 ch8_exl_2.m 文件。这段代码生成图 8.2a 的示例。这个练习的目的是让读者了解调制函数的参数对局部调制的影响。

1. 构造一个调制，使所有旋转矩阵的值在吸引子上保持稳定。
2. 如图 8.2 所示，哪种调制会导致产生围绕原点的一个极限环？程序应怎样调制。
3. 构造一个调制函数，使不稳定的初始系统稳定。

练习 8.1　考虑标称动态系统 $\dot{x} = Ax, A = \begin{pmatrix} -1 & 0 \\ 1 & -1 \end{pmatrix}$。构造一个局部活跃的矩阵 $M(x)$，并生成一个极限环。

练习 8.2　证明如果 $M(x)$ 对所有 x 都是满秩的，调制动态系统与标称动态系统具有相同的平衡点。

练习 8.3　证明如果标称动态系统是有界的，并且 $M(x)$ 在紧集 $\chi \subset \mathbb{R}^N$ 中是局部活动的。那么调制动态系统是有界的。

练习 8.4　考虑一个系统 $\dot{x} = f(x)$ 只有一个平衡点。不失一般性，让这个平衡点位于原点。进一步假设平衡点是稳定的，调制动态系统是有界的，并且与标称动态系统具有相同的平衡点。证明，如果 χ 不包括原点，调制系统在原点处是稳定的。

编程练习 8.2　本编程练习的目的是帮助读者更好地理解图 8.2 所示的调制动态系统。再次打开 MATLAB，将目录设置为如下文件夹：

```
1    ch8-DS_modulated
```

然后再打开

```
1    ch8_ex1_2
```

该文件生成图 8.2a 的示例。展开这段代码，执行如下操作：
1. 在 $x^1 = [2,1]^T$ 和 $x^2 = [3,2]^T$ 处创建两个局部旋转。
2. 在状态空间的两个独立部分生成两个极限环。

8.2　学习内部调制

上一节介绍了产生调制的条件，它既能保持标称动态系统的吸引子的稳定性，又能产生新的吸引子。我们还展示了如何将这些调制参数化。这里，我们展示如何学习这些参数[3]。

8.2.1　局部旋转和范数缩放

如前文所述，旋转（或任何其他正交变换）总是满秩的。我们可以在任何维度上定义旋转并将其参数化，但这里我们将主要集中在二维和三维系统上来说明该方法。为了增加灵活性，可以通过将旋转矩阵乘以标量来实现动态系统速度的缩放。设 $R(x)$ 表示一个状态相关的旋转矩阵，设 $\kappa(x)$ 表示一个严格大于 -1 的状态相关标量函数。然后我们构造一个调制函数，它可以局部旋转和加速 / 减慢动态系统，如下所示：

$$M(x) = (1 + \kappa(x))R(x) \tag{8.4}$$

κ 和 R 都应该在整个状态空间中以连续的方式变化。在连续系统中，加入速度缩放并不会影响稳定性，尽管在离散实现中可能会这样做，因此应该注意不要让 $\kappa(x)$ 取很大的值。另外注意，κ 的偏移量为 1，所以当 $\kappa(x)=0$ 时，标称速度保持不变。当使用局部回归技术（如高斯过程回归）对 κ 建模时非常有用，我们将在 8.2.2.1 节中讨论。任意维度的旋转可以通过二维旋转集合和旋转角度 ϕ 来定义。在二维中，旋转集合是一个完整的 $\mathbb{R}^2$，这意味着旋转完全由旋转角度决定。因此，这种情况下的参数化就是 $\theta_{2D}=[\phi,\kappa]$。在三维空间中，旋转平面可以通过其法向量紧凑参数化。因此，三维中的参数化为 $\theta_{3D}=[\phi\mu_R,\kappa]$，其中 μ_R 为旋转向量（旋转集的法线）。在高维中参数化是可能的，但它需要额外的参数来描述旋转集合。

8.2.2　收集学习数据

假设有一个由 x 和 $\dot{x}$ 的 M 个观测值组成的训练集 $\{x^m,\dot{x}^m\}_{m=1}^M$。为了利用这些数据进行学习，首先将其转换为由输入位置和对应调制向量组成的数据集 $\{x^m,\theta^m\}_{m=1}^M$。为了计算调制数据，第一步是计算标称速度，用 ${}^O\dot{x}^m,\forall m\in\{1,\cdots,M\}$ 表示。每一对 $\{{}^O\dot{x}^m,\dot{x}^m\}$ 对应一个调制参数向量 θ^m。该参数向量的计算方法取决于调制函数的结构和参数选择。例如，算法 8.1 描述了为特定选择的调制函数（式（8.4））计算调制参数的过程。这样计算每个收集的数据点的参数向量，并与相应的状态观测值配对，构成一个新的数据集 $\{x^m,\theta^m\}_{m=1}^M$。现在可以应用回归法来学习 $\theta(x)$ 作为一个与状态相关的函数。

算法 8.1　二维或三维轨迹数据转换为调制数据的过程

要求： 轨迹数据 $\{x^m,\dot{x}^m\}_{m=1}^M$。
1: **for** $m=1\to M$ **do**
2: 计算标称速度 ${}^o\dot{x}^m=f(x^m)$。
3: 计算旋转向量（仅三维）$\mu^m=\frac{(\dot{x}^m\times{}^o\dot{x}^m)}{\|\dot{x}^m\|\|{}^o\dot{x}^m\|}$。
4: 计算旋转角度 $\phi^m=\arccos\frac{\dot{x}^{m\mathrm{T}}\,{}^o\dot{x}^m}{\|\dot{x}^m\|\|{}^o\dot{x}^m\|}$。
5: 计算缩放比例 $\kappa^m=\frac{\|\dot{x}^m\|}{\|{}^o\dot{x}^m\|}-1$。
6: 三维：$\theta^m=[\phi^m\mu^m,\kappa^m]$，　2D：$\theta^m=[\phi^m,\kappa^m]$。
7: **end for**
8: **return** 调制数据 $\{x^m,\theta^m\}_{m=1}^M$。

8.2.2.1　高斯过程 – 调制动态系统

高斯过程回归是一种回归技术，在其标准形式下，可以对具有任意维度输入和标量输出的函数进行建模。附录 B 的 B.5 节简要回顾了高斯过程回归的基本方程。高斯过程回归的性能取决于协方差函数 $k(\cdot,\cdot)$ 的选择。在本节中，我们使用平方指数协方差函数，定义为

$$k(x,x')=\sigma_f\exp\left(-\frac{x^{\mathrm{T}}x}{2l}\right)$$

式中，$l,\sigma_f>0$ 为标量超参数，可以设置为预定值，也可以优化为训练数据的最大可能性。

调制基于用高斯过程对调制函数的参数向量进行编码。8.2.2 节的数据集被用作高斯过程的训练集，其中位置 x^m 被视为输入，相应的调制参数 θ^m 被视为输出。注意，由于 θ 是多维的，所以每个参数需要一个独立的高斯过程。如果在每个高斯过程中使用相同的超参数，可以以很小的计算成本完成。我们可以按如下方式预计算标量权重向量：

$$\alpha(x_*) = [K_{XX} + \alpha_n^2 I]^{-1} K_{Xx_*} \tag{8.5}$$

θ 的每个项的预测只需要计算一个点积 $\hat{\theta}^j(x_*) = \alpha(x_*)^{\mathrm{T}} \Theta^j$，其中 Θ^j 是 θ 的第 j 个参数的所有训练样本的向量。

8.2.2.2　局部调制

由于选择了均值为零、指数协方差函数为平方的高斯过程，使得 θ 在远离训练数据的区域内所有元素都趋于 0。因此，对于局部调制，应该对其进行参数化，使 $M \to I$ 为 $\theta \to 0$。旋转和速度缩放调制就是这种情况，它将旋转角度编码为 θ 的子向量的范数。此外，当速度因子 $\mathcal{K}$ 趋近于 0 时，重新调整后的动态系统的速度趋近于标称速度。因此，调制函数确实会趋于恒定，但没有 M 恰好等于 I 的严格边界。为了使调制在严格意义上局部有效，式（8.5）中 $\alpha(x^*)$ 的项应该在某个小值处平滑截断。为此，我们可以用一个正弦信号来计算截断的权重 $\alpha'(x^*)$，如下所示：

$$\alpha'(x^*) = \begin{cases} 0 & \alpha(x^*) < \underline{\alpha} \\ \dfrac{1}{2}\left(1 + \sin\left(\dfrac{2\pi(\alpha(x^*) - \underline{\alpha})}{2\rho} - \dfrac{\pi}{2}\right)\right)\alpha(x^*) & \underline{\alpha} \leqslant \alpha(x^*) \leqslant \underline{\alpha} + \rho \\ \alpha(x^*) & \underline{\alpha} + \rho < \alpha(x^*) \end{cases} \tag{8.6}$$

图 8.3 给出了在小型三维数据上应用调制的示例。

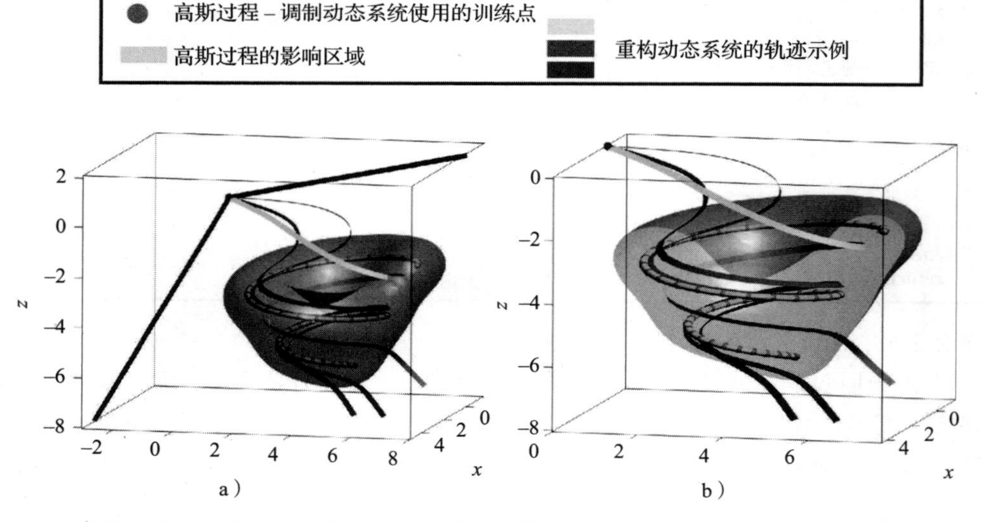

图 8.3　a）在三维系统中重塑动态系统的例子。彩色流带代表了重塑动态系统的轨迹例子。黑色的流带表示不通过状态空间重塑区域的轨迹，因此保留了线性系统的直线特性，这里用作标称动态系统。绿色流带是人工生成的数据，代表一个不断扩张的螺旋。紫色的点代表这些数据的子集（对应高斯过程中预测方差的水平集）。彩色流带是通过重塑区域的轨迹示例。b）和图 a 相同，但是放大了，影响面被切割以提高训练点和轨迹的可见度

需要注意的是，截断函数的这种特殊选择并不重要。这种截断函数可以被其他方法取代，而不会明显地影响结果。因此，在查询位置 x^* 上重构参数 $\hat{\theta}^j(x^*)$ 的计算可归纳为：

- 根据式（8.5）计算 $\alpha'(x^*)$。
- 根据式（8.6）计算截断权重。
- 计算预测参数 $\hat{\theta}^j(x^*)=\alpha'(x^*)^{\mathrm{T}}\Theta^j$。

在第 3 章中已经使用了手写运动数据集上的另一个应用示例，如图 8.4 所示。

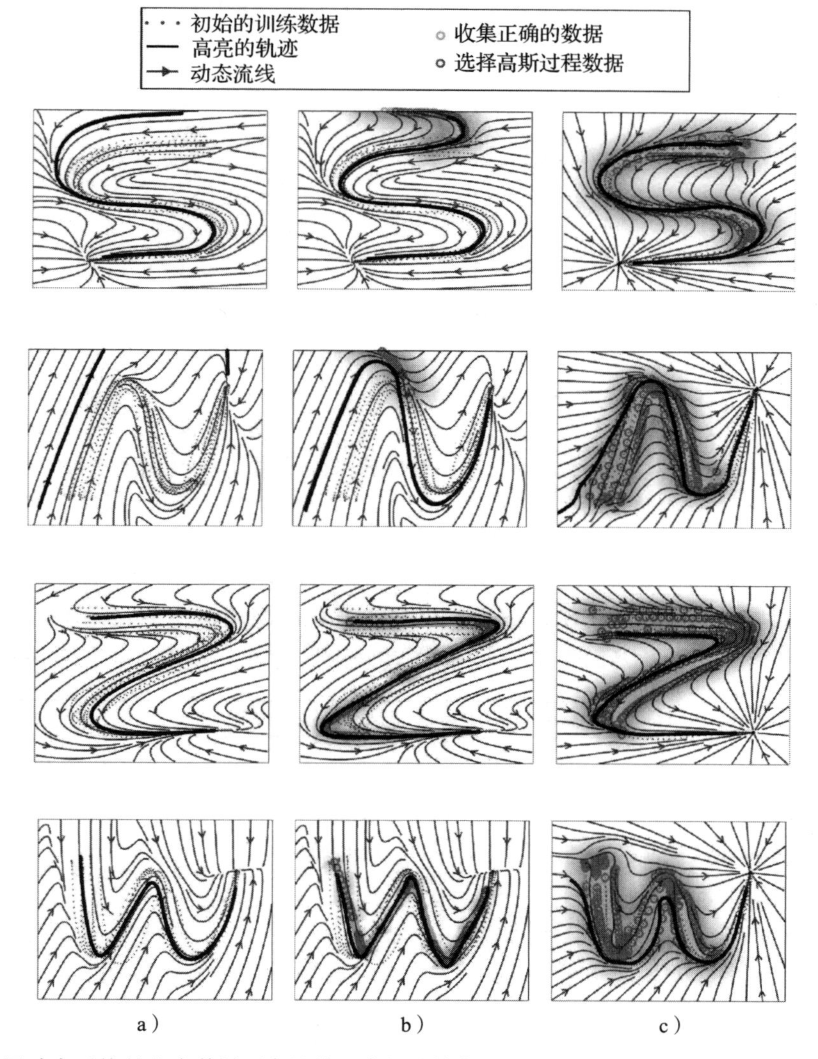

图 8.4 a）使用动态系统的稳定估计（参见第 3 章）示教字母 S、N、Z 和 W 的轨迹并得到了标称动态系统模型。b）学习到的调制用于改进动态系统的稳定估计模型的各个方面。在 S 和 N 的情况下，得到了状态空间的有利起始区域。在 Z 和 W 的情况下，使用具有精细长度刻度的调制来锐化字母的角。c）提供标称训练数据以学习调制并将其添加到标准线性动态系统中作为标称动态系统

编程练习 8.3 本编程练习的目的是帮助读者更好地理解图 8.5 所示的例子。打开 MATLAB，将目录设置为如下文件夹：

```
1    ch8-DS_modulated/Local_Modulation
```

然后运行

```
1    modulating_dynamical_systems.m
```

该文件生成一个图形用户界面，它根据用户的输入生成局部旋转。修改这个代码来产生其他的调制，比如在相反的方向和更小的角度随时间变化的旋转。

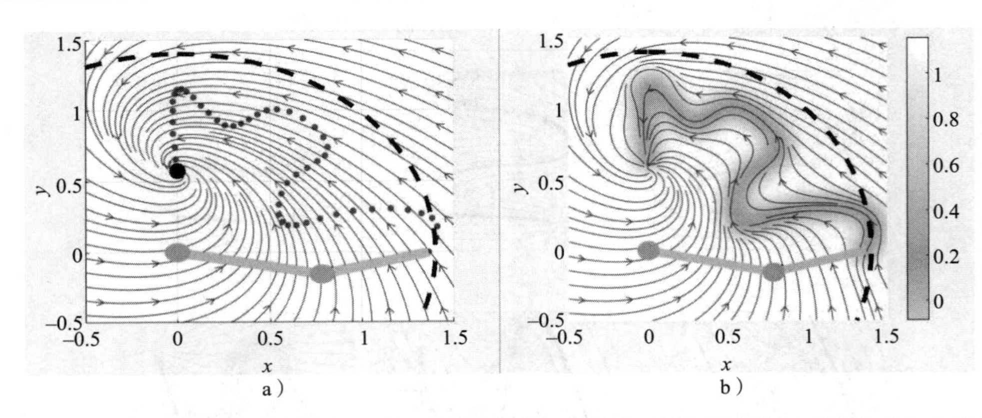

图 8.5　基于训练数据轨迹学习的动态系统的稳定估计的标称动态系统如图红色 / 平行线（图 a）所示。动态系统不能很好地遵循动力学。当将动力学与局部调制的动态系统进行拟合并使用该拟合来调制动态系统时，我们得到了一个更好的拟合（图 b）

编程练习 8.4　本编程练习的目的是帮助读者更好地理解调制动态系统（式（8.4））和开放参数对所产生的运动的影响。打开 MATLAB，将目录设置为如下文件夹：

```
1    ch8_DS_modulated/Learning_modulations
```

Matlab 文件 locally_modulating_dynamical_systems.m 允许你绘制一些新的轨迹来产生局部调制。测试改变核的参数对训练轨迹重建精度的影响。回答以下问题：

1. 在下面描述的情况下，有可能有一个 S 形的轨迹吗？

（a）目标在 S 形轨迹的中间。

（b）目标距离 S 形轨迹较远。

2. 示教轨迹的方向重要吗？

3. 如果标称动态系统非常刚性或不稳定会发生什么？

8.2.3　机器人实现

这项工作的一个应用修改机器人运动的动态系统，该机器人的任务是将盘子插入盘子架上的槽中（见图 8.6）。该系统从一个没有合适方向的初始动态系统开始。通过触觉反馈的拖动示教，可以产生一组额外的轨迹，然后用它来训练一个调制，以达到正确的方向，详见 [85]。

为了完成这项任务，机器人需要抓取盘子，将其从任意起始位置运输到槽中，并以正确的方向插入。在这个例子中，通过保持末端执行器方向固定来实现正确的方向。抓取是由人类操作者手动控制 Barrett 机械手来完成的。

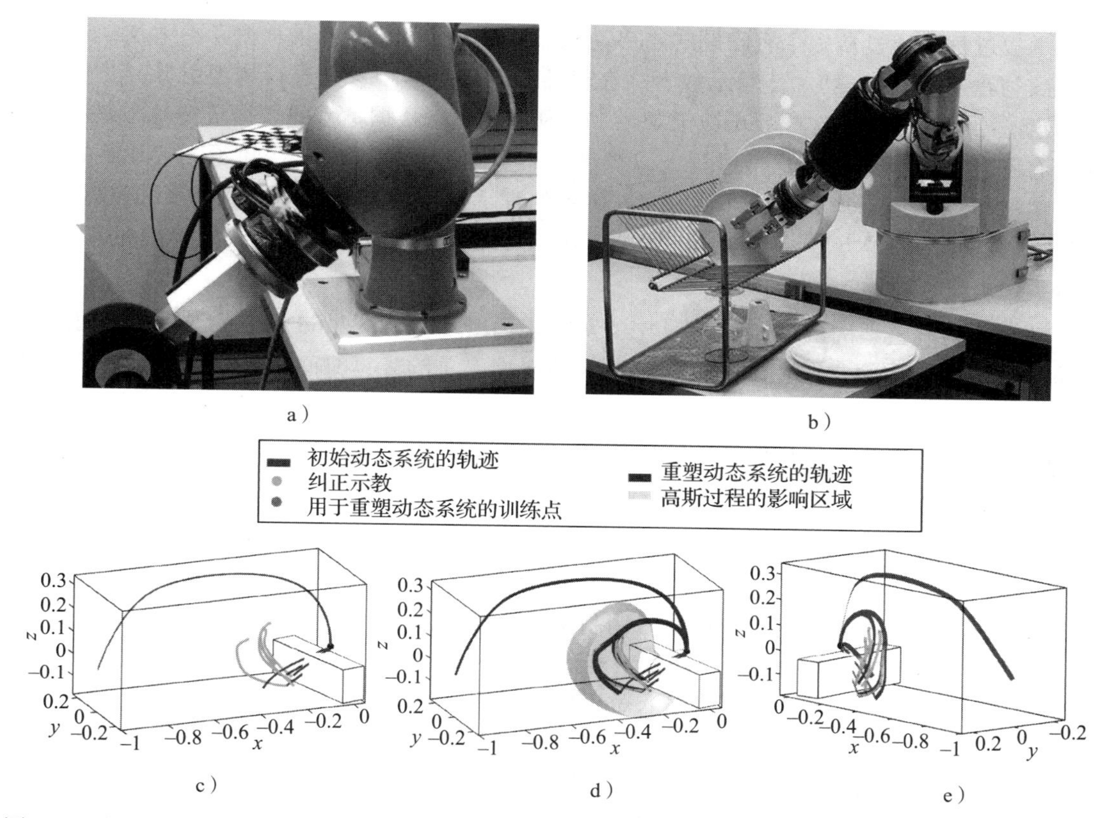

图 8.6　图 a 和图 b 展示了 Barrett WAM 7 自由度机械臂执行堆叠盘子的任务。由一组起始点（图 c）产生的标称动态系统轨迹会由于缺乏正确的方向而导致故障。轨迹开始接近盘子架往往会与它碰撞。通过机器人物理引导提供的校正训练数据以绿色显示。d）生成的重构后的系统。灰色阴影区域说明高斯过程的影响区域，并计算为预测方差的水平集。e）从不同的角度重塑系统。请注意训练数据的稀疏选择

作为初始动态系统，使用了一个笛卡儿动态系统模型，它对应于从人类记录的轨迹中训练出来的标准位置型运动。该系统的轨迹示例如图 8.6a 所示。可以看出，一般的运动模式是适合这个任务的，但轨迹从接近盘子架开始，往往会直线朝向目标，导致在途中与盘子架相撞。该模型可以通过在问题区域局部重构系统来改进。

笛卡儿阻抗控制器用于跟随动态系统生成的轨迹。由于示教过程是在机器人执行任务时迭代进行的，所以有必要在进行纠正示教时通知系统。这是通过使用安装在机器人上的人造皮肤模块实现的。其想法是在必要时实现精确跟踪，并结合柔性运动进行校正示教。这是通过将控制器的反馈分量乘以一个与人工皮肤上检测到的压力成反比的正标量来实现的。让 $\tau_{\mathrm{PD}} \in \mathbb{R}^7$ 表示来自笛卡儿阻抗控制器的关节扭矩向量，$\tau_{\mathrm{G}} \in \mathbb{R}^7$ 表示重力补偿扭矩。则命令机器人关节的控制扭矩 τ 为：

$$\tau = \psi \tau_{\mathrm{PD}} + \tau_{\mathrm{G}} \tag{8.7}$$

其中，$\psi[0,1]$ 是一个截断的线性函数，当皮肤没有压力时，ψ 等于 1，当检测到的压力超过预定阈值时，ψ 等于 0。作为式（8.7）的影响，当示教者在纠正示教期间推动机械臂偏离其轨迹时，对扰动的阻力会降低。

示教过程是通过从一个有问题的点启动机器人来初始化的（如果示教者不干预，这个点将导致与盘子架的碰撞）。然后示教者会在机器人运动过程中对其进行物理引导，防止机器人与盘子架发生碰撞。这些数据被记录下来，利用调制来根据输入的数据重塑动态系统。从几个有问题的点开始重复这个过程，以扩展状态空间的重塑区域。在问题区域开始的四段轨迹中进行了纠正示教，得到了如图 8.6 所示的训练数据。共收集了 1395 个数据点。在长度尺度 l=0.07，信号方差 $\sigma_f = 1$，信号噪声 σ_n =0.4，选择参数值 $\bar{J}^1 = 0.1, \bar{J}^2 = 0.2$ 的情况下，训练集中只需要保存 22 个训练点。

动态系统被重塑的区域如图 8.6d 中的灰色表面所示。从图 8.6d 和 8.6e 中可以看出，动态系统被成功地重塑，避免了与盘子架边缘的碰撞。总的计算时间（高斯过程预测和重构）约为 0.04 ms，比控制频率为 500 Hz 时快了两个数量级。这个程序是用 C++ 编写的，在一台普通的台式计算机上使用四核英特尔 Xeon 处理器运行。在这台特定的机器上，与我们的控制频率相匹配的最大训练点数量刚刚超过 2000 个，详细的实验验证参见 [85]。

8.3　学习外部调制 [4]

在上一节中，我们展示了如何学习调制函数的参数，从而根据系统的状态（例如，机器人的状态）对系统的行为进行局部重塑。然而，在许多任务中，必须能够以特定任务的方式（即力 / 力矩或视觉传感器）对感官输入做出反应。外部调制动态系统的目标是提供一种调制公式，允许人们学习对感官事件的反应，例如触觉传感阵列或力 – 扭矩传感器的接触检测。

设 $s \in \mathbb{R}^M$ 为 M 维外部信号，与动态系统状态无关。在外部调制动态系统中，通过调制场 $M(x, s)$ 对动态系统进行重构，其动态系统的形式遵循与式（8.1）相同的重塑结构：

$$\dot{x} = M(x,s)f(x) \tag{8.8}$$

式中，$M(x,s) \in \mathbb{R}^{N \times N}$ 是一个连续矩阵，它调制初始动力学 $f(x)$，不仅是系统状态的函数，也是外部信号的函数。

由于所产生的动态系统不是自主的，我们不能期望在自主调制公式的情况下具有相同的稳定性。然而，通过适当地构造调制矩阵，并保证 M 的满秩和局部活动，可以实现动力学的有界性和收敛性。通过调整 8.1 节中的证明，将外部信号包括在内，可以很容易推导出以下几点是正确的：

- 重塑后的动力学与标称动态系统具有相同的平衡点。
- 重塑的动力学是有界的。
- 如果标称动态系统是局部稳定的，那么重构后的系统也是局部稳定的。
- 重构后的动力学与初始动态系统具有相同的平衡点。
- 如果初始动态系统是局部渐近稳定的，重构后的系统也是局部渐近稳定的。

为此，调制场 $M(x,s)$ 的设计约束很少。在下一节中，我们将介绍一种可能的方法来设计该函数并将其参数化。

8.3.1　调制、旋转和速度缩放动力学

如 8.1 节所示，调制函数可以定义为速度缩放矩阵和旋转矩阵的组合。旋转总是满秩的，因此调制动力学与初始动力学具有相同的平衡点。此外，任何向量都可以表示为另一个

非零向量的旋转和缩放，这就证明了调制矩阵的这种表示方式的合理性。

调制函数总是可以简洁地表示为参数向量 $\theta \in \mathbb{R}^L$，其中 $L \geqslant N$ 取决于所选择的参数化和状态 $x \in \mathbb{R}^N$ 的维数。通过使用非线性回归学习从状态到该参数向量的函数映射，可以实现初始动态系统的复杂重构。

旋转角 ϕ 总是可以从 θ 中恢复，作为 θ 的子向量的范数（角轴表示）或作为 θ 的独立元素。因此，给定一个从状态到重塑参数向量的学习函数，我们可以找到旋转角度作为状态的函数 $\phi(x)$。在外部调制动态系统中，我们让外部信号 s 调制旋转角度和速度缩放，然后重构 M，并将调制应用于初始动态系统：

$$\theta(x,s) = h_s(s)[\phi(x)\mu_R, \mathcal{K}(x)] \tag{8.9}$$

以 μ_R 为旋转向量，定义旋转轴。调制函数 $M(x,s)$ 定义为

$$M(x,s) = (1+\mathcal{K}(x,s))R(x,s) \tag{8.10}$$

以 $R(x,s)$ 为旋转矩阵，与旋转向量 $\phi(x)\mu_R$ 相关联，通过构造达到满秩。$M(x,s)$ 也是如此，因此对于 x 和 s 的任意值，所有的稳定性性质都是有保证的。映射 $\phi(x):\mathbb{R}^N \to [-\pi,\pi]$ 和 $\mathcal{K}(x):\mathbb{R}^N \to \mathbb{R}^+$ 分别是从机器人状态到旋转角度和速度缩放的连续函数。为了保持稳定性和收敛性，状态依赖映射 $\phi(x)$ 和 $\mathcal{K}(x)$ 应该是局部活跃的。这些参数还受连续的外部激活函数 $h_s:\mathbb{R}^M \to [0,1]$ 的影响，该函数取决于外部信号 s。

值得注意的是，该局部特性保证了任意选择的调制矩阵的有界性和局部渐近稳定性。因此，即使期望的动力学不需要局部性，但仅用于提供的稳定性目的，保持局部性也可能是有用的。

作为一个说明性的例子，考虑以下线性初始动力学：

$$\dot{x} = -Ax = -\begin{bmatrix} 10 & 0 \\ 0 & 10 \end{bmatrix} x \tag{8.11}$$

设以下连续函数 $h_x:\mathbb{R}^2 \to \mathbb{R}$ 描述调制的影响，并施加局域有源特性：

$$h_x(x) = \begin{cases} 0 & \text{如果} \|x\| < 0.08 \\ 50\cdot\|x\|-4 & \text{如果} 0.08 \leqslant \|x\| < 0.1 \\ 1 & \text{如果} 0.1 < \|x\| < 0.7 \\ -20\cdot\|x\|+15 & \text{如果} 0.7 \leqslant \|x\| < 0.85 \\ 0 & \text{否则} \end{cases} \tag{8.12}$$

对于图 8.7 所示的示例，$h_x(x)$ 的值是可见的灰度值。

外部信号 s 根据以下激活函数 $h_s:\mathbb{R} \to [0,1]$ 影响局域调制：

$$h_s(s) = \begin{cases} 1 & \text{如果} s < 0.0 \\ 1-10s^3+15s^4-6s^5 & \text{如果} 0.0 \leqslant s \leqslant 1.0 \\ 0 & \text{否则} \end{cases} \tag{8.13}$$

二维调制函数定义为如下不进行速度缩放的旋转矩阵：

$$M(x,s) = \begin{bmatrix} \cos(\phi(x,s)) & \sin(\phi(x,s)) \\ -\sin(\phi(x,s)) & \cos(\phi(x,s)) \end{bmatrix} \tag{8.14}$$

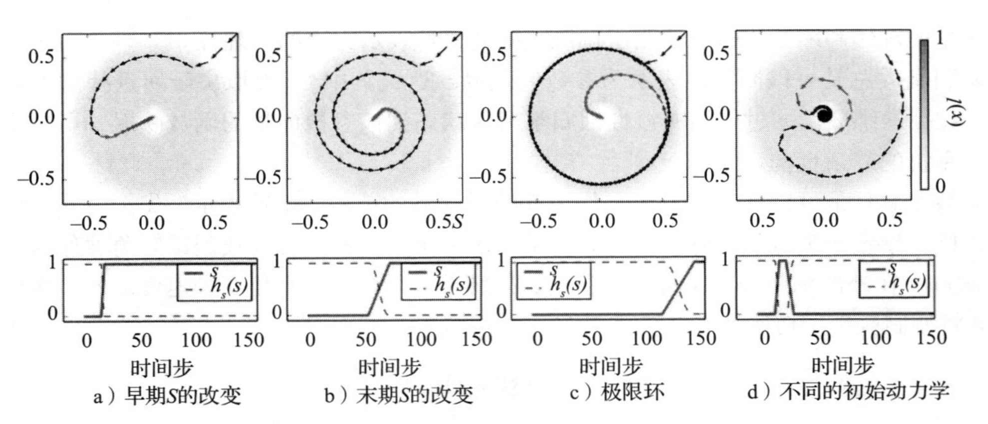

图 8.7 上图是由外部信号调制的动态系统的例子。下图是外部信号 s 和抑制旋转调制的函数 $h_s(s)$ 的对应剖面图。动态系统在图 a 和图 b 中是相同的，但外部信号的剖面在每个图中是不同的。c）动态系统调制的例子，使用 $\phi_c = 90^\circ$。当 s 为 0 时，系统不会收敛，即外部激活函数 $h_s(s)$ 为 1。如果是这样的话，系统就处于一个极限环中。d）一个具有不同初始动力学的例子，这种调制也适用于速度缩放。OD 表示初始动力学

引入局部激活函数 $\phi(x)=h_x(x)\phi_c, \phi_c \in [-\pi,\pi]$ 为常数角，得到旋转角 $\phi(x,s)$ 为

$$\phi(x,s)=h_s(s)h_x(x)\phi_c \tag{8.15}$$

这会导致动态系统调制的位置和时间出现螺旋行为。当外部信号激活时，旋转被抑制，因此系统在直线上的收敛速度比初始动态系统快得多。

图 8.7a 和图 8.7b 给出了使用 $\phi_c = 81^\circ$ 和不同的外部信号 s 的任意剖面所得到的动力学结果。外部信号 s 的时间演化以及激活函数 $h_s(s)$ 的时间演变被绘制在动态系统的二维演变下方的曲线图上，并且 s 的值也在顶部的图中用箭头的颜色表示。当信号 s 增大时，激活函数 $h_s(s)$ 变为 0，并且系统从螺旋动力学转变为标称线性动力学，快速收敛。例如，由此产生的行为可以用来在机器人的搜索和到达动作之间切换。在图 8.7a 中，s 被提前激活，动力学也是如此，从螺旋走向直接到达。在图 8.7b 中，s 被激活的时间较晚，且速率较慢，因此系统遵循调制的动力学，在很长一段时间内旋转直到逐渐变化。在图 8.7c 中，我们还提供了一个系统不是全局渐近稳定的例子，将最大调制角 ϕ_c 设置为 90°。当外部信号为 0 时，动态系统进入一个极限环。然而，由于局部活动属性，有界性被强制执行。

在图 8.7d 中，我们使用不同的标称动力学（在式（8.11））中 $A=\begin{bmatrix}0.05 & 0.2\\ -0.2 & 0.05\end{bmatrix}$，最大调制角 ϕ_c = 160°，信号 s 在 0 ～ 1 之间变化。调制还应用了 3 倍的速度缩放，从顶部图像中可以看出箭头长度随 s 变化。根据 s 的变化，旋转的方向也发生了改变。

8.3.2 学习外部激活功能

利用本文提出的调制函数设计，可以通过消除对外部信号的依赖来检索一个正常的调制函数，也就是说，将式（8.15）中的 $h_s(s)$ 替换为 1（即不抑制局部调制）。相反，可以通过将现有的调制函数与函数 $h_s(s)$ 联系起来以创建一个外部调制动态系统。

因此，外部调制动态系统可以基于与 8.2 节相同的方式学习的调制函数，使用高斯过程

回归或任意的局部学习算法。然后可以提供或单独学习外部信号激活函数 $h_s(s)$ 以形成外部调制动态系统。综上所述，用训练数据从头开始学习一个完整的外部调制动态系统的方法可以是参考步骤：

1. 从示教数据中学习一个动态系统，即标称动力学（例如，动态系统的稳定估计的介绍在第 3 节）。

2. 从其他示教数据中学习调制函数以表示不同的动力学，表示为一个调制的初始动态系统。

3. 学习函数 $h_s(s)$ 。

将外部信号映射到调制激活的函数 $h_s(s)$ 可以是硬编码的，也可以是学习的，其值在 0 ～ 1 之间。为了学习函数 $h_s(s)$ ，我们将经历一个简短的学习阶段，在这个阶段，示教者将在执行任务时手动选择期望的行为。在这一阶段中，示教者选择在多大程度上抑制被调制系统的局部调制。示教者选择 0（不激活调制功能）和 1（激活调制功能）之间的连续值。

记录的数据被用来训练使用平方指数协方差函数训练的高斯过程回归模型。利用训练数据的先验知识，手动确定核的超参数。学习函数 $h_s(s)$ 和训练数据的示例如图 8.8 所示。

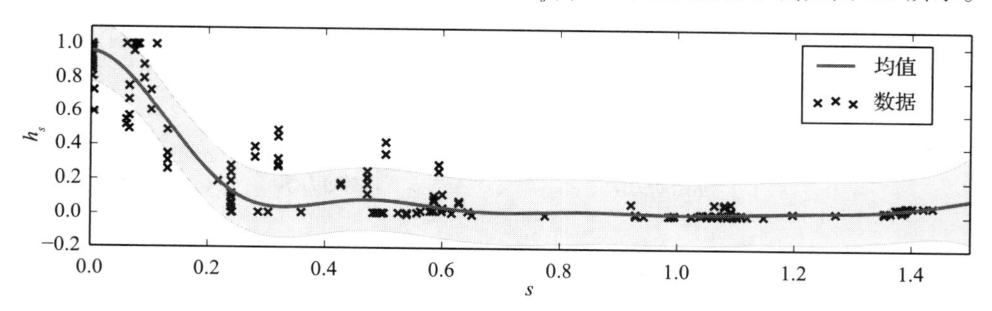

图 8.8　从一组示教数据中学习 $h_s(s)$。均值周围的灰色包络线代表高斯过程函数的方差

当 $s < 0.2$ 时，h_s 的值开始从 0 增加到 1。在运行时，我们使用存储的高斯过程模型来预测 h_s 的值，给定输入 s。

编程练习 8.5　本编程练习的目的是帮助读者更好地理解调制动态系统（式（8.10）和式（8.15））以及开放参数对生成的运动的影响。打开 MATLAB，将目录设置为如下文件夹：

```
1    ch8-DS_modulated/Externally_learning_modulations
```

文件 `externally_modulating_dynamical_systems.m` 允许你定义一个围绕特定点的调制函数。定义外部信号为目标与状态之间的欧氏距离 ($h_s = \| x - x^* \|$)，使

$$h_s = \begin{cases} 1 & \| x - x^* \| = 0 \\ -\dfrac{Cof}{1+\mathrm{e}^{-k\|x-x^*\|}} + a & 0 < \| x - x^* \| \leqslant \text{Upper} \\ 0 & \text{Upper} < \| x - x^* \| \end{cases} \tag{8.16}$$

其中正标量 a 和 k 的定义方式使上述函数连续且单调递减。

回答以下问题：

1. 什么值应该设置为标量的上标和下标，使调制函数对任何 $x \in \mathbb{R}^2$ 都不激活？

2. 如果 h_s 不是单调递减函数会怎样？
3. 如果初始动态系统非常刚性或不稳定会发生什么？
4. 除了 $\|x-x^*\|$，你还能想到其他外部变量吗？

8.3.3　机器人实现

考虑一个任务，当路径上存在未知位置的障碍物时，机器人末端执行器以期望的动力学从 A 点到达 B 点。外部变量是自最后一次接触以来的时间和最后一次接触的角度。我们的目标是学习如何根据来自碰撞的信息（在我们的情况下，是接触期间的力方向）来避免障碍物。

为此，我们将标称动力学和调制动力学编码为实验发生的中心区域的两个相反的速度场。当距离目标区域足够远时，这两种动力学都会收敛到目标上。第一个方向指向垂直于水平面初始坐标系和目标坐标系之间的方向。第二个方向是相反的方向（见图 8.9）。

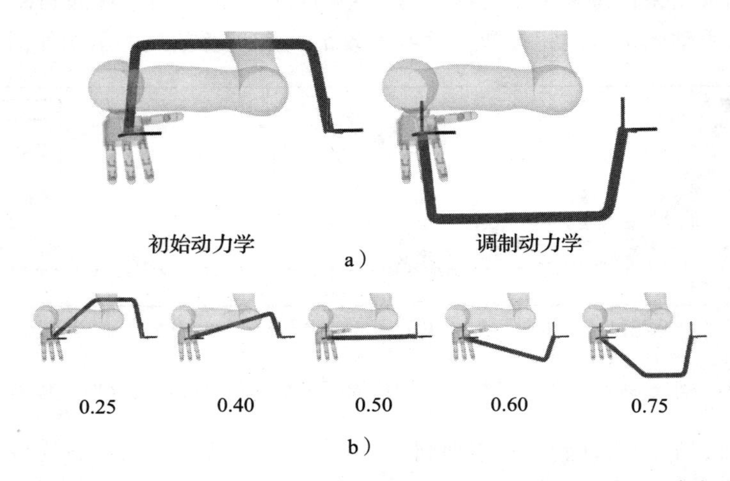

图 8.9　左边和右边的红、绿、蓝色坐标系分别对应于起点和目标。从上面看，绿色部分是动态系统的轨迹。a）初始和调制动力学。b）不同激活水平下的动力学结果。当 $h_s=0.50$ 时，动力学曲线呈直线

通过改变调制的激活值，可以达到整个动态范围。例如，通过设置激活值为 0.5，产生的轨迹是一条直线。偏差的角度可以通过修改 0 ～ 1 的激活值来调整。

为了学习映射 $h_s(s)$，我们展示了 8 个不同碰撞角度的示教。模型采用高斯过程回归学习，输出为当不发生碰撞时，机器人沿直线运动，即 $h_s(s)=0.5$。碰撞后，末端执行器根据碰撞角度调整轨迹（见图 8.10）。如果角度很小，机器人会绕一个大弯，因此会选择一个激活函数的极值（0 或 1，取决于回避的方向）。

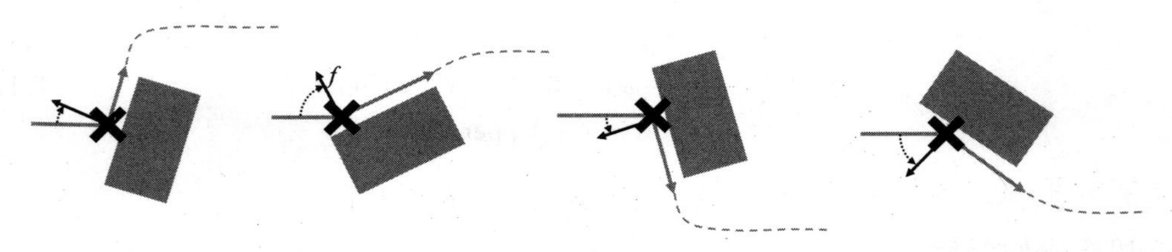

图 8.10　示教轨迹的示意图。碰撞点和碰撞过程中感知到的力用黑色标记。末端执行器在接触物体后跟随物体的形状，几秒后继续直线运动

执行该任务的方法是根据输入 s 激活调制（图 8.11a），或将激活值固定为 0.5，因此忽略外部信号以进行比较（图 8.11b）。当忽略外部信号时，末端执行器沿直线运动。即使机器人是柔性的，当忽略外部信号时，机器人也不会避开障碍物。关节的摩擦使机器人不会偏离轨迹，并且机器人在与障碍物碰撞时移动了障碍物。当使用来自外部信号的信息时，机器人在每次碰撞后调整其轨迹，并在障碍物之间导航。根据碰撞角度，机器人适应不同的避障轨迹。因此，它有时会沿着物体滑动（这里是第二个障碍），或远离它（第一个和第三个障碍）。[138] 给出了详细的实验验证。

a）学习后的 $h_s(s)$

b）$h_s(s) = 0.5$（固定）

图 8.11　控制器激活（图 a）或未激活（图 b）时避障任务的演化。末端执行器从左向右移动

8.4　从自由空间转换到接触的调制

在前两节中，我们已经讨论了通过一个乘函数 $M(x)$ 来修改一个标称一阶动态系统的方法。这使我们能够改变状态空间某些区域中的流线方向，并通过外部输入创建依赖关系。在本节中，我们将进一步展示如何扩展这种调制，从而在局部改变流线的方向，安全地与表面接触。为此，我们将调制动态系统的公式扩展到二阶动态系统，在 3.5.1 节中，我们已经使用过这种方法。我们引入了一个使用函数 $\Gamma(x)$ 的想法，测量到达表面的距离，当我们接近表面时，减慢流线。在第 9 章进行避障时，这个概念将被广泛地重复使用。

8.4.1　形式化

对于机器人中的许多操作任务，进行稳定的接触至关重要。例如，考虑这样一个场景：一个机器人被要求擦桌子（见图 8.12）。为了使擦拭有效，机器人在到达表面后必须保持接触，并在表面快速移动。挑战在于，在不停止机器人第一次接触的情况下做到这一点。因此，必须在接触之前调节速度，以防止接触时的力让机器人在过渡期间从表面上反弹。为此，我们在图 8.12 中突出显示的灰色 / 绿色区域之前创建一个过渡区域。

定义 8.1　*如果撞击只发生一次，并且撞击后系统仍与表面保持接触，则称为稳定接触。*

假设接触面是不可穿透的和被动的，并且我们可以使用 C^∞ 函数 $(\Gamma(x):\mathbb{R}^N \to \mathbb{R})$，它表达了到表面的距离的概念。让我们进一步假设，曲面和 Γ 的等高线包围了一个凸区域，并且这个函数相对于 x 和曲面之间的最短距离单调增加。因此，$\Gamma(x)=0$ 当且仅当 x 在接触面上。此外，$e^i \in \mathbb{R}^N, \forall i \in \{1,\cdots,N\}$ 构成 $\mathbb{R}^N$ 中的标准正交基，其中 $e^1(x)=\dfrac{\nabla\Gamma(x)}{\|\nabla\Gamma(x)\|}$ 指向表面的法线且 $\|\nabla\Gamma(x)\| \neq 0, \forall x \in \mathbb{R}^N$。然后，任务空间可以分为两个区域：$0<\Gamma(x)$ 时为自由空间，

当 $\Gamma(x)=0$ 时为接触区域（见图 8.13）。Γ 的值与调制的强度成正比。接近表面时，调制是最大的。在无穷远处，调制可以忽略不计，机器人按照标称动态系统运动。如果 Γ 以指数方式减小，则标称运动仅在一个小区域内调制，即靠近表面的过渡区域。机器人的运动只有在与表面接触前不久和接触时才会进行调整。

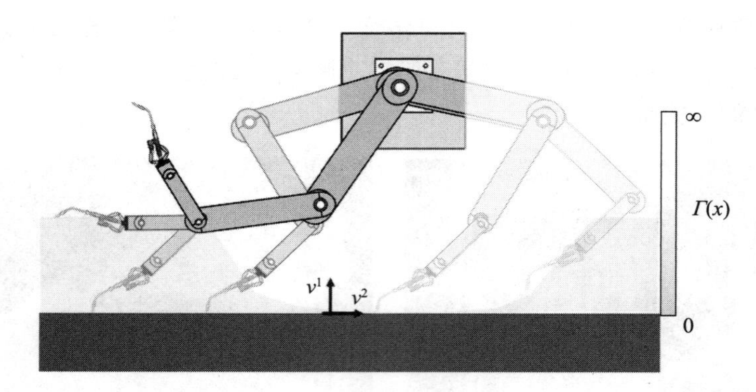

图 8.12　机器人的任务是在表面上快速滑动。为了确保接触是稳定的，我们引入了一种调制，通过一个距离函数 $\Gamma(x)$ 来减慢机器人接近表面的速度。远离表面，函数为零，没有影响

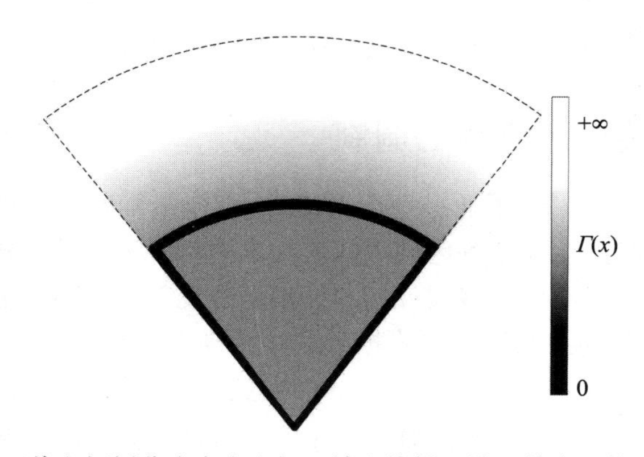

图 8.13　距离函数可用于将空间划分为自由空间区域和接触区域，其中函数 $\Gamma(x)=0$，用黑色线表示

让我们进一步假设撞击是完全弹性的，即*恢复系数*（COR）为 1。在这种情况下，系统在撞击前后的法向速度[5]在振幅上是相等的，但指向相反的方向。因此，为了实现稳定的接触，系统在接触点的法向速度必须为零，即

$$e^1(x)^{\mathrm{T}}\dot{x}(t^*)=0 \tag{8.17}$$

其中，t^* 是机器人与物体表面接触的时间。

我们使用二阶初始动态系统 $f(x,\dot{x},t)$ 在自由空间中移动机器人，并渐近稳定地到达位于表面上方的固定目标 (x^*)（即 $0<e^{1^{\mathrm{T}}}x^*$）。初始加速度除了在目标位置即 $f^{\mathrm{T}}(x,\dot{x})f(x,\dot{x})=0$, $\forall(x,\dot{x})=\mathbb{R}^{N\times N}-\{x^*,0\}]$ 都不为 0。这种系统可以在第 3 章中学习。

我们通过函数 $M(x,\dot{x})$ 进行调制，通过下式控制机器人的期望加速度：

$$\ddot{x}=M(x,\dot{x})f(x,\dot{x},t) \tag{8.18}$$

注意，初始动态系统和调制都依赖于状态和速度。

$M(x,\dot{x})\in\mathbb{R}^{N\times N}$重塑了初始动态系统，使其流线与接触面对齐。为了实现这种对齐，我们必须分别控制表面的法向和切向的运动。我们将动态系统的运动分解为一个附着在表面上的参照系，通过定义调制函数如下：

$$M(x,\dot{x})=Q\Lambda Q^{\mathrm{T}}\quad Q=[e^1\cdots e^d]\quad \Lambda=\begin{bmatrix}\lambda_{11}(\cdot) & \cdots & \lambda_{1N}(x,\dot{x})\\ \vdots & & \vdots\\ \lambda_{N1}(\cdot) & \cdots & \lambda_{NN}(x,\dot{x})\end{bmatrix}\tag{8.19}$$

其中，$e^i,\forall i\in\{1,\cdots,N\}$ 构成 $\mathbb{R}^N$ 中的标准正交基，$\lambda_{ij}(x,\dot{x}),\forall i,j\in\{1,\cdots,N\}$ 给出 Λ 的条目，其中 i 为行号，j 为列号。运动方向、与表面的切向和法向可以通过标量值 $\lambda_{i,j},\forall i,j\in\{1,\cdots,N\}$ 控制。例如，通过设置 $\lambda_{1j}(x,\dot{x})=0,\forall j\in\{1,\cdots,N\}$，机器人法向表面的加速度将为零（即 $e^{1^{\mathrm{T}}}\ddot{x}=0$）。此外，通过设置 $\lambda_{ii}(x,\dot{x})=1,\lambda_{ij}(x,\dot{x})=0,\forall i,j\in\{1,\cdots,N\},i\neq j$，初始动态系统驱动机器人向第 e^i 个方向运动。我们利用这一性质并将调制函数的影响限制在曲面附近的一个区域，即过渡区域。

假设我们有函数 $\Gamma(x)$ 来测量到表面的距离，我们设置过渡区域为 $0<\Gamma(x)\leqslant\rho$，$\rho\in\mathbb{R}_{>0}$ 的所有点。在这个区域之外，为了避免不必要的调制，调制随着到达表面的距离呈指数衰减。为了局部调制由式（8.18）和式（8.19）给出的动态系统的动力学，我们设

$$\lambda_{ij}(x,\dot{x})=\begin{cases}\lambda_{ij}(x,\dot{x}) & \text{如果}\Gamma(x)\leqslant\rho\\ (\lambda_{ij}(x,\dot{x})-1)e^{\frac{\rho-\Gamma(x)}{\sigma}}+1 & \text{如果}i=j,\rho<\Gamma(x)\\ \lambda_{ij}(x,\dot{x})e^{\frac{\rho-\Gamma(x)}{\sigma}} & \text{如果}i\neq j,\rho<\Gamma(x)\end{cases}\tag{8.20}$$

$\forall i,j\in\{1,\cdots,d\}$，其中 $0<\sigma$ 定义了调制在自由运动区域消失的速度，ρ 定义了调制函数影响的区域。如果 $\rho<\Gamma(x)$，机器人远离接触面，$\Lambda=I_{d\times d}$（即机器人仅由初始动态系统驱动）。

将被调制动态系统投影到基方向上，λ_{ij} 的定义如下：

$$\lambda_{ij}(x,\dot{x})=({}_{e^i}\boldsymbol{A}_1(\lambda)e^i(x)^{\mathrm{T}}x(t)+{}_{e^i}\boldsymbol{A}_2(\lambda)e^i(x)^{\mathrm{T}}\dot{x}(t)+{}_{e^i}u)\frac{f(x,\dot{x},t)^{\mathrm{T}}e^j}{f(x,\dot{x},t)^{\mathrm{T}}f(x,\dot{x},t)}\tag{8.21}$$

其中

$$\frac{|e^{1^{\mathrm{T}}}\dot{x}_0|}{e^{1^{\mathrm{T}}}x_0}\leqslant\omega\tag{8.22}$$

将式（8.21）代入式（8.18），设 $\Gamma(x)\leqslant\rho$，则调制动态系统投影在基方向上为

$$\begin{gathered}e^1(x)^{\mathrm{T}}\ddot{x}(t)={}_{e^1}\boldsymbol{A}_1(\lambda)e^1(x)^{\mathrm{T}}x(t)+{}_{e^1}\boldsymbol{A}_2(\lambda)e^1(x)^{\mathrm{T}}\dot{x}(t)+{}_{e^1}u\\ \vdots\\ e^d(x)^{\mathrm{T}}\ddot{x}(t)={}_{e^d}\boldsymbol{A}_1(\lambda)e^d(x)^{\mathrm{T}}x(t)+{}_{e^d}\boldsymbol{A}_2(\lambda)^{e^d}(x)^{\mathrm{T}}\dot{x}(t)+{}_{e^d}u\end{gathered}\tag{8.23}$$

式中，$e^{i^u},\forall i\in\{1,\cdots,N\}$ 是为每个方向定制的控制输入[6]。其中，${}_{e^j}\boldsymbol{A}(\cdot):\mathbb{R}^K\to\mathbb{R},\forall i\in\{1,2\}$ 和 $j\in\{1,\cdots,N\}$ 为状态空间矩阵对激活参数和状态向量的仿射依赖性[7]：

$$\begin{aligned} {}_{e^j}\boldsymbol{A}_1(\lambda) &= \sum_{k=1}^{{}_{e^j}K} {}_{e^j}\lambda_{k\,e^j}A_{k1} \\ \forall j \in \{1,\cdots,N\}, &\quad {}_{e^j}A_{k1}, {}_{e^j}A_{k2}, {}_{e^j}\lambda_k \in \mathbb{R} \\ {}_{e^j}\boldsymbol{A}_2(\lambda) &= \sum_{k=1}^{{}_{e^j}K} {}_{e^j}\lambda_{k\,e^j}A_{k2} \end{aligned} \tag{8.24}$$

为了与表面平滑接触并避免反弹——换句话说，为了满足式（8.17）——我们创建了一个正向命令 u_{e^1}，与表面的法线对齐如下：

$${}_{e^1}u = -\dot{x}^{\mathrm{T}}\nabla e^1(x)^{\mathrm{T}}\dot{x} - {}_{e^1}\boldsymbol{A}_1(\lambda)e^1(x)^{\mathrm{T}}x(t) + {}_{e^1}\boldsymbol{A}_1(\lambda)\Gamma(x) \tag{8.25}$$

将式（8.25）代入式（8.23），法向产生的运动为

$$e^1(x)^{\mathrm{T}}\ddot{x}(t) = -\dot{x}^{\mathrm{T}}\nabla e^1(x)^{\mathrm{T}}\dot{x} + {}_{e^1}\boldsymbol{A}_2(\lambda)e^1(x)^{\mathrm{T}}\dot{x}(t) + {}_{e^1}\boldsymbol{A}_1(\lambda)\Gamma(x) \tag{8.26}$$

可以证明（见练习 8.6）式（8.26）产生的运动收敛于 $[0\ 0]^{\mathrm{T}}$，也就是说，

$$\lim_{t\to\infty} \| \Gamma(x(t)) \| = 0 \tag{8.27}$$

$$\lim_{t\to\infty} \| e^1(x)^{\mathrm{T}}\dot{x}(t) \| = 0 \tag{8.28}$$

如果满足以下限制条件：

$$\begin{cases} \begin{bmatrix} 0 & I \\ {}_{e^1}A_{k2} & {}_{e^1}A_{k1} \end{bmatrix}^{\mathrm{T}} P + P \begin{bmatrix} 0 & I \\ {}_{e^1}A_{k2} & {}_{e^1}A_{k1} \end{bmatrix} \prec 0 \\ 0 \prec P, \qquad P^{\mathrm{T}} = P \qquad\qquad \forall k \in \{1,\cdots,K\} \\ 0 < {}_{e^1}\lambda_k \leqslant 1, \qquad \sum_{k=1}^{K} {}_{e^1}\lambda_k = 1 \end{cases} \tag{8.29}$$

有趣的是，式（8.29）中所施加的约束与第 3 章中学习的基于线性变参的动态系统时所引入的约束类似。因此，可以为目前的接触任务学习 / 估计这些开放参数。

8.4.2 模拟示例

为了说明之前介绍的概念，我们在图 8.14 中展示了一些二维模拟的例子，其中动态系统与圆或椭圆接触。从图 8.14b 可以看出，该系统可以以零速度到达表面。在这些模拟中，我们从一个没有特定吸引子的线性初始动态系统开始。由于我们不控制接触位置，轨迹在不同的点接触表面。

编程练习 8.6 本编程练习的目的是帮助读者更好地理解动态系统（式（8.26）），了解它如何根据曲面曲率形成机器人的运动，以及开放参数对生成的运动的影响。本编程练习分为两部分。

打开 MATLAB，将目录设置为如下文件夹：

```
1    ch8-DS_modulated/Surface_contact
```

该代码包含两个函数，其中一个可以研究 $\boldsymbol{A}_1$，$\boldsymbol{A}_2$ 对生成的运动的影响。运行命令

`Surface_Circle([2;2],1)`，所有轨迹都适应一个椭圆的表面。通过研究式（8.26）产生的运动，并在 MATLAB 代码中修改方程的参数，回答以下问题。

1. $A_1, A_2, \forall i \in \{1,2\}$ 的值对机器人的运动有影响吗？如果 $A_1 = 100A_1, A_2 = 20_{e^2} A_2, A_1 = 0.01A_1, A_2 = 0.2A_2$ 或 $A_1 = A_1, A_2 = A_2$ 会发生什么？

2. 考虑以下两种极端情况：

- A_1=0
- A_2=0

你能猜到机器人系统的行为是什么吗？用代码验证你的直觉。

3. 圆的半径或位置对产生的运动有影响吗？是否存在导致不稳定接触的半径？

4. 是否存在产生的运动不适应椭圆或圆的情况？如果存在，是哪些，为什么？如果不存在，为什么？

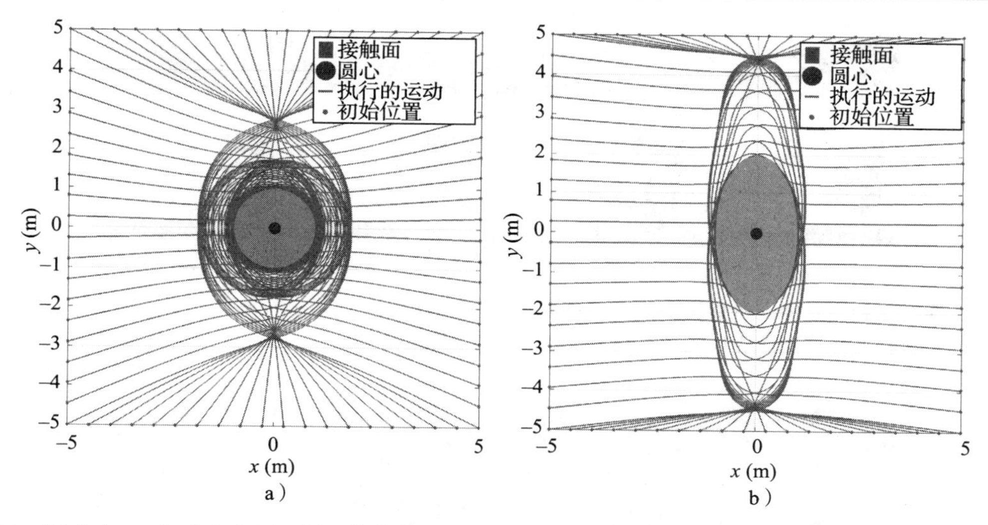

图 8.14　用式（8.26）求凸曲面。图 a 中的曲面是椭圆，图 b 中的曲面是圆。可以看到，由式（8.26）产生的运动与曲面曲率对齐，使法向速度在接触处为零

8.4.3　机器人实现

该方法的真实评估是使用 7 个自由度机械臂（KUKA IIWA）来滑动各种刚性表面。机器人以 200Hz 的频率对关节进行控制。利用阻尼最小二乘逆向运动学求解器，将动态系统的输出（式（8.26））转换为关节状态。接触面近似为平面（即 $\nabla e^1(x) = 0$）。

$$\boldsymbol{A}_2 = -40 I_{3\times 2}, \boldsymbol{A}_1 = -\begin{bmatrix} 400 & 0 & 0 \\ 0 & 400 & 0 \\ 4000 & 4000 & 400 \end{bmatrix}$$

两个实验装置被用来展示系统的性能。在第一种情况下，表面和工具都是金属并且是刚性的。在第二种情况下，表面是一个金属挡泥板，工具是塑料制成的。两个实验装置中运动执行的视频截图如图 8.15 和图 8.16 所示。对视频和测量的视觉检查证实，机器人稳定地与表面接触。[100] 中给出了详细的实验验证。

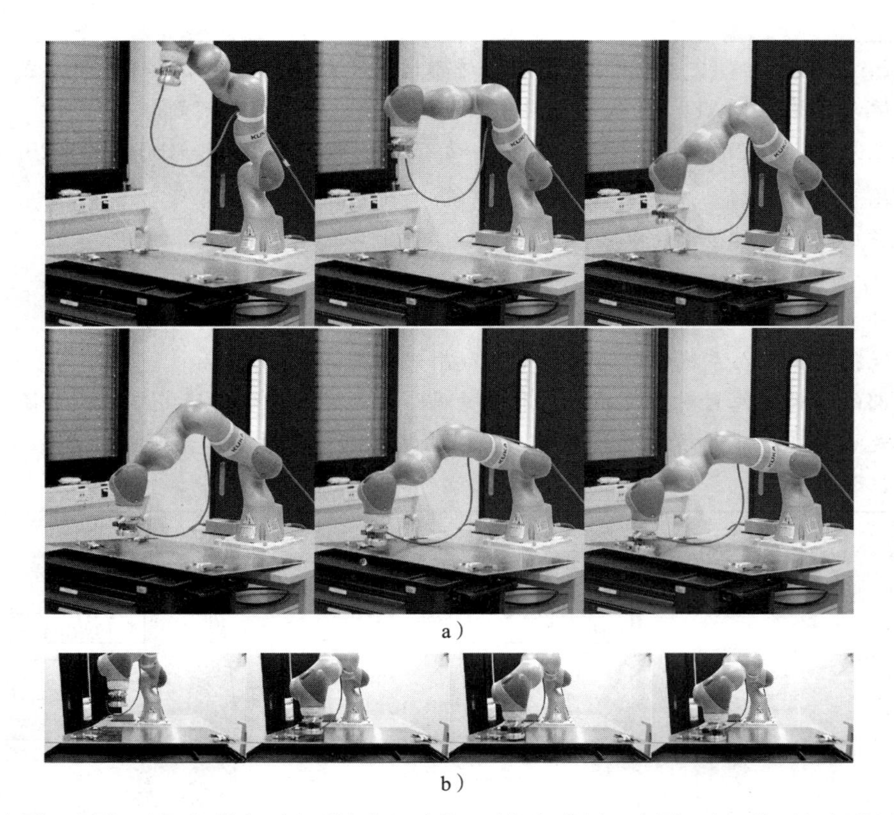

a）

b）

图 8.15 在图 a 和图 b 中，机器人到达刚性表面时的运动视频截图。在图 b 中，特写视频截图描述了末端执行器的运动。表面和工具都是金属并且是刚性的

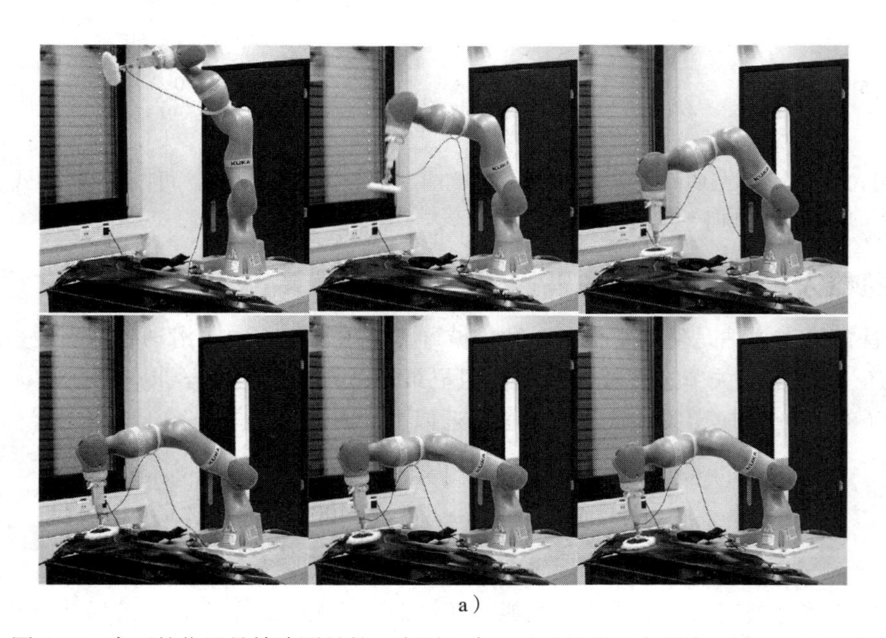

a）

图 8.16 表面的位置是精确测量的。在图 b 中显示了机器人在碰撞区域的法向速度

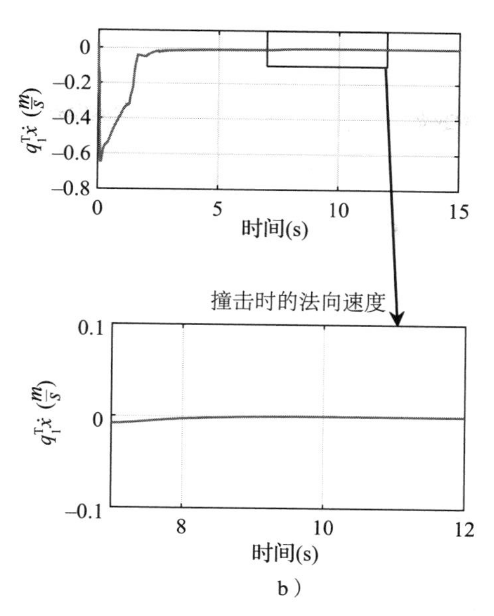

图 8.16　表面的位置是精确测量的。在图 b 中显示了机器人在碰撞区域的法向速度（续）

练习 8.5　让我们考虑这样一个场景：接触面是一个平面，由 $\Gamma = e^{1^{\mathrm{T}}} x$ 定义。通过使用式（8.23）和 d=2，机械臂可以以零速度到达表面。为了控制接触位置，可以定义 ${}_{e^2}u = -{}_{e^2}\boldsymbol{A}_1(\lambda)e^{2^{\mathrm{T}}}x^*$，其中 $x^* \in \mathbb{R}^2$ 是理想的接触点。通过这种方式，人们可以控制机器人的运动，使其在期望的位置稳定地与表面接触。然而，控制接触位置只适用于平面表面。如果这个表面不是平面的，（比如说，是个椭圆）会发生什么？

练习 8.6　考虑式（8.23）所示的动态系统，如果满足式（8.29）中的条件，证明其渐近收敛 $[0、0]^{\mathrm{T}}$。

避　障

在前面的章节中，我们一直假设控制律在整个状态空间中都是有效的。然而，当路径上有障碍物或工作空间有限时，情况并非如此，这在控制机械臂的运动中很常见。移动机器人的工作空间可能因外部障碍物的存在而受到限制，机械臂的工作空间也会因关节限制而产生约束，从而锁死。例如，仿人机器人身体的每个部位都会为其他部位的运动制造障碍，因此使其运动受到限制（例如，当机器人弯腰捡起物体时，机械臂可能会相互碰撞，腿部也可能会碰撞）。

在本章中，我们表明，为了解决这个问题，可以对动态系统进行局部调制，使其能够对障碍物进行轮廓处理或保持在一个特定的工作空间内。重要的是，在这样做的同时，我们可以保留动态系统的一些固有属性，例如在给定目标上的收敛性。

回想一下，在第 8 章中，我们看到了如何通过状态相关函数 $M(x)$ 调制初始动态系统 $f(x)$。新系统变为 $g(x)=M(x)f(x)$。当 $M(x)$ 是满秩矩阵且在目标处不为零时，$g(x)$ 继承了初始动态系统的渐近稳定性。在本章中，我们利用这一特性并构建调制，以防止动态系统穿透划定的无法通过的区域边界。我们从允许避开凸面障碍物的调制开始，然后将其扩展到凹面障碍物和移动中的多个障碍物。我们表明，该公式也可用于强制流线在一个体积内移动，这对确保路径保持在机器人的工作空间内很有用（仅举一个例子）。

由于该方法假设障碍物的形状是已知的，因此我们讨论了如何在实践中从接近传感器（例如激光雷达、RGB-D 相机）渲染的点云中估计运行时障碍物的形状，以及如何通过扫描物体来了解障碍物的形状（见 9.1.9 节）。

避障对于控制关节空间中的机器人以避免自碰撞特别有用。然而，关节空间中自由空间的边界不是固定的，它随关节运动而变化，同时也是非线性的。这是一个非常适合用机器学习来解决的问题。在 9.2 节中，我们展示了如何通过了解机器人系统的运动学来学习这样的移动边界。在运行时可以将学习到的边界与动态系统结合使用以防止两个机械臂相交，同时快速修改其轨迹以跟踪移动目标[1]。

9.1　避障：形式化

按照本书中使用的符号，$x\in\mathbb{R}^N$ 表示机器人系统的状态，我们假设控制器遵循标称线性动态系统。进一步假设系统在单个吸引子 x^* 处是渐近和全局稳定的：

$$f(x)=-(x-x^*) \tag{9.1}$$

9.1.1　障碍物描述

假设障碍物是已知的。进一步假设我们对障碍物的形状有明确描述，并且它由封闭形式

的函数 $\Gamma(x)$ 给出：$\mathbb{R}^N \setminus \mathscr{X}^i \mapsto \mathbb{R}_{\geqslant 1}$，其中 $\Gamma(x)=1$ 是障碍物周围的等值线。

每条等值线 Γ 表示到障碍物的距离。$\Gamma(x)$ 是连续且连续可微的（C^1 平滑度）。因此，空间中每个点的梯度为我们提供了障碍物的法线和切线。

我们区分了三个区域：

$$\begin{aligned}&\text{外部点 } \mathscr{X}^e=\{x\in\mathbb{R}^N:\Gamma(x)>1\}\\&\text{边界点 } \mathscr{X}^b=\{x\in\mathbb{R}^N:\Gamma(x)=1\}\\&\text{内部点 } \mathscr{X}^i=\{x\in\mathbb{R}^N\setminus(\mathscr{X}^e\bigcup\mathscr{X}^b)\}\end{aligned} \tag{9.2}$$

通过构造，$\Gamma(\cdot)$ 在远离障碍物的同时单调增加。图 9.1 给出了说明。

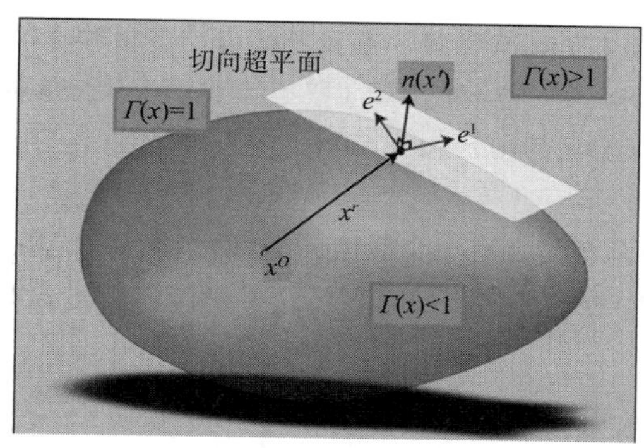

图 9.1 C^1 函数 $\Gamma(x)$ 确定障碍物的外部形状和到障碍物距离的度量。它的等值线勾勒出障碍物的轮廓，其值为 1。等值线在远离障碍物的地方具有正值和递增值，因此提供了到障碍物距离的度量。障碍物内的所有等值线的值都严格低于 1。$\Gamma(x)$ 的梯度可用于确定每个点 x^r 处的法线 $n(x^r)$ 和障碍物的切面（此处由向量 e_1，e_2 形成）

9.1.2 避障的调制

为了考虑障碍，我们遵循第 8 章中描述的方法，并对标称动态系统 $f(x)$ 进行调制。我们构造调制矩阵如下：

$$\dot{x}=\boldsymbol{M}(x)f(x) \quad \text{s.t.} \quad \boldsymbol{M}(x)=\boldsymbol{E}(x)\boldsymbol{D}(x)\boldsymbol{E}(x)^{-1} \tag{9.3}$$

调制矩阵 $\boldsymbol{M}(\cdot)$ 是通过特征值分解构造的，使用法线 $n(x)$ 和障碍物的切线作为特征向量的基，如下所示：

$$\boldsymbol{E}(x)=[\boldsymbol{n}(x)\cdot\boldsymbol{e}_1(x)\cdots\boldsymbol{e}_{d-1}(x)] \tag{9.4}$$

切线 $\boldsymbol{e}_{(\cdot)}(x)$ 形成距离函数 $\mathrm{d}\Gamma(x)/\mathrm{d}x$ 梯度的 $d-1$ 维正交基。

我们可以用这个基来表示障碍物参考系中的调制，从而大大简化计算。然后对特征值矩阵进行塑造，一旦流到达障碍物边界，就会沿法线方向抵消：

$$\boldsymbol{D}(x)=\operatorname{diag}(\lambda_n(x),\lambda_e(x),\cdots,\lambda_e(x)) \tag{9.5}$$

其中，特征值 $\lambda_{(\cdot)}(x)$ 确定了每个方向上的伸长量。

我们设定与第一个特征向量相关的特征值在障碍物外壳上减小为零。这抵消了障碍物方向的流线，并确保机器人不会穿透障碍物表面。沿切线方向的特征值会增加其他方向的速度：

$$0 \leqslant \lambda_n(x) \leqslant 1 \quad \lambda_e(x) \geqslant 1$$
$$\lambda_r(x \mid \Gamma(x)=1)=0 \quad \arg\max_{\Gamma(x)} \lambda_e(x)=1 \quad \lim_{\Gamma(x)\to\infty} \lambda_{(\cdot)}(x)=1 \tag{9.6}$$

通过构造，等值线 $\Gamma(x)$（见式（9.2））给出了到障碍物表面距离的测量值。因此，我们可以设置如下：

$$\lambda_n(x)=1-\frac{1}{\Gamma(x)} \quad \lambda_e(x)=1+\frac{1}{\Gamma(x)} \tag{9.7}$$

9.1.3　凸面障碍物的稳定性

定理 9.1　考虑一个 $\mathbb{R}^N$ 中的障碍物，其边界 $\Gamma(x)=1$ 相对于障碍物 $x^O \in \mathscr{X}^i$ 的中心如式（9.2）所示。任何轨迹 $x(t)$ 从障碍物外开始（即 $\Gamma(x(0)) \geqslant 1$）并根据式（9.3）演化，将永远不会穿过障碍物（即 $\Gamma(x(t)) \geqslant 1, t=0,\cdots,\infty$）。

证明。见附录 D。□

解释：当我们将这种调制与带有单个吸引子的线性动态系统集结合起来时，会导致系统绕过障碍物向吸引子移动。图 9.2 给出了这种围绕圆形障碍物进行调制的示例。

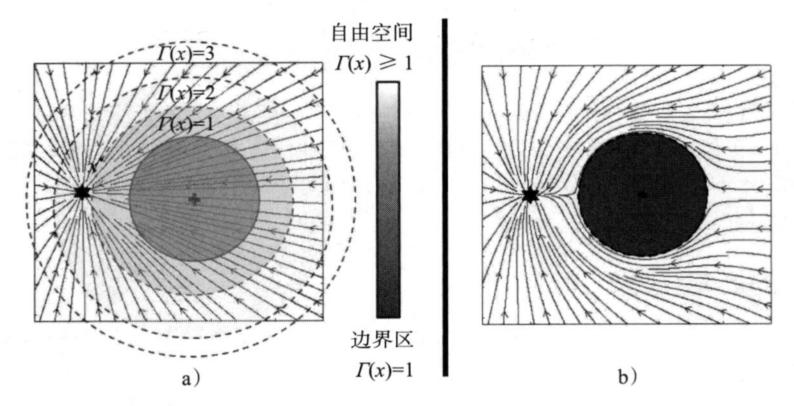

图 9.2　a）在单个吸引子处渐近稳定的线性动态系统通过圆形障碍物进行调制。Γ 函数的值被覆盖。b）调制后的动态系统不会穿透障碍物，同时在目标处仍渐近稳定

观察到在式（9.7）中，第一个特征值在障碍物边界处迅速减小为零，而沿切线方向的特征值与第一个特征值的减小成反比。这导致动态系统沿着这些切线方向加速。对于某些应用来说，这种效果可能是不理想的。例如，当机器人避开人类或易碎物体时，人们会更希望机器人减速并降低其速度的整体标准，而不是加速。相反，在某些情况下，可能需要加速。例如，如果机器人必须避开危险的障碍物，那么加快速度尽快离开是一个合适的动作。

通过调制特征值的变化率，可以根据应用产生不同的响应。例如，人们可能希望保留速度的整体大小并设置特征值的总和保持不变。同样，也可以确保在某些方向上保持速度的大小（见练习 9.1）。

编程练习 9.1　本编程练习的目的是帮助读者更好地了解避障算法以及开放参数对障碍物调制的影响。打开 MATLAB 并将目录设置为以下文件夹：

```
1    ch9-obstacle_avoidance
```

打开 ch9_ex1 文件。此文件允许你更改调制功能的参数并生成局部调制。请执行下列操作：

1. 设置特征值，以便在绕过障碍物时保持速度范数。重复该操作以让机器人在绕过障碍物时减速或加速。

2. 改变障碍物的形状，创建一个椭圆，并设置参考点，确保流线不会卡在障碍物的边界。

3. 设置一个线性动态系统，使障碍物移动，观察调制随时间的影响。对于这一步，你必须更改原始代码并随时间生成动态系统的流线。

局限性： 式（9.4）给出的调制确保流线永远不会穿透障碍物。然而，它并不能阻止伪吸引子的出现。很容易看到这一点。考虑直接垂直于障碍物移动的流线，由于没有切向分量，流线将完全消失。虽然这似乎是一个小问题，但在实践中，许多轨迹都可能导致这种伪吸引子。此类问题的示例如图 9.3 所示。另一个问题是，这种调制要求障碍物是凸面的。接下来，我们展示了如何对该调制进行简单更改，以避免图 9.3 所示的问题，并避免一些凹面障碍物。

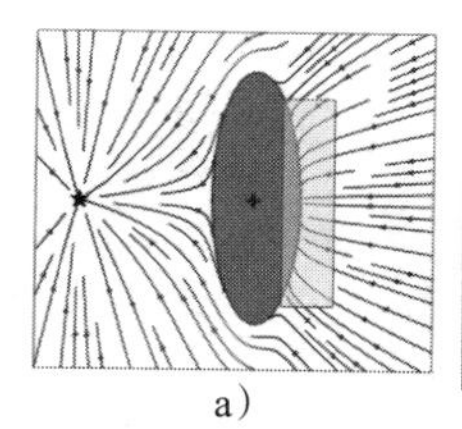

a）

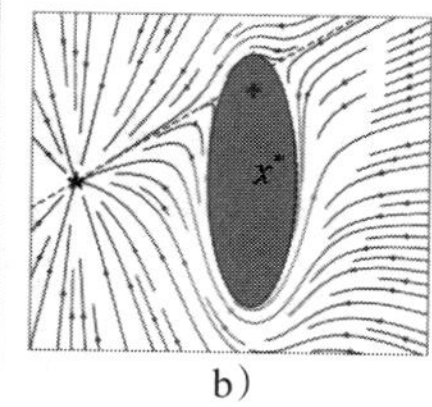

b）

图 9.3　a）线性动态系统，在单个吸引子处渐近稳定，通过椭圆障碍物进行调制。当标称动态系统的流线消失并且没有切向分量时，障碍物中间存在一个伪吸引子。大量的轨迹导致了这个伪吸引子，如方框区域中突出显示的那样。b）在障碍物中引入偏离中心的参考点会破坏对称性并允许流线围绕障碍物旋转。仍然有一个伪吸引子，但只有一个单一的轨迹通向它（由虚线说明）

9.1.4 凹面障碍物的调制

回想一下，为确保调制在吸引子处保持标称动态系统的稳定性，它必须是满秩的，并且不应用于吸引子。如果矩阵 $E(x)$ 是可逆的，则可以实现满秩。组成 E 的列向量不需要是正交的。它们是线性独立的就足够了。因此，我们放宽正交约束并将 $r(x)$ 定义为参考方向，以代替法线向量 $n(x)$。变量的这种变化允许我们在接近障碍物时将流线沿特定方向拖动。这避免了图 9.3 中所示的问题，其中流线沿伪吸引子的方向旋转并停在那里。它还允许我们在避开凹形障碍物时从凹形中退出。

新矩阵 E 变为

$$\boldsymbol{E}(x)=[\boldsymbol{r}(x)\cdot\boldsymbol{e}_1(x)\cdots\boldsymbol{e}_{d-1}(x)]\,,\quad \boldsymbol{r}(x)=\frac{x-x^r}{\|x-x^r\|} \tag{9.8}$$

切线 $\boldsymbol{e}_{(\cdot)}(x)$ 形成距离函数 $\mathrm{d}\Gamma(x)/\mathrm{d}x$ 梯度的 d–1 维正交基。

特征值必须保持不变才能产生相同的效果，即边界处的流线消失且沿切线方向传递运动。因此，我们设置如下：

$$\lambda_r(x)=1-\frac{1}{\Gamma(x)}\quad \lambda_i(x)=1+\frac{1}{\Gamma(x)},\ i=1,\cdots,d-1 \tag{9.9}$$

其中，$\lambda_r(x)$是与E的第一列相关的特征值。

参考方向$\boldsymbol{r}(x)$是从障碍物内部的参考方向x^r指向当前位置x的向量。参考点x^r的位置受到基$\boldsymbol{E}(x)$可逆这一事实的约束，因此参考方向$\boldsymbol{r}(x)$必须与切向量$\boldsymbol{e}_{(\cdot)}(x)$线性无关。随着参考方向的变化，对于任何位置$x$都必须如此。对于凸面障碍物$x^r\in\mathscr{X}^i$内的参考点，此条件得到保证。参考点的一个好的选择通常是几何中心x^c，但障碍物内的任何点都是有效的。

9.1.4.1　凹面障碍物的形状

障碍物的形状也受到式（9.3）中$\boldsymbol{E}(x)$具有满秩的条件的约束。在障碍物内部存在参考点x^r的凸面和凹面障碍物，所有射线仅从该点穿过边界一次（图9.4a）满足此条件。这些障碍物被称为*星形*障碍物。对于这样一个障碍，我们可以如下构建$\Gamma(x)$。如果x^c是障碍物的中心，则距离函数由下式得出

$$\Gamma(x)=\sum_{i=1}^{d}(\|x_i-x_i^c\|/R(x))^{2p},\ p\in\mathbb{N}_+ \tag{9.10}$$

其中$R(x)$是从障碍物内的参考点x^r在$r(x)$方向上到障碍物表面的距离$(\Gamma(x)=1)$（见图9.4a）。

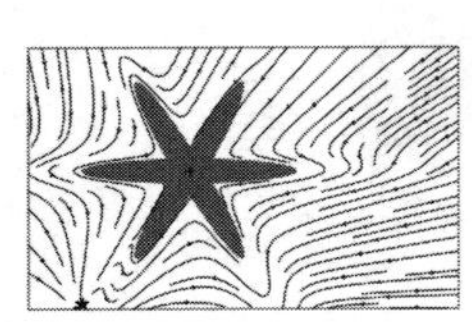

a）星形

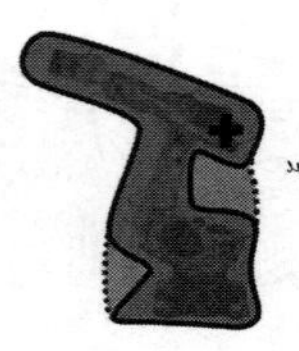

b）机器人壳体

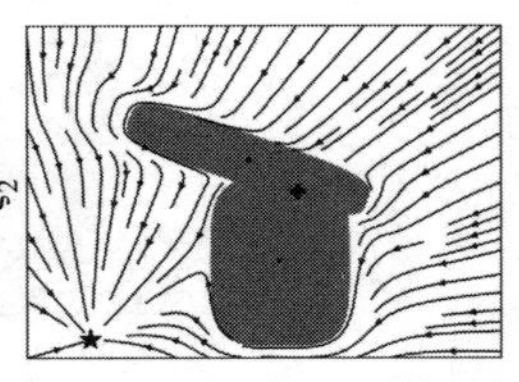

c）机器人周围的流线

图9.4　星形障碍物至少存在一个中心点，因此从该点发出的所有射线仅穿过物体边界一次。a）一个理想的星形障碍物。b）不是星形的障碍物，例如机械臂。要使其成为星形，可以扩展凸包（虚线中区域）。c）机器人障碍物周围的调制动态系统。机器人用两个独立的凸面椭圆障碍物表示，它们有一个共同的参考点（图中用十字表示）

星形障碍物并不像人们想象的那么局限，因为我们日常生活中处理的许多物体都是*星形*的，例如瓶子、沙发、开着门的壁橱。当遇到非星形凹面障碍物时，一种解决方案是补充壳体，如图9.4b所示。另一种解决方案是选择一个参考点x^r，然后构建包含参考点并围绕每个机器人部件的凸面形状（见图9.4b）。

最后请注意，凸面障碍物的组合会产生凹面障碍物（如9.1.7.1节所述）。然后仍然可以应用该方法，只要该组合共享一组共同的非空点集。

9.1.5　不可穿透性和收敛性

具有单个障碍物的调制系统决不会穿透障碍物。该系统还确保对除一条以外的所有轨迹保持收敛到吸引子。实际上，如前所述，对于线性标称动态系统来说，存在一条通向鞍点的轨迹$\mathscr{X}^s$（图9.3中的黑色虚线）。鞍点位于障碍物的边界上，在轨迹$\mathscr{X}^s$指向参考点的方向时出现。在与障碍物的交叉处，调制动力学消失，因为切线和法线速度方向的大小都为零。这是一个鞍点，因为任何一个方向上的微小偏差都会导致流线收敛于吸引子x^*。通向鞍点的

轨迹如下：

$$\mathscr{X}^s \subset \mathbb{R}^N = \{x \in \mathbb{R}^N : \boldsymbol{f}(x) \parallel \boldsymbol{r}(x), \| x - x^* \| > \| x - x^r \| \} \tag{9.11}$$

定理 9.2 考虑一个时不变线性动态系统 $\boldsymbol{f}(x)$，在 x^* 处具有单个吸引子，如式（9.1）所示。动态系统根据式（9.3）和式（9.8）围绕边界 $\Gamma(x)=1$ 的障碍物进行调制。任何运动 $x(t)$，$t=0,\cdots,\infty$ 开始于障碍物外侧并且不位于鞍点轨迹上（即 $\{\ x(0) \in \mathbb{R}^N \setminus \mathscr{X}^s:\ \Gamma(x(0))>1\ \}$），永远不会穿透障碍物并收敛于吸引子（即 $x(t) \rightarrow x^*, t \rightarrow \infty$）。

证明。见 D.4 节。

练习 9.1 如前所述，由特征值产生的调制导致沿各种基方向的幅度变化。沿切线方向的速度增加是有界的。

1. 它的上限是多少？
2. 它发生在哪里？

9.1.6 将动态系统封闭在工作空间中

距离函数的简单逆允许将动态系统封闭在障碍物内（如图 9.5 所示）。具有固定点吸引子的线性动态系统被强制保持在有界体积内，并保持收敛到吸引子。

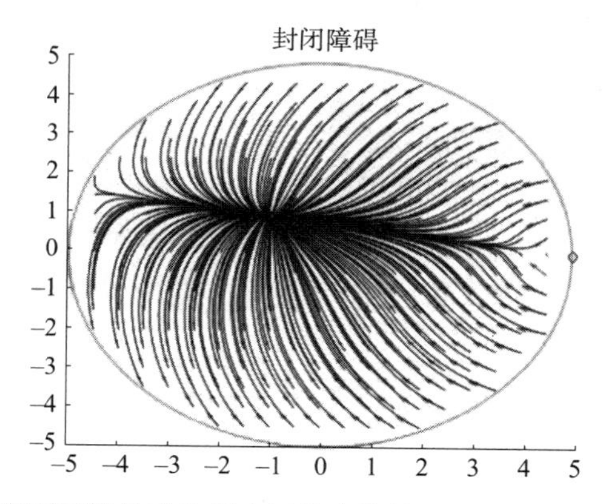

图 9.5 距离函数的逆使得这里的流线被包围在直径为 5 的圆内

封闭空间在许多应用中都很有用。它可以迫使机器人停留在空间的某个区域内。例如，购物中心的迎宾机器人可以通过划定虚拟边界来完成始终留在大厅内的任务。它还可以划定机器人的自由关节空间。这在控制可能相互交叉的关节式机械臂时特别有用，见 9.2 节。然而，这里介绍的方法仅限于封闭可以表示为星形障碍物的体积。在高维度和关节空间中进行控制时，这将不再得到保证。在 9.2 节中，我们提出了一个扩展，它允许机器人学习这样复杂的边界并通过使用动态系统作为参考轨迹在体积内移动，但在运行时通过动态系统解决由于边界引起的约束。

编程练习 9.2 打开 MATLAB 并将目录设置为以下文件夹：

```
1    ch9-Obstacle_avoidance
```

打开 ch9_ex2.m 文件。该文件生成一个圆形工作空间，其中嵌入了标称线性动态系统，如图 9.5 所示。

1. 假设第一个关节被约束在 ±90° 之间移动，而第二个关节被限制在 0° ～45° 之间。请修改工作空间的形状以近似双关节末端执行器的工作空间。

2. 更改调制以确保在边界附近移动方向加速并顺时针旋转。

9.1.7 多个障碍物

在存在多个障碍物的情况下，通过取每个障碍物产生的调制动态系统 $\dot{x}^o$ 的加权平均值来修正标称动态系统，$o=1,\cdots,N^o$ 分别表示幅值 $\|\dot{x}^o\|$ 和方向 $\boldsymbol{n}^{\dot{x}^o}$（图 9.6）[2]。每个障碍物 o 的调制动态系统为 $\dot{x}^o=\|\dot{x}\|^o\boldsymbol{n}^{\dot{x}^o}$。为了平衡每个障碍的影响，并确保在每个障碍的边界上其他障碍的影响消失，我们设定：

$$\sum_{k=1}^{N^o}w^o(x)=1 \text{ 且 } w^o(x\in\mathscr{X}^{b,\hat{o}})=\begin{cases}1 & o=\hat{o}\\0 & o\neq\hat{o}\end{cases} \tag{9.12}$$

其中，N^o 是障碍物的数量，$\hat{o}$ 表示障碍物 o 的边界。

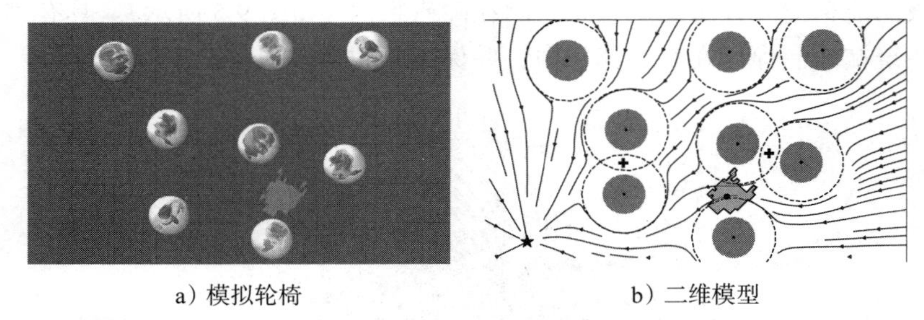

a）模拟轮椅　　b）二维模型

图 9.6　轮椅试图避开以圆形障碍物为代表的人群（图 a）。为了考虑轮椅的几何形状，在障碍物（虚线）周围添加了一个边界（图 b）

建议将权重 w^o 设置为与距离度量 $\Gamma^o(x)-1$ 成反比（注意每个障碍物可以有自己的距离度量指标 Γ^o）：

$$w^o(x)=\frac{\sum_{i\neq o}^{N^o}(\Gamma^i(x)-1)}{\sum_{k=1}^{N^o}\prod_{i\neq k}^{N^o}(\Gamma^i(x)-1)},\ o=1,\cdots,N^o \tag{9.13}$$

幅值通过加权平均评估如下：

$$\|\dot{x}\|=\sum_{o=1}^{N^o}w^o\|\dot{x}^o\| \tag{9.14}$$

我们计算初始动态系统和与之对齐的单一向量 $\boldsymbol{n}^f(x)$ 的偏转。我们定义了函数 $\kappa(\cdot)\in\mathbb{R}^{N-1}$，它将调制后的动态系统从每个障碍物投射到半径为 π 的 $(d-1)$ 维超球面上[3]。

$$\kappa(\dot{x}^o,x)=\arccos(\boldsymbol{n}_1^{\dot{x}^o})\frac{[\hat{\boldsymbol{n}}_2^{\dot{x}^o}\ \cdots\hat{\boldsymbol{n}}_d^{\dot{x}^o}]^{\mathrm{T}}}{\sum_{i=2}^{d}\hat{\boldsymbol{n}}_i^{\dot{x}^o}},\hat{\boldsymbol{n}}^{\dot{x}^o}=\boldsymbol{R}_f^{\mathrm{T}}\boldsymbol{n}^{\dot{x}^o}$$

选择正交矩阵 $\boldsymbol{R}_f(x)$ 使得初始动态系统 $\boldsymbol{f}(x)$ 与第一个轴 $[x_1\ \boldsymbol{0}]^{\mathrm{T}}=\boldsymbol{R}_f(x)^{\mathrm{T}}\boldsymbol{f}(x)$ 对齐，其中

$\boldsymbol{R}_f(x)=[\boldsymbol{n}^f(x)\cdot\boldsymbol{e}_1^f(x)\cdots\boldsymbol{e}_{d-1}^f(x)]$。选择向量 $\boldsymbol{e}_{(\cdot)}^f(x)$ 以便形成标准正交基。

在这个 κ 空间中评估加权平均值：

$$\bar{\kappa}(x)=\sum_{o=1}^{N^o}w^o(x)\kappa^o(\dot{x},x) \tag{9.15}$$

调制后的动态系统 $\dot{x}$ 的方向向量表示返回初始空间：

$$\bar{\boldsymbol{n}}(x)=\boldsymbol{R}_f(x)[\cos\|\bar{\kappa}(x)\| \quad \frac{\sin\|\bar{\kappa}(x)\|}{\|\bar{\kappa}(x)\|}\bar{\kappa}(x)]^{\mathrm{T}} \tag{9.16}$$

根据式（9.14），最终速度计算为

$$\dot{\bar{x}}=\bar{\boldsymbol{n}}(x)\|\dot{x}\| \tag{9.17}$$

9.1.7.1 交叉障碍物

在障碍物相交的情况下，前面给出的算法也适用，但只有在所有障碍物之间存在一个共同的参考点 $x^{r,o}$ 时才会收敛。因此，必须存在一个公共区域。两个相交的障碍物也总是如此。对于更多相交的障碍物，它发生在特殊情况下（见图 9.7）。凸面障碍物必须形成一个星形组（见 9.1.4.1 节中讨论的凹面障碍物）。此外，如果多个障碍物共享一个参考点 x^r，则只存在一个公共鞍点轨迹。

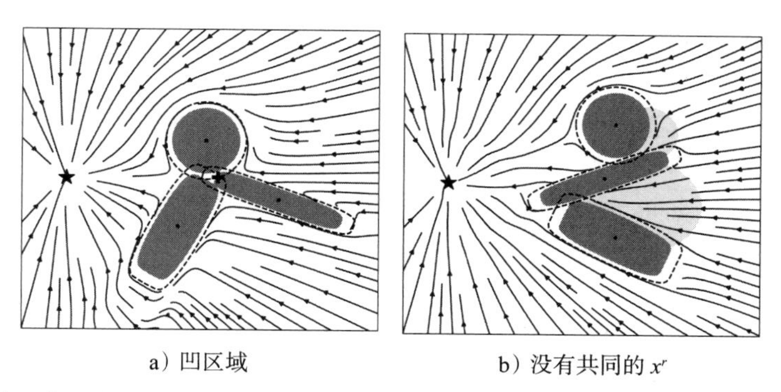

a）凹区域　　b）没有共同的 x^r

图 9.7　如果所有障碍物具有公共区域，则可以避免多个相交的凸面障碍物（图 a）。其他情况下无法观察到全局收敛，而是会收敛到局部最小值（浅灰色阴影）（图 b）。可以创建星形外壳以退出这些凹面区域，见图 9.4

> **练习 9.2**　证明保证具有障碍调制的线性动态系统的不可穿透性和收敛性的一些必要步骤，如式（9.12）～式（9.17），所述。
>
> 1. 不可穿透性：证明多障碍物避障系统永远不会穿透任何障碍物。
> 2. 收敛性：证明除鞍点轨迹生成的固定点外，不会创建其他固定点。

9.1.8 避开移动障碍物

虽然现实生活中的许多障碍是静态的（例如墙、门、家具），但许多其他障碍不是静态的。事实上，其中一些甚至可能移动得相当快。例如，如果一个机械臂的任务是从人类合作者旁边的传送带上拾取物体，则在任何时候都要避免与人类同时接触同一传送带上的物体。

它可能还必须避免与其他机器人在同一传送带上工作。如果机器人是自动驾驶汽车，它必须避开道路上的其他车辆。

在避开移动障碍物时，关键是要能够估计其速度，从而确定其移动的位置。假设可以估计移动物体的平移和旋转速度，并将其添加到我们的障碍物调制中，以考虑障碍物的移动方向并进行同样的移动。为了实现这一点，我们使用了在本书中已经多次介绍过的方法——改变系统的初始条件以简化计算。在这里，我们通过变量 $\tilde{x}=x-x^c$ 的变化将其放置在障碍物的中心 x^c 上。然后可以通过分别考虑障碍物的平移和旋转速度 $\dot{x}^0$ 和 $\dot{w}^0$ 来计算这个新变量的一阶导数：

$$\dot{\tilde{x}}=\dot{x}^o+\dot{w}^o\times\tilde{x} \tag{9.18}$$

然后按如下方式调制标称动态系统 $f(x)$：

$$\dot{x}=M(x)(f(x)-\dot{x}^o)+\dot{x}^o \tag{9.19}$$

> **练习 9.3** 式（9.19）产生的调制有两个副作用。看看你是否能找到解决以下问题的方法。
>
> 1. 动态系统在移动障碍物表面上的法向分量等于该方向上障碍物的速度。因此，即使机器人可能是静态的，并且机器人没有朝着其他机器人移动，由这种动态系统控制的机器人也会与通过的障碍物一起被拉动。如何消除这种副作用，以确保沿切线方向通过机器人的障碍物不会影响机器人的运动？
>
> 2. 由于障碍物的速度在式（9.19）中是相加的，因此吸引子可能会移动。你需要修改什么以确保吸引子保持不变？（当然，这是以在那一点上被障碍物击中为代价的。）
>
> 3. 回到编程练习 9.11 中使用的代码。修改调制以允许障碍物以线性运动紧挨机器人质点质量滑动并向吸引子移动。观察机器人和吸引子的诱导运动。应用你在前两个问题中描述的解决方案。

9.1.9 学习障碍物的形状

所提出的避障算法要求用户提供障碍物外表面的解析公式。如果空间不拥挤，并且你可以轻松避开障碍物而无须靠近它们，那么最好的策略是使用凸面形状（例如椭圆）来逼近它们。如果空间有限，那么最好有一个更紧的包络。然而，人们必须确保障碍物或障碍物组保持星形。

该算法要求一个明确的函数围绕物体并给出距离的度量指标。这样的包络可以使用支持向量回归来学习（不熟悉支持向量回归的读者可以参考 B.4 节）。读者可以使用编程练习 9.3 中提供的代码来测试这种方法。

> **编程练习 9.3** 打开 MATLAB 并将目录设置为以下文件夹：
>
> ```
> 1    ch9-Obstacle_avoidance/construct_obstacles
> ```
>
> 此文件夹允许你手绘物体的表面并将其与支持向量回归配合以生成 Γ 函数。你还可以加载从真实表面收集的点云，并生成沿表面滑动的动态系统。

当提供对象的三维模型时，可以计算紧密贴合对象周围的平滑凸包络面（也称为凸包围体）。这个体积边界（而不是物体的形状）可以用来执行避障。当只有对象的点云描述可用时，可以使用其中一种技术近似估计体积边界。例如，在 [11] 中，体积边界是使用一组球体和环面来近似的。要使用这种方法，首先需要找到与机器人当前位置相对应的体积边界的相关补丁（球体或圆环）。然后，基于该补丁的解析公式可以计算动态调制矩阵。回想一下，我们的避障模块只需要 C^1 平滑度。

在动态环境中进行避障时，几乎不可能从视觉系统的输出中实时生成体积。因此，有必要生成一个库来存储不同对象的解析公式。在运行时，该库可以与对象的识别模块结合使用，将形状映射到对象上。当对象为凹面时，一种选择是存储分析凸包络库。然后，可以使用包络的这种分析描述符来检测物体并通过将凸形与公共交点连接起来形成星形凹包络来构造凹形物体的避障模块。图 9.8 说明了一组障碍物如何逐渐适应一系列凸面对象。

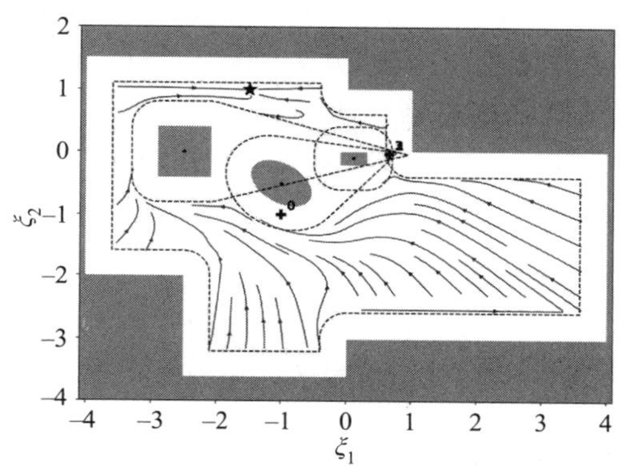

图 9.8　一个已知的工作环境由一组具有共同边界的凸形对象来描述，以创建星形障碍物。我们在这个环境中叠加了机器人的动力学

在存在快速未知的移动障碍物的情况下，对象识别阶段可能无法提供避开障碍物所需的敏捷性（尤其是存在大量对象库时）。在这些情况下，用体积边界自动生成算法模块代替对象识别可能更合适。围绕障碍物的点云生成一个简单的体积边界（例如，椭圆体）可以快速地完成。如果物体移动得非常快，建议设置一个安全界限，例如通过给等值线添加一个偏移量，使得在障碍物边界处的值为 1 的等值线对应于障碍物周围安全距离内的表面。

此外，当机器人的工作空间中有许多障碍物时，可能不需要一直跟踪所有障碍物（这在计算上是可行的）。由于调制随着到障碍物距离的增加而减小，因此可以忽略所有相关调制矩阵接近恒等的障碍物。通过考虑局部相关的障碍物，视觉系统的处理时间可以显著减少。然而，当一个障碍物从相关的障碍物集合中被添加或移除时，这将是以机器人速度的微小不连续为代价的。通过设置一个小的阈值，这种不连续性实际上是可以忽略不计的。

9.2 避免自碰撞和关节级障碍物

避免自碰撞是多臂操作的主要挑战之一。在本节中，我们提出了一种在双臂机器人系统中避免自碰撞的解决方案。需要注意的是该方法非常快，能够以小于 2 m/s 的速度运行。速度确实至关重要，因为自碰撞可能会突然出现，需要立即避免以防止损坏。

在上一节中，我们介绍了一种反应式避障算法，该算法依赖于计算机器人当前状态与要避开的边界之间的最小距离。此外，该边界表示为球体 / 扫描球体 / 多边形。虽然对问题的维数没有限制，并且 9.1 节中提出的方法可以扩展到关节空间，但只有当可行关节空间的边界可以由简单多边形表示时才可以实现。这只是单臂机器人的情况，但当我们要建模多手臂 / 关节系统的自碰撞时，情况就不再是这样了。在后者的情况下，边界是复杂的，并且随着关节的移动而移动。前面介绍的反应式方法将不再保证没有局部极小值。

9.2.1　逆向运动学约束和自碰撞约束的组合

为了避免双机械臂系统中机械臂关节之间的碰撞，我们使用了逆向运动学求解器，该求解器考虑了每个机器人的运动学约束，也考虑了自碰撞约束。假设机器人的底座相对于彼此是固定的，我们通过让机器人在空间中随机移动来探索机器人的联合工作空间。这使我们能够了解关节空间中可能导致碰撞和不会导致碰撞的区域。

为了确定可行（安全）和不可行（碰撞）构型之间的边界如何根据关节构型而变化，我们必须构建一个从关节构型到我们的二元分类问题边界的连续映射。遵循本章开头介绍的类似符号，并假设可以通过连续且连续可微的函数 $\Gamma(q^{ij})$ 来约束不可行联合空间区域：$\mathbb{R}^{d_{qi}+d_{qj}} \to \mathbb{R}$，其中 $q^{ij}=[q^i,q^j]^{\mathrm{T}} \in \mathbb{R}^{d_{qi}+d_{qj}}$ 分别是第 i 个和第 j 个机器人的关节角。我们定义 $\Gamma(\cdot)$，使得

$$
\begin{aligned}
&\text{碰撞构型 } \Gamma(q^{ij})<1\\
&\text{边界构型 } \Gamma(q^{ij})=1\\
&\text{自由构型 } \Gamma(q^{ij})>1
\end{aligned}
\tag{9.20}
$$

式（9.20）提供了逆向运动学求解时必须满足的约束。为了解决这个问题，我们提出了以下二次规划：

$$
\underbrace{\arg\min_{\dot{q}} \frac{\dot{\boldsymbol{q}}^{\mathrm{T}} W \dot{\boldsymbol{q}}}{2}}_{\text{减少支出}} \tag{9.21a}
$$

须符合下列条件：

$$
\underbrace{\boldsymbol{J}(\boldsymbol{q})\dot{\boldsymbol{q}}=\dot{\boldsymbol{x}}}_{\text{满足期望的末端执行器运动}} \tag{9.21b}
$$

$$
\underbrace{\dot{\boldsymbol{\theta}}^{-} \leqslant \dot{\boldsymbol{q}} \leqslant \dot{\boldsymbol{\theta}}^{+}}_{\text{满足运动学约束}} \tag{9.21c}
$$

$$
-\nabla \Gamma^{ij}(q^{ij})^{T} \dot{q}^{ij} \leqslant \log(\Gamma^{ij}(q^{ij})-1), \underbrace{\forall (i,j) \in \{(1,2),(1,3),\cdots,(N_R-1,N_R)\}}_{\text{不可穿透碰撞边界}} \tag{9.21d}
$$

其中，对于 N_R 机器人，$\boldsymbol{q}=[q^1,\cdots,q^{N_R}]^{\mathrm{T}} \in \mathbb{R}^{D_q}$，$D_{\boldsymbol{q}}=\sum_{i=1}^{N_R} D_{qi^4}$；$W$ 是正定矩阵的块对角矩阵；$\boldsymbol{J}=\operatorname{diag}(J_1,\cdots,J_{N_R})$ 是雅可比矩阵的块对角矩阵；$\dot{\boldsymbol{x}}=[\dot{x}\cdots\dot{x}_{N_R}]^{\mathrm{T}} \in \mathbb{R}^{N_n}$，$d_{\boldsymbol{n}}=N_R N$ 是任务空间运动生成器给出的期望速度；$\dot{\boldsymbol{\theta}}^i=[\dot{\theta}_1^i\cdots\dot{\theta}_{N_R}^i]$，$\forall i \in \{-,+\}$；$\dot{\theta}_i^+ \in \mathbb{R}^D$ 和 $\dot{\theta}_i^- \in \mathbb{R}^D$ 是联合极限的保守上下界。

图 9.9 展示了二维玩具中边界的形状 $\Gamma(\cdot)$，以突出其在二次规划中的作用。当机器人处于远离边界的构型中时，$\log(\Gamma^{ij}(q^{ij})-1)>0$，这放松了不等式约束，机器人精确地跟随期望

的末端执行器的轨迹。当机器人的构型接近边界时，$\log(\Gamma^{ij}(q^{ij})-1)$ 变为负数，因此激活约束（式（9.21d））。这会迫使关节角度远离边界。

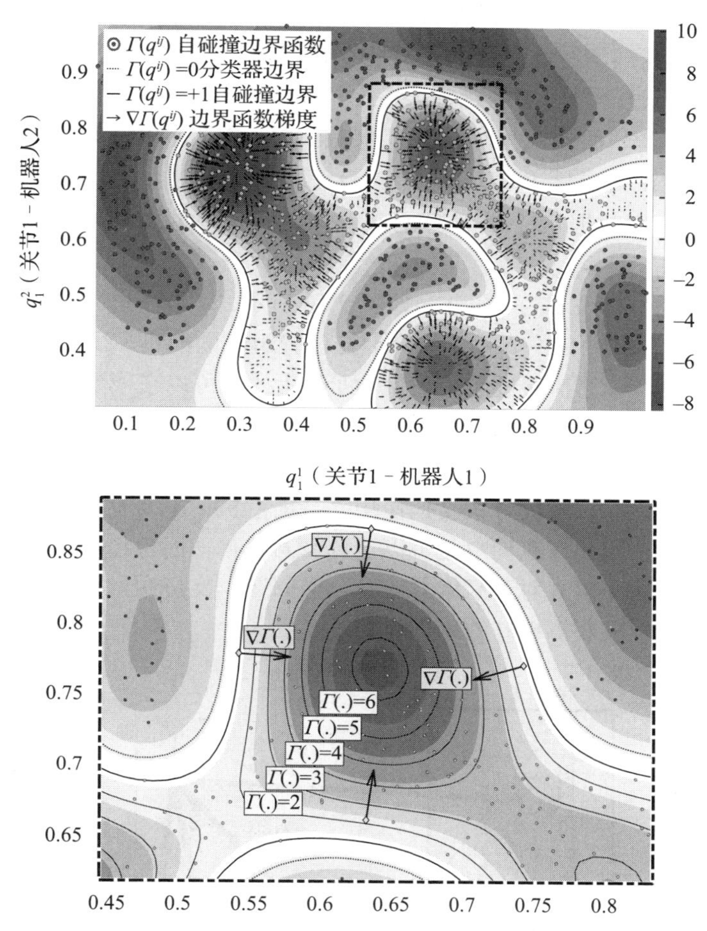

图 9.9 $\Gamma(q^{ij})$ 函数用于二维平面问题。假设有两个具有 1 自由度的机器人，每个机器人对应每个轴（即 $q^{ij}=[q_1^1,q_2^1]$）。绿色数据点表示无碰撞机器人构型（y=+1），红色数据点表示碰撞机器人构型（y=−1）。背景颜色代表 $\Gamma(q^{ij})$ 的值，请参阅颜色条以获取确切值，其中蓝色区域对应无碰撞机器人构型（$\Gamma(q^{ij})>1$），红色区域对应碰撞构型（$\Gamma(q^{ij})<1$）。无碰撞区域内的箭头表示 $\nabla\Gamma(q^{ij})$

满足避免碰撞和实现运动可行性的约束比跟随期望的末端执行器的运动具有更高的优先级。因此，我们对式（9.21c）和式（9.21d）赋予比式（9.21b）更高的惩罚。

式（9.21）是具有等式和不等式约束的凸二次规划。这可以通过标准非线性规划求解器（例如 Nlopt[62]）或约束凸优化求解器（例如 CVXGEN[98]）来解决。

在下一节中，我们描述了一种数据驱动的方法，用于学习稀疏、连续且连续可微模型 $\Gamma(\cdot)$，该模型来自数百万个可行和不可行关节构型的数据集。

9.2.2 学习避免自碰撞边界

根据式（9.20），避免自碰撞边界函数 $\Gamma(q^{ij})$ 应该是连续的和连续可微的。有趣的是，这个问题可以表述为一个二元分类问题：对于 $y\in\{+1,-1\}$，$y\leftarrow \mathrm{sgn}(\Gamma(q^{ij})$。其中碰撞的关节构型属于负类（即 $y=-1$），而非碰撞的关节构型属于正类（即 $y=+1$）。当 $\Gamma(q^{ij})=1$ 时，q^{ij} 位于正类的边界，即自碰撞边界（由图 9.9 中的黑线表示）。

我们考虑两个机器人，每个机器人具有 7 个自由度。多臂关节角向量所在的流形是 $q^{ij}\in R^{14}$。将 q^{ij} 用作分类问题的特征向量可能存在问题，原因有几个。首先，许多机器学习算法依赖于计算欧几里得空间中的距离 / 范数，假设特征是独立的并且与底层分布同分布。因此，应用于 $q^{ij}\in\mathbb{R}^{D_1+D_2}$ 的欧几里得范数仅仅是 $\mathbb{R}^{D_1+D_2}$ 流形中实际距离的近似值。事实上，关节角度的适当距离度量指标（即 $d(q^{ij}{}_1, q^{ij}{}_2)$，其中 $q^{ij}\in\mathbb{R}^{D_1+D_2}$）是不存在的。因此，该解决方案不是在关节角度数据 q^{ij} 上学习避免自碰撞决策边界函数 $\Gamma(\cdot)$，而是在三维空间上学习 $\Gamma(\cdot)$。

关节角的笛卡儿坐标表示为 $F(q^{ij})$。如图 9.10 所示，$F(q^{ij})$ 是通过正向运动学计算的由第 i 个和第 j 个机器人的所有关节的三维笛卡儿位置组成的向量。因此，双臂机器人系统的特征向量为 $F(q^{ij})\in\mathbb{R}^{3D_{qi}+3D_{qj}}$，通过使用 $F(q^{ij})$ 而不是 q^{ij}，可以在模型复杂度和错误率之间取得更好的平衡。此外，由于 $\Gamma(\cdot)$ 的输出预期为标量（式（9.20）），$\Gamma(q^{ij})\equiv\Gamma(F(q^{ij}))$，因此不需要额外的计算。式（9.21d）中的线性不等式约束要求 $\nabla\Gamma(\cdot)$ 是连续的，这也可以由支持向量机或神经网络提供。该解决方案支持使用支持向量机，主要有两个原因：学习支持向量机是一个凸优化问题，因此，我们总是可以达到全局最优，而神经网络依靠重参数调整和多次初始化来避免局部最小解；对于高维非线性分类问题，支持向量机产生比神经网络更稀疏的模型，从而在预测阶段获得更好的运行时间。

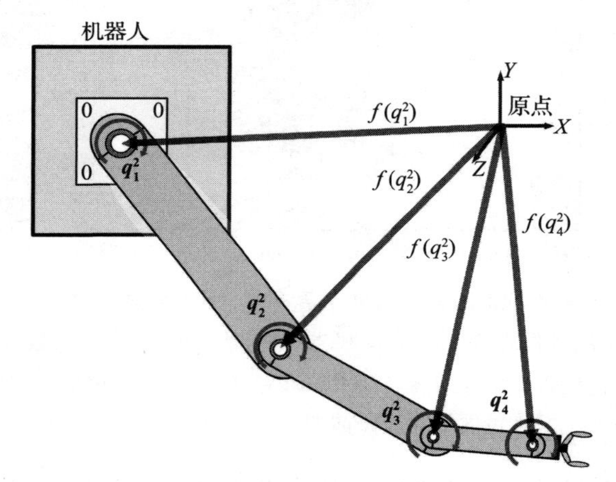

图 9.10　用于学习避免自碰撞边界函数 $\Gamma(F(q^2))$ 的多臂系统参考系中各个关节角度的 $F(q^2)$、三维笛卡儿位置（例如，$F(q_1^2)$：$S^1\to\mathbb{R}^3$）的图示，其中 $F(q^2)=\{F(q_1^2),\cdots,F(q_2^4)\}$，假设我们有两个机器人，每个机器人都有 4 个自由度

我们遵循核支持向量机公式并建议编码 $\Gamma(F(q^{ij}))$ 作为支持向量机决策规则。通过省略符号函数并使用径向基函数的核 $k(F(q^{ij}),f(q_n{}^{ij}))=\mathrm{e}^{\left(-\frac{1}{2\sigma^2}\|F(q^{ij})-f(q_n{}^{ij})\|^2\right)}$，对于核宽度 σ，$\Gamma(F(q^{ij}))$（从这里开始，为了简单起见，删除上标 ij）采用以下形式：

$$\Gamma(F(q^{ij}))=\sum_{n=1}^{N_{\mathrm{sv}}}\alpha_n y_n k(F(q^{ij}),f(q_n{}^{ij}))+b \tag{9.22}$$

$$=\sum_{n=1}^{N_{sv}}\alpha_n y_n \mathrm{e}^{\left(-\frac{1}{2\sigma^2}\|F(q^{ij})-f(q_n{}^{ij})\|^2\right)}+b \tag{9.22 续}$$

对于 N_{sv} 支持向量，其中 $y_i\in\{-1,+1\}$ 是对应于非碰撞 / 碰撞构型的正 / 负标签，$0\leqslant\alpha_i\leqslant C$ 是支持向量的权重，必须产生 $\sum_{n=1}^{N_{sv}}\alpha_n y_n=0$；$b\in\mathbb{R}$ 是决策规则的偏差。$C\in\mathbb{R}$ 是一个惩罚因子，用于在最大化边际和最小化分类错误之间进行权衡。给定 C 和 σ，通过求解软边缘核支持向量机的对偶优化问题来估计 α_i 和 b。式 (9.22) 自然产生一个连续梯度：

$$\begin{aligned}\nabla\Gamma(F(q^{ij}))&=\sum_{n=1}^{N_{sv}}\alpha_n y_n\frac{\partial k(F(q^{ij}),f(q_n{}^{ij}))}{\partial F(q^{ij})}\\&=\sum_{n=1}^{N_{sv}}-\frac{1}{\sigma^2}\alpha_n y_n \mathrm{e}^{\left(-\frac{1}{2\sigma^2}\|F(q^{ij})-f(q_n{}^{ij})\|^2\right)}(F(q^{ij})-f(q_n{}^{ij}))\end{aligned} \tag{9.23}$$

虽然 $\nabla\Gamma(F(q^{ij}))$ 已经满足式（9.21d）施加的约束，但它存在于 $3d_{qi}+3d_{qj}$ 维空间中，$\nabla\Gamma(F(q^{ij}))\in\mathbb{R}^{3d_{qi}+3d_{qj}}$。之后我们必须把这个梯度投影到它对应的 $\mathbb{R}^{d_{qi}+d_{qj}}$ 关节空间上；即，$\nabla\Gamma(q^{ij})\in\mathbb{R}^{d_{qi}+d_{qj}}$，展开式如下：

$$\nabla\Gamma(q^{ij})=\frac{\partial\Gamma(F(q^{ij}))}{\partial F(q^{ij})}\cdot\frac{\partial F(q^{ij})}{\partial q^{ij}} \tag{9.24}$$

其中，第一项等价于式（9.23），第二项是每个三维关节位置关于每个关节角 $J(q^{ij})=\dfrac{\partial F(q^{ij})}{\partial q^{ij}}$ 的雅可比行列式，我们有一个闭式解。

9.2.3 避免自碰撞数据集的构造

为了学习 $\Gamma(F(q^{ij}))$，必须首先生成能够识别自碰撞边界的数据集。我们考虑双臂设置，每个机械臂都是一个 KUKA7 自由度元素（见图 9.11）。我们通过在每个关节及其相邻的物理结构上安装球体来简化机器人结构的表示。因此，我们将多臂机器人系统的离散表示生成为一组球体 $S^{ij}=\{s_1{}^i,\cdots,s_7{}^i,s_1{}^j,\cdots,s_7{}^j\}$。通过使用球体作为关节的几何表示，简化了关节之间的距离计算。由于从球体中任何点到最近障碍物的距离的下限为 $d(c)-r$，其中 c 是球体的中心，r 是对应的半径。此外，对于第 i 个机器人的第 k 个球体，两个球体之间的下限是它们的中心之间的距离 c^k 减去它们各自半径的总和 r_k^i。例如，给定 $s_5{}^1$ 和 $s_7{}^2$，它们之间的下界距离为 $d(s_5{}^1,s_7{}^2)=d(c_5{}^1,c_7{}^2)-(r_5{}^1,r_7{}^2)$。

为了识别双臂系统中的碰撞，我们计算第 i 个机器人 S^i 的球体集的中心相对于第 j 个机器人 S^j 的球体集的成对距离，并找到最小距离 $\min[\ d(c_{k^*}^1,c_{k^*}^2)\ ]$。然后，我们为每个机器人构型 S^{ij} 定义一个标签，如下所示：

$$y(S^{ij})=\begin{cases}-1 & \text{如果}\quad \min[d(c_{k^*}^1,c_{k^*}^2)]<(r_{k^*}^1+r_{k^*}^2)\\+1 & \text{如果}\quad b_-\leqslant\min[d(c_{k^*}^1,c_{k^*}^2)]\leqslant b_+\\\varnothing & \text{如果}\quad \min[d(c_{k^*}^1,c_{k^*}^2)]>b_+\end{cases} \tag{9.25}$$

式中，$r_{k^*}^i$ 对应于第 k 个球体的半径，b_-，b_+ 对应于安全边界的最小 / 最大距离。具体来说，当最近球体的中心之间的 $\min[\ d(c_{k^*}^1,c_{k^*}^2)\ ]$ 小于相应的球体半径之和（即 $(r_{k^*}^1+r_{k^*}^2)$）时，关节构型发生碰撞（即标记为 y=–1）。在实际中，我们将球体设置为 10cm 的固定半径，因此 $(r_{k^*}^1+r_{k^*}^2)$ =20cm。鉴于实际上任何 $\min[d(c_{k^*}^1,c_{k^*}^2)]>(r_{k^*}^1+r_{k^*}^2)$ 的机器人构型都可以被认为是“非碰撞”构型，则最终将得到一组严重不平衡的碰撞 / 非碰撞数据点。因此，我们用边界将非碰撞机器人构型分解，标记为 y=+1，安全构型，未标记为 $y=\varnothing$。如果 $\min[d(c_{k^*}^1,c_{k^*}^2)]$ 位于安全范围内，用 b_- 和 b_+ 表示，机器人彼此非常接近，但仍然安全（见图 9.11）。我们凭经验发现 $b_-=30$ cm 和 $b_+=33$ cm 是我们双臂设置的安全边界。因此，非碰撞构型实际上是边界构型，因为所有安全构型都被过滤掉了。这具有几何意义，而不是找到碰撞构型和安全构型之间的边际，我们的边界函数将模拟非碰撞构型和边界构型之间更紧密的边际。在此处，我们将边界构型视为非碰撞构型。

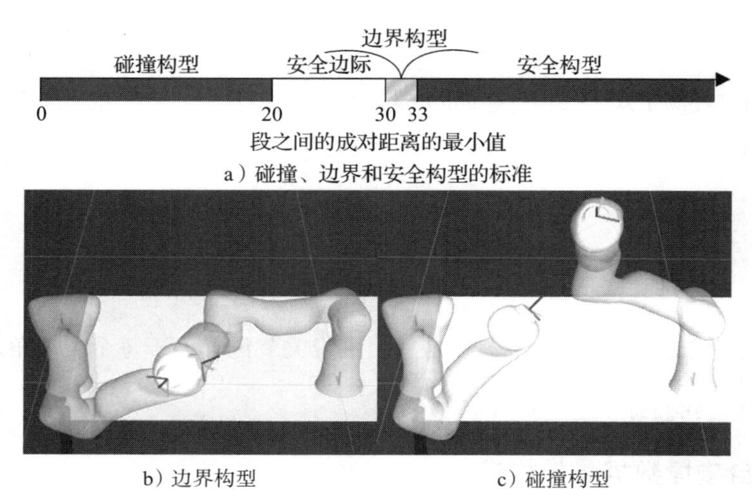

a）碰撞、边界和安全构型的标准

b）边界构型　　c）碰撞构型

图 9.11　双臂设置的碰撞 / 边界构型示例，其底座之间的偏移量为 $X_{\text{off}}=[0.0,1.3.0.34]m$

为了使避免自碰撞数据集生成正样本 $y(S^{ij})=\pm1$ 和负样本 $y(S^{ij})=-1$，我们从机器人在各自工作空间中的所有可能运动中采样并将式（9.25）应用到每个构型。为了探索所有可能的关节构型 q^{ij}，我们系统地将两个机器人的所有关节分别移动了 20°。q_1^i，q_3^i，q_5^i 和 q_7^i 关节的范围为 ±170°，而关节 q_2^i，q_4^i 和 q_6^i 的范围为 ±120°。给定 20° 的采样分辨率，这导致前一组有 18 个样本，后一组有 12 个样本。因此，一个臂[5]的可能构型总数为 $18^3\times12^3$，这将导致 ≈1e14 双臂设置的可能关节构型。然而，使用我们对碰撞和边界机器人构型的系统采样，我们收集了一组平衡的数据，约为 540 万个数据点，约为 240 万属于碰撞构型类别 $y=-1$，其余为非碰撞构型 y=1。

9.2.4　用于大数据集的稀疏支持向量机

核支持向量机训练时间的复杂度约为 $O(N_M{}^2D)$，其中 N_M 是样本数，D 是数据点的维度。另一方面，预测时间取决于通过训练学习的支持向量 N_{sv} 的数量。实际上，N_{sv} 趋于随着训练数据量 N_M 线性增加。更具体地说，对于核支持向量机 $N_{\text{sv}}/N_M\to\mathscr{R}_k$，其中 $\mathscr{R}_k$ 是核 k 可实现的最小分类误差（即在不可分离的分类场景中），要实现 5% 的误差，至少 5% 的训练点必须成为支持向量。就像在这个应用程序中一样，当设计大型训练集时，会很困难。$N_{\text{sv}}\gg$ 表示用于表示分类器边界 $w=\sum_{i=1}^{N_{sv}}\alpha_i y_i \Phi(f(q_i^{ij}))$ 的超平面的密集解。当然，解决方案越密集，它在运行时的计算成本就越高。这使得密集的支持向量机无法用于实时机器人控制。为了实现对期望末端执行器位置和自碰撞的快速适应，逆向运动学求解器必须以最多 2ms 的速率运行。注意在这个循环中，在求解式（9.21）之前，必须先计算式（9.22）和式（9.24）。

给定期望的控制速率（2ms）、用于控制机器人的特定硬件（即 3.4 GHz i7 PC 和 8 GB 随机存取存储器）以及每个机器人的运动学技术参数，需要为避免自碰撞边界函数定义计算预算。该预算转化为定义我们的支持向量机定义最大允许 N_{sv} 的限制 $\Gamma(F(q^{ij}))$。图 9.12 和图 9.13 显示了各种计算时间的曲线图 [6]。

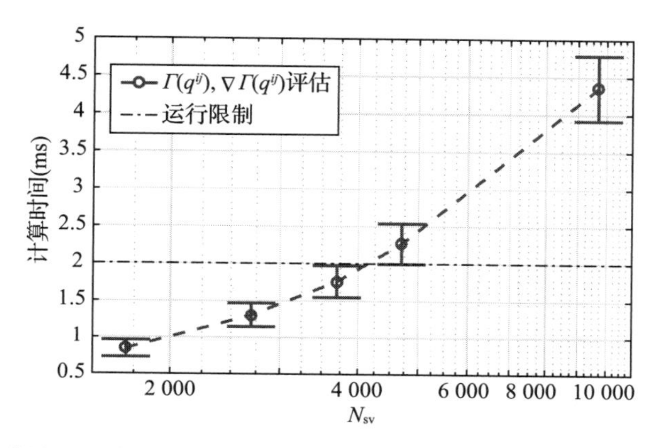

图 9.12 用于评估在双臂设置的指定硬件上的 $\Gamma(F(q^{ij}))$ 和 $\nabla\Gamma(F(q^{ij}))$ 运行时间计算成本的比较。所呈现的运行时间约为自碰撞避免测试的 $2k$ 控制回路循环。最大允许 $N_{sv}\leqslant 3k$，以符合 2ms 极限

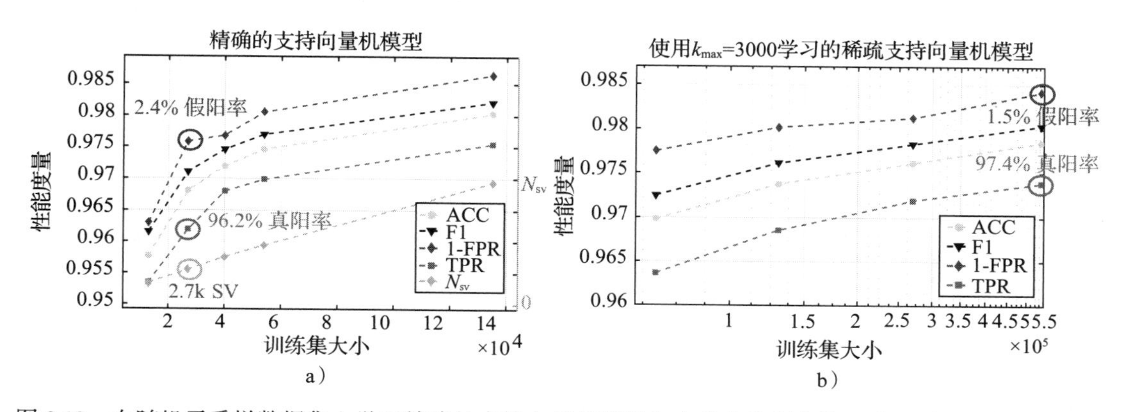

图 9.13 在随机子采样数据集上学习精确的支持向量机模型与在较大数据集块上学习稀疏支持向量机模型的性能比较。每个模型都在测试集上进行了评估，其中包含 270 万个看不见的样本机器人构型。（a）通过随机子采样方法，使用第二个模型（$N_{sv}=2,7k$），可以在期望的 2ms 运行时间限制内实现 FPR ≈ 2.4% 以及 TPR ≈ 96.19%。（b）使用在 540k 点上训练的稀疏支持向量机模型，我们可以实现 FPR ≈ 1.45% 和≈ 97.4%，$k_{max}=3000$

为了满足 2ms 的运行时间要求，计算预算为 $N_{sv}\leqslant 3k$。鉴于我们数据集的大小，训练通常针对双臂进行优化的支持向量机模型是不可行的。为了解决这个问题，一种解决方案是使用 [61] 中引入的割平面子空间追踪方法重新制定支持向量机优化问题，它直接估计对支持

向量数量 $\boldsymbol{k}_{\max}$ 有严格限制的超平面的解决方案。简而言之，因为 $\boldsymbol{w}=\sum_{i=1}^{k_{\max}}\alpha_i y_i \Phi(\boldsymbol{b}_i)$，所以割平面子空间追踪方法通过用集合 $\boldsymbol{B}=\{\boldsymbol{b}_1,\cdots,\boldsymbol{b}_{k_{\max}}\}$ 的基向量 $\boldsymbol{b}_i\in\mathbb{R}^{3d_{qi}+3d_{qj}}$（不一定是训练点）来近似。估计这个新的 w 值的优化算法然后专注于通过径向基函数核的定点迭代方法来获得这样的子空间。学习到的基向量 $\boldsymbol{B}$ 和 $\alpha_i s$ 可以直接用于式（9.22）和式（9.23）。

9.2.5　机器人实现

所提出的方法已成功用于控制 7.5 节所述的多臂抓取运动。在机器人必须跟踪进入彼此工作空间的移动目标任务和机器人静止但由人类施加外力的任务中，这种方法也得到了验证。在这两种情况下，机器人都能够相互避开。我们在这里演示一个实验，其中机器人的任务是直线移动以到达另一个机器人工作空间内的固定目标，如图 9.14 所示。我们还可以看到 $\Gamma(\cdot)$ 的值如何在运动执行期间相对于机器人构型在线更新，当它小于 2 时，根据式（9.21d），机器人彼此远离。本章介绍的机器人实验的影像可在本书的网站上找到。

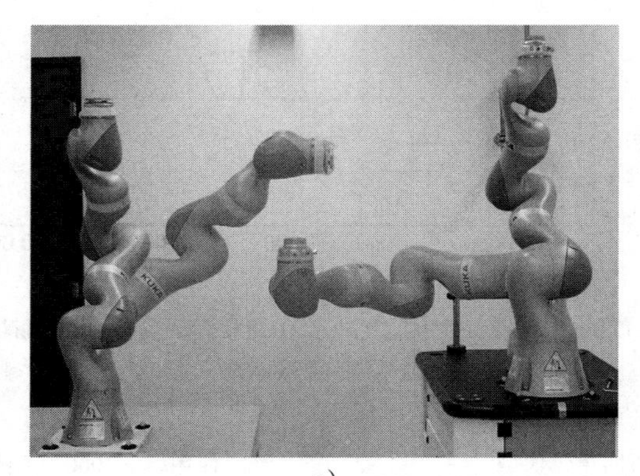

a）

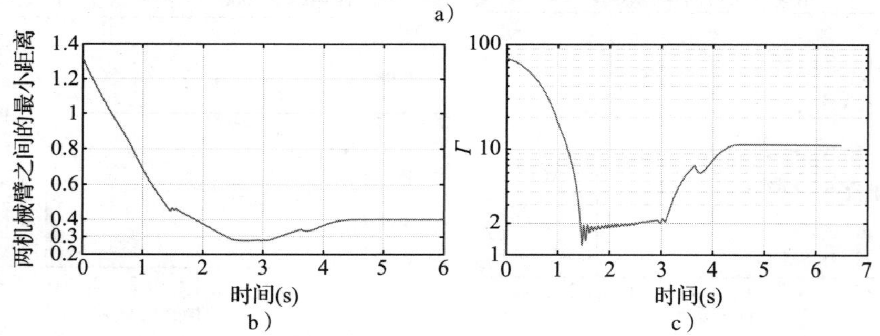

图 9.14　避免自碰撞测试。图 a 描述了初始和最终构型（以半透明图像显示）。图 b 和图 c 显示了机械臂之间的最小距离和 Γ 在动作执行期间。$\Gamma(\cdot)$ 永远不会小于 1，表明机械臂的运动是安全的

动态系统的柔性和力控制

第 10 章

Learning for Adaptive and Reactive Robot Control: A Dynamical Systems Approach

柔性控制

前几章介绍了使用动态系统（DS）生成机器人位置或速度控制的轨迹。然而，我们没有控制机器人的力。力控制对于许多任务来说都是必要的，例如精确和恰当地操纵物体，以及降低机器人与人类接触时的风险。

在 8.4 节中，我们使用二阶动态系统向力的控制迈出了第一步。我们证明了当机器人与表面接触时，可以约束力以确保接触保持稳定，但我们无法精确控制表面力的大小。在本章中，我们将展示动态系统如何与阻抗控制（一种传统上用于鲁棒转矩控制的方法）相结合来执行转矩控制。在第 11 章中，我们将对此进行延伸以准确控制机器人与接触表面的接触力。

阻抗控制可以形成这样一种方式，使机器人吸收相互作用力并且在接触时消耗能量。当由于意外干扰（如无意中撞到物体）可能导致非预期的接触时，这种方式尤其有用，可以使机器人在人类面前更安全。然而，通常很难事先确定一个给定任务的合适阻抗是什么。因此，已经提出了许多方法来了解何时何地应用什么阻抗是正确的。本章回顾了一部分方法，并展示了如何结合基于动态系统的控制律来学习可变阻抗。

本章内容如下。10.1 节讨论了在与环境接触时具有柔性的必要性。接下来介绍了在机器人已经与物体接触时，机器人的柔性控制体系结构，见 10.2 节。在 10.3 节中，我们提供了两种学习柔性行为的方法。最后，在 10.4 节中，我们展示了如何将该框架与动态系统相结合[1]。

10.1 机器人何时以及为什么应该是柔性的

设系统由以下等式驱动：

$$m\ddot{x} + k(x - x^*) = 0, \quad x(0) = x_0 \tag{10.1}$$

这是一个质量 m 受弹簧的刚度系数为常数 k 约束的牛顿方程。观察到这是一种线性、不随时间变化的二阶动态系统。$x \in \Re$是系统的状态，$x^* \in \mathbb{R}$ 是系统的固定点且 x^* 是一个驻点。如果系统在 x^* 处初始化，则系统不会移动。然而，一个轻微的扰动就会使系统进入无限振荡状态。

式（10.1）描述了附着在 x^* 点的质量 – 弹簧系统的行为。如图 10.1 所示，系统在 x^* 附近振荡而不损失任何能量。峰值速度出现在 $x=x^*$ 处。振荡的频率以及振荡系统在 $x=x^*$ 时的速度是 k 和 m 的函数。这里，k 被称为系统的刚度系数。k 越大，系统的刚度越大，峰值速度和振荡频率越高（见图 10.1c）。

观察到式（10.1）类似于第 3 章中介绍的描述机械臂动力学的等式，该机械臂的任务是撞击位于点 x^* 处的高尔夫球。如果我们不控制拦截速度，机器人将高速命中目标。虽然这可能会让球飞到空中，但如果目标是易碎的花瓶或墙壁，这可能会对物体或机器人造成损坏。为了调节与目标接触时的力，必须控制 k。

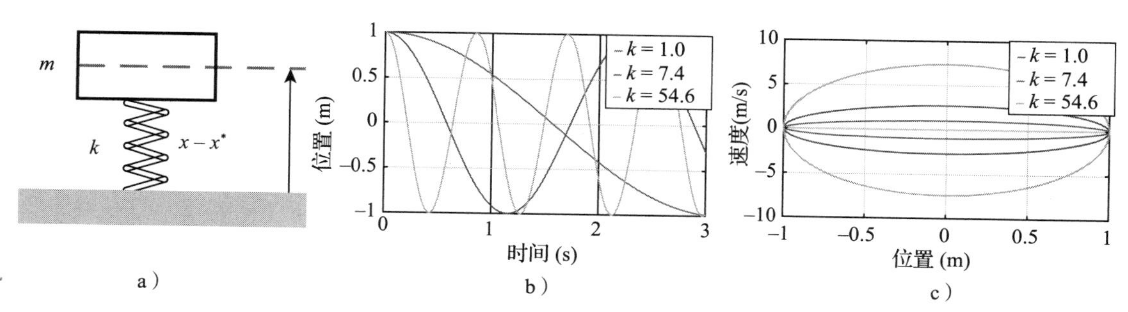

图 10.1 由质量 – 弹簧系统近似的点 – 质量机器人系统如图 a 所示。质量的状态 x 表示机器人的状态。图 b 和图 c 说明了在刚度系数为 m=1，x_0=1 和 x^*=0 的情况下系统的行为。从图中我们可以看到，峰值速度出现在 $x=x^*=0$ 处，它随着刚度系数单调增加

防止无限振荡和控制系统速度的一种方法是在式（10.1）中添加阻尼项：

$$m\ddot{x}+d\dot{x}+k(x-x^*)=0, x(0)=x_0 \tag{10.2}$$

其中，$d\in\mathbb{R}^+$。如图 10.2c 所示，阻尼会明显改变系统的行为。对于恒定的质量和刚度，增加阻尼系数会将系统的特性从无损（蓝线）变为过阻尼（紫线）。

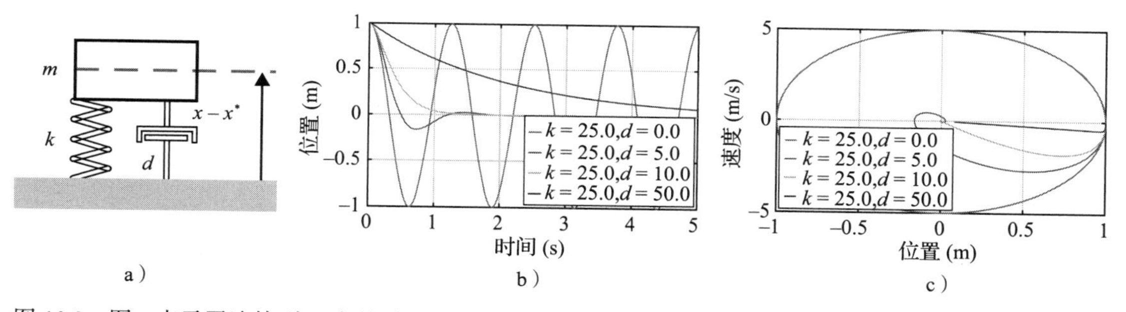

图 10.2 图 a 表示了连接到 x^* 点的质量 – 弹簧 – 阻尼系统式（10.2）。质量状态由 x 表示。在图 b 和图 c 中，举例说明了当 m=1，x^*=0 和 x_0=1 时，系统的四个阻尼系数的行为。从图 c 中可以看出，阻尼系数对系统的响应具有显著影响。系统可以是过阻尼（紫色）或无损（蓝色）的

系统在 $x=x^*$ 时的速度可以通过阻尼和刚度系数来精确控制。可以证明，如果 $k=\omega^2$ 且 $d=2\omega$（其中 $\omega\in\mathbb{R}^+$ 是系统的固有频率），质量 – 阻尼 – 弹簧系统会在最短时间内稳定地收敛到平衡点 x^*。这称为临界阻尼系统。因此，阻尼越大，目标速度越慢，但这是以更高的上升 / 稳定时间为代价的。

在机器人技术中，人们通常希望控制机器人的速度（以确定移动时间和运动方向）和接触时的力。然而，在同一方向施加相同的控制量时，不可能分别控制力和位移。为了解决这个问题，并能够将速度与力控制联系起来，业内已经认可了两种方法，分别是阻抗控制和导纳控制 [55]。阻抗一词的灵感来自电学中的一个类似概念。电阻抗与电路中的电压与电流之比有关。在控制过程中，阻抗表示系统抵抗谐波力的程度（即力与产生的速度之比）。导纳是阻抗的倒数，它表示作为输入的力与产生的速度 / 位移之比。例如，当 x^*=0 在频域简谐力 $f=f_0\mathrm{e}^{\mathrm{i}\omega t}$ 的作用下的质量 – 弹簧 – 阻尼器系统（式（10.2））的阻抗和导纳为

$$Z_m(\mathrm{i}\omega)=(\mathrm{i}\omega m+d-\frac{k}{\mathrm{i}\omega}) \tag{10.3a}$$

$$Y_m(\mathrm{i}\omega)=\frac{\mathrm{i}\omega}{k+\mathrm{i}\omega d-\omega^2 m} \tag{10.3b}$$

其中，i 是一个虚数单位。由于稳态时 $s=\mathrm{i}\omega$，在拉普拉斯域中，式（10.3）等价于

$$Z_m(s)=(ms+d+\frac{k}{s}) \tag{10.4a}$$

$$Y_m(s)=\frac{s}{k+sd+s^2 m} \tag{10.4b}$$

其中，s 是拉普拉斯变量。仔细观察式（10.3）和式（10.4），我们可以得出以下观察结果：

- 式（10.3）和式（10.4）表明，阻抗和导纳不仅是刚度的函数，也是质量和阻尼的函数。此外，质量－弹簧－阻尼器系统的阻抗（导纳）与系统的质量、刚度和阻尼正（负）相关。
- 系统的阻抗和导纳也是输入频率的函数。例如，弹簧和质量分量的阻抗分别与输入频率负相关和正相关，阻尼器的阻抗与频率不相关。这些相关性在图 10.3b 中可以看出，其中显示了质量、阻尼器和弹簧组件在不同频率下的阻抗，包括单独阻抗和共同阻抗。
- 质量－弹簧－阻尼系统的频率响应（图 10.3b 中的紫色线）表明系统阻抗具有一个全局最佳工作频率（即最高导纳和柔性）。
- 阻抗值越高，相对于恒定作用力的位移越小。另一方面，如果阻抗为零（无限导纳），系统会在外力作用下快速移动。图 10.3c 中也强调了这一点，图中说明了质量－弹簧－阻尼系统（式（10.2））对不同阻抗值的 f=sin（t）的响应。可以看出，阻抗越低，位移越大（即比较蓝线和紫线）。

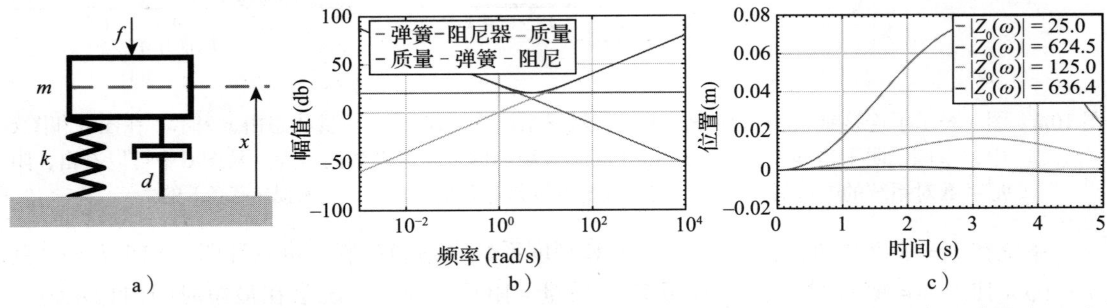

图 10.3　图 a 表示在外力 f 下的质量－弹簧－阻尼系统。质量的状态由 x 表示。图 b 表示质量（m=1）、刚度系数（k=25）和阻尼（d=10）分量以及质量－弹簧－阻尼系统（具有相同的系数）的频率响应。图 c 表示质量－弹簧－阻尼系统在不同阻抗（m=1，$d\in\{25,125\}$ 和 $k\in\{1,\ 625\}$）下的行为。阻抗值相似的系统（图 10.3c 中的红色和紫色线）的响应几乎相同

在机器人学中，阻抗（对应地，导纳）描述了机器人对外力的反应。这些力不一定是真实的。可以通过生成虚拟力以产生特定行为。例如，可以生成虚拟连接到目标点的弹簧和阻尼系统。这可以驱动机器人达到本章开头介绍的目标。请注意，期望目标可以不是固定点。我们将在本章中看到，期望目标可以是由动态系统驱动的标称运动。该目标成为参考轨迹，阻抗[2]表示系统收敛到期望参考轨迹的速度。

阻抗的概念与柔性的概念密切相关。如果系统服从外部输入，则称之为柔性的。在阻抗

控制中，系统或多或少会受到外力产生的干扰。如果该系统的阻抗低，则该系统是柔性高的。相反，如果其阻抗高，则系统为刚性的。

练习 10.1 思考一个二阶一维动态系统，可用于在 $x=x^*$ 时击中目标，同时在 $t=t^*$ 时，期望速度为 $\dot{x}=\dot{x}^*$。首先使用式（10.1）考虑动态系统的无阻尼系统，然后根据方程（10.2）考虑动态系统的无阻尼系统。阻尼项是必须的吗？

如果动态系统需要以两种不同的速度通过空间上的两个点怎么办（即在 $t=t_1^*$ 时，$x=x_1^*$，$\dot{x}=\dot{x}_1^*$；在 $t=t_2^*$ 时，$x=x_2^*$，$\dot{x}=\dot{x}_2^*$）？这种情况可以实现吗？用解析和数值结果证明你的答案。

练习 10.2 考虑练习 10.1 中设计的动态系统，使用点－质量机器人系统去钉钉子。如果 $m=1$，$k=25$，$d=1$，并且冲击是弹性的，那么每个周期施加在钉子上的力是多少？循环率是多少？

10.2 柔性运动发生器

根据机器人平台和任务规划的空间，在接触阶段可以以不同的方式实现柔性控制。因此，可以在笛卡儿空间和关节空间中制定阻抗控制，以根据笛卡儿空间或关节空间中的期望目标修改机器人的机械阻抗如下：

$$\Lambda\ddot{\tilde{x}}+D\dot{\tilde{x}}+K\tilde{x}=F_c \tag{10.5a}$$

$$\Lambda\ddot{\tilde{q}}+D\dot{\tilde{q}}+K\tilde{q}=J(q)^{\mathrm{T}}F_c \tag{10.5b}$$

其中，$\tilde{q}=q-q_d$，$\tilde{x}=x-x_d$，$q_d\in\mathbb{R}^D$ 和 $x_d\in\mathbb{R}^N$ 是期望的平衡点。Λ、D 和 K 分别是期望的惯性、阻尼和刚度矩阵。为了实现式（10.5），控制输入 τ 或 $\mathscr{F}$ 应定义为：

$$\tau=C(q,\dot{q})\dot{q}+G(q)+M(q)\ddot{q}_d-M(q)\Lambda^{-1}(D\dot{\tilde{q}}+K\tilde{q})+(M(q)\Lambda^{-1}-I)J(q)^{\mathrm{T}}F_c \tag{10.6a}$$

$$\mathscr{F}=V_x(q,\dot{q})\dot{x}+G_x(q)+M_x(q)\ddot{x}_d-M_x(q)\Lambda^{-1}(D\dot{\tilde{x}}+K\tilde{x})+(M_x(q)\Lambda^{-1}-I)F_c \tag{10.6b}$$

很容易证明，将式（10.6a）和式（10.6b）代入机器人动力学方程（见附录C，式（C.1）和式（C.2）），将得到式（10.5）。实现式（10.5）需要闭合外力 F_c 上的回路。测量力则需要为机器人配备力/力矩传感器。然而这也不一定可行。如果期望惯性 Λ 与机器人惯性 $M(q)$ 或 $M_x(q)$ 相同，可以避免使用力/力矩传感器，但要将式（10.6）简化为

$$\tau=C(q,\dot{q})\dot{q}_d+G(q)+M(q)\ddot{q}_d-(D\dot{\tilde{q}}+K\tilde{q}) \tag{10.7a}$$

$$\mathscr{F}=V_x(q,\dot{q})\dot{x}_x+G_x(q)+M_x(q)\ddot{x}_d-(D\dot{\tilde{x}}+K\tilde{x}) \tag{10.7b}$$

如果期望轨迹是静止的，可以进一步简化控制律（式（10.7））为

$$\tau=G(q)-(D\dot{q}+K\tilde{q}) \tag{10.8a}$$

$$\mathscr{F}=G_x(q)-(D\dot{x}+K\tilde{x}) \tag{10.8b}$$

在式（10.8）中，重力由前馈项 $G(q)$ 或 $G_x(q)$ 补偿，反馈被用来按比例作用于刚度矩阵 K 的构型误差。此外，速度通过阻尼矩阵 D 对速度的反馈进行衰减。将式（10. 8a）代入式（C.1）和式（C.2），可以推导出以下闭环控制律。

将式（10.8a）和式（10.8b）分别代入式（C.1）或式（C.2），可以得到：

$$M(q)\ddot{\tilde{q}}+\bar{D}\dot{\tilde{q}}+K\tilde{q}=J(q)^{\mathrm{T}}F_c \tag{10.9a}$$

$$M_x(q)\ddot{\tilde{x}}+\bar{D}_x\dot{\tilde{x}}+K\tilde{x}=F_c \tag{10.9b}$$

其中，$\bar{D}=D+C(q,\dot{q})$，$\bar{D}_x=D+V_x(q,\dot{q})$。式（10.8）是最简单可实现的阻抗控制结构，尤其是在准静态情况下出奇地有效。严格来说，此控制器仅在常规下有效。然而，实际上，它可以很好地处理缓慢移动的参考构型。

可以证明（见练习 10.3、练习 10.4 和练习 10.5），由式（10.6）、式（10.7）或式（10.8）驱动的机器人系统向期望轨迹的运动会逐渐趋于稳定，即

$$\begin{aligned}&\lim_{t\to\infty}\|q(t)-q_d(t)\|=0 \qquad \lim_{t\to\infty}\|x(t)-x_d(t)\|=0\\&\lim_{t\to\infty}\|\dot{q}(t)-\dot{q}_d(t)\|=0 \qquad \lim_{t\to\infty}\|\dot{x}(t)-\dot{x}_d(t)\|=0\\&\lim_{t\to\infty}\|\ddot{q}(t)-\ddot{q}_d(t)\|=0 \qquad \lim_{t\to\infty}\|\ddot{x}(t)-\ddot{x}_d(t)\|=0\end{aligned} \tag{10.10}$$

如果

$$0\prec K,\ \ 0\prec D,\ \ 0\prec \Lambda \tag{10.11}$$

满足式（10.6）和式（10.7），以及

$$0\prec K,\ \ 0\prec D \tag{10.12}$$

满足式（10.8）中的要求。

图 10.4 展示了具有 2 个自由度的简单机器人系统的行为，该系统由式（10.6）、式（10.7）或式（10.8）驱动。可以看出，尽管系统在所有场景中都是稳定的，但其行为会根据控制律发生变化。

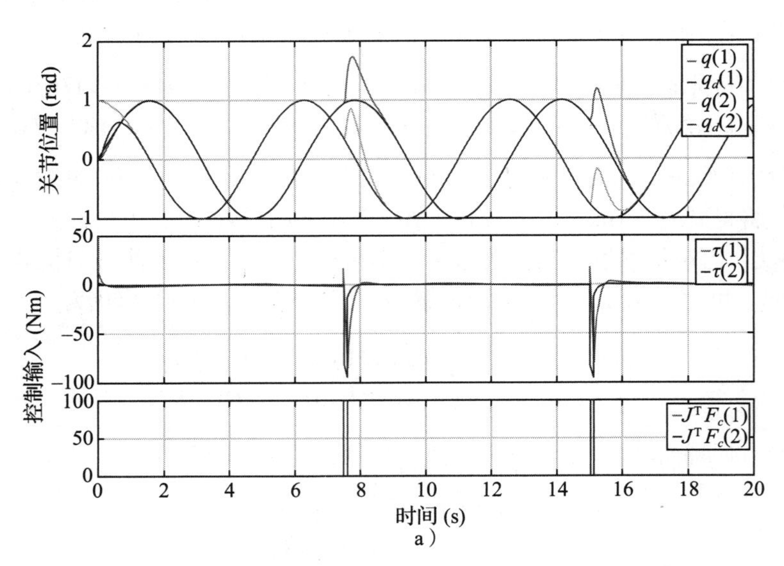

图 10.4　期望轨迹为正弦曲线 $q_d=\begin{bmatrix}\sin(t)\\\cos(t)\end{bmatrix}$，外部扰动扭矩 $(J^{\mathrm{T}}F_c)$ 在 t=7.5s 和 t=15s 时作用于两个关节。期望的惯性、阻尼和刚度矩阵分别为 $\Lambda=I_{2\times2}$，$D=10I_{2\times2}$ 和 $K=25I_{2\times2}$。式（10.6）、式（10.7）和式（10.8）由此产生的行为分别在图 a ～图 c 中表示

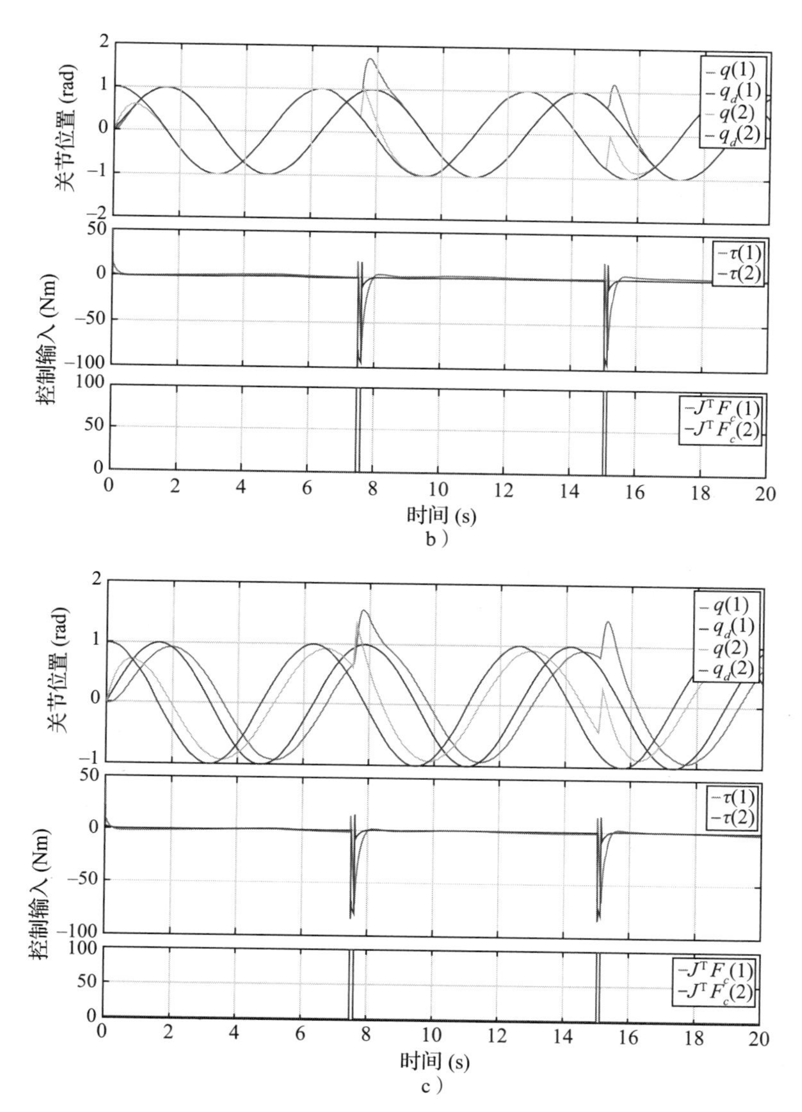

图 10.4 期望轨迹为正弦曲线 $q_d = \begin{bmatrix} \sin(t) \\ \cos(t) \end{bmatrix}$，外部扰动扭矩 ($J^T F_c$) 在 t=7.5s 和 t=15s 时作用于两个关节。期望的惯性、阻尼和刚度矩阵分别为 $\Lambda = I_{2\times2}$，$D=10I_{2\times2}$ 和 $K=25I_{2\times2}$。式（10.6）、式（10.7）和式（10.8）由此产生的行为分别在图 a ～图 c 中表示（续）

编程练习 10.1 本编程练习的目的是帮助读者更好地理解阻抗控制体系结构（式（10.6）、式（10.7）和式（10.8））以及开放参数对生成运动的影响。打开 MATLAB 并将目录设置为以下文件夹：

```
1    ch10-DS_compliant/Impedance_controller
```

研究以下开放参数对生成运动的影响：

1. 机器人的动态技术指标：

(a) 连杆的质量。

(b) 连杆的长度。

2. 关节的初始构型：

(a) 关节位置。

(b) 关节速度。在代码中，关节加速度未初始化。加速度的初始值对生成的运动有影响吗？

3. 期望阻抗参数：

(a) 刚度矩阵。

(b) 阻尼矩阵。

(c) 惯性矩阵。

4. 为了提高机械臂对外部扰动的鲁棒性，在满足扭矩限制的同时，你会更改哪些参数？你也可以通过更改机器人的设计来实现。

5. 采样时间对机器人的运动有何影响？

练习 10.3　讨论用式（C.1）和式（C.2）定义的机器人系统，由式（10.6）驱动。证明当 F_c=066 且满足式（10.11）的条件时，误差动力学渐近收敛到零，即满足式（10.11）。

练习 10.4　讨论用式（C.1）和式（C.2）定义的机器人系统，由式（10.7）驱动。证明当 F_c=0 且满足式（10.11）的条件时，误差动力学渐近收敛到零。

练习 10.5　讨论用式（C.1）和式（C.2）定义的机器人系统，由式（10.8）驱动。证明当满足 F_c=0、$\ddot{x}_d=\dot{x}_d=0$、$\ddot{q}_d=\dot{q}_d=0$ 和式（10.11）时，误差动力学渐近收敛到零，即满足式（10.12）。

10.2.1　可变阻抗控制

在上一节中，我们介绍了阻抗控制方法，其中惯性矩阵 Λ、阻尼矩阵 D 和刚度矩阵 K 都是恒定的。这种阻抗控制器易于实现，对不确定性建模具有稳定性，并且计算成本低廉。为了改善机器人系统的性能和增加灵活性，这些值可以根据机器人状态、时间或外部信号（如力测量）而变化。虽然在某些情况下，具有恒定阻抗参数的阻抗控制是一个适当的解决方案，但在任务期间改变阻抗参数可以提供更大的灵活性，并可以大大提高许多任务的性能。

很容易产生不稳定行为的阻抗曲线。例如，让我们思考阻抗控制的最常见形式，即在笛卡儿空间中控制机器人（式（10.5a）），以便在广义位置误差 $\tilde{x}\in\mathbb{R}^N$ 和广义力 $F_c\in\mathbb{R}^N$ 之间建立以下动态关系：

$$\Lambda\ddot{\tilde{x}}+D(t)\dot{\tilde{x}}+K(t)\tilde{x}=F_c \tag{10.13}$$

如 10.2 节所述，用户定义的虚拟惯性 Λ、阻尼 D 和刚度 K 决定了机器人在承受外部扭矩时的行为。如果这些参数是常数，则系统对于任何对称正定矩阵 Λ、D 和 K 都是渐近稳定的。而如果它们随时间变化，为了分析式（10.13）的稳定性特性，可以将与速度误差相关的动能和刚度存储的虚势能作为 Lyapunov 候选函数：

$$V=\frac{1}{2}\dot{\tilde{x}}^{\mathrm{T}}\Lambda\dot{\tilde{x}}+\frac{1}{2}\tilde{x}^{\mathrm{T}}K(t)\tilde{x} \tag{10.14}$$

将 V 沿具有 $F_c=0$，$\dot{\Lambda}=0$ 的式（10.14）的轨迹微分，得到

$$\begin{aligned}\dot{V}&=\dot{\tilde{x}}^{\mathrm{T}}\Lambda\ddot{\tilde{x}}+\frac{1}{2}\tilde{x}^{\mathrm{T}}\dot{K}(t)\tilde{x}+\dot{\tilde{x}}^{\mathrm{T}}K(t)\tilde{x}\\&=-\dot{\tilde{x}}^{\mathrm{T}}D(t)\dot{\tilde{x}}+\frac{1}{2}\tilde{x}^{\mathrm{T}}\dot{K}(t)\tilde{x}\end{aligned} \tag{10.15}$$

如果 $\dot{K}(t)$ 是负半定矩阵，则式（10.15）为负半定。因此，只有当刚度分布恒定或减小时，我们才能推断出原点处的稳定。假设 $\tilde{x}\neq 0$，增加刚度会以势能的形式向系统中注入能量，我们可以直观地看出，这种做法会导致系统不稳定。因此，了解阻抗可以在多大程度上变化而不导致不稳定性风险是很重要的。

目前已提出了不同的技术来分析和保证可变阻抗控制的稳定性。稳定可变阻抗控制的一种方法是在线监测系统的能量，并在能量高于特定阈值时切换到恒定刚度 / 阻尼。然而，这种方法在刚度分布中会造成不连续性，这在控制真正的机器人时，通常是不理想的。另一种方法是根据任务执行期间观察到的系统能量，增加阻尼或修改刚度分布。这种方法的主要缺点是无法确定机器人在执行任务之前使用的阻抗分布。因此，即使工程师仔细设计了特定任务的阻抗分布，但最终可能会沮丧地看着机器人在执行任务时表现出与预期完全不同的行为。

在本章中，我们介绍了三种不同的可变阻抗控制架构，它们本身是稳定的，可用于在任务执行前需要精确定义机器人阻抗分布的场景。

10.2.1.1 独立比例 – 微分线性变参控制器

通过利用基于线性变参的矩阵特性，可以近似计算如下刚度和阻尼矩阵[3]：

$$\begin{aligned}\boldsymbol{K}(\tilde{x})&=\sum_{k=1}^{K}\gamma_k^K(\tilde{x})K^k \qquad K^k\in\mathbb{R}^{N\times N} \qquad \gamma_k^K(\tilde{x})\in\mathbb{R}_{(0,1]},\forall k\\\boldsymbol{D}(.)&=\sum_{k=1}^{K}\gamma_k^D(.)D^k \qquad D^k\in\mathbb{R}^{N\times N} \qquad \gamma_k^D(.)\in\mathbb{R}_{(0,1]},\forall k\end{aligned} \tag{10.16}$$

在式（10.16）中，刚度 $\boldsymbol{K}$ 只能是机器人状态的函数。然而，阻尼 $\boldsymbol{D}$ 可以是机器人状态、期望轨迹、外部信号甚至时间的函数。因此，未明确指定阻尼矩阵的参数用 (.) 表示。

给定刚度和阻尼矩阵（式（10.16）），可以分别重写阻抗控制律（式（10.6）、式（10.7）和式（10.8））。

$$\mathscr{F}=V_x(q,\dot{q})\dot{x}+G_x(q)+M_x(q)\ddot{x}_d-M_x(q)\Lambda^{-1}(\boldsymbol{D}(.)\dot{\tilde{x}}+\boldsymbol{K}(\tilde{x})\tilde{x})+(M_x(q)\Lambda^{-1}-1)F_c \tag{10.17a}$$

$$\mathscr{F}=V_x(q,\dot{q})\dot{x}_d+G_x(q)+M_x(q)\ddot{x}_d-(\boldsymbol{D}(.)\dot{\tilde{x}}+\boldsymbol{K}(\tilde{x})\tilde{x}) \tag{10.17b}$$

$$\mathscr{F}=G_x(q)-(\boldsymbol{D}(.)\dot{x}+\boldsymbol{K}(\tilde{x})\tilde{x}) \tag{10.17c}$$

通过将式（10.17）代入式（C.2），机械臂的闭环动态方程为：

$$\Lambda\ddot{\tilde{x}}+\boldsymbol{D}(.)\dot{\tilde{x}}+\boldsymbol{K}(\tilde{x})\tilde{x}=F_c \tag{10.18a}$$

$$M_x(q)\ddot{\tilde{x}}+\boldsymbol{D}(.)\dot{\tilde{x}}+\boldsymbol{K}(\tilde{x})\tilde{x}=F_c \tag{10.18b}$$

$$M_x(q)\ddot{\tilde{x}}+(V_x(q,\dot{q})\dot{x}+\boldsymbol{D}(.))\dot{\tilde{x}}+\boldsymbol{K}(\tilde{x})\tilde{x}=F_c \tag{10.18c}$$

可以看出（见练习 10.6），这种机器人系统的闭环动力学方程（式（10.18））朝着期望轨迹逐渐稳定，即

$$\lim_{t\to\infty}\|x(t)-x_d(t)\|=0,\quad \lim_{t\to\infty}\|\dot{x}(t)-\dot{x}_d(t)\|=0,\quad \lim_{t\to\infty}\|\ddot{x}(t)-\ddot{x}_d(t)\|=0 \tag{10.19}$$

如果

$$\begin{cases} K^i+K^{i^{\mathrm{T}}}\prec 0, \quad K^i=K^{i^{\mathrm{T}}} & \forall i\in\{1,\cdots,K\} \\ D^j+D^{j\mathrm{T}}\prec 0, & \forall j\in\{1,\cdots,K\} \\ 0<\gamma_k^K(\tilde{x})\leqslant 1, & \forall i\in\{1,\cdots,K\} \\ 0<\gamma_k^D(.)\leqslant 1, & \forall j\in\{1,\cdots,K\} \end{cases} \tag{10.20}$$

可以看出，控制律（式（10.18））中的刚度矩阵只能是跟踪误差的函数，而不是其他参数的函数。这种算法是受限的，因为它不能应用于刚度矩阵需要相对于机器人的速度或测得的力变化的情况。因此，式（10.16）的主要优点在于，刚度矩阵和阻尼矩阵的激活参数相互独立。

10.2.1.2 非独立比例 – 微分线性变参控制器

解决上一小节中的缺点的一种方法是定义刚度和阻尼矩阵：

$$\begin{aligned} &\boldsymbol{K}(.)=\sum_{k=1}^{K}\gamma_k(.)K^k \quad K^k\in\mathbb{R}^{N\times N} \\ &\qquad\qquad\qquad\qquad \gamma_k(.)\in\mathbb{R}_{(0,1]} \\ &\boldsymbol{D}(.)=\sum_{k=1}^{K}\gamma_k(.)D^k \quad D^k\in\mathbb{R}^{N\times N} \end{aligned} \tag{10.21}$$

在式（10.21）中，刚度 $\boldsymbol{K}$ 和阻尼 $\boldsymbol{D}$ 可以是机器人速度、期望轨迹、外部信号甚至是时间的函数。因此，未明确规定刚度 / 阻尼矩阵的参数用（.）表示。然而，阻尼和刚度矩阵的激活参数必须相同。基于此定义，类似于式（10.22），可以将阻抗控制律（式（10.6））改写为

$$\mathscr{F}=V_x(q,\dot{q})\dot{x}+G_x(q)+M_x(q)\ddot{x}_d-M_x(q)\Lambda^{-1}(\boldsymbol{D}(.)\dot{\tilde{x}}+\boldsymbol{K}(.)\tilde{x})+(M_x(q)\Lambda^{-1}-I)F_c \tag{10.22}$$

其中，闭环动力学由下式给出：

$$\Lambda\ddot{\tilde{x}}+\boldsymbol{D}(.)\dot{\tilde{x}}+\boldsymbol{K}(.)\tilde{x}=F_c \tag{10.23}$$

可以看出，系统的闭环动力学（式（10.23））朝着期望轨迹 x_d 渐近稳定：

$$\lim_{t\to\infty}\|x(t)-x_d(t)\|=0,\ \lim_{t\to\infty}\|\dot{x}(t)-\dot{x}_d(t)\|=0,\ \lim_{t\to\infty}\|\ddot{x}(t)-\ddot{x}_d(t)\|=0 \tag{10.24}$$

如果有这样一个 P：

$$\begin{cases} \begin{bmatrix} 0 & I \\ K^k & D^k \end{bmatrix}^{\mathrm{T}} P+P\begin{bmatrix} 0 & I \\ K^k & D^k \end{bmatrix}\prec 0 \\ 0\prec P, \quad P^{\mathrm{T}}=P \quad \forall k\in\{1,\cdots,K\} \\ 0<\lambda_k(.)\leqslant 1, \qquad \displaystyle\sum_{k=1}^{K}\lambda_k(.)=1 \end{cases} \tag{10.25}$$

10.2.1.3 基于能量罐的可变阻抗控制器

在这种方法中[4]，在一般情况下研究了可变阻抗控制器的稳定性，即阻尼和刚度矩阵不需要表示为基于线性变参矩阵的组合。然而，期望的惯性矩阵必须是常数。因此，我们基于式（10.6）设计了以下可变阻抗控制器：

$$\mathscr{F}=V_x(q,\dot{q})\dot{x}+G_x(q)+M_x(q)\ddot{x}_d-M_x(q)\Lambda^{-1}(D(t)\dot{\tilde{x}}+K(t)\tilde{x})+(M_x(q)\Lambda^{-1}-I)F_c \quad (10.26)$$

阻尼和刚度矩阵可以取决于任何外部变量。然而，为了简便起见，我们只考虑时间变量。通过使用式（10.26），机械臂的闭环动力学方程为：

$$\Lambda\ddot{\tilde{x}}+D(t)\dot{\tilde{x}}+K(t)\tilde{x}=F_c \quad (10.27)$$

研究式（10.27）的稳定性会有助于寻找守恒性较小的 Lyapunov 候选函数（式（10.14））。在自适应控制结构中，我们通常构造速度误差和位置误差的加权和的能量函数。相同的方法也可用于改变刚度 / 阻尼控制来建立稳定的条件。考虑以下 Lyapunov 候选函数：

$$V=\frac{1}{2}(\dot{\tilde{x}}+\alpha\tilde{x})^{\mathrm{T}}\Lambda(\dot{\tilde{x}}+\alpha\tilde{x})+\frac{1}{2}\tilde{x}^{\mathrm{T}}\beta(t)\tilde{x} \quad (10.28)$$

其中，

$$\beta(t)=K(t)+\alpha D(t)-\alpha^2\Lambda \quad (10.29)$$

$0<\alpha$ 是正常数，使得 $0\leqslant\beta(t)$。该 Lyapunov 候选函数是用于分析时变标量系统的函数的广义形式。注意到，$\alpha\rightarrow0\Rightarrow$ 式（10.28）→式（10.14）。然而，与式（10.14）相反，式（10.28）允许建立与状态无关的充分稳定性约束。换言之，式（10.27）中的系统在 $F_c=0$ 的情况下，全局一致收敛到期望轨迹 $x_d,\dot{x}_d,\ddot{x}_d$：

$$\lim_{t\to\infty}\|x(t)-x_d(t)\|=0,\quad \lim_{t\to\infty}\|\dot{x}(t)-\dot{x}_d(t)\|=0,\quad \lim_{t\to\infty}\|\ddot{x}(t)-\ddot{x}_d(t)\|=0 \quad (10.30)$$

如果下列情况成立：

$$\begin{aligned}&0\preceq D(t)\\&0\preceq K(t)\\&0<\alpha\\&\alpha\Lambda-D(t)\preceq0\\&\dot{K}(t)+\alpha\dot{D}(t)-2\alpha K(t)\prec0\end{aligned} \quad (10.31)$$

由于 $\dot{D}$ 没有出现在式（10.15）中，所以阻尼的导数出现在式（10.31）中可能不是很直观。这意味着对于一个恒定的刚度，稳定性将由任何正定的 D 来保证，而对 $\dot{D}$ 没有任何直接的约束。但是，增加阻尼过快会使系统收敛于 $\dot{\tilde{x}}=0$ 和 $\tilde{x}=0$ 的点。$\dot{D}$ 的存在阻止了这种情况的发生，因为 $\dot{D}$ 和 $\dot{K}$ 实际上都受到这个约束。

图 10.5、图 10.6 和图 10.7 提供了图 10.4 中引入的两自由度机器人的运动示例，它由式（10.17a）、式（10.22）和式（10.26）分别控制。可以看出，能够以确保系统稳定性的方式生成不同的刚度和阻尼分布。

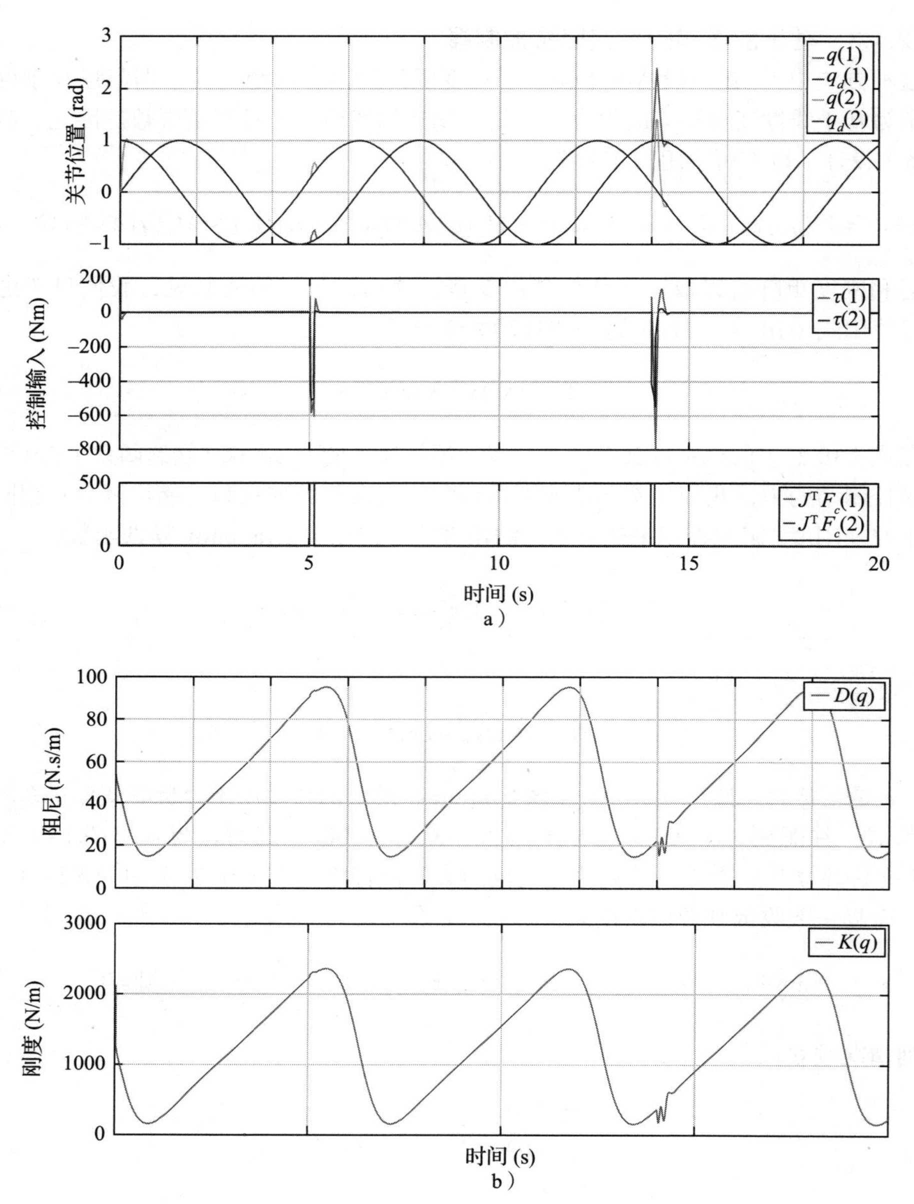

图 10.5 期望轨迹为正弦曲线 $q_d = \begin{bmatrix} \sin(t) \\ \cos(t) \end{bmatrix}$，外部扰动扭矩（$J^{\mathrm{T}}F_c$）在 t=7.5s 和 t=15s 时施加到两个关节。控制律（式（10.17a））用于驱动机器人，其中 $\boldsymbol{K}(\tilde{x}) = \frac{\lambda_{1\boldsymbol{K}}}{\lambda_{1\boldsymbol{K}} + \lambda_{2\boldsymbol{K}}}(\tilde{x})K_1 + \frac{\lambda_{2\boldsymbol{K}}}{\lambda_{1\boldsymbol{K}} + \lambda_{2\boldsymbol{K}}}(\tilde{x})K_2$ 和 $\boldsymbol{D}(\tilde{x}) = \frac{\lambda_{1\boldsymbol{K}}}{\lambda_{1\boldsymbol{K}} + \lambda_{2\boldsymbol{K}}}(\tilde{x})D_1 + \frac{\lambda_{2\boldsymbol{K}}}{\lambda_{1\boldsymbol{K}} + \lambda_{2\boldsymbol{K}}}(\tilde{x})D_2$。$\lambda_1 = (q-\mu_1)^{\mathrm{T}}(q-\mu_1)$ 和 $\lambda_2 = (q-\mu_2)^{\mathrm{T}}(q-\mu_2)$，其中 $\mu_1 = \begin{bmatrix} -1 \\ 1 \end{bmatrix}$，$\mu_2 = \begin{bmatrix} 1 \\ 1 \end{bmatrix}$。$D_1 = 10I_{2\times2}$，$D_2 = 100I_{2\times2}$ $K_1 = 25I_{2\times2}$ 和 $K_2 = 2500I_{2\times2}$。由于阻抗分布是系统状态的函数，所以它根据感官信息进行调整。因此，扰动对阻抗分布有影响

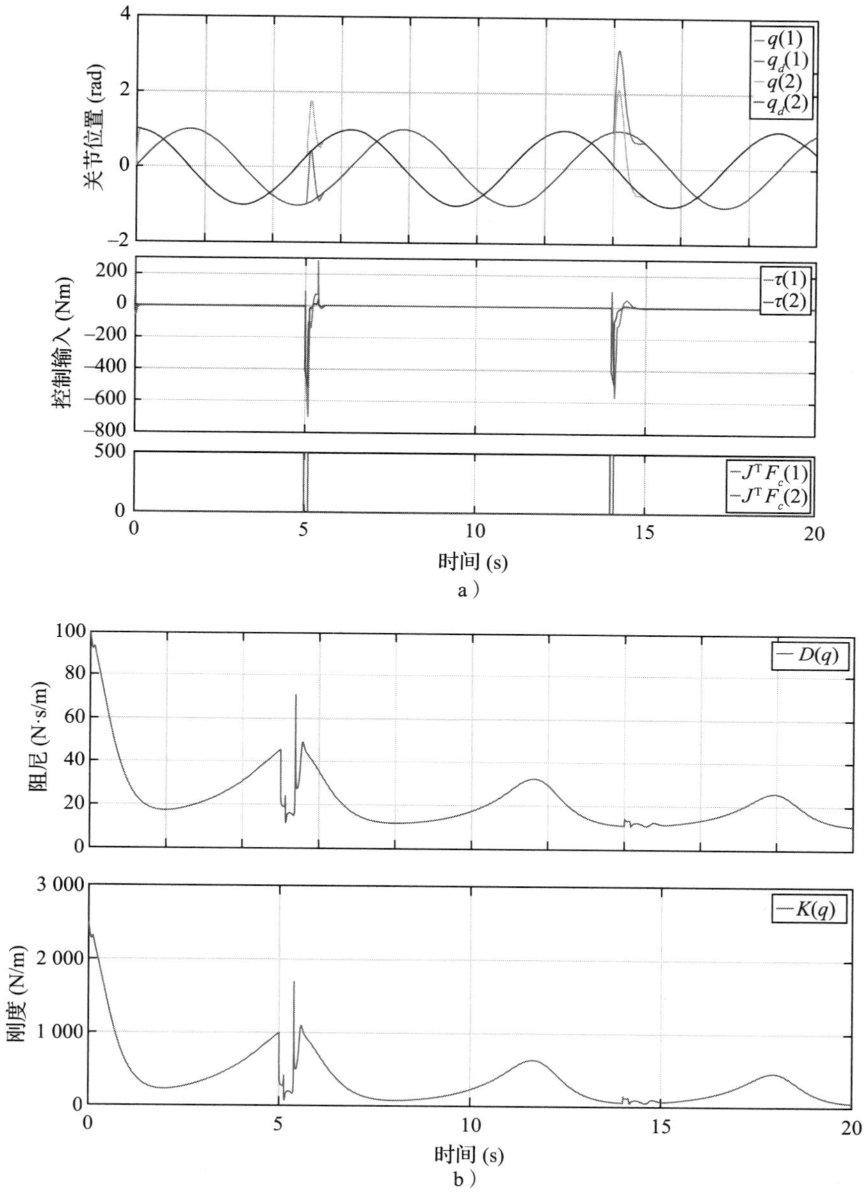

图 10.6 期望轨迹为正弦曲线 $q_{d=}\begin{bmatrix}\sin(t)\\\cos(t)\end{bmatrix}$，外部扰动扭矩（$J^{T}F_c$）在 t=7.5s 和 t=15s 时施加到两个关节。控制律（式（10.22））用于驱动机器人，其中 $\boldsymbol{K}(\tilde{x})=\frac{\lambda_{1\boldsymbol{K}}}{\lambda_{1\boldsymbol{K}}+\lambda_{2\boldsymbol{K}}}(\tilde{x})K_1+\frac{\lambda_{2\boldsymbol{K}}}{\lambda_{1\boldsymbol{K}}+\lambda_{2\boldsymbol{K}}}(\tilde{x})K_2$ 和 $\boldsymbol{D}(\tilde{x})=\frac{\lambda_{1\boldsymbol{K}}}{\lambda_{1\boldsymbol{K}}+\lambda_{2\boldsymbol{K}}}(\tilde{x})D_1+\frac{\lambda_{2\boldsymbol{K}}}{\lambda_{1\boldsymbol{K}}+\lambda_{2\boldsymbol{K}}}(\tilde{x})D_2$。$\lambda_1=(q-\mu_1)^{T}(q-\mu_1)+(Dq-\mu_3)^{T}(Dq-\mu_3)*t$ 和 $\lambda_2=(q-\mu_2)^{T}(q-\mu_2)+(Dq-\mu_4)^{T}(Dq-\mu_4)$，其中 t 是时间，$\mu_1=\begin{bmatrix}-1\\1\end{bmatrix}$ 和 $\mu_2=\begin{bmatrix}-1\\1\end{bmatrix}$，$\mu_3=\begin{bmatrix}0\\0\end{bmatrix}$ 和 $\mu_4=\begin{bmatrix}-1\\-1\end{bmatrix}$。$D_1=10I_{2\times2}$，$D_2=100I_{2\times2}$，$K_1=25I_{2\times2}$ 和 $K_2=2500I_{2\times2}$。由于阻抗分布是系统状态的函数，所以它根据感官信息进行调整。因此，扰动对阻抗分布有影响

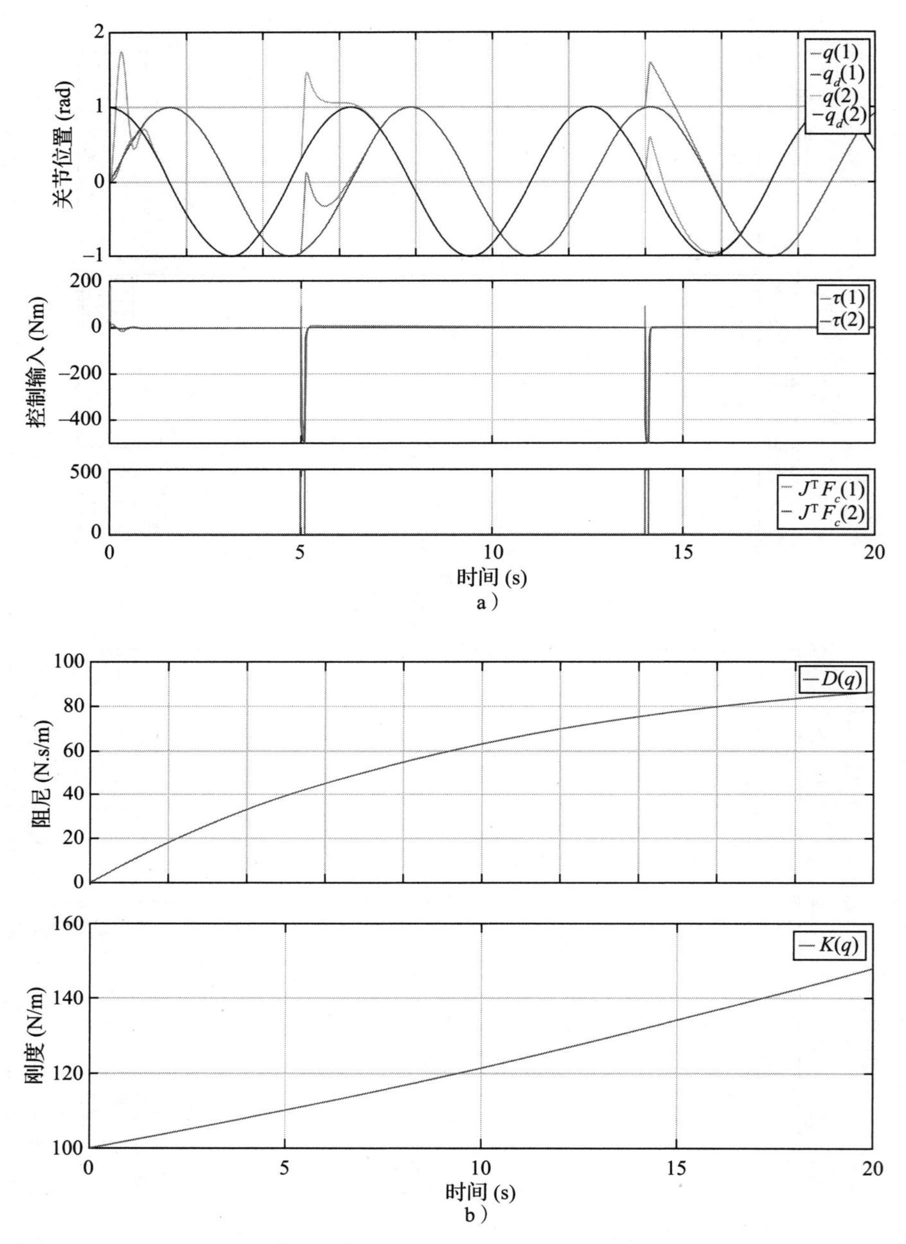

图 10.7　期望轨迹为正弦曲线 $q_d = \begin{bmatrix} \sin(t) \\ \cos(t) \end{bmatrix}$，外部扰动扭矩 ($J^T F_c$) 在 t=7.5s 和 t=15s 时施加到两个关节。控制律（式（10.26））用于驱动机器人。相对于稳定性约束，刚度和阻尼增加（式（10.31））。因为阻抗分布是时间的函数，而不是系统的状态，所以扰动对阻抗分布没有影响

编程练习 10.2　本编程练习的目的是帮助读者更好地了解三种可变阻抗控制方法以及开放参数对生成运动的影响。打开 MATLAB 并将目录设置为以下文件夹：

```
1    ch10-DS_compliant/Variable_Impedance_controller
```

对于每个可变阻抗方法，研究以下开放参数对生成轨迹的影响：

1. 机器人的动态规格：
   (a) 连杆质量。
   (b) 连杆长度。
2. 关节的初始构型：
   (a) 关节位置。
   (b) 关节速度。
3. 期望阻抗参数：
   (a) 刚度矩阵。
   (b) 阻尼矩阵。
4. 激活参数：
   (a) 在位置级。
   (b) 在速度级。
5. 采样时间对生成的轨迹有什么影响？

练习 10.6　思考由式（10.17）驱动的式（C.2）中定义的机械臂的动力学。证明当 $F_c=0$ 且满足式（10.20）的条件时，动态误差渐近收敛到零，即满足式（10.19）。

练习 10.7　思考到达和接触 8.4 节中提出的大型固定物体的任务，机器人运动的动力学方程如式（C.2）所定义，并由式（10.17）驱动。设计阻抗分布，使机器人在远离表面时是刚性的，在靠近表面时是柔性的。

如果设计阻抗分布并保持阻尼矩阵恒定，会发生什么？惯性矩阵的作用是什么？

练习 10.8　思考由基于虚拟物体的动态系统（式（7.25）和式（7.24））驱动的两个机械臂。如果机器人系统的动力学是相同的（式（C.2）），并且低级控制律是式（10.17），则设计阻抗分布，如果机器人远离虚拟物体且虚拟物体远离真实对象，则机器人是刚性的，如果上述两项都不成立，则它们是柔性的。

如果机器人系统不完全相同（即机器人的动态约束不同），会发生什么？

10.3　学习期望的阻抗分布

定义正确的阻抗对于完成复杂任务非常重要。通常，随着任务的展开，正确的阻抗会发生变化。为此，在何时以及如何改变阻抗的问题上进行了大量的研究。目前已经开发了许多方法来自动确定改变阻抗的最佳方式，以便实现更好的性能、更高的安全性或更低的能耗。在本节中，我们介绍了从一组示教中学习 / 近似阻抗分布的两种方法。

10.3.1　从人体运动中学习可变阻抗控制 [5]

这种方法可以从一组位置级示教中推导出柔性控制器的刚度变化。对示教轨迹进行概率模型拟合，并形成刚度分布，使机器人在低方差方向上具有高刚度，反之亦然。这种方法基于这样的假设，即用户通过观察示教如何变化的运动来传递阻抗信息。高方差反映低阻抗。这种方法的优点在于，阻抗信息仅来自运动学数据。因此，用户也不需要提供力信息。但是，存在一个缺点，假设阻抗与运动可变性直接相关，这可能不是任务的特征，而是用户的技术差的特征。用户最终可能会得到一种他们不期望使用的阻抗变化的机器人。这种方法只适用于专家级的示教者。

给定一组由 M 条轨迹组成的示教，其中每条轨迹 $m \in \{1, \cdots, M\}$ 由一组 T^m 机器人末端执行器的位置 $x \in \mathbb{R}^N$、速度 $\dot{x} \in \mathbb{R}^N$ 和加速度 $\ddot{x} \in \mathbb{R}^N$ 组成，如式（10.21）所示，我们可以使用基于 K 个线性系统的时变混合控制器：

$$\ddot{x} = \sum_{k=1}^{K} \gamma_k(t)[K^k(\mu^k - x) - \boldsymbol{D}\dot{x}] \tag{10.32}$$

在式（10.32）中，刚度分布随时间变化[6]，但阻尼分布恒定。激活参数可由一组高斯分布 $\mathcal{N}(\mu^k, \Sigma^k)$ 近似得出，中心 μ^k 随时间均匀分布，方差参数 Σ_i 设置为与 K 成反比的常数值：

$$\gamma_k(t) = \frac{\mathcal{N}(t; \mu^k, \Sigma^k)}{\sum_{i=1}^{K} \mathcal{N}(t; \mu^i, \Sigma^i)} \tag{10.33}$$

假设 $K_{\min}$ 和 $K_{\max}$ 是机器人动态可行刚度的最小值和最大值。它们由用户和硬件的限制决定。通过将矩阵 $Y = \left[\ddot{x}\left(\frac{K_{\min} + K_{\max}}{2}\right)^{-1} + 2\dot{x}\left(\frac{K_{\min} + K_{\max}}{2}\right)^{-\frac{1}{2}} + x\right]$ 中的已证明的数据点、相应的激活参数，以及 H 和 μ 中的高斯分布的均值连接起来，我们可以写出线性方程 $Y=H\mu$，该方程可用于估计高斯分布的平均值：

$$\mu = H^{+}Y \tag{10.34}$$

其中，H^{+} 是 H 的伪逆。估算协方差矩阵以表示沿运动和不同示教之间的可变性和相关性：

$$\Sigma^k = \frac{1}{N}\sum_{j=1}^{N}(Y_k^j - \bar{Y}^k)(Y_k^j - \bar{Y}^k)^{\mathrm{T}}, \forall k \in \{1, \cdots, K\} \tag{10.35}$$

其中，$Y_k^j = H_k^j D\left(Y_j - \mu_k\right)$ 和 $\bar{Y}_k = \frac{1}{N}\sum_{j=1}^{N} Y_k^j$。此外，给定分别由 $\lambda_{\max}$ 和 $\lambda_{\min}$ 表示的 $\Sigma^k, \forall k \in \{1, \ldots, K\}$ 的最大和最小特征值，通过特征分量分解来估算刚度矩阵 K^k：

$$\begin{aligned} K^k &= V^k D^k V^{k-1} \\ D^k &= K_{\min} + (K_{\max} - K_{\min})\frac{\lambda_k - \lambda_{\min}}{\lambda_{\max} - \lambda_{\min}} \end{aligned} \tag{10.36}$$

式中，λ_k 和 V_i 是逆协方差矩阵 $\Sigma^{k^{-1}}$ 的串联特征值和特征向量。这定义了一个刚度矩阵，它与观测到的协方差的倒数成正比，即高可变性导致较低的刚度，反之亦然。重新设置缩放矩阵 D_k 以确保在给定执行硬件的情况下执行期望的刚度。

在这种方法中，刚度分布是离线学习的，并且在运动执行过程中不能被改变。在下一小节中，我们将在线调整和改变刚度分布。

10.3.2 从拖动示教中学习可变阻抗控制[7]

在这种方法中，用户界面允许操作者与机器人平台进行物理互动，以明确调整期望的刚度变化。如果用户想减少机器人在某一特定方向的刚度，他们应该在该方向上对机器人进行扰动 / 摇晃。较高的扰动振幅会导致较小的刚度。因此，扰动可以被看作增加所展示的运动的可变性的一种手段，这些运动可以被映射到一个降低的刚度曲线中。因此，本小节给出的方法与上一小节是相似的，因为较高的可变性将导致较低的刚度曲线。然而，在本小节中，刚度曲线是在线学习的，不取决于机器人的位置。

令 $x, x^* \in \mathbb{R}^3$ 表示机器人末端执行器的实际位置和期望位置，$\tilde{x} = x - x^*$ 是一个扰动的数据点。令 $\Xi = \{\tilde{x}^i, t^i\}_{i=0}^N$ 表示观察到的扰动及相应的时间戳的集合，其中 N 是提供的扰动数据点的数量[8]。考虑长度为 S 的滑动时间窗视图，在 $[t\text{–}S,t]$ 范围内收到的扰动数据点的数量为 N_t。令 μ_t 和 σ_t 为窗口 $[t\text{–}S,\ t]$ 中的数据点的平均值和协方差。

$$\mu_t = \frac{1}{N_t}\sum_{t-S}^{t}\tilde{x}^t \tag{10.37}$$

$$\Sigma^t = \frac{1}{N_t}\sum_{t-S}^{t}\tilde{x}^t\tilde{x}^{t\mathrm{T}} - \mu_t\mu_t^{\mathrm{T}}$$

定义的协方差矩阵是对称的和正定的。因此，它可以被分解为其奇异值

$$\Sigma^t = Q\Lambda Q^{\mathrm{T}} \tag{10.38}$$

其中，Λ 是由奇异值 $0 < \lambda_t^i$ 组成的对角矩阵。鉴于此，刚度矩阵定义如下

$$K^t = Q\Gamma Q^{\mathrm{T}}$$

$$\Gamma = \begin{bmatrix} \gamma(\sqrt{\lambda_t^1}) & 0 & 0 \\ 0 & \gamma(\sqrt{\lambda_t^2}) & 0 \\ 0 & 0 & \gamma(\sqrt{\lambda_t^3}) \end{bmatrix} \tag{10.39}$$

其中，奇异值被设定为与协方差矩阵的相应奇异值的平方根成负比例：

$$\gamma(\sqrt{\lambda_t^i}) = \begin{cases} K_{\min} & \bar{\sigma} < \sigma_t^i \\ K_{\max} - (K_{\max} - K_{\min})\dfrac{\sigma_t^i - \underline{\sigma}}{\bar{\sigma} - \underline{\sigma}} & \underline{\sigma} < \sigma_t^i \leqslant \bar{\sigma}, \forall i \in \{1,2,3\} \\ K_{\max} & \sigma_t^i < \underline{\sigma} \end{cases} \tag{10.40}$$

其中，$K_{\min}$ 和 $K_{\max}$ 分别定义了任何方向上刚度的下限和上限。例如，最大刚度可以被确定为禁止太高的刚度值，以确保互动的安全性，或者它可以被设置为硬件所允许的最大刚度。最小刚度可以被设置为一个低值，以确保机器人在刚度被最大限度降低的情况下仍然能够进行无约束的运动。刚度作为扰动函数的敏感性由参数 $\underline{\sigma}$ 和 $\bar{\sigma}$ 控制，它们分别决定了开始降低刚度和达到最小刚度所需的振幅。鉴于此，我们可以将笛卡儿阻抗控制律（式（10.8b））重写如下：

$$\mathscr{F} = G_x(q) - (D\dot{x} + K\tilde{x}) \tag{10.41}$$

其中，K 由式（10.39）定义。值得注意的是，在运动执行过程中，阻抗控制结构的稳定性很容易得到保证，因为刚度和阻尼值是不变的。然而，一旦操作者对机械臂进行交互 / 扰动，更新阶段可能会导致不稳定的行为。为了解决这个问题，可以定义 D 和 $\dot{D}$，使其满足

稳定性条件（式（10.31））。

10.4　动态系统的被动交互控制

在上一节中，我们介绍了可变阻抗控制体系结构，并展示了如何学习 / 估计控制器的参数。在本节中，我们将介绍直接通过动态系统控制机器人系统柔性的方法。

设 $f(x)$ 是描述具有单个平衡点 x^* 的标称运动规划的连续动态系统，使得 $f(x^*)=0$。此外，x^* 是一个稳定的平衡点。变量 $x \in \mathbb{R}^N$ 是一个广义状态变量，可以是机器人的关节角，也可以是笛卡儿位置。$f(\cdot)$ 的任何积分曲线都表示在没有扰动的情况下机器人的期望运动。

与式（C.1）相似，考虑与环境接触的机器人系统的动力学，如下所示：

$$M(x)\ddot{x} + C(x,\dot{x})\dot{x} + g(x) = \tau_c + \tau_e \tag{10.42}$$

本节的目标是设计一个控制器 τ_c，使式（10.42）具有以下性质：

- 对于控制系统应保留无源性 $(\tau_e, \dot{x})$。
- 控制器应使机器人按照 $f(\cdot)$ 运动，并沿垂直于 $f(\cdot)$ 的方向耗散动能。
- 应该可以改变机械臂的基于任务的阻抗，例如动力学如何定义外力 τ_e 如何影响速度 $\dot{x}$。

因为我们的目标是得到一个被动系统，所以 $f(x)$ 不需要是渐近稳定的。为了实现上述目标，考虑一个仅由阻尼项和重力抵消项组成的反馈控制器：

$$\tau_c = g(x) - D(x)\dot{x} \tag{10.43}$$

其中，$D \in \mathbb{R}^{N\times N}$ 是某个半正定矩阵。很容易证明式（10.43）中的控制器使系统（式（10.42））对输入 τ_e、输出 $\dot{x}$，以动能为存储函数呈被动状态。这对于任意变化的阻尼是成立的，只要它保持半正定。通过利用这一事实，构造一个变化的阻尼项，该阻尼项在与 $f(x)$ 给出的理想运动方向的正交方向上有选择地耗散。类似于 8.4 节所描述的，令 $e_1,\cdots,e_N$ 是 $\mathbb{R}^N$ 的一组标准正交基，其中 e_1 指向所期望的运动方向。设 $e_1 = \dfrac{f(x)}{\|f(x)\|}$，让 $e_2,\cdots,e_N$ 是相互正交和归一化向量的任意集合。设 $Q(x) \in \mathbb{R}^{N\times N}$ 是一个列为 $e_1,\cdots,e_N$ 的矩阵。这个矩阵是状态 x 的函数，因为向量 e_1 和所有的 $e_1,\cdots,e_N$ 通过 $f(x)$ 依赖于 x。然后我们定义状态变化阻尼矩阵 $D(x)$ 如下：

$$D(x) = Q(x)\Lambda Q(x)^{\mathrm{T}} \tag{10.44}$$

其中，Λ 是一个在对角线 $\lambda_1,\cdots,\lambda_N \geqslant 0$ 上有非负值的对角线矩阵。

通过调整这些阻尼值，可以实现不同的耗散特性。例如，设置 $\lambda_1=0$ 且 $\lambda_2,\cdots,\lambda_N>0$，产生了一个系统，该系统有选择地向垂直于期望运动的方向耗散动能。因此，在无关方向上所做的外功是相反的，而在 $f(x)$ 的积分曲线上，系统是自由运动的。如果 $\|f(x)\|$ 非常小（例如，在平衡点附近），寻找阻尼的基就变得欠定。如果 $\|f(x)\|<\eta$，这可以通过保持以前的基来轻松处理，其中 $\eta>0$ 是某个预先确定的小阈值。

式（10.43）中的选择性阻尼允许选择性动能耗散，但不能驱动机器人沿着 $f(\cdot)$ 的积分曲线前进。因此，只有向系统提供外部能量时，系统才会运动，此时，沿期望运动方向的动能将被接受，而垂直于期望运动方向的动能将被耗散。为了使机器人在没有外部输入的情况下沿着 $f(\cdot)$ 的积分曲线运动，我们需要在式（10.43）中加入一些驱动控制。这可以通过相当简单的方法来实现，前提是标称任务模型 $f(\cdot)$ 是关联势函数的负梯度。这个受限制的动态系统类被称为守恒向量[9]。由此，采用速度误差负反馈对控制器（式（10.43））进行修正：

$$\tau_c = g(x) - D(x)(\dot{x} - f(x)) = g(x) - D(x)\dot{x} + \lambda_1 f(x) \tag{10.45}$$

最后一个等式出现是因为 $f(x)$ 是 $D(x)$ 的特征向量。如果 $f(x)$ 是一个守恒系统，其相关联的势函数为 $V_{f(x)}$，则由式（10.45）给出的受控系统（式（10.42））对于输入 – 输出对 $\tau_c, \dot{x}$ 是被动的（见练习 10.9）。

需要注意的是，永远没有必要对势函数进行评估，因为只需要它的存在。不幸的是，只有非常简单的任务可以用守恒的动态系统模型来建模，而学习过的模型（如动态系统的稳定估计或局部调制动态系统）一般都不守恒。在没有外部力旋量的情况下，所期望的动力学精度取决于机械手的动力学特性，以及所期望的动力学。

10.4.1 非守恒动态系统的扩展

将 $f(x)$ 分解为守恒部分和非守恒部分：

$$f(x) = f_c(x) + f_r(x) \tag{10.46}$$

其中，$f_c(\cdot)$ 为守恒部分，有相关联的势函数；$f_r(\cdot)$ 表示非守恒部分。虽然找到这样的分解并不总是那么简单，但任何系统都可以写成这种形式。10.4.1.1 节给出了如何获得这样的分解的指南。

我们将考虑一个额外的状态变量 $s \in \mathbb{R}$，它代表存储的能量。这是一个虚拟的状态，我们可以给它分配任意的动力学。我们将考虑与机器人状态变量 x，$\dot{x}$ 耦合的动力学，如下所示：

$$\dot{s} = \alpha(s)\dot{x}^{\mathrm{T}} D\dot{x} - \beta_s(z,s)\lambda_1 z \tag{10.47}$$

其中，$z=x^{\mathrm{T}}f_r(x)$。标量函数 α：$\mathbb{R}\mapsto\mathbb{R}$ 和 β：$\mathbb{R}\times\mathbb{R}\mapsto\mathbb{R}$ 控制着虚拟存储器 s 和机器人之间的能量流，将在下面的讨论中定义。有必要给虚拟存储器设置一个上限，这样它只能存储有限的能量。我们用 $\bar{s}>0$ 表示这个上界。那么 $\alpha(s)$ 应该满足

$$\begin{cases} 0 \leqslant \alpha(s) \leqslant 1 & s \leqslant \bar{s} \\ \alpha(s) = 0 & s \geqslant \bar{s} \end{cases} \tag{10.48}$$

暂时不考虑式（10.47）中的第二项，很明显，第一项（否则会耗散动能）只增加了虚拟存储器，只要后者保持在其上界 $s<\bar{s}$ 以下。接下来转到式（10.47）的第二项，$\beta_s(z,s)$ 应该满足：

$$\begin{cases} \beta_s(z,s) = 0 & s \leqslant 0 \text{且} z \geqslant 0 \\ \beta_s(z,s) = 0 & s \geqslant \bar{s} \text{且} z \leqslant 0 \\ 0 \leqslant \beta_s(z,s) \leqslant 1 & \text{其他} \end{cases} \tag{10.49}$$

考虑式（10.47）中的第二项，很明显，在 β_s 满足式（10.49）的情况下，只有当 $s<\bar{s}$ 时，才可能转移到虚拟存储器 ($z<0$)。相反，只有当 $s>0$ 时，才可能从存储器 ($z>0$) 提取动能。当存储器耗尽时，如果这增加了系统的动能，那么控制器就不能再允许沿着 f_r 驱动系统。因此，我们引入标量函数 $\beta_R(z,s)$，其作用是在存储器耗尽时修改控制信号：

$$\tau_c = g(x) - D\dot{x} + \lambda_1 f_c(x) + \beta_R(z,s)\lambda_1 f_r(x) \tag{10.50}$$

其中，β_R：$\mathbb{R}\times\mathbb{R}\mapsto\mathbb{R}$ 是一个标量函数，应满足：

$$\begin{cases}\beta_R(z,s)=\beta_s(z,s) & z\geqslant 0\\ \beta_R(z,s)\geqslant\beta_s(z,s) & z<0\end{cases} \tag{10.51}$$

给定标称任务模型 $f(x)$，由式（10.46）中的守恒部分和非守恒部分组成，机器人系统（式（10.42））受式（10.50）控制，假设函数 α、β_s、β_R 分别满足式（10.48）、式（10.49）、式（10.51）中的条件。我们可以证明 $0<s(0)\leqslant\overline{s}$ 对于输入 – 输出对 τ_e，x 产生了一个被动闭环系统（见练习 10.10）。

10.4.1.1　任务动态系统的分解

10.4.1 节中描述的控制器依赖于将动态系统分解为守恒部分和非守恒部分，如式（10.46）所示。如式（10.45）所示，动态系统的守恒部分始终可以被跟踪。如果能量罐耗尽，非守恒部分可能被缩放到零（参见式（10.50））。重要的是，控制器的无源性不依赖于式（10.46）的完美分解（换句话说，$f_r(\cdot)$ 不一定是纯旋转）。例如，任何动态系统都可以使用 $f_c(\cdot)=0$ 和 $f_r(\cdot)=f(\cdot)$。提取一个守恒分量 $f_c(\cdot)$ 的优点是，这个分量可以一直跟随，即使当能量罐耗尽。因此，提供尽可能好的分解是很有趣的。

如何从动态系统中提取守恒分量取决于用于学习和编码动态系统模型的方法。例如，在 8.2 节引入的局部调制动态系统中，基于守恒原始动力学 $f_O(\cdot)$ 的动力学 $f=G(x)f_O(x)$ 可以隐式分解为守恒部分和非守恒部分：

$$f_c(x)=f_O(x) \tag{10.52a}$$

和

$$f_r(x)=(M(x)-I_{N\times N})f_O(x) \tag{10.52b}$$

其中 $f_O(x)$ 表示原始动态，$G(x)\in\mathbb{R}^{N\times N}$ 表示连续矩阵值调制函数。这种分解如图 10.8 所示。

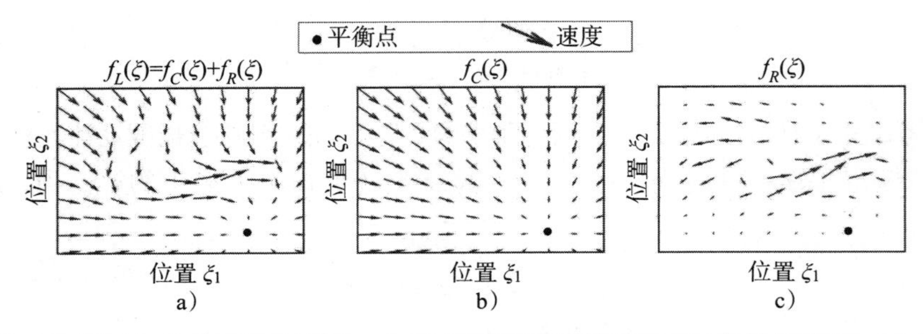

图 10.8　二维工作空间上动态系统的速度。a）以局部调制动态系统表示的任务模型。b）守恒分量（线性各向同性系统作为局部调制动态系统的原始动力学），见式（10.52a）。c）非守恒分量，见式（10.52b）

文献中提出的几种学习稳定动态系统模型的方法使用已知的 Lyapunov 函数来确保非线性动态系统模型在学习过程中的稳定性。例子包括动态系统的稳定估计。这类动态系统有一个直接的分解，由已知的 Lyapunov 函数隐式给出。设 $f_P(x)$ 表示这样一个系统，设 $V_P(x)$ 表示相关的 Lyapunov 函数。由于 $V_P(x)$ 是已知的，可以通过求解其梯度找到一个保守分量：

$$f_c(x) = -\nabla V_P(x) \tag{10.53a}$$

和

$$f_r(x) = f_P(x) - f_c(x) = f_P(x) + \nabla V_P(x) \tag{10.53b}$$

可以将局部调制动态系统方法与使用已知 Lyaupunov 函数的批处理学习方法相结合。例如，一个稳定的动态系统的稳定估计模型可以作为局部调制动态系统的原始动力学。那么，动态系统的稳定估计模型的保守部分（式（10.53a））也将是重塑后系统的保守部分，而非保守部分仅仅是重塑后的动力学与保守部分的差（式（10.46））。

10.4.1.2 阻抗调节

本节中使用的架构与 10.2 节中介绍的经典阻抗控制框架根本不同，因为没有参考位置的概念。相反，只有一个参考速度，它是作为机器人位置的函数在线生成的。经典的质量 – 弹簧 – 阻尼器模型是阻抗控制中最常用的模型，它的优点是设计人员可以直观地了解阻抗参数的改变对系统行为的影响。本节阐明了所建议的控制器和该模型之间的联系，以帮助直观地理解所建议的系统行为。

我们写出了在 $\tau_c = g(x) - D\dot{x} + \lambda_1 f(x)$ 的控制下系统的闭环动力学（式（10.42））。请注意，在 10.4.1 节中推导出的被动控制器在虚拟存储器永不耗尽的理想情况下产生了相同的闭环行为：

$$M(x)\ddot{x} + (D(x) + C(x,\dot{x}))\dot{x} - \lambda_1 f(x) = \tau_e \tag{10.54}$$

与没有力传感的阻抗控制器类似，不可能改变系统的惯性。我们可以通过阻尼值 $\lambda_2, \cdots, \lambda_N$ 在与期望运动正交的方向上控制阻尼，该阻尼值可以随时间、状态或任何其他变量而变化。将刚度项替换为 $\lambda_1 f(x)$，可理解为非线性刚度项。当考虑式（10.54）接近 $f(x)$ 的稳定平衡点时，这种解释是显而易见的。为简单起见，考虑机器人在平衡点 x^* 附近处于稳态 $(\dot{x} = \ddot{x} = 0)$，使 $f(x^*) = 0$。考虑稳态，并绕 x^* 用一阶泰勒展开近似式（10.54）的左半部分，得到：

$$-\lambda_1 \left.\frac{\partial f}{\partial x}\right|_{x=x^*} (x - x^*) = \tau_e \tag{10.55}$$

对应稳态刚度等于 $f(x)$ 在平衡点处的雅可比矩阵，按 λ_1 的值缩放。总体而言，$\lambda_1 f(x)$ 项可以解释为以 $f(\cdot)$ 平衡点为中心的非线性刚度项。

虽然刚度的经典概念表现在 $f(\cdot)$ 的平衡点附近，但一般不可能将其推广到工作空间中一般点附近的刚度。为了看到这一点，再次考虑式（10.54）左侧的稳态线性化，但这一次，有一个任意点 x' 且 $f(x') \neq 0$：

$$-\lambda_1 f(x') - \lambda_1 \left.\frac{\partial f}{\partial x}\right|_{x=x'} (x - x') = \tau_e \tag{10.56}$$

一个关键的观察是，刚度行为包括对称性，即在期望轨迹上某一点周围的扰动在参考轨迹周围均匀地相反。另一方面，动态系统任务模型编码了无限多的期望轨迹，由 $f(\cdot)$ 的积分曲线给出。因此，如果需要对称收敛到固定轨迹的经典行为，应将其编码到任务模型 $f(\cdot)$ 中。图 10.9 给出了局部编码这种弹簧行为的动态系统示例。

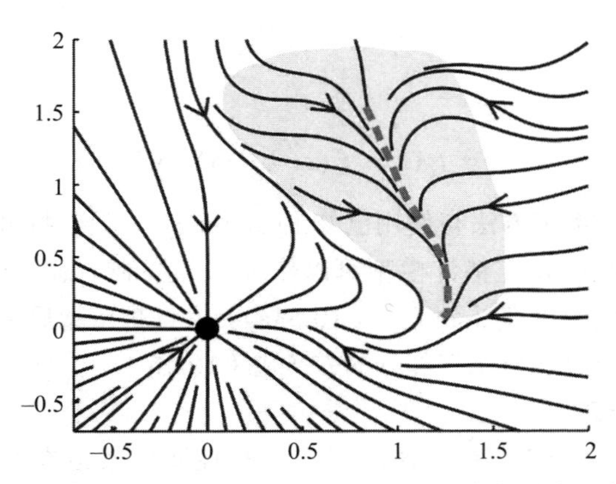

图 10.9　一个任务模型的二维图解，该任务模型局部编码了一个类似刚度的行为。虚线路径对应参考轨迹。阴影区域大致描述了动态系统的行为在定性上类似于指向参考轨迹的刚度吸引的区域。在这个例子中，来自标称轨迹的扰动将在阴影区域内产生回复力。对于使机器人离开阴影区域的大扰动的响应反而会符合一个完全不同的路径到目标点

编程练习 10.3　本编程练习的目的是帮助读者更好地理解控制律（式（10.50））以及如何实现它。打开 MATLAB，将目录设置为如下文件夹：

```
1    ch10-DS_compliant/Passive_Dynamical_system
```

该软件包提供了图形用户界面，允许你学习一阶基于线性变参的动态系统，并通过式（10.44）控制机器人，使其遵循动态系统生成的运动。

回答以下问题：

1. 阻尼矩阵的特征值重要吗？如果特征值很小或很大会发生什么？如果其中一个是零呢？在哪种情况下机器人可以在遵循动态系统的情况下到达目标？

2. 如果扰动对于所学的动态系统对齐或不对齐，机器人在面对扰动时的鲁棒性如何？在执行阶段，你可以通过向任何方向拖动来干扰机器人。

3. 如果目标被定义在机器人可及范围之外会发生什么？

力 控 制

力控制对机器人来说是必不可少的，这在所有需要灵巧操作物体的任务中都是必需的。典型的交互实例有抛光、装配、协同操作、遥操作等。力控制对于机器人的稳定性和人机交互的安全性来说都是必要的。在本章中，我们将力控制与第 10 章中介绍的基于阻抗的动态系统相结合，以在不可预见的情况下和面对干扰时提供力的鲁棒控制。

在第 10 章中，我们介绍了基于动态系统的算法，用于在接触阶段提供柔性行为。本章介绍的控制体系结构通过控制交互力来增强交互，同时保持柔性。我们展示了如何在非平面上移动的同时控制机器人系统的力和运动。这一章还包含实际的编程练习，以展示如何学习要施加力的表面的非线性模型。代码还展示了如何在飞行中学习自适应应力分布来补偿建模不良的接触力。强烈鼓励读者下载源代码并更改参数，分析它们对行为的影响[1]。

11.1 动态系统接触任务中的运动和力的生成

在本章中，我们引入了一种控制律以鲁棒地执行接触任务，应对大的实时干扰，这些干扰可以是人类交互（例如，停止机器人、断开接触、任意移动机器人）或环境中的意外变化（例如，表面 / 物体的位置和方向）；见图 11.1 和图 11.2。

如 10.4 节所述，动态系统适用于产生阻抗控制律，提供柔性和被动的机器人行为。此外，在 8.4 节中，我们介绍了一种在接触 / 非接触场景中实现稳定接触的基于动态系统的方法。然而，所提出的方法不能控制接触力。通过利用这两种方法，在本节中，我们引入了一个时不变的基于动态系统的框架，来控制接触任务中的接触力。该策略基于对机器人标称任务动力学的局部调制，以在机器人接近表面时产生期望的运动和接触力。因此，该策略提供了稳定和准确的运动和接触力生成。

图 11.1　两个柔性机械臂伸向并抓住一个纸箱（左上）。人类通过改变机械手的姿势（右上和左下）和破坏抓取（右下）来操作系统，而不会危及安全和稳定

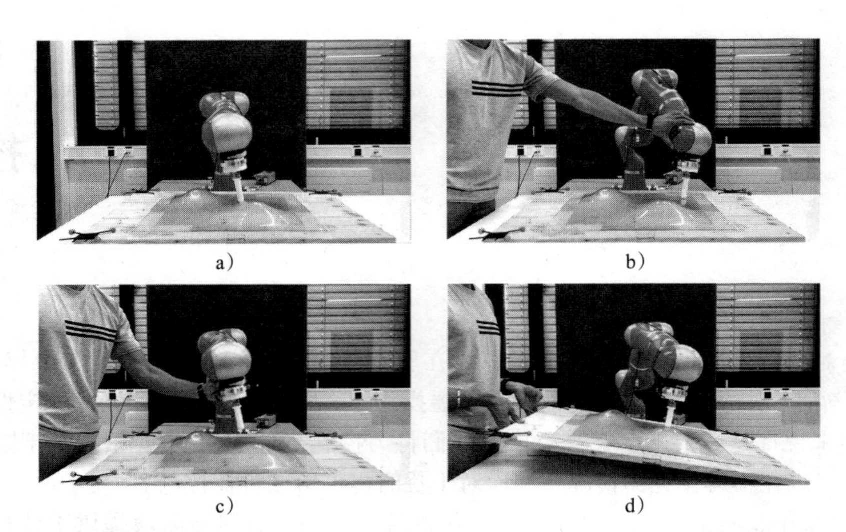

图 11.2　机械臂与表面接触进行圆周抛光（图 a）。我们的策略允许人在机器人在表面移动（图 b）时安全地与机器人交互，在任何时刻断开接触（图 c），并在不影响系统稳定性的情况下移动表面（图 d）

自主动态系统通常以一个状态变量（例如，实际位置 x）作为输入，并返回该变量的变化率（例如，期望速度 $\dot{x}_d = f(x)$）。它可以被看作一个速度向量场，描述空间中任何给定位置的期望行为。

如图 11.3 所示，在本节中，我们假设存在一个标称动态系统 $f(x)$，它使机器人与一个曲面接触并沿着曲面移动。我们假设接触面是不可穿透的，并且在空间中所有点上的法向量 $n(x)$ 和到表面的距离 $\Gamma(x)$ 都有一个显式的表达式。标称动态系统应满足以下条件：

$$\begin{cases} f(x)^{\mathrm{T}} n(x) = 0 & \text{接触时} \\ f(x)^{\mathrm{T}} n(x) > 0 & \text{自由运动时} \end{cases} \tag{11.1}$$

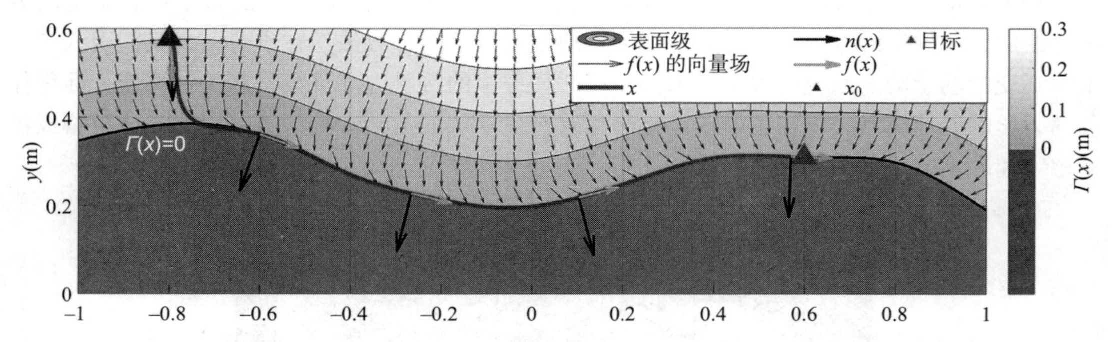

图 11.3　由标称动态系统驱动的机器人与表面接触并从初始位置 x_0 开始向目标移动。到表面的法向距离 $\Gamma(x)$ 和向量 $n(x)$ 可以使用一种数字学习算法来学习，如支持向量回归或高斯过程回归。这里，我们使用高斯核函数的支持向量回归（C=100, Σ=0.01, σ=0.20）

如第 3 章和第 8 章所示，这种动力学可以从人类示教中学习，并进行局部调制以满足这些约束。一旦机器人到达表面，我们的目标是沿着表面 $F_d(x) \in [0,F_{\max}]$（$F_{\max}>0$）的法线施加与状态相关的期望力分布。随后，我们展示了如何调制标称动态系统来生成运动之外的接触力。

所生成的接触力不仅是期望运动的结果，而且是机器人动力学的结果。我们在三维笛卡儿空间中表示 N 自由度机械手的动力学：

$$M(x)\ddot{x}+C(x,\dot{x})\dot{x}=F_c+F_e \tag{11.2}$$

其中，$x\in\mathbb{R}^3$ 表示机器人的位置，$M(x)\in\mathbb{R}^{3\times3}$ 表示质量矩阵，$C(x,\dot{x})\dot{x}\in\mathbb{R}^3$ 表示离心力，$F_c\in\mathbb{R}^3$ 和 $F_e\in\mathbb{R}^3$ 分别表示控制力和外力。式（11.2）假定重力 $g(x)\in\mathbb{R}^3$ 已经补偿。控制力 F_c 允许跟踪的期望速度曲线 $\dot{x}_d\in\mathbb{R}^3$ 由第 10 章中的动态系统 – 阻抗控制器（式（10.45））得到，可重写为：

$$F_c=D(x)(\dot{x}_d-\dot{x})=\lambda_1\dot{x}_d-D(x)\dot{x} \tag{11.3}$$

其中，$D(x)\in\mathbb{R}^{3\times3}$ 是一个状态变化的阻尼矩阵，构造方法是令第一个特征向量与具有正特征值 $\lambda_1\in\mathbb{R}^+$ 的期望动力学 $\dot{x}_d$ 对齐。式（11.3）中的第一项表示沿期望动力学方向的驱动力，其中 λ_1 表现为阻抗增益。最后一项是可以通过 $D(x)$ 的最后两个特征值（$\lambda_2,\lambda_3\in\mathbb{R}^+$）来操作的阻尼力，以选择性地抑制与期望速度正交的扰动。

在本节中，我们考虑一种情况，即动态系统仅应用于末端执行器的平移。利用轴角表示跟踪期望的末端执行器的方向。测量的方向和期望的方向分别用 $R\in\mathbb{R}^{3\times3}$ 和 $R_d\in\mathbb{R}^{3\times3}$ 指定为全旋转矩阵。方向误差计算为 $\hat{R}=R_dR^{\mathrm{T}}\in\mathbb{R}^{3\times3}$，并提取相应的轴角表示 $\hat{\zeta}$，使用类似比例微分的控制律计算控制力矩。然后利用机器人的雅可比矩阵 $J\in\mathbb{R}^{6\times N}$，将由控制力矩和力（如 F_c）形成的控制力旋量转换为关节力矩。因此，我们假设机器人具有转矩感知能力，并进行转矩控制。扭矩控制的机器人允许柔性的交互控制（特别是阻抗控制，在刚性环境下的交互表现令人满意）。

11.1.1　接触任务的基于动态系统的策略

为了使用单个动态系统实现期望的运动和力分布，我们将系统分解如下：

$$\dot{x}_d=f(x)+f_n(x) \tag{11.4}$$

其中，$\dot{x}_d$ 为期望的速度分布，而 $f_n(x)$ 为调制项，只作用于垂直于表面法线的方向。将式（11.4）代入式（11.3），控制力变为：

$$F_c=\lambda_1f(x)+\lambda_1f_n(x)-D(x)\dot{x} \tag{11.5}$$

第一项为沿标称动力学方向的驱动力，第三项为阻尼力，第二项表示沿法线方向到表面的调制力，对应公式为：

$$f_n(x)=\frac{F_d(x)}{\lambda_1}n(x) \tag{11.6}$$

图 11.4 为对该策略的说明，图 11.3 所示的标称动态系统被调制以在机器人到达表面时产生一个接触力。在与表面接触之前，期望的和标称的动态系统对齐并保持相同。在快要接触时，产生法向调制分量，并调制标称动态系统以产生期望的力。为了说明我们的方法在面对干扰时的鲁棒性，当机器人移动时，一个外力使机器人远离表面。调制后的动态系统通过与标称动态系统重新对齐来对扰动做出反应。一旦扰动消失，机器人到达表面并向目标移动，

同时施加期望的接触力。

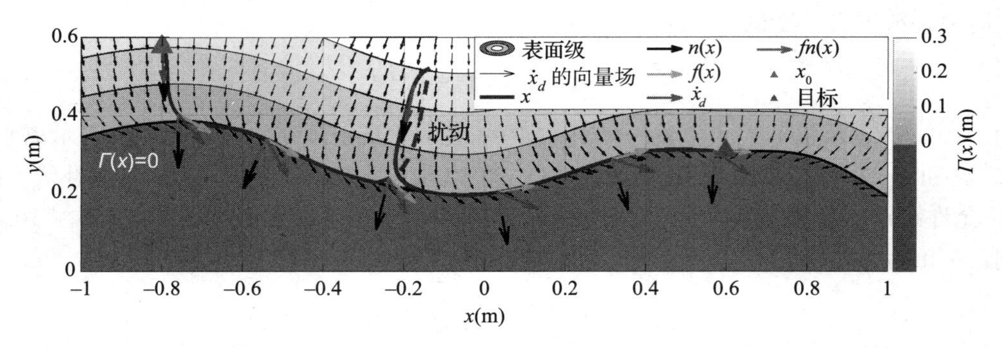

图 11.4　在非平坦表面上到达和移动任务的调制方法。机器人由调制的动态系统驱动，并经历一个垂直于表面的扰动（虚线）

在控制机器人与未知环境的交互时，从性能和安全两方面考虑，都应该确保交互的稳定性。实现稳定的一个充分条件是保证整个系统的无源性。这意味着系统永远不会产生额外的能量，换句话说，系统的总能量受初始储存的能量加上系统与环境相互作用注入的能量的限制。然而，为了证明系统的无源性，需要修改式（11.4）。要了解更多信息，请参见编程练习 11.1。

编程练习 11.1　本编程练习的目的是帮助读者更好地理解控制律（第 10 章中的式（10.50））以及开放参数对生成的运动的影响。打开 MATLAB，将目录设置为如下文件夹：

```
1    ch11-Compliance_force/Motion_Force_Generation
```

此软件包提供图形用户界面。你可以绘制一个曲面，并在曲面上为动态系统定义一个吸引子。系统会学习距离函数 Γ，并生成一个由式（11.5）给出的线性动态系统，该动态系统收敛于曲面，在施加一个固定的力时沿着曲面移动，并在吸引子处停止。回答以下问题：

1. 表面的形状对产生的运动 / 力有影响吗？在以下几种情况下，机器人都能到达目标吗？
   (a) 表面是凸的。
   (b) 表面是凹的。
   (c) 曲面具有多个局部极小值。
2. 观察距离函数。所有的等值线都平行于表面吗？如果不是，尝试通过修改支持向量回归技术的参数，在函数计算模型中进行改进。如果目标不位于表面会发生什么？机器人能否到达？
3. 如果目标位于表面下会发生什么情况？机器人能否靠近？
4. 将该目录设置为 `ch11-Compliance_force/learning-force-adaptation`。此代码允许你学习力分布的补偿项，以适应在接触时建模不良的力。修改代码，使径向基函数非均匀放置。这对收敛速度有什么影响？针对时变力误差修改代码，适当设置学习参数，以便自适应能够跟上时变力的变化。

11.1.2　机器人实验

在本节中，我们提出的基于动态系统的策略用例被应用于两个现实世界的任务：使用单个机械臂抛光非平面和用两个机械臂伸手、抓取和操纵一个物体（参见练习 11.2）。在这两种情况下，该方法能够在各种类型的扰动中产生期望的力分布（例如在接触之前和接触期间或断开接触时意外地移动表面 / 物体），这种能力是必要的。

在第一个任务中，通过在非平面上的圆形抛光任务来测试动态系统的调制策略，如图 11.2 所示。采用具有 7 个自由度的机械臂（KUKA LWR IV+）来完成该任务。该机器人在制动器处装有关节力矩传感器，可以进行力矩控制。末端执行器上还安装了一个六轴 ATI 力 / 力矩传感器，在该传感器上安装了一个 3D 打印的手指工具。机器人的行为在一个简单的场景中进行评估：机器人与目标表面接触，在表面上做圆周运动，同时施加期望的接触力，并经历来自人为的扰动。

图 11.5 显示了实验中记录的测量和期望的力分布。机器人在没有任何扰动的情况下首先到达表面执行抛光任务。力的产生是相对准确的，在此期间的均方根力误差约为 1.9N（期望力的 19%）。

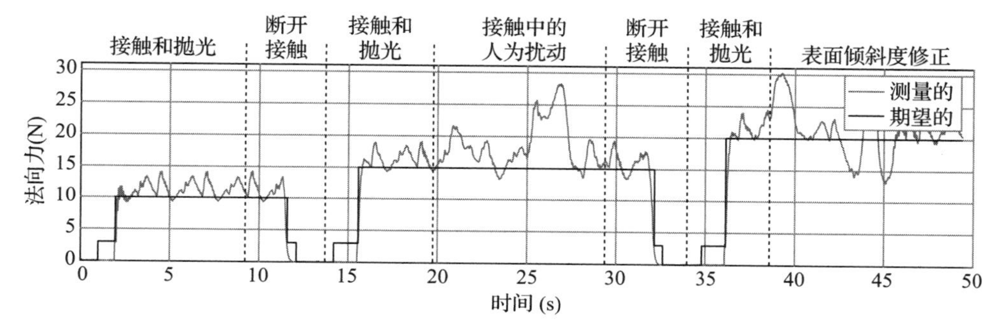

图 11.5　各种人为扰动下的抛光任务：测量法向力与期望法向力的对比

第二个实验场景是用两个 KUKA LWR IV+ 机器人去抓取一个纸箱，如图 11.1 所示。盒子的质量为 0.65 ± 0.05kg，由运动捕捉系统跟踪获得其姿势。两个机器人的末端都安装了六轴 ATI 力 / 力矩传感器，在该传感器上安装了一个用于抓取的平手掌。评估场景的设计是这样的：在人到来之前，两条机械臂就能到达并抓住物体，并通过移动物体、改变方向甚至打破抓取与系统进行交互。

图 11.6a 说明了测量得到的和期望的接触力。在没有人为扰动的情况下，两个机器人抓取物体时的均方根力误差约为 1.7N（期望力的 11.3%）。在抓取阶段的非接触 / 接触过渡是平滑的，当人为故意扰动抓取时，在力分布中没有观察到不稳定。同样，尽管在抓取后系统受到扰动（例如，对盒子的快速冲击、改变系统姿势），测量的力保持平滑，保证稳定性并提供令人满意的柔性行为。

图 11.6b 说明了两个机器人的能量罐的行为（见练习 11.1）。在最大允许级上初始化能量罐，设置为 4.0J。当机器人最初向目标移动时，能量主要是耗散的。然而，这些能量不能储存在能量罐中，因为它们已经满了。接近接触时，当机器人仍在轻微移动，就会产生理想的接触力。这些非被动行动是通过从能量罐中提取能量来实现的。一旦物体被抓住，能量罐的水平就会保持不变，直到人类移动机器人把物体举起来。这种耗散的能量被储存在能量罐中，但由于相互作用而以非对称的方式储存。当人类对物体施加快速冲击时，因为机器人几乎没有移动，能量罐的水平几乎没有变化。然后，将系统向左移动（从人类的角度来看），使右臂在向施力的方向移动时产生额外的能量，而左臂则消耗能量。从右臂的能量罐中提取

大量的能量来执行这个非被动的动作并保持抓取。当把系统推到右边时，相反的行为发生了，能量由左臂产生，由右臂消耗，导致它们的相关能量罐分别被耗尽和填满。类似的推理可以应用于其他扰动阶段，即人类移动机械臂来改变物体的方向或中断抓取。

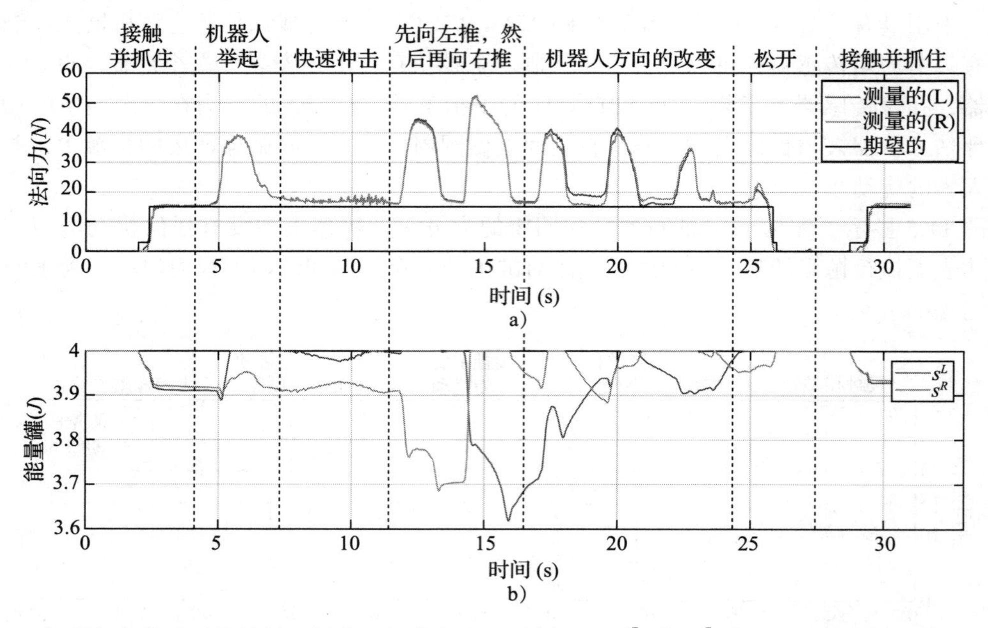

图 11.6 各种人为扰动下的接触、抓住和操作任务。a）测量 $(F^{R^T} n^R, F^{L^T} n^L)$ 和期望接触力 $(F_d(x^L, x^R))$，b）机器人的能量罐 s^L 和 s^R

练习 11.1 如 10.4 节所述，控制律（式（11.3））对于守恒的动态系统是被动的。然而，式（11.4）并不是一个守恒的动态系统。通过使用能量罐方法，修改式（11.4），使系统保持被动。

练习 11.2 在 11.1.2 节中，提出的控制律（式（11.3））用于完成双臂场景。修改每个机械臂的动态系统（式（11.4）），例如使机器人到达物体，对物体施加特定的力，并移动它。

结论与展望

在本书的开始，我们提倡令机器人具有适应性，并能在几毫秒内对扰动做出反应。我们认为，这可以通过为机器人提供内在自适应的控制律来实现。我们选择使用时不变动态系统，因为它们嵌入了多个路径、问题的所有解，而且它们以封闭的形式执行。这使得机器人可以在运行时跨路径切换，而不需要重新规划。此外，我们还证明了动态系统理论的各种数学性质可以用来保证控制律的稳定性、收敛性和有界性。我们提出了多种方法，可以用来从数据中学习控制律，同时保持这些理论保证。将机器学习与动态系统理论相结合，利用两者的优势，使我们能够根据手头任务的需要，塑造机器人的轨迹、避开障碍、调制接触时的力，并与其他智能体同步移动。

研究从未停止，还有许多工作要做。在需要立即注意的议题中，我们认为以下问题是最重要的。

关节空间和笛卡儿空间的控制。虽然我们可以在任何空间中使用动态系统进行控制，但为了在关节空间中产生适当的姿势，我们仍然依赖于逆向运动学来传递在笛卡儿空间中被认为稳定的控制。在这样做的同时，我们不再保证在关节空间中有可行的路径，也不再保证我们能达到目标。为了避免这个问题，我们在很大程度上依赖于用于训练系统的数据在运动学上是可行的这一事实。最近，人们对这个问题的兴趣有所增加，有不同的方法来解决这个问题，从学习微分同胚映射 [113, 108] 到确定关节潜在空间 [131, 121] 或使用收缩理论使两个系统收敛 [122]。

学习稳定区域。本书所展示的所有系统都是全局稳定的。然而，机器人的工作空间不是无限的。虽然我们在第 9 章中说，一个人可以通过逆避障方法来约束它，但自动学习吸引区域也可能是有趣的。在 [73,13,154] 中已经采取了许多方法来实现这一目标，但这些都是数值方法，强烈依赖于机器学习方法的超参数数量。凸方法是一种有效的方法 [79,97]，但它们产生了守恒的控制律，并且不容易扩展到多维度 [1]。对于像仿人机器人这样的高自由度机器人来说，还需要做更多的工作来学习这些吸引区域，并使这种建模适应手头的任务，因为稳定区域可能会随着时间的推移而变化。

闭环力控制。我们在第 11 章中提出了一种初始方法，包括力的显式控制。最近的发展包括在线学习的力反馈控制，以适应时变系统的表面 [46] 和时不变动态系统的表面 [4]。这种控制只在终点进行，在快速移动时不阻碍初始接触时的超调或不稳定。为了将动态系统控制扩展到操作任务，有必要解决这些缺点。

逆动力学。本书提出的所有方法都假设对机器人的动力学进行了补偿。在控制某些机器人（尤其是仿人机器人）时，显然不是这样的。需要做更多的工作，以确保精确地跟踪和控制律的在线自适应，以补偿较差的动力学。

最后，我们感谢读者对本书的兴趣，我们希望读者会发现这些方法对他们的工作有用。我们期待收到读者的反馈。

附　　录

动态系统理论的背景

本书对与动态系统相关的主要概念和定义进行了总结，读者需要了解书中相关领域的发展。各章对动态系统的核心概念进行介绍。熟悉动态系统的读者可参考其他教材，如 [137，90]。

A.1 动态系统简介

一个动态系统由一系列描述动态过程的时间演化方程组成。在本书中，我们考虑确定性动态系统。设 $x \in \mathbb{R}^N$ 是系统的状态。系统的时间演化由状态时间的导数 $\dot{x}^* \in \mathbb{R}^N$ 给出：

$$\dot{x} = f(x,t) \tag{A.1}$$

其中，$f : \mathbb{R}^{N+1} \to \mathbb{R}^N$ 为平滑连续函数。

如果动态系统的演化不明确依赖于时间，则称动态系统是自主的或时不变的，其时间演化可以简化为

$$\dot{x} = f(x) \tag{A.2}$$

本书的分析集中在自主动态系统上。然而，许多结果会扩展到时变动态系统。不过依赖于时间的系统总是可以通过扩展状态转变为自主系统：$x \in \mathbb{R}^{N+1}$，$x_{N+1} = t$。由于本书只讨论自主动态系统，我们将这些系统统称为动态系统。

动态系统可以依赖于一个或多个变量。如果 x 和 y 是两个自变量，表示为 $x \in \mathbb{R}^{N_x+1}$ 和 $y \in \mathbb{R}^{N_y+1}$，我们可以在两个动力学之间获得一个显式依赖关系：

$$\begin{aligned} \dot{x} &= f(x,y) \\ \dot{y} &= g(y) \end{aligned} \tag{A.3}$$

其中 $f : \mathbb{R}^{N_x} \to \mathbb{R}^N$，$g : \mathbb{R}^{N_y} \to \mathbb{R}^N$ 是两个光滑连续的函数。x 和 y 的动力学是耦合的。

动态系统不局限于一阶微分方程，系统可以是更高阶的。例如，动态系统也可以用 $\ddot{x} = f(\dot{x}, x)$ 形式的二阶微分方程来表征。然而，所有的动态系统都可以通过设置简化为一阶不同方程的集合：

$$\begin{aligned} \dot{y} &= f(x,y) \\ y &= \dot{x} \end{aligned} \tag{A.4}$$

A.2 动态系统的可视化

将动态系统可视化的最好方法是绘制出它的向量场。在空间中选择一个点阵列（通常是均匀的），并在每个点 x 处绘制一个表示向量 $\dot{x}$ 的箭头。箭头的方向表示运动的方向，而箭头

的长度表示振幅。

也可以通过将动力学从 $t = 0$ 开始向前积分，从起点 $x(0)$ 开始，利用数值积分生成路径积分。很多工具箱可以帮助你完成这项任务，然而对于数值积分的信息，读者可以参考 [141]。路径积分有助于判断系统在状态空间中的临界点是否收敛或发散。它可以被用来探讨稳定性不能明确表征的复杂动态系统的动力学。图 A.1 给出了向量场和一条路径积分的示例。

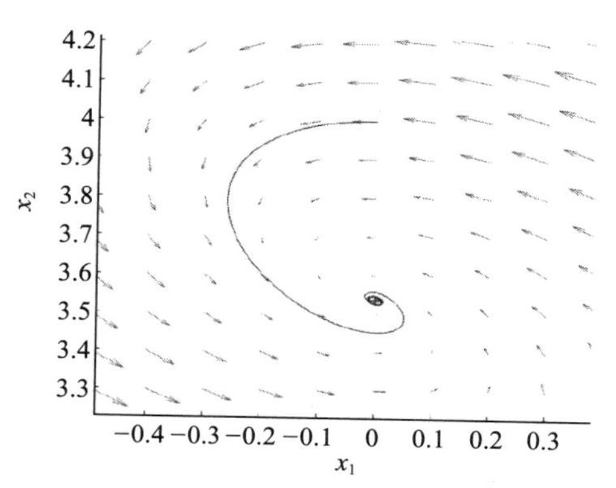

图 A.1　线性动态系统的可视化。每个箭头表示该点的动态系统值（即 $\dot{x} = f(x)$），而黑线表示到吸引子为止的路径积分

A.3　线性和非线性动态系统

当动态系统是线性的时，它可以写为：

$$\dot{x} = Ax + b \tag{A.5}$$

其中，A 为 $N \times N$ 的矩阵，$b \in \mathbb{R}^N$。矩阵 A 设定动态的形状，而 b 为在空间中移动动力学的偏移量。

当 f 是非线性的时，动态系统也是非线性的。非线性动态系统的一个例子是：

$$\dot{x} = \exp(-\|x\|)\cos(x) \tag{A.6}$$

正如我们将在下一节中看到的，线性系统的稳定性可以通过解析确定。非线性动态系统的稳定性不足以被显示分析以确定系统整体是否稳定。通常，只能局部地描述系统。例如，式（A.6）中的系统局部稳定和不稳定的周期由 $\cos(x)$ 定义，见图 A.2。

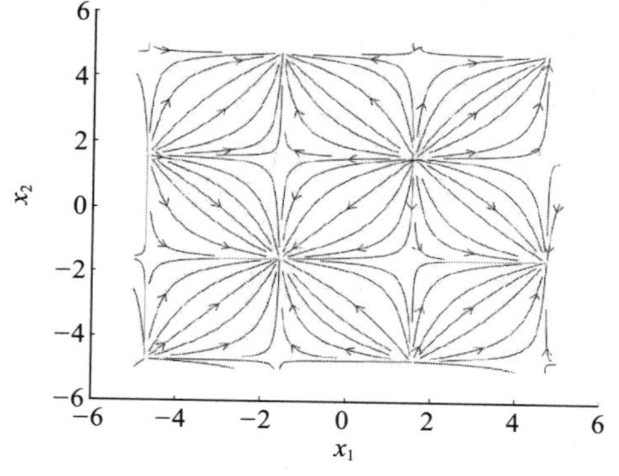

图 A.2　式（A.6）中给出的具有若干局部稳定吸引子的非线性动态系统

A.4　稳定性定义

为了描述动态系统，需要寻找不同的特性。所有特性中最重要的是稳定性。描述动态系统的稳定性需要确定动态系统是否在状态空间的一个或多个点上稳定。要确定一个动态系统的稳定性，首先必须确定动态停止的点。这些点被称为平衡点。

定义 A.1（平衡点） 动态系统的平衡点是一个 $x \in \mathbb{R}^N$，且使得 $f(x)=0$ 的点。

只找到一个平衡点还不足以证明其稳定性。我们必须进一步研究动态系统在平衡点附近的行为。如果系统在一个小的扰动下就能脱离平衡，那么平衡就是不稳定的。相反，如果系统总是能回到平衡状态，它就是稳定的。例如，系统 $x=-x$ 在原点处有稳定的平衡，而系统 $x=-\|x\|$ 在原点处有一个不稳定的吸引子。一个系统的平衡要么是稳定的，要么是不稳定的，取决于扰动的方向，称为鞍点。系统 $x=-x$ 在二维上有一个为零的鞍点，如图 A.3 所示。

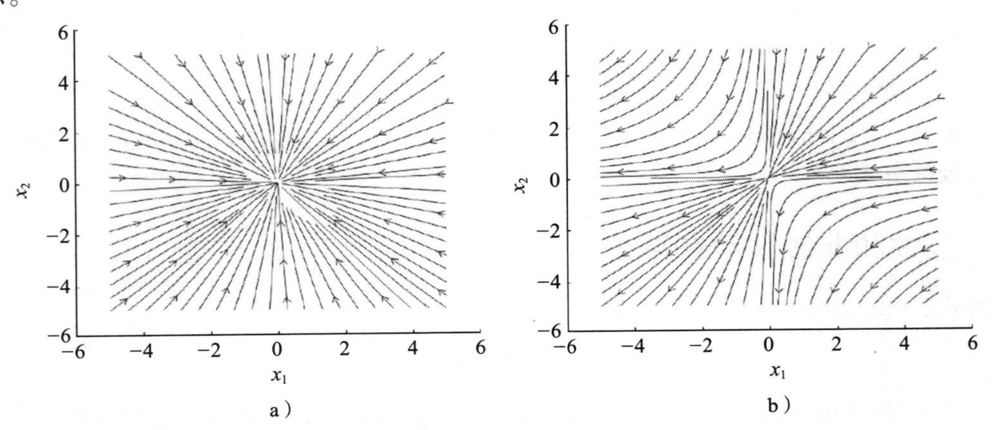

图 A.3　在原点有稳定平衡（图 a）和鞍点（图 b）的线性动态系统

Lyapunov 稳定性条件可以用来评估平衡点的稳定性，如定义 A.2 所述。

定义 A.2（Lyapunov 稳定性） 一个平衡点 x^* 表示在 Lyapunov 条件下是稳定的，或者简单稳定的，则对于每个 $\epsilon>0$，存在 $\delta(\epsilon)>0$ 使得

$$\|x(t_0)-x^*\|<\delta \Rightarrow \|x(t)-x^*\|<\epsilon, \forall t>t_0$$

稳定性可以分为渐近稳定性和指数稳定性。渐近稳定性可以保证系统最终会达到平衡，但它没有指定多快能达到平衡，而指数稳定性允许人为决定系统收敛的速度。

定义 A.3（渐近稳定性） 如果一个点 x^* 不仅是稳定的，并且存在 $\delta>0$，使得

$$\|x(t_0)-x^*\|<\delta \Rightarrow \|x(t)-x^*\| \to 0, t\to\infty$$

则这个平衡点 x^* 是渐近稳定的。

定义 A.4（指数稳定性） 如果一个点 x^* 是指数稳定的，并且也存在 $\alpha,\beta,\delta>0$，使得

$$\|x(t_0)-x^*\|<\delta \Rightarrow \|x(t)-x^*\| \leqslant \alpha\|x(0)-x^*\|^{-\beta t}, \forall t$$

则这个平衡点 x^* 是指数稳定的。

如果在 Lyapunov 稳定性条件下存在一个稳定平衡点，则系统是全局稳定的。当不能确

保全局稳定时，人们可以设法寻找平衡点周围是否有一个区域是动态稳定的。这个区域被表示为吸引域 $B(x^*)$。图 A.2 所示的系统在每个稳定平衡的周围都有一个吸引域。

定义 A.5（吸引域） 如果 $\Delta(x^*)=\{x\in\mathbb{R}^N,\lim_{t\to\infty}f(x)=x^*\}$，一组 $\Delta\subseteq\mathbb{R}^N$ 是平衡点 x^* 的吸引域。

另一个有趣的特性是有界性，人们可以去确定动态系统是否包含在一个区域内。根据定义，吸引域是有界的，因为所有从域内开始的路径都无法离开域。

定义 A.6（有界性），动态系统是有界的，如果对于每一个 $\delta>0$，存在 $\epsilon>0$ 时，使得

$$\|x(t_0)\|<\delta\Rightarrow\|x(t)\|<\epsilon,\forall t>t_0$$

A.5 稳定性分析和 Lyapunov 稳定性

如果矩阵 A 可逆且可以进行实值特征值分解，则很容易判定线性动态系统的稳定性。因为，平衡就是 $Ax+b=0,x^*=-A^{-1}b$ 的解。为了确定平衡是否稳定，可以进行特征值分解。$A=V\Lambda V^{\mathrm{T}}$，其中 V 是由列方向的特征向量组成的矩阵，Λ 为特征值对角矩阵。有以下三种情况：

- 如果所有的特征值是负的，则平衡是稳定的。
- 如果所有的特征值都是正的，则平衡是不稳定的。
- 如果特征值一个是负的，另一个是正的，则平衡点是鞍点。

在本书的各个章节中，我们提出了确定 A 和 b 的方法，以便能将平衡置于期望吸引子点，并使系统稳定在此点。矩阵 A 可以被构造来确保特征值是负的，并且 b 可以被选择以一种方式使平衡点移到所需的吸引子点处。图 A.4 展示了以原点和偏离中心为中心的稳定平衡的两个线性动态系统。

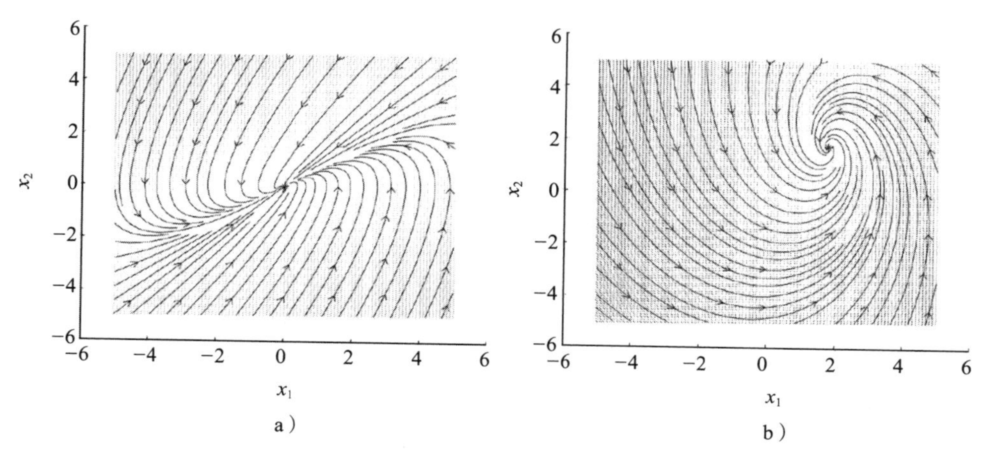

图 A.4 在原点（图 a）和偏离中心（图 b）具有稳定吸引子的线性动态系统

非线性动态系统的稳定性可以被描述为以下内容：首先通过求解 $f(x)=0$ 来确定平衡点。值得注意的是，与动态系统不同，非线性动态系统的平衡点可能不是唯一的，并且也可能无法用解析法找到。然后，可以通过泰勒展开将平衡点周围的系统局部线性化，并计算每个平衡点周围函数导数的特征值分解，来评估平衡点的稳定性。只有当高阶项可以忽略时，使用

第一个泰勒展开项的线性化才成立。在平衡点的一个小范围内，它们仍然可以忽略不计。为了确定这个邻域（平衡周围的吸引域），人们通常通过采样进行数值计算。为了解析地刻画稳定性，可以回到 Lyapunov 稳定性定理的应用中，证明$f(x)$所描述的动力学在x^*处是稳定的，如果存在 Lyapunov 函数$V(x):\mathbb{R}^N \to \mathbb{R}^N$，使得：

1. 当且仅当$x = x^*$时，$V(x) = 0$。
2. 当且仅当$x \neq x^*$时，$V(x) \geqslant 0$。
3. $\dot{V}(x) = \nabla V_f(x) < 0, x \neq x^*$。

Lyapunov 函数充当一个能量函数。函数的最小值位于平衡点（条件 1）并且在其他地方为正(条件 2)。条件 3 表示，动力学以能量不断减少的方式运动。因此系统必然会达到平衡，因为这是函数的最小值。一个可以用 Lyapunov 函数表征的动态系统称为守恒系统。

定义 A.7（守恒动态系统） 自主的动态系统$f(x)$是守恒的，当且仅当存在 Lyapunov 函数V_f使得

$$f(x) = -\nabla V_f(x) \tag{A.7}$$

A.6 节能和无源性

Lyapunov 稳定性诠释了系统的能量随着时间的推移而减少，最终在平衡点消失。无源性将这个概念扩展到通过外部输入u来控制的系统。

如第 10 章所述，当使用动态系统来控制机器人时，动态系统的输出变成了低级控制器所跟踪的轨迹。为了研究整个系统的稳定性，需要控制输入$u \in \mathbb{R}^P$，并验证该控制输入注入的能量不会使系统失去稳定性。换句话说，必须验证系统是闭环无源的。1989 年提出了无源控制[112]。

考虑一个闭环系统，其动力学描述为：

$$\dot{x} = f(x,u) \tag{A.8}$$

假设存在一个变量$y = h(x)$，$y \in \mathbb{R}^m$，它跟踪系统状态发生的变化。为了确保系统的持续可控性，必须证明该系统保持无源。

定义 A.8（无源性——定义 1） 一个具有以下特征的系统：

$$\begin{aligned} \dot{x} &= f(x,u) \\ y &= h(x) \end{aligned} \tag{A.9}$$

是无源的，如果有下界存储函数$V:\mathbb{R}^N \to \mathbb{R}_{0\leqslant}$，使得

$$\underbrace{V(x(t)) - V(x(0))}_{\text{存储能量}} \leqslant \underbrace{\int_0^t u(s)^{\mathrm{T}} y(s)\mathrm{d}s}_{\text{供应能量}} \tag{A.10}$$

对于所有$0 \leqslant t$，所有输入函数u和所有初始条件$x(0) \in \mathbb{R}^N$成立。

注意到，在没有任何输入（即$u = 0$）的情况下，我们有$V(x(t)) \leqslant V(x(0))$。在严格不等式下，我们回到了 Lyapunov 稳定条件，并且确保系统也回到平衡状态。以下对无源性的不同定义可以很好地概括这个概念。

定义 A.9（无源性——定义 2） 系统 $\dot{x}=f(x,u)$ 和 $y=h(x)$ 是无源的，如果存在连续可微的正半定函数 $V:\mathbb{R}^N \to \mathbb{R}_{0\leqslant}$（存储函数），使得

$$u^{\mathrm{T}} y \geqslant \dot{V}=\frac{\delta V}{\delta x} f(x,u), \forall x,u \tag{A.11}$$

定义 A.10（无源性——定义 3） 一个具有以下形式的系统

$$\begin{aligned} \dot{x} &= f(x,u) \\ y &= h(x) \end{aligned} \tag{A.12}$$

是无源的，如果存在一个连续可微的下界存储函数 $V:\mathbb{R}^N \to \mathbb{R}_{0\leqslant}$，则使得沿着式（A.12）生成的轨迹

$$\dot{V}(t) \leqslant u(t)^{\mathrm{T}} y(t) \tag{A.13}$$

满足所有 $0\leqslant t$，所有输入函数 u，所有初始条件 $x(0)\in\mathbb{R}^N$ 的情况。

A.7 极限环

在本章中，我们只讨论了定点平衡的动态系统。然而，动态系统也可以在闭环路径上稳定。这样的路径称为极限环。如果动力学是在路径上开始的，它就会无限地沿着路径继续运动下去。通常极限环是圆的或椭圆的，它绕着空间中的一点旋转。在极限环周围的轨迹可以朝向或远离路径。如果它们朝这个方向移动，极限环就变成了一个吸引面。如果所有轨迹都指向极限环，则称其为稳定极限环。

极限环只存在于非线性动态系统中。确定这样的极限环在实践中是困难的。但是在某些情况下，创建它们可能会更简单。例如，可以使用极坐标进行变量转换。在二维中，我们设 ρ 和 θ 为 x 的极坐标，我们通过为 ρ 设置线性动态系统来创建一个收敛于极限环的动态系统，该动态系统在到达原点前的预定距离处消失。旋转是由 θ 上的第二个动态系统产生的，它与 ρ 耦合：

$$\begin{aligned} \dot{\rho} &= A\rho + b \\ \dot{\theta} &= f(\theta,\rho) \end{aligned} \tag{A.14}$$

A.8 分岔

在前面的章节中，我们已经看到了如何通过对全局、渐近或指数稳定性的分析来描述动态系统的行为。一些动态系统可能会由于输入参数的变化而改变其特征行为。这就是所谓的分岔。分岔之后，一个稳定的动态系统会突然变得不稳定，或者稳定在一个极限环上，而不是稳定在一个不动点上。在 4.2 节中，我们提出了一种可以训练具有显式分岔的动态系统的方法。这有助于在单个动态系统中嵌入多个动态，并通过分岔参数控制这些动态之间的转变。

定义 A.11（分岔） 时变的、自主的动态系统的形式为 $f(x,\mu)$，$x\in\mathbb{R}^N$，$\mu\in\mathbb{R}^P$，其中 f 是连续可微的。在参数 $\mu=\mu_0$ 处发生分岔，如果参数 μ_1 任意接近 λ_0，动力学与 μ_0 处的拓扑不相等。例如，f 的平衡轨迹或周期轨迹的稳定性或个数会随着 μ 到 μ_0 的扰动而变化。

用分岔图可以将 μ 参数空间划分为拓扑等效系统的区域。分叉发生的点不位于这些区域内部。

Hopf 分岔　这些对应于导致从不动点平衡到极限环变化的一类分岔。当平衡通过一对纯虚特征值改变稳定性时，就会出现极限环。这里，$f(x,\mu)$ 有一组平衡 $x^*(\mu)$，它依赖于分岔参数 μ。如果雅可比矩阵 $J(\mu)=\nabla_x f(x^*,\mu)$ 有一对复特征值 $\lambda_{1,2}(\mu)$，当 $\mu=\mu_0$ 时它为纯虚值。当 μ 通过 μ_0 时，系统动力学发生变化。它的平衡改变了稳定性，并从中分岔出一个独特的极限环。

机器学习的背景

下面我们将讨论本书中使用的机器学习方法的背景知识。

B.1 机器学习问题

我们定义了在本书中提出的机器学习方法并用它们来解决问题。

B.1.1 分类

在分类问题中，通常有一个输入 / 输出数据集 $\{X,Y\}=\{(x^i,y_i)\}_{i=1}^M$，其中 $x^i\in\mathbb{R}^N$ 是来自 M 个样本的第 i 个 N 维输入数据点（或特征向量），$y_i\in\{-1,1\}$ 是对应的分类结果 / 输出（或类别标签）。分类问题的目标是得到一个映射函数 $y=f(x):\mathbb{R}^N\to\{-1,1\}$，这样，给定 $x'\in\mathbb{R}^N$ 的新样本（或查询点），我们就可以预测其标签。也就是说，$y'=f(x')\in\{-1,1\}$ 为二元分类情形（见图 B.1）。如果一个数据集是线性可分的，那么 $f(x)$ 可能是一个简单的线性函数。然而，对于真实世界的数据集来说，这种情况很少出现。因此，必须应用非线性分类技术来找到数据集中的非线性决策边界。在 B.3 节中，我们描述了如何使用高斯混合模型来解决分类问题。在 B.4 节中，我们描述了支持向量机技术。

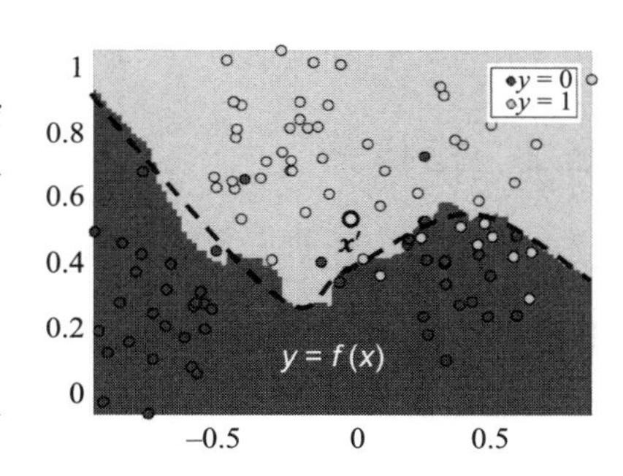

图 B.1 二维数据分类示例

B.1.2 聚类

与分类相反，在聚类问题中，我们只有输入数据 $\{X\}=\{x^i\}_{i=1}^M$。聚类分析的目标是将数据集划分为 K 个有意义的子类、组或聚类（见图 B.2）。这些聚类用集合 $C=\{c_1,\cdots,c_K\}$ 表示，并根据输入数据点定义的相似性（或距离）衡量标准进行计算。聚类算法的结果是一组对应的标签 $\{Y\}=\{y_i\}_{i=1}^M$（其中 $y_i\in\{c_1,\cdots,c_K\}$），表示输入数据样本属于哪一组（或聚类）。在本书中，我们主要将高斯混合模型用于聚类应用。

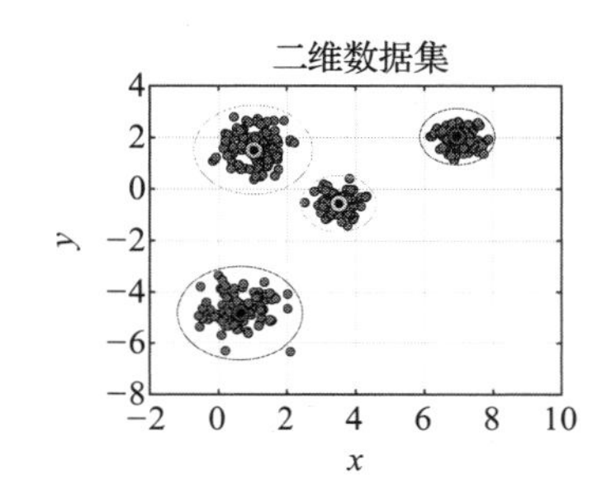

图 B.2 二维数据聚类示例

B.1.3 回归

回归类似于分类，从某种意义上说它也需要分析从输入到输出的映射函数 $y=f(x)$。然而，在回归中，输入和输出都是连续变量，即 M 个样本的 $\{X,Y\}=\{(x^1,y_1),\cdots,(x^M,y_M)\}$，其

中 $x^i \in \mathbb{R}^N$ 为多维输入，$y_i \in \mathbb{R}$ 为典型的一维输出变量（见图 B.3）。

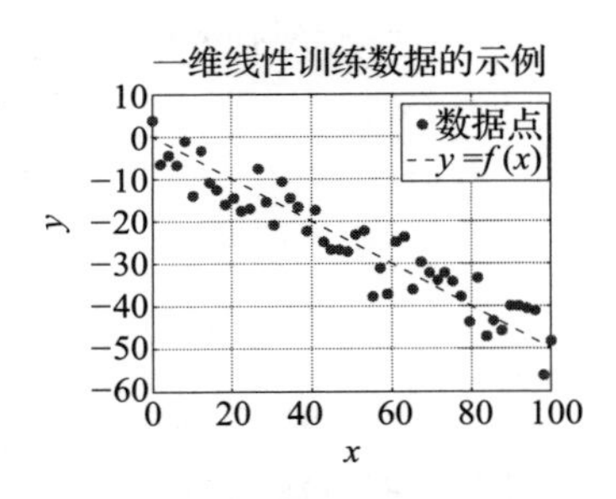

图 B.3　一维线性数据回归示例

回归问题在学术研究、金融、商业以及工业领域广泛应用。例如，人们可能希望根据汽车的功能来预测汽车的成本，根据 CPU 的特性来预测 CPU 的性能，或者根据一些相关的经济指标来预测货币的汇率。通过很多线性 / 非线性方法可以得到回归函数 $f(x)$。在本书中，我们倾向于使用 B.3 节所述的高斯混合回归，因为它允许多元输出 $y \in \mathbb{R}^P$。然而，我们也使用支持向量机和高斯过程（B.5 节）来回归一维输出。

B.2　指标

在本节中，我们介绍评估训练模型的指标，它可以评估模型选择、分类、聚类或回归。

B.2.1　概率模型选择指标

使用概率模型（如高斯混合模型（B.3 节）或隐马尔可夫模型（见 [17])），可以通过以下外部模型指标估计最优模型的大小（即高斯分量或隐马尔可夫状态模型的数量 K）:

- **Akaike 信息准则（AIC）**。AIC 指标是一种最大似然度量，它降低了模型的复杂性，如下所示：

$$\mathrm{AIC} = -2\ \ln \mathscr{L} + 2B \tag{B.1}$$

其中，$\mathscr{L}$ 为模型的似然函数，B 为模型参数的总数。

- **贝叶斯信息准则（BIC）**。BIC 指标更进一步，它同时还减少了数据点的数量，公式如下：

$$\mathrm{BIC} = -2\ln \mathscr{L} + \ln(M)B \tag{B.2}$$

其中，M 为数据点的总数。

B.2.2　分类指标

人们提出了许多指标来评估分类器的性能。其中大部分来自混淆矩阵（或误差矩阵）的值的组合，如表 B.1 所示。在这个矩阵中，矩阵的行代表数据的实际值，矩阵的列代表估计值。对角线代表分类良好的示例，而其余的则表示混淆的示例。对于二元分类器（即 $y \in \{-1,1\}$ ），需要计算以下数量：

- **实正类（TP）**。具有正估计标签且实际标签也为正的测试样本数（分类良好）。
- **实负类（TN）**。具有负估计标签且实际标签也为负的测试样本数（分类良好）。

- **虚正类（FP）**。具有正估计标签且实际标签为负的测试样本数（分类错误）。
- **虚负类（FN）**。具有负估计标签且实际标签为正的测试样本数（分类错误）。

以下指标可以用来评估我们的分类算法。

- **准确率**。准确率表示正确分类数据点的百分比，如下所示：

$$\mathrm{ACC}=\frac{\mathrm{TP}+\mathrm{TN}}{\mathrm{P}+\mathrm{N}} \tag{B.3}$$

- **$\mathscr{F}$ – 测量**。$\mathscr{F}$ – 测量是一个著名的分类指标，它代表精确度 $\left(\mathrm{P}=\frac{\mathrm{TP}}{\mathrm{TP}+\mathrm{FP}}\right)$ 和召回率 $\left(\mathrm{R}=\frac{\mathrm{TP}}{\mathrm{TP}+\mathrm{FN}}\right)$ 之间的调和平均值：

$$\mathscr{F}=\frac{2\mathrm{PR}}{\mathrm{P}+\mathrm{R}} \tag{B.4}$$

它表示经学习后的分类器的准确性（即精确度）和完整性（即召回率）之间的平衡。

表 B.1　混淆矩阵

		估计标签	
		正	负
实际标签	正	TP	FN
	负	FP	TN

B.2.3　聚类指标

聚类是将一组数据（或对象）划分到一组有意义的子类（称为集群）中的过程。最流行的聚类算法，如 K– 均值和高斯混合模型，用来表示 K 个质心 $\mu^k \in \mathbb{R}^N$ 的聚类（如图 B.2 所示）。这通常是通过最小化每个点与其最近的质心之间的总平方距离来实现的，其代价函数如下：

$$J(\mu^1,\cdots,\mu^k)=\sum_{k=1}^{K}\sum_{x^i\in C^k}\|x^i-\mu^k\|^2 \tag{B.5}$$

其中，$C^k \in \{1,\cdots,K\}$ 为聚类标签。任何基于质心的聚类算法都可以根据式（B.5）进行评估。接下来，我们介绍在本书中使用的聚类指标的方程。

- **残差平方和（RSS）**。实际上，残差平方和是 K– 均值试图最小化式（B.5）的成本函数，因此，

$$\mathrm{RSS}=\sum_{k=1}^{K}\sum_{x^i\in C^k}\|x^i-\mu^k\|^2 \tag{B.6}$$

- **AIC**。AIC 指标用于模型选择（式（B.1）），通过把模型的似然函数和模型参数之间的数量关系进行折中来获得模型复杂性的惩罚函数。使用高斯混合模型，式（B.1）可以直接用来评估聚类性能。然而，非概率聚类方法（如 K- 均值算法）并不提供模型的似然估计。因此，可以将式（B.1）表示为基于残差平方和的指标，如下所示：

$$\mathrm{AIC}_{\mathrm{RSS}}=\mathrm{RSS}+2B \tag{B.7}$$

其中，对于 K 个聚类和 N 个维度，$B=(K*N)$。

- **BIC**。和 $\mathrm{AIC}_{\mathrm{RSS}}$ 类似，我们可以根据式（B.2）为具有残差平方和的非概率模型制定贝叶斯信息准则（BIC）指标，如下所示：

$$\mathrm{BIC}_{\mathrm{RSS}}=\mathrm{RSS}+\ln(M)B \tag{B.8}$$

其中，B 为之前的数据点，M 为数据点的总数。

外部聚类指标 当未给出期望聚类（类）的标签时，比较不同聚类算法的结果往往是困难的。然而，当允许使用标签时，可以用 $\mathscr{F}$-测量来比较不同的聚类结果。

$\mathscr{F}$-测量是一个著名的分类指标，它代表了精确度 $\left(\mathrm{P}=\dfrac{\mathrm{TP}}{\mathrm{TP+FP}}\right)$ 和召回率 $\left(\mathrm{R}=\dfrac{\mathrm{TP}}{\mathrm{TP+FN}}\right)$ 之间的调和平均值。在聚类的情况下，第 k 个聚类对第 j 个类的召回率和精确度分别为 $\mathrm{R}(s_j,c_k)=\dfrac{|s_j\cap c_k|}{|s_j|}$ 和 $\mathrm{P}(s_j,c_k)=\dfrac{|s_j\cap c_k|}{|c_k|}$，其中 $S=\{s_1,\cdots,s_J\}$ 为一组类，$C=\{c_1,\cdots,c_K\}$ 为一组预测聚类。此外，s_j 是第 j 类中的数据点集合，而 c_k 是属于第 k 类数据点的集合。第 k 个聚类对应于第 j 类的 $\mathscr{F}$-测量为：

$$\mathscr{F}_{j,k}=\frac{2\mathrm{P}(s_j,c_k)\mathrm{R}(s_j,c_k)}{\mathrm{P}(s_j,c_k)+\mathrm{R}(s_j,c_k)} \tag{B.9}$$

而整体聚类的 $\mathscr{F}$-测量计算为：

$$\mathscr{F}(S,C)=\sum_{s_j\in S}\frac{|s_j|}{|S|}\max_k\{\mathscr{F}_{j,k}\} \tag{B.10}$$

B.2.4 回归指标

本小节列出了在整本书中用于评价回归结果的一些指标。给定 M 个预测的向量 $\hat{Y}=\{\hat{y}_i\}_{i=1}^M$ 和观测这些一维预测值得到的向量 $Y=\{y_i\}_{i=1}^M$，通过它们可以计算以下指标：

- **均方差（MSE）**。

$$\mathrm{MSE}=\frac{1}{M}\sum_{i=1}^{M}(\hat{y}_i-y_i)^2 \tag{B.11}$$

- **归一化均方差（NMSE）**。归一化均方差就是由观测值方差归一化后的均方差，如下所示：

$$\mathrm{NMSE}=\frac{\mathrm{MSE}}{\mathrm{VAR}(Y)}=\frac{\frac{1}{M}\sum_{i=1}^{M}(\hat{y}_i-y_i)^2}{\frac{1}{M-1}\sum_{i=1}^{M}(y_i-\mu_Y)^2} \tag{B.12}$$

其中，μ_Y 是观测值的平均值（即 $\mu_Y=\frac{1}{M}\sum_{i=1}^{M}y_i$）。

- **均方根误差（RMSE）**。均方根误差是观测值 Y 相对于预测值 $\hat{Y}$ 离散程度的度量，如下所示：

$$\mathrm{RMSE}=\sqrt{\frac{1}{M}\sum_{i=1}^{M}(\hat{y}_i-y_i)^2} \tag{B.13}$$

- **确定系数（R^2）**。

$$R^2=\left(\frac{\sum_{i=1}^{M}(y_i-\bar{Y})(\hat{y}_i-\bar{\hat{Y}})}{\sqrt{\sum_{i=1}^{M}(y_i-\bar{Y})^2}\sqrt{\sum_{i=1}^{M}(\hat{y}_i-\bar{\hat{Y}})^2}}\right)^2=\frac{\left(\sum_{i=1}^{M}(y_i-\bar{Y})(\hat{y}_i-\bar{\hat{Y}})\right)^2}{\sum_{i=1}^{M}(y_i-\bar{Y})^2\sum_{i=1}^{M}(\hat{y}_i-\bar{\hat{Y}})^2} \tag{B.14}$$

其中，$\bar{Y}$ 和 $\bar{\hat{Y}}$ 分别为 y 的观测值的平均值和预测值的平均值。

B.3 高斯混合模型

高斯混合模型（GMM）是一个参数化概率密度函数（PDF），表示为 K 个高斯密度的加权和。高斯混合模型通常用作数据集 $X=\{x^1,\cdots,x^M\}$ 的概率分布参数模型，其中 $x^i\in\mathbb{R}^N$。它之所以典型，是因为它能够表示多模态样本分布。K- 分量高斯混合模型的概率密度函数形式为：

$$p(x\mid\Theta)=\sum_{k=1}^{K}\gamma_k p(x\mid\mu^k,\Sigma^k)\tag{B.15}$$

其中，$p(x\mid\mu^k,\Sigma^k)$ 是均值 μ^k 和协方差 Σ^k 的多元高斯概率密度函数：

$$\begin{aligned}p(x\mid\mu^k,\Sigma^k)&=\mathcal{N}(x\mid\mu^k,\Sigma^k)\\&=\frac{1}{(2\pi)^{N/2}\mid\Sigma^k\mid^{1/2}}\exp\left\{-\frac{1}{2}(x-\mu^k)^{\mathrm{T}}(\Sigma^k)^{-1}(x-\mu^k)\right\}\end{aligned}\tag{B.16}$$

在这里，$\Theta=\{\theta_1,\cdots,\theta_k\}$ 是参数 $\theta_k=\{\gamma_k,\mu^k,\Sigma^k\}$ 的完整集，其中 γ_k 表示高斯分量的先验值（或混合权重），γ_k 满足约束 $\sum_{k=1}^{K}\gamma_k=1$。

高斯混合模型之所以能够广泛应用于工程的许多领域，是由于其建模结构和灵活性，它们可以达到聚类、分类和回归的目的。

通过使用最大似然（ML）参数估计，迭代期望最大化（EM）算法，或固定 K 值的最大后验概率（MAP）估计，可以从训练数据中估计 Θ。要找到最优的 K 个高斯，必须使用模型选择技术，也可以使用采样或基于变分的贝叶斯非参数估计技术，下文将介绍这些方法。

B.3.1 基于期望最大化参数估计的有限高斯混合模型

B.3.1.1 预备知识

有限混合模型 有限混合模型可以解释为一个概率层次模型，其中每 k 个混合分量被视为一个聚类，由一个下层的生成分布 $\mathscr{F}$（例如，高斯分布或多项式）表示，利用 θ_k（例如，高斯分布 $\theta_k=\{\mu^k,\Sigma^k\}$）及其对应的混合系数 π_k 参数化。然后将每个数据点 x^i 分配给具有分配指标变量 $Z=\{z_1,\cdots,z_M\}$ 的聚类 k，其中 $i:z_i=k$，该过程表示如下：

$$\begin{aligned}&z_i\in\{1,\cdots,K\}\\&p(z_i=k)=\pi_k\\&x_i\mid z_i=k\sim\mathscr{F}(\theta_k)\end{aligned}\tag{B.17}$$

在这种层次模型下，Z 上的边际分布由混合系数 π_k 定义，并将其视为聚类分配指标变量的先验概率。通过这种定义可以推导出混合模型的概率密度函数：

$$p(x\mid\Theta,\pi)=\sum_{k=1}^{K}p(z_i=k)f(x\mid k)=\sum_{k=1}^{K}\pi_k f(x\mid\theta_k)\tag{B.18}$$

根据式（B.17），每个数据点 x_i 根据混合系数 π_k 独立选择第 k 个聚类（$z_i=k$），然后从第 k 个分布中采样，由 θ_k 参数化。接着，给定数据点 x_i（即 $z_i=k$）的第 k 个分量的后验概率由下式计算：

$$p(z_i=k\mid x^i,\Theta,\pi)=\frac{p(z_i=k,x^i)}{p(x^i\mid\pi,\Theta)}=\frac{\pi_k f(x^i\mid\theta_k)}{\sum_{k=1}^{K}\pi_k f(x^i\mid\theta_k)} \tag{B.19}$$

它可以表示各高斯分量的相对重要性。式（B.19）是本书的重点，因为它就是第 3 章提出的非线性动态系统公式的混合函数，即 $\gamma_k(x)_i=p(z_i=k\mid x^i,\Theta,\pi)$。

参数估计 现在，已知训练数据 $x\in\mathbb{R}^{N\times M}$ 和混合模型的结构（即 K 的值），我们可以取式（B.17）中的 x 的边际概率最大值来估算未知参数 $\Theta=\{\theta_1,\cdots,\theta_K\}$ 和 $\pi=[\pi_1,\cdots,\pi_K]$：

$$\begin{aligned}p(x\mid\Theta,\pi)&=\sum_Z p(x\mid Z,\Theta)p(Z\mid\pi)\\&=\sum_Z\prod_{i=1}^{M}p(x^i\mid\theta_{z_i=k})p(z_i=k\mid\pi)\\&=\prod_{i=1}^{M}\sum_{k=1}^{K}p(z_i=k\mid\pi)p(x^i\mid\theta_k)\\&=\prod_{i=1}^{M}\sum_{k=1}^{K}\pi_k p(x^i\mid\theta_k)\end{aligned} \tag{B.20}$$

式（B.20）等价于参数的似然函数 $\mathcal{L}(\Theta,\pi\mid x)$。它的第一项是 x 的联合概率，即 $p(x\mid Z,\Theta)=\prod_{i=1}^{M}f(x^i\mid\theta_{z_i})$。它的第二项是隐变量的概率，$p(Z\mid\pi)=\prod_{i=1}^{M}p(z_i\mid\pi)=\prod_{i=1}^{M}\pi_{z_i}=\prod_{k=1}^{K}\pi_k^{M_k}$ [143]。利用这些展开式，式（B.20）可以得到众所周知的有限混合模型的似然函数（即方程（B.20）的最后一行）。有几种方法可以用来估计混合模型的参数。目前，最流行和最完善的方法是最大似然估计，下节我们将介绍它。

B.3.1.2 有限高斯混合模型

在高斯混合模型中，式（B.17）中的层次分析过程可以改写为：

$$\begin{aligned}&z_i\in\{1,\cdots,K\}\\&p(z_i=k)=\pi_k\\&x^i\mid z_i=k\sim\mathcal{N}(\mu^k,\Sigma^k)\end{aligned} \tag{B.21}$$

其中，$\theta_k=\{\mu^k,\Sigma^k\}$。这个过程的图解模型如图 B.4 所示。灰色节点对应于观测变量，白色节点对应于必须估计的隐变量。

B.3.1.3 有限高斯混合模型的最大似然参数估计

最大似然估计的目的是在给定训练样本集 x 的条件下找到模型参数 $\{\Theta,\pi\}$ 使高斯混合模型的似然估计最大化。对于一个由 M 个训练样本点组成的数据集，假设数据点是独立同分布的，高斯混合模型似然估计 $\mathcal{L}(\Theta,\pi\mid x)=p(x\mid\Theta,\pi)$ 如式（B.20）所示。不幸的是，这个方程是参数 Θ 的非线性函数，并且不能直接最大化。然而，使用期望最大化算法的一种特殊情况可以通过迭代来获得最大似然估计，该算法试图找到似然的最佳值。这相当于找到对数似

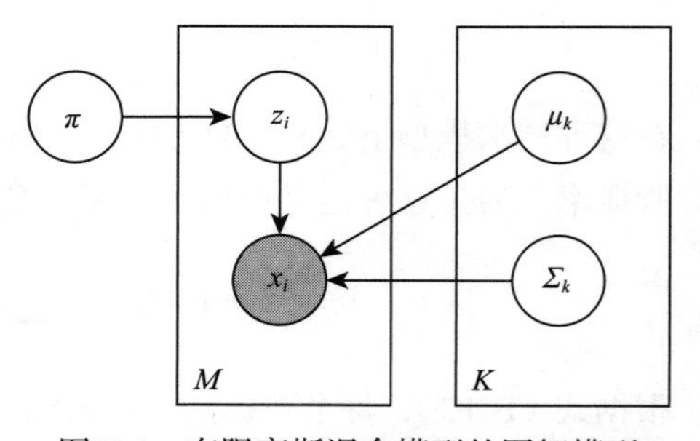

图 B.4 有限高斯混合模型的图解模型

然的最优值，如下所示：

$$\max_{\Theta,\pi} \quad \log \mathscr{L}(\Theta,\pi \mid x)=\max_{\Theta,\pi} \quad \log p(x \mid \Theta,\pi) \tag{B.22}$$

这可以通过以下步骤来完成：

1. 初始化步骤。初始化均值 $\mu=\{\mu^1,\cdots,\mu^k\}$ ，协方差矩阵 $\Sigma=\{\Sigma^1,\cdots,\Sigma^K\}$ ，先验 $\pi=\{\pi_1,\cdots,\pi_k\}$ 。

2. 期望步骤。对于每个高斯 $k\in\{1,\cdots,K\}$ ，计算它们代表数据集中每个点 x^i 的概率。

3. 最大化步骤。重新估计先验 $\gamma=\{\gamma_1,\cdots,\gamma_k\}$ ，平均值 $\mu=\{\mu^1,\cdots,\mu^K\}$ 和协方差矩阵 $\Sigma=\{\Sigma^1,\cdots,\Sigma^K\}$ 。

4. 回到步骤 2 并且重复直到 $\log \mathscr{L}(\Theta,\pi \mid x)$ 稳定。

接下来，我介绍高斯混合模型的期望最大化算法的每一步计算。

1. 初始化步骤。在这一步，我们将迭代 $t=0$ 时的先验集 $\pi^{(0)}=\{\pi_1^{(0)},\cdots,\pi_K^{(0)}\}$ 初始化为相同概率，均值 $\mu^{(0)}=\{\mu^{1(0)},\cdots,\mu^{K(0)}\}$ 用 K- 均值算法， $\Sigma^{(0)}=\{\Sigma^{1(0)},\cdots,\Sigma^{K(0)}\}$ ，通过 K- 均值算法计算每个分配聚类的样本协方差。

2. 期望步骤（成员概率）。在每次迭代 t 时，估计每个高斯 k，这个高斯负责生成数据集中每个点的概率。由式（B.19）可知，第 k 个分量的后验概率为：

$$p(z_i=k \mid x^i,\Theta^{(t)},\pi^{(t)})=\frac{\pi_k^{(t)} p(x^i \mid \mu^k,\Sigma^k)}{\sum_{j=1}^{K}\pi_j^{(t)} p(x^i \mid \mu_j^{(t)},\Sigma_j^{(t)})} \tag{B.23}$$

这些概率是期望步骤的输出。必须计算所有数据点 $i\in\{1,\cdots,M\}$ 的高斯 $k\in\{1,\cdots,K\}$ 。

3. 最大化步骤（更新参数）。为了最大化当前的对数似然，我们用如下表达式更新先验：

$$\pi_k^{(t+1)}=\frac{1}{M}\sum_{i=1}^{M} p(z_i=k \mid x^i,\Theta^{(t)},\pi^{(t)}) \tag{B.24}$$

其中， $p(k \mid x^i,\Theta^{(t)},\pi^{(t)})$ 由式（B.23）给出。由下列公式更新平均值：

$$\mu^{k(t+1)}=\frac{\sum_{i=1}^{M} p(z_i=k \mid x_i,\Theta^{(t)},\pi^{(t)})x^i}{\sum_{i=1}^{M} p(z_i=k \mid x^i,\Theta^{(t)},\pi^{(t)})} \tag{B.25}$$

最后，计算第 k 个分量的协方差矩阵，公式如下：

$$\Sigma^{k(t+1)}=\frac{\sum_{i=1}^{M} p(z_i=k \mid x^i,\Theta^{(t)},\pi^{(t)})(x^i-\mu^{k(t+1)})(x^i-\mu^{k(t+1)})^{\mathrm{T}}}{\sum_{i=1}^{M} p(z_i=k \mid x^i,\Theta^{(t)},\pi^{(t)})} \tag{B.26}$$

4. 比较 $\log \mathscr{L}(\Theta^{(t)} \mid x)$ 和 $\log \mathscr{L}(\Theta^{(t-1)} \mid x)$ 。为了方便计算式（B.20）的对数，我们可以重新定义对数似然为：

$$\log p(x \mid \Theta)=\log\left(\prod_{i=1}^{M} p(x^i \mid \Theta)\right) \tag{B.27}$$

$$
\begin{aligned}
&= \sum_{i=1}^{M} \log(p(x^i \mid \Theta)) \\
&= \sum_{i=1}^{M} \log\left(\sum_{k=1}^{K} \gamma_k p(x^i \mid \mu^k, \Sigma^k) \right)
\end{aligned} \tag{B.27 续}
$$

B.3.1.4　有限高斯混合模型参数的模型选择

当 K 的值未知时，一个典型的方法是通过选择模型来估计它的值。首先估计 $K = [1, \#K]$ 范围内的最大似然参数。然后，对于每个训练过的模型，我们可以使用 AIC 和 / 或 BIC 来找到最优模型。关于 AIC 和 BIC 方程，请参阅 B.2.1 节。对于 K- 分量高斯混合模型，式（B.1）和式（B.2）的总模型参数 B 用方程 $B = K \times (1 + N + N \times (N-1)/2) - 1$ 来计算，其中 -1 对应先验约束 $\sum_{k=1}^{K} \gamma^k = 1$ 。

使用高斯混合模型来更好地描述数据以便选择最优 K 值。我们通常估计 K 值范围的高斯混合模型参数，每个 K 值进行 10 次。接着，我们使用最大似然参数估计方法选择最佳 K 值运行。然后，我们绘制这些值，并选择能达到似然参数和模型复杂度之间最佳平衡的 K。也可以分析每 k 个模型的 10 个估计值的平均值和标准差。图 B.5 和图 B.6 显示了这样一个例子。数据集来自一个三分量高斯混合模型，其参数和估计的数据几乎相同。

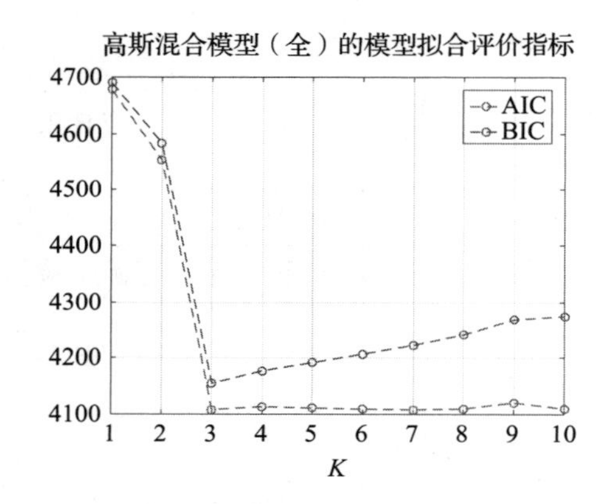

图 B.5　高斯混合模型 K 的选择范围为 1 ～ 10

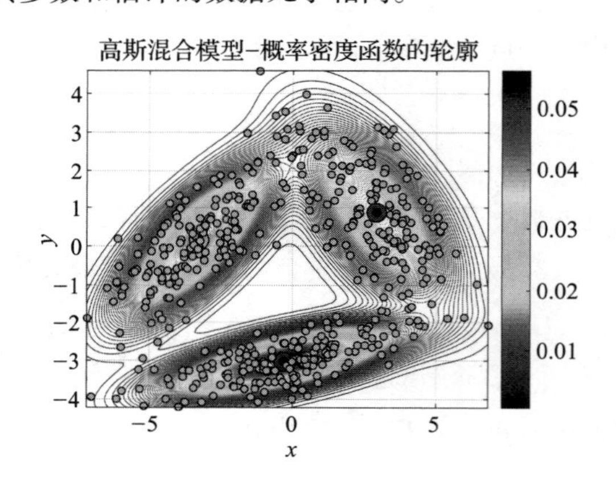

图 B.6　通过最大化期望优化拟合高斯混合模型 K=3

B.3.2　基于采样参数估计的贝叶斯高斯混合模型

B.3.2.1　预备知识

贝叶斯混合模型　处理贝叶斯混合模型时，先验分布是基于参数的，这些参数现在被视为隐变量。也就是说，先验由混合系数 $\pi \sim \mathscr{H}_0$ 和聚类参数 $\theta_k \sim \mathscr{G}_0$ 得到，其中 $\mathscr{G}_0$ 是基分布（即聚类模型参数空间上的分布）。为了便于贝叶斯模型的计算，人们通常为先验分布 $\mathscr{G}_0$ 和 $\mathscr{H}_0$ 选择共轭模型。在这种贝叶斯算法中，混合系数的向量被认为是单项分布或多项分布，采样时，它算出的概率是 $p(z_i = k)$ 。单项 / 多项分布的共轭先验分布是 Dirichlet 分布 [1]。因此，Dirichlet 先验的贝叶斯混合模型的计算过程可以定义为：

$$
\begin{aligned}
\pi &\sim \mathrm{Dir}\left(\frac{\alpha}{K}, \cdots, \frac{\alpha}{K}\right) \\
\theta_k &\sim \mathscr{G}_0(\lambda)
\end{aligned} \tag{B.28}
$$

$$z_i \mid \pi = \mathrm{Cat}(\pi)$$
$$x_i \mid z_i = k \sim \mathscr{F}(\theta_k) \tag{B.28 续}$$

在这个生成模型中，π不再被视为一个恒定的概率向量，而是从一个参数为超参数α的对称 Dirichlet 先验分布中采样得到的。此外，聚类模型参数θ_k也是从基分布$\mathscr{G}_0$中采样，由超参数λ设置参数得到的。与有限混合模型的表述不同，因为联合分布[50]，导致隐性参数$p(Z,\Theta \mid x)$的后验分布估计十分棘手：

$$p(x,\Theta,Z) = \prod_{k=1}^{K} g_0(\theta_k) \prod_{i=1}^{M} f(x^i \mid \theta_{z_i}) p(z_i) \tag{B.29}$$

Θ上的边际分布为：

$$p(\Theta \mid x) = \int_z p(\Theta \mid x,Z) p(Z) \mathrm{d}Z \tag{B.30}$$

Z上的边际分布为：

$$p(Z \mid x) = \frac{p(x \mid Z) p(Z)}{\sum_z p(x \mid Z) p(Z)} \tag{B.31}$$

需要对K^M个可能的聚类分配Z求和。然而，我们也可以使用近似的后验推断法，如采样或基于变分的方法来估计$p(Z,\Theta \mid x)$。吉布斯采样 [2] 是估计贝叶斯混合模型参数的最好方法之一。为了在任何分层模型上都可以应用吉布斯采样，必须推导出每个参数的条件后验分布（即$\Phi = \{\Theta,\lambda,\alpha,Z\}$中的每个参数），计算时以所有其他参数为条件（即$p(\Phi \mid \Phi_{-1},x)$）。接下来，我们介绍直接的（即来自$p(Z,\Theta \mid x)$的样本）和间接的（即来自$p(Z \mid x)$）贝叶斯混合模型的吉布斯采样程序的运行情况。

直接吉布斯采样器 在式（B.28）的情况下，假设$\mathscr{G}_0$和F是共轭的，并且均属于指数族，我们可以通过两个条件分布从$p(Z,\Theta \mid x)$中独立采样。

第一个条件后验分布是聚类分配的后验分布（用混合权重π整合出来），$p(Z \mid \Theta,x)$：

$$\begin{aligned} p(z_i = k \mid \Theta, Z_{-i}, x, \alpha_0) &= p(z_i = k \mid \theta_k, Z_{-i}, x^i, \alpha) \\ &\propto p(z_i = k \mid Z_{-i}, \alpha) p(x^i \mid \theta_k) \end{aligned} \tag{B.32}$$

其中，Z_{-i}表示除第i项以外的所有Z，第一项是聚类分配的条件分布，由对称 Dirichlet 分布给出[143]：

$$p(z_i = k \mid Z_{-i}, \alpha) = \frac{M_{(k,-i)} + \alpha / K}{M + \alpha - 1} \tag{B.33}$$

其中，M是数据点的数量，$M_{(k,-i)}$是第k个聚类的点的数量。式（B.32）的第二项就是$p(x_i \mid \theta_k) = f(x^i \mid \theta_k)$。

必须采样的第二个条件后验分布是模型参数的后验分布，$p(\Theta \mid Z,x)$：

$$\begin{aligned} p(\theta_k \mid \theta_{-k}, Z, x, \lambda) &= p(\theta_k \mid x^k, \lambda) \\ &\propto \mathscr{G}_0(\theta_k \mid \lambda) p(\theta_k \mid x^k) \end{aligned} \tag{B.34}$$

其中，θ_{-k}表示除第k项以外的所有θ，第一项是共轭先验分布，第二项是分配给第k个聚

类 x^k 的数据点的概率，即 $p(\theta_k \mid x^k) = \mathscr{L}(x^k \mid \theta_k)$。普通的吉布斯采样器会在全部 N 个数据点和 K 个聚类上扫描式（B.32），以对聚类分配 Z 进行采样，然后在所有聚类中通过式（B.34）对聚类模型参数进行采样，并重复 T 次迭代。

间接吉布斯采样器 通常情况下，人们可以从分层贝叶斯模型的条件分布中整合出模型参数 Θ [143]。这一点可以通过使用共轭先验来实现。对于贝叶斯混合模型，Θ 可以从式（B.32）中间接得到，而我们只需要从以下分布中采样：

$$\begin{aligned} p(z_i = k \mid Z_{-i}, x, \alpha_0, \lambda) &\propto p(z_i = k \mid Z_{-i}, x^{-1}, \alpha_0) p(x_i \mid z_i = k, Z_{-i}, x^{-1}, \lambda) \\ &= p(z_i = k \mid Z_{-i}, \alpha_0) p(x^i \mid x^{(k,-1)}, \lambda) \end{aligned} \tag{B.35}$$

其中第一项与式（B.32）相同，第二项为后验预测分布，可由以下积分确定：

$$p(x^i \mid x^{k,-1}, \lambda) = \int_{\theta_k} p(x^i \mid \theta_k) p(\theta_k \mid x^{(k,-i)}, \lambda) \mathrm{d}\theta_k \tag{B.36}$$

其中，$x^{k,-1}$ 属于第 k 个聚类的数据点，但其中不包括 x^i。由于共轭关系，假定 $\mathscr{G}_0$ 和 F 属于指数族，式（B.36）可解析计算为：

$$p(x^i \mid x_{(k,-i)}, \lambda) = f_k(x^i \mid S_k, M_k) \tag{B.37}$$

其中，对于属于第 k 个聚类点集，S_k 是所需生成分布 $\mathscr{F}$ 的充分统计数据集。因此，在给定观测数据点 $x^{(k,-i)}$ 的情况下，$f_k(x^i,.)$ 为被定义为 x^i 的预测似然。此外，对于这个采样器，只需计算更新后的 S_k 和 M_k 值。所以这种方法的迭代速度可能较慢，但它比直接吉布斯采样收敛快 [143]。

B.3.2.2 贝叶斯高斯混合模型

对于贝叶斯高斯混合模型来说，我们选择正态逆 Wishart（NIW）分布作为基分布 $\mathscr{G}_0$，因为它与我们的生成分布 $\mathscr{F}$ 共轭，即正态分布 $\mathscr{N}$。然后式（B.28）中描述的贝叶斯高斯混合模型的层次分析过程可以改写为

$$\begin{aligned} \pi &\sim \mathrm{Dir}(\frac{\alpha}{K}, \cdots, \frac{\alpha}{K}) \\ \theta_k &\sim \mathrm{NIW}(\lambda_0) \\ z_i \mid \pi &= \mathrm{cat}(\pi) \\ x_i \mid z_i &= k \sim \mathscr{N}(\theta_k) \end{aligned} \tag{B.38}$$

其中，$\lambda_0 = \{\mu_0, \kappa_0, \Lambda_0, \nu_0\}$ 是 NIW 分布的超参数，$\theta_k = \{\mu^k, \Sigma^k\}$ 是正态分布 $\mathscr{N}$ 的参数，α 是 Dirichlet 分布的超参数。这个过程的图解模型如图 B.7 所示。如前面所述，大的灰色节点为观测变量，黑色节点为隐变量，小的灰色节点为超参数。盘子表示法通常表示重复变量。所提出的模型可以描述如下。已知 M 个样本的数据集 $X \in \mathbb{R}^{N \times M}$，我们想将其分为 K 个聚类。此外，z_i 是一个指示变量，取值为 1，⋯，K，用来存储观测样本 x_i 的聚类分配，$\mathscr{N}$ 为 x 的生成分布，参数是 θ。因此，每 k 个聚类的数据点分布参数为 θ_k。θ 本身存储多个参数（在这种情况下，$\theta = \{\mu, \Sigma\}$），然后对 N 参数化并遵循 NIW 分布。最后 π 存储所有第 K 个聚类的混合系数，并遵循具有超参数 α/K 的 Dirichlet 分布。注意，α 是 Dirichlet 分布的伪计数对应的超参数。

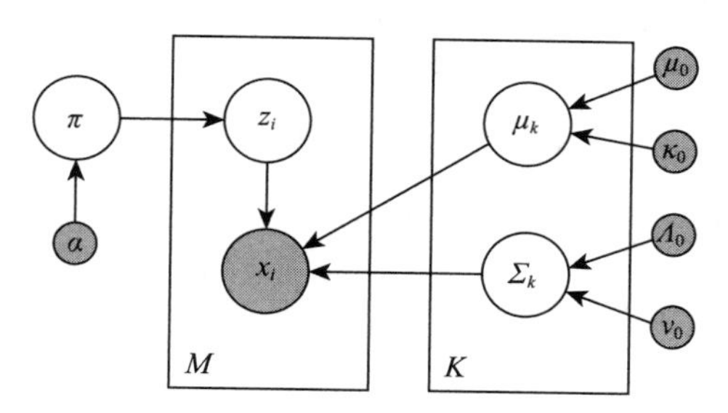

图 B.7　贝叶斯高斯混合模型的图解模型

贝叶斯高斯混合模型的折叠吉布斯采样　最大后验估计的目的是在给定训练数据集 X 的情况下，找到最大化贝叶斯高斯混合模型后验的模型参数 $\{\Theta, Z\}$。

具有共轭 $\mathcal{N}$ 和 NIW 分布的贝叶斯估计　回想一下，$\mathcal{N}$ 是式（B.16）中的一个多变量高斯分布，其均值为 μ，协方差为 Σ。一组 M 个独立的高斯观测值的联合似然函数为

$$\begin{aligned}p(X\mid\mu,\Sigma)&=\prod_{i=1}^{M}\frac{1}{(2\pi)^{d/2}\,|\,\Sigma\,|^{1/2}}\exp\left\{-\frac{1}{2}(x^i-\mu)^{\mathrm T}\,\Sigma^{-1}(x^i-\mu)\right\}\\&=\frac{1}{(2\pi)^{d/2}\,|\,\Sigma\,|^{1/2}}\exp\left\{-\frac{1}{2}\sum_{i=1}^{M}(x^i-\mu)^{\mathrm T}\,\Sigma^{-1}(x^i-\mu)\right\}\\&=\frac{1}{(2\pi)^{d/2}\,|\,\Sigma\,|^{1/2}}\exp\left\{-\frac{1}{2}\mathrm{tr}(\Sigma^{-1}S)\right\}\end{aligned}\tag{B.39}$$

其中，$S=\sum_{i=1}^{M}(x^i-\mu)(x^i-\mu)^{\mathrm T}$ 为平方和矩阵，也称为散布矩阵 [105]。给定 $x_{1:M}$，该分布参数的最大似然估计是样本均值和协方差：

$$\hat{\mu}=\frac{1}{M}\sum_{i=1}^{M}x^i,\hat{\Sigma}=\frac{1}{M}\sum_{i=1}^{M}(x^i-\hat{\mu})(x^i-\hat{\mu})^{\mathrm T}\tag{B.40}$$

这些项提供了足够的统计量，因为它们相当于观测值和外部积之和 [143]。另一方面，NIW 分布 [49] 是一个四参数 $\lambda=\{\mu^0,\kappa_0,\Lambda^0,\nu_0\}$ 的多元分布，由下式生成：

$$\Sigma\sim\mathrm{IW}(\Lambda^0,\nu_0),\ \mu\,|\,\Sigma\sim\mathcal{N}\left(\mu^0,\ \frac{1}{\kappa_0}\Sigma\right)\tag{B.41}$$

其中，$\kappa_0,\nu_0\in\mathbb{R}_{>0}$；此外，$\nu_0>N-1$ 表示 N 维尺度矩阵的自由度 $\Lambda\in\mathbb{R}^{N\times N}$，其中 $\Lambda\succ 0$；IW 表示逆 Wishart 分布。因此，NIW 分布的密度定义为：

$$\begin{aligned}p(\mu,\Sigma\,|\,\lambda)&=\mathcal{N}\left(\mu\,|\,\mu^0,\frac{1}{\kappa_0}\Sigma\right)\mathrm{IW}(\Sigma\,|\,\Lambda^0,\nu_0)\\&=\frac{1}{Z_0}\,|\,\Sigma\,|^{-[(\nu_0+M)/2+1]}\exp\left\{-\frac{1}{2}\mathrm{tr}(\Sigma^{-1}\Lambda^0)\right\}\times\\&\quad\exp\left\{-\frac{\kappa_0}{2}(\mu-\mu^0)^{\mathrm T}\,\Sigma^{-1}(\mu-\mu^0)\right\}\end{aligned}\tag{B.42}$$

其中，$Z_0=\dfrac{2^{\nu_0M/2}\,\Gamma_N(\nu_0/2)(2\pi/\kappa_0)^{N/2}}{|\,\Lambda_0\,|^{\nu_0/2}}$ 是标准化常数。从 NIW 样本中得到一个平均数 μ 和协方差矩阵 Σ 的过程如下。首先从参数为 Λ_0 和 ν_0 的逆 Wishart（IW）分布中采样一个矩阵，μ

从 μ^0,κ_0,Σ 参数化的 $\mathcal{N}$ 中采样。由于 $\mathcal{N}$ 和 NIW 是共轭对，式（B.36）中的预测项也遵循 NIW 分布 [105]，通过以下后验更新方程计算出新的参数 $\lambda_m=\{\mu^m,\kappa_m,\Lambda^m,\nu_m\}$：

$$
\begin{aligned}
p(\mu,\Sigma\mid x^{1:M},\lambda)&=\mathrm{NIW}(\mu,\Sigma\mid\mu^m,\kappa_m,\Lambda^m,\Lambda_m,\nu_m)\\
\kappa_m=\kappa_0+M,\quad \nu_m&=\nu_0+M,\qquad \mu^m=\frac{\kappa_0\mu^0+M\bar{x}}{\kappa_m}\\
\Lambda^m&=\Lambda^0+S+\frac{\kappa_0 M}{\kappa_m}(\bar{x}-\mu^0)(\bar{x}-\mu^0)^{\mathrm{T}}
\end{aligned}
\tag{B.43}
$$

其中，M 为样本数量 $x^{1:M}$，其样本均值以 $\bar{x}$ 表示；S 为散布矩阵，如前所述。边界值给定如下：

$$
\begin{aligned}
\Sigma\mid X^{1:M}&\sim\mathrm{IW}(\Lambda^m)^{-1},\nu_m)\\
\mu\mid X^{1:M}&=t_{\nu_m-N+1}\left(\mu^m,\frac{\Lambda^m}{\kappa_m(\nu_m-N-1)}\right)
\end{aligned}
\tag{B.44}
$$

其中，t_{ν_m-N+1} 是一个具有 (ν_m-N+1) 自由度的多元 Student-t 分布。通过重新推导后验，同时保持归一化常数 Z（即 $p(\mu,\Sigma\mid x^{1:M},\lambda)=\dfrac{1}{Z_m}\mathrm{NIW}(\mu,\Sigma\mid\alpha_m)$），我们可以找到边际似然函数 $p(x^{1:M}\mid\lambda)$ 的解，它由以下公式得出 [105]：

$$
\begin{aligned}
p(x^{1:M}\mid\lambda)&=\iint p(x\mid\mu,\Sigma)p(\mu,\Sigma\mid\lambda)\mathrm{d}\mu\mathrm{d}\theta\\
&=\frac{Z_m}{Z_0}\frac{1}{(2\pi)^{MN/2}}\\
&=\frac{\Gamma_D(\nu_m/2)}{\Gamma_N(\nu_0/2)}\frac{|\Lambda^0|^{\nu_0/2}}{|\Lambda^m|^{\nu_m/2}}\left(\frac{\kappa_0}{\kappa_m}\right)^{N/2}\pi^{-2MN}
\end{aligned}
\tag{B.45}
$$

式（B.45）的完整推导参见 [105]。

B.3.3　基于采样参数估计的贝叶斯非参数高斯混合模型

B.3.3.1　预备知识

贝叶斯非参数混合模型　贝叶斯非参数模型就是无限维参数空间中的贝叶斯混合模型 Θ；在有限样本中，可以用参数子集对观测数据 $X\in\mathbb{R}^{N\times M}$ 进行估计 [111]。因此，贝叶斯非参数模型既需要模型参数 Θ 也需要必要参数个数 K。为了将式（B.28）转换为贝叶斯非参数混合模型，可以将一个 Dirichlet 过程（DP）作为混合概率 π 的先验 $p(Z)$，如下所示：

$$
\begin{aligned}
G&\sim\mathrm{DP}(\alpha,\mathcal{G}_0)\\
\theta_i&\sim G\\
x_i&\sim\mathcal{F}(\theta_i)
\end{aligned}
\tag{B.46}
$$

Dirichlet 过程是对分布的一个无穷大的分布。来自 Dirichlet 过程的随机样本实际上是离散的，概率为 1，这是通过将概率质量放置在一个极大但可数的点集上实现的，这个点集称为原子 [50]。这样的随机样本可以表示为 $G=\sum_{k=1}^{\infty}\pi_k\delta_{\theta_k^*}$，其中 π_k 是赋给第 k 个原子的概率，θ_k^* 是原子的位置，两者都来自 $\mathcal{G}_0$ [64]。这一过程可以得到一个无限的混合模型，其中 $K\to+\infty$，其密度函数如下 [143]：

$$p(x \mid \pi, \theta_1, \cdots) = \sum_{k=1}^{\infty} \pi_k f(x \mid \theta_k) \tag{B.47}$$

中餐馆过程　为了在有限点集上估算式（B.47），使用中餐馆过程（CRP）来表示 Dirichlet 过程[3]，并有迹可循地估算先验 $p(Z)$。中餐馆过程通常被描述为具有无数张桌子的中餐馆[64]。这个过程定义了一系列的概率，让进来的顾客坐在特定的桌子上。最初，第一个顾客坐在第一张桌子上。然后，第 i 个顾客选择坐在某一张桌子旁的概率与所选桌子旁的顾客数量成正比；否则，这个人独自坐在一张没人的桌子上，其概率与超参数 α（俗称浓度参数）成正比。我们可以将这个过程总结如下：

$$p(z_i = k \mid Z_{-i}, \alpha) = \begin{cases} \dfrac{M_{(k,-i)}}{\alpha + M - 1} & \text{对于} \quad k \leqslant K \\ \dfrac{\alpha}{\alpha + M - 1} & \text{对于} \quad k = K + 1 \end{cases} \tag{B.48}$$

其中，$M_{(k,-i)}$ 是坐在第 k 桌的顾客人数，不包括 x_i。直观上，α 定义了顾客喜欢独自坐着的概率[64]。

B.3.3.2　中餐馆过程——高斯混合模型

式（B.46）中 $\mathscr{F} = \mathscr{N}(.\mid\theta), \mathscr{G}_0 = \text{NIW}(\lambda)$ 的非参贝叶斯混合模型的高斯对偶可以构造如下：

$$\begin{aligned} z_i &\sim \text{CRP}(\alpha) \\ \theta_k &\sim \text{NIW}(\beta) \\ x_i &\sim \mathscr{N}(\theta_{z_i}) \end{aligned} \tag{B.49}$$

其中，$\theta_k = (\mu^k, \Sigma^k)$ 表示正态分布 $\mathscr{F}$ 的均值和协方差矩阵。这里使用中餐馆过程作为聚类结果 z_i 的先验，使用 NIW[18] 作为具有超参数 $\lambda = \{\mu^0, \kappa_0, \Lambda^0, \nu_0\}$ 的基分布 $\mathscr{G}_0$ 的先验。图 B.8 给出了具有高斯观测值的中餐馆过程 – 混合模型 (CRP-MM) 的图形表示。分区 Z 从中餐馆过程模型中得到，具有超参数 α。对于第 k 个聚类，其参数从 NIW 分布中得到，并且带有超参数 $\{\mu^0, \kappa_0, \Lambda^0, \nu_0\}$。中餐馆过程 – 混合模型的后验分布 $p(Z \mid x, \alpha, \lambda)$，可以通过贝叶斯高斯混合模型中使用的相同间接吉布斯采样方案来近似，其中隐变量 Z 从以下后验分布中采样：

$$\begin{aligned} p(z_i = k \mid Z_{-i}, x, \alpha, \lambda) &\propto p(z_i = k \mid Z_{-i}, x_{-i}, \alpha) p(x^i \mid z_i = k, Z_{-i}, x^{-1}, \lambda) \\ &= p(z_i = k \mid Z_{-i}, \alpha_0) p(x^i \mid x^{(k,-1)}, \lambda) \end{aligned} \tag{B.50}$$

式中，第一项对应于式（B.48）中的中餐馆过程诱导的先验，第二项是后验预测分布。也就是说，给定观测数据点 $x^{(k,-i)}$，在 x^i 的预测似然下，通过共轭，存在高斯分布的似然封闭形式解[105]。对于贝叶斯估计，请参考式（B.43）。

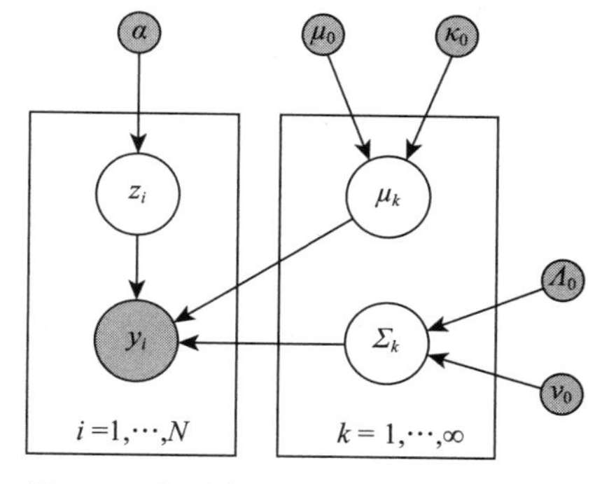

图 B.8　多元高斯分布的中餐馆过程 – 混合模型的图形表示

B.3.4　高斯混合模型应用

在通过基于最大期望的参数估计（B.3.1 节）或基于采样的技术（B.3.2 节）将高斯混合模型拟合到数据集之后，可以使用概率模型进行聚类、分类和回归，从 GMM 中采样和估计 GMM 参数分别如图 B.9 和图 B.10 所示。

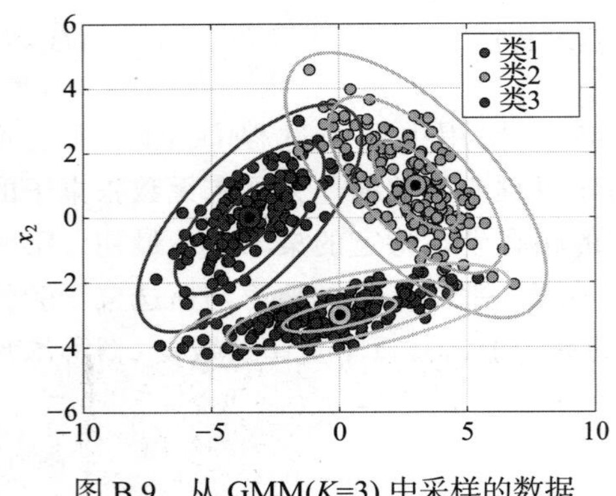

图 B.9　从 GMM(K=3) 中采样的数据

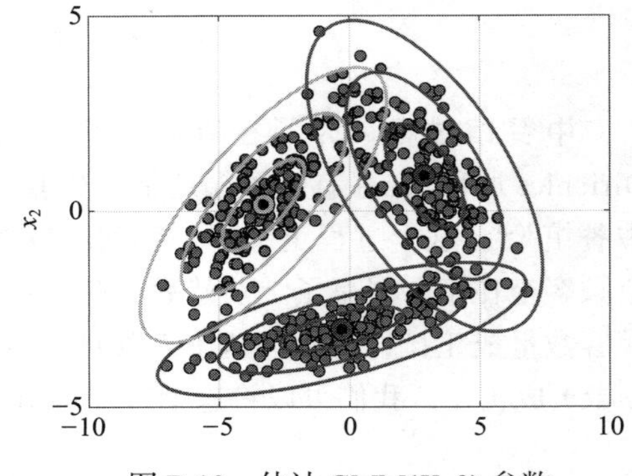

图 B.10　估计 GMM(K=3) 参数

B.3.4.1　基于高斯混合模型的聚类

在对数据集进行高斯混合模型拟合后，我们可以使用每一个第 k 个高斯分量的成员概率方程（即这个高斯负责生成数据集的每一个点的概率）对数据点进行聚类。这个隶属度概率是第 k 个分量的后验概率，由以下公式给出。

$$p(k\mid x^i,\Theta)=\frac{\pi_k p(x^i\mid\mu^k,\Sigma^k)}{\sum_{j=1}^{K}\pi_j p(x^i\mid\mu^j,\Sigma^j)} \tag{B.51}$$

需计算对于所有数据点 $i\in\{1,\cdots,M\}$ 的每个 $k\in\{1,\cdots,K\}$ 。

将数据点分配到聚类　给定后验概率 $p(k\mid x^i,\Theta^{(t)}),\forall i\in M$ 和 $\forall k\in K$ ，可以通过两种方式将一个数据点分配到聚类（第 k 个高斯分量之一）：硬聚类和软聚类。

使用高斯混合模型进行硬聚类　在硬聚类中，具有最高概率的聚类被分配给数据点，即对于每个数据点 x^i，我们将计算一个对应的聚类标签， $y_i\in\mathbb{N}$ ：

$$y_i=\arg\max_k\{p(k\mid x^i,\Theta)\}\quad 对于\quad y_i\in[1,\cdots,K] \tag{B.52}$$

使用高斯混合模型进行软聚类　在软聚类中，如果聚类的置信度较低，则只分配数据点，但不给标签（即 $y_i=0$ ）。这个置信度由式（B.52）中选择的第 k 个高斯函数的后验概率定义。为此，我们将定义一个置信区间 $[t_{\min},t_{\max}]$ ，并使用它来确定聚类的置信度，即如果最大概率的聚类以及另一个聚类，在该置信区间内（由 $t_{\min}$ 和 $t_{\max}$ 给出），则将其视为低置信度，因此不给标签。因为多个聚类具有阈值指定的相似概率，导致这些数据点的置信度很低。否则，数据点被分配给聚类，就像在硬聚类中一样。用下式表示：

$$y_i=\begin{cases}0 & 如果\quad t_{\min}<p(k^*\mid x^i,\Theta)<t_{\max}\ 且\ t_{\min}<p(k\mid x^i,\Theta)\ \exists\ k\in[1:-k^*:K]\\ 0 & 如果\quad p(k^*\mid x^i,\Theta)<t_{\min}\\ k^* & 其他\end{cases} \tag{B.53}$$

对于 $k^*=\arg\max_k\{p(k\mid x^i,\Theta)\}$ 。符号 $k\in[1:-k^*:K]$ 指除了 k^* 以外的 [1，⋯，K] 值范围内的任意一个聚类 k。式（B.53）的情况可以解释如下：如果 k^* 的后验概率在 $[t_{\min},t_{\max}]$ 的范围内，并且任意一个其他聚类 k 的后验概率也在这个范围内，那么就不给这个点分配标签。此外，如果 k^* 的后验概率低于 $t_{\min}$ ，这意味着所有聚类对于该点的置信度太低，因此也应该被定性为未标记。当使用的高斯分量的个数 K 的数量太大时，可能会出现这种情况。

式（B.52）和式（B.53）聚类之间的差异如图 B.11 和 B.12 所示，图 B.13 和 B.14 显示了从 $K=3$ 高斯混合模型采样的二维数据集。在采用最优的贝叶斯信息准则参数（即 $K=3$）拟合高斯混合模型后，可以看到硬聚类倾向于在聚类的边界中错误地标记点，而软聚类倾向于发现聚类区域间的模糊区域。这意味着多个聚类的后验概率非常接近，因此将这些点分配到这些聚类中的任何一个的置信度相当低。

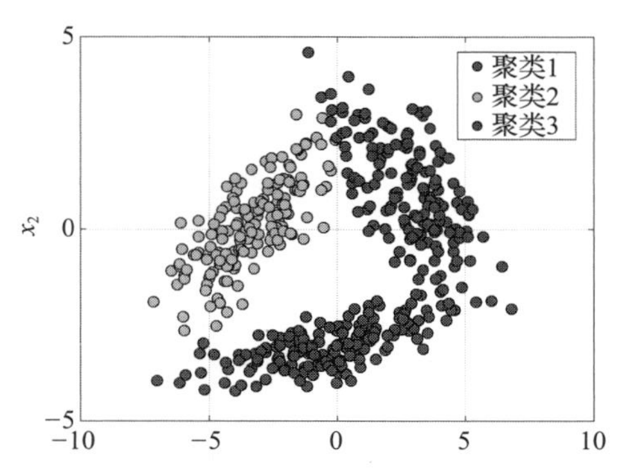

图 B.11 使用高斯混合模型 (K=3) 对二维数据集进行硬聚类的输出

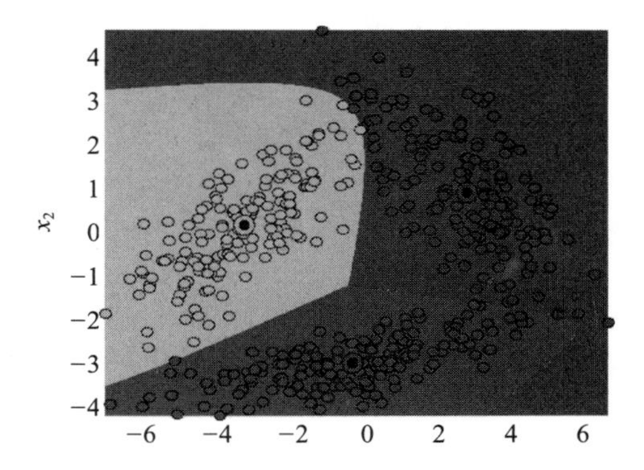

图 B.12 使用二维数据集训练的高斯混合模型 (K=3) 的聚类边界

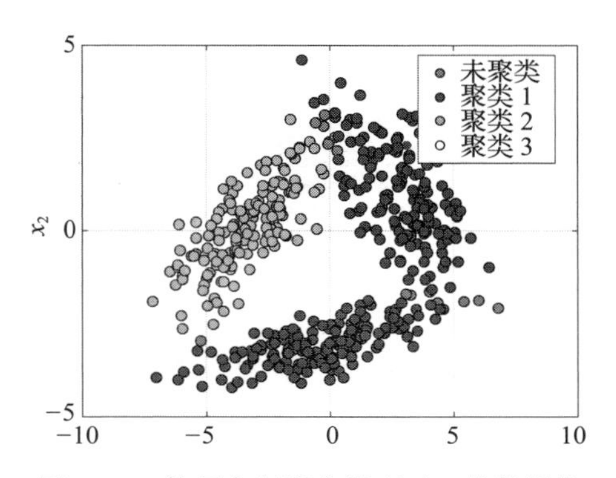

图 B.13 使用高斯混合模型对二维数据集进行软聚类的输出，K=3，软阈值设置为 [0.3, 0.7]。这里，灰色的点没有完全聚类的置信度

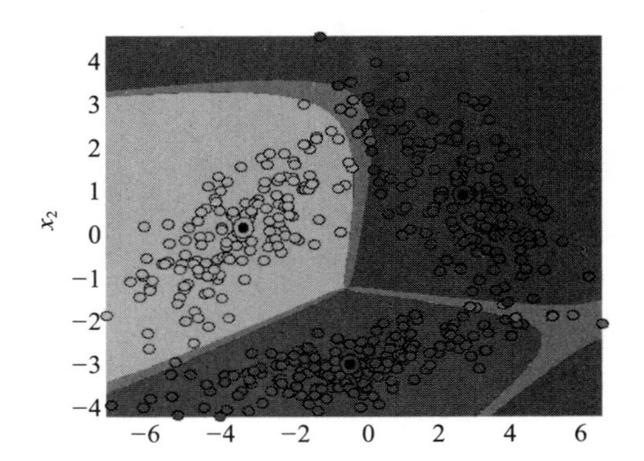

图 B.14 使用 K=3 和软阈值设置为 [0.3, 0.7] 的二维数据集训练的高斯混合模型的聚类边界。灰色区域是聚类置信度较低的区域

B.3.4.2 基于高斯混合模型的分类

要使用高斯混合模型进行分类，第一步是为每个类学习一个高斯混合模型。例如，对于图 B.15 和图 B.16 所示的两个二维小型数据集，可以使用具有 K=1 个分量的高斯混合模型来表示每个类别，如图 B.17 ～图 B.22 所示。

高斯最大似然判别准则 给定每个类的模型，我们可以使用高斯似然判别准则对新的测试数据点进行分类。最大似然分类器选择最有可能的类标签。对于二元分类问题，新的数据点 x' 如果对应的类 1 的可能性优于类 2 的可能性，则属于类 1：

$$p(y=1|x') > p(y=2|x') \tag{B.54}$$

使用贝叶斯准则，我们得到

$$p(y=i \mid x')=\frac{p(x' \mid y=i)p(y=i)}{p(x')},\text{其中,类 } i=1,\ 2 \tag{B.55}$$

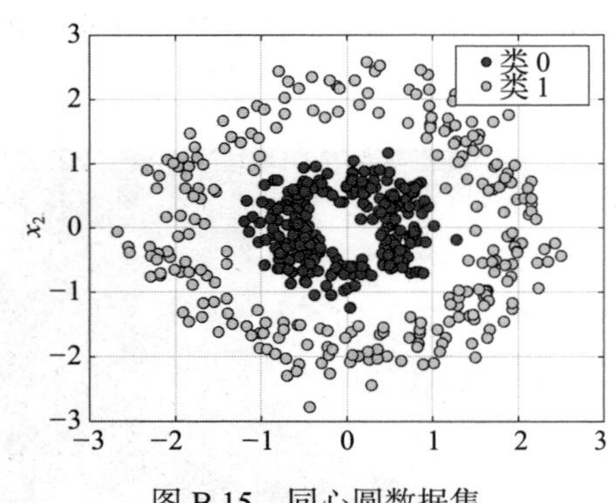

图 B.15　同心圆数据集

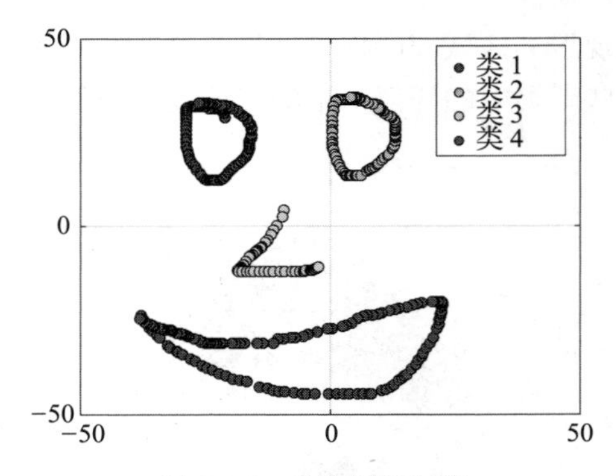

图 B.16　自绘制数据集

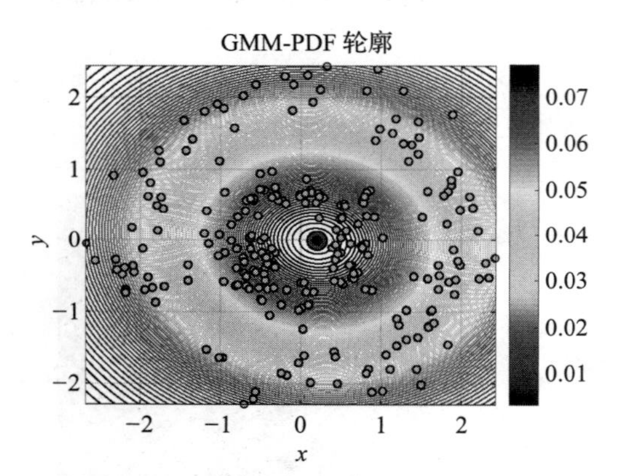

图 B.17　类 1 的高斯混合模型 (K=1) 的概率分布函数

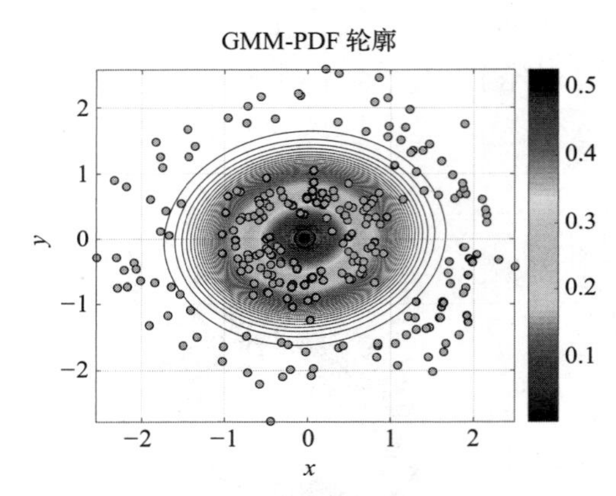

图 B.18　类 2 的高斯混合模型 (K=1) 的概率分布函数

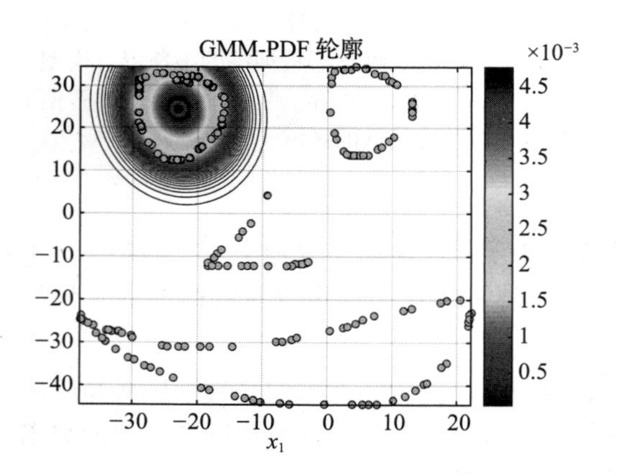

图 B.19　类 1 的高斯混合模型 (K=1) 的概率分布函数

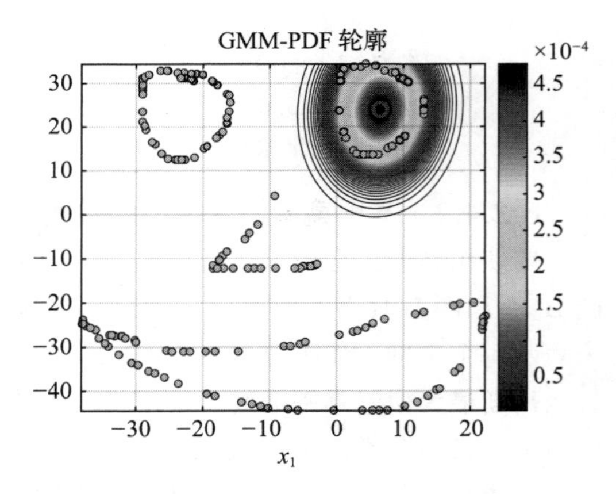

图 B.20　类 2 的高斯混合模型 (K=1) 的概率分布函数

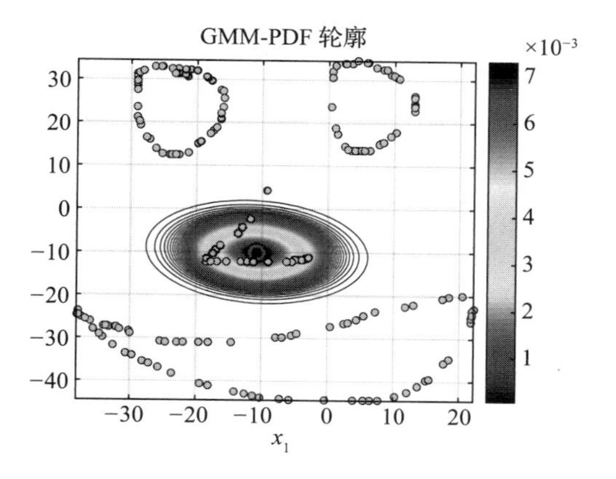

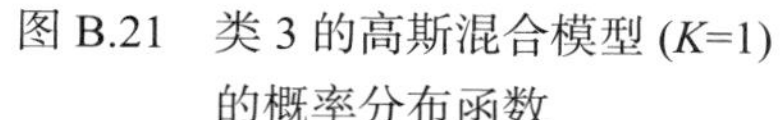

图 B.21 类 3 的高斯混合模型 (K=1) 的概率分布函数

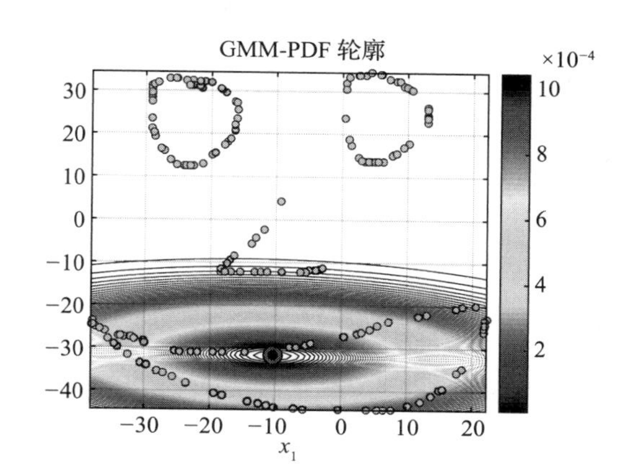

图 B.22 类 4 的高斯混合模型 (K=1) 的概率分布函数

在类 1（式（B.54））的 x' 的最大似然判别准则中替换这个项，我们得到

$$p(x' \mid y=1)p(y=1) > p(x' \mid y=2)p(y=2) \tag{B.56}$$

一般来说，可以假设类分布相等，即 $p(y=1)=p(y=2)$。给定式（B.52），最大似然判别准则简化为：

$$p(x' \mid y=1) > p(x' \mid y=2) \tag{B.57}$$

对于由 K^i 多元高斯函数组成的高斯混合模型，属于第 i 类的必要条件所需要的密度类似于式（B.15）：

$$p(x' \mid y=i) = \sum_{k=1}^{K^i} \pi_k p(x' \mid \mu^k, \Sigma^k) \tag{B.58}$$

根据式（B.16）定义 $p(x' \mid \mu^k, \Sigma^k)$。

在 $i=1,\cdots,I$ 类的多类问题的情况下，最大似然判别准则是对数似然函数的最小值，即相当于最大化似然函数。

假设类分布相等，最大似然判别准则为

$$c_i(x') = \arg\min_i \{-\log(p(x' \mid y=i))\} \tag{B.59}$$

如果不假设类分布相等，根据式（B.57），最大似然判别准则现在变为

$$c_i(x') = \arg\min_i \{-\log(p(x' \mid y=i)p(y=i))\} \tag{B.60}$$

B.3.4.3 基于高斯混合模型的回归

为了使用高斯混合模型执行回归（即高斯混合回归），我们通过具有 K- 分量的高斯混合模型估计输入 $x \in \mathbb{R}^N$ 和输出 $y \in \mathbb{R}^P$ 的联合密度，如下所示：

$$p(x, y \mid \Theta) = \sum_{k=1}^{K} \pi_k p(x, y \mid \mu^k, \Sigma^k) \tag{B.61}$$

式中，π_k 是由 $\{\mu^k, \Sigma^k\}$ 参数化的每个高斯分量的先验概率，其中

$$\sum_{k=1}^{K}\pi_k = 1, \qquad \mu^k = \begin{bmatrix}\mu_x^k \\ \mu_y^k\end{bmatrix}, \qquad \Sigma^k = \begin{bmatrix}\Sigma_{xx}^k & \Sigma_{xy}^k \\ \Sigma_{yx}^k & \Sigma_{yy}^k\end{bmatrix} \tag{B.62}$$

给定这个联合密度，可以计算条件密度 $p(y|x)$，这将提供回归函数 $y = f(x)$：

$$p(y|x) = \sum_{k=1}^{K}\gamma_k p(y|x;\mu^k,\Sigma^k) \tag{B.63}$$

其中

$$\gamma_k = \frac{\pi_k p(x|\mu_x^k,\Sigma_{xx}^k)}{\sum^{K}\pi_k p(x|\mu_x^k,\Sigma_{xx}^k)} \tag{B.64}$$

γ_k 参数称为第 K 个回归模型 $p(y|x;\mu^k,\Sigma^k)$ 的混合权重（即相对重要性）。然后通过计算条件密度 $\mathbb{E}\{p(y|x)\}$ 的期望值获得回归函数，如下所示：

$$y = f(x) = \mathbb{E}\{p(y|x)\} = \sum_{k=1}^{K}\gamma_k(x)\tilde{\mu}^k(x) \tag{B.65}$$

其中

$$\tilde{\mu}^k(x) = \mu_y^k + \Sigma_{yx}^k(\Sigma_{xx}^k)^{-1}(x-\mu_x^k) \tag{B.66}$$

是局部回归函数，表示斜率由 Σ_x^k（x 的方差）和 Σ_{xy}^k（y 和 x 的协方差）确定的线性函数。由此得到的回归函数 $y=f(x)$ 是 K 个回归模型的线性组合。与其他非线性回归方法相比，高斯混合回归的优势在于，它可以通过计算条件函数 $\mathrm{Var}\{p(y|x)\}$ 的方差来计算预测的不确定性（即，回归输出 $\hat{y}$），如下所示：

$$\mathrm{Var}\{p(y|x)\} = \sum_{i=1}^{K}\gamma_k(x)\left(\tilde{\mu}^k(x)^2 + (\tilde{\Sigma}^k)\right) - \left(\sum_{i=1}^{K}\gamma_k(x)\tilde{\mu}^k(x)\right)^2 \tag{B.67}$$

其中，$\tilde{\Sigma}^k$ 表示每个回归函数的条件密度的方差，计算如下：

$$\tilde{\Sigma}^k = \Sigma_{yy}^k - \Sigma_{yx}^k(\Sigma_{xx}^k)^{-1}\Sigma_{xy}^k \tag{B.68}$$

$\mathrm{Var}\{p(y|x)\}$ 表示预测的不确定性，而不是模型的不确定性。为了表示模型的不确定性，应计算联合密度的似然函数，即 $\mathscr{L}(\Theta|x,y) = \prod_{i=1}^{M}\sum_{k=1}^{K}\pi_k p(x,y|\mu^k,\Sigma^k)$。高斯混合回归相对于大多数回归方法的另一个优点是它可以被用于多维输入 $x \in \mathbb{R}^N$ 和多维输出 $y \in \mathbb{R}^P$，这里给出的公式相同。对于这种方法的推导的详细描述，我们建议阅读 Hsi Guang Sung 的博士论文 [145] 或 Cohn 等人的关于使用统计模型进行学习的工作 [32]。

因此，要从输入 $x \in \mathbb{R}^{M\times N}$ 和输出 $y \in \mathbb{R}^{M\times N}$ 的数据集中学习回归函数 $y=f(x)$，应该使用在 B.3.1 节和 B.3.3.2 节中描述的高斯混合模型参数估计方法估计联合密度 $p(x,y|\Theta)$。在图 B.23 ～图 B.25 中，我们展示了从受噪声影响的真实回归函数中采样的三个数据示例。在图 B.26 ～图 B.28 中，我们说明了输入 / 输出数据集上拟合的高斯混合模型参数。最后，在图 B.29 ～图 B.31 中，我们说明了用学习的高斯混合模型估计的这些数据集的联合密度。一旦估计了联合数据集 $\{x,y\}$ 的高斯混合模型参数，就可以通过式（B.65）计算回归函数，如图

B.32 ～图 B.34 所示，这也体现了学习的回归模型的方差。

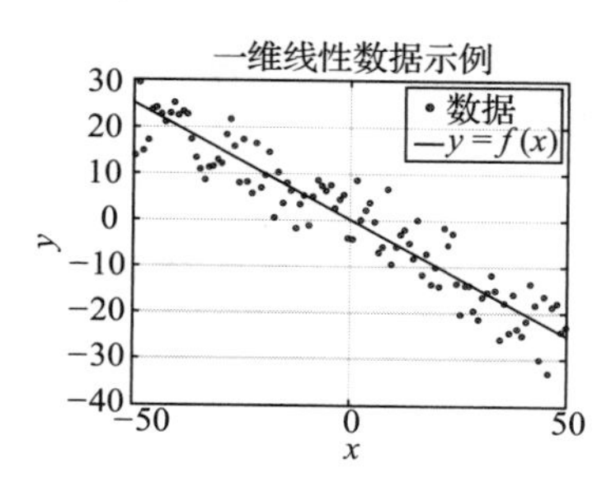

图 B.23　一维线性数据的回归示例

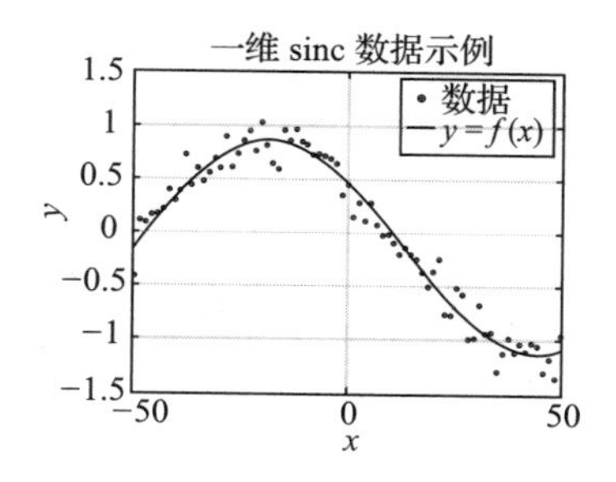

图 B.24　一维非线性 sinc 数据的回归示例

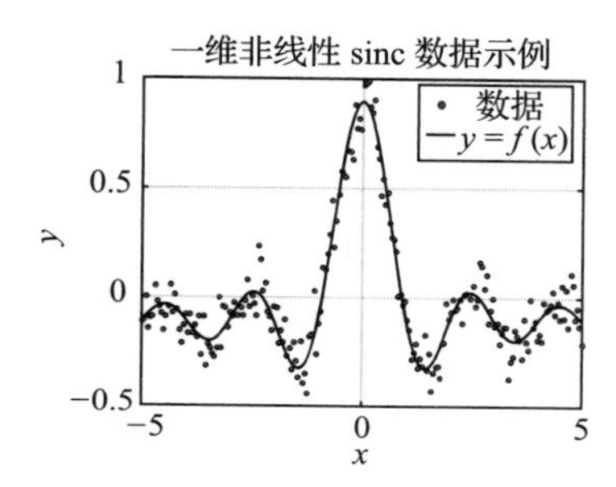

图 B.25　一维非线性 sinc 数据的回归示例

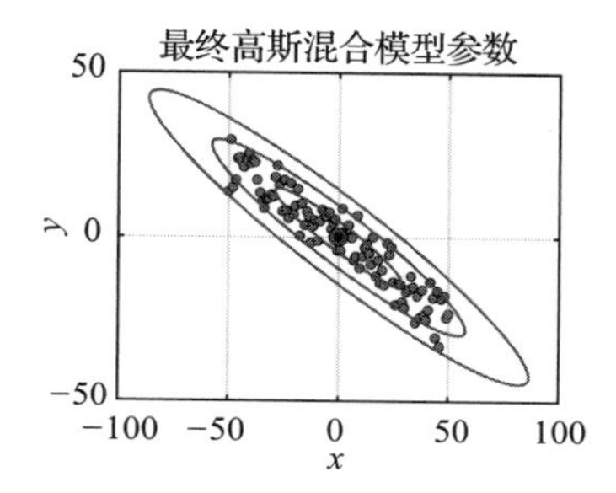

图 B.26　图 B.23 中数据的高斯混合模型（K=1）

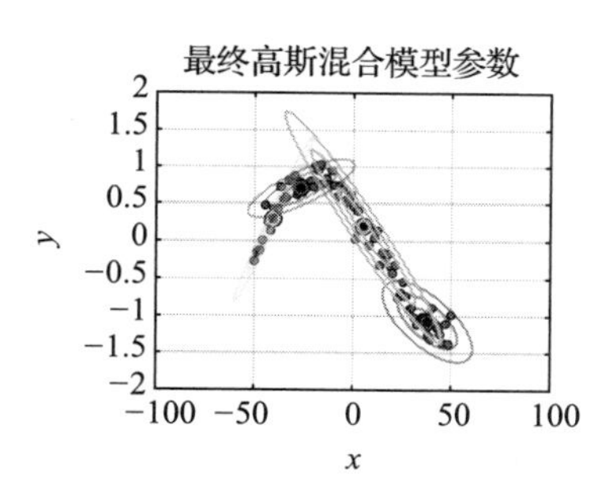

图 B.27　图 B.24 中数据的高斯混合模型（K=4）

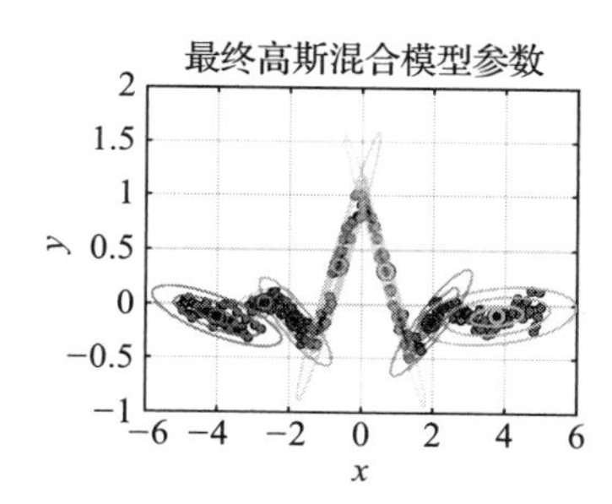

图 B.28　图 B.25 中数据的高斯混合模型（K=7）

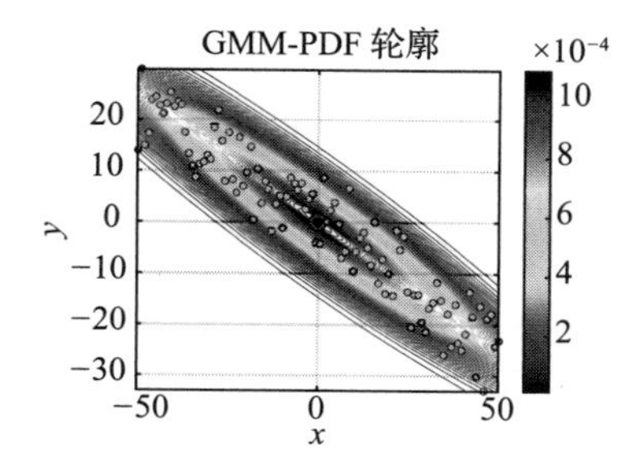

图 B.29　图 B.23 中数据的拟合高斯混合模型的概率分布函数

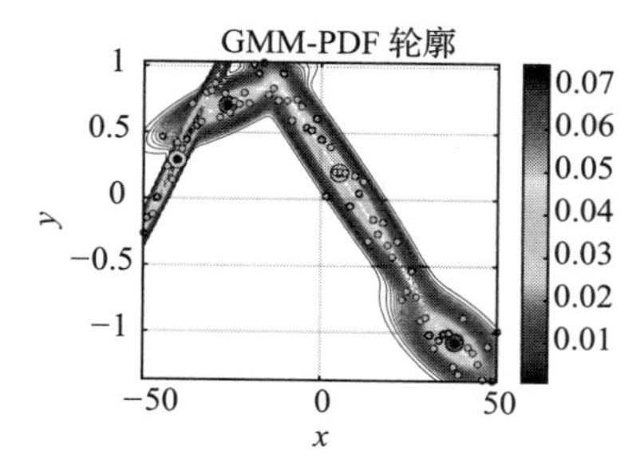

图 B.30　图 B.24 中数据的拟合高斯混合模型的概率分布函数

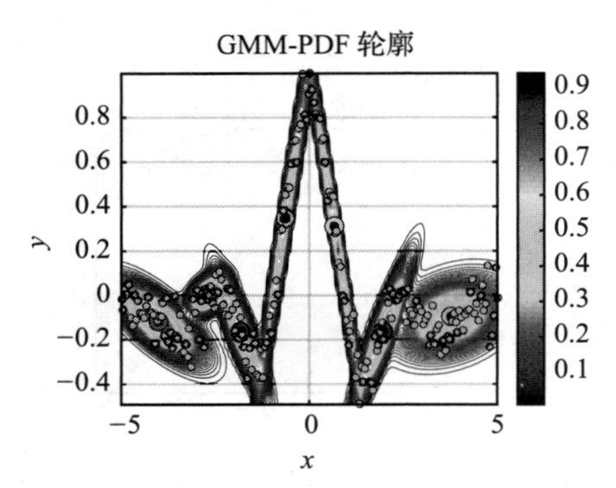

图 B.31　图 B.25 中数据的拟合高斯混合模型的概率分布函数

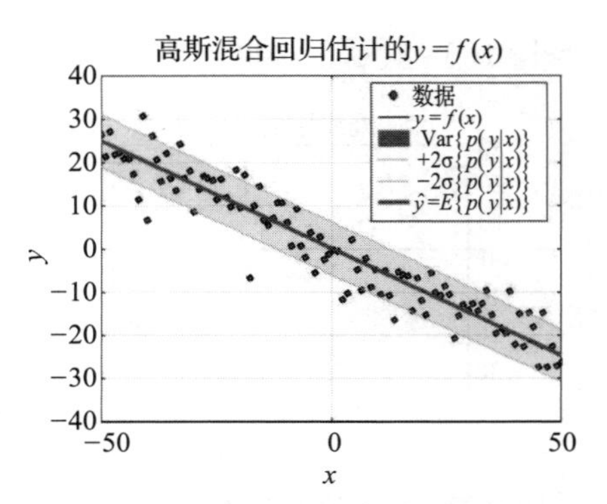

图 B.32　图 B.23 中数据的高斯混合回归 (K=1) 结果

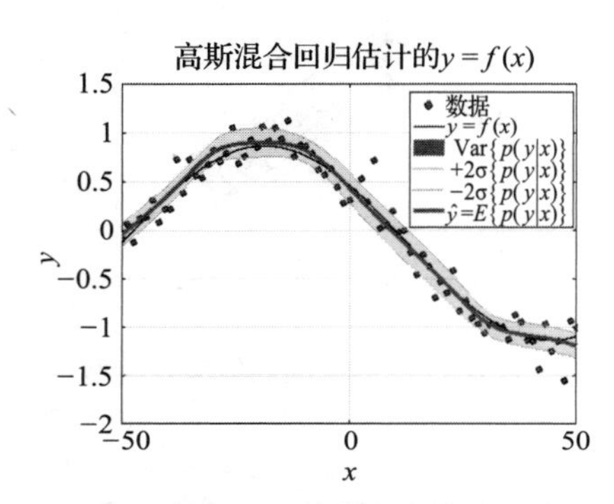

图 B.33　图 B.24 中数据的高斯混合回归 (K=4) 结果

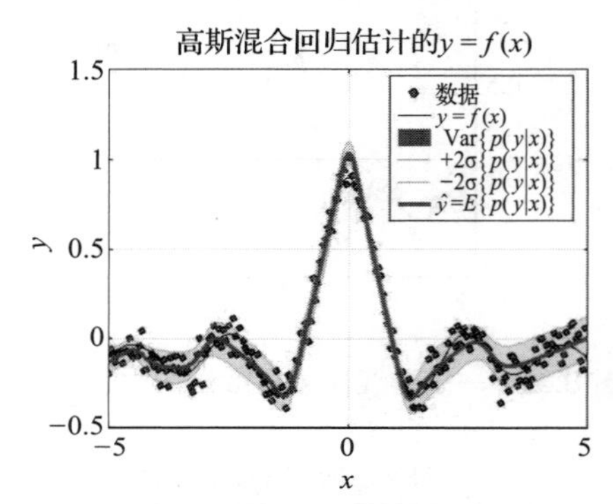

图 B.34　图 B.23 中数据的高斯混合回归 (K=7) 结果

B.4　支持向量机

支持向量机 (SVM) 是一种机器学习技术，用于学习决策函数 $y=f(x)$，它将输入 $x\in\mathbb{R}^N$ 映射到输出 $y\in\mathbb{R}$。对于分类问题，输出是分类标签 $y\in\{\pm1\}$，而对于回归问题，输出是一个连续变量 $y\in\Re$。分类问题，输出是标签，而回归问题，输出是连续变量。支持向量机运用所谓的核技巧 [128]，通过映射函数 $\Phi(x):\mathbb{R}^N\to\mathbb{R}^F$ 将非线性或非线性可分离数据提升到高维特征空间，其中 F 表示特征空间的维度，通常为 $F>N$。这种映射需要假设在 $\mathbb{R}^F$ 中可以进行线性运算，例如线性分类或线性回归。

形式上，核技巧表示两个输入数据样本 $x,x'\in\mathbb{R}^N$ 的点积，提升到高维 Hilbert（特征）空间 H。它可以用在原始输入空间 $\mathbb{R}^N$ 上评价的核函数 $k(x,x')$ 来表示：

$$k(x,x')=\langle\Phi(x),\Phi(x')\rangle \tag{B.69}$$

式中，$k(x,x'):\mathbb{R}^N\times\mathbb{R}^N\to\Re$ 是一个正定核，表示点积，即提升到高维特征空间的数据点 $k(x,x')=\langle\Phi(x),\Phi(x')\rangle$。直观地说，这样的核函数是衡量两个数据点 $x,x'\in\mathbb{R}^N$ 相似性的度量。在非线性支持向量机中，该核函数用于为非线性分类问题制定超平面决策函数（B.4.1 节）和为非线性回归问题制定 ϵ- 不敏感损失函数（B.4.2 节）。接下来，我们列出了机器学习文献中的一些著名核示例。

内核类型

- 齐次多项式。

$$k(x,x^i)=(\langle x,x^i\rangle)^p \tag{B.70}$$

其中，$p>0$ 是超参数，且对应于多项式次数。

- 非齐次多项式。

$$k(x,x^i)=(\langle x,x^i\rangle+d)^p \tag{B.71}$$

其中，$p>0$ 且 $d\geqslant 0$，一般 $d=1$ 是对应于多项式次数和偏移量的超参数。

- 径向基函数（高斯）。

$$k(x,x^i)=\exp\left(-\frac{1}{2\sigma^2}\|x-x^i\|^2\right) \tag{B.72}$$

其中，σ 是超参数，对应于以 x_i 为中心的高斯核的宽度或尺度。

在本书中，主要使用径向基函数核。有关核技巧和支持向量机理论的更全面的说明，请参见 [128]。

B.4.1　支持向量机的分类

对于分类问题，支持向量机编码两个类之间的决策边界，$y\in\{\pm1\}$，通过用平行超平面分隔它们。这些超平面包围的区域是两个类之间的边际，最大边际超平面是它们之间等距的超平面。

B.4.1.1　线性支持向量机分类

根据 [150]，点积空间 $\mathscr{H}$ 中的超平面类可以写为

$$\langle \boldsymbol{w},x\rangle+b=0 \tag{B.73}$$

其中，$\boldsymbol{w}\in\mathscr{H}$ 是超平面的法向量，$b\in\mathbb{R}$ 表示超平面沿 $\boldsymbol{w}$ 与 $\frac{b}{\|\boldsymbol{w}\|}$ 从原点的偏移。因此，式（B.73）可用于描述每个类的超平面，其中 $\langle \boldsymbol{w},x\rangle+b=1$ 表示正类的边界 ($y=+1$)。因此，位于此边界或之上的任何数据点都属于正类。另一方面，负类的边界可以表示为 $\langle \boldsymbol{w}, x\rangle+b=-1$，位于此边界或之下的数据点将属于负类。这些超平面方程可以直接用于对数据点进行分类，但是，我们也试图防止数据点落在边界内。为此，可以为类分离定义以下约束：

$$y_i\langle \boldsymbol{w},x^i\rangle+b\geqslant 1,\forall i=1,\cdots,M \tag{B.74}$$

因为式（B.74）仅适用于严格线性可分的数据集，所以引入松弛变量以改变这些约束。这导致松弛的类分离约束，可以理解为软边界超平面：

$$y_i\langle \boldsymbol{w},x^i\rangle+b\geqslant 1-\xi_i,\forall i=1,\cdots,M \tag{B.75}$$

其中，$\xi_i\in\mathbb{R}$。支持向量机学习算法 [128] 的目的是估计 $\{\boldsymbol{w}, b\}$ 使得两个类之间的边界最大化，由分隔每个类的两个超平面之间的距离表示（即 $\frac{2}{\|\boldsymbol{w}\|}$），同时满足式（B.75）中定义的约束。这是通过最小化以下约束优化问题来实现的：

$$\begin{gathered}\min_{\boldsymbol{w}\in\mathscr{H},\xi\in\mathbb{R}^M,b\in\mathbb{R}}\left(\frac{1}{2}\|\boldsymbol{w}\|^2+\frac{C}{M}\sum_{i=1}^{M}\xi_i\right)\\ \text{s.t.}\ \ y_i\ (\langle \boldsymbol{w},x^i\rangle+b)\geqslant 1-\xi_i,\ \ \forall i=1,\cdots,M\end{gathered} \tag{B.76}$$

其中，$C \in \mathbb{R}$ 是一个惩罚因子，用于在最大化边界和最小化分类错误（即位于超平面错误一侧的数据点）之间进行权衡。如 [128] 所示，通过优化式（B.76）的对偶，可以通过二次规划来求解式（B.76）(如下所述)。因此，线性支持向量机分类器产生以下决策函数：

$$y = f(x) = \operatorname{sgn}(\langle \boldsymbol{w}, x^i \rangle + b) \tag{B.77}$$

这被称为支持向量机分类（C-SVM）或软边际支持向量机。

B.4.1.2　非线性支持向量机分类

尽管式（B.76）找到了产生软边际分类器的参数 $\{\boldsymbol{w},b\}$，但它仍然不适用于非线性可分数据集。取而代之的是，对于非线性分类，数据点通过 $\Phi(x):\mathbb{R}^N \to \mathbb{R}^F$ 提升到高维特征空间，式（B.76）中定义的优化问题变为：

$$\begin{gathered}\min_{\boldsymbol{w}\in\mathscr{H},\xi\in\mathbb{R}^M,b\in\mathbb{R}}\left(\frac{1}{2}\|\boldsymbol{w}\|^2+\frac{C}{M}\sum_{i=1}^{M}\xi_i\right)\\ \text{s.t. } y_i\,(\langle \boldsymbol{w},\Phi(x_i)\rangle+b)\geqslant 1-\xi^i,\quad \forall i=1,\cdots,M\end{gathered} \tag{B.78}$$

注意到式（B.78）与式（B.76）只有类分离约束不同，它以 $\Phi(x^i)\in\mathbb{R}^F$ 表示。此外，超平面 $\boldsymbol{w}\in\mathscr{H}$ 可以表示为输入数据（特征）向量的线性组合：

$$\boldsymbol{w} = \sum_{i=1}^{M}\alpha_i y_i \Phi(x^i) \tag{B.79}$$

其中对于支持向量，(即准确满足式（B.78）中施加的约束的输入数据点)，$\alpha_i > 0$。然后使用 $\boldsymbol{w}$ 的展开式（式（B.79））将优化约束表示为 $y_i(k(x,x^i)+b)\geqslant 1-\xi_i$，其中 $k(\cdot,\cdot)$ 是式（B.70）～式（B.72）中的核函数。然后，非线性支持向量机分类决策函数采用以下形式：

$$\begin{aligned} y = f(x) &= \operatorname{sgn}(\langle \boldsymbol{w},\Phi(x^i)\rangle + b)\\ &= \operatorname{sgn}\left(\sum_{i=1}^{M}\alpha_i y_i\langle \Phi(x),\Phi(x^i)\rangle + b\right)\\ &= \operatorname{sgn}\left(\sum_{i=1}^{M}\alpha_i y_i k(x,x^i) + b\right)\end{aligned} \tag{B.80}$$

其参数通过最大化式（B.78）关于 α 的拉格朗日对偶来估计，即

$$\begin{gathered}\underset{\alpha_i\geqslant 0}{\text{maximize}}\sum_{i=1}^{M}\alpha_i-\frac{1}{2}\sum_{i=1}^{M}\sum_{j=1}^{M}\alpha_i\alpha_j y_i y_j\underbrace{\langle\Phi(x),\Phi(x^i)\rangle}_{k(x^i,x^j)}\\ \text{满足}\quad 0\geqslant\alpha_i\geqslant C,\forall i,\ \sum_{i=1}^{M}\alpha_i y_i=0\end{gathered} \tag{B.81}$$

式（B.81）被称为对偶问题，式（B.78）是原始问题。式（B.81）是受线性约束的支持向量指标变量 α_i 的二次函数，因此，它可以通过二次规划来解决，如 [128] 所示。

超参数　非线性支持向量机分类器（式（B.80））的效率在很大程度上取决于式（B.78）中未优化的参数，也就是核超参数和错误分类惩罚项 C。例如，当使用径向基函数核（式（B.72））时，需要找到 C 和 σ 的最佳值。直观地说，C 是一个在训练示例的错误分类与决策函数的简单性之间进行权衡的参数。C 越低，决策边界越平滑（存在一些错误分类的风险）。相反，C

越高，在远离边界的地方选择的支持向量就越多，从而为数据点产生更适合的决策边界。σ 是所选支持向量的影响半径。如果 σ 非常低，它将只能封装特征空间中非常接近的那些点。另一方面，如果 σ 非常高，则支持向量将影响离它们较远的点。

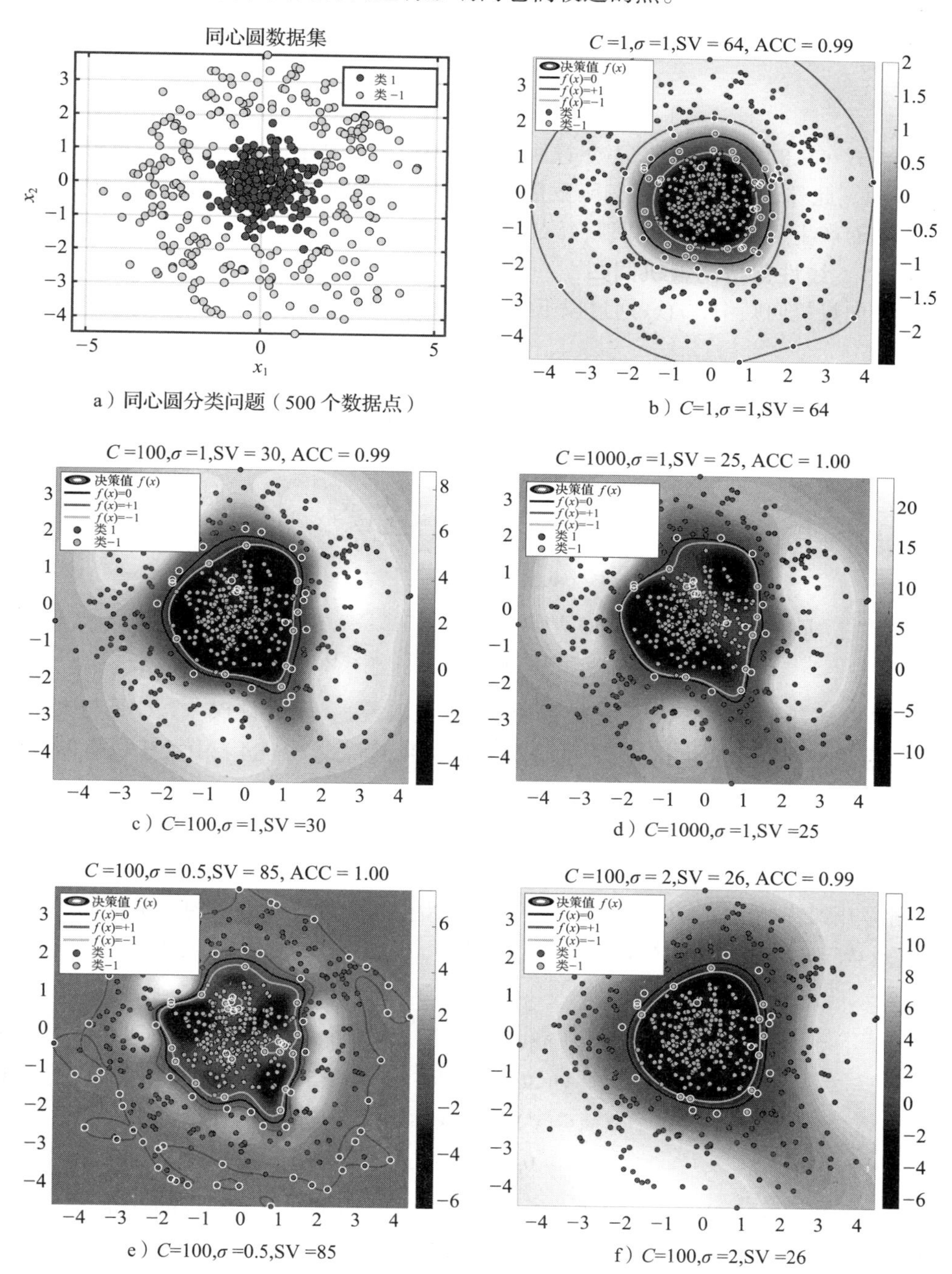

图 B.35　圆形数据集具有不同超参数值的决策边界。支持向量：具有白边的数据点

对于同心圆数据集（图 B.35a），超参数对具有径向基函数核的非线性支持向量机分类的影响如图 B.35b ～图 B.35f 所示。B.4.3 节描述了寻找支持向量机最优超参数的技术。

B.4.2　支持向量机回归

在回归中，支持向量机回归算法（B.4.1 节）被修改为逼近实值函数$f(x)$: $\mathbb{R}^N \to \mathbb{R}$，它将多维输入 $X=\{x^i\}_{i=1}^M$ 映射到一维输出 $Y=\{y_i\}_{i=1}^M$。支持向量机回归的目标是逼近函数$f(x)$，且训练输出不超过 ϵ- 偏差。形式上，这被定义为最大化以下 ϵ- 不敏感的损失函数 [151]：

$$|y-f(x)|_\epsilon=\max\{0,|y-f(x)|-\epsilon\} \tag{B.82}$$

直观地说，式（B.82）表明我们不介意回归（预测输出）中存在一些错误，只要它们在$f(x)$的 ϵ- 偏差内。此外，它确保了回归函数是平滑的 [4]。允许的与训练数据的偏差被称为 ϵ- 不敏感管道，从而产生了支持向量机回归 (ϵ-SVR) 算法。

B.4.2.1　线性支持向量机回归

在支持向量机回归中，$f(x)$ 通过以下线性函数进行估计：

$$f(x)=\langle \boldsymbol{w},x\rangle+b \quad \text{其中} \quad \boldsymbol{w}\in\mathscr{H},b\in\mathbb{R} \tag{B.83}$$

约束条件是位于 ϵ- 管道内的点不会受到惩罚（即 $|y-f(x)|\leqslant\epsilon$）。这个函数可以通过最小化以下优化问题来学习：

$$\begin{aligned}&\min_{\boldsymbol{w}\in\mathscr{H},\xi,\xi^*\in\mathbb{R}^M,b\in\Re}\left(\frac{1}{2}\|\boldsymbol{w}\|^2+C\sum_{i=1}^M(\xi_i+\xi_i^*)\right)\\ &\text{s.t.}\quad y^i-\langle \boldsymbol{w},x^i\rangle-b\leqslant\epsilon+\xi_i^*\\ &\qquad \langle \boldsymbol{w},x^i\rangle+b-y^i\leqslant\epsilon+\xi_i\\ &\qquad \xi_i,\xi_i^*\geqslant 0,\forall i=1,\cdots,M,\quad \epsilon\geqslant 0\end{aligned} \tag{B.84}$$

其中，$\boldsymbol{w}$ 是分离超平面，ξ_i，ξ_i^* 是松弛变量，b 是偏差，ϵ 是允许误差，C 是与大于 ϵ 的误差相关的惩罚系数。作为优化 $\boldsymbol{w}$、b 的分类案例，我们将式（B.84）中关于拉格朗日乘子的对偶最大化，如下文所述。

B.4.2.2　非线性支持向量机回归

为了将式（B.83）转换为非线性回归，我们遵循非线性分类的过程，并通过映射函数将原始数据提升到特征空间 $\Phi(x):\mathbb{R}^N\to\mathbb{R}^F$，将原始空间中的点积替换为高维特征空间中的点积，$\langle\Phi(x),\Phi(x')\rangle$，然后使用核技巧（式（B.69））。因此，式（B.84）变为

$$\begin{aligned}&\min_{\boldsymbol{w}\in\mathscr{H},\xi,\xi^*\in\mathbb{R}^M,b\in\mathbb{R}}\left(\frac{1}{2}\|\boldsymbol{w}\|^2+C\sum_{i=1}^M(\xi_i+\xi_i^*)\right)\\ &\text{s.t.}\quad y^i-\langle \boldsymbol{w},\Phi(x_i)\rangle-b\leqslant\epsilon+\xi_i^*\\ &\qquad \langle \boldsymbol{w},\Phi(x^i)\rangle+b-y^i\leqslant\epsilon+\xi_i\\ &\qquad \xi_i,\xi_i^*\geqslant 0,\forall i=1,\cdots,M,\quad \epsilon\geqslant 0\end{aligned} \tag{B.85}$$

与分类情况一样，式（B.85）不是直接求解的。而是需要求解关于拉格朗日乘子 α 的对偶优化问题，也就是

$$\underset{\alpha_i,\alpha_i^*\geqslant 0}{\text{maximize}}-\frac{1}{2}\sum_{i=1}^M\sum_{j=1}^M(\alpha_i^*-\alpha_i)(\alpha_j^*-\alpha_j)\underbrace{\langle\Phi(x^i),\Phi(x^j)\rangle}_{k(x^i,x^j)} \tag{B.86}$$

$$-\epsilon\sum_{i=1}^{M}(\alpha_i^*+\alpha_i)+\sum_{i=1}^{M}y_i(\alpha_i^*-\alpha_i)$$
$$\text{满足}\quad \sum_{i=1}^{M}(\alpha_i^*-\alpha_i)=0,\ \alpha_i^*,\alpha_i\in[0,C/M] \tag{B.86 续}$$

此外，因为 $\boldsymbol{w}$ 可以描述为特征空间中一组训练数据的线性组合：

$$\boldsymbol{w}=\sum_{i=1}^{M}(\alpha_i^*-\alpha_i)\Phi(x_i) \tag{B.87}$$

通过核技巧，非线性支持向量机回归的回归函数为：

$$\begin{aligned} y=f(x)&=\langle \boldsymbol{w},\Phi(x)\rangle+b\\ &=\sum_{i=1}^{M}(\alpha_i-\alpha_i^*)\langle\Phi(x),\Phi(x^i)\rangle+b\\ &=\sum_{i=1}^{M}(\alpha_i-\alpha_i^*)k(x,x^i)+b \end{aligned} \tag{B.88}$$

其中，$\alpha_i,\alpha_i^*>0$ 是定义支持向量的拉格朗日乘子。

超参数　与非线性支持向量机分类一样，估计的 $f(x)$ 的预测精度在很大程度上依赖于超参数的选择。除了所选核函数 $k(x,x')$ 的超参数外，支持向量机回归还有两个开放参数：

- C。成本 $[0\rightarrow\infty]$ 表示与大于 ϵ 误差相关的惩罚。增加成本值会使其更接近校准 / 训练数据。
- ϵ。ϵ 表示所需的最小精度。

接下来，我们讨论 / 说明每个超参数对结果 $f(x)$ 的影响。

- ϵ 对 $f(x)$ 的影响。当训练 $f(x)$ 时，来自 y_i 在距离 ϵ 内预测的点没有相关的惩罚。较小的 ϵ 会强制更接近训练数据。因为 ϵ 控制不敏感误差区域的宽度，它可以直接影响支持向量的数量。通过增加 ϵ，我们可能会得到更少的支持向量，但这样做可以得到更平滑的估计（见图 B.36）。

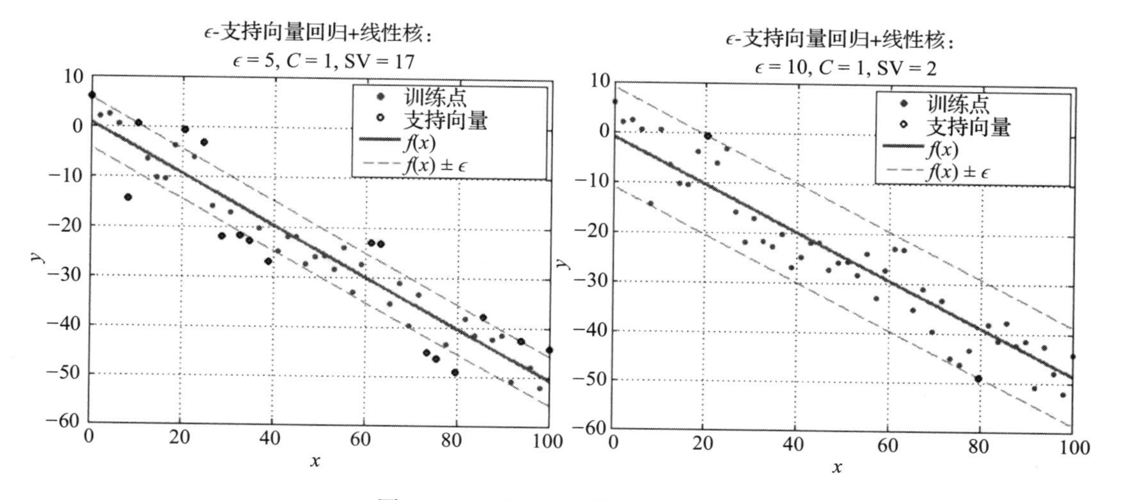

图 B.36　ϵ 对回归函数 $f(x)$ 的影响

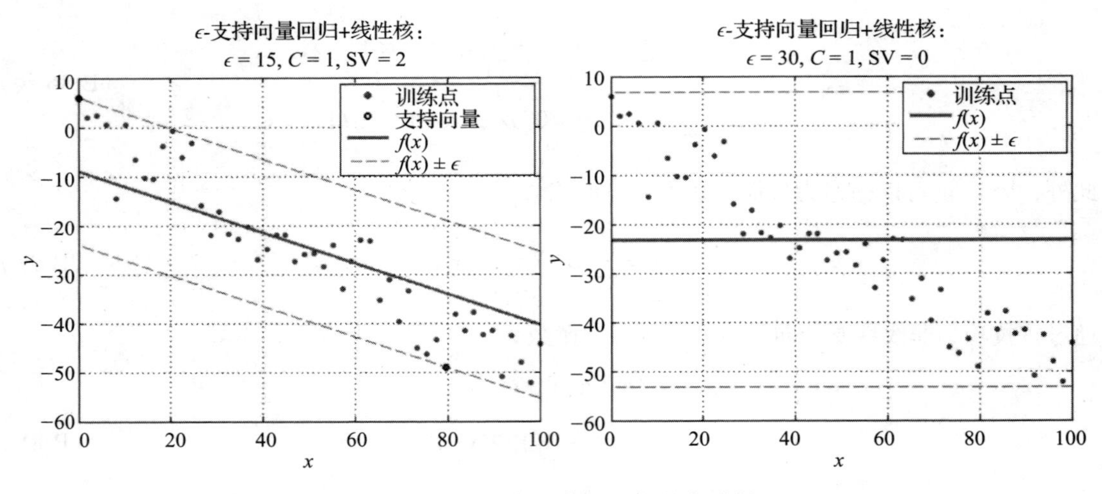

图 B.36　ϵ 对回归函数 $f(x)$ 的影响（续）

- C 对 $f(x)$ 的影响。参数 C 体现了模型的复杂度（平整度）和在优化公式中可以容忍大于 ϵ 的偏差的程度之间的权衡。例如，如果 C 太大（无穷大），那么目标是不惜一切代价最小化误差（见图 B.37）。

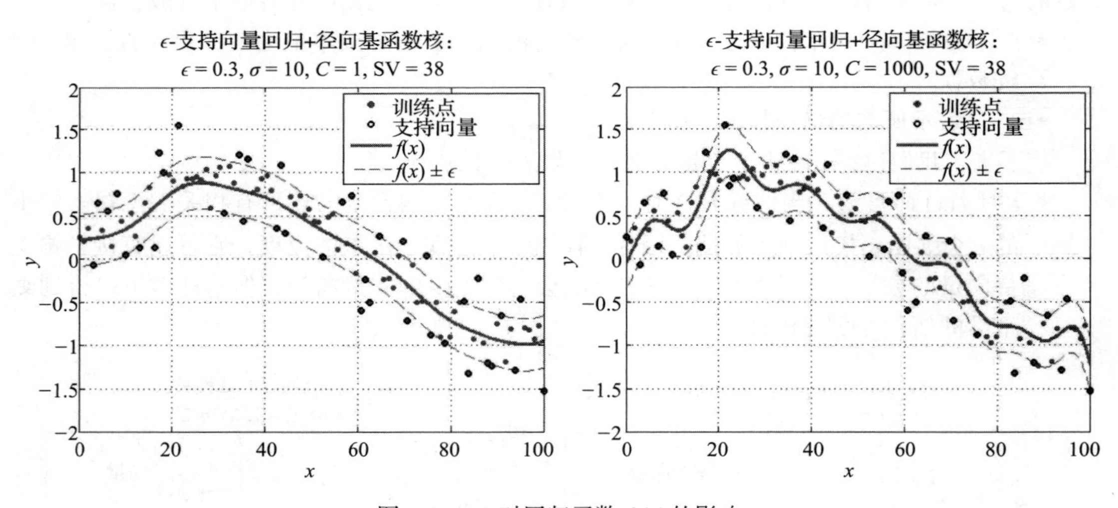

图 B.37　C 对回归函数 $f(x)$ 的影响

- 核超参数对 $f(x)$ 的影响。当使用径向基函数核时，我们需要找到 σ 的最佳值，即径向基函数中的宽度。直观地说，σ 是所选支持向量的影响半径。如果 σ 非常低，它将只能影响特征空间中非常接近的那些点。另一方面，如果 σ 很大，则支持向量将影响离它们较远的点。它可以被认为是控制分离超平面形状的参数。因此，σ 越小，获得更多支持向量的可能性就越大（对于 C 和 ϵ 的某些值）。更多信息，请参见图 B.38。

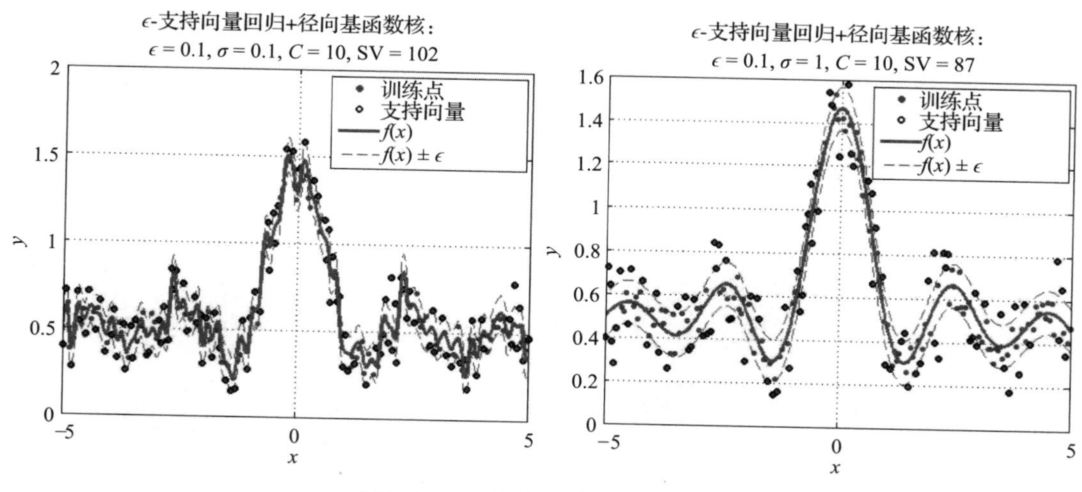

图 B.38 σ 对回归函数 $f(x)$ 的影响

B.4.3 支持向量机超参数优化

支持向量机是迄今为止最强大的非线性分类 / 回归方法之一，因为它能够使用核技巧在高维特征空间上为不可分离 / 非线性数据找到分离超平面。然而，要使其按预期执行，必须找到给定数据集（和问题）的最佳超参数。

交叉验证的网格搜索 为了在支持向量机 / 支持向量机回归和高斯混合模型 / 高斯混合回归（来自 B.3 节）等方法中调整最佳超参数，我们可以对参数空间的网格进行详尽的搜索。这通常通过学习每个超参数组合的决策函数并计算性能指标来完成（来自 B.2 节）。然而，由于过拟合，在用于训练它的数据上测试学习到的决策函数是一个很大的错误。这需要通过交叉验证（CV）来完成，我们接下来会解释这个过程。

在机器学习中，交叉验证包括保留部分数据以验证模型在未见样本上的性能。两种主要的交叉验证方法是 k- 折（k-fold）和留一法（LOO）。在本书中，我们通常使用前者。在 k-折交叉验证中，将训练集分成 k 个较小的集，并将以下过程重复 k 次：

1. 训练模型时，使用 $(k-1)$- 折交叉验证作为训练数据。
2. 通过计算其余数据的分类指标来验证模型。

对于每个网格搜索，前面的步骤对参数网格中的每个超参数组合重复 k 次。然后可以通过从 k 个验证集计算的指标统计数据（例如，平均值、标准差等）来分析整体分类性能。

我们如何找到最优的参数选择？手动寻找最佳组合超参数值是一项相当烦琐的任务。出于这个原因，我们使用带有交叉验证的网格搜索。首先，必须为超参数选择可接受的范围。在径向基函数核的情况下，它将用于 σ，具有用于分类 ($C \in \Re$) 和回归 ($C \in \Re$ 和 $\epsilon \in \Re$) 的附加超参数。此外，为了获得统计相关的结果，必须使用不同的测试 / 训练比进行交叉验证。执行此操作的标准方法是对每个参数组合应用 k- 折交叉验证，并保留一些统计数据，例如该特定参数组合的 k 次运行精度的平均值和标准偏差；典型的折叠数是 k=10。

B.4.3.1 10– 折交叉验证的网格搜索

对于支持向量机分类 对于圆形数据集（图 B.35a），我们可以在以下参数范围内运行具有 10- 折交叉验证的支持向量机分类（一个径向基函数核）：`C_range=[1: 500]` 和 σ_

`range=[0.25:3]`。图 B.39 中的热力图表示训练集和测试集上的平均准确率（式（B.3））和 F- 值（式（B.4））。为了选择最佳参数，通常会忽略训练集中的指标，而关注测试集中超参数的性能。但是，当分类器在测试集上表现出非常差的性能时，分析训练集上的性能很有用。如果训练集的性能很差，可能是因为参数范围不当，你没有使用适当的核，或者你的数据集无法使用此方法进行分离。

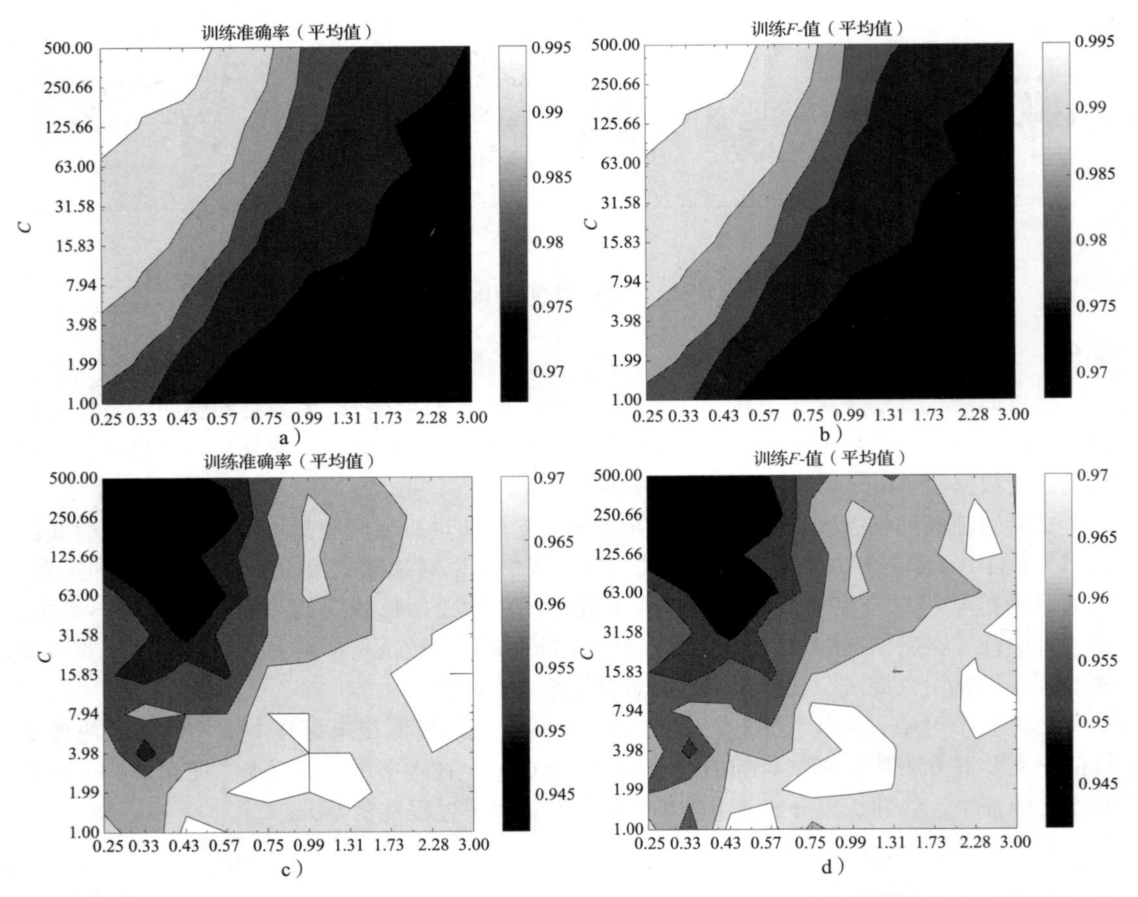

图 B.39　10- 折交叉验证 C 和 σ 的网格搜索热图，（图 a 和图 b）平均训练准确率和 F- 值，（图 b 和图 d）平均测试准确率和 F- 值

从网格搜索 / 交叉验证中选择最优参数　选择最优超参数组合的一种方法是直接选择产生最大测试准确率或 F- 值的迭代。对于图 B.39 所示的交叉验证结果，最大测试准确率为 97%，C=31.58，σ=3。这组最优超参数的最终决策边界如图 B.40a 所示。可以看出，分类器从数据集中恢复了真实边界的圆形。然而，这不是唯一的最佳值。分析测试均值准确率的热力图（图 B.39），从热力图右下区域的白色区域中选择最大准确率。然而，在热力图的底部中心还有另一个高准确率的大区域，其中 C 和 σ 值都较小。直观地说，如果 σ 更小，我们应该有更多的支持向量。该区域的中点是超参数 C=4，σ=1 的组合，产生了如图 B.40b 所示的决策边界。它产生相同的准确率，但决策边界过度拟合到边界中的重叠点。

对于 ϵ- 支持向量回归　与支持向量机分类一样，对于 ϵ- 支持向量回归，可以使用 B.2.4 节中介绍的回归指标对超参数 $\{C, \epsilon, \sigma\}$ 运行网格搜索 / 交叉验证。对于 sinc 数据集（图 B.25），可以在以下参数范围内以 10- 折交叉验证运行 ϵ- 支持向量回归（使用径向基函数核）：`C_range=[1:500]`，`ϵ_range=[0.05: 1]`，`σ_range=[0.25:2]`。通过在测试数据集上根据性能指标（如 B.2.4 节所述）选择产生最高性能的超参数值的组合，我们可以实现近似回归函数，如图 B.41 所示。

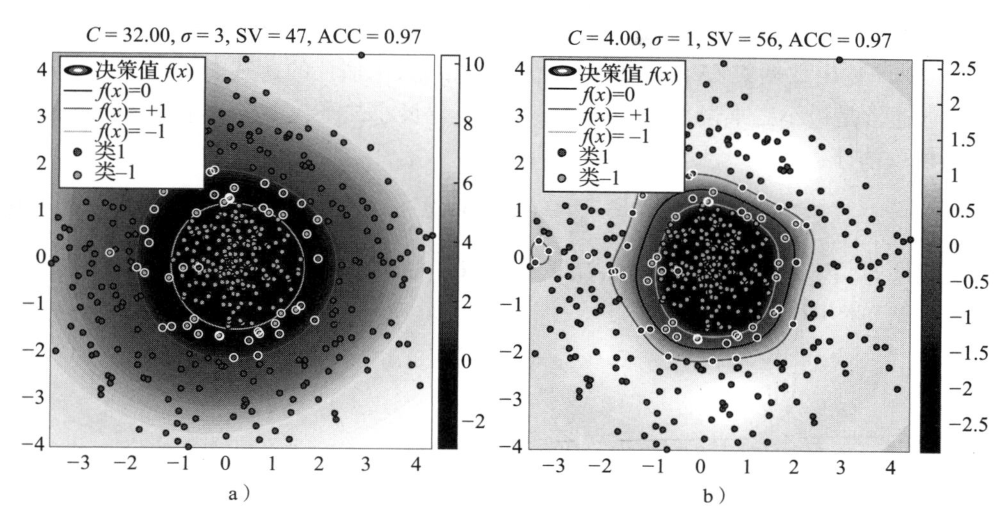

图 B.40 支持向量机分类决策边界与交叉验证网格搜索的最优值

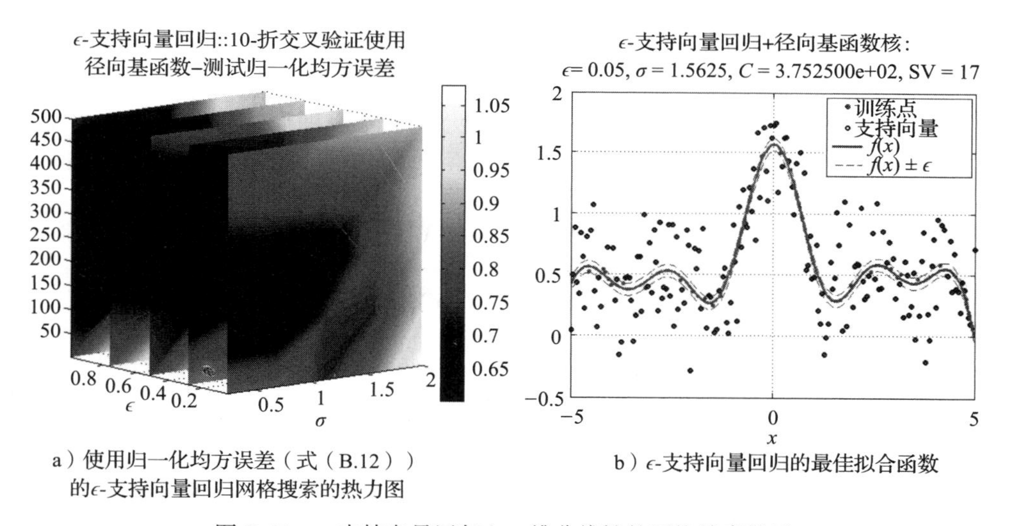

a）使用归一化均方误差（式（B.12））的ϵ-支持向量回归网格搜索的热力图

b）ϵ-支持向量回归的最佳拟合函数

图 B.41 ϵ- 支持向量回归上一维非线性的网格搜索结果

B.5 高斯过程回归

高斯过程回归模型是高斯概率分布函数（B.16）到功能空间的泛化。也就是说，它不是表示点的分布，而是表示与观察到的数据点一致的函数 $y=f(x)$ 的分布。高斯过程回归是一种概率的非参数回归方法。与任何概率方法一样，它从先验分布开始，然后随着观察到新数据而更新，然后将得到的回归量作为该分布的后验。在 B.4.2 节中对 ϵ- 支持向量回归的阐述之后，我们从线性情况（即贝叶斯线性回归（BLR））开始，并以非线性高斯过程回归表达结束。

B.5.1　贝叶斯线性回归

在贝叶斯线性回归中，人们试图找到线性回归模型的参数，即

$$y = f(x) = \boldsymbol{w}^{\mathrm{T}} x \tag{B.89}$$

其中，通过统计方法，$y \in \mathbb{R}$ 和 $\boldsymbol{w}$，$x \in \mathbb{R}^N$。在经典线性回归中，式（B.89）的权重 $\boldsymbol{w}$ 是通过最小化输入 / 输出数据集 $\{X, Y\} = \{x^i, y_i\}_{i=1}^M$ 的损失函数来估计的，其中 $x^i \in \mathbb{R}^N$ 和 $y_i \in \mathbb{R}$。该损失函数通常是最小二乘误差 $\| Y - \boldsymbol{w}^{\mathrm{T}} X \|$。最小化最小二乘误差会产生称为普通最小二乘（OLS）的权重估计：

$$\boldsymbol{w}_{\mathrm{OLS}} = (X^{\mathrm{T}} X)^{-1} X^{\mathrm{T}} Y \tag{B.90}$$

在贝叶斯线性回归中，假设 Y 的值包含加性噪声 ϵ，且遵循零均值高斯分布，$\epsilon \sim \mathcal{N}(0, \epsilon_{\sigma^2})$。因此，式（B.89）采用以下形式：

$$\begin{aligned} y &= f(x) + \epsilon \\ &= \boldsymbol{w}^{\mathrm{T}} x + \epsilon \end{aligned} \tag{B.91}$$

噪声遵循 $\mathcal{N}(0, \epsilon_{\sigma^2})$ 的假设意味着我们对噪声进行了先验分布。因此，式（B.91）的似然函数可以计算为：

$$\begin{aligned} p(Y \mid X, \boldsymbol{w}; \epsilon_{\sigma^2}) &= \mathcal{N}(Y - \boldsymbol{w}^{\mathrm{T}} X \mid I \epsilon_{\sigma^2}) \\ &= \frac{1}{(2\pi \epsilon_{\sigma^2})^{n/2}} \exp\left(-\frac{1}{2\epsilon_{\sigma^2}} \| Y - \boldsymbol{w}^{\mathrm{T}} X \| \right) \end{aligned} \tag{B.92}$$

与高斯混合模型的情况（B.3 节）一样，式（B.92）的参数（即权重 $\boldsymbol{w}$），可以通过最大似然估计（MLE）方法估计如下：

$$\begin{aligned} \nabla_{\boldsymbol{w}} \log p(Y \mid X, \boldsymbol{w}) &= -\frac{1}{\epsilon_{\sigma^2}} X^{\mathrm{T}} (Y - \boldsymbol{w}^{\mathrm{T}} X) \\ \boldsymbol{w}_{\mathrm{ML}} &= (X^{\mathrm{T}} X)^{-1} X^{\mathrm{T}} Y \end{aligned} \tag{B.93}$$

注意式（B.93）产生与式（B.90）相同的结果。也就是说，最大似然估计（MLE）没有考虑噪声的先验。要考虑变量的先验，必须改为计算最大后验估计，如贝叶斯高斯混合模型的情况（B.3.2 节）。在贝叶斯线性回归中，我们利用似然函数是高斯分布（式（B.92））的事实，并在权重 $\boldsymbol{w}$ 上添加先验高斯分布。因此，式（B.91）的后验是

$$\overbrace{p(\boldsymbol{w} \mid X, Y)}^{\text{后验}} \propto \overbrace{p(Y \mid X, \boldsymbol{w})}^{\text{似然}} \overbrace{p(\boldsymbol{w})}^{\text{先验}} \tag{B.94}$$

其中，$p(\boldsymbol{w}) = \mathcal{N}(\boldsymbol{0}, \Sigma_w)$ 是权重的先验分布，$p(\boldsymbol{w} \mid X, \mathrm{Y})$ 是后验分布。通过最大后验估计的估计找到权重，包括计算后验的期望值，即

$$\begin{aligned} &\boldsymbol{w}_{\mathrm{MAP}} = E\{p(\boldsymbol{w} \mid X, Y)\} = \frac{1}{\epsilon_{\sigma^2}} A^{-1} X Y \\ &\text{其中 } A = \frac{1}{\epsilon_{\sigma^2}} X X^{\mathrm{T}} + \Sigma_w^{-1} \end{aligned} \tag{B.95}$$

现在，为了从新的测试点 x^* 预测输出 y^*，我们采用以下预测分布的期望：

$$\begin{aligned} p(y^* \mid x^*, X, Y) &= \int p(y^* \mid x^*, \boldsymbol{w}) p(\boldsymbol{w} \mid X, Y) \mathrm{d}\boldsymbol{w} \\ &= \mathcal{N}\left(\frac{1}{\epsilon_{\sigma^2}} x^{*^{\mathrm{T}}} A^{-1} XY, x^{*^{\mathrm{T}}} A^{-1} x^*\right) \end{aligned} \tag{B.96}$$

产生以下回归量：

$$\begin{aligned} y^* &= f(x^*) \\ &= E\{p(y^* \mid x^*, X, Y)\} = \frac{1}{\epsilon_{\sigma^2}} x^{*^{\mathrm{T}}} A^{-1} XY \end{aligned} \tag{B.97}$$

所得回归系数（式（B.97））考虑了噪声的方差 ϵ_{σ^2} 和权重的不确定性 Σ_w。与高斯混合模型（式（B.67））一样，预测的不确定性可以通过预测分布的方差（式（B.96））进行估计：

$$\operatorname{Var}\{p(y^* \mid x^*, X, Y)\} = x^{*^{\mathrm{T}}} A^{-1} x^* \tag{B.98}$$

B.5.2　高斯过程回归的估计

高斯过程回归是贝叶斯线性回归的非线性核化版本。高斯过程回归不是对数据点上的分布进行建模，而是对高维特征空间中的函数分布进行建模，通过 $\varPhi: \mathbb{R}^N \to \mathbb{R}^F$ 映射，如非线性 ϵ- 支持向量回归（B.4.2.2 节），即

$$\begin{aligned} y &= f(x) + \epsilon \\ &= \boldsymbol{w}^{\mathrm{T}} \varPhi(x) + \epsilon \end{aligned} \tag{B.99}$$

其中，$y \in \mathbb{R}, \boldsymbol{w}, x \in \mathbb{R}^N, \epsilon \sim \mathcal{N}(0, \epsilon_{\sigma^2}), \boldsymbol{w} \sim \mathcal{N}(0, \Sigma_w)$。因为高斯过程是具有联合高斯分布的随机变量的集合，所以它由均值函数 $\mu(x) = \mathbb{E}\{f(x)\}$ 和协方差（核）函数 $k(x, x') = \mathbb{E}\{(f(x) - \mu(x)(f(x') - \mu(x'))\}$ 参数化，表示实际过程 $f(x)$ 的一组随机变量之间的协方差：

$$f(x) \sim \mathrm{GP}(\mu(x), k(x, x')) \tag{B.100}$$

然后可以用高斯过程（式（B.100））解释式（B.99），如下所示：

$$\mu(x) = \mathbb{E}\{f(x)\} = \varPhi(x)^{\mathrm{T}} \mathbb{E}\{x\} = 0 \tag{B.101}$$

$$\begin{aligned} k(x, x') &= \operatorname{cov}(f(x), f(x')) = \mathbb{E}\{f(x) f(x')\} \\ &= \varPhi(x)^{\mathrm{T}} \mathbb{E}\{\boldsymbol{w}\boldsymbol{w}^{\mathrm{T}}\} \varPhi(x') = \varPhi(x)^{\mathrm{T}} \Sigma_w \varPhi(x) \end{aligned} \tag{B.102}$$

如式（B.101）所示，通常假设 $\mu(x)=0$。因此，假设观测到噪声，可以建模一组输入 / 输出训练对 $\{X, Y\} = \{x^i, y_i\}_{i=1}^{M}$ 和一组测试输入 / 输出对 $\{X^*, Y^*\} = \{(x^i)^*, y_i^*\}_{i=1}^{M^*}$，如下：

$$\begin{bmatrix} Y \\ Y^* \end{bmatrix} \sim \mathcal{N}\left(0, \begin{bmatrix} \overbrace{K(X,X) + \sigma_\epsilon^2 I}^{\operatorname{cov}(Y)} & \overbrace{K(X,X^*)}^{\operatorname{cov}(Y,Y^*)} \\ \underbrace{K(X^*,X)}_{\operatorname{cov}(Y,Y^*)} & \underbrace{K(X^*,X^*)}_{\operatorname{cov}(Y^*)} \end{bmatrix}\right) \tag{B.103}$$

项 $\epsilon_{\sigma^2} I$ 表示假设的加性、同分布且独立分布的高斯噪声 ϵ 的方差。此外，如式（B.103）所示，矩阵 $K(X, X) \in \mathbb{R}^{M \times M}$ 表示所有 M 个训练点之间的协方差，第 i, j 个元素由 $[K(X, X)]_{ij} = k(x^i, x^j)$

给定，其中 $k(\cdot,\cdot)$ 是协方差（核）函数。其余的协方差矩阵 $K(X,X^*)\in\mathbb{R}^{M\times M^*}$，$K(X^*,X)\in\mathbb{R}^{M^*\times M}$ 表示训练点和测试点之间的协方差，而 $K(X^*,X^*)\in\mathbb{R}^{M^*\times M^*}$ 表示测试点之间的协方差。

然后，与在贝叶斯线性回归中一样，为了预测一组测试点 $X^*\in\mathbb{R}^{N\times M}$ 的输出 $Y^*\in\mathbb{R}^{M^*}$，我们采用以下预测分布的期望：

$$p(Y^*\mid X^*,X,Y)=\mathcal{N}\Bigg(\underbrace{K(X^*,X)[K(X,X)+\epsilon_{\sigma^2}\mathbb{I}_M]^{-1}Y}_{\mathbb{E}\{p(Y^*|X,Y)\}}\quad \underbrace{K(X^*,X^*)-K(X^*,X)[K(X,X)+\epsilon_{\sigma^2}\mathbb{I}_M]^{-1}K(X,X^*)}_{\mathrm{cov}(Y^*)}\Bigg) \tag{B.104}$$

一组测试点 X^* 的高斯过程回归的回归函数为：

$$\begin{aligned}Y^*&=f(X^*)\\&=E\{p(Y^*\mid X^*,X,Y)\}\\&=K(X^*,X)[K(X,X)+\epsilon_{\sigma^2}\mathbb{I}_M]^{-1}Y\end{aligned} \tag{B.105}$$

预测的不确定性被计算为：

$$\mathrm{cov}(Y^*)=K(X^*,X^*)-K(X^*,X)[K(X,X)+\epsilon_{\sigma^2}\mathbb{I}_M]^{-1}K(X,X^*) \tag{B.106}$$

可以为单个测试对 $\{x^*,y^*\}$ 以紧凑的形式重写式（B.105）和式（B.106），其中 $\boldsymbol{k}(x^*)=\boldsymbol{k}(x^*,X)\in\mathbb{R}^M$ 表示测试点和训练数据集之间的协方差向量，$K=K(X,X)\in\mathbb{R}^{M\times M}$，如下：

$$\begin{aligned}y^*&=f(x^*)\\&=E\{p(y^*\mid x^*,X,Y)\}\\&=\boldsymbol{k}(x^*)^{\mathrm{T}}[K+\epsilon_{\sigma^2}\mathbb{I}_M]^{-1}Y\end{aligned} \tag{B.107}$$

以及预测输出的不确定性作为预测分布的方差：

$$\mathrm{Var}\{y^*\}=k(x^*,x^*)-\boldsymbol{k}(x^*)^{\mathrm{T}}[K+\epsilon_{\sigma^2}\mathbb{I}_M]^{-1}\boldsymbol{k}(x^*) \tag{B.108}$$

得到的回归函数（式（B.107））可以进一步解释为在测试点 x^* 上评估的加权核函数的线性组合，如下所示：

$$\begin{aligned}y^*&=\boldsymbol{k}(x^*)^{\mathrm{T}}[K+\epsilon_{\sigma^2}\mathbb{I}_M]^{-1}Y\\&=\sum_{i=1}^{M}\alpha_i k(x^i,x^*)\ \text{其中}\ \ \alpha=[K+\epsilon_{\sigma^2}\mathbb{I}_M]^{-1}Y\end{aligned} \tag{B.109}$$

请注意式（B.109）如何具有与支持向量回归（式（B.88））相似的结构。然而，在高斯过程回归中，所有点都用于计算预测信号（即 $\alpha_i>0,\forall i$）。有关如何计算这些方程的更详尽的描述，请参阅 [118]。

最后，与任何其他核方法一样，可以使用多种类型的核函数。在本书中，我们主要使用径向基函数，也称为高斯或平方指数核，用于高斯过程回归：

$$k(x,x')=\sigma_y^2\exp\left(-\frac{1}{2l^2}\sum_{i=1}^{N}(x^i-x^{i'})^2\right) \tag{B.110}$$

式中，$l \in \mathbb{R}_+$ 是修改平方指数函数宽度的长度尺度；σ_y^2 是输出方差，它是一个比例因子，表示估计的回归函数与其均值的平均距离；N 是输入数据点的维数。通常 σ_y^2 被假定为 $\sigma_y^2 = 1$，因此，为这个核估计的唯一超参数是长度尺度 l。本书通篇都采用了这一假设。此外，在此假设下，式（B.110）简化为支持向量机的方程（B.72）。

带径向基函数核的高斯过程回归超参数　使用式（B.110）作为核函数，我们有两个超参数来调整高斯过程回归的回归函数：

- ϵ_{σ^2}。信号噪声的方差。
- l。核的方差，也称为核宽度或长度尺度。

图 B.42 显示了使用高斯过程回归学习的回归函数的示例。在这种情况下，数据集是一个带孔的正弦曲线。可以看出，使用 $l = 0.5$ 和 $\epsilon_{\sigma^2} = 0.2$ 的平方指数核，即使缺少数据也可以恢复正弦函数的形状。接下来，我们讨论并说明每个超参数对结果 $f(x)$ 的影响。

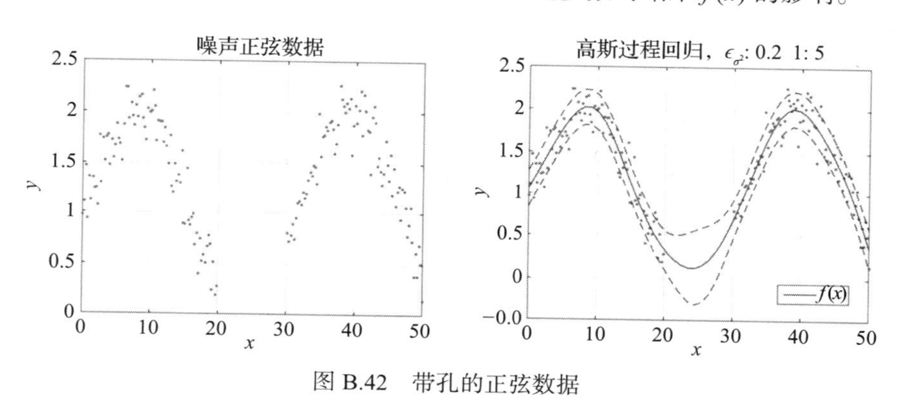

图 B.42　带孔的正弦数据

ϵ_{σ^2} 对 $f(x)$ 的影响　直观地说，可以根据我们对训练数据的信任程度来考虑 ϵ_{σ^2}。如果你将 ϵ_{σ^2} 的值设置得很高，则意味着你的训练值 y 可能已经不准确，不能准确地反映底层函数。相反，如果你将 ϵ_{σ^2} 设置为一个小值，则 y 准确地反映你试图回归的基函数。在图 B.43 和图 B.44 中，我们说明了 ϵ_{σ^2} 对回归量预测的影响。

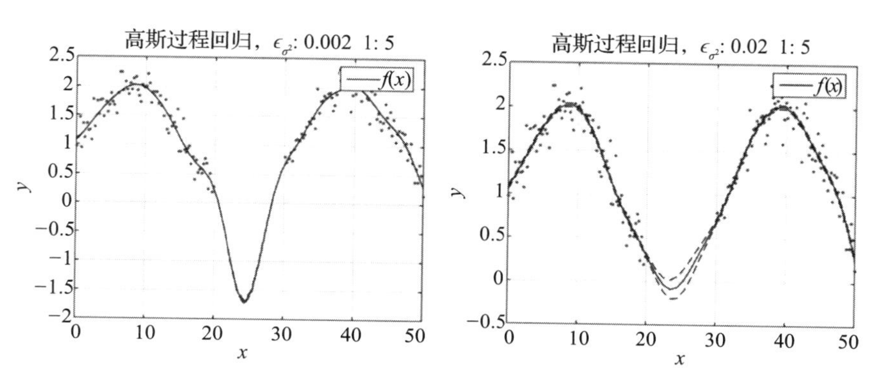

图 B.43　噪声方差 ϵ_{σ^2} 对回归量的影响：核宽度保持恒定在 $l = 5$，噪声参数 ϵ_{σ^2} 从 0.002 变化到 15。回归线的形状似乎受到轻微影响。随着噪声水平增加到无穷大，回归函数的值→0

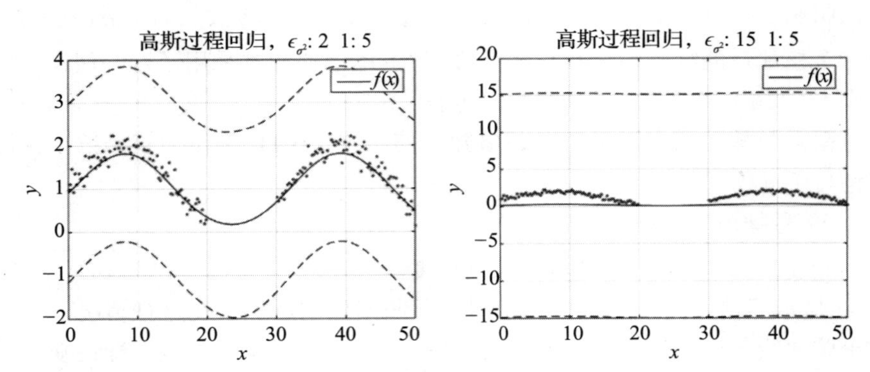

图 B.43　噪声方差 ϵ_{σ^2} 对回归量的影响：核宽度保持恒定在 $l=5$，噪声参数 ϵ_{σ^2} 从 0.002 变化到 15。回归线的形状似乎受到轻微影响。随着噪声水平增加到无穷大，回归函数的值→0（续）

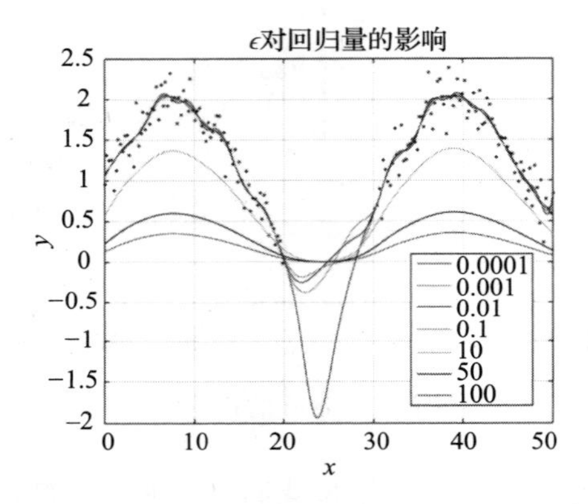

图 B.44　噪声方差 ϵ_{σ^2} 对回归量的影响：噪声对回归量的影响的更系统的评估

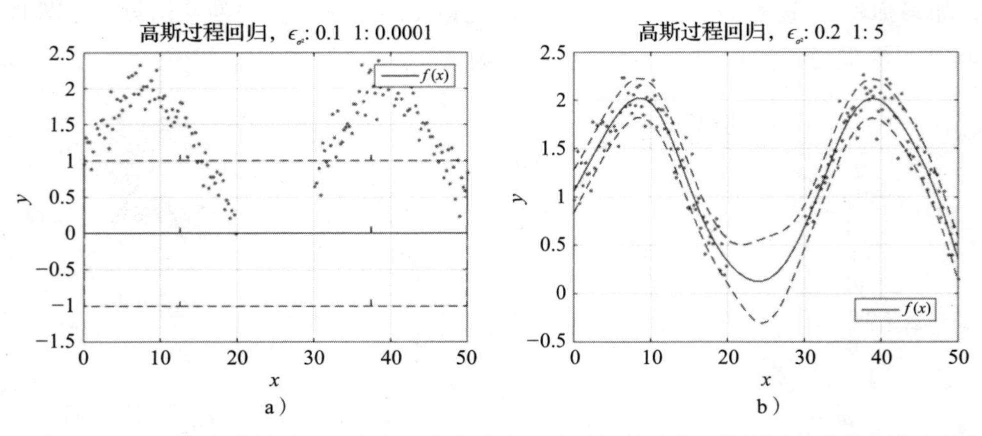

图 B.45　核方差 l 对回归量的影响。a) 非常小的方差会导致回归量函数在除测试点之外的所有地方都为零。图 b 和图 c 方差在输入空间的范围内，导致正常行为。c) 方差（核宽度）非常大。我们可以看到回归量值正好位于输出数据的平均值 y 之上

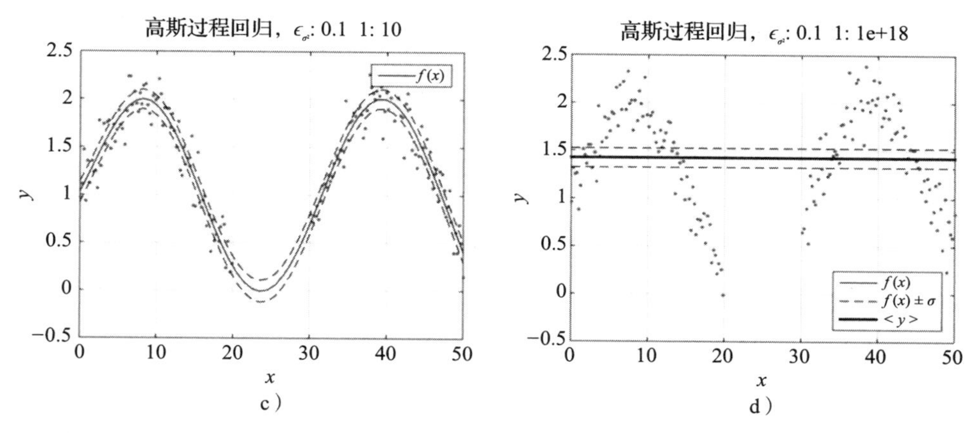

图 B.45　核方差 l 对回归量的影响。a) 非常小的方差会导致回归量函数在除测试点之外的所有地方都为零。图 b 和图 c 方差在输入空间的范围内，导致正常行为。c) 方差（核宽度）非常大。我们可以看到回归量值正好位于输出数据的平均值 y 之上（续）

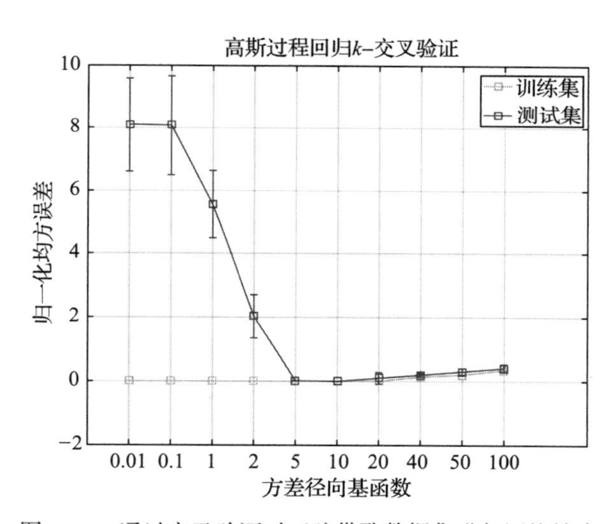

图 B.46　通过交叉验证对正弦带孔数据集进行网格搜索

l 对 $f(x)$ 的影响　当核函数的方差趋于零时，核函数 $k(x',x')=1$ 只有在测试点 x' 等于训练点 x 时才等于 1 时才成立；否则将为零 $(k(x,x)=0)$。因此，只有当测试点与训练点的距离非常小（由 l 确定）时，回归函数才会返回非零值。当核的方差趋于无穷大时，Gram 矩阵将等于 $1(K(X,X)=1)$，并且回归量最终将给出数据的平均值。

B.5.3　高斯过程回归的超参数优化

通过贝叶斯估计技术 [118] 最大化边际似然可以找到最佳超参数值。它们也可以通过执行 k- 折交叉验证找到，如 B.4.3 节所述。通过探索 l=[0.01 − 100] 和 $\epsilon_{\sigma^2}=[0-8]$ 的超参数范围，可以看出核方差的最佳值是 l=[5 − 10]。

机器人控制的背景

C.1 多刚体动力学

在本节中，我们将描述通常用于控制机械臂运动的笛卡儿控制器和关节空间控制器。为了简洁起见，我们假设读者熟悉机器人系统的动力学，包括任务空间和关节空间[1]。

具有 D 个旋转关节的机械臂的动力学方程可以用以下二阶非线性微分方程表示：

$$M(q)\ddot{q}+C(q,\dot{q})\dot{q}+G(q)=\tau+J(q)^{\mathrm{T}}F_c \tag{C.1}$$

其中，$M(q)\in\mathbb{R}^{D\times D},C(q,\dot{q})\in\mathbb{R}^{D\times D}$ 和 $G(q)\in\mathbb{R}^{D\times 1}$ 分别是惯性矩阵、Coriolis 矩阵、离心矩阵和重力矩阵。$J(q)\in\mathbb{R}^{N\times D}$ 是任务雅可比矩阵，$\tau\in\mathbb{R}^{D\times 1}$ 是控制信号，$F_c\in\mathbb{R}^{N\times 1}$ 是机器人与环境之间的相互作用力。$q\in\mathbb{R}^{D\times 1}$ 是关节的位置。任务空间中的机器人动力学公式（C.1）可以写为：

$$M_x(q)\ddot{x}+V_x(q,\dot{q})\dot{x}+G_x(q)=\mathscr{F}+F_c \tag{C.2}$$

其中

$$\begin{aligned}&M_x(q)=J^{-\mathrm{T}}M(q)J^{-1},V_x(q,\dot{q})=J^{-\mathrm{T}}C(q,\dot{q})J^{-1}-J^{-\mathrm{T}}M(q)J^{-1}\dot{J}J^{-1}\\&G_x(q)=J^{-\mathrm{T}}g(q),\quad \mathscr{F}=J^{-\mathrm{T}}\tau,\quad \dot{x}=J(q)\dot{q},\quad \ddot{x}=J(q)\ddot{q}+\dot{J}(q)\dot{q}\end{aligned} \tag{C.3}$$

$x\in\mathbb{R}^N$ 是末端执行器状态。当 $N\neq D$ 时，雅可比矩阵不可逆。在这种情况下，可以使用 Moore-Penrose 伪逆，即 $J^{-1}=J(JJ^{\mathrm{T}})^{-1}$。[2]

一旦机器人与环境接触，外力就不再是零，我们有 $F_c\neq 0$。当环境是静态的，不可变形且不可穿透时，机器人受环境约束，沿如下指定的方向移动 $J_c(q)\dot{q}=0,J_c(q)\ddot{q}+\dot{J}_c(q)\dot{q}=0$，其中 $J_c(q)\in\mathbb{R}^{D\times N}$ 为约束雅可比矩阵。

C.2 运动控制

C.2.1 预备知识

机器人系统可以有多种控制方式，它们可以由位置、速度或力矩控制。在所有情况下，都有一个参考位置、速度，或力矩 / 力（分别）被发送到一个低级的机器人控制器，以产生期望的运动。因此，要根据期望的轨迹移动机器人，就应该产生这些控制信号。

假设有一个力矩控制的机器人，最常见的运动生成控制律是线性比例微分控制器，如下所示：

$$F_c=-k(x-x_d)-d(\dot{x}-\dot{x}_d) \tag{C.4}$$

其中，$x_d, \dot{x}_d \in \mathbb{R}^N$ 是机器人应该跟踪的期望参考位置和速度，而 $x, \dot{x} \in \mathbb{R}^N$ 是机器人的当前位置和速度，$F_c \in \mathbb{R}^N$ 是发送到机器人任务空间的控制信号，$k, d \in \mathbb{R}_+$ 是正增益矩阵。比例增益 k 作为一个虚拟弹簧，能够减少位置误差 $(x - xd)$，而微分增益 d 作为一个阻尼器，降低了速度误差 $(\dot{x} - \dot{x}_d)$ [96]。式（C.4）的其他变量包括设置 $k=0$，产生微分控制器，或设置 $d = 0$，产生比例控制器。更全面的控制结构包括机器人的动力学、期望的加速度，以及交互力。在第 10 章中，我们对这种控制律进行了深入的分析。

C.2.2　动态系统的运动控制

基于动态系统的运动发生器将能够产生期望的速度，但不能产生期望的位置。对于由具有动态系统 $f(x)$ 的方程（C.4）推导出的控制律，为了生成其期望参考，我们使用以下的正向积分定律。给定一个初始条件 $x_d(0), x_d(t), \dot{x}_d(t)$，通过求解以下初值问题来计算：

$$\begin{cases} x_d(t) = x_d(0) + \int_0^t f(x_d(\tau))\mathrm{d}\tau \\ \dot{x}_d(t) = f(x_d(t)) \end{cases} \tag{C.5}$$

将初值问题的数值解直接输入式（C.4）中。对于速度控制的机器人，可以直接发送 $\dot{x}_d$ 作为参考，而对于位置控制的机器人，可以发送 x_d（式（C.5））。

C.2.3　逆向运动学

为了将机器人期望的末端执行器运动 $(x_d \in \mathbb{R}^N)$ 转换为期望的关节运动 $(q_d \in \mathbb{R}^D)$，我们需要解决逆向运动学问题。逆向运动学问题可以在不同的级别上得到解决（即位置、速度和加速度级别）。位置级的解决方案优于其他的解决方案，因为可以实现精确的期望执行器位置。然而，解析 / 封闭形式的解决方案并不总是在灵巧的机器人平台上可用，因为一个末端执行器的位置可能代表几种关节构型（即冗余机器人 $N < D$）。此外，解决方案可能不够连续或平滑，不足以让机器人跟随。为了解决这些缺点，提出了速度级逆向运动学解。阻尼最小二乘法是最流行的速度级逆向运动学解之一。给定雅可比矩阵 $J(q) \in \mathbb{R}^{N \times D}$，相对于期望的末端执行器速度的期望关节速度为：

$$\dot{q}_d = J^{\mathrm{T}}(q)(J(q)J^{\mathrm{T}}(q) + \lambda^2 I)^{-1}\dot{x}_d \tag{C.6}$$

其中，$\lambda = \Re$ 是一个非零的阻尼常数，并且 λ 应该足够大，以避免在奇异点附近的不稳定行为[3]。但也不能太大，防止带来大的偏差。抛开计算的简单性，该方法的主要优点是生成的关节命令的平滑性，因为根据定义，该解在位置级上是连续的。为了增加运动的连续性，我们提出了以下加速度级逆向运动学解：

$$\ddot{q}_d = J^{\mathrm{T}}(q)(J(q)J^{\mathrm{T}}(q))^{-1}(\ddot{x}_d + \dot{J}(q)\dot{q}) \tag{C.7}$$

这些方法并没有被广泛使用，因为它需要雅可比矩阵的时间导数。

证明和推导

D.1 第 3 章的证明和推导

D.1.1 间接吉布斯采样器和采样方程

Z=$\boldsymbol{Z}(C)$ 分区的似然 分区 Z=$\boldsymbol{Z}(C)$ 的似然被计算为客户 $\boldsymbol{X}$ 位于其分配的表 Z 处的概率的乘积：

$$p(\boldsymbol{X} \mid \boldsymbol{Z}(C), \lambda) = \prod_{k=1}^{|\boldsymbol{Z}(C)|} p(\boldsymbol{X}_{\boldsymbol{Z}(C)=k} \mid \lambda) \tag{D.1}$$

其中，$|\boldsymbol{Z}(C)|$ 表示在 $\boldsymbol{Z}(C)$ 中出现的唯一表的数量，即有限混合模型中的 K,$\boldsymbol{Z}(C)=k$ 是分配给第 k 个表的客户集。此外，式（D.1）中的每个边际似然都采用以下形式：

$$p(\boldsymbol{X}_{\boldsymbol{Z}(C)=k} \mid \lambda) = \int_{\theta} \left(\prod_{i \in \boldsymbol{Z}(C)=k} p(x^i \mid \theta) \right) p(\theta \mid \lambda) \mathrm{d}\theta \tag{D.2}$$

因为 $p(x^i \mid \theta) = (x^i \mid \mu, \Sigma)$ 和 $p(\theta \mid \lambda) = \mathrm{NIW}(\mu, \Sigma \mid \lambda)$，式（D.2）有一个解析解，可以从后验的 $p(\mu, \Sigma \mid \boldsymbol{X})$ 推导得出，如 B.3.2.2 节所述。

间接物理一致高斯混合模型的 Gibbs 采样器 第 3 章的式（3.45）通过两步程序进行采样：

1. 第 i 个客户分配将从当前分区 $\boldsymbol{Z}(C)$ 中删除。如果这导致分区发生变化（即 $\boldsymbol{Z}(C_{-i}) \neq \boldsymbol{Z}(C)$），先前位于 $\boldsymbol{Z}(c_i)$ 区的客户将被分成两个（或更多）组，并且必须通过式（D.1）更新似然。

2. 必须采样一个新的客户分配 c_i，通过这样做，产生了一个新的分区 $\boldsymbol{Z}(c_i = j \cup C_{-i})$。这个新的客户分配可能会改变当前的分区 $\boldsymbol{Z}(C_{-i})$。如果 $\boldsymbol{Z}(C_{-i}) = \boldsymbol{Z}(c_i = j \cup C_{-i})$，则分区不变，第 i 个客户要么加入一个现有的表，要么单独排列。如果 $\boldsymbol{Z}(C_{-i}) \neq \boldsymbol{Z}(c_j = j \cup C_{-i})$，分区被改变。具体来说，$c_i = j$ 导致两个表合并：表 l 是第 i 个客户在步骤 1 之前就在表格中，表 m 是从新样本 $\boldsymbol{Z}(c_i$=$j)$ 中产生的新的表分配。由于这些影响分区，而不是显式地从式（3.45）中采样，[19] 建议从以下分布中进行采样：

$$p(c_i = j \mid C_{-i}, \boldsymbol{X}, \boldsymbol{S}, \alpha, \lambda) \propto \begin{cases} p(c_i = j \mid \boldsymbol{S}, \alpha) \Lambda(\boldsymbol{X}, C, \lambda) & \text{如果条件数成立} \\ p(c_i = j \mid \boldsymbol{S}, \alpha) & \text{否则} \end{cases} \tag{D.3}$$

其中，条件数是 c_i=j 合并表 m 和 l 的条件，并且 $\Lambda(\boldsymbol{X},C,\lambda)$ 等价于

$$\Lambda(\boldsymbol{X}, C, \lambda) = \frac{p(\boldsymbol{X}_{(\boldsymbol{Z}(C)=m \cup \boldsymbol{Z}(C)=l)} \mid \lambda)}{p(\boldsymbol{X}_{\boldsymbol{Z}(C)=m} \mid \lambda) p(\boldsymbol{X}_{\boldsymbol{Z}(C)=l} \mid \lambda)} \tag{D.4}$$

对于预定义的迭代次数，该过程迭代 T 次。在算法 D.1 中概述了整个过程。

算法 D.1　$\dot{x}$−SD-CRP 的间接吉布斯采样器

输入： $X,\dot{X}$ ▷ 数据
$\alpha,\lambda=\{\mu_0,\kappa_0,\Lambda_0,\nu_0\}$ ▷ 超参数
输出： $\Psi=\{k,c,z,\Theta\}$ ▷ 推断的聚类和聚类指标
计算成对的 $\dot{x}$ 相似性值(式(3.42))
1: **procedure** 吉布斯采样器 (X,S,α,λ)
2: 设 $\Psi^{t-1}=\{C,K,Z\}$，其中 $C=\{c_1,\cdots,c_N\}$，$c_i=i$
3: **for** itert=1 to T **do**
4: 在整数 $\{1,\cdots N\}$ 中随机抽取一个 $\tau(\cdot)$
5: **for** obs i =τ(1) to τ(N) **do**
6: 从分区中删除客户分配 c_i
7: **if** $Z(C_{-i})\neq Z(C)$, **then**
8: 根据式(D.1)更新似然
9: **end if**
10: 抽取新的聚类分配
11: $c_i^{(i)}\sim p(c_i=j|C_{-i},X_{-i},S,\alpha)$（式(D.3)）
12: **if** $Z(C_{-i})\neq Z(c_i=j\cup C_{-i})$, **then**
13: 更新表的赋值 Z
14: **end if**
15: **end for**
从 $\mathcal{N},\mathcal{I},\mathcal{W}$ 后验中抽取表参数 Θ_γ
16: 更新式（B.43）
17: **end for**
18: **end procedure**

D.2　第 4 章的证明和推导

D.2.1　径向基函数核的扩展

前面给出的公式是通用的，可以应用于任何核。在这里，我们给出了式（4.7）对偶中的块矩阵的径向基函数的特定核表达式：

$$(K)_{ij}=y_iy_jk(\boldsymbol{x}_i,\boldsymbol{x}_j)=y_iy_je^{-d\|\boldsymbol{x}_i-\boldsymbol{x}_j\|^2}$$

$$(G)_{ij}=y_i\left(\frac{\partial k(\boldsymbol{x}_i,\boldsymbol{x}_j)}{\partial \boldsymbol{x}_j}\right)^{\mathrm{T}}\hat{\dot{\boldsymbol{x}}}_j=-2dy_ie^{-d\|\boldsymbol{x}_i-\boldsymbol{x}_j\|^2}(\boldsymbol{x}_j-\boldsymbol{x}_i)^{\mathrm{T}}\hat{\dot{\boldsymbol{x}}}_j$$

在方程中，用 $\boldsymbol{x}^*$ 代替 $\boldsymbol{x}_j$，我们得到了

$$(G_*)_{ij}=y_i\left(\frac{\partial k(\boldsymbol{x}_i,\boldsymbol{x}^*)}{\partial \boldsymbol{x}^*}\right)^{\mathrm{T}}\boldsymbol{e}_j=-2dy_ie^{-d\|\boldsymbol{x}_i-\boldsymbol{x}^*\|^2}(\boldsymbol{x}^*-\boldsymbol{x}_i)^{\mathrm{T}}\boldsymbol{e}_j$$

$$(H)_{ij}=\hat{\dot{\boldsymbol{x}}}_i^{\mathrm{T}}\frac{\partial^2 k(\boldsymbol{x}_i,\boldsymbol{x}_j)}{\partial \boldsymbol{x}_i\partial \boldsymbol{x}_j}\hat{\dot{\boldsymbol{x}}}_j=\hat{\dot{\boldsymbol{x}}}_i^{\mathrm{T}}\left[\frac{\partial}{\partial \boldsymbol{x}_i}\{-2de^{-d\|\boldsymbol{x}_i-\boldsymbol{x}_j\|^2}(\boldsymbol{x}_j-\boldsymbol{x}_i)\}\right]\hat{\dot{\boldsymbol{x}}}_j$$
$$=2de^{d\|\boldsymbol{x}_i-\boldsymbol{x}_j\|^2}[\hat{\dot{\boldsymbol{x}}}_i^{\mathrm{T}}\hat{\dot{\boldsymbol{x}}}_j-2d\{\hat{\dot{\boldsymbol{x}}}_i^{\mathrm{T}}(\boldsymbol{x}_i-\boldsymbol{x}_j)\}\{(\boldsymbol{x}_i-\boldsymbol{x}_j)^{\mathrm{T}}\hat{\dot{\boldsymbol{x}}}_j\}]$$

再用 $\boldsymbol{x}^*$ 代替 $\boldsymbol{x}_j$，我们得到

$$(H_*)_{ij}=\hat{\dot{\boldsymbol{x}}}_i^{\mathrm{T}}\frac{\partial^2 k(\boldsymbol{x}_i,\boldsymbol{x}^*)}{\partial \boldsymbol{x}_i\partial \boldsymbol{x}^*}\boldsymbol{e}_j=2de^{-d\|\boldsymbol{x}_i-\boldsymbol{x}^*\|^2}[\hat{\dot{\boldsymbol{x}}}_i^{\mathrm{T}}\boldsymbol{e}_j-2d\{\hat{\dot{\boldsymbol{x}}}_i^{\mathrm{T}}(\boldsymbol{x}_i-\boldsymbol{x}^*)\}\{(\boldsymbol{x}_i-\boldsymbol{x}^*)^{\mathrm{T}}\boldsymbol{e}_j\}]$$

继续用 $\boldsymbol{x}^*$ 代替 $\boldsymbol{x}_i$，得到

$$(H_{**})_{ij} = \boldsymbol{e}_i^{\mathrm{T}} \frac{\partial^2 k(\boldsymbol{x}^*, \boldsymbol{x}^*)}{\partial \boldsymbol{x}^* \partial \boldsymbol{x}^*} \boldsymbol{e}_j = 2d(\boldsymbol{e}_i^{\mathrm{T}} \boldsymbol{e}_j)$$

D.3　第 5 章的证明和推导

D.3.1　稳定性证明的预备知识

本小节，我们叙述一些对证明至关重要的数学基础。

D.3.1.1　二次型的不等式

设 $A \in \mathbb{R}^{M \times M}, A = A^{\mathrm{T}} \prec 0$，且 $A = V\varLambda V^{\mathrm{T}}$ 为其特征值分解，特征值排序为 $\lambda_1 \leqslant \cdots \leqslant \lambda_M < 0$。给定 $x^{\mathrm{T}}Ax$ 的二次形式，且 $x \in \mathbb{R}^M$，上界推导如下所示：

$$\begin{aligned} x^{\mathrm{T}}Ax &= x^{\mathrm{T}}V\varLambda V^{\mathrm{T}}x = (V^{\mathrm{T}}x)^{\mathrm{T}}\varLambda(V^{\mathrm{T}}x) \\ &= \sum_{i=1}^{M} \lambda_i (v_i^{\mathrm{T}}x)(v_i^{\mathrm{T}}x) = \sum_{i=1}^{M} \lambda_i x^{\mathrm{T}}(v_i v_i^{\mathrm{T}})x \\ &\leqslant \lambda_M \sum_{i=1}^{M} x^{\mathrm{T}}(v_i v_i^{\mathrm{T}})x = \lambda_M x^{\mathrm{T}}x \end{aligned} \tag{D.5}$$

$\lambda_{\max}(A) = \lambda_M$，有 $x^{\mathrm{T}}Ax \leqslant \lambda_{\max}(A)\|x\|^2$。通过表示 $\lambda_{\min}(A) = \lambda_1$，并遵循与式（D.5）相同的推导，二次形式有以下上界 / 下界：

$$\lambda_{\min}(A)\|x\|^2 \leqslant x^{\mathrm{T}}Ax \leqslant \lambda_{\max}(A)\|x\|^2 < 0 \tag{D.6}$$

这表明最基本的结果，如果给定 $A = A^{\mathrm{T}} \prec 0$，则二次函数 $f(x) = x^{\mathrm{T}}Ax < 0$，现在假设具有 $x, \boldsymbol{y} \in \mathbb{R}^M$ 的二次型 $x^{\mathrm{T}}A\boldsymbol{y}$。根据式（D.5）可知其上下界为：

$$\lambda_{\min}(A)x^{\mathrm{T}}\boldsymbol{y} \leqslant x^{\mathrm{T}}A\boldsymbol{y} \leqslant \lambda_{\max}(A)x^{\mathrm{T}}\boldsymbol{y} \tag{D.7}$$

因此确保二次函数 $f(x, \boldsymbol{y}) = x^{\mathrm{T}}A\boldsymbol{y} < 0$，需要保证 $x^{\mathrm{T}}\boldsymbol{y} > 0$。这些推导适用于 $A = A^{\mathrm{T}} \succ 0$。对特征值的排序为 $0 < \lambda_1 \leqslant \cdots \leqslant \lambda_M$。

D.3.1.2　特殊矩阵特性

外积　对于矩阵 $A \in \mathbb{R}^{M \times N}$，其中 $M \leqslant N$ 且 A 的秩为 M，则 $AA^{\mathrm{T}} \succ 0$。

此外，对于一个方阵 $A \in \mathbb{R}^{M \times M}$，其中 $A \succ 0$（或 $\prec 0$），另一个方阵 $B \in \mathbb{R}^{M \times N}$ 的秩为 M，则有 $BAB^{\mathrm{T}} \succ 0$（或 $\prec 0$）。

舒尔补　将一个方阵 $\mathscr{A} = \mathscr{A}^{\mathrm{T}} \in \mathbb{R}^{MN \times MN}$ 划分为以下四个子矩阵块：

$$\mathscr{A} = \begin{bmatrix} A & B \\ B^{\mathrm{T}} & C \end{bmatrix} \text{ 其中 } A \in \mathbb{R}^{M \times M} B \in \mathbb{R}^{M \times N}, C \in \mathbb{R}^{N \times N} \tag{D.8}$$

B 的秩为 M，且 $N \leqslant M$，如果 $A = A^{\mathrm{T}}$ 且 $\det(A) = 0$，则 A 对 $\mathcal{A}$ 的舒尔补被定义为：

$$S = C - B^{\mathrm{T}}A^{-1}B \tag{D.9}$$

通过式（D.9），式（D.8）的块对角化为：

$$\mathscr{A} = \begin{bmatrix} A & B \\ B^{\mathrm{T}} & C \end{bmatrix} \begin{bmatrix} \mathbb{I}_M & \varnothing \\ B^{\mathrm{T}}A^{-1} & \mathbb{I}_M \end{bmatrix} \begin{bmatrix} A & \varnothing \\ \varnothing & S \end{bmatrix} \begin{bmatrix} \mathbb{I}_M & A^{-1}B \\ \varnothing & \mathbb{I}_M \end{bmatrix} \tag{D.10}$$

$\det(\mathcal{A}) = \det(A)\det(S)$ 被称为舒尔公式 [33]。因此，式（D.8）的确定性性质定义如下：

- $\mathscr{A} \succ 0$ 当且仅当 $A \succ 0, S \succ 0$。
- $\mathscr{A} \prec 0$ 当且仅当 $A \prec 0, S \prec 0$。

特殊情况下的鞍点矩阵 如果 $A \prec 0, C \succcurlyeq 0$ 以及它的舒尔补 $S = C - B^{\mathrm{T}} A^{-1} B \succ 0$，则式（D.8）所划分的方阵 $\mathscr{A} = \mathscr{A}^{\mathrm{T}} \in \mathbb{R}^{MN \times MN}$ 称为鞍点矩阵。鞍点矩阵 $A \nsucc 0$ 是一个具有 M 个负特征值和 N 个正特征值的对称非正定矩阵。

给定 $A = A^{\mathrm{T}} \prec 0, C = C^{\mathrm{T}} \succcurlyeq 0, x, \boldsymbol{f} \in \mathbb{R}^M, \boldsymbol{y}, \boldsymbol{g} \in \mathbb{R}^N$，一个鞍点线性系统 [12] 被定义为：

$$\begin{bmatrix} A & B \\ B^{\mathrm{T}} & C \end{bmatrix} \begin{bmatrix} x \\ \boldsymbol{y} \end{bmatrix} = \begin{bmatrix} \boldsymbol{f} \\ \boldsymbol{g} \end{bmatrix} \quad \text{或} \quad \mathscr{A}\boldsymbol{u} = \boldsymbol{b} \tag{D.11}$$

为了求解式（D.11），[12] 注意到 $\mathscr{A}$ 是一个鞍点矩阵的一种特殊情况，它可以转化为一个矩阵 $\hat{\mathscr{A}}$，其范围完全包含在半平面 $\Re(\lambda) < 0$ 内，如下所示：

$$\hat{\mathscr{A}} = \mathscr{J}\mathscr{A} = \begin{bmatrix} \mathbb{I}_M & \varnothing \\ \varnothing & -\mathbb{I}_M \end{bmatrix} \begin{bmatrix} A & B \\ B^{\mathrm{T}} & C \end{bmatrix} = \begin{bmatrix} A & B \\ -B^{\mathrm{T}} & -C \end{bmatrix} \tag{D.12}$$

使用式（D.12），等价于式（D.11）的线性系统可构造如下：

$$\begin{bmatrix} A & B \\ -B^{\mathrm{T}} & -C \end{bmatrix} \begin{bmatrix} x \\ \boldsymbol{y} \end{bmatrix} = \begin{bmatrix} \boldsymbol{f} \\ -\boldsymbol{g} \end{bmatrix} \quad \text{或} \quad \hat{\mathscr{A}}\boldsymbol{u} = \hat{\boldsymbol{b}} \tag{D.13}$$

如 [12] 的开创性工作中的定理 3.6 所示，$\hat{\mathscr{A}} < 0$ 被证明是负定的，也就是说，它的对称部分是 $\frac{1}{2}(\hat{\mathscr{A}} + \hat{\mathscr{A}}^{\mathrm{T}}) \prec 0$。

接下来，我们将展示如何将式（D.12）用于不定二次型。设 $\mathscr{A} \in \mathbb{R}^{2M \times 2M}$ 为式（D.8）所划分的鞍点矩阵，其中 $A = A^{\mathrm{T}} \prec 0, C = \varnothing, S = C - B^{\mathrm{T}} A^{-1} B \succ 0$，给定 $x, \boldsymbol{y} \in \mathbb{R}^M$，一个不定二次型为：

$$f(x, \boldsymbol{y}) = \begin{bmatrix} x \\ \boldsymbol{y} \end{bmatrix}^{\mathrm{T}} \underbrace{\begin{bmatrix} A & B \\ B^{\mathrm{T}} & \varnothing \end{bmatrix}}_{\mathscr{A} \nsucc 0} \begin{bmatrix} x \\ \boldsymbol{y} \end{bmatrix} \nsucc 0 \tag{D.14}$$

其中，$\mathscr{A} \nsucc 0$ 有 M 个负特征值和 M 个正特征值。这意味着 $[x; \boldsymbol{y}] \in \mathbb{R}^{2M}$ 时 $f(x, \boldsymbol{y}) < 0$；否则，$f(x, \boldsymbol{y}) > 0$。通过式（D.12），一个等价于式（D.14）的二次型可定义为：

$$\hat{f}(x, \boldsymbol{y}) = \begin{bmatrix} x \\ \boldsymbol{y} \end{bmatrix}^{\mathrm{T}} \underbrace{\begin{bmatrix} A & B \\ -B^{\mathrm{T}} & \varnothing \end{bmatrix}}_{\hat{\mathscr{A}} \prec 0} \begin{bmatrix} x \\ \boldsymbol{y} \end{bmatrix} + \boldsymbol{y}^{\mathrm{T}} 2B^{\mathrm{T}} x \tag{D.15}$$

从式（D.15）中我们可以看到，$\forall x, \boldsymbol{y} \in \mathbb{R}^M$，第一项总是负的，且式（D.14）的不确定性从残余项 $\boldsymbol{y}^{\mathrm{T}} 2B^{\mathrm{T}}$ 中出现。因此，将式（D.15）变换成负定二次型（即 $\hat{f}(x, \boldsymbol{y}) < 0$），确保以下条件成立：

$$\hat{f}(x, \boldsymbol{y}) < 0 \ \text{当且仅当} \ \begin{bmatrix} x \\ \boldsymbol{y} \end{bmatrix}^{\mathrm{T}} \hat{\mathscr{A}} \begin{bmatrix} x \\ \boldsymbol{y} \end{bmatrix} < -\boldsymbol{y}^{\mathrm{T}} 2B^{\mathrm{T}} x \tag{D.16}$$

根据式（D.6），将 $\mathscr{H}=\frac{1}{2}(\hat{\mathscr{A}}+\hat{\mathscr{A}}^{\mathrm{T}})\prec 0$ 定义为 $\hat{\mathscr{A}}$ 的对称部分，我们可以计算出它的边界：

$$\lambda_{\min}(\mathscr{H})\|[x;\boldsymbol{y}]\|^2\leqslant\begin{bmatrix}x\\\boldsymbol{y}\end{bmatrix}^{\mathrm{T}}\hat{\mathscr{A}}\begin{bmatrix}x\\\boldsymbol{y}\end{bmatrix}\leqslant\lambda_{\max}(\mathscr{H})\|[x;\boldsymbol{y}]\|^2<0 \tag{D.17}$$

通过展开 $\mathscr{H}$，我们发现 $\mathscr{H}=A$，并且式（D.17）被简化为

$$\lambda_{\min}(A)\|[x]\|^2\leqslant\begin{bmatrix}x\\\boldsymbol{y}\end{bmatrix}^{\mathrm{T}}\hat{\mathscr{A}}\begin{bmatrix}x\\\boldsymbol{y}\end{bmatrix}\leqslant\lambda_{\max}(A)\|[x]\|^2<0 \tag{D.18}$$

因此式（D.16）变为

$$\hat{f}(x,\boldsymbol{y})<0 \text{ 当且仅当 } \lambda_{\max}(A)\|[x\|^2<-\boldsymbol{y}^{\mathrm{T}}2B^{\mathrm{T}}x \tag{D.19}$$

D.3.2 线性局部活动全局稳定动态系统的稳定性

本小节我们希望证明定理5.1。将式（5.1）中的动态方程与激活函数（式（5.3））相结合，对于式（5.5）中提出的Lyapunov函数，在 x_g^* 点上是全局渐近稳定的。如果存在以下条件，则可以证明定理5.1成立：$V(x_g^*)=0;V(x)>0,\forall x\neq x_g^*;\dot{V}(x_g^*)=0;\dot{V}(x)<0,\forall x\neq x_g^*$。从式（5.5）可以直接看到满足前两个条件。为了证明后两个条件，我们计算 $V(x)$ 的时间导数如下：

$$\begin{aligned}\dot{V}(x)&=\nabla_x V(x)^{\mathrm{T}}\frac{\mathrm{d}}{\mathrm{d}t}x(t)=\nabla_x V(x)^{\mathrm{T}}f(x)\\&=\nabla_x V(x)^{\mathrm{T}}\underbrace{[\alpha(x)f_g(x)+\bar{\alpha}(x)f_l(\boldsymbol{h}(x),x)]}_{(5.1)}\\&=\nabla_x V(x)^{\mathrm{T}}[\alpha(x)(A_g x+\boldsymbol{b}_g)+\bar{\alpha}(x)(\boldsymbol{h}(x)(A_{l,a}x+\boldsymbol{b}_{l,a})\\&\qquad+(1-\boldsymbol{h}(x))(A_{l,d}x+\boldsymbol{b}_{l,d}-\lambda(x)\nabla_x\boldsymbol{h}(x))]\\&=\nabla_x V(x)^{\mathrm{T}}[\alpha(x)\underbrace{A_g\tilde{x}_g}_{(5.16)}+\bar{\alpha}(x)(\underbrace{\boldsymbol{A}_l(\boldsymbol{h}(x))\tilde{x}_l}_{(5.18)}-\lambda(x)\nabla_x\boldsymbol{h}(x))]\end{aligned} \tag{D.20}$$

$V(x)$ 的梯度为：

$$\nabla_x V(x)=(P_g^{\mathrm{T}}+P_g)\tilde{x}_g+\beta_l^2(x)[P_l\tilde{x}_l+P_l^{\mathrm{T}}\tilde{x}_g] \tag{D.21}$$

其中，

$$\beta_l^2(x)=2\beta(x)\tilde{x}_g^{\mathrm{T}}P_l\tilde{x}_l \tag{D.22}$$

根据D.3.1.1节，式（D.22）的上界 / 下界被定义为：

$$0\leqslant\lambda_{\min}(P_l)2\beta(x)\tilde{x}_g^{\mathrm{T}}\tilde{x}_l<\beta_l^2(x)\leqslant\lambda_{\max}(P_l)2\beta(x)\tilde{x}_g^{\mathrm{T}}\tilde{x}_l \tag{D.23}$$

通过在 x_g^* 点处计算式（D.20），可以得到 $\dot{V}(x_g^*)=0$，这可以满足第三个条件。为了便于以下推导，对符号进行了如下简化：$\boldsymbol{A}_l(\boldsymbol{h}(x))=\boldsymbol{A}_l,\nabla_x\boldsymbol{h}(x)=\nabla_x\boldsymbol{h},\nabla_x\boldsymbol{V}(x)=\nabla_x\boldsymbol{V}$，$\alpha(x)=\alpha,\bar{\alpha}(x)=\bar{\alpha},\lambda(x)=\lambda$，$\beta_l^2(x)=\beta_l^2$。为了确保第四个条件 $\dot{V}(x)<0$，我们首先将式（D.20）中的项分组如下：

$$\dot{V}(x)=\alpha\underbrace{\tilde{x}_g^{\mathrm{T}}A_g^{\mathrm{T}}\nabla_x V}_{\dot{V}_g(x):\text{全局分量}}+\bar{\alpha}\underbrace{(\tilde{x}_g^{\mathrm{T}}\boldsymbol{A}_l^{\mathrm{T}}-\lambda\nabla_x\boldsymbol{h}^{\mathrm{T}})\nabla_x V}_{\dot{V}_l(x):\text{局部分量}}$$

$$= \alpha(x)\dot{V}_g(x) + \bar{\alpha}(x)\dot{V}_l(x) \tag{D.24}$$

根据式（5.17），激活函数取值为 $0<\alpha(x)\leqslant 1$。现在考虑两种情况：α=1 和 $0<\alpha<1$。当 $\alpha(x)=1$ 时，式（D.24）变成 $\dot{V}_g(x)$，因此，我们必须确保

$$\dot{V}_g(x) < 0, \forall\, x \neq x_g^* \tag{D.25}$$

全局分量 $\dot{V}_g(x)$ 的负定性 在方程（D.24）中将 $\dot{V}_g(x)$ 展开，并将类似的项分组，得到

$$\begin{aligned}
\dot{V}_g(x) &= \tilde{x}_g^{\mathrm{T}} A_g^{\mathrm{T}} \nabla_x V(x) \\
&= \tilde{x}_g^{\mathrm{T}}(P_g A_g)\tilde{x}_g + \tilde{x}_g^{\mathrm{T}}(A_g^{\mathrm{T}} P_g)\tilde{x}_g + \beta_l^2(\tilde{x}_g^{\mathrm{T}}(A_g^{\mathrm{T}} P_l)\tilde{x}_g + \tilde{x}_g^{\mathrm{T}}(A_g^{\mathrm{T}} P_l)\tilde{x}_l) \\
&= \tilde{x}_g^{\mathrm{T}}(\underbrace{A_g^{\mathrm{T}} P_g + P_g A_g}_{Q_g \prec 0\ (5.16)} + \underbrace{\beta_l^2}_{\geqslant 0} \underbrace{A_g^{\mathrm{T}} P_l}_{Q_g^l \prec 0\ (5.16)})\tilde{x}_g + \underbrace{\beta_l^2}_{\geqslant 0} \tilde{x}_g^{\mathrm{T}} \underbrace{A_g^{\mathrm{T}} P_l}_{Q_g^l \prec 0\ (5.16)} \tilde{x}_l \\
&= \tilde{x}_g^{\mathrm{T}} \underbrace{(Q_g + \beta_l^2 Q_g^l)}_{\prec 0} \tilde{x}_g + \underbrace{\tilde{x}_g^{\mathrm{T}} \beta_l^2 Q_g^l \tilde{x}_l}_{\leqslant 0\ \text{证明见下文}} < 0
\end{aligned} \tag{D.26}$$

通过定义 $Q_{gg}^l = Q_g + \beta_2^l Q_g^l$，且 $Q_{gg}^l = (Q_{gg}^l)^{\mathrm{T}} \prec 0$，并且依据 D.3.1.1 节，式（D.26）的第一项具有以下上下限：

$$\underbrace{\lambda_{\min}(Q_{gg}^l)}_{<0} \|\tilde{x}_g\|^2 \leqslant \tilde{x}_g^{\mathrm{T}} Q_{gg}^l \tilde{x}_g \leqslant \underbrace{\lambda_{\max}(Q_{gg}^l)}_{<0} \|\tilde{x}_g\|^2 < 0 \tag{D.27}$$

这证明了 $\tilde{x}_g^{\mathrm{T}} Q_{gg}^l \tilde{x}_g < 0, \forall x \neq x_g^*$。此外，通过 D.3.1.1 节和式（D.23），式（D.26）中的第二项具有以下上下限：

$$\underbrace{\lambda_{\min}(Q_g^l)}_{<0} \underbrace{\beta_l^2 \tilde{x}_g^{\mathrm{T}} \tilde{x}_l}_{\geqslant 0} \leqslant \tilde{x}_g^{\mathrm{T}} \beta_l^2 Q_g^l \tilde{x}_l \leqslant \underbrace{\lambda_{\max}(Q_g^l)}_{<0} \underbrace{\beta_l^2 \tilde{x}_g^{\mathrm{T}} \tilde{x}_l}_{\geqslant 0} \leqslant 0 \tag{D.28}$$

这证明了 $\tilde{x}_g^{\mathrm{T}} \beta_l^2 Q_g^l \tilde{x}_l \leqslant 0, \forall x \neq x_g^*$。因此，如果式（5.16）中所述的条件成立，则式（D.25）成立。

局部分量 $\dot{V}_l(x)$ 的有界性 当 $0<\alpha(x)<1$ 时，必须确保 $\alpha(x)\dot{V}_g(x) + \bar{\alpha}(x)\dot{V}_l(x) < 0$。将式（D.24）中的 $\dot{V}_l(x)$ 展开，并将相似的项分组，得到：

$$\begin{aligned}
\dot{V}_l(x) &= (\tilde{x}_l^{\mathrm{T}} \boldsymbol{A}_l^{\mathrm{T}} - \lambda \nabla_x \boldsymbol{h}^{\mathrm{T}}) \nabla_x V \\
&= \tilde{x}_l^{\mathrm{T}}(\boldsymbol{A}_l^{\mathrm{T}} P_g^{\mathrm{T}} + \boldsymbol{A}_l^{\mathrm{T}} P_g)\tilde{x}_g + \tilde{x}_l^{\mathrm{T}}(\beta_l^2 \boldsymbol{A}_l^{\mathrm{T}} P_l^{\mathrm{T}})\tilde{x}_l \\
&\quad + \tilde{x}_l^{\mathrm{T}}(\beta_l^2 \boldsymbol{A}_l^{\mathrm{T}} P_l^{\mathrm{T}})\tilde{x}_g - \lambda \nabla_x \boldsymbol{h}^{\mathrm{T}} \nabla_x V \\
&= \tilde{x}_l^{\mathrm{T}}(\underbrace{2\boldsymbol{A}_l^{\mathrm{T}} P_g}_{Q_l^g} + \beta_l^2 \underbrace{\boldsymbol{A}_l^{\mathrm{T}} P_l}_{Q_l})\tilde{x}_g + \tilde{x}_l^{\mathrm{T}}(\beta_l^2 \underbrace{\boldsymbol{A}_l^{\mathrm{T}} P_l}_{Q_l})\tilde{x}_l - \lambda \nabla_x \boldsymbol{h}^{\mathrm{T}} \nabla_x V \\
&= \tilde{x}_l^{\mathrm{T}}(\underbrace{Q_l^g}_{Q_{l+}^g \nsucc 0\,(5.18)} + \beta_l^2 \underbrace{Q_l}_{Q_{l+} \nsucc 0\,(5.18)})\tilde{x}_g \\
&\quad + \tilde{x}_l^{\mathrm{T}} \beta_l^2 \underbrace{Q_l}_{Q_{l+} \nsucc 0\,(5.18)} \tilde{x}_l - \underbrace{\lambda(x) \nabla_x \boldsymbol{h}^{\mathrm{T}} \nabla_x V}_{\geqslant 0\,(5.15)}
\end{aligned} \tag{D.29}$$

用 Q_+ 表示矩阵的对称部分。将式（D.26）和式（D.29）代入式（D.24），并对相似项进行分组，得到：

$$\dot{V}(x)=\tilde{x}_g^{\mathrm{T}}\underbrace{\alpha(\overbrace{Q_g}^{\prec 0}+\beta_l^2\overbrace{Q_g^l}^{\prec 0})}_{Q_G(x)\prec 0\,(5.16)(5.17)}\tilde{x}_g+\tilde{x}_l^{\mathrm{T}}\underbrace{(\alpha\beta_l^2\overbrace{Q_g^l}^{\prec 0}+\bar{\alpha}(\overbrace{Q_l^g}^{\nprec 0}+\beta_l^2\overbrace{Q_l}^{\nprec 0}))}_{Q_{LG}(x)\nprec 0\,(5.16)(5.17)(5.18)}\tilde{x}_g+\tilde{x}_l^{\mathrm{T}}\underbrace{(\bar{\alpha}\beta_l^2\overbrace{Q_l}^{\nprec 0})}_{Q_L(x)\nprec 0\,(5.17)(5.18)}\tilde{x}_l-\underbrace{\bar{\alpha}\lambda(x)\nabla_x\boldsymbol{h}^{\mathrm{T}}\nabla_x V}_{\geqslant 0(5.15)} \tag{D.30}$$

虽然式（D.30）的第一项和最后一项都是负定的，但内部项可以同时具有正值和负值。这是允许在状态空间中一个不是全局吸引子 x_g^* 的点的周围存在局部吸引行为的结果。设 $\tilde{x}_{gl}=[\tilde{x}_g;\tilde{x}_l]\in\mathbb{R}^{2M}$ 是一个增广状态向量，$\boldsymbol{Q}(x)\in\mathbb{R}^{2M\times 2M}$ 是一个与状态相关的矩阵。忽略式（D.30）中的调制项（它总是负的，并且只在局部虚吸引子 $\boldsymbol{x}_l^*$ 周围活跃），我们可以将式（D.30）变成一个守恒且与 Q 矩阵相关的形式，如下所示：

$$\begin{aligned}\dot{V}_Q(x)&=\tilde{x}_{gl}^{\mathrm{T}}\underbrace{\begin{bmatrix}Q_G(x)&\varnothing\\Q_{LG}(x)&Q_L(x)\end{bmatrix}}_{\boldsymbol{Q}(x)}\tilde{x}_{gl}\\&=\tilde{x}_{gl}^{\mathrm{T}}\underbrace{\begin{bmatrix}Q_G(x)&\frac{1}{2}Q_{LG}(x)^{\mathrm{T}}\\\frac{1}{2}Q_{LG}(x)&0\end{bmatrix}}_{\boldsymbol{Q}_+(x)\nprec 0}\tilde{x}_{gl}+\tilde{x}_l^{\mathrm{T}}\underbrace{Q_{L+}(x)}_{\nprec 0}\tilde{x}_l\end{aligned} \tag{D.31}$$

如果满足 $\dot{V}_Q(x)<0\Rightarrow\dot{V}(x)<0,\forall x=x_g^*$，则可以很直观地看到结果。它将足以证明 $\boldsymbol{Q}_+(x)\prec 0$，并推导出其余不定项的一个下界。然而，这是不可能的，因为 $\boldsymbol{Q}_+(x)$ 是一个鞍点矩阵（参见 D.3.1.2 节）。即不考虑 $Q_{LG}(x)$ 的确定性，$Q_G(x)$ 关于 $\boldsymbol{Q}_+(x)$ 的舒尔补为：

$$S_Q(x)=-(1/4)Q_{LG}(x)\underbrace{Q_G^{-1}(x)}_{\prec 0}Q_{LG}(x)^{\mathrm{T}}\succ 0 \tag{D.32}$$

可以参照 D.3.1.2 节。因此 $\boldsymbol{Q}_+(x)$ 对于 $M(-)$ 和 $M(+)$ 的特征值总是不定的。然而，由于鞍点矩阵的谱性质，我们可以采用 D.3.1.2 节中描述的 $\mathscr{J}$ 变换方法，通过式（D.12）将 $\boldsymbol{Q}_+(x)$ 转换为 $\hat{\boldsymbol{Q}}_+(x)=\mathscr{J}\boldsymbol{Q}_+(x)\prec 0$，产生一个如下形式的 $\hat{V}_Q(x)$：

$$\dot{\hat{V}}_Q(x)=\tilde{x}_{gl}^{\mathrm{T}}\underbrace{\begin{bmatrix}Q_G(x)&\frac{1}{2}Q_{LG}(x)^{\mathrm{T}}\\-\frac{1}{2}Q_{LG}(x)&0\end{bmatrix}}_{\hat{\boldsymbol{Q}}_+(x)\prec 0}\tilde{x}_{gl}+\tilde{x}_l^{\mathrm{T}}Q_{LG}(x)\tilde{x}_g+\tilde{x}_l^{\mathrm{T}}Q_{L+}(x)\tilde{x}_l \tag{D.33}$$

它等价于式（D.31）。因此，为了确保 $\hat{V}_Q(x)<0$，我们必须对其余的不定项确定一个上限。这个上限是用式（D.19）～式（D.33）推导出来的。因此，如果满足下式条件就可以证明 $\hat{V}_Q(x)<0$：

$$\lambda_{\max}(Q_G(x))\|\tilde{x}_g\|^2+\lambda_{\max}(Q_L+(x))\|\tilde{x}_l\|^2<-\tilde{x}_l^{\mathrm{T}}Q_{LG}(x)\tilde{x}_g \tag{D.34}$$

这就是式（5.19）所述的条件。直观地说，式（D.34）定义了局部活动动力学耗散率的上限。局部动态系统可以在局部虚吸引子 x_l^* 周围的局部状态空间中表现出收敛行为，同

时仍然保证了 x_g^* 的全局渐近稳定性。因此，虽然 $\dot{V}(x)$ 具有一个不定的结构，但如果满足式（5.16）～式（5.19），则 $\dot{V}(x)<0,\forall x\in\mathbb{R}^M$，即式（5.1）对于全局吸引子 x_g^* 是全局渐近稳定的。

D.3.3　非线性局部活动全局稳定动态系统的稳定性

本节我们希望能够证明定理 5.2。对于式（5.27）中提出的 Lyapunov 函数，非线性动态系统 C 式（5.22））在吸引子 $x_g^*\in\mathbb{R}^M$ 处是全局渐近稳定的。定理 5.2 成立，如果满足 $V(x_g^*)=0$；$V(x)>0,\forall x\neq x_g^*$；$\dot{V}(x_g^*)=0$；$\dot{V}(x)<0$，$\forall x\neq x_g^*$。从式（5.27）可以直接看出满足前两个条件。为了证明后两个条件，我们计算 $V(x)$ 的时间导数：

$$
\begin{aligned}
\dot{V}(x)&=\nabla_x V(x)^{\mathrm{T}}\frac{\mathrm{d}}{\mathrm{d}t}x(t)=\nabla_x^{\mathrm{T}}f(x)\\
&=\nabla_x V^{\mathrm{T}}\left[\underbrace{\sum_{k=1}^{K}\gamma_k(x)(\alpha(x)A_g^k x+\boldsymbol{b}_g^k)+\bar{\alpha}(x)f_l^k(\boldsymbol{h}_k(x),(x))}_{(5.22)}\right]\\
\dot{V}(x)&=\nabla_x V^{\mathrm{T}}\left[\sum_{k=1}^{K}\gamma_k(x)(\alpha(x)(A_g^k x+\boldsymbol{b}_g^k)+\bar{\alpha}(x)(\boldsymbol{h}_k(x)f_{l,a}^k(x)\right.\\
&\qquad\left.+\bar{\boldsymbol{h}}_k(x))f_{l,d}^k(x)-\lambda(x)\nabla_x\boldsymbol{h}(x)))\right]\\
&=\nabla_x V^{\mathrm{T}}\left[\sum_{k=1}^{K}\gamma_k(x)(\alpha(x)(A_g^k x+\boldsymbol{b}_g^k)+\bar{\alpha}(x)\cdot(\boldsymbol{h}_k(x)(A_{l,a}^k x+\boldsymbol{b}_{l,a}^k)\right.\\
&\qquad\left.+\bar{\boldsymbol{h}}_k(x)(A_{l,d}^k x+\boldsymbol{b}_{l,d}^k-\lambda_k(x)\nabla_x\boldsymbol{h}_k(x)))\right]\\
&=\nabla_x V^{\mathrm{T}}\left[\sum_{k=1}^{K}\gamma_k(x)(\alpha(x)\underbrace{A_g^k\tilde{x}_g}_{(5.29)}+\bar{\alpha}(x)(\underbrace{\boldsymbol{A}_l^k(\boldsymbol{h}_k(x))\tilde{x}_k}_{(5.31)}-\lambda_k(x)\nabla_x\boldsymbol{h}_k(x)))\right]
\end{aligned}
\tag{D.35}
$$

$V(x)$ 的梯度定义为：

$$
\nabla_x V(x)=(P_g^{\mathrm{T}}+P_g)\tilde{x}_g+\sum_{j=1}^{K}\beta_j^2(x)[P_l^j\tilde{x}_j+(P_l^j)^{\mathrm{T}}\tilde{x}_g]
\tag{D.36}
$$

其中，

$$
\beta_j^2(x)=2\beta_j(x)\tilde{x}_g^{\mathrm{T}}P_l^j\tilde{x}_j
\tag{D.37}
$$

为了避免以下推导中的混淆，我们定义了带有 j 的第 k 个局部分段二次 Lyapunov 函数的指标，并保留了局部活动动态系统参数的指标 k。根据 D.3.1.1 节，式（D.37）的上下界为：

$$
0\leqslant\lambda_{\min}(P_l^j)2\beta_j(x)\tilde{x}_g^{\mathrm{T}}\tilde{x}_j<\beta_j^2(x)\leqslant\lambda_{\max}(P_l^j)2\beta_j(x)\tilde{x}_g^{\mathrm{T}}\tilde{x}_j
\tag{D.38}
$$

通过在 x_g^* 点处计算式（D.35），得到 $\dot{V}(x^*)=0$，能够满足第三个条件。为了便于下文的推导，我们对以下公式做了简化：$\boldsymbol{A}_l^k(\boldsymbol{h}_x(x))=\boldsymbol{A}_l^k$，$\nabla_x\boldsymbol{h}_k(x)=\nabla_x\boldsymbol{h}_k$，$\nabla_x\boldsymbol{V}(x)=\nabla_x\boldsymbol{V},\alpha(x)=\alpha$，$\bar{\alpha}(x)=\bar{\alpha},\lambda_k(x)=\lambda_k$，$\gamma_k(x)=\gamma_k$，$\beta_j^2(x)=\beta_j^2$。为了确保第四个条件 $V(x)<0$，首先将式

(D.35) 中的项分组为：

$$\begin{aligned}\dot{V}(x)&=\sum_{k=1}^{K}\gamma_k[\alpha\underbrace{\tilde{x}_g^{\mathrm{T}}(A_g^k)^{\mathrm{T}}\nabla_xV}_{\text{第}k\text{个全局分量}:\dot{V}_g^k(x)}+\bar{\alpha}\underbrace{(\tilde{x}_k^{\mathrm{T}}(\boldsymbol{A}_l^k)^{\mathrm{T}}-\lambda_k\nabla_x\boldsymbol{h}_k^{\mathrm{T}}))\nabla_xV}_{\text{第}k\text{个全局分量}:\dot{V}_l^k(x)}]\\&=\sum_{k=1}^{K}\underbrace{\gamma_k}_{>0(5.30)}\underbrace{(\alpha\dot{V}_g^k(x)+\bar{\alpha}\dot{V}_l^k(x))}_{\dot{V}^k(x)}\end{aligned}\tag{D.39}$$

确保 $\dot{V}(x)<0$，且满足 $\dot{V}^k(x)<0,\forall k=1,\cdots,K$。因为 $\dot{V}^k(x)$ 等价于式 (D.24)。我们遵循与 D.3.2 节相同的推导，以确保其负定性。那么，我们从证明下式开始：

$$\dot{V}_g^k(x)<0,\forall\ x\neq x_g^*\tag{D.40}$$

第 k 个全局分量 $\dot{V}_g^k(x)$ 的负定性 从式 (D.39) 展开 $\dot{V}_g^k(x)$，并将相似的项分组在一起，得到

$$\begin{aligned}\dot{V}_g^k(x)&=\tilde{x}_g^{\mathrm{T}}(A_g^k)^{\mathrm{T}}\nabla_xV(x)\\&=\tilde{x}_g^{\mathrm{T}}(A_g^k)^{\mathrm{T}}(P_g+P_g^{\mathrm{T}})\tilde{x}_g+\tilde{x}_g^{\mathrm{T}}(A_g^k)^{\mathrm{T}}\underbrace{\left(\sum_{j=1}^{K}\beta_j^2P_l^j\right)}_{\boldsymbol{P}_l(x)}\tilde{x}_g+\tilde{x}_g^{\mathrm{T}}(A_g^k)^{\mathrm{T}}\left(\sum_{j=1}^{K}\beta_j^2P_l^j\tilde{x}_j\right)\\&=\tilde{x}_g^{\mathrm{T}}(\underbrace{P_gA_g^k+(A_g^k)^{\mathrm{T}}P_g}_{Q_g^k\prec0(5.29)}+\underbrace{(A_g^k)^{\mathrm{T}}\boldsymbol{P}_l(x)}_{(Q_g^{l,k})_+\prec0(5.29)})\tilde{x}_g\\&\quad+\sum_{j=1}^{K}\underbrace{\beta_j^2}_{\geqslant0}(\tilde{x}_g^{\mathrm{T}}\underbrace{(A_g^k)^{\mathrm{T}}}_{(\cdot)_+\prec0(5.29)}P_l^j\tilde{x}_j)\\&=\underbrace{\tilde{x}_g^{\mathrm{T}}(Q_g^k+Q_g^{l,k})\tilde{x}_g}_{<0\text{证明见下文}}+\sum_{j=1}^{K}\underbrace{\overbrace{\beta_j^2}^{\geqslant0}\tilde{x}_g^{\mathrm{T}}((A_g^k)^{\mathrm{T}}P_l^j)\tilde{x}_j}_{\leqslant0\text{证明见下文}}<0\end{aligned}\tag{D.41}$$

接下来，我们证明 $\tilde{x}_g^{\mathrm{T}}(Q_g^k+Q_g^{l,k})\tilde{x}_g<0$。注意到，

$$\tilde{x}_g^{\mathrm{T}}(Q_g^k+Q_g^{l,k})\tilde{x}_g=\tilde{x}_g^{\mathrm{T}}\underbrace{Q_g^k}_{\prec0(5.29)}\tilde{x}_g+\tilde{x}_g^{\mathrm{T}}\underbrace{(Q_g^{l,k})_+}_{\prec0(5.29)}\tilde{x}_g<0\tag{D.42}$$

用 $(Q_g^{l,k})_+$ 表示 $Q_g^{l,k}$ 的对称部分。每一项的上下界如下式所示：

$$\underbrace{\lambda_{\min}(Q_g^k)}_{<0}\|\tilde{x}_g\|^2\leqslant\tilde{x}_g^{\mathrm{T}}Q_g^k\tilde{x}_g\leqslant\underbrace{\lambda_{\max}(Q_g^k)}_{<0}\|\tilde{x}_g\|^2<0\tag{D.43}$$

$$\underbrace{\lambda_{\min}(Q_g^{l,k})_+}_{<0}\|\tilde{x}_g\|^2\leqslant\tilde{x}_g^{\mathrm{T}}(Q_g^{l,k})_+\tilde{x}_g\leqslant\underbrace{\lambda_{\max}(Q_g^{l,k})_+}_{<0}\|\tilde{x}_g\|^2<0\tag{D.44}$$

明确表示式 (D.41) 中的第一项小于 $0,\forall x\in\mathbb{R}^M\setminus x=x_g^*$。

下面我们证明 $\beta_j^2\tilde{x}_g^{\mathrm{T}}((A_g^K)^{\mathrm{T}}P_l^j\tilde{x}_j)\leqslant0$，根据 D.3.1.1 节，并定义 $(A_g^k)^{\mathrm{T}}=V\Lambda V^{\mathrm{T}}$，我们可以得出该项的上界：

$$\begin{aligned}\beta_j^2\tilde{x}_g^{\mathrm{T}}((A_g^k)^{\mathrm{T}}P_l^j)\tilde{x}_j&=\tilde{x}_g^{\mathrm{T}}(V\Lambda V^{\mathrm{T}}\beta_j^2P_l^j)\tilde{\boldsymbol{\xi}}_j=(V^{\mathrm{T}}\tilde{x}_g)^{\mathrm{T}}\Lambda(V^{\mathrm{T}}\beta_j^2P_l^j\tilde{x}_j)\\&=\sum_{i=1}^{M}\lambda_i(V_i^{\mathrm{T}}\tilde{x}_g^{\mathrm{T}})(V_i^{\mathrm{T}}\beta_j^2P_l^j\tilde{x}_j)=\sum_{i=1}^{M}\lambda_i\tilde{x}_g^{\mathrm{T}}(V_iV_i^{\mathrm{T}})\beta_j^2P_l^j\tilde{x}_j\end{aligned}\tag{D.45}$$

$$\leqslant \lambda_{\max}((A_g^k)_+)\sum_{i=1}^{M}\tilde{x}_g^{\mathrm{T}}(V_iV_i^{\mathrm{T}})\beta_j^2P_l^j\tilde{x}_j$$
$$=\lambda_{\max}((A_g^k)_+)\tilde{x}_g^{\mathrm{T}}\beta_j^2P_l^j\tilde{x}_j \qquad \text{(D.45 续)}$$
$$=\underbrace{\lambda_{\max}((A_g^k)_+)}_{\prec 0(5.29)}2\underbrace{\beta_j}_{\geqslant 0}\underbrace{(\tilde{x}_g^{\mathrm{T}}P_l^j\tilde{x}_j)^2}_{\geqslant 0}\leqslant 0$$

证明 $\beta_j^2\tilde{x}_g^{\mathrm{T}}((A_g^K)^{\mathrm{T}}P_l^j\tilde{x}_j)\leqslant 0,\forall x\neq x_g^*$。因此，如果在第 5 章中式（5.29）成立，则式（D.40）成立。

第 k 个局部分量 $\dot{V}_g^k(x)$ 的边界 对于 $0<\alpha(x)<1$，我们必须保证 $\dot{V}^k(x)=\alpha(x)\dot{V}_g^k(x)+\bar{\alpha}(x)\dot{V}_l^k<0$。这个条件与在 D.3.2 节中推导出的线性局部活动全局稳定动态系统情况下确保局部分量的有界性等价。如式（D.29）中所述，我们从式（D.39）展开 $\dot{V}_l^k(x)$，并将相似项分组：

$$\begin{aligned}
\dot{V}_l^k(x)&=(\tilde{x}_k^{\mathrm{T}}(\boldsymbol{A}_l^k)^{\mathrm{T}}-\lambda_k\nabla_x\boldsymbol{h}_k^{\mathrm{T}})\nabla_xV\\
&=\tilde{x}_k^{\mathrm{T}}((\boldsymbol{A}_l^k)^{\mathrm{T}}P_g^{\mathrm{T}}+(A_g^k)^{\mathrm{T}}P_g+(\boldsymbol{A}_l^k)^{\mathrm{T}}\underbrace{\left(\sum_{j=1}^{K}\beta_j^2P_l^j\right)}_{\boldsymbol{P}_l(x)})\tilde{x}_g\\
&\quad+\tilde{x}_k^{\mathrm{T}}(\boldsymbol{A}_l^k)^{\mathrm{T}}\left(\sum_{j=1}^{K}\beta_j^2P_l^j\tilde{x}_j\right)-\lambda_k\nabla_x\boldsymbol{h}_k^{\mathrm{T}}\nabla_xV\\
&=\tilde{x}_k^{\mathrm{T}}(\underbrace{2(\boldsymbol{A}_l^k)^{\mathrm{T}}P_g}_{(Q_l^{g,k})_+\nprec 0(5.31)}+\underbrace{(\boldsymbol{A}_l^k)^{\mathrm{T}}\boldsymbol{P}_l(x)}_{(Q_l^k)_+\nprec 0(5.31)})\tilde{x}_g\\
&\quad+\sum_{j=1}^{K}\underbrace{\overbrace{\beta_j^2}^{\geqslant 0}\tilde{x}_k^{\mathrm{T}}(\overbrace{(\boldsymbol{A}_l^k)^{\mathrm{T}}}^{\prec 0(5.31)}P_l^j)\tilde{x}_j}_{\leqslant 0(\mathrm{D}.45)}-\underbrace{\lambda(x)\nabla_x\boldsymbol{h}^{\mathrm{T}}\nabla_xV}_{\geqslant 0(5.15)}
\end{aligned}\qquad \text{(D.46)}$$

分组式（D.46）和式（D.41）一起得到以下第 k 个 Lyapunov 导数分量 $\dot{V}^k(x)$：

$$\begin{aligned}
\dot{V}^k(x)&=\tilde{x}_g^{\mathrm{T}}\underbrace{\alpha(\overbrace{Q_g^k}^{\prec 0}+\overbrace{Q_g^{l,k}}^{_+\prec 0})}_{Q_{G+}^k(x)\prec 0(5.29)(5.30)}\tilde{x}_g\\
&\quad+\tilde{x}_k^{\mathrm{T}}\underbrace{\bar{\alpha}(\overbrace{Q_l^{g,k}}^{\nprec 0}+\overbrace{Q_l^k}^{\nprec 0})}_{Q_{LG}^k(x)\nsucceq 0(5.16)(5.17)(5.18)}\tilde{x}_g\\
&\quad+\sum_{j=1}^{K}\underbrace{\beta_j^2(\tilde{x}_g^{\mathrm{T}}\alpha((A_g^k)^{\mathrm{T}}P_l^j)\tilde{x}_j+\tilde{x}_k^{\mathrm{T}}((\boldsymbol{A}_l^k)^{\mathrm{T}}P_l^j)\tilde{x}_j)}_{\leqslant 0(5.29),(5.30),(5.31),(\mathrm{D}.45)}-\underbrace{\bar{\alpha}\lambda(x)\nabla_x\boldsymbol{h}^{\mathrm{T}}\nabla_xV}_{\geqslant 0(5.15)}
\end{aligned}\qquad \text{(D.47)}$$

在线性情况下，式（D.47）是一个不定二次型。因此，动态系统的每个第 k 个分量都能推导出第 k 个鞍点的 Lyapunov 导数，且可以根据式（D.33）的变换证明导数有界。在 D.3.2 节我们讨论过，式（D.47）产生一个 $\mathscr{J}$ 变换的 Q 相关项，如下所示。

$$\dot{\hat{V}}_Q^k(x)=\bar{x}_{gk}^{\mathrm{T}}\underbrace{\begin{bmatrix}Q_{G+}^k(x) & \frac{1}{2}Q_{LG}^k(x)^{\mathrm{T}}\\ -\frac{1}{2}Q_{LG}^k(x) & 0\end{bmatrix}}_{\hat{Q}_+^k(x)\prec 0}\bar{x}_{gk}+\bar{x}_k^{\mathrm{T}}Q_{LG}^k(x)\bar{x}_g \qquad \text{(D.48)}$$

$$+\sum_{j=1}^{K}\underbrace{\beta_j^2(\tilde{x}_g^{\mathrm{T}}\alpha((A_g^k)^{\mathrm{T}}P_l^j)\tilde{x}_j+\tilde{x}_k^{\mathrm{T}}\bar{\boldsymbol{\alpha}}((\boldsymbol{A}_l^k)^{\mathrm{T}}P_l^j)\tilde{x}_j)}_{\leqslant 0(5.29),(5.30),(5.31),(D.45)} \tag{D.48 续}$$

对于 $\tilde{x}_{gk}=[\tilde{x}_g;\tilde{x}_k]\in\mathbb{R}^{2M}$，如果能确保 $\dot{V}_Q^k(x)<0$，满足 $\dot{V}^k(x)<0$，那么也能确保 $\dot{V}(x)<0$。这可以通过对式（D.48）中的其余的不定项施加一个界来实现。通过式（D.19），我们可以看到式（D.48）中第一项的一个上界为：

$$\tilde{x}_{gk}^{\mathrm{T}}\hat{\boldsymbol{Q}}_+^k(x)\tilde{x}_{gk}<\lambda_{\max}(Q_{G+}^k(x))\|\tilde{x}_g\|^2<0 \tag{D.49}$$

通过式（D.45），在式（D.48）中最后一项的第 j 个分量有如下上界：

$$\begin{aligned}&\beta_j^2(\tilde{x}_g^{\mathrm{T}}\alpha((A_g^k)^{\mathrm{T}}P_l^j)\tilde{x}_j+\tilde{x}_k^{\mathrm{T}}\bar{\boldsymbol{\alpha}}((\boldsymbol{A}_l^k)^{\mathrm{T}}P_l^j)\tilde{x}_j)<\\&2\beta_j(\alpha\lambda_{\max}((A_g^k)_+)(\tilde{x}_g^{\mathrm{T}}P_l^j\tilde{x}_j)^2+\bar{\boldsymbol{\alpha}}\lambda_{\max}(\boldsymbol{A}_l^k)(\tilde{x}_k^{\mathrm{T}}P_l^j\tilde{x}_j)^2\leqslant 0\end{aligned} \tag{D.50}$$

因此，如果下式为不定项的边界，则可以证明 $\dot{V}_Q^k(x)<0$：

$$\begin{aligned}&\lambda_{\max}(QG_+^k(x))\|\tilde{x}_g\|^2<-\tilde{x}_k^{\mathrm{T}}Q_{LG}^k(x)\tilde{x}_g\\&-\sum_{j=1}^{K}2\beta_j(\alpha\lambda_{\max}((A_g^k)_+)(\tilde{x}_g^{\mathrm{T}}P_l^j\tilde{x}_j)^2+\bar{\boldsymbol{\alpha}}\lambda_{\max}(\boldsymbol{A}_l^k)(\tilde{x}_k^{\mathrm{T}}P_l^j\tilde{x}_j)^2)\end{aligned} \tag{D.51}$$

这是式（5.32）所述的条件。在线性情况下，式（D.51）定义了第 k 个局部活动动力学耗散率的上界。因此尽管 $\dot{V}(x)$ 有不定结构，但若式（5.29）～式（5.32）被满足，则式（5.22）中的动态系统在吸引子 x_g^*(即 $\lim\limits_{t\to\infty}\|x(t)-x_g^*\|$) 处是全局渐近稳定的。

D.4 第 9 章的证明和推导

D.4.1 定理 9.1 的证明

考虑一个超曲面 $X^b\subset\mathbb{R}^d$，对应于 $\mathbb{R}^d$ 中的一个超球面障碍物的边界点，其中心为 x^0，半径为 r^0。如果边界点 $x^b\in X^b$ 处的法向速度消失，则障碍物边界的不可穿透性就可以得到保证：

$$n(x^b)^{\mathrm{T}}\dot{x}^b=0,\forall x^b\in X^b \tag{D.52}$$

其中，$n(x^b)$ 是边界点 x^b 处的单位法向量：

$$n(x^b)=\frac{x^b-x^o}{\|x^b-x^o\|}\xrightarrow{\bar{x}^b=x^b-x^o}n(x^b)=\frac{\tilde{x}^b}{r},\forall x^b\in X^b \tag{D.53}$$

我们有

$$n(x^b)^{\mathrm{T}}\dot{x}^b=n(x^b)E(\tilde{x}^b,r^o)D(\tilde{x}^b,r^o)E(\tilde{x}^b,r^o)^{(-1)}f(.) \tag{D.54}$$

考虑到 $n(x^b)$ 等于 $E(\tilde{x}^b,r^o)$ 的第一个特征向量，并且障碍边界上所有点的第一个特征值为零，有：

$$\begin{aligned}n(x^b)^{\mathrm{T}}\dot{x}^b&=\begin{bmatrix}1\\ [\mathbf{0}]_{d-1}\end{bmatrix}^{\mathrm{T}}D(\tilde{x}^b,r^o)E(\tilde{x}^b,r^o)^{(-1)}f(.)\\&=[\mathbf{0}]_d^{\mathrm{T}}E(\tilde{x}^b,r^o)^{(-1)}f(.)=0\end{aligned} \tag{D.55}$$

D.4.2 定理 9.2 的证明

在这里，我们首先证明不可穿透性，然后证明收敛性。

初始动态系统可以写成两个向量的线性组合：一个包含在切线超平面$\boldsymbol{f}_e(x)$中，另一个平行于参考方向$\boldsymbol{f}_r(x) \| \boldsymbol{r}(x)$：

$$\boldsymbol{f}(x) = \boldsymbol{f}_r(x) + \boldsymbol{f}_e(x) = \| \boldsymbol{f}_r(x) \| \boldsymbol{r}(x) + \| \boldsymbol{f}_e(x) \| \boldsymbol{e}(x) \tag{D.56}$$

其中，$\boldsymbol{e}(x)$是所有切向量$\boldsymbol{e}_i(x),\ i = 1,\cdots,d-1$的线性组合，描述详见第 9 章中的式（9.4）。对于边界（$\Gamma(x)=1$）上的任意点，调制后的动态系统遵循式（9.3）和式（9.7）中的条件：

$$\dot{x} = \lambda_r(x)\boldsymbol{f}_r(x) + \lambda_t(x)\boldsymbol{f}_e(x) = \lambda_t(x) \| \boldsymbol{f}_e(x) \| \boldsymbol{e}(x), \forall x \in \mathscr{X}^b$$

根据 von Neuman 边界条件，如果障碍物表面没有法向速度，则能够保证其不可穿透性：

$$\boldsymbol{n}(x)^{\mathrm{T}} \dot{x} = \boldsymbol{n}(x)^{\mathrm{T}} \boldsymbol{e}(x) \| \dot{x} \| = 0, \forall x \in \mathscr{X}^b \tag{D.57}$$

根据定义，正切线超平面与$\boldsymbol{n}(x) = \mathrm{d}\Gamma(x)/\mathrm{d}x$正交。

收敛到吸引子的证明包括四个步骤：

1. 将 d 维问题降为二维（D.4.2.1 节）。

2. 证明锥状不变集的存在性，包括图 D.1 中蓝色和红色锥形所示的吸引子（D.4.2.2 节和 D.4.2.3 节）。

3. 证明除鞍点线外的所有轨迹都达到了这个不变集（D.4.2.3 节和 D.4.2.4 节）。

4. 通过这个不变集的收缩证明吸引子的收敛性（D.4.2.5 节）。

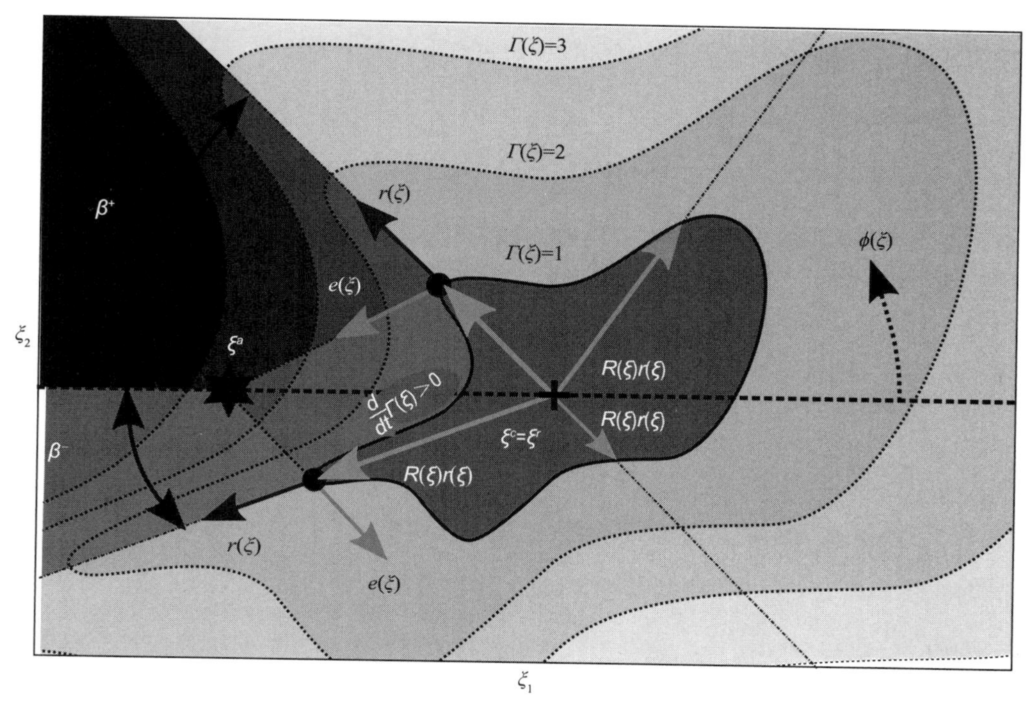

图 D.1 在正半平面或负半平面内的障碍物外部开始的任何轨迹最终都会在红色、蓝色或紫色不变锥区域中结束

D.4.2.1　简化为二维问题

让我们考虑一个由当前位置 x 、吸引子 x^* 和障碍物 x^r 内的参考点所跨越的线性二维平面。根据定义，式（9.4）中的参考方向 $\boldsymbol{r}(x)$ 和式（9.1）中的初始动态系统 $\boldsymbol{f}(x)$ 也包含在参考平面 $\mathscr{S}^r(x)$ 中：

$$\{x, x^*, x^r\} \in \mathscr{S}^r(x) \quad \Rightarrow \quad \boldsymbol{r}(x), \boldsymbol{f}(x) \in \mathscr{S}^r(x) \tag{D.58}$$

利用式（D.56），我们可以写出：

$$\dot{x} = \boldsymbol{M}(x)\boldsymbol{f}(x) = \lambda_r(x)\boldsymbol{f}_r(x) + \lambda_e(x)\boldsymbol{f}_e(x) \tag{D.59}$$

因此，我们可以得出以下结论：

$$\boldsymbol{f}_r(x) \in \mathscr{S}^r(x) \Rightarrow \boldsymbol{f}_e(x) \in \mathscr{S}^r(x) \Rightarrow \dot{x} \in \mathscr{S}^r(x) \tag{D.60}$$

换句话说，调制后的动态系统是平行于平面的。因此，任何在平面 $\{x\}_0 \in \mathscr{S}(\{x\}_0)$ 上开始的运动都一直停留在这个平面上（即 $\{x\}_t \in \mathscr{S}(\{x\}_0) t = 0, \cdots, \infty$ ）。

进一步收敛性的证明可以在二维空间进行，并且适用于 d 维空间的情况。为了进一步证明并且不丧失一般性，吸引子设置在原点 $x^* = \boldsymbol{0}$ 处，障碍物的参考点为 $x^r = [d_1 0]$ ， $d_1 > 0$ （见图 D.1 ）。

D.4.2.2　远离障碍物的运动区域

我们想证明存在一个区域，在这个区域中动态系统正在远离障碍（例如， $\mathrm{d}\Gamma(x)/\mathrm{d}t > 0$ ）。通过 $\Gamma(x) - 1 << 1$ 接近障碍物，对于式（9.2）中给出的任何水平函数 $\Gamma(x)$ 的等式都有 $\Gamma(x)R(x)\boldsymbol{r} = x - x^r$ 成立，其中 $R(x) \in \mathbb{R}_{\geqslant 0}$ 表示参考方向上障碍物表面到中心的距离（图 D.1)。我们定义了 $\tilde{\boldsymbol{E}}(x) = [R(x)\boldsymbol{r}\ \boldsymbol{e}]$ ，其中式（9.4) 中的 $\boldsymbol{e}(x)$ 垂直于 $\mathrm{d}\Gamma(x)/\mathrm{d}x$ ，以表示接近曲面的水平函数的变化：

$$\begin{aligned}
\begin{bmatrix} \dfrac{\mathrm{d}\Gamma}{\mathrm{d}t} & 0 \end{bmatrix}^{\mathrm{T}} &= \frac{\mathrm{d}}{\mathrm{d}t}(\tilde{\boldsymbol{E}}(x)^{-1}(x - x^r)) \\
&= -\tilde{\boldsymbol{E}}(x)^{-1}\frac{\mathrm{d}}{\mathrm{d}t}\tilde{\boldsymbol{E}}(x)\tilde{\boldsymbol{E}}(x)^{-1}(x - x^r) + \tilde{\boldsymbol{E}}(x)^{-1}\boldsymbol{M}(x)x \\
&= -\begin{bmatrix} 0 & (\cdot) \\ (\cdot) & (\cdot) \end{bmatrix}\begin{bmatrix} (\cdot) \\ 0 \end{bmatrix} - \mathrm{diag}(1/R, 1)\boldsymbol{D}\,\boldsymbol{E}^{-1}x
\end{aligned}$$

$\tilde{\boldsymbol{E}}(x)^{-1}\dfrac{\mathrm{d}}{\mathrm{d}t}\tilde{\boldsymbol{E}}(x)$ 的第一个对角线元素是零，因为第一行的导数（即到曲面的向量）平行于切线，即 $\dfrac{\mathrm{d}}{\mathrm{d}t}R(x)\boldsymbol{r}(x) \parallel \boldsymbol{e}(x)$ 。此外，因为 $x - x^r \parallel \boldsymbol{r}(x)$ ，所以 $\tilde{\boldsymbol{E}}(x)^{-1}(x - x^r)$ 的第二个元素为零。如果机器人以 $\boldsymbol{r}$-$\boldsymbol{e}$ 基表示的位置为负，则 $(\boldsymbol{E}^{-1}x)_r = x_r < 0 \Rightarrow \dfrac{\mathrm{d}}{\mathrm{d}t}\Gamma(x) = -R(x)\lambda_r(x)x_r > 0$ ，并且动态系统远离障碍物（图 D.1 中的紫色区域）。可以看出初始动态系统的区域已经远离了机器人： $\boldsymbol{f}(x)^{\mathrm{T}}.\dfrac{\mathrm{d}}{\mathrm{d}t}\Gamma(x) < 0$ 。

D.4.2.3　锥区收敛

为了让除式（9.11）中给出的鞍点轨迹 $\mathscr{X}^s$ 外的所有轨迹都收敛到锥形区域，参考角 $\phi(x) = \arctan(x_2/(x_1 - d_1))$ 必须减小，其中 $d_1 > 0$ 对应于参考点在 x_1 轴上的位置。这个时间导

数用式（9.3）计算为

$$\dot{\phi}(x)=\tilde{x}\times \boldsymbol{f}(x)/\|\tilde{x}\|^2=\lambda_e(x)d_1x_2/\|\tilde{x}\|^2 \tag{D.61}$$

并且 $\tilde{x}=x-[d_{10}]$。

由于特征值 $\lambda_e(x)$ 大于零，式（D.61）在 $x_2>0$ 时为正，在另一个半平面上为负。这就引出了两个推论。首先，任何从障碍外开始而不是在鞍点上的点都可以通过 $|\pi-\phi(x)|\leqslant\beta\leqslant\min(\beta^+,\beta^-)$，其中，$\beta>0$，到达一个锥体区域。其次，障碍物外包含吸引子 x^* 并中心位于 x^r 的区域都是不变的。

D.4.2.4　障碍物外停留有限时间

任何轨迹在有限时间内都在锥边界内，而不变集只严格在障碍 $x\in\mathscr{X}^e$ 之外。因此，我们想证明机器人会在有限的时间内停留在障碍物之外。

在 $\boldsymbol{n}(x)=\mathrm{d}\Gamma/\mathrm{d}x$ 方向上的分量记为 $(\cdot)_n$。此外，速度在一个真实的系统中是有界限的，最大速度在法向方向 v_n 上。在任意层级 Γ_0 和 Γ_1 之间的传输时间可以用式（9.6）计算为

$$\begin{aligned} t^b(x)&=\int_{\Gamma_0}^{\Gamma_1}\frac{\mathrm{d}\Gamma}{\dot{x}_n}=\int_{\Gamma 0}^{\Gamma_1}\frac{\mathrm{d}\Gamma}{\lambda_r(x)f_n(x)}=\int_{\Gamma_0}^{\Gamma_1}\frac{1}{f_n(x)}\frac{\Gamma}{\Gamma-1}\mathrm{d}\Gamma \\ &\geqslant\frac{1}{v_n}[\Gamma_0+\log(\Gamma_0-1)-\Gamma_1-\log(\Gamma_1-1)] \end{aligned} \tag{D.62}$$

从障碍物外 $\Gamma_0>1$ 开始，使目标出现在表面 $\Gamma_1=1$ 上，时间结果为 $\lim_{\Gamma_1\to 1}t^b(x)\to\infty$。

由此可见，任何从障碍物外开始的点在有限的时间内都不能到达表面。

D.4.2.5　收缩分析

将式（9.3）中的调制动态系统重新表述为 $\boldsymbol{g}(\cdot)$ 的函数：

$$\dot{\boldsymbol{x}}=\boldsymbol{g}(x,x)=\boldsymbol{M}(\boldsymbol{x})\boldsymbol{f}(x)=\boldsymbol{M}(x)x \tag{D.63}$$

利用部分收缩理论，选择虚拟系统作为新变量 $\gamma\in\mathbb{R}^d$ 的函数：

$$\dot{\gamma}=\boldsymbol{g}(\gamma,\boldsymbol{x})=-\boldsymbol{M}(\boldsymbol{x})\gamma \tag{D.64}$$

如果系统 $\boldsymbol{g}(\cdot)$ 是相对于 γ 收缩的，并且它有两个特殊的解决方案，$\gamma=x$ 以及 $\gamma=x^*=\boldsymbol{0}$。从 [155] 得出，$x$– 系统以指数方式趋于 $x^*=\boldsymbol{0}$。因此，我们需要表明系统是关于 γ 的收缩，一个可能的收缩度量是 $\boldsymbol{P}(x)=\Theta(x)^{\mathrm{T}}\Theta(x)$，

$$\Theta(x)=\dot{\boldsymbol{E}}(x)^{-1}=[w_r(x)\boldsymbol{r}(x)\quad w_e(x)\boldsymbol{e}(x)]^{-1} \tag{D.65}$$

其中，$\Theta(x)$ 是一个均匀可逆的方阵。如果广义雅可比矩阵 $\boldsymbol{F}_{\mathrm{sym}}=\boldsymbol{F}+\boldsymbol{F}^{\mathrm{T}}$ 的对称部分是负定的，则系统在度量 $\boldsymbol{P}(x)$ 处是收缩的：

$$\begin{aligned} \boldsymbol{F}&=\frac{\mathrm{d}}{\mathrm{d}t}\Theta\,\Theta^{-1}+\Theta\frac{\partial\boldsymbol{g}(\gamma,x)}{\partial\gamma}\Theta^{-1} \\ &=-\hat{\boldsymbol{E}}^{-1}(x)\frac{\mathrm{d}}{\mathrm{d}t}\hat{\boldsymbol{E}}(x)-\hat{\boldsymbol{E}}(x)^{-1}\boldsymbol{E}(x)\boldsymbol{D}(x)\boldsymbol{E}(x)^{-1}\hat{\boldsymbol{E}}(x) \end{aligned} \tag{D.66}$$

其中，$\hat{\boldsymbol{E}}(x)^{-1}\boldsymbol{E}(x)=\mathrm{diag}(w_r(x),w_e(x))$。因此，第二项是 $-\mathrm{diag}(\lambda_r(x),\lambda_e(x))$。第一项 $\dot{\boldsymbol{r}}$ 和 $\dot{\boldsymbol{e}}$ 的行估计为：

$$\hat{\boldsymbol{E}}^{-1}\frac{\mathrm{d}}{\mathrm{d}t}\hat{\boldsymbol{E}}=\hat{\boldsymbol{E}}^{-1}\left[\dot{w}_r\boldsymbol{r}+w_r\frac{\mathrm{d}}{\mathrm{d}t}\boldsymbol{r}\ \dot{w}_e\boldsymbol{e}+w_e\frac{\mathrm{d}}{\mathrm{d}t}\boldsymbol{e}\right]$$

$$=\begin{bmatrix}\dfrac{\dot{w}_r}{w_r}-\|\dot{\boldsymbol{r}}\|\dfrac{1}{\tan\epsilon} & \dfrac{w_e}{w_r}\|\dot{\boldsymbol{r}}\|\operatorname{sign}(\boldsymbol{e}^{\mathrm{T}}\cdot\dot{\boldsymbol{r}})\dfrac{1}{\sin\epsilon}\\ \dfrac{w_r}{w_e}\|\dot{\boldsymbol{e}}\|\operatorname{sign}(\boldsymbol{r}^{\mathrm{T}}\cdot\dot{\boldsymbol{e}})\dfrac{1}{\sin\epsilon} & \dfrac{\dot{w}_e}{w_e}-\|\dot{\boldsymbol{e}}\|\dfrac{1}{\tan\epsilon}\end{bmatrix} \tag{D.67}$$

其中，$\cos(x)=\boldsymbol{r}(x)^{\mathrm{T}}\boldsymbol{e}(x)$，$\dot{\boldsymbol{r}}=\frac{\mathrm{d}}{\mathrm{d}t}\boldsymbol{r}(x)$，且 $\dot{\boldsymbol{e}}=\frac{\mathrm{d}}{\mathrm{d}t}\boldsymbol{e}(x)$。此外，在 $\hat{\boldsymbol{E}}(x)$ 满秩的条件下，我们有 $\epsilon\in[0,\pi]$

附　　注

第 1 章

1. 许多商用机器人，如 KUKA 轻量化系列或 Franka 机械臂，都配备了由制造商提供的相当精确的逆动力学控制器。但是，如果发现模型不够精确，建议通过系统辨识来进行参数估计。

第 2 章

1. http://www.icub.org/bazaar.php.

2. http://www.simlab.co.kr/Allegro-Hand.htm.

3. https://www.shadowrobot.com/products/dexterous-hand/.

4. 反向驱动也可以通过主动柔性来实现。

5. 这个简单的规则并不总是正确的。有时你可能需要更多的样本，而在其他情况下，更少的样本可能就足够了。

6. 本节的部分材料最初发表于 [87]。

7. 当计算 $g(x)$ 时，由于被零除，流在球处产生不连续。

8. 假设一个控制器不能完全补偿机器人的动力学，即使对于非常复杂的平台也是如此，就像这些例子中展示的那样。当然，一种选择是学习更好的动力学模型。

第 3 章

1. 对于所有非零向量 $x \in \mathbb{R}^N$，如果 $x^{\mathrm{T}}Ax>0$ 为正定，则 $N \times N$ 的实对称矩阵 A 为正定，其中 x^{T} 表示 x 的转置。反之，如果 $x^{\mathrm{T}}Ax<0$，则 A 为负定。对于非对称矩阵，当且仅当其对称部分 $\tilde{A}=(A+A^{\mathrm{T}})/2$ 为正（负）定时，A 为正（负）定。

2. 这种方法最初在 [43] 中发布。

3. 这种方法最初是在 [100] 中提出的。

第 4 章

1. 本节改编自 [134] 的原始出版物。

2. 如果以径向基函数作为核函数，支持向量机分类器函数是有界的。

3. 粗体代表向量，$\boldsymbol{x}^i$ 表示第 i 个向量，x^i 表示向量 x 的第 i 个元素。

4. 学习的源代码可以在 http://asvm.epfl.ch 上找到。

5. 本节改编自 [69]。

6. 对于 $\mu>0$ 和 $x_1, x_2 \in \Omega$，当 $\mu=(x_1^2+x_2^2)$ 时，动态系统的 ω- 极限集（即对于时间 $t_i \to \infty$，$f(x, \mu, t_i) \in \Omega$ 的不变点集 [52]）。

第 5 章

1. 这种方法最初在 [42] 中介绍。

2. 这种方法最初发表于 [99]。

第 6 章

1. 该研究最早发表于 [135]。

2. 这里假设给定目标只有一个抓取构型。由于到达和抓取的动力学可能会随着要抓取的对象而变化，因此可能需要重新学习每个对象的类的系统。

3. 值得一提的是，当初始化接近示教包络线时，两个轨迹是相当相似的。

4. 该研究最早发表于 [94]。

第 7 章

1. 希望在阅读本章之前先阅读第 6 章。

2. 本章中介绍的材料最初发表在 [100-104] 中。

3. 我们假设动态系统（式（7.25））足够快，可以在 t^*之前收敛到期望轨迹周围的一个可接受的邻域。

第 8 章

1. 本章中的材料改编自 [102,138,85]。

2. 因为 $\gamma(x, x^O)$ 是严格正的，所以要使调制局部有效，函数应该截断为 0，这将在 8.2.2.2 节中描述。

3. 本节改编自 [85]。

4. 改编自 [138]。

5. 为了简单起见，在本章中，我们称垂直于表面的速度为法向速度。

6. 注意 $y=\sum_{i=1}^{d}e^i(x)e^i(x)^{\mathrm{T}}y, \forall y\in\mathbb{R}^N$。

7. 基于二阶线性变参的动态系统在 7.2 节详细阐述。

第 9 章

1. 本章改编自 [57,71,104]。

2. 每个障碍物的调制动态系统 $\dot{x}^O$ 的元素加权平均值（每个笛卡儿向量单元）可能产生驻点。

3. 在二维情况下，这个超球面是一条线，表示初始动态系统 $f(x)$ 和调制动态系统 $\dot{x}_k$ 之间的角度。它的大小严格小于 π。

4. 以 N_R=2,$\boldsymbol{q}$=q^{12} 为例，由于硬件的限制，无法同时构造两个以上 7 自由度机械臂的碰撞边界数据集。例如，对于三个机械臂，数据集的大小约为 $(3\times7\times3)\times1000^3$，而对于两个机械臂，数据集的大小是 $(3\times7\times2)\times1000^2$。

5. 由于冗余，q_7^i 对关节构型没有影响。

6. 这段运行时间包括构造 $F(q^{ij}),J(q^{ij})$ 和式（9.23）的乘积运算。Eigen 库用于此类操作，它具有底层的动态分配策略，产生如图 9.12 所示的标准。

第 10 章

1. 本章中介绍的内容是 [27,84,87,100-104] 的改编。

2. 从现在开始，我们主要参考阻抗的概念。然而，这个讨论可以很容易地扩展到导纳的概念。

3. 为了简单起见，我们在这里只给出笛卡儿控制律。然而，我们可以很容易地将其扩展到关节空间控制器。

4. 这种方法在 [83] 中已经提出。

5. 改编自 [27]

6. 激活参数可以是时间、状态或外部变量的函数。为了简洁起见，我们把它写成时间的函数。

7. 改编自 [84]

8. 为了将感官噪声与来自操作者的扰动区分开，可以在计算期望刚度之前加入低通滤波器和高通滤波器。这些滤波器的作用是双重的。首先，低通滤波器去除来自操作者以外的高频感官噪声和交互作用（例如，与环境的接触）。虽然在频域分离相互作用信号不能保证避免这种影响，但它确实使它们的可能性更小。其次，高通滤波器允许操作者舒适地执行缓慢的扰动来感受机器人的刚度。

9. 守恒动态系统的定义见附录 A。

第 11 章

1. 本章中介绍的材料是 [5] 中原始出版物的改编。

附录 B

1. Dirichlet 分布最适合表示单纯形上的分布（即 N 个向量的集合，其分量加起来等于 1）。因此，它是分类变量上离散概率分布的一个有用的先验分布。

2. 吉布斯采样是一种 MCMC 采样方法，通常用于目标分布未知或难以处理的情况下，从多个变量的联合分布中生成随机样本。它通过迭代地从感兴趣的变量的条件分布中采样来实现这一点，这种方法在一段时间后近似目标联合分布。这涉及计算每个变量以其他变量为条件的后验条件概率。

3. Dirichlet 过程是一个分布之上的分布，高斯过程回归是整数分区上的分布。由于 De Finetti 关于可交换性的定理[3]，通过把参数 $\mathcal{G}$ 上的分布边缘化，Dirichlet 过程 – 混合建模等价于高斯过程回归混合建模[50]。

4. 回归函数中的平整度可能意味着对测量误差 / 随机冲击 / 输入变量的非平稳性不太敏感。这被编码为在 ε- 管道内尽可能地最大化预测误差。

附录 C

1. 对于机器人主题的很好的介绍，建议读者参考《机器人手册》[137] 及其主要相关章节（“运动学”“运动规划”“运动控制” 和 “力控制”）。

2. 如果机器人的路径在实际中出现奇异构型（即雅可比矩阵奇异的构型），则该解无法应用，我们建议缩小机器人的空间，使雅可比矩阵在操作过程中保持非奇异。

3. λ 分成两个（或多个）组等于 0 意味着伪逆方法。

参考文献

[1] Amir Ali Ahmadi, Anirudha Majumdar, and Russ Tedrake. Complexity of ten decision problems in continuous time dynamical systems. In *American Control Conference*, (pp. 6376–6381). IEEE, 2013.

[2] Mostafa Ajallooeian, Jesse van den Kieboom, Albert Mukovskiy, Martin A. Giese, and Auke J. Ijspeert. A general family of morphed nonlinear phase oscillators with arbitrary limit cycle shape. *Physica D: Nonlinear Phenomena*, 263: 41–56, 2013.

[3] D.J. Aldous. Exchangeability and related topics. In *École d'Été St Flour 1983* (pp. 1–198). Springer-Verlag, 1985.

[4] W. Amanhoud, M. Khoramshahi, M. Bonnesoeur, and A. Billard. Force adaptation in contact tasks with dynamical systems. In *Proceedings of the IEEE International Conference on Robotics and Automation*, 2020.

[5] Walid Amanhoud, Mahdi Khoramshahi, and Aude Billard. A dynamical system approach to motion and force generation in contact tasks. In *Proceedings of Robotics: Science and Systems*. 2019. Available at http://roboticsproceedings.org/.

[6] Pierre Apkarian, Pascal Gahinet, and Greg Becker. Self-scheduled H_∞ control of linear parameter-varying systems: A design example. *Automatica*, 31(9): 1251–1261, 1995.

[7] B. Argall, S. Chernova, M. Veloso, and B. Browning. A survey of robot learning from demonstration. *Robotics and Autonomous Systems*, 57(5): 469–483, 2009.

[8] Anil Aswani, Humberto Gonzalez, S. Shankar Sastry, and Claire Tomlin. Provably safe and robust learning-based model predictive control. *Automatica*, 49(5):1216–1226, 2013.

[9] Bassam Bamieh and Laura Giarre. Identification of linear parameter varying models. *International Journal of Robust and Nonlinear Control*, 12(9): 841–853, 2002.

[10] Mokhtar S. Bazaraa, Hanif D. Sherali, and C. M. Shetty. *Nonlinear Programming: Theory and Algorithms*. Wiley-Interscience, 2006.

[11] Mehdi Benallegue, Adrien Escande, Sylvain Miossec, and Abderrahmane Kheddar. Fast C1 proximity queries using support mapping of sphere-torus-patches bounding volumes. In *IEEE International Conference on Robotics and Automation* (pp. 483–488). IEEE, 2009.

[12] Michele Benzi, Gene H. Golub, and Jörg Liesen. Numerical solution of saddle point problems. *Acta Numerica*, 14:1–137, 2005.

[13] Felix Berkenkamp, Riccardo Moriconi, Angela P. Schoellig, and Andreas Krause. Safe learning of regions of attraction for uncertain, nonlinear systems with Gaussian processes. In *IEEE 55th Conference on Decision and Control (CDC)*, (pp. 4661–4666). IEEE, 2016.

[14] Aude Billard. On the mechanical, cognitive, and sociable facets of human compliance and their robotic counterparts. *Robotics and Autonomous Systems*, 88: 157–164, 2017.

[15] Aude Billard and Daniel Grollman. Robot learning by demonstration. *Scholarpedia*, 8(12): 3824, 2013.

[16] Aude G. Billard, Sylvain Calinon, and Rüdiger Dillmann. Learning from humans. In *Springer Handbook of Robotics*, (pp. 1995–2014). Springer, 2016.

[17] J. Bilmes. A gentle tutorial on the EM algorithm and its application to parameter estimation for Gaussian mixture and hidden Markov models. University of California–Berkeley, 1997.

[18] M. C. Bishop. *Pattern Recognition and Machine Learning*. Springer, 2007.

[19] David M. Blei and Peter I. Frazier. Distance-dependent Chinese restaurant processes. *Journal of Machine Learning Research*, 12: (November) 2461–2488, 2011.

[20] J. F. Bonnans, J. C. Gilbert, C. Lemaréchal, and C. A. Sagastizábal. *Numerical Optimization—Theoretical and Practical Aspects*. Springer Verlag, 2006.

[21] Karim Bouyarmane, Kevin Chappellet, Joris Vaillant, and Abderrahmane Kheddar. Quadratic programming for multirobot and task-space force control. *IEEE Transactions on Robotics*, 35(1): 64–77, 2018.

[22] Christopher Y. Brown and H. Harry Asada. Inter-finger coordination and postural synergies in robot hands

via mechanical implementation of principal components analysis. In *IEEE/RSJ International Conference on Intelligent Robots and Systems* (pp. 2877–2882). IEEE, 2007.

[23] Daniel S. Brown and Scott Niekum. Machine teaching for inverse reinforcement learning: Algorithms and applications. In *Proceedings of the AAAI Conference on Artificial Intelligence*, vol. 33 (pp. 7749–7758). Association for the Advancement of Artificial Intelligence, 2019.

[24] Adam Bry and Nicholas Roy. Rapidly-exploring random belief trees for motion planning under uncertainty. In *IEEE International Conference on Robotics and Automation* (pp. 723–730). IEEE, 2011.

[25] Jonas Buchli, Freek Stulp, Evangelos Theodorou, and Stefan Schaal. Learning variable impedance control. *International Journal of Robotics Research*, 30(7):820–833, 2011.

[26] S. Calinon, F. Guenter, and A. Billard. On learning, representing, and generalizing a task in a humanoid robot. *IEEE Transactions on Systems, Man, and Cybernetics, Part B: Cybernetics*, 37(2): 286–298, 2007.

[27] S. Calinon, I. Sardellitti, and D. G. Caldwell. Learning-based control strategy for safe human-robot interaction exploiting task and robot redundancies. In *IEEE/RSJ International Conference on Intelligent Robots and Systems*, October (pp. 249–254), 2010.

[28] Shu-Guang Cao, Neville W. Rees, and Gang Feng. Analysis and design for a class of complex control systems Part I: Fuzzy modelling and identification. *Automatica*, 33(6): 1017–1028, 1997.

[29] Hsiao-Dong Chiang and Chia-Chi Chu. A systematic search method for obtaining multiple local optimal solutions of nonlinear programming problems. *IEEE Transactions on Circuits and Systems I: Fundamental Theory and Applications*, 43(2): 99–109, 1996.

[30] Howie Choset. Coverage for robotics–a survey of recent results. *Annals of Mathematics and Artificial Intelligence*, 31(1–4): 113–126, 2001.

[31] Adam Coates, Pieter Abbeel, and Andrew Y. Ng. Learning for control from multiple demonstrations. In *Proceedings of the 25th International Conference on Machine Learning* (pp. 144–151), 2008.

[32] David A Cohn, Zoubin Ghahramani, and Michael I Jordan. Active learning with statistical models. *Journal of Artificial Intelligence Research*, 4: 129–145, 1996.

[33] Douglas E. Crabtree and Emilie V. Haynsworth. An identity for the Schur complement of a matrix. *Proceedings of the American Mathematical Society*, 22(2):364–366, 1969.

[34] Christian Daniel, Herke van Hoof, Jan Peters, and Gerhard Neumann. Probabilistic inference for determining options in reinforcement learning. *Machine Learning*, 104(2): 337–357, 2016.

[35] Agostino De Santis, Bruno Siciliano, Alessandro De Luca, and Antonio Bicchi. An atlas of physical human–robot interaction. *Mechanism and Machine Theory*, 43(3): 253–270, 2008.

[36] Paul Evrard, Elena Gribovskaya, Sylvain Calinon, Aude Billard, and Abderrahmane Kheddar. Teaching physical collaborative tasks: Object-lifting case study with a humanoid. In *9th IEEE-RAS International Conference on Humanoid Robots* (pp. 399–404). IEEE, 2009.

[37] Salman Faraji, Philippe Müllhaupt, and Auke Ijspeert. Imprecise dynamic walking with time-projection control. *arxiv*, November 9, 2018.

[38] Salman Faraji, Hamed Razavi, and Auke J. Ijspeert. Bipedal walking and push recovery with a stepping strategy based on time-projection control. *International Journal of Robotics Research*, 38(5): 587–611, 2019.

[39] Gang Feng. A survey on analysis and design of model-based fuzzy control systems. *IEEE Transactions on Fuzzy Systems*, 14(5): 676–697, 2006.

[40] J. Fiala, M. Kočvara, and M. Stingl. PENLAB: A MATLAB solver for nonlinear semidefinite optimization. *arXiv e-prints*, November 20, 2013.

[41] N. Figueroa and A. Billard. Learning complex manipulation tasks from heterogeneous and unstructured demonstrations. In *Proceedings of Workshop on Synergies between Learning and Interaction, IEEE/RSJ International Conference on Intelligent Robots and Systems*, 2017. Available at https://pub.uni-bielefeld.de/.

[42] Nadia Figueroa. *From High-Level to Low-Level Robot Learning of Complex Tasks: Leveraging Priors, Metrics and Dynamical Systems*. PhD thesis, École polytechnique fédérale de Lausanne, Switzerland, 2019.

[43] Nadia Figueroa and Aude Billard. A physically-consistent Bayesian non-parametric mixture model for dynamical system learning. In Aude Billard, Anca Dragan, Jan Peters, and Jun Morimoto (eds.), *Proceedings of the 2nd Conference on Robot Learning*, Vol. 87 of *Proceedings of Machine Learning Research* (pp. 927–946). PMLR, 2018.

[44] Nadia Figueroa, Salman Faraji, Mikhail Koptev, and Aude Billard. A dynamical system approach for adaptive grasping, navigation and co-manipulation with humanoid robots. In *IEEE International Conference on Robotics and Automation (ICRA)* (pp. 7676–7682). IEEE, 2020.

[45] David Fridovich-Keil, Sylvia L. Herbert, Jaime F. Fisac, Sampada Deglurkar, and Claire J Tomlin. Planning, fast and slow: A framework for adaptive real-time safe trajectory planning. In *IEEE International Conference on Robotics and Automation (ICRA)* (pp. 387–394). IEEE, 2018.

[46] Andrej Gams, Martin Do, Aleš Ude, Tamim Asfour, and Rüdiger Dillmann. On-line periodic movement and force-profile learning for adaptation to new surfaces. In *10th IEEE-RAS International Conference on Humanoid Robots* (pp. 560–565). IEEE, 2010.

[47] Andrej Gams, Tadej Petrič, Martin Do, Bojan Nemec, Jun Morimoto, Tamim Asfour, and Aleš Ude. Adaptation and coaching of periodic motion primitives through physical and visual interaction. *Robotics and Autonomous Systems*, 75: 340–351, 2016.

[48] Ming-Tao Gan, Madasu Hanmandlu, and Ai Hui Tan. From a Gaussian mixture model to additive fuzzy systems. *IEEE Transactions on Fuzzy Systems*, 13(3):303–316, 2005.

[49] Andrew Gelman, John B. Carlin, Hal S. Stern, and Donald B. Rubin. *Bayesian Data Analysis*. Chapman and Hall/CRC, 2003.

[50] Samuel J. Gershman and David M. Blei. A tutorial on Bayesian nonparametric models. *Journal of Mathematical Psychology*, 56(1):1–12, 2012.

[51] Daniel H Grollman and Odest Chadwicke Jenkins. Learning robot soccer skills from demonstration. In *IEEE 6th International Conference on Development and Learning* (pp. 276–281). IEEE, 2007.

[52] John Guckenheimer and Philip Holmes. *Nonlinear Oscillations, Dynamical Systems, and Bifurcations of Vector Fields*. vol. 42, Springer, 1983.

[53] Maoan Han and Pei Yu. Chapter 2. In *Hopf Bifurcation and Normal Form Computation* (pp. 7–58). Springer, 2012.

[54] Frank E. Harrell Jr., Kerry L. Lee, Robert M. Califf, David B. Pryor, and Robert A. Rosati. Regression modelling strategies for improved prognostic prediction. *Statistics in Medicine*, 3(2): 143–152, 1984.

[55] Neville Hogan. Impedance control: An approach to manipulation. *Journal of Dynamic Systems, Measurement, and Control*, 107: 17, 1985.

[56] Eberhard Hopf. Abzweigung einer periodischen lösung von einer stationären lösung eines differentialsystems. *Berlin Mathematics-Physics Klasse, Sachs Akademische Wissenschaft Leipzig*, 94: 1–22, 1942.

[57] L. Huber, A. Billard, and J. Slotine. Avoidance of convex and concave obstacles with convergence ensured through contraction. *IEEE Robotics and Automation Letters*, 4(2): 1462–1469, 2019. extended results available at: https://arxiv.org/abs/2105.11743

[58] Hans Jacob, S. Feder, and Jean Jacques E. Slotine. Real-time path planning using harmonic potentials in dynamic environment. In *Proceedings of the IEEE International Conference on Robotics and Automation* (pp. 874–881), 1997.

[59] Tony Jebara. Images as bags of pixels. In Proceedings of International Conference of Computer Vision, IEEE, (pp. 265–272), 2003.

[60] Xing Jin, Biao Huang, and David S Shook. Multiple model LPV approach to nonlinear process identification with EM algorithm. *Journal of Process Control*, 21(1): 182–193, 2011.

[61] Thorsten Joachims and Chun-Nam John Yu. Sparse kernel SVMs via cutting-plane training. *Machine Learning*, 76(2–3): 179–193, 2009.

[62] Steven G Johnson. *The NLopt nonlinear-optimization package*, 2015. http://github.com/stevengj/nlopt.

[63] Michael I Jordan. Computational aspects of motor control and motor learning. In *Handbook of Perception and Action* (vol. 2, pp. 71–120). Elsevier, 1996.

[64] Michael I. Jordan. Dirichlet processes, Chinese restaurant processes and all that. In *Proceedings of the 19th Annual Conference on Neural Information Processing Systems* (NIPS 2005), MIT Press, 2005.

[65] Lydia Kavraki and J. C. Latombe. Randomized preprocessing of configuration for fast path planning. In *Proceedings of the 1994 IEEE International Conference on Robotics and Automation* (pp. 2138–2145). IEEE, 1994.

[66] Lydia E. Kavraki and Steven M. LaValle. Motion Planning (pp. 109–131). In Steven M. LaValle, *Planning Algorithms*, Cambridge University Press, 2008.

[67] Haruhisa Kawasaki, Tsuneo Komatsu, and Kazunao Uchiyama. Dexterous anthropomorphic robot hand with distributed tactile sensor: Gifu hand II. *IEEE/ASME Transactions on Mechatronics*, 7(3): 296–303, 2002.

[68] Francois Keith, Nicolas Mansard, Sylvain Miossec, and Abderrahmane Kheddar. Optimization of tasks warping and scheduling for smooth sequencing of robotic actions. In *IEEE/RSJ International Conference on Intelligent Robots and Systems* (pp. 1609–1614). IEEE, 2009.

[69] F. Khadivar, I. Lauzana, and A. Billard. Learning dynamical systems with bifurcations. *Robotics and Autonomous Systems*, 136, 2020.

[70] Hassan Khalil. *Nonlinear Systems*. Prentice Hall, 2002.

[71] S.-M. Khansari-Zadeh and A. Billard. A dynamical system approach to real-time obstacle avoidance. *Autonomous Robots*, 32(4): 433–454, 2012. 10.1007/s10514-012-9287-y.

[72] S. Mohammad Khansari-Zadeh and A. Billard. Learning stable nonlinear dynamical systems with Gaussian mixture models. *IEEE Transactions on Robotics*, 27(5): 943–957, 2011.

[73] S. Mohammad Khansari-Zadeh and Aude Billard. BM: An iterative algorithm to learn stable non-linear dynamical systems with Gaussian mixture models. In *IEEE International Conference on Robotics and Automation* (pp. 2381–2388). IEEE, 2010.

[74] S. Mohammad Khansari-Zadeh and Aude Billard. *The Derivatives of the SEDS Optimization Cost Function and Constraints with Respect to the Learning Parameters*. EPFL, 2011.

[75] S. Mohammad Khansari-Zadeh and Aude Billard. Learning control Lyapunov function to ensure stability of dynamical system–based robot reaching motions. *Robotics and Autonomous Systems*, 62(6): 752–765, 2014.

[76] S. Kim, A. Shukla, and Aude Billard. Catching objects in flight. *IEEE Transactions on Robotics*, 30(5): 1049–1065, 2014.

[77] Jens Kober, J. Andrew Bagnell, and Jan Peters. Reinforcement learning in robotics: A survey. *International Journal of Robotics Research*, 32(11): 1238–1274, 2013.

[78] Torsten Koller, Felix Berkenkamp, Matteo Turchetta, and Andreas Krause. Learning-based model predictive control for safe exploration. In *IEEE Conference on Decision and Control (CDC)* (pp. 6059–6066), IEEE, 2018.

[79] Milan Korda, Didier Henrion, and Colin N. Jones. Controller design and region of attraction estimation for nonlinear dynamical systems. *IFAC Proceedings Volumes*, 47(3): 2310–2316, 2014.

[80] Aaron C. W. Kotcheff and Chris J. Taylor. Automatic construction of eigenshape models by direct optimization. *Medical Image Analysis*, 2(4): 303–314, 1998.

[81] Oliver Kroemer, Christian Daniel, Gerhard Neumann, Herke Van Hoof, and Jan Peters. Towards learning hierarchical skills for multi-phase manipulation tasks. In *IEEE International Conference on Robotics and Automation (ICRA)* (pp. 1503–1510), IEEE, 2015.

[82] K. Kronander and A. Billard. Passive interaction control with dynamical systems. *IEEE Robotics and Automation Letters*, 1(1): 106–113, 2016.

[83] K. Kronander and A. Billard. Stability considerations for variable impedance control. *IEEE Transactions on Robotics*, 32(5): 1298–1305, 2016.

[84] Klas Kronander and Aude Billard. Learning compliant manipulation through kinesthetic and tactile human-robot interaction. *IEEE Transactions on Haptics*, 7(3): 367–380, 2014.

[85] Klas Kronander, Mohammad Khansari, and Aude Billard. Incremental motion learning with locally modulated dynamical systems. *Robotics and Autonomous Systems*, 70: 52–62, 2015.

[86] Klas Kronander, Mohammad SM Khansari-Zadeh, and Aude Billard. Learning to control planar hitting motions in a minigolf-like task. In *IEEE/RSJ International Conference on Intelligent Robots and Systems (IROS)* (pp. 710–717). IEEE, 2011; S. M. Khansari-Zadeh, K. Kronander, and A. Billard. Learning to play minigolf: A dynamical system-based approach. *Advanced Robotics*, 26(17) ,1967–1993, 2012.

[87] Klas Jonas Alfred Kronander. This is a PhD thesis, published by EPFL. 2015.

[88] Dana Kulić, Wataru Takano, and Yoshihiko Nakamura. Incremental learning, clustering and hierarchy formation of whole body motion patterns using adaptive hidden Markov chains. *International Journal of Robotics Research*, 27(7): 761–784, 2008.

[89] Jean-Claude Latombe. *Robot Motion Planning*, vol. 124. Springer Science+Business Media, 2012.

[90] GC Layek. *An Introduction to Dynamical Systems and Chaos*. Springer, 2015.

[91] Jaewook Lee. Dynamic gradient approaches to compute the closest unstable equilibrium point for stability region estimate and their computational limitations. *IEEE Transactions on Automatic Control*, 48(2): 321–324, 2003.

[92] Cindy Leung, Shoudong Huang, Ngai Kwok, and Gamini Dissanayake. Planning under uncertainty using model predictive control for information gathering. *Robotics and Autonomous Systems*, 54(11): 898–910, 2006.

[93] J. Lofberg. YALMIP: A toolbox for modeling and optimization in MATLAB. In *IEEE International Conference on Robotics and Automation (IEEE Cat. No.04CH37508)* (pp. 284–289). 2004.

[94] Luka Lukic, José Santos-Victor, and Aude Billard. Learning robotic eye–arm–hand coordination from human demonstration: A coupled dynamical systems approach. *Biological Cybernetics*, 108(2): 223–248, 2014.

[95] Roanna Lun and Wenbing Zhao. A survey of applications and human motion recognition with Microsoft Kinect. *International Journal of Pattern Recognition and Artificial Intelligence*, 29(5): 1555008, 2015.

[96] Kevin M. Lynch and Frank C. Park. *Modern Robotics: Mechanics, Planning, and Control*. Cambridge University Press, 2017.

[97] Ian R. Manchester, Mark M. Tobenkin, Michael Levashov, and Russ Tedrake. Regions of attraction for hybrid limit cycles of walking robots. *IFAC Proceedings Volumes*, 44(1): 5801–5806, 2011.

[98] Jacob Mattingley and Stephen Boyd. CVXGEN: A code generator for embedded convex optimization. *Optimization and Engineering*, 13(1): 1–27, 2012.

[99] José R Medina and Aude Billard. Learning stable task sequences from demonstration with linear parameter

varying systems and hidden Markov models. In *Conference on Robot Learning* (pp. 175–184). Proceeding of Machine Learning Research (PMLR) volume 79, 2017.

[100] Seyed Sina Mirrazavi Salehian. *Compliant Control of Uni/ Multi- Robotic Arms with Dynamical Systems*. PhD thesis, École polytechnique fédérale de Lausanne 2018.

[101] Seyed Sina Mirrazavi Salehian, Nadia Barbara Figueroa Fernandez, and Aude Billard. Coordinated multi-arm motion planning: Reaching for moving objects in the face of uncertainty. In *Proceedings of Robotics: Science and Systems*, 2016.

[102] Seyed Sina Mirrazavi Salehian, Nadia Barbara Figueroa Fernandez, and Aude Billard. A dynamical system approach for softly catching a flying object: Theory and experiment. *IEEE Transactions on Robotics*, 32(2): 462–471, 2016.

[103] Seyed Sina Mirrazavi Salehian, Nadia Barbara Figueroa Fernandez, and Aude Billard. Dynamical system-based motion planning for multi-arm systems: Reaching for moving objects. In *International Joint Conference on Artificial Intelligence*, 2017. Available at http://roboticsproceedings.org/.

[104] Seyed Sina Mirrazavi Salehian, Nadia Barbara Figueroa Fernandez, and Aude Billard. A unified framework for coordinated multi-arm motion planning. *International Journal of Robotics Research*, 37(10): 1205–1232, 2017.

[105] Kevin P. Murphy. *Conjugate Bayesian Analysis of the Gaussian Distribution*. University of British Columbia, 2007.

[106] J. Nakanishi, R. Cory, M. Mistry, J. Peters, and S. Schaal. Comparative experiments on task space control with redundancy resolution. In *IEEE/RSJ International Conference on Intelligent Robots and Systems* (pp. 3901–3908). IEEE, 2005.

[107] Klaus Neumann, Matthias Rolf, and Jochen J. Steil. Reliable integration of continuous constraints into extreme learning machines. *International Journal of Uncertainty, Fuzziness and Knowledge-Based Systems*, 21(Suppl 2): 35–50, 2013.

[108] Klaus Neumann and Jochen J. Steil. Learning robot motions with stable dynamical systems under diffeomorphic transformations. *Robotics and Autonomous Systems*, 70: 1–15, 2015.

[109] Duy Nguyen-Tuong, Jan Peters, Matthias Seeger, and Bernhard Schölkopf. Learning inverse dynamics: A comparison. In *European Symposium on Artificial Neural Networks*, IEEE, 2008.

[110] Sylvie C. W. Ong, Shao Wei Png, David Hsu, and Wee Sun Lee. Planning under uncertainty for robotic tasks with mixed observability. *International Journal of Robotics Research*, 29(8): 1053–1068, 2010.

[111] P. Orbanz and Y. W. Teh. Bayesian nonparametric models. In *Encyclopedia of Machine Learning*. Springer, 2010.

[112] Romeo Ortega and Mark W Spong. Adaptive motion control of rigid robots: A tutorial. *Automatica*, 25(6):877–888, 1989.

[113] Nicolas Perrin and Philipp Schlehuber-Caissier. Fast diffeomorphic matching to learn globally asymptotically stable nonlinear dynamical systems. *Systems & Control Letters*, 96(Suppl C): 51–59, 2016.

[114] Nicolas Perrin, Olivier Stasse, Léo Baudouin, Florent Lamiraux, and Eiichi Yoshida. Fast humanoid robot collision-free footstep planning using swept volume approximations. *IEEE Transactions on Robotics*, 28(2): 427–439, 2011.

[115] Luka Peternel and Jan Babič. Humanoid robot posture-control learning in real-time based on human sensorimotor learning ability. In *IEEE International Conference on Robotics and Automation*, (pp. 5329–5334). IEEE, 2013.

[116] H. Poincaré. *Les méthodes nouvelles de la mécanique céleste: Méthodes de MM.* Newcomb, Glydén, Lindstedt et Bohlin. 1893. Vol. 2. Gauthier-Villars it fils, 1893.

[117] Lawrence Rabiner. A tutorial on hidden Markov models and selected applications in speech recognition. *Proceedings of the IEEE*, 77(2):257–286, 1989.

[118] Carl Edward Rasmussen and Christopher K. I. Williams. Gaussian processes for machine learning. 2006. *MIT Press*, 2006.

[119] Siddharth S Rautaray and Anupam Agrawal. Vision based hand gesture recognition for human computer interaction: A survey. *Artificial Intelligence Review*, 43(1): 1–54, 2015.

[120] Harish Ravichandar, Athanasios S. Polydoros, Sonia Chernova, and Aude Billard. Recent advances in robot learning from demonstration. *Annual Review of Control, Robotics, and Autonomous Systems*, 3, 297–330, 2020.

[121] Harish Chaandar Ravichandar and Ashwin Dani. Learning position and orientation dynamics from demonstrations via contraction analysis. *Autonomous Robots*, 43(4): 897–912, 2019.

[122] Harish Chaandar Ravichandar, Iman Salehi, and Ashwin P. Dani. Learning partially contracting dynamical systems from demonstrations. In Sergey Levine, Vincent Vanhoucke, and Ken Goldberg (eds.), *CoRL*, volume 78 of *Proceedings of Machine Learning Research* (pp. 369–378). PMLR, 2017.

[123] E. Rimon and D. E. Koditschek. Exact robot navigation using artificial potential functions. *IEEE Transactions on Robotics and Automation*, 8(5):501–518, 1992.

[124] Oren Salzman and Dan Halperin. Asymptotically near-optimal RRT for fast, high-quality motion planning. *IEEE Transactions on Robotics*, 32(3): 473–483, 2016.

[125] R. M. Sanner and J. E. Slotine. Stable adaptive control of robot manipulators using "neural" networks. *Neural Computation*, 7(4):753–790, 1995.

[126] Marco Santello, Martha Flanders, and John F Soechting. Postural hand synergies for tool use. *Journal of Neuroscience*, 18(23): 10105–10115, 1998.

[127] Stefan Schaal, Christopher G. Atkeson, and Sethu Vijayakumar. Scalable techniques from nonparametric statistics for real time robot learning. *Applied Intelligence*, 17(1): 49–60, 2002.

[128] Bernhard Scholkopf and Alexander J. Smola. *Learning with Kernels: Support Vector Machines, Regularization, Optimization, and Beyond*. MIT Press, 2001.

[129] Gregor Schöner. Timing, clocks, and dynamical systems. *Brain and Cognition*, 48(1):31–51, 2002.

[130] Gregor Schöner. Dynamical systems approaches to cognition. In *Cambridge Handbook of Computational Cognitive Modeling* (pp. 101–126), 2008.

[131] Yonadav Shavit, Nadia Figueroa, Seyed Sina Mirrazavi Salehian, and Aude Billard. Learning augmented joint-space task-oriented dynamical systems: A linear parameter varying and synergetic control approach. *IEEE Robotics and Automation Letters*, 3(3): 2718–2725, 2018.

[132] Krishna V Shenoy, Maneesh Sahani, and Mark M Churchland. Cortical control of arm movements: A dynamical systems perspective. *Annual Review of Neuroscience*, 36:337–359, 2013.

[133] Aaron P. Shon, Keith Grochow, and Rajesh P. N. Rao. Robotic imitation from human motion capture using Gaussian processes. In *Humanoids* (pp. 129–134). IEEE, 2005.

[134] Ashwini Shukla and Aude Billard. Augmented-SVM: Automatic space partitioning for combining multiple non-linear dynamics. In *Advances in Neural Information Processing Systems* (pp. 1016–1024). Curran Associates, 2012.

[135] Ashwini Shukla and Aude Billard. Coupled dynamical system based arm–hand grasping model for learning fast adaptation strategies. *Robotics and Autonomous Systems*, 60(3): 424–440, 2012.

[136] Bruno Siciliano and Oussama Khatib. *Springer Handbook of Robotics*. Springer, 2016.

[137] Jean-Jacques E Slotine, et al. *Applied Nonlinear Control*, vol. 199. Prentice Hall, 1991.

[138] Nicolas Sommer, Klas Kronander, and Aude Billard. Learning externally modulated dynamical systems. In *Proceedings of the IEEE/RSJ International Conference on Intelligent Robots and Systems*, IEEE, 2017.

[139] M. Song and H. Wang. Highly efficient incremental estimation of Gaussian mixture models for online data stream clustering. In K. L. Priddy (ed.), *Society of Photo-Optical Instrumentation Engineers (SPIE) Conference Series*, vol. 5803 (pp. 174–183), March 2005.

[140] Dagmar Sternad. Debates in dynamics: A dynamical systems perspective on action and perception, *Human Movement Science*, 19(4): 407–423, 2000.

[141] Arthur H Stroud. *Numerical Quadrature and Solution of Ordinary Differential Equations: A Textbook for a Beginning Course in Numerical Analysis*, vol. 10. Springer Science & Business Media, 2012.

[142] Jos F Sturm. Using SeDuMi 1.02, a MATLAB toolbox for optimization over symmetric cones. *Optimization Methods and Software*, 11(1–4): 625–653, 1999.

[143] Erik B. Sudderth. *Graphical Models for Visual Object Recognition and Tracking*. PhD thesis, Massachusetts Institute of Technology, 2006.

[144] Tomomichi Sugihara and Yoshihiko Nakamura. A fast online gait planning with boundary condition relaxation for humanoid robots. In *Proceedings of the 2005 IEEE International Conference on Robotics and Automation* (pp. 305–310). IEEE, 2005.

[145] Hsi G. Sung. *Gaussian Mixture Regression and Classification*. PhD thesis, Rice University, 2004.

[146] Jun Tani. Model-based learning for mobile robot navigation from the dynamical systems perspective. *IEEE Transactions on Systems, Man, and Cybernetics, Part B (Cybernetics)*, 26(3): 421–436, 1996.

[147] C. Thore. FMINSDP—a code for solving optimization problems with matrix inequality constraints, 2013. Available at https://www.researchgate.net/publication/259339847_FMINSDP_-_a_code_for_solving_optimization_problems_with_matrix_inequality_constraints.

[148] Toru Tsumugiwa, Ryuichi Yokogawa, and Kei Hara. Variable impedance control based on estimation of human arm stiffness for human-robot cooperative calligraphic task. In *Proceedings 2002 IEEE International Conference on Robotics and Automation (Cat. No. 02CH37292)* (vol. 1, pp. 644–650), IEEE, 2002.

[149] Lucia Pais Ureche and Aude Billard. Constraints extraction from asymmetrical bimanual tasks and their use in coordinated behavior. *Robotics and Autonomous Systems*, 103: 222–235, 2018.

[150] V Vapnik and A Lerner. Pattern recognition using generalized portrait method. *Automation and Remote Control*, 24, 1963.

[151] Vladimir N. Vapnik. *The Nature of Statistical Learning Theory*. Springer-Verlag, 1995.

[152] Luigi Villani and Joris De Schutter. Force control. In *Springer Handbook of Robotics* (pp. 161–185).

Springer, 2008.

[153] Andreas Wächter and Lorenz T Biegler. On the implementation of an interior-point filter line-search algorithm for large-scale nonlinear programming. *Mathematical Programming*, 106(1): 25–57, 2006.

[154] Li Wang, Evangelos A Theodorou, and Magnus Egerstedt. Safe learning of quadrotor dynamics using barrier certificates. In *IEEE International Conference on Robotics and Automation (ICRA)* (pp. 2460–2465). IEEE, 2018.

[155] Wei Wang and Jean-Jacques E. Slotine. On partial contraction analysis for coupled nonlinear oscillators. *Biological Cybernetics,*, 92(1): 38–53, 2005.

[156] Rui Wu and Aude Billard. Learning from demonstration and interactive control of variable-impedance cutting skills. *Autonomous Robots*, IEEE/ASME Transactions on Mechatronics, 2021, In Press.

[157] Shao Zhifei and Er Meng Joo. A survey of inverse reinforcement learning techniques. *International Journal of Intelligent Computing and Cybernetics*, 5(3): 293–311, 2012.